Was hat dieses Buch mit einer neuen Wohnung zu tun? Keine Ahnung. Aber die Weiterbildung - die ist ja immer sooo wichtig!
Von Wolfgang, Ute, Andrea.....

Ökosystem Wattenmeer

Springer
*Berlin
Heidelberg
New York
Barcelona
Budapest
Hongkong
London
Mailand
Paris
Santa Clara
Singapur
Tokio*

Christiane Gätje · Karsten Reise (Hrsg.)

Ökosystem Wattenmeer
Austausch-, Transport- und
Stoffumwandlungsprozesse

The Wadden Sea Ecosystem
Exchange, Transport and
Transformation Processes

Mit 177 Abbildungen und 70 Tabellen

Herausgeberin/Herausgeber:

Dr. Christiane Gätje
Landesamt für den Nationalpark
Schleswig-Holsteinisches Wattenmeer
Schloßgarten 1
D-25832 Tönning

Professor Dr. Karsten Reise
Biologische Anstalt Helgoland
Wattenmeerstation Sylt
D-25992 List

Redaktion:

Karsten Reise
Rolf Köster
Agmar Müller
Harald Asmus
Ragnhild Asmus
Christiane Gätje
Wolfgang Hickel
Rolf Riethmüller
Kai Eskildsen

Die Deutsche Bibliothek – CIP-Einheitsaufnahme

Ökosystem Wattenmeer: Austausch-, Transport- und Stoffumwandlungsprozesse / Hrsg.: Christiane Gätje; Karsten Reise. – Berlin; Heidelberg; New York; Barcelona; Budapest; Hongkong; London; Mailand; Paris; Santa Clara; Singapur; Tokio:
Springer, 1998
ISBN 3-540-63018-X

ISBN 3-540-63018-X Springer-Verlag Berlin Heidelberg New York

Dieses Werk ist urheberrechtlich geschützt. Die dadurch begründeten Rechte, insbesondere die der Übersetzung, des Nachdrucks, des Vortrags, der Entnahme von Abbildungen und Tabellen, der Funksendung, der Mikroverfilmung oder der Vervielfältigung auf anderen Wegen und der Speicherung in Datenverarbeitungsanlagen, bleiben, auch bei nur auszugsweiser Verwertung, vorbehalten. Eine Vervielfältigung dieses Werkes oder von Teilen dieses Werkes ist auch im Einzelfall nur in den Grenzen der gesetzlichen Bestimmungen des Urheberrechtsgesetzes der Bundesrepublik Deutschland vom 9. September 1965 in der jeweils geltenden Fassung zulässig. Sie ist grundsätzlich vergütungspflichtig. Zuwiderhandlungen unterliegen den Strafbestimmungen des Urheberrechtsgesetzes.

© Springer-Verlag Berlin Heidelberg 1998
Printed in Germany

Die Wiedergabe von Gebrauchsnamen, Handelsnamen, Warenbezeichnungen usw. in diesem Werk berechtigt auch ohne besondere Kennzeichnung nicht zu der Annahme, daß solche Namen im Sinne der Warenzeichen- und Markenschutz-Gesetzgebung als frei zu betrachten wären und daher von jedermann benutzt werden dürften.

Das diesem Buch zugrundeliegende Vorhaben (SWAP – *Sylter Wattenmeer Austausch-Prozesse*) wurde mit Mitteln des Bundesministers für Bildung, Wissenschaft, Forschung und Technologie unter den Förderkennzeichen 03F0006A, B, C und D gefördert. Die Verantwortung für den Inhalt liegt bei den Autorinnen und Autoren.

Einbandgestaltung: de'blik, Berlin
Satz: Reproduktionsfertige Vorlage von den Autoren

SPIN: 10569682   30/3136 - 5 4 3 2 1 0 – Gedruckt auf säurefreiem Papier

Vorwort

Das Verbundforschungsvorhaben „Ökosystemforschung im Schleswig-Holsteinischen Wattenmeer" hat 1989 begonnen. Die interdisziplinär angelegte Forschung hat die Wechselbeziehungen zwischen Natur und Mensch in dem Übergangsraum zwischen Meer und Land betrachtet. Sie hat sich zur Aufgabe gemacht, die vielfältigen Vernetzungen im Wattenmeer zu beschreiben und zu analysieren. Die Forschungen sollen dazu beitragen, im Nationalpark Schleswig-Holsteinisches Wattenmeer die natürlichen Entwicklungen zu verstehen und zu sichern, Naturerlebnisse zu ermöglichen und Nutzungskonflikte zu lösen.

Das Vorhaben an der Wattenmeerküste gliederte sich in angewandte, an aktuellen Umweltproblemen und Konflikten orientierte Forschung (Teil A) und in grundlagenorientierte Fragestellungen zur langfristigen Entwicklung des Ökosystems. Dieser Teil B wurde auf das Projekt "Sylter Wattenmeer Austauschprozesse" (SWAP) fokussiert, dessen Ergebnisse in dem hier vorliegenden Buch zusammengefaßt und diskutiert werden. Untersucht wurden in SWAP die funktionalen Beziehungen der biotischen und abiotischen Systeme des Wattenmeeres sowie die Wechselwirkungen und der Stoffaustausch dieser Systeme mit dem Festland, der Nordsee und der Atmosphäre. Stoffumwandlungen, Im- und Exporte wurden quantifiziert. Die sich daraus ergebenden Bilanzen kennzeichnen die Quellen- oder Senkenfunktion des Wattenmeeres für gelöste und partikuläre Stoffe und geben Antwort auf die Funktion des Wattenmeeres im Stoffhaushalt der gesamten Küstenregion.

SWAP wurde von März 1990 bis August 1995 vom Bundesministerium für Bildung, Wissenschaft, Forschung und Technologie mit insgesamt rund 11 Mio. DM gefördert. An dem Projekt waren Arbeitsgruppen der Universitäten Hamburg, Kiel, Odense und Kopenhagen, der Biologischen Anstalt Helgoland (BAH) und des Fraunhofer-Instituts für Atmosphärische Umweltforschung beteiligt. Das GKSS-Forschungszentrum führte in enger Kooperation ebenfalls Untersuchungen zur SWAP-Thematik durch und ergänzt das Vorhaben seit März 1994 durch die Modellierung von Teilaspekten des Ökosystems. Die Koordination des Vorhabens erfolgte durch das Nationalparkamt in Tönning.

VI Ökosystem Wattenmeer

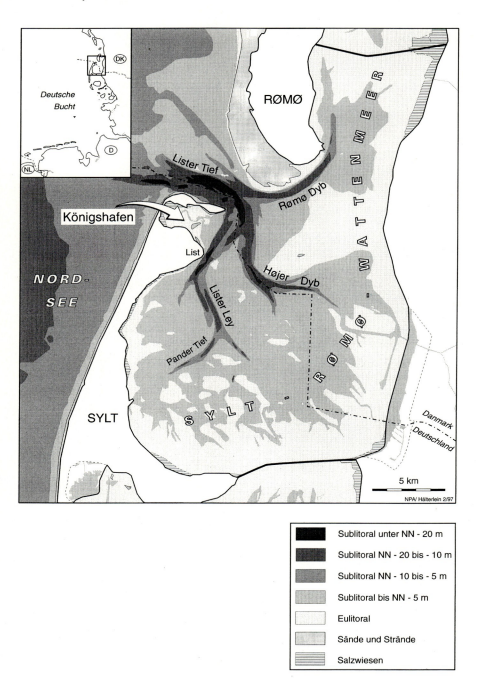

Abb. 1. Wattengebiet zwischen den Inseln Sylt und Rømø mit dem Königshafen

In der Anfangsphase des Projektes war der Königshafen, eine kleine flache Bucht im Nordosten der Insel Sylt, Hauptuntersuchungsgebiet. Der räumliche Schwerpunkt der weiteren SWAP-Untersuchungen ist das gesamte Nordsylter Wattenmeer (Abb. 1). Dieser Bereich des Wattenmeeres umfaßt ein Tidebecken, das durch die beiden überflutungssicheren Verbindungsdämme vom Festland nach Rømø bzw. Sylt im Norden und Süden abgeschlossen ist. Nur ein schmaler Durchgang zwischen den Inseln, das 2,8 km breite Lister Tief, verbindet die Bucht mit der Nordsee und bietet hier eine günstige Möglichkeit zur Messung und Quantifizierung von Austauschvorgängen. Die BAH-Forschungsschiffe "Heincke" und „Mya" sowie das GKSS-Schiff "Ludwig Prandtl" dienten zur Durchführung von Meßkampagnen. Die logistische Basis für die Forschungsaktivitäten bildete die Wattenmeerstation Sylt der Biologischen Anstalt Helgoland. Die vorhandene Infrastruktur wurde ergänzt durch die Anschaffung von zusätzlichen Wasserfahrzeugen, Labor- und Wohncontainern aus Projektmitteln.

Jährliche Zwischenberichte und die Abschlußberichte (1995) der Teilprojekte, Veröffentlichungen in internationalen Fachzeitschriften, eine populärwissenschaftliche Broschüre und das nun vorliegende Buch dokumentieren die Ergebnisse der langjährigen, intensiven Forschungstätigkeit (s. in Kap. 6 aufgeführte Publikationen). Im Verlauf des Projektes fanden regelmäßig Vollversammlungen und Statusseminare statt, an denen auch externe WissenschaftlerInnen teilnahmen. Sie intensivierten den gegenseitigen Informationsaustausch über den aktuellen Stand der Arbeiten und die fachliche Diskussion über Probenahmestrategien und Analysemethoden. Die Beteiligung der SWAP-WissenschaftlerInnen an den Symposien der Ökosystemforschung, die jeweils gemeinsam mit dem niedersächsischen Schwesterprojekt durchgeführt wurden, förderte die länderübergreifende Zusammenarbeit und das Verständnis zwischen den beteiligten Fachdisziplinen.

Der angewandte Teil A verfolgte die flächendeckende Kartierung und Beschreibung der Strukturelemente der biotischen, abiotischen und anthropogenen Systeme. Die Analysen ihrer Bedeutung und ihrer Wechselwirkungen stellen die Grundlage für Konzepte, die Lösungen für bestehende und potentielle Konflikte zwischen Schutz und Nutzung anbieten. Dieses Teilvorhaben wurde gemeinsam vom Bundesministerium für Umwelt, Naturschutz und Reaktorsicherheit und dem Ministerium für Natur und Umwelt des Landes Schleswig-Holstein seit dem Frühjahr 1989 gefördert. Nach Abschluß der Freilandarbeiten im Mai 1994 schloß sich eine vom Bundesministerium für Bildung, Wissenschaft, Forschung und Technologie finanzierte Synthesephase an, die am 30.06.1996 endete. Kernstück der abschließenden Arbeiten ist ein Syntheseberricht, der die Grundlagen für einen Nationalparkplan liefert. Mit den Forschungsarbeiten im Teil A war das SWAP-Projekt eng verbunden.

Vorrangiges Ziel des Gesamtvorhabens ist es, die Funktionsweise des Systems Natur-Mensch im Wattenmeer besser zu verstehen. Durch die Einrichtung des Nationalparks Wattenmeer in Schleswig-Holstein im Jahr 1985 und das Inkrafttreten des neuen Landesnaturschutzgesetzes 1993 wurde den Naturvorgängen der Vorrang vor den Interessen der wirtschaftenden Menschen eingeräumt.

Die daraus erwachsenen Konflikte zwischen Naturschutz und Naturnutzung erfordern Bewertungskriterien und Instrumentarien, die zur Verwirklichung der langfristigen Schutz- und Überwachungsaufgaben des Nationalparkamtes in den Ökosystemen des Wattenmeeres notwendig sind. Das SWAP-Projekt trägt in diesem Rahmen durch die Erforschung der Funktionen und Austauschprozesse im Wattenmeer zum besseren Verständnis des Ökosystems bei.

Das Buch 'Ökosystem Wattenmeer' beinhaltet eine Zusammenfassung und weitergehende Auswertung der Projektergebnisse und liefert eine interdisziplinäre Bewertung der Stoffaustauschbilanzen sowie der Untersuchungen zu Stoffumwandlungsprozessen und zur Drift und Wanderung von Organismen auf verschiedenen räumlichen und zeitlichen Skalen in der Sylt-Rømø Bucht. Einige der Forschungsergebnisse sind ausführlicher in zwei Sonderbänden der Zeitschrift Helgoländer Meeresuntersuchungen („Proceedings of the Ecosystem Research Project in the Schleswig-Holstein Wadden Sea") dokumentiert, die 1994 (Vol. *48*, No. 2-3) und 1997 (Vol. *51*) erschienen sind.

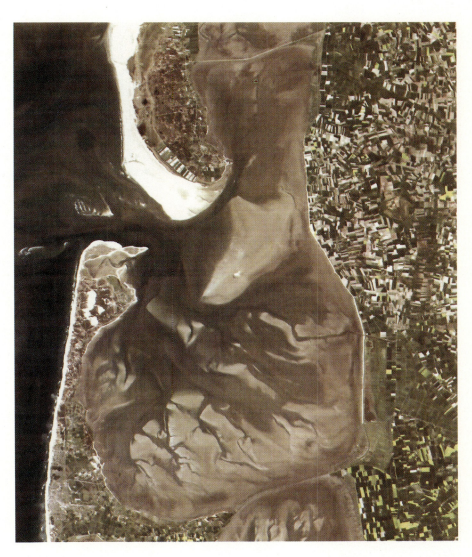

Abb. 2. Landsat-Aufnahme der Sylt-Rømø Wattenmeerbucht bei Niedrigwasser (Juni 1992). Strände erscheinen weiß, sandiges Watt hellbraun und schlickiges Watt dunkelbraun (Bearbeitung: K. Heymann, R. Doerffer)

Abb. 3. Nördliches Sylt mit der Wattenmeerbucht Königshafen, dahinter das Lister Tief und die Insel Rømø

Abb. 4. Salzwiese (rechts) mit Abbruchkante, sandigem Watt, Grünalgenmatten und dem Tang *Fucus vesiculosus* (dunkel) im Königshafen

Abb. 5. Miesmuschelbänke im unteren Gezeitenbereich des Königshafens. Die BAH-Wattenmeerstation Sylt liegt vorne links vom Dorf List

Abb. 6. Muschelbank mit *Mytilus edulis*, beweidet von *Littorina littorea*

XII   Ökosystem Wattenmeer

Abb. 7.   Seegraswiese östlich Keitum (Sylt) in der mittleren Gezeitenzone auf Mischwatt

Abb. 8.   Die Seegräser *Zostera marina* (Mitte) und *Zostera noltii*

Abb. 9. Sandwatt, am Horizont fährt eine Zug über den Damm von Sylt zum Festland

Abb. 10. *Arenicola*-Sandwatt mit Fraßtrichtern und Kotschnurhaufen

XIV Ökosystem Wattenmeer

Abb. 11. Multisonde der 'Ludwig Prandtl' zur Messung von Strömung, Temperatur, Salzgehalt und Trübung im Lister Tief

Abb. 12. Prielbefischung in der Lister Ley

Vorwort   XV

Abb. 13. Aufbau eines Gerüstes zur Planktonbeprobung über einen Ebbe-Flut-Zyklus mit Hilfe des Forschungskatamarans 'Mya'

Abb. 14. Messung des Austausches von Spurengasen zwischen Wattboden und Atmosphäre

XVI Ökosystem Wattenmeer

Abb. 15. Vermessung einer Qualle (*Rhizostoma octopoides*) zur Bestimmung des Driftimportes über das Lister Tief

Abb. 16. Mit einem Sender versehene Pfuhlschnepfe zur Untersuchung der gezeitenabhängigen Verteilungsmuster im Königshafen

Danksagung

An dieser Stelle soll allen gedankt werden, die als SWAP-MitarbeiterInnen durch ihre Forschungsaktivitäten und ihren - vielfach über das normale Maß hinausgehenden - Einsatz zum Gelingen des Projektes beigetragen haben. Zahlreiche studentische Hilfskräfte, technische MitarbeiterInnen, DiplomandInnen und DoktorandInnen haben die Hauptlast der harten Freilandarbeit - bei Wind und Wetter - getragen. Alle Beteiligten standen darüber hinaus den besonderen Herausforderungen gegenüber, die solch ein großes, interdisziplinär angelegtes Verbundvorhaben mit sich bringt. Nicht in allen Punkten wurden die ursprünglich gesteckten Ziele erreicht, so blieb doch manch guter Ansatz buchstäblich im Schlick stecken oder verfing sich in interdisziplinären Mißverständnissen. Die gewonnenen Erfahrungen werden aber für ein - wie auch immer geartetes - „nächstes Mal" hilfreich sein. Mitarbeitern des Amtes für Land- und Wasserwirtschaft Husum, des Bundesamtes für Seeschiffahrt und Hydrographie und des Wasser- und Schiffahrtsamtes danken wir für die hervorragende Zusammenarbeit und die Durchführung der Neuvermessung des Königshafens, deren wertvolles Ergebnis eine aktuelle topographische Karte war. Den zuständigen Dienststellen des Deutschen Wetterdienstes danken wir für die Bereitstellung von Daten, der Sønderjyllands Amtskommune für die Betretensgenehmigungen im dänischen Wattgebiet. Zum Schluß soll dem Projektträger BEO/BMBF für die finanzielle Förderung und insbesondere Prof. Dr. U. Schöttler für die verständnisreiche Begleitung des SWAP-Projektes gedankt werden. Allen anderen, die uns vor Ort oder aus der Ferne in verschiedenster Weise unterstützt haben, möchten wir ebenfalls unseren Dank aussprechen.

Christiane Gätje, Karsten Reise

Inhaltsverzeichnis

Einführung 1
Abstract (English) 9
Abstrakt (Dansk) 13
Zusammenfassung 17

Kapitel 1   Die Sylt-Rømø Wattenmeerbucht: Ein Überblick 21
               The Sylt-Rømø Bight in the Wadden Sea: An Overview
               K. Reise & R. Riethmüller

1.1   Geomorphologie und Hydrographie des Lister Tidebeckens 25
        Geomorphology and Hydrography of the List Tidal Basin

1.1.1   Morphogenese des Lister Tidebeckens 25
        Morphogenesis of the List Tidal Basin
        K.-A. Bayerl & R. Köster

1.1.2   Verteilung und Zusammensetzung der Sedimente im Lister Tidebecken ... 31
        Distribution and Composition of Sediments in the List Tidal Basin
        K.-A. Bayerl, R. Köster & D. Murphy

1.1.3   Hydrographie und Klima im Lister Tidebecken 39
        Hydrography and Climate of the List Tidal Basin
        J. Backhaus, D. Hartke, U. Hübner, H. Lohse & A. Müller

1.2   Biota des Wattenmeeres zwischen Sylt und Rømø 55
        Biota of the Wadden Sea between the Islands of Sylt and Rømø

1.2.1   Benthos des Wattenmeeres zwischen Sylt und Rømø
        Benthos of the Wadden Sea between the Islands of Sylt and Rømø 55
        K. Reise & D. Lackschewitz

1.2.2   Zeitliche und räumliche Variabilität der Mikronährstoffe und des
        Planktons im Sylt-Rømø Wattenmeer 65
        Temporal and Spatial Variability of Micro-Nutrients and Plankton
        in the Sylt-Rømø Wadden Sea
        P. Martens & M. Elbrächter

1.2.3   Fische und dekapode Krebse in der Sylt-Rømø Bucht 81
        Fish and Decapod Crustaceans in the Sylt Rømø Bight
        J.-P. Herrmann, S. Jansen & A. Temming

1.2.4 Rastvogelbestände im Sylt-Rømø Wattenmeer...........89
Migratory Waterbirds in the Sylt-Rømø Wadden Sea
G. Nehls & G. Scheiffarth

1.2.5 Häufigkeit und Verteilung der Seehunde (*Phoca vitulina*) im Sylt-Rømø Wattenmeer...........95
Abundance and Distribution of Harbour Seals (Phoca vitulina) in the Sylt-Rømø Wadden Sea
K. F. Abt

Kapitel 2 Erosion, Sedimentation und Schwebstofftransport im Lister Tidebecken: Ein Überblick...........101
Erosion, Sedimentation and Transport of Suspended Matter in the List Tidal Basin: An Overview
R. Köster & A. Müller

2.1 Morphodynamik des Lister Tidebeckens...........103
Morphodynamics of the List Tidal Basin
B. Higelke

2.2 Dynamik der Sedimente im Lister Tidebecken...........127
Sediment Dynamics in the List Tidal Basin
K.-A. Bayerl, I. Austen, R. Köster, M. Pejrup & G. Witte

2.3 Strömung und Schwebstoffe im Lister Tidebecken...........161
Currents and Suspended Matter in the List Tidal Basin

2.3.1 Hydrodynamik im Lister Tidebecken: Messungen und Modellierung...........161
Hydrodynamics in the List Tidal Basin: Measurements and Modelling
H.-U. Fanger, J. Backhaus, D. Hartke, U. Hübner, J. Kappenberg & A. Müller

2.3.2 Schwebstofftransport im Sylt-Rømø Tidebecken: Messungen und Modellierung...........185
Transport of Suspended Matter in the Sylt-Rømø Tidal Basin: Measurements and Modelling
G. Austen, H.-U. Fanger, J. Kappenberg, A. Müller, M. Pejrup, K. Ricklefs, J. Ross & G. Witte

Kapitel 3 Biogener Austausch und Stoffumwandlungen im Sylt-Rømø Wattenmeer: Ein Überblick...........215
Biogenic Exchange and Transformation Processes in the Sylt-Rømø Wadden Sea: An Overview
H. Asmus, R. Asmus & W. Hickel

3.1 Quellen und Senken gelöster und partikulär-organischer Substanzen für die Sylt-Rømø Bucht...........219
Sources and Sinks of Dissolved and Particulate Organic Matter in the Sylt-Rømø Bight

3.1.1 Benthische Stickstoffumsätze und ihre Bedeutung für die Bilanz
gelöster anorganischer Stickstoffverbindungen 219
*Benthic Nitrogen Turnover and Implications for the Budget of
Dissolved Inorganic Nitrogen Compounds*
R. Bruns & L.-A. Meyer-Reil

3.1.2 Sulfur Dynamics in Sediments of Königshafen 233
Der Schwefelhaushalt in Sedimenten des Königshafens
E. Kristensen, M. H. Jensen & K. M. Jensen

3.1.3 Bedeutung der Organismengemeinschaften für den bentho-pelagischen
Stoffaustausch im Sylt-Rømø Wattenmeer 257
*The Role of Benthic Communities for the Material Exchange
in the Sylt-Rømø Wadden Sea*
R. Asmus & H. Asmus

3.1.4 Bedeutung gasförmiger Komponenten an den Grenzflächen Sediment/
Atmosphäre und Wasser/Atmosphäre im Sylt-Rømø Wattenmeer 303
*The Role of Gas Fluxes at the Interfaces of Sediment/Atmosphere
and Water/Atmosphere in the Sylt-Rømø Wadden Sea*
J. Bodenbender & H. Papen

3.2 Lateraler Austausch von Nähr- und Schwebstoffen zwischen dem
Nordsylter Wattgebiet und der Nordsee 341
*Lateral Exchange of Nutrients and Particulate Matter between the
Wadden Sea and the North Sea at the Island of Sylt*
G. Schneider, W. Hickel & P. Martens

3.3 Energiefluß und trophischer Transfer im Sylt-Rømø Wattenmeer............367
Energy Flow and Trophic Transfer in the Sylt-Rømø Wadden Sea

3.3.1 Primärproduktion von Mikrophytobenthos, Phytoplankton und jährlicher
Biomasseertrag des Makrophytobenthos im Sylt-Rømø Wattenmeer.......367
*Primary Production of Microphytobenthos, Phytoplankton and the
Annual Yield of Macrophytic Biomass in the Sylt-Rømø Wadden Sea*
R. Asmus, M. H. Jensen, D. Murphy & R. Doerffer

3.3.2 Transporte im Nahrungsnetz eulitoraler Wattflächen der
Sylt-Rømø Bucht 393
Carbon Flow in the Food Web of Tidal Flats in the Sylt-Rømø Bight
H. Asmus, D. Lackschewitz, R. Asmus, G. Scheiffarth, G. Nehls &
J.-P. Herrmann

3.3.3 Die Nutzung stabiler Miesmuschelbänke durch Vögel............................421
Stable Mussel Beds as a Resource for Birds
G. Nehls, I. Hertzler, C. Ketzenberg & G. Scheiffarth

3.3.4 Konsumtion durch Fische und dekapode Krebse sowie deren
Bedeutung für die trophischen Beziehungen in der Sylt-Rømø Bucht......437
*Consumption of Fish and Decapod Crustaceans and their Role in
the Trophic Relations of the Sylt-Rømø Bight*
J.-P. Herrmann, S. Jansen & A. Temming

Kapitel 4	Drift und Wanderungen der Wattorganismen: Ein Überblick..............463

Drift and Migrations of Wadden Sea Organisms: An Overview
W. Armonies

4.1 Planktondrift zwischen der Nordsee und dem Sylt-Rømø Wattenmeer....465
Drift of Plankton between the North Sea and the Sylt-Rømø Wadden Sea
P. Martens

4.2 Driftendes Benthos im Wattenmeer: Spielball der Gezeitenströmungen?..............473
Drifting Benthos in the Wadden Sea: At the Mercy of the Tidal Currents?
W. Armonies

4.3 Anreiz und Notwendigkeit für tidale, diurnale und saisonale Wanderungen..............499
Incentive and Necessity for Tidal, Diurnal and Seasonal Migrations

4.3.1 Saisonale, diurnale und tidale Wanderungen von Fischen und der Sandgarnele (*Crangon crangon*) im Wattenmeer bei Sylt..............499
Seasonal, Diurnal and Tidal Migrations of Fish and Brown Shrimp (Crangon crangon) in the Wadden Sea of Sylt
J.-P. Herrmann, S. Jansen & A. Temming

4.3.2 Saisonale und tidale Wanderungen von Watvögeln im Sylt-Rømø Wattenmeer..............515
Seasonal and Tidal Movements of Shorebirds in the Sylt-Rømø Wadden Sea
G. Scheiffarth & G. Nehls

Kapitel 5	Austauschprozesse im Sylt-Rømø Wattenmeer: Zusammenschau und Ausblick..............529

Exchange Processes in the Sylt-Rømø Wadden Sea: A Summary and Implications
K. Reise, R. Köster, A. Müller, W. Armonies, H. Asmus, R. Asmus, W. Hickel & R. Riethmüller

Kapitel 6	Ausgewählte Publikationen zur Sylt- Rømø Wattenmeerbucht..............559

Selected Publications on the Sylt-Rømø Wadden Sea

Redaktion

Reise, Karsten, Prof. Dr.
  Wattenmeerstation Sylt, Biologische Anstalt Helgoland,
  Hafenstr. 43, 25992 List/Sylt

Köster, Rolf, Prof. Dr.
  Geologisch-Paläontologisches Institut und Museum, Universität Kiel,
  Ludewig-Meyn-Str. 10, 24118 Kiel

Müller, Agmar
  Institut für Gewässerphysik, GKSS-Forschungszentrum,
  Postfach 11 60, 21494 Geesthacht

Armonies, Werner, Dr.
  Wattenmeerstation Sylt, Biologische Anstalt Helgoland,
  Hafenstr. 43, 25992 List/Sylt

Asmus, Harald, Dr.
  Wattenmeerstation Sylt, Biologische Anstalt Helgoland,
  Hafenstr. 43, 25992 List/Sylt

Asmus, Ragnhild, Dr.
  Wattenmeerstation Sylt, Biologische Anstalt Helgoland,
  Hafenstr. 43, 25992 List/Sylt

Gätje, Christiane, Dr.
  Landesamt für den Nationalpark Schleswig-Holsteinisches Wattenmeer,
  Schloßgarten 1, 25832 Tönning

Hickel, Wolfgang, Dr.
  Biologische Anstalt Helgoland,
  Notkestr. 31, 22607 Hamburg

Riethmüller, Rolf, Dr.
  Institut für Gewässerphysik, GKSS-Forschungszentrum,
  Postfach 11 60, 21494 Geesthacht

Eskildsen, Kai
  Landesamt für den Nationalpark Schleswig-Holsteinisches Wattenmeer,
  Schloßgarten 1, 25832 Tönning

Einführung

Introduction

Karsten Reise[1] & Christiane Gätje[2]
[1] *Biologische Anstalt Helgoland, Wattenmeerstation Sylt; D-25992 List*
[2] *Landesamt für den Nationalpark Schleswig-Holsteinisches Wattenmeer; D-25832 Tönning*

ABSTRACT: An attempt is made to quantify exchange processes, transports and biological transformations for the area of the List tidal basin in the northern Wadden Sea. Based on this, we try to predict directions of long-term change in the ecosystem. We begin with a description of physical and biotic structures, and then proceed with sedimentary processes and transports of suspended matter. Biogenic exchange and transformations are covered in the third chapter. In the fourth, drift and migrations of various organisms are exemplified. We finally integrate these aspects and discuss some implications for coastal zone management.

Seit der Entstehung des Wattenmeeres vor etwa 6000 Jahren blieb die Küstenmorphologie in Bewegung. Das Ökosystem an der Wattenmeerküste hat sich fortwährend umgeformt, in Abhängigkeit von sinkendem und steigendem Meeresspiegel, von sich veränderndem Tidenhub und Strömungen, Klima und Wettergeschehen einschließlich Sturmfluten, Gewinnen und Verlusten in der Sedimentbilanz, sich ändernden Flußeinträgen und Sinkstoffen aus der Nordsee und schließlich durch zu- und abwandernde Organismen. Hinzu kommen noch die Eingriffe des Menschen durch Eindeichungen und Entwässerungen, durch Schadstoffe und zusätzliche Nährstoffe, durch Fischerei, Jagd, Landwirtschaft, Verkehr und Erholung, die alle die ökologische Entwicklung beeinflußten. Teils verstärkten sich diese Faktoren wechselseitig, teils wirkten sie auch kompensierend aufeinander (Reise, 1995).

Diese lange Liste der auf das Wattenmeer einwirkenden Kräfte erklärt, daß Voraussagen zur künftigen Entwicklung nicht einfach, klar und sicher sein können, sondern vielschichtig und vage bleiben müssen, zumal sich unser eigenes Verhalten zum Schutz und zur Nutzung dieses Naturraumes in Zukunft vermutlich weiterhin ändern wird. Gerade deshalb sind wissenschaftliche Forschungen zur Entschlüsselung der Grundfunktionen und der Entwicklung dieses Ökosystems notwendig. Wir müssen auf Forschungsergebnisse zurückgreifen können, wenn wir das Ziel nachhaltiger Nutzung in reichhaltiger Lebenswelt verfolgen wollen (Reise, 1990).

Fragestellung

Aus quantitativer Perspektive betrachtet, fungiert das Wattenmeer relativ zur Nordsee als Importgebiet organischer Partikel einschließlich des Planktons und als Exportgebiet für gelöste Endprodukte des biologischen Stoffwechsels, darunter die als Pflanzennährstoffe bedeutenden Salze des Stickstoffs und Phosphors (Postma, 1984). Diese Import- und Exporteigenschaften wurden durch die moderne Küstenarchitektur im Wattenmeer und durch die vermehrten Nährstoffeinträge aus dem Siedlungsraum der Menschen in die Nordsee modifiziert. Die für die weitere Entwicklung des Wattenmeeres entscheidende Frage ist, wie sich dadurch die Leistungen und die Struktur der Produzenten, Konsumenten und der Remineralisation verändern. Die Auswirkungen solcher Veränderungen sind wiederum abhängig von den Biotopproportionen, der Biotopverteilung und den Austauschvorgängen innerhalb des Wattenmeeres.

Unter dem Forschungsthema 'Sylter Wattenmeer Austauschprozesse'(*SWAP*) wurden Stofftransporte, Stoffumwandlungen, Drift und Wanderungen von Organismen untersucht. Gemessen wurde, was von außen in die Bucht zwischen den Inseln Sylt und Rømø eingetragen wird, was dort verbleibt und wie es sich dort verteilt, was biologisch umgewandelt wird und was die Bucht wieder verläßt. Die Bilanz dieser Austauschprozesse soll Hinweise auf die weitere Entwicklung des untersuchten Wattgebietes geben (Abb. 1). Gefragt wird, für welche Substanzen und Organismen die Bucht oder einzelne Teile davon als Quelle oder als Senke für die Nachbargebiete fungieren. Wo die Bilanz nicht ausgewogen ist, resultieren daraus langfristig Veränderungen, die so vorausgesagt werden können.

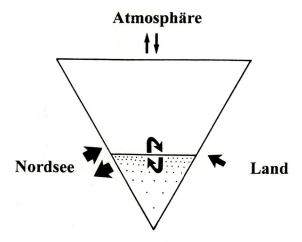

Abb. 1. Externe und interne Austauschprozesse im Wattenmeer, vertikal gegliedert in Benthos, Pelagial und Luftraum.

Gebietswahl

Für diese Fragestellung wurde als natürliche Raumeinheit des Wattenmeeres ein Wattstromeinzugsgebiet gewählt. Solch ein Tidebecken wird als die kleinste Einheit angesehen, die alle wesentlichen, das Wattenmeer kennzeichnenden Strukturelemente und Funktionen enthält. Wegen der regionalen Unterschiede innerhalb des Wattenmeeres kann kein Tidebecken für alle anderen repräsentativ sein. Die Untersuchungen konzentrierten sich dennoch auf das Lister Tidebecken zwischen Sylt und Rømø, um in einer Fallstudie möglichst viele Aspekte im selben Gebiet und zur selben Zeit bearbeiten zu können. Die Dämme entlang der Wattwasserscheiden zwischen dem Festland und den beiden Inseln reduzierten zudem den Meßaufwand für die Austauschprozesse mit den Nachbargebieten. Ein weiteres Auswahlkriterium war die Lage der Wattenmeerstation Sylt der Biologischen Anstalt Helgoland direkt im Untersuchungsgebiet. Durch sie waren auch Forschungsergebnisse zur Biologie und Ökologie dieses Tidebeckens über einen langen Zeitraum vorhanden. Am Beispiel der Lister Austernbänke entwickelte Karl Möbius 1877 das Konzept der ökologischen Lebensgemeinschaft und lieferte damit auch erste Daten über das Gebiet, die heute zu Vergleichszwecken genutzt werden können.

Meßstrategie

Die Messungen können auf vier räumliche Ebenen bezogen werden (Abb. 2). Für das gesamte Lister Tidebecken wurde die Verteilung von Sedimenten und Bodenorganismen in Karten dargestellt. Bestandszahlen von Vögeln und Seehunden wurden durch Zählungen auf den Hochwasserrastplätzen erfaßt, ergänzt durch Entenzählungen vom Flugzeug aus. Die Strömungsmuster wurden modelliert. Der Wasseraustausch mit der Nordsee und die Flußwassereinträge wurden aus Pegeldaten errechnet. Niederschläge und andere meteorologische Daten wurden von eigenen Meßstationen im Königshafen und von Angaben der Wetterstation List extrapoliert. Durch Meßkampagnen im Wattstrom wurden über mehrere Tidezyklen Wasserinhaltsstoffe und pelagische Organismen erfaßt, um daraus Austauschraten zwischen der Wattenmeerbucht und der Nordsee zu errechnen. Alte und neue Karten wurden verglichen, um über Tiefenveränderungen auf die Sedimentbilanz schließen zu können.

Entsprechende Messungen wurden auch auf der nächst kleineren Ebene durchgeführt: dem Königshafen, einer Bucht innerhalb der großen Bucht, die etwa 1 % der Gesamtfläche umfaßt. Hier erfolgten die meisten Detailuntersuchungen und lagen Stationen für kontinuierliche Meßserien. Für dieses Teilgebiet wurde eine wesentlich höhere Meßdichte erzielt als dies im Gesamtgebiet möglich gewesen wäre. Drift und Wanderungen benthischer Organismen wurden hier analysiert. In vieler Hinsicht diente der Königshafen als Modellgebiet für das Lister Tidebecken.

Messungen zum Stoffaustausch zwischen Wattböden samt ihren Lebensgemeinschaften und dem Gezeitenwasser wurden in Strömungskanälen von 20 m Länge durchgeführt, die im Königshafen errichtet wurden. Die vertikalen Austauschraten wurden aus Konzentrationsvergleichen zwischen ein- und ausströmendem Gezeitenwasser errechnet und dann unter Berücksichtigung der Wattbodentypen auf größere Gebiete extrapoliert.

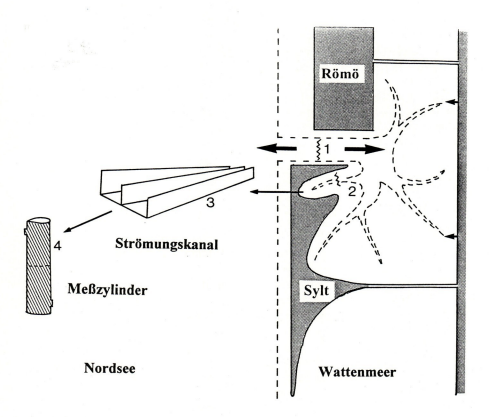

Abb. 2. Austauschprozesse zwischen Wattenmeer und Nordsee werden exemplarisch gemessen für das Tidebecken zwischen den Inseln Sylt und Rømø, (1) im Lister Tief an der Schnittstelle zur Nordsee, (2) gesondert für das Teilgebiet Königshafen am Nordende von Sylt, (3) der Vertikalaustausch zwischen Wattboden und Gezeitenwasser im Strömungskanal, errichtet in diversen Watthabitaten und (4) in geschlossenen Kammern zur Analyse von Einzelleistungen im Austausch von gelösten und gasförmigen Verbindungen.

Neben der üblichen Prielbefischung wurden auch Einschlußnetze über Wattflächen von etwa 5000 m² zur Ermittlung der Fischdichte eingesetzt. Vogeldichten wurden direkt gezählt. Auf der kleinsten Meßebene wurden unter experimentellen Bedingungen Veränderungen an eingeschlossenen Sedimentkernen und Wasserkörpern vorgenommen, um biogeochemische Leistungen funktioneller Organismengruppen in Abhängigkeit von Steuerfaktoren zu bestimmen.

Als elementare Zeiteinheit für die Messungen von Austauschraten wurde ein Tidenzyklus gewählt, möglichst auch eine Doppeltide, um neben der Ungleichheit aufeinanderfolgender Tiden auch die diurnale Komponente zu berücksichtigen. Insbesondere bei Messungen zur Drift und zu Wanderungen wurde der 15tägige Springtidenzyklus beachtet. Saisonale und interannuelle Veränderungen wurden nur im Pelagial durch wöchentliche oder noch öftere Messungen quasi kontinuierlich erfaßt. In allen anderen Fällen wurde auf saison- und Jahresunterschiede von einzelnen Meßintervallen geschlossen. Bei den meisten biologischen Untersuchungen blieb der Winter unterrepräsentiert. Veränderungen über mehrere Jahrzehnte wurden im Benthos aus Vergleichsuntersuchungen zu früheren Bestandsaufnahmen abgeleitet. Topographische Veränderungen lassen sich aus vorliegenden Karten für die letzten drei Jahrhunderte rekonstruieren.

Bedeutung

Ausgelöst durch die zunehmende Eutrophierung in den Gewässern vor dicht besiedelten und wirtschaftlich intensiv genutzten Küsten, sind seit den 70er Jahren viele ökosystemare Untersuchungen zur Quantifizierung der Stoffflüsse unternommen worden (Heip & Herman, 1995; Nixon et al., 1986; Smith et al., 1991; Valiela et al., 1992), im Wattenmeer im Ems-Dollard-Ästuar (Baretta & Ruardij, 1988) und bei Texel (Cadée, 1984; de Wilde & Beukema, 1984) und nahe Esbjerg im Hobo Dyb (Henriksen et al., 1984). Die Ergebnisse sind sehr unterschiedlich ausgefallen. Dies kann einerseits durch regionale Sonderheiten erklärt werden, beruht aber andererseits auch darauf, daß aus praktischen Gründen nur wenige Ausschnitte des komplexen Geschehens tatsächlich gemessen werden können, während der Rest nach bestem Wissen interpoliert und geschätzt wird. Durch die SWAP-Forschungen wurde versucht, nicht nur Ergebnisse aus einem weiteren Gebiet hinzuzufügen, sondern auch Lücken im Spektrum zu messender Prozesse zu schließen. Diese Aspekte der ökologischen Grundlagenforschung werden nachfolgend in den einschlägigen Kapiteln diskutiert.

Darüberhinaus galt es aber, Wissensgrundlagen und Prognosen zu liefern, auf denen ein künftiges Küstenzonenmanagement im Biosphärenreservat und im Nationalpark Schleswig-Holsteinisches Wattenmeer entwickelt werden kann. Dafür allerdings reichen die Ergebnisse der SWAP-Untersuchungen allein nicht aus, da auch sie unvermeidliche Lücken aufweisen, sich auf Austauschprozesse konzentrierten und dadurch andere Vorgänge nur streiften, und sich nur auf eine Wattenmeerbucht beziehen. Bedeutende Erweiterungen wird voraussichtlich eine Zusammenschau mit den Ergebnissen noch laufender, ökosystemarer Projekte im Wattenmeer und in der Nordsee bringen. Im Bereich der Harle bei Spiekeroog werden im niedersächischen Nationalpark Wattenmeer Elastizitätseigenschaften und sedimentäre Prozesse beforscht (ELAWAT). Ein Vergleich mehrerer Wattgebiete der Deutschen Bucht mit ihrem Stoffaustausch zur Nordsee wird im Projekt TRANSWATT angestrebt. Weitere Transportprozesse und Stoffumwandlungen werden in dem dem Wattenmeer vorgelagerten Küstenwasser bearbeitet (KUSTOS). Ein Versuch, das bisher Bekannte in einem Modell für den gesamten Nordseebereich zusammenzufügen, wird in dem europäischen Vorhaben ERSEM unternommen. In diesem Kontext werden die hier vorgelegten SWAP-Ergebnisse möglicherweise neue Bewertungen erfahren. Die folgenden Ausführungen konzentrieren sich aber zunächst ganz auf die Austauschprozesse und die Veränderungen im Lister Tidebecken und diskutieren die sich daraus ergebenden Fragen für ein Küstenzonenmanagement.

Gliederung

Dieses Buch gliedert sich in fünf Hauptkapitel. Im ersten erfolgt eine Strukturbeschreibung der Sylt-Rømø Wattenmeerbucht unter besonderer Berücksichtigung langfristiger Veränderungen und des Vergleiches mit anderen Teilbereichen des Wattenmeeres. Diese kurze Darstellung liefert Hinweise auf Besonderheiten, die bei Übertragungen einzelner Austauschraten auf andere Gebiete oder ins Generelle zu beachten sind. Das zweite Hauptkapitel befaßt sich mit den sedimentären Austauschprozessen, beginnend mit einer Langzeitbetrachtung über Jahrhunderte, dann mit Sedimentumlagerungen innerhalb eines Jahresganges und mit den Schwebstoffverteilungen und deren Modellierung im Lister Tidebecken. Das dritte Hauptkapitel behandelt einen großen Teil der biogenen Austauschprozesse und Stoffumwandlungen im Wattboden, im Gezeitenwasser und Transporte von und zur Nordsee, der Atmosphäre sowie aus den einmündenden Flüssen. Im vierten Hauptkapitel werden Verdriftungen und aktive Wanderungen pelagischer und benthischer Organismen sowie von Fischen und Vögeln beschrieben. Damit sind alle wesentlichen Austauschvorgänge im Lister Tidebecken erfaßt. Unberücksichtigt blieben allerdings die Austauschprozesse mit den Salzwiesen, abgesehen von der dort stattfindenden Erosion und Sedimentation feiner Partikel. In einem Abschlußkapitel wird versucht, eine Zusammenschau zu vermitteln und Implikationen der Ergebnisse für das Küstenmanagement anzudeuten. Dieses Buch beinhaltet nicht eine vollständige Präsentation aller Teilergebnisse. Diese wurden in den Abschlußberichten der einzelnen Arbeitsgruppen bereits dokumentiert (siehe Kapitel 6).

LITERATUR

Baretta, J. & Ruardij, P., 1988. Tidal flat estuaries. Springer-Verlag, Berlin, 353 pp.

Cadée, G.C., 1984. Has input of organic matter into the western part of the Dutch Wadden Sea increased during the last decades? Neth. Inst. Sea Res. Publ. Ser. *10*, 71-82.

De Wilde, P.A.W.J. & Beukema J.J., 1984. The role of zoobenthos in the consumption of organic matter in the Dutch Wadden Sea. Neth. Inst. Sea Res. Publ. Ser. *10*, 145-158.

Heip, C. & Herman, P.M.J., 1995. Major biological processes in european tidal estuaries: a synthesis of the JEEP-92 project. Hydrobiologia *311*, 1-7.

Henriksen, K., Jensen, A. & Rasmussen M.B., 1984. Aspects of nitrogen and phosphorus mineralization and recycling in the northern part of the Danish Wadden Sea. Neth. Inst. Sea Res. Publ. Ser. *10*, 51-70.

Nixon, S.W., Oviatt, C.A., Frithsen, J. & Sullivan, B., 1986. Nutrients and the productivity of estuarine and coastal marine ecosystems. J. Limn. Soc. South Africa *12*, 43-71.

Postma, H., 1984. Introduction to the symposium of organic matter in the Wadden Sea. Neth. Inst. Publ. Ser. *10*, 15-22.

Reise, K., 1990. Grundgedanken zur ökologischen Wattforschung. Umweltbundesamt, Berlin, 138-146 (Texte 7/90).

Reise, K., 1995. Predictive ecosystem research in the Wadden Sea. Helgoländer Meeresunters. *49*, 495-505.

Smith, S.V., Hollibaigh, J.T., Dollar, S.J. & Vink, S., 1991. Tomales Bay Metabolism: C-N-P stoichiometry and ecosystem heterotrophy at the Land-Sea interface. Est. Coast. Shelf Sci. *33*, 223-257.

Valiela, I. et al., 1992. Couplings of watersheds and coastal waters: sources and consequences of nutrients enrichment in Waquoit Bay, Massachusetts. Estuaries *15*, 443-457.

Abstract

The Wadden Sea is a changing ecosystem. To predict the further development, an interdisciplinary research project 'SWAP' was implemented from 1990 to 1995. Taking the large List tidal basin between the islands of Sylt and Rømø in the northern Wadden Sea as an example, we measured the exchange of water, sediment, biologically relevant substances and organisms between land, atmosphere, tidal basin and the adjacent North Sea. In case of an imbalance of exchanged components with a net import or a net export, a long-term change may be inferred. The investigations were conducted by a sequence of spatial and temporal scales, ranging from microbiological analyses in a single sediment core during the course of a tide, up to the reconstruction of the sediment balance of the entire tidal basin during the past centuries.

Pronounced seasonality and weather dependence caused a high variability in the measured parameters. More than 2,000 plant and animal species in the List tidal basin represented a vast complexity of adaptations and changes in this physically variable environment. Here a selection of major results is listed. To find a more encompassing summary contact the abstracts given at each chapter. A comprehensive overview on the main conclusions is given in chapter 5.

- The investigated tidal basin came into existence about 5,500 years ago. Approximately one third of the former area became embanked since the 15th century. In this century, causeways connecting the islands with the mainland were built. Water exchange of the resulting lagoon with the North Sea was since then limited through a narrow tidal inlet between Sylt and Rømø.
- Sandy sediments predominate. Muddy flats cover only 3 % of the tidal area and salt marshes only 2 % of the total.
- The mean tidal range in the inner bight is 2 m. At mean high tide the water volume is twice the mean low tide volume. Local riverine discharge is only 0.1 % of the tidal water exchange.
- At mean low tide 33 % of the bight are uncovered (intertidal region). Deep channels (below NN -5m) comprise 10 % of the area. The rest belongs to an extensive, shallow subtidal region.

- During the last 100 years, the tidal channels became wider, and the intertidal area above spring low tide decreased from 66 to 40 %. Erosion was most conspicuous in the shallow subtidal above 5 m depth and around high tide line (beaches and salt marsh edges). In the intertidal, areas of sedimentation and erosion are approximately in balance.
- Compared to others, this tidal basin is a rather ineffective sink for fine grained deposits. About 14 % is contributed by two local rivers, and more than one half is derived from the North Sea.
- A large share of the suspended matter in the inner bight originated from local erosion and resuspension. Concentration may be more than 100 mg l^{-1}, containing up to 20,000 fecal pellets of the mud snail *Hydrobia ulvae*.
- On tidal flats, the bottom shear stress caused by wind waves exceeds that of the tidal currents already at moderate wind speeds. In the presence of thriving benthic diatoms, the bottom shear stress required to resuspend particles is ten times higher than without diatoms.
- Measurements during calm weather at cross sections of the major tidal channels and the inlet revealed no significant differences in suspended matter transport to and fro with the tide.
- Ammonia released by nitrogen bacteria of the tidal sediments was immediately taken up by the microphytobenthos. Nitrification and denitrification are of minor importance, and the elimination rate of nitrogen was very low. In the presence of seagrass and green algal cover release of N_2O was enhanced.
- In most of the tidal sediments, the anaerobic microbial pathway through sulfate reduction was dominant. Only small amounts of the released sulfides were trapped by iron. Therefor a large share of the oxygen consumption of the tidal sediments was used for sulfide oxidation. Less than 1 % of the produced sulfides were released to the atmosphere.
- The exchange of trace gases at the sediment/atmosphere interface was dominated by an uptake of CO_2 during daytime and a corresponding release during night. Anoxic sediment surfaces with high organic content enhanced the release of N_2O, CH_4 and H_2S, and in the case of green algal mats also of DMS which otherwise only occurred at the water/atmosphere interface.
- The intertidal macrobenthos of the Lister tidal basin resembled that of other parts of the Wadden Sea with respect to species composition and biomass. Macrofauna dominated sediments showed a net release of dissolved anorganic nutrients, while macrophytes caused a net uptake. Particulate matter was primarily taken up but this trend reversed when the macrobenthos was experimentally excluded.
- Averaged over all habitats, the tidal zone served as a sink for organic particles and as a source for dissolved inorganic nutrients during summer. The subtidal zone seems to be primarily a source region for all substances.

- During the last hundred years, seagrass beds, oyster beds and *Sabellaria*-reefs have vanished from the shallow subtidal, while mussel cultures have been established there. These biogenic structures may function as sinks for particles. Calculating the organic particle budget without all seagrasses and mussels converts the entire bight into a source rather than a sink.
- Measurements on the flow of suspended particulate matter in the ebb and flood currents of the inlet indicate a net import in spring and autumn, and in summer a net import of dissolved inorganic nutrients. As these nutrients are also released from the benthos, a considerable uptake by the phytoplankton is assumed. The variation of parameters between tides was very high, and concentrations in the flood and ebb currents averaged over 5 years suggest no significant net transports during the periods of spring to autumn.
- The anthropogenic increase of nutrient concentrations in the coastal waters of the North Sea were apparent in the Sylt-Rømø bight about 10 years later than in the western Dutch Wadden Sea. Compared to measurements in the early 1980s, primary production in the microphytobenthos und phytoplankton approximately doubled. This may have been caused by higher nutrient availability. Consumption and production of the benthic fauna increased too.
- In the Sylt-Rømø bight the contributions to the annual primary production are estimated to be 52 % for phytoplankton, 45 % for microphytobenthos und 3 % for seagrass.
- Species compositions of fish and birds resemble those in other parts of the Wadden Sea. Abundance of flatfish was relatively low in summer and small-sized waders were rare in winter.
- Among the consumers living in the water, shrimp dominated in the intertidal, while fish were less important, juvenile flatfish in particular. Total consumption of flood tide visitors (crustaceans and fish) was much lower than that of carnivorous birds, dominated by eiders. At a mussel bed the annual consumption of birds was estimated to be 30 % of mussel biomass.
- For holoplanktonic organisms the Lister tidal basin tends to be a sink, while it is a source for meroplankton. Some medusae and the comb jelly *Pleurobrachia pileus* may prolong their stay and reproduce in the basin, by descending into depths with slower current velocities during ebbing tide. On the other hand, shrimp and small fish may ascend to layers with high flood tide velocities to get transported onto the tidal flats.
- Also after their pelagic larval phase, many juveniles of the benthic fauna continue to drift with the tidal currents. Drifting is actively initiated but stops when the sea becomes rough (wind speed > 10 m s^{-1}). Juvenile bivalves prefer nocturnal spring tides and hydrobiid snails sunny days. Drifting allowed to attain age specific distributional patterns in the tidal basin.
- Many waders foraged over the entire tidal zone by following the tide line. Dunlins departed from this pattern when attractive prey was encountered above low tide level. Winter residence of waders in the bight is often limited by increasing thermoregulatory costs, affecting primarily the small-sized species.

- About 9 % of the seal population in the Wadden Sea were encountered between Sylt and Rømø. Their main resting place was a sandy shoal in the ebb delta of the List tidal inlet, while pupping occurred on sands further inside the bight.

In the long run, biological diversity and ecological function of the List tidal basin is threatened by the negative sediment balance and the narrowing of the tidal zone. By creating new flooded areas with salt marsh vegetation and brackish reed marshes in the polders of the estuary of the Brede Å and Vidå, this development might be retarded. At the same time, this new landscape may function as a filter for nutrient runoffs from the adjacent agricultural land, and may develop into a permanent sink for organic material. By utilizing these flooded areas for recreational purposes, the ecological requirement of a habitat continuity between the sea and the land may be also attractive economically.

Abstrakt

Vadehavet er et foranderligt økosystem. Med det formål at lave prognoser for dets fremtidige udvikling blev et interdisciplinært forskningsprojekt "SWAP" gennemført i perioden 1990 til 1995. Med det store tidevandsområde mellem øerne Sild og Rømø i det nordlige Vadehav som eksempel, målte vi udvekslingen af vand, sediment, forskellige biologiske forbindelser og organismer mellem land, atmosfære, tidevandsområde og den tilgrænsende Nordsø. I tilfælde af ubalance i de udvekslede stoffe, resulterende i nettoimport eller nettoexport, er det muligt at vurdere langtids forandringer. Undersøgelserne blev udført i en serie af spatiale og tidslige skalaer, fra mikrobiologisk analyser i enkelte sedimentkerner over en tidevandsperiode op til beregning af sedimentbalancen for hele området gennem de seneste århundreder.

Der var en høj grad af variabilitet i de målte parametre forårsaget af årstidsvariationer og skiftende meteorologiske forhold. Mere end 2000 plante- og dyrearter i Lister Dybs tidevandsområde repræsenterede en stor kompleksitet i tilpasning og forandring i dette fysisk variable miljø. Der findes mere omfattende summaries foran hvert enkelt kapitel. En mere omfattende oversigt af hovedkonklusionerne er givet i kapitel 5.

- Det undersøgte tidevandsområde blev dannet for omkring 5500 år siden. Siden det 15. århundrede er ca. en tredjedel af området blevet inddiget. I dette århundrede er der bygget dæmninger, der forbinder øerne med hovedlandet. Siden er vandudskiftningen mellem lagunen og Nordsøen foregået udelukkende gennem tidevandsdybet mellem Sild og Rømø.
- Sandede sedimenter dominerer området. Mudderflader (slikvader) og markse- dimenter dækker kun henholdsvis 3 % og 2 % af området.
- Middeltidevandsstørrelsen i lagunen er ca. 2 m. Middel højvandsvoluminet er dobbelt så stort som middel lavvandsvoluminet. Tilførsel af ferskvand udgør kun 0.1 % af tidevandsprismet.
- Ved middellavvande er 33 % af bugten tørlagt (det intertidale område). Dybe render (mindre end NN -5m) udgør 10 % af området. Resten af arealet udgøres af vidtstrakte fladvandede subtidale områder.

- Gennem de seneste 100 år er tidevandsrenderne blevet bredere og det intertidale område beliggende over springtidslavvande er aftaget fra 66 til 40 %. Erosionen er mest iøjnefaldende i de subtidale områder med dybder mindre end 5 m og omkring højvandslinjen (strande og marskkanter). I det intertidale område er der nogenlunde balance mellem erosion og aflejring.
- Sammenlignet med andre tilsvarende tidevandsområder aflejres der relativt lidt finkornet sediment i Lister Dybs tidevandsområde. Omkring 14 % kommer fra de lokale åer og mere end halvdelen fra Nordsøen.
- En stor del af det suspenderede materiale i den indre del af bugten stammer fra lokal erosion og resuspension. Man finder koncentrationer højere end 100 mg l^{-1}, indeholdende op til 20,000 fecal pellets fra sneglen *Hydrobia ulvae*.
- Bundforskydningsspændingen over vadefladerne forårsaget af bølger overstiger bundforskydningsspændingen forårsaget af tidevandsstrømmen selv ved moderate vindhastigheder. I perioder med blomstring af benthiske diatomeer er den kritiske bundforskydningsspænding ti gange højere end uden diatomeer.
- I perioder med roligt vejr er nettotransporten af suspenderet sediment målt i et tværsnit af tidevandsdybet og i de større tidevandsrender nær nul.
- Ammonium frigivet af nitrogene bakterier i sedimentet blev umiddelbart optaget af mikrophytobenthos. Nitrifikation og denitrifikation er af mindre betydning og frigivelsen af nitrogen var meget lav. Tilstedeværelse af ålegræs og grønalger forøger frigivelsen af N_2O.
- I de fleste sedimenttyper var den anaerobe mikrobielle omsætning ved sulfat-reduktion dominerende. Kun små mængder frigivne sulfider blev bundet af jern. Derfor blev en stor del af sedimentets iltforbrug anvendt til sulfid oxidation. Mindre end 1 % af de dannede sulfider blev frigivet til atmosfæren.
- Udvekslingen af gasser ved sediment/atmosfære grænsefladen var domineret af CO_2 optag om dagen og tilsvarende frigivelse om natten. Anoxiske sediment-overflader med højt organisk indhold øger frigivelsen af N_2O, CH_4 og H_2S, og i tilfælde af tilstedeværelse af grønalgemåtter også af DMS, der ellers kun fore-kommer i vand/atmosfære grænsefladen.
- De intertidale makrobenthos i Lister dybs tidevandsflader svarer til, hvad man finder i andre dele af Vadehavet, med hensyn til artssammensætning og biomasse. Sedimenter domineret af makrofaunaen viste en nettofrigivelse af opløste uorganiske næringssalte, medens makrofyter forårsagede nettooptag. Partikulært materiale blev fortrinsvis bundet, men dette forhold vendte når makrobenthos blev fjernet eksperimentelt.
- Taget som gennemsnit for alle habitater er den intertidale zone et netto-sedimentationsområde for organiske partikler og en nettokilde med hensyn til uorganiske næringssalte om sommeren. Den subtidale zone synes primært at være en kilde for alle stoffer.

- Gennem de seneste århundreder er ålegræsområder, østersbanker og *Sabellaria*-rev forsvundet fra det lavvandede intertidale område, samtidig med, at muslingekulturer er etableret. Disse biogene strukturer virker sandsynligvis sedimentakkumulerende. Hvis der opstilles et partikulært organisk budget for området uden at medtage ålegræs og muslinger, er området snarere en nettokilde end et nettosedimentationsområde.
- Målinger i tidevandsdybet af den suspenderede sedimenttransport i henholdsvis ebbe- og flodperioden viser en nettoimport i forårs- og efterårsperioden, og i sommerperioden en nettoimport af opløste næringssalte. Da disse næringssalte også frigives fra benthiske organismer, må det antages, at phytoplanktonet optager store mængder. Den tidale variation i de målte parametre er meget stor, og koncentrationer i flod- og ebbeperioden midlet over 5 år tyder ikke på nogen signifikant nettotransport i perioden forår til efterår.
- Den antropogene forøgelse af næringssaltkoncentrationer i den kystnære del af Nordsøen manifesterede sig i Sild-Rømø området ca. 10 år senere end i den vestlige del af det hollandske Vadehav. Sammenligning med målinger fra begyndelsen af 1980´erne viser, at primærproduktionen fra mikrophytobenthos og phytoplankton omtrent er fordoblet. Dette kan skyldes den større tilgængelighed af næringsstoffer. Den benthiske faunas forbrug og produktion er også blevet større.
- I Sild-Rømø bugten bidrager phytoplankton med 52 %, mikrophytobenthos med 45 % og ålegræs med 3 % af den årlige primærproduktion.
- Artssammensætningen af fisk og fugle svarer til sammensætningen andre steder i Vadehavet. Hyppigheden af fladfisk var relativt lav om sommeren og små vadefugle var sjældne om vinteren.
- Betragtes konsumenterne i vandfasen, domineres det intertidale område af rejer, mens fisk er af mindre betydning her, især unge fladfisk. Den totale konsumption af de organismer, der kommer ind i området ved højvande (krebsdyr og fisk), var meget mindre end fuglenes, som domineres af edderfugle. På en bund dækket af muslingebanker estimeres fuglenes årlige konsumption til ca. 30 % af muslinge biomassen.
- Lister dybs tidevandsområde synes at akkumulere holoplanktoniske organismer, mens der eksporteres meroplankton. Nogle vandmænd og ribbegoplen *Pleurobrachia pileus* forlænger deres ophold i området og formerer sig ved at synke ned til større dybder med lavere strømhastigheder i ebbeperioden. I modsætning hertil kan rejer og små fisk stige op i vandlag med større strømhastighed i flodperioden for at blive transporteret op på vaderne.
- Også efter deres pelagiske larvestadie fortsætter mange unge benthiske organismer med at lade sig transportere med tidevandsstrømmen. Denne transport initieres aktivt, men stopper i hårdt vejr (vindhastigheder > 10 m s^{-1}). Unge muslinger foretrækker natlige springtidevand, mens dyndsnegle foretrækker solskinsdage. Denne flydning betyder, at man kan finde aldersspecifikke spatiale fordelingsmønstre i tidevandsområdet.

- Mange vadefugle fouragerer over hele den intertidale zone ved at følge den faldende vandlinje. Den almindelige ryle afveg fra dette mønster når attraktivt bytte blev fundet over lavvandsnivaeu. Overvintrende vadefugle i området begrænses ofte af de lavere temperaturer tæt ved kysten, der primært påvirker små arter.
- Omkring 9 % af sælpopulationen i Vadehavet blev fundet mellem Sild og Rømø. Deres foretrukne rasteplads var en sandbanke på kanten af Lister dybs ebbedelta, mens sælunger optrådte på sandbanker længere inde i bugten.

På længere sigt er den biologiske diversitet og økologiske balance i Lister dybs tidevandsområde truet af negativ sedimentbalance og indsnævringen af den intertidale zone.Ved at etablere nye uinddigede områder med marskvegetation og områder med brakvandsmark og rørsumpe omkring Brede Å og Vidå, kan denne udvikling modvirkes. Samtidig kan disse nye områder fungere som filter for næringsstoffer, der stammer fra landbruget og tilføres tidevandsområdet med åerne, og de nye områder kan muligvis udvikle sig til permanente sedimentationsområder for organisk materiale. Ved at udnytte disse nye områder til rekreative formål kan den nødvendige økologiske habitat kontinuitet mellem hav og land endvidere vise sig at blive økonomisk attraktiv.

Zusammenfassung

Das Wattenmeer ist ein veränderliches Ökosystem. Um Voraussagen über seine weitere Entwicklung treffen zu können, wurde von 1990 bis 1995 das interdisziplinäre Forschungsprojekt 'Sylter Wattenmeer Austauschprozesse' (*SWAP*) durchgeführt. Am Beispiel eines großen Tidebeckens im nördlichen Wattenmeer, dem Wattstromeinzugsgebiet des Lister Tiefs zwischen den Inseln Sylt und Rømø, wurde der Austausch von Wasser, Sedimenten, biologisch relevanten Substanzen und Organismen zwischen Land, Atmosphäre, Wattenmeerbucht und Nordsee untersucht. Ist die Bilanz ausgetauschter Komponenten nicht ausgeglichen, sondern kommt es zu einem Nettoeintrag oder einem Nettoaustrag, dann könnten daraus langfristige Veränderungen resultieren. Die Untersuchungen erfolgten auf mehreren räumlichen und zeitlichen Skalen von mikrobiellen Analysen in einzelnen Sedimentkernen über einen Tidenverlauf, bis hin zur Rekonstruktion der Sedimentbilanz des gesamten Tidebeckens über die vergangenen Jahrhunderte.

Durch ausgeprägte Saisonalität und Wetterabhängigkeit, traten bei allen Meßwerten sehr hohe Variabilitäten auf. Die über 2000 Pflanzen- und Tierarten des Lister Tidebeckens präsentierten eine kaum überschaubare Vielfalt von Anpassungen und Veränderungen an diesen physikalisch sehr wechselhaften Lebensraum. Hier erfolgt nur eine Auswahl der wichtigsten Ergebnisse. Für einen vollständigeren Überblick sei auf die Zusammenfassungen verwiesen, die den einzelnen Kapiteln vorangestellt sind. Eine Zusammenschau wesentlicher Schlußfolgerungen findet sich in Kapitel 5.

- Die untersuchte Wattenmeerbucht entstand vor rund 5500 Jahren. Etwa ein Drittel der Fläche wurde seit dem 15. Jh. durch Eindeichungen abgetrennt. In diesem Jahrhundert wurden zwei Dämme vom Festland zu den Inseln gebaut, so daß eine Lagune entstand, die mit der Nordsee nur über das schmale Lister Tief verbunden blieb.
- Sandige Sedimente herrschen vor. Schlickwatt bedeckt nur 3 % der Wattfläche im Gezeitenbereich und Salzwiesen wachsen nur auf 2 % der Gesamtfläche.
- Der mittlere Tidenhub beträgt in der inneren Bucht 2 m. Bei mittlerem Tidehochwasser ist das Wasservolumen in der Bucht doppelt so groß wie bei Niedrigwasser. Die lokalen Flußeinträge umfassen nur 0,1 % des Tidevolumens.

- Bei mittlerem Niedrigwasser sind 33 % der Bucht nicht mit Wasser bedeckt (Eulitoral). Tiefe Rinnen (unter NN -5 m) nehmen 10 % der Fläche ein. Dazwischen befindet sich ein ausgedehntes, flaches Sublitoral.
- In den letzten 100 Jahren wurden die Wattstromrinnen breiter und der Flächenanteil des Eulitorals oberhalb Springtidenniedrigwasser ging von 66 auf 40 % zurück. Die Erosion ist im flachen Sublitoral oberhalb 5 m Tiefe und im Bereich der Hochwasserlinie (Strände und Salzwiesenabbruch) am deutlichsten. Im Eulitoral halten sich Sedimentations- und Erosionsgebiete in etwa die Waage.
- Die Wirkung des Tidebeckens als Sedimentfalle ist im Vergleich zu anderen sehr gering. Etwa 14 % der feinkörnigen Deposite kommt aus lokalen Flußeinträgen und mehr als die Hälfte aus der Nordsee.
- Ein hoher Anteil der Schwebstoffe in der inneren Bucht entstammte lokalen Erosionsprozessen und konnte über 100 mg l^{-1} betragen und dabei bis zu 20.000 Kotpillen der Schnecke *Hydrobia ulvae* enthalten.
- Auf den Wattflächen übertrifft die vom Seegang erzeugte Bodenschubspannung die der Tidenströmung schon bei mäßigen Winden. Ist ein Bewuchs durch Bodendiatomeen ausgebildet, sind zehnmal höhere Schubspannungen zur Mobilisierung von Bodenmaterial erforderlich.
- Messungen unter Schwachwindbedingungen durch Querschnitte der Hauptrinnen und des Lister Tiefs ergaben zwischen Flut- und Ebbstrom zumeist eine im Rahmen der Fehlergrenzen ausgeglichene Schwebstoffbilanz.
- Von Stickstoffbakterien im Wattboden freigesetztes Ammonium wird meist direkt von den Mikroalgen der Bodenoberfläche aufgebraucht. Nitrifikation und Denitrifikation sind im Stickstoffkreislauf des Wattbodens von geringer Bedeutung. Entsprechend gering ist die Eliminierung von Stickstoff. Nur bei Seegrasbewuchs und Grünalgenbedeckung ist die Emission von Stickoxiden erhöht.
- In den meisten Wattböden dominiert der anaerobe mikrobielle Umsatz mit den Sulfatreduzierern. Nur wenig vom dabei freigesetzten Sulfid verbindet sich mit Eisenionen, sondern erfordert zu seiner Oxidation einen hohen Anteil der Sauerstoffaufnahme des Wattbodens. Weniger als 1 % des produzierten Sulfids gelangt in die Atmosphäre.
- Der Spurengasaustausch an der Grenze Wattboden/Atmosphäre wird tagsüber von einer Aufnahme und nachts einer Abgabe des CO_2 dominiert. Anoxische Sedimentoberflächen in Verbindung mit einem höheren Eintrag organischen Materials fördern den Spurengastransfer von N_2O, CH_4 und H_2S sowie in Verbindung mit Grünalgenmatten auch von DMS, das sonst nur an der Grenzfläche Wasser/Atmosphäre in bedeutsamer Menge abgegeben wird.
- Das Makrobenthos auf den Watten der Sylt-Rømø Bucht ähnelt im Artenspektrum und in der Biomasse anderen Gebieten im Wattenmeer. Von Makrofauna dominierte Wattböden setzten remineralisierte Nährsalze frei, während ein Bewuchs mit Makrophyten als Nährsalzsenke wirkte. Bei partikulären Substanzen überwog ein Nettoeintrag, der sich in einen Austrag umkehrte, wenn große Fauna und Vegetation experimentell entfernt wurde.

- Insgesamt erwies sich das Eulitoral im Sommer als Partikelsenke und Nährsalzquelle. Im gering besiedelten Sublitoral überwiegt wahrscheinlich eine Quellenfunktion.
- In den letzten 100 Jahren sind aus dem Sublitoral Seegraswiesen, Austernbänke und *Sabellaria*-Riffe verschwunden, während Kulturfelder für Miesmuscheln neu eingerichtet wurden. Diese Biostrukturen können als Partikelsenken wirken. Durch den rechnerischen Ausschluß aller Seegraswiesen und Miesmuschelvorkommen ergibt sich auch für organische Partikel eine Quellenfunktion der Sylt-Rømø Bucht.
- Messungen im Flut- und Ebbstrom der Hauptrinnen ergaben in Frühjahr und Herbst einen Eintrag von partikulärem Material in die Bucht, im Sommer einen Eintrag für gelöste Nährstoffe. Da gleichzeitig vom Benthos Nährsalze abgegeben wurden, zeigt dies den Nährsalzverbrauch des Phytoplanktons an. Die Variation zwischen einzelnen Tiden war sehr hoch und über fünf Jahre gemittelte Konzentrationen im Flut- und Ebbstrom lassen keine signifikanten Einträge oder Austräge über die Vegetationsperiode erkennen.
- Die anthropogen im Küstenwasser der Nordsee angestiegenen Nährsalzkonzentrationen wurden in der Sylt-Rømø Bucht erst gut 10 Jahre später deutlich als im niederländischen Wattenmeer. Gegenüber Messungen Anfang der 80er Jahre, war die Produktion der Mikroalgen auf dem Wattboden und im Wasser etwa verdoppelt, was an dem erhöhten Nährsalzangebot liegen könnte. Auch die Konsumtion und Produktion der Bodenfauna hat zugenommen.
- Bezogen auf die gesamte Sylt-Rømø Bucht wird der Anteil an der jährlichen Primärproduktion auf 52 % für das Phytoplankton, 45 % für das Mikrophytobenthos und 3 % für das Seegras geschätzt.
- Die Artenzusammensetzung der Fische und Vögel gleicht weitgehend der anderer Gebiete im Wattenmeer. In ihrer Häufigkeit sind Plattfische im Sommer und kleine Wattvögel im Winter unterrepräsentiert.
- Unter den mobilen Konsumenten im Wasser dominierten im Eulitoral die Garnelen, während Fische, insbesondere junge Plattfische, unbedeutend waren. Die Gesamtkonsumtion der Flutgäste (Krebse und Fische) war wesentlich niedriger als die der karnivoren Vögel. Unter denen dominierte die Eiderente. Auf einer Miesmuschelbank erreichte die jährliche Konsumtion der Vögel etwa 30 % der Muschelbiomasse.
- Für Holoplankton aus der Nordsee ist die Sylt-Rømø Bucht eine Senke, während Meroplankton exportiert wird. Einige Medusen und die Rippenqualle *Pleurobrachia pileus* können sich durch Vertikalwanderungen in strömungsärmere Wassertiefen länger in der Bucht aufhalten und vermehren. Umgekehrt steigen Garnelen und kleine Fische in strömungsreichere Wasserschichten auf, um mit dem Flutstrom ins Eulitoral zu gelangen.

- Auch nach der pelagischen Larvalphase driften viele Jungtiere der Bodenfauna im Gezeitenstrom. Der Übergang zur Drift erfolgte aktiv und wird bei höherem Seegang (Windgeschwindigkeit > 10 m s^{-1}) eingestellt. Jungmuscheln bevorzugten Nächte um Springtiden und Hydrobien sonnige Tage. Durch diese Drift wurden altersspezifische Verteilungsmuster im Tidebecken erzielt.
- Viele Wattvögel nutzten den gesamten Gezeitenbereich zur Nahrungsaufnahme, indem sie der tidalen Wasserlinie folgten. Alpenstrandläufer wichen von diesem Muster ab, wenn sie besonders attraktive Nahrungsquellen oberhalb der Niedrigwasserlinie fanden. Der Winteraufenthalt der Wattvögel in der Sylt-Rømø Bucht ist oft durch steigende thermoregulatorische Kosten limitiert und betrifft besonders die kleineren Arten.
- Etwa 9 % der Seehundpopulation des Wattenmeeres hielten sich zwischen Sylt und Rømø auf. Wichtigster Liegeplatz war eine Sandbank im Ebbstromdelta des Lister Tiefs, während die Geburt der Jungen auf Sänden in der inneren Bucht erfolgte.

Die biologische Vielfalt und ökologische Funktion der Sylt-Rømø Wattenmeerbucht ist langfristig durch die negative Sedimentbilanz und den schmäler werdenden Gezeitenbereich gefährdet. Durch die Schaffung neuer Überflutungsgebiete mit Salzwiesenvegetation und Brackröhrichten in den Kögen der Ästuare von Brede Å und Vidå könnte diese Entwicklung gebremst werden. Gleichzeitig würde damit ein Filter für Nährstoffe aus dem landwirtschaftlich genutzten Binnenland und eine dauerhafte Senke für organische Substanz entstehen. Durch die Nutzung solcher Überschwemmungsgebiete als Erholungslandschaft und Naturerlebnisraum wäre der ökologisch notwendige, fließende Übergang zwischen Meer und Land auch ökonomisch attraktiv.

Kapitel 1

Die Sylt-Rømø Wattenmeerbucht: Ein Überblick

The Sylt-Rømø Bight in the Wadden Sea: An Overview

Karsten Reise[1] & Rolf Riethmüller[2]
[1] *Biologische Anstalt Helgoland, Wattenmeerstation Sylt, D-25992 List*
[2] *GKSS-Forschungszentrum; Max-Planck-Straße, D-21502 Geesthacht*

Von Land aus betrachtet, beginnt das Wattenmeer am Deich mit einem schmalen Salzwiesensaum und dem bei ablaufender Tide bis weit hinaus begehbaren Watt. Am Horizont liegen Sandbänke und Inseln, dahinter die offene Nordsee. Anders gliedert sich das Wattenmeer von See aus. Durch tiefe Rinnen einströmend, flutet das Nordseewasser über die Watten, verteilt sich auf immer kleinere Priele, die schließlich in Salzwiesen und an Wattwasserscheiden enden. Mitunter fluten sie auch über diese hinweg und nehmen mit benachbarten Wattstromeinzugsgebieten Verbindung auf.

Wie bei Flüssen auf dem Land, läßt sich jedem Wattstrom ein Einzugsgebiet zuordnen, hier Tidebecken genannt. Neben den Flußmündungen von Ems, Weser, Elbe und Eider, gibt es im Wattenmeer 36 größere Wattströme mit ihren Tidebecken. Einer davon ist das Lister Tief (dän.: Lister Dyb) mit dem Lister Tidebecken an der deutsch-dänischen Grenze. Entlang der früheren Wattwasserscheiden sind in diesem Jahrhundert Dämme zu den Inseln Sylt und Rømø gebaut worden. Dadurch wurde das Lister Tidebecken zur Lagune, die nur noch über das Lister Tief mit der Nordsee verbunden ist. Hydrographisch bildet die schmalste Stelle des Lister Tiefs (2,8 km) zwischen den Inseln die seeseitige Grenze, geomorphologisch und ökologisch kann noch das davor liegende Ebbstromdelta mit seinen Sandbänken einbezogen werden.

Bevor die Ergebnisse zu den Austauschprozessen folgen, werden in Kap. 1 die strukturellen Kennzeichen des Lister Tidebeckens aus geologischer, hydrographischer und ökologischer Sicht beschrieben. Hier folgt dazu ein kurzer Überblick.

Im Vergleich zu anderen Tidebecken ist das Lister mit seinen 404 km² eines der größten, etwa 6mal so groß wie das Einzugsgebiet der Harle bei Spiekeroog, aber etwas kleiner als das vom Texelstrom (Marsdiep) in den Niederlanden. Letzterem gleicht das Lister Tidebecken mit seinem Wattflächenanteil von etwa einem

Drittel, während dieser im übrigen nordfriesischen und dänischen Wattenmeer bei 70 % liegt, in der Harle und anderen ostfriesischen Tidebecken bei 80 %. Das mittlere Niedrigwasservolumen umfaßt 570 Mio. m³ und verdoppelt sich bei mittlerem Tidehochwasser auf etwa 1 120 Mio. m³. Entstanden ist das Lister Tidebecken in der Folge des nacheiszeitlichen Antiegs des Meeresspiegels vor etwa 5500 Jahren, möglicherweise rund tausend Jahre später als die Tidebecken an der ostfriesischen Küste. Saaleeiszeitliche Moränen prägten die Form. Bei deren Erosion entstand der Lister Nehrungshaken mit seinen hohen Dünen 15 km vor der Festlandsküste. Zusammen mit der Barriereinsel Rømø schirmt er das Lister Tidebecken von der offenen Nordsee ab.

Der Salzwiesensaum ist schmal, umfaßt knapp 10 km² und erstreckt sich nur auf 24 % der 96 km Uferlänge. Vor der Festlandsküste fallen die Wattflächen von der Hochwasserlinie aus kontinuierlich ab, während sie auf der Leeseite der Inseln meist einen halben Meter tiefer unterhalb von Strandhängen und Erosionskanten der Salzwiesen beginnen. Der Übergang zum Sublitoral verläuft meistens sehr flach. Etwa 15 % der Fläche liegen im Dezimeterbereich um die Niedrigwasserlinie. Auf die tiefen Rinnen entfallen etwa 10 % der Fläche. Die maximale Tiefe wird bei NN - 40,5 m erreicht. Fast das gesamte Sublitoral und 72 % des Eulitorals ist sandig. Reines Schlickwatt umfaßt nur 5 km² entsprechend 3 % des Eulitorals. Der mittlere Tidenhub liegt bei 2 m. Bei extremen Windlagen wurden Wasserstände von NN + 4 und - 3,5 m festgestellt.

Die Lebensbedingungen im Lister Tidebecken sind weitgehend marin, da der Süßwassereintrag nicht einmal ein Tausendstel des Wasseraustausches mit der Nordsee erreicht. Aus der Nordsee kommende Planktonorganismen können sich in der Bucht vermehren. Massenentfaltungen der schaumbildenden Alge *Phaeocystis* und des leuchtenden Flagellaten *Noctiluca* treten gegenüber der ostfriesischen Küste um bis zu vier Wochen später auf. Im Wasser vorherrschend sind meist die Organismen mit abwechselnd pelagischer und benthischer Lebensweise. Die Wattbodenfauna gleicht der in anderen Tidebecken des Wattenmeeres, hebt sich aber deutlich von der offenen Nordsee mit einer 5fach höheren Biomasse und durch andere Arten ab.

Im Vergleich zu südlicheren Wattgebieten, ist der Seegrasbestand mit 12 % des Eulitorals sehr hoch. Ein früheres Vorkommen im Sublitoral ist erloschen. Im Vergleich zu schlickreicheren Wattgebieten der schleswig-holsteinischen Küste, ist die Kinderstubenfunktion für Plattfische nur sehr schwach ausgebildet. Das Artenspektrum der Fischfauna gleicht aber ansonsten dem im übrigen Wattenmeer. Das gilt auch für die Vögel. Die Biomasse der Vögel wird von den muschelfressenden Eiderenten dominiert. Die kleineren Limikolen ziehen zwar in großen Schwärmen durch, aber für das Überwintern spielt das Lister Tidebecken eine viel geringere Rolle als die niederländischen Watten. Auch die Seehunde verlassen die Bucht im Winter, während sie im Sommer für die Jungenaufzucht genutzt wird. Die Sandbänke im Ebbstromdelta werden vorwiegend zum Ruhen und zum Haarwechsel aufgesucht. Bis zu 9 % der Seehundpopulation des gesamten Wattenmeeres können sich im Bereich des Lister Tiefs aufhalten.

Die Sommerkonzentrationen gelöster Nährstoffe (Stickstoff und Phosphat) lagen noch in den 70er Jahren deutlich unter denen im niederländischen Wattenmeer. Inzwischen gleichen sich die Werte. Die Mittel der Sommerkonzentrationen von Stickstoff, Phosphat oder Silikat können in einzelnen Jahren um das 5fache über denen anderer Jahre liegen. Solche Schwankungen resultieren aus wechselndem Eintrag von außen und Austauschprozessen mit dem Benthos, während der Nährstoffverbrauch des Phytoplanktons nur eine geringe Rolle spielt. Seit 1979 gab es regelmäßig zuvor nicht beobachtete Massenvorkommen von Grünalgen auf den Wattböden. Muschelbänke haben gegenüber der ersten Hälfte dieses Jahrhunderts zugenommen, wie auch die Zahl im Wattboden lebender Tiere. Dies könnten Folgen erhöhter Eutrophierung sein. Eingeschleppte Arten spielen heute im Plankton und im Benthos eine quantitativ bedeutende Rolle. Verschwunden sind im Verlauf dieses Jahrhunderts die Austernbänke und *Sabellaria*-Riffe aus dem Sublitoral des Lister Tidebeckens.

1.1
Geomorphologie und Hydrographie des Lister Tidebeckens

Geomorphology and Hydrography of the List Tidal Basin

1.1.1
Morphogenese des Lister Tidebeckens

Morphogenesis of the List Tidal Basin

Klaus Bayerl & Rolf Köster
Forschungs- und Technologiezentrum Westküste der Universität Kiel; D-25761 Büsum

ABSTRACT

Already before the last glaciation did a bay exist behind the northfrisian pleistocene islands in the eastern North Sea. After the last glaciation the bay formed again about 5500 years ago, sheltered by elongated sandy hooks of the islands. Marshlands extended over wide areas of the Lister tidal basin occurred at least twice and were then flooded again. In successive steps about 200 km² of the tidal basin were embanked since then. Causeways were constructed from the mainland to the island of Sylt (in 1927) and Rømø (in 1949), creating a back-barrier bay connected with the North Sea through the Lister tidal inlet of 2.5 km in width. In 1992, the Lister tidal basin comprised 401.4 km², of which 60 % were subtidal and 40 % intertidal. Sandy flats prevailed. Mud flats and salt marshes were less than 10 km² each.

ZUSAMMENFASSUNG

Nachdem schon vor der letzten Eiszeit eine Bucht des Eem-Meeres hinter den nordfriesischen Moräneninseln vorhanden war, bildete sich dort erneut vor rund 5500 Jahren eine Wattenmeerbucht im Schutz der durch Nehrungshaken verlängerten Inseln. Wenigstens zweimal verlandeten weite Teile des Lister Tidebeckens und wurden wieder überschwemmt. Nach und nach wurden bis heute im Einzugsgebiet der Lister Wattstromrinne etwa 200 km² eingedeicht. Vom Festland wurden Dämme zu den Inseln Sylt (1927) und Rømø (1949) gebaut. Dadurch ist eine Bucht entstanden, die nur durch das 2,5 km breite Lister Tief mit der Nordsee verbunden ist. Das Lister Tidebecken umfaßte 1992 insgesamt 401,4 km², davon 60 % Sublitoral und 40 % Eulitoral. Sandwatt herrschte vor. Schlickwatt und Salzwiesen umfaßten jeweils weniger als 10 km².

ENTWICKLUNGSGESCHICHTE

Das Wattenmeer wird durch rund 35 Gezeitenrinnen von der Nordsee aus geflutet und bei anschließender Ebbe wieder entwässert. Eine dieser Rinnen ist das Lister Tief zwischen den Inseln Sylt und Rømø. Mit heute etwa 400 km² ist sein Wattstromeinzugsgebiet besonders ausgedehnt. Die Entwicklungsgeschichte dieses Lister Tidebeckens läßt sich in groben Zügen rekonstruieren.

Schon in der Warmphase vor der letzten Eiszeit gab es in diesem Küstenbereich ein flaches Meer, aus dem einzelne Moränen der vorhergehenden Saale-Vereisung als Inseln herausragten. Drei davon bilden den Kern der heutigen Insel Sylt. Die Bucht östlich der Inseln war ein Teil der von Dittmer (1952) beschriebenen 'Nordfriesischen Rinne'. Die Ablagerungen dieser Eem-Warmzeit (vor 130.000 bis 115.000 Jahren) liegen in etwa 30 m Tiefe (Gripp & Simon, 1940). Sie enthalten viele der auch im heutigen Wattenmeer häufigen Mollusken, aber auch Arten, deren Verbreitungsgrenze jetzt südlicher liegt.

Die Gletscher der jüngsten Eiszeit näherten sich dem Gebiet des Lister Tidebeckens von Osten bis auf 40 km (Gripp & Simon, 1940). Aus der schwach nach Westen geneigten Sanderfläche ragten die Moränenkerne der vorangegangenen Eiszeit: bei Emmerlev, Föhr, Amrum, die drei Sylter Geestkerne und westlich davon die heute abgetragene Amrumbank und andere Moränen (Köster, 1974). Das Schmelzwasser erodierte tiefe Rinnen durch die Eem-Schichten hindurch bis in das jüngere Tertiär, das im Sylter Raum vor allem aus Kaolinsand aufgebaut ist (Gripp & Simon, 1940).

Der nacheiszeitliche Anstieg des Meeresspiegels erreichte im Nordseeraum die Doggerbank vor rund 9000 (Streif & Köster, 1978) und die nordfriesische Küste vor 5500 Jahren (Willkomm, 1980). Mit der Überflutung setzte an den Moränen Erosion ein und es entstanden die langen Sylter Nehrungshaken, in deren Schutz sich ausgedehnte Wattflächen entwickeln konnten. Das Lister Tief hatte 6 bis 7 km weiter südlich in der 'Blidselrinne' einen Vorläufer (Gripp & Simon, 1940; Priesmeier, 1970). Er war fast 40 m tief. Daraus ist zu folgern, daß diese Rinne ein Wattstromeinzugsgebiet von mindestens der heutigen Größe versorgte. Sylt war in der Jungsteinzeit dicht besiedelt (Bantelmann, 1992) und auch auf dem Lister Nehrungshaken wurden Steinwerkzeuge aus dieser Zeit gefunden (Harck, 1974).

Kleischichten zeugen von mindestens zwei Verlandungsphasen in diesem Wattgebiet (Gripp & Simon, 1940; Hoffmann, 1975, 1980; Bartholdy & Pejrup, 1994). Die obere bildet östlich von Sylt einen Leithorizont. Er wird dort von bis zu einem Meter mächtigen Wattsand überlagert, steht an Erosionsrinnen häufig an und kann dann Miesmuscheln als Anheftungssubstrat dienen. Je nach Tiefe der Kleischicht variieren die Datierungen zwischen 5110 (NN -1,6 m) und 2840 Jahren (NN -0.6 m) im Keitumer Watt und 3750 (NN -3,5 m) und 3640 Jahren

(NN -2,0 m) im Möwenbergwatt des Königshafens am Nordende Sylts (^{14}C-Labor der Universität Kiel, Prof. Dr. H. Willkomm; Bayerl, 1992; Bayerl & Higelke, 1994).
Reste alter Deiche deuten auf eine größere Ausdehnung der Sylter Marschen im Mittelalter hin. Nach Kielholt's Angaben in Müller & Fischer (1938) gab es eine 'Landbrücke' zwischen Sylt und Festland, auf der es möglich war, bei Niedrigwasser 'gemächlich mit Pferd und Wagen an einem Tag von Sylt nach Højer und zurück zu fahren'. Dies wird vor der 'Großen Mandränke' von 1362 und anderen katastrophalen Sturmfluten dieser Zeit gewesen sein. Sie verwandelten Marschniederungen in Wattflächen, die auf dem Festland bis Tondern und Niebüll reichten. Großflächige Eindeichungen nördlich Ballum, in der Wiedingharde und der Tonderner Marsch begannen um 1436 (Scherenberg, 1992; Bartholdy & Pejrup, 1994). Sie erreichten bis zur heutigen Zeit einen Umfang von insgesamt etwa 200 km². Das Ästuar der Vidå wurde vollkommen eingedeicht. In diesem Jahrhundert entstanden die Vordeichung Ballum (1918), der Dreieckskoog (1925), Emmerlev Koog (1927), Hindenburgdamm (1927), der Lister Koog (1937), die Aufspülung Uthörn und der Lister Hafen (vor 1944), der Rømødamm (1949), der Hafen Havneby (1964), Margrethe- und Rickelsbüller Koog (1981). Das Baumaterial für Deiche, Dämme und Aufspülungen wurde meist der Wattenmeerbucht entnommen.

DAS HEUTIGE LISTER TIDEBECKEN

Das heutige Lister Tidebecken ist entlang der Wattwasserscheiden durch die Dämme vom Festland zu den Inseln von den benachbarten Tidebecken abgetrennt, dem Juvre Dyb im Norden und Hörnum Tief im Süden (Abb. 1). Eine Verbindung zur Nordsee besteht nur noch über das 2,5 km breite Lister Tief. Es hat eine maximale Tiefe von 39,5 m und verzweigt sich landseitig in drei Rinnen: Rømø Dyb, Højer Dyb und Lister Ley, die Tiefen um 20 m erreichen. Diese Rinnen grenzen meist nicht direkt an eulitorale Watten, sondern gehen in ein ausgedehntes, flaches Sublitoral über.
Der Salzwiesensaum ist durch die Eindeichungen sehr schmal geworden und umfaßt nur eine Fläche von etwa 10 km². Ein hoher, supralitoraler Sand befindet sich an der Südspitze der Insel Rømø (Havsand). Nach amtlichen Karten von 1992 beträgt die Fläche unterhalb der Hochwasserlinie insgesamt 401,4 km². Davon entfallen 159,0 km² (40 %) auf das Eulitoral oberhalb Seekartennull (= Springtide-Niedrigwasser) und 242,4 (60 %) auf das Sublitoral. Die Wattflächen entlang der Festlandsküste steigen kontinuierlich bis zum Hochwasserniveau an, während die obere Grenze der Watten auf der Leeseite der Inseln im Mittel fast 0,5 m darunter liegt. Sie gehen dort in einen Strandhang über oder grenzen an die Abbruchkante der Salzwiesen.
Das Lister Tidebecken ist das Ergebnis einer mehrtausendjährigen Entwicklung. Der heutige Zustand ist ein Momentbild aus einem sich ständig verändernden natürlichen System, in das der Mensch im letzten Jahrtausend schwerwiegend eingegriffen hat.

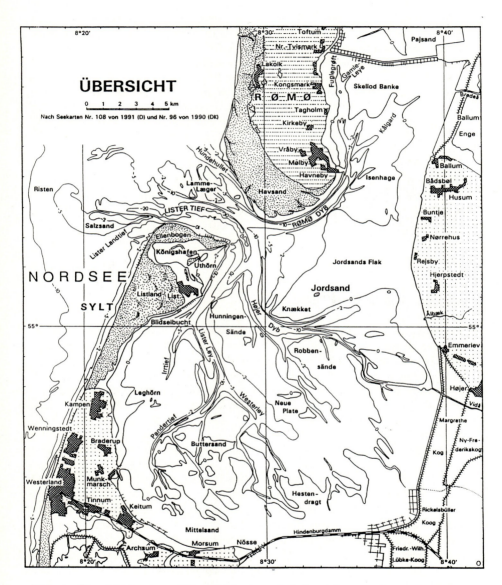

Abb. 1. Übersichtskarte zum Lister Tidebecken mit Ortbezeichnungen. Enges Punktraster: Hohe Sände und Dünen; weites Punktraster: pleistozäne Moränen; Punktreihen: Mischgebiet aus Dünen und Marschen auf Rømø. Weiß: Marschen und Salzwiesen. Dicke Linien mit Querstrichen: Deiche. Die Linien im Wattenmeer von 0 bis -30 beziehen sich auf Meter unter Seekartennull.

LITERATUR

Bantelmann, A., 1992. Landschaft und Besiedlung Nordfrieslands in vorgeschichtlicher Zeit. Stiftung Nordfriesland und Museumsverein Insel Föhr. Husum, 48 pp.

Bartholdy, J. & Pejrup, M., 1994. Holocene evolution of the Danish Wadden Sea. - Senckenbergiana maritima *24*, 187-209.

Bayerl, K-A. & Higelke, B., 1994. The development of northern Sylt during the latest holocene. - Helgoländer Meeresunters. *48*, 145-162.

Dittmer, E., 1952. Die nacheiszeitliche Entwicklung der schleswig-holsteinischen Westküste. - Meyniana *1*, 138-168.

Gripp, K. & Simon, W.G., 1940. Untersuchungen über den Aufbau und die Entstehung der Insel Sylt, I. Nord-Sylt. - Die Westküste *2* (2/3), 24-70.

Harck, O., 1974. Zur Datierung des Listlandes und der Hörnumer Halbinsel auf Sylt. - Meyniana *24*, 69-72.

Hoffmann, D., 1975. Aufbau und Alter der Marsch im Kern der Insel Sylt. - Ber. Röm.-Germ. Komm. 55, II. Teil: 378-385.

Hoffmann, D., 1980. Küstenholozän zwischen Sylt und Föhr. - In: Kossack, G. et al. (ed.). Archsum auf Sylt, Teil 1; Röm.-Germ. Forsch. *39*, 85-130.

Köster, R., 1974. Geologie des Seegrundes vor den Nordfriesischen Inseln Sylt und Amrum. - Meyniana *24*, 27-41.

Müller, F. & Fischer, O., 1938. Sylt. - Das Wasserwesen an der schleswig-holsteinischen Nordseeküste. II. Die Inseln. 7. Folge, 304 pp.

Priesmeier, K., 1970. Form und Genese der Dünen des Listlandes auf Sylt. - Schr. Naturw. Ver. Schl.-Holst. *40*, 11-51.

Scherenberg, R., 1992. Küstenschutz und Binnenentwässerung in den Marschen Nordfrieslands und Eiderstedts. In: Kramer, J. & Rohde, H. Historischer Küstenschutz. Wittwer, Stuttgart, 403-461.

Streif, H.-J. & Köster, R., 1978. Zur Geologie der deutschen Nordseeküste. - Die Küste *32*, 30-49.

Willkomm, H., 1980. Radiokohlenstoff- und ^{13}C-Untersuchungen zur Torfentwicklung und Meerestransgression im Bereich Sylt-Föhr.- In: Kossack, G. et al. [Hrsg.]: Archsum auf Sylt, Teil 1; Röm.Germ. Forsch., 39, 131-146; Mainz.

1.1.2 Verteilung und Zusammensetzung der Sedimente im Lister Tidebecken

Distribution and Composition of Sediments in the List Tidal Basin

Klaus Bayerl[1], Rolf Köster[1] & Desmond Murphy[2]
[1]*Forschungs- und Technologiezentrum Westküste der Universität Kiel; D-25761 Büsum*
[2]*GKSS-Forschungszentrum; Max-Planck-Straße, D-21502 Geesthacht*

ABSTRACT

The distribution of sediment types in the Sylt-Rømø basin shows a typical zonation. Sediments consisting mostly of sand account for the greater part of the eulittoral sediment types, amounting to 114.7 km^2 (72 %) of the total. Sandy sediments also predominate in the sublittoral. Mixed sediments (i.e. consisting of 10 to 50 % silt and clay) occur as thin strips close to the shore along the islands and dykes, and cover an area of 39 km^2 (25 % of the total). Large expansions of mud sediments are found only in the northern part of this tidal basin, and amont to 5.3 km^2 (3 %) of the total area. A similar pattern in the distribution of sediment types was also observed in satellite data.

ZUSAMMENFASSUNG

Die Sedimentverteilung im Sylter Wattenmeer zeigt die typische Zonierung in einer Bucht. Den größten Teil des Eulitorals nimmt das Sandwatt mit 114,7 km² (72 %) ein. Diese sandigen Sedimente herrschen auch im gesamten Sublitoral vor. Das Mischwatt (10 bis 50 % Schluff und Ton) ist als ufernaher, schmaler Streifen entlang der Inseln und Dämme ausgebildet und umfaßt 39,0 km² (25 % des Eulitorals). Schlickwatt befindet sich in größerer Ausdehnung nur im nördlichen Teil des Tidebeckens vor dem Rømødamm. Die Schlickwattfläche beträgt 5,3 km² (3 %). Bei der Auswertung von Satellitendaten wurde ein ähnliches Verteilungsmuster erfaßt.

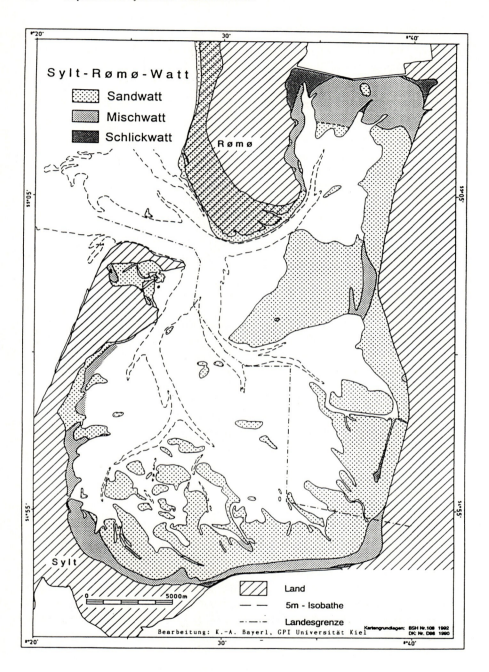

Abb. 1. Sedimentverteilung im Eulitoral des Lister Tidebeckens nach Kartierungen von 1990 bis 1994. Sandwatt < 10 %, Mischwatt 10-50 % und Schlickwatt > 50 % Schluff und Ton

SEDIMENTVERTEILUNG

Das Sylt-Rømø Wattenmeer wurde in Zusammenarbeit mit geomorphologischen und biologischen Untersuchungen sedimentologisch kartiert (Abb. 1). Eine Aufnahme des Königshafens war bereits in der Vorlaufphase von SWAP durchgeführt worden (Austen 1990). Außerdem liegen Daten von Felix (1981), Kolumbe (1933) und Wohlenberg (1937) vor. Diese Ergebnisse sind in der Karte berücksichtigt.

Die Ansprache der Sedimentproben erfolgte im Gelände nach der Sedimentzusammensetzung, den Sedimentstrukturen, den bodenmechanischen Eigenschaften und der Besiedlung in die drei Hauptgruppen Sandwatt, Mischwatt bzw. Schlicksand und Schlickwatt. Die Ortsbestimmung erfolgte mit einem GPS-Navigationsgerät. Für Wiederholungs-Probenentnahmen wurden die Positionen markiert.

Die Verteilung der Sedimenttypen zeigt eine für die Buchten des Wattenmeeres charakteristische Zonierung der Sedimenttypen mit einer Zunahme des Feinanteils vom sandigen Zentrum der Bucht zu den Rändern. In dieser Hinsicht stimmt das Sylt-Rømø Wattenmeer mit dem Aufbau vieler anderer Buchten überein, z. B. vergleichbaren Gebieten des übrigen Nordfriesischen Wattenmeeres (Berner et. al., 1986), dem Rückseitenwatt von Skallingen (Jacobsen, 1986) und dem Jadebusen (Ragutzki, 1983 und zahlreiche Untersuchungen des Senckenberg-Institutes) überein. Sie sind bezüglich der granulometrischen Zusammensetzung in charakteristischer Weise ausgebildet und zoniert (Bayerl, 1992; Köster et al., 1995). Die mittleren Korngrößen (Medianwerte) liegen im Sylt-Rømø-Wattenmeer nahe am Lister Tief in der Regel oberhalb 0,25 mm (2 PHI) und nehmen mit Annäherung an die Küsten auf unter 0,125 mm (3 PHI) ab.

Im Sylter Wattenmeer gibt es aber ausgeprägte örtliche Besonderheiten durch starkem äolischen Eintrag von groben Sanden aus den Dünen des Listlandes und von Rømø sowie durch Materialzufuhr von den Kliffs von Braderup, Morsum und Emmerlev (Abb. 1). In der Keitumer Bucht wird der Sedimentcharakter durch Umlagerung eines stellenweise bis an die Oberfläche reichenden 'alten Kleies' beeinflußt, und unmittelbar vor dem Morsum-Kliff durch tertiäre Ablagerungen (Schwarzer, 1983).

SEDIMENTZUSAMMENSETZUNG

Im Labor schlossen sich verschiedene granulometrische Analysen an, die bei sandigem Material (> 0,063 mm) durch Trockensiebung nach der ASTM-Norm und bei überwiegend schluffig-tonigen (< 0,063 mm) Ablagerungen mit einem CIS--Lasergranulometer erfolgten. Die Klassifizierung der Wattsedimente nach der granulometrischen Zusammensetzung orientiert sich an den Ergebnissen im 'Schlickprogramm' des KFKI (Figge et al., 1980) und damit nach dem Fraktionsanteil < 0,063 mm. Für eine weitergehende Differenzierung und Zuordnung der Wattsedimente wurde eine dem Ablagerungsraum im Sylt-Rømø Wattenmeer angepaßte Unterteilung der sandigen Komponenten > 0,063 mm vorgenommen (Tab. 1).

Tabelle 1. Klassifikation der Wattsedimente im Sylt-Rømø Watt

Fraktionsanteil (mm)	Sedimenttyp
< 0,063	Schlick
0,063 - 0,125	feiner Wattsand
0,125 - 0,180	grober Wattsand
0,180 - 0,250	feiner Dünensand oder Außensand
0,250 - 0,500	Dünensand
0,500 - 0,710	grober Dünensand
> 0,170	Strandsand und sehr grober Dünensand

Bei der graphischen Darstellung von Kurven wurde die international gebräuchliche PHI Abstufung nach Krumbein (1938) benutzt.

Den größten Anteil des Eulitorals nimmt das Sandwatt ein (134,7 km^2, entsprechend etwa 72 %). Die Sandkörner bestehen überwiegend aus Quarz, untergeordnet aus Glimmer, Feldspat und anderen Mineralien. Schill und Nichtquarzminerale können bis zu 20 % der Sandfraktion erreichen. Im Jadebusen fand Little-Gadow (1982) sehr ähnliche Daten. Der Wattsand findet sich vor allem im gesamten inneren Teil des Sylt-Rømø Watts. Eine besonders große zusammenhängende Fläche ist Jordsands Flak. Nördlich von Kampen reicht das Sandwatt bis an die Sylter Ostküste. An den Küsten von Rømø herrscht es im Südwesten und im Süden vor. Nördlich von Havneby gibt es nur noch kleinere Flächen. An der Festlandsküste reicht Sandwatt mit Ausnahme der dammnahen Bereiche überwiegend bis an die Küste.

Der größte zusammenhängende Mischwattstreifen (10 bis 50 % Ton und Schluff) erstreckt sich von der Sylter Ostküste über die Keitumer Bucht, vor dem Hindenburgdamm zum Margrethe Koog an der Festlandsküste. Ein zweites Mischwattgebiet befindet sich südlich des Rømødammes sowie an der Ostküste von Rømø. Die dritte größere Mischwattfläche liegt zwischen Jordsands Flak und der Festlandsküste im Bereich der Koldby Leje. Kleine Vorkommen finden sich z. B. im westlichen Königshafen. Auch nahe der Lahnungsfelder kommen an der Festlandsküste wenige Zehner Meter breite Mischwattzonen vor. Insgesamt nimmt Mischwatt 39 km^2 (25 %) der Eulitoralfläche ein.

Der Schlick des Wattenmeeres hat einen Anteil von über 50 % Schluff und Ton. Während der Schluff (0,002 bis 0,063 mm) eine ähnliche Mineralzusammensetzung wie die Sandfraktion hat, überwiegen in der Tonfraktion (< 0,002 mm) neben Quarz die Tonminerale Montmorillonit, Illit, Kaolinit und Chlorit (Bayerl, 1992). Außerdem nimmt mit dem Feinanteil der Gehalt an organischer Substanz zu. Zur Ablagerung von Feinmaterial kommt es in den geschützten Gebieten. Die größten Schlickwattvorkommen liegen im Norden des Sylt-Rømø Wattenmeeres in

1.1.2 Verteilung und Zusammensetzung der Sedimente im Lister Tidebecken

den landnahen Winkeln am Rømødamm. Insgesamt handelt es sich um rund 5,3 km^2 oder 3 %.

Relativ grobkörnige Sedimente finden sich durch Flugsandeintrag aus Wanderdünen an der Ostseite Sylts zwischen Kampen und List. Moränenmaterial oder tertiärer Kaolinsand wird von den Kliffs bei Braderup, Morsum und Emmerlev eingetragen. Steine und Kies treten auch in den tiefen Rinnen auf, sowie in ehemaligen Strandwällen im Bereich des Königshafens.

Der 'alte Klei' in der Keitumer Bucht liegt weithin nur wenige Dezimeter unter der Wattoberfläche. Er konnte in Bohrungen entlang der Ostküste Sylts bis wenig südlich von Mellhörn im Süden von List verfolgt werden (Köster et al., 1995). Wo diese alte Kleischicht nahe der Wattoberfläche ansteht, wird die Zusammensetzung der benachbarten jungen Sedimente nachhaltig beeinflußt. Nach Osten taucht er in das Sublitoral ab und wird von mächtigeren Sandablagerungen überdeckt.

^{14}C-Datierungen von Seegraslagen aus diesem Horizont im ^{14}C-Labor der Universität Kiel durch Prof. Dr. H. Willkomm haben für die Keitumer Bucht und das Watt nahe am Hindenburgdamm für Niveaus zwischen NN -0,60 m und NN -1,60 m Alter zwischen 2840 BP und 5110 BP ergeben (Bayerl, 1992). An Kleischichten in einem Bohrkern aus dem Mövenbergwatt im Königshafen haben ^{14}C-Datierungen Alter von etwa 3640 BP in NN -2,00 m und 3750 BP in NN -3,50 m gezeigt. Ob diese Kleischichten zu parallelisieren sind, muß offen bleiben.

Der Gehalt an Sedimenten < 0,063 mm in den Salzwiesen variiert je nach deren Lage. Auf den vergleichsweise exponiert gelegenen Salzwiesen nördlich von Ballum an der Festlandsküste liegt der Fraktionsanteil von Ton und Schluff zusammen zwischen 40 und 50 Gew.-% und nimmt mit zunehmender Tiefe etwas ab. In der geschützten Keitumer Bucht ist er mit Beträgen bis zu 90 Gew.-% sehr viel höher. An den als Beispiel untersuchten Proben ist zu erkennen, daß die Feinfraktion < 0,063 mm überwiegend zwischen 90 und 95 Gew.-% erreicht und hier keine wesentliche Veränderung im Vertikalprofil auftritt. Der Tongehalt liegt zumeist bei 60 Gew.-%.

FERNERKUNDUNG UND SEDIMENTVERTEILUNG

Im Teilprojekt 'Fernerkundung von Sediment und Benthos' wurde eine Flächenkartierung der Verteilung des Feinanteiles (< 63 µm) an der Sedimentoberfläche anhand von Satellitendaten des Landsat-5 Thematic Mapper vorgenommen. Thematic Mapper hat 6 Kanäle in den optischen Bereichen 0,45 µm - 2,23 µm und einen thermischen Kanal, der zwischen 10,4 µm und 12,5 µm liegt. Die Bodenauflösung beträgt 30 x 30 m für die optischen Bereiche und 129 x 120 m für den thermischen Kanal. Für die Kartierung wurden Thematic Mapper Daten vom 17. Mai 1992 benutzt. Der Überflug erfolgte um 10:45 Uhr MESZ, Niedrigwasser in List war an diesem Tag um 09:46 Uhr. Die Bodenbedeckung durch Algen und Seegras war zu dieser Zeit sehr gering.

36 Kapitel 1: Die Sylt-Rømø Wattenmeerbucht

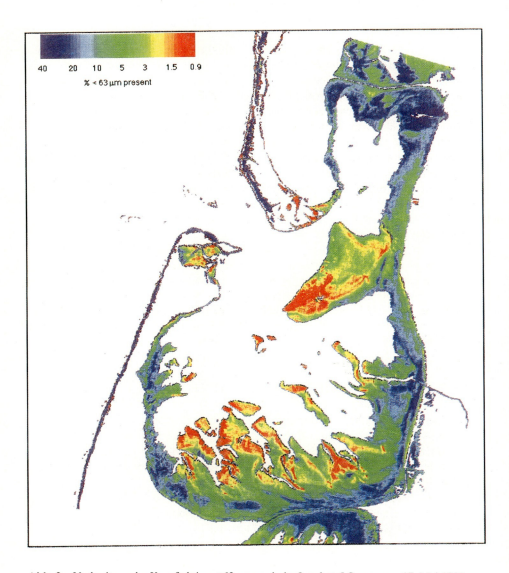

Abb. 2. Verbreitung der Kornfraktion < 63 µm nach der Landsat-5 Szene vom 17. Mai 1992

1.1.2 Verteilung und Zusammensetzung der Sedimente im Lister Tidebecken

Die Analyse der Bilder des Thematic Mapper wurde nach dem Verfahren von Kleeberg (1990) und Doerffer & Murphy (1989) durchgeführt. Dabei wurde zunächst das Wattgebiet mit einem Klassifikationsverfahren identifiziert. Mit einer anschließenden Faktoranalyse wurden die grundlegenden Muster der Satellitendaten berechnet, das primäre Muster an Sedimentdaten angepaßt. Diese Kalibrierung erfolgte am Beispiel der Sedimentkartierung des Königshafens (Austen, 1990): Durch ein Minimierungsverfahren von Schiller (unveröff.) wurde der optimale Fit zwischen den Grauwerten des Primärmusters und den Sedimentdaten am Boden gefunden. Je höher die Feinanteile des Sedimentes, desto niedriger sind die Grauwerte. Aus der gefitteten Relation zwischen den Grauwerten und der Zusammensetzung der Sedimentoberfläche konnte ein farbcodiertes Ergebnisbild gewonnen werden (Abb. 2).

Diese Sedimentkarte zeigt im Vergleich mit der Bodenkartierung ähnliche Verteilungsmuster, aber auch Abweichungen im Detail. Diese liegen teils in der Kalibrierung in einem Teilgebiet (Königshafen) begründet, und teils darin, daß die sedimentologische Aufnahme im Watt die oberen 5 bis 10 cm und damit einen Durchschnittswert (längere Zeit) erfaßt, die Fernerkundung dagegen die Oberfläche und somit das Momentbild zur Zeit der Aufnahme. Ferner werden Abweichungen durch Diatomeen und flache Wasserbedeckung verursacht.

LITERATUR

Austen, I., 1990. Geologisch-sedimentologische Kartierung des Königshafens (List auf Sylt) und Untersuchung seiner Sedimente. - Unveröff. Dipl.-Arb., Forsch.- u. Technologiezentrum Westküste d. Univ. Kiel, 106 S.; Büsum.

Backhaus, J., Hartke, D. & Hübner, U., 1995. Hydrodynamisches Modell des Sylter Wattenmeeres. - Unveröff. SWAP-Abschlußbericht, Teilprojekt 4.1a, Inst. f. Meereskunde; Hamburg.

Bartholdy, J. & Pejrup, M., 1994. The holocene sediments of the Danish Wadden Sea. - Senckenbergiana marit. *24*, 187-209; Frankfurt a.M.

Bayerl, K.-A., 1992. Zur jahreszeitlichen Variabilität der Oberflächensedimente im Sylter Watt nördlich des Hindenburgdammes. - Berichte, Forsch.- u. Technologiezentrum Westküste d. Univ. Kiel *2*, 134 S.; Büsum.

Berner, H., Kaufhold, H., Nommensen, B. & Pröber, C., 1986. Detaillierte Kartierung der Oberflächensedimente im mittleren und südlichen Nordfriesischen Wattenmeer. - Meyniana *38*, 81-93; Kiel.

Doerffer, R. & Murphy, D., 1989. Factor analysis and classification of remotely sensed data for monitoring tidal flats. - Helgoländer Meeresunters. *43*, 275-293.

Doerffer, R., Brockmann, C., Heymann, K., Kleeberg, U. & Murphy, D., 1995. Fernerkundung von Sediment und Benthos. - Bericht des GKSS Forschungszentrums Geesthacht und des Forsch. u. Technologiezentrums Westküste der Univ. Kiel, Büsum.

Felix, K.M., 1981. Sedimentologische Kartierung und Untersuchung des Königshafens und der Gaten, Tiefs und Rinnen des Wattenmeeres List/Sylt. - Unveröff. Dipl.-Arb., TU Clausthal, 91 S.; Clausthal-Zellerfeld.

Figge, K., Köster, R., Thiel, H. & Wieland, P., 1980. Schlickuntersuchung im Wattenmeer der Deutschen Bucht; Zwischenbericht über ein Forschungsprojekt des KFKIs. - Die Küste *35*, 187-204.

Fischer, G., 1994. Zeitliche Entwicklung der Schwermetallbelastung im Watt in Abhängigkeit von der Sedimentzusammensetzung. - Unveröffl. Dipl.-Arb., 83 S., Geogr. Inst., Univ. Kiel.

Jacobsen, N.K., 1986. The intertidal sediments. - Geogr. Tidsskrift *86*, 46-62; København.

Kleeberg, U., 1990. Kartierung und Sedimentverteilung im Wattenmeer durch integrierte Auswertung von Satellitendaten und Daten aus der Wattenmeerdatenbank der GKSS. Dipl.-Arb. im FB Geographie/ Geowissenschaften der Univ. Trier, 113 S.

Köster, R., Austen, G., Austen, I., Bayerl, K.-A. & Ricklefs, K., 1995. Sedimentation, Erosion und Biodeposition. - Unveröffl. SWAP-Abschlußbericht, Teilprojekt 1.2b/3.1, 88 S., Forsch.- u. Technologiezentrum Westküste d. Univ. Kiel; Büsum.

Kolumbe, E., 1933. Ein Beitrag zur Kenntnis der Entwicklungsgeschichte des Königshafens bei List auf Sylt. - Wiss. Meeresunters. N.F. Abt. Kiel *21* (2), 116-130; Kiel.

Little-Gadow, S., 1982: Sediment und Gefüge. - In: Reineck, H.E. [Hrsg]: Das Watt; Ablagerungs- und Lebensraum, 3. Aufl., 51-62; Frankfurt a. M. (W. Kramer).

Pejrup, M., Larsen, M. & Edelvang, K., 1995. Sedimentation von Feinmaterial im Sylter Wattenmeer. - Unveröffl. SWAP-Abschlußbericht, Teilprojekt B 4.2, 45 S. Inst. of Geogr.; København.

Ragutzki, G., 1982. Verteilung der Oberflächensedimente auf den niedersächsischen Watten. - Forsch.-Stelle f. Insel- u. Küstenschutz *32*, 55-67; Norderney.

Ragutzki, G., 1983. Verteilung und Eigenschaften der Wattsedimente des Jadebusens. - Jber. 1982, Forsch.-Stelle f. Insel- u. Küstenschutz *34*, 31-61; Norderney.

Schwarzer, K., 1983. Das Morsum-Kliff/Sylt; seine Fortsetzung nach NW, seine Tektonik und sein Einfluß auf das Sedimentationsgeschehen im nördlich vorgelagerten Wattenmeer. - Unveröffl. Dipl.-Arb., Geol.-Paläont. Inst., Univ. Kiel: 114 S.; Kiel.

Wohlenberg, E., 1937. Das Wattenmeer-Lebensgemeinschaft im Königshafen von Sylt. - Helgoländer wiss. Meeresunters. *1* (1), 1-82; Kiel.

1.1.3
Hydrographie und Klima im Lister Tidebecken

Hydrography and Climate of the List Tidal Basin

Jan Backhaus[1], Doris Hartke[1], Udo Hübner[1], Horst Lohse[2] & Agmar Müller[2]
[1]*Institut für Meereskunde, Universität Hamburg, Troplowitzstraße 7, D-22529 Hamburg,*
[2]*GKSS-Forschungszentrum, Max-Planck-Straße, D-21502 Geesthacht*

ABSTRACT

The List tidal basin is divided into five hydrological compartments: the central area of the main tidal inlet Lister Dyb branches into three tidal watersheds and a small bay. At mean low water 33 % of the tidal basin are emerged (intertidal); of the constantly submerged area (subtidal) 57 % of the basin are above and 10 % of the basin below -5 m in the deep channels. Maximum depth is at -40.5 m. Tides are semi-diurnal and mean range is about 2 m. At extreme wind forces, water levels of -3.5 m and + 4.0 m have been measured. The low water volume of the Lister tidal basin is about $570 * 10^6$ m³ and the inter tidal volume is about $550 * 10^6$ m³. Salinity remains close to 30-32 psu because freshwater inputs from the atmosphere and rivers are less than one thousand of the water exchange with the North Sea. In the List tidal inlet maximum current velocities of about 1.3 m s^{-1}, in the main tidal channels 0.6 m s^{-1} and above most of the tidal flats only 0.1 m s^{-1} are expected. In the intertidal, residual currents of 0.1 m s^{-1} occur along the causeways from west to east. The prevailing westerly winds (50 % of annual frequency) cause a characteristic maritime climate. Annual averages of temperature in the air (8.4° C) and water (9.0° C) are close to each other.

ZUSAMMENFASSUNG

Das Lister Tidebecken gliedert sich hydrographisch in fünf Kompartimente: vom Zentralbereich des Lister Tiefs zweigen drei Wattstromeinzugsgebiete und eine kleine Bucht ab. Bei mittlerem Niedrigwasser sind 33 % des Tidebeckens nicht mit Wasser bedeckt (Eulitoral); im ständig mit Wasser bedeckten Bereich (Sublitoral) liegen 57 % des Tidebeckens oberhalb und 10% des Tidebeckens unterhalb NN -5 m in den tiefen Rinnen. Die maximale Tiefe beträgt NN -40.5 m. Der Tidenrhythmus ist halbtägig und der mittlere Tidenhub liegt um 2 m. Bei extremen Windlagen wurden Wasserstände von NN -3,5 m und NN + 4,0 m gemessen. Das

Niedrigwasservolumen des Lister Tidebeckens liegt bei ca. 570 Mill. m³ und das Ebb- bzw. Flutstromvolumen bei ca. 550 Mill. m³. Der Salzgehalt weicht nur wenig von 30-32 psu ab, da die Süßwasserzufuhr aus Atmosphäre und direkt einmündenden Flüssen weniger als ein Tausendstel des Wasseraustausches mit der Nordsee beträgt. Im Lister Tief treten maximale Strömungsgeschwindigkeiten um 1,3 m s^{-1} auf, in den drei Hauptrinnen um 0,6 m s^{-1} und auf den Watten meist nur um 0,1 m s^{-1}. Im Eulitoral finden sich Restströme von 0,1 m s^{-1} entlang beider Dämme von West nach Ost. Die vorherrschenden Westwinde (50 % Jahreshäufigkeit) sorgen für ein ausgesprochen maritimes Klima. Jahresmittel der Temperatur in Luft (8,4° C) und Wasser (9,0° C) liegen eng beieinander.

RÄUMLICHE KOMPARTIMENTE

Für Messungen zu den Austauschprozessen hat die Sylt-Rømø Wattenbucht gegenüber allen anderen Tidebecken im schleswig-holsteinischen Wattenmeer den Vorteil einer klaren Begrenzung: im Osten das Festland und im Westen die Inseln Sylt und Rømø, im Norden und Süden die Dämme zu den Inseln. Nur kleine Flußläufe führen vom Festland her Süßwasser und stoffliche Fracht in die Bucht. Der Austausch mit der Nordsee erfolgt nur über das Lister Tief.

Um die Wechselwirkungen und räumlichen Unterstrukturen in Abschätzungen und Modellierungen zu beschreiben, wurde die Sylt-Rømø Bucht nach hydrologischen und sedimentologischen Gesichtspunkten in acht räumliche Kompartimente eingeteilt (Abb. 1). Kompartiment 1 ist eine kleine Bucht innerhalb der großen Bucht, der Königshafen am Nordende der Insel Sylt. Auf dieses Kompartiment konzentrierten sich viele der Austauschmessungen, um dann von hier auf das Gesamtgebiet extrapolieren zu können. Das Kompartiment 2 umfaßt das Einzugsgebiet der Lister Ley, Kompartiment 3 das des Højer Dyb und Kompartiment 4 das des Rømø Dyb. Die Unterteilungen in a und b bei den Kompartimenten 2 und 4 beziehen sich auf Regionen unterschiedlicher Lage und Sedimente. Im Kompartiment 5, dem Lister Tief, mischen sich die Wassertransporte aus den drei Hauptrinnen und treiben mit dem Ebbstrom zur Nordsee bzw. teilt sich der Flutstrom von der Nordsee kommend in die drei Rinnen auf. Das Übergangskompartiment 5a wird nicht in die Fläche des Lister Tidebeckens einbezogen.

Basis aller Flächen- und Volumenangaben zu den Kompartimenten der Sylt-Rømø Bucht und zur Modellierung des Lister Tidebeckens ist ein 100m-Raster (GKSS 1993), wobei die mittlere Tiefe der Rasterzelle in Bezug auf NN aus der Wattgrundkarte 1:10000 des ALW Husum (Vermessung DHI 1987, aufgestellt ALW 1989) durch Inter- bzw. Extrapolation zwischen deren Tiefenangaben ermittelt wurde. Aushilfsweise wurden zur Tiefenbestimmung auch die Seekarten Nr. 96 (Kort- og Matrikelstyrelsen, Danmark, 1991) und 108 (BSH 1987), die KFKI Küstenkarte von 1977/78 sowie diverse Arbeitskarten des BSH und des ALW Husum benutzt, wobei die Wattgrundkarte als Normativ diente.

1.1.3 Hydrographie und Klima im Lister Tidebecken   41

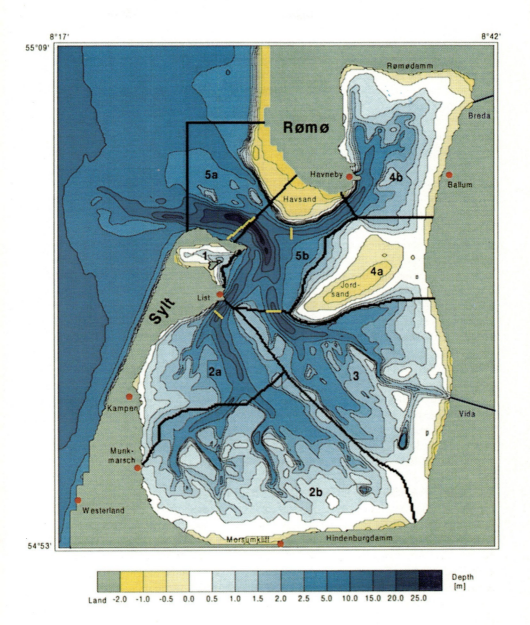

Abb. 1. Kompartimentgrenzen und Topographie des Lister Tidebeckens bezogen auf NN (Normal Null, Tiefen unter NN positiv, Höhen über NN negativ).

GENERELLE HYDROGRAPHIE

Die Kompartimente 1 bis 4 plus 5b des Lister Tidebeckens umfassen eine Fläche von 406,6 km². Davon entfallen 2,6 km² auf den supralitoralen Teil (höher als NN + 0,8m) des Havsandes an der Südspitze von Rømø, des Jordsandes und der Insel Uthörn im Königshafen. Wird als Grenze zwischen Eu- und Sublitoral die mittlere Niedrigwasserlinie NN-1m gewählt, entfallen 33 % der Fläche auf das Eulitoral, 57 % auf das flache Sublitoral bis NN -5 m und 9,4 % auf das tiefe Sublitoral (Abb. 1). Die Wahl der Abgrenzung von Eulitoral zu flachem Sublitoral ist folgenreich, da ca. 15 % der Gesamtfläche im Dezimeterbereich um das mittlere Tideniedrigwasser liegen. Wird das Seekartennull (= Springtideniedrigwasserlinie) als Grenze zwischen Eu- und Sublitoral gewählt ergeben sich andere Prozentanteile (siehe Kap. 1.1.1).

Gegenüber dem westlichen Eingang des Lister Tiefs wird der Hochwasserstand am Pegel List um 47', im Südwesten der Bucht bei Munkmarsch um 59' und im Südosten am Rickelsbüller Koog um 1h 09' später erreicht. Entsprechend kann der Tidenverlauf innerhalb des gesamten Lister Tidebeckens nicht an einem Pegelstandort abgelesen werden. Trockenfallfläche und Wasservolumen des Lister Tidebecken in Relation zum Wasserstand am Lister Pegel werden auf der Basis von Rechnungen (siehe Kap. 2.3.1) in Abb. 2 dargestellt. Zum Zeitpunkt Niedrigwasser am Pegel List liegt im Inneren der Bucht Ebbstrom vor; die maximale Trockenfallfläche und das minimale Wasservolumen der Bucht werden ca. 1,5h bzw. 1h nach Niedrigwasser am Lister Pegel erreicht. Die Tide am Pegel List hat eine mittlere Periode von 12h25' (Ebbe 6h 17', Flut 6h8') und einen mittleren Tidenhub von 1,8 m; das mittlere Niedrigwasser liegt bei NN -1,0 m (BSH, 1992/93a,b). Das mittlere Niedrigwasser fällt zum Südostrand der Bucht bis auf etwa NN -1,1 m ab und der mittlere Tidenhub steilt sich auf ca. 2,1 m auf. Das Niedrigwasser der mittleren Springtide am Pegel List entspricht NN -1,05 m, der zugehörige Tidenhub beträgt 1,95 m; das Niedrigwasser der mittleren Nipptide liegt bei NN -0,88 m und der zugehörige Tidenhub bei 1,55 m (BSH, 1992). Das Niedrigwasser kann bei extremen Ostwindlagen auf NN -3,5 m (15.3.1964) fallen und das Hochwasser bei extremen Westwindlagen auf NN + 4,0 m (24.11.1981) steigen (LW, 1994). Neben dem Pegel List gibt es in der Bucht die Dauerpegel Munkmarsch, Rickelsbüll, Højer, Ballum und Havneby.

WASSERTRANSPORT DURCH DAS LISTER TIEF

Einzige Verbindung der Bucht mit der Nordsee ist das an der schmalsten Stelle 2,8 km breite Lister Tief zwischen Sylt und Rømø mit einer größten Tiefe von -39,5 m (bezogen auf Seekartennull, BSH-Karte 108, Ausgabe 1992) bzw. NN -40,5 m. Der Stromquerschnitt an der schmalsten Stelle des Lister Tiefs liegt zwischen ca. 42000 m² (mittleres Niedrigwasser) und ca. 47000 m² (mittleres Hochwasser). Die Ebb- bzw. Flutstrommengen durch das Lister Tief betragen unter mittleren Bedingungen etwa 550 Mill. m³ bei einem Niedrigwasservolumen der Bucht von rund 570 Mill. m³.

1.1.3 Hydrographie und Klima im Lister Tidebecken   43

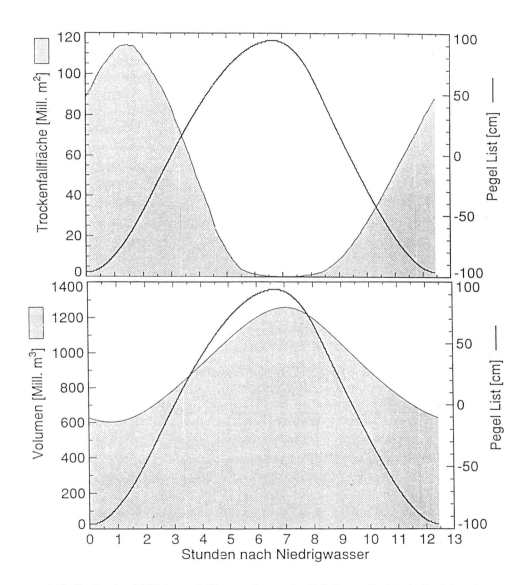

Abb. 2. Trockenfallfläche und Wasservolumen der Sylt-Rømø Bucht als Funktion des Pegels List (Pegelwert 0 = NN)

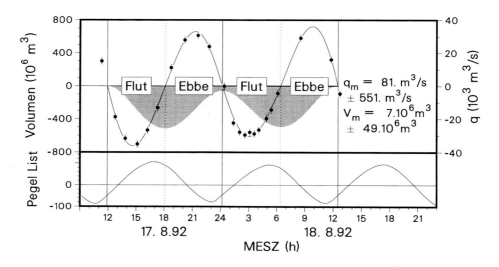
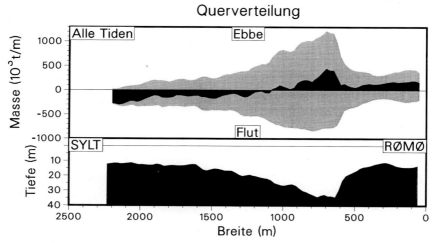

Abb. 3. Wasserbilanz und Lateralverteilung des Transports im Lister Tief über eine Doppeltide: Durchflußwerte q und transportierte Wasservolumina V (schraffiert), q_m und V_m Mittelwerte über die Doppeltide. Untere Abb.: Querverteilung des halbtidegemittelten Wassermassentransports (schwarze Fläche: Nettotransport)

1.1.3 Hydrographie und Klima im Lister Tidebecken

Charakteristische hydrographische Verhältnisse im Lister Tief unter mittleren Bedingungen (westliche Winde, 7-8 m s^{-1}) zeigt die Doppeltide am Meßtag 17./18.8.1992 (Abb. 3). Man erkennt deutlich die tägliche Ungleichheit. Die beiden aufeinander folgenden Tiden ergeben zusammen im Rahmen der Meßgenauigkeit einen Nettowassertransport Null. Der Wassertransport über die Rinne ist sowohl in der Ebb- als auch in der Flutphase mit der Wassertiefe korreliert, wobei auf der Sylt-Seite ein Nettoeinstrom und auf der Rømø-Seite ein Nettoausstrom stattfindet (siehe auch Kap. 2.3.1).

Die Auswertung der SWAP-Messungen hat ergeben, daß der Wassertransport durch das Lister Tief und die Wasserstände an den Pegeln List und Havneby miteinander korreliert sind. Es gilt für den Durchfluß D (m^3 s^{-1}) durch das Lister Tief die empirische Beziehung

$$D(t) = dV/dP * dP/dt,$$

wobei

$$V(P) = A_0 + A_1*P + A_2*P^2 + A_3*P^3,$$

mit den Polynomkoeffizienten

$A_0 = 8{,}5256 *10^8$ m^3, $A_1 = 3{,}3636 *10^8$ m^2, $A_2 = 3{,}647*10^7$ m, $A_3 = -8.21*10^6$

das hypsometrische Wasservolumen der Sylt-Rømø Bucht für eine fiktive Bezugshöhe P (m) über NN ist, die sich näherungsweise durch

$$P(t) = a*L(t + b) + (1 - a)*H(t + c)$$

approximieren läßt, wobei t(Std.) die Zeit, a = 0,56, b = -0,07 Std. und c = -0,66 Std. Fitparameter und L (m) und H (m) die Pegelhöhen der Pegel List bzw. Havneby bezogen auf NN sind. Damit können tideauflösende Jahresgänge des Durchflusses durch das Lister Tief, sei es als Randbedingung für eine Modellierung oder ein Monitoring, aus den Routine-Pegelmessungen in List und Havneby bestimmt werden.

Die Sylt-Rømø Bucht hat zwei größere Süßwasserzuflüsse, die Brede Å und die Vidå (7 bzw.17 m^3 s^{-1} im Jahresmittel 1992-1994, Pejrup et al.,1995), die einem mittleren Halbtidezufluß von 530 000 m^3 entsprechen. Legt man eine mittlere jährliche Niederschlagsmenge von 750 mm (Lohse et al., 1995a,b) zugrunde, so gibt es einen mittleren Süßwassereintrag aus der Atmosphäre von 200 000 m^3 pro Halbtide. Legt man eine Verdunstung von 0,07 mm/Stunde zugrunde, wie sie an normalen Sommertagen während SWAP gemessen wurde, so ergibt sich für die Bucht ein Süßwasserverlust an die Atmosphäre von weniger als 200 000 m^3 pro Halbtide. Im Mittel beträgt damit die Wasserzufuhr aus der Atmosphäre und vom Festland an die Bucht weniger als 1/1000 des Wasseraustausches mit der Nordsee.

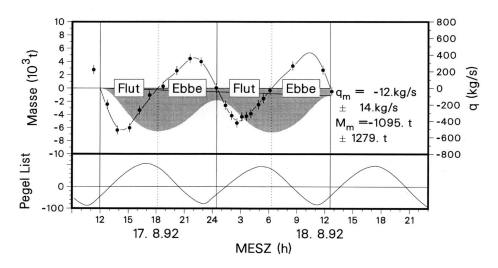
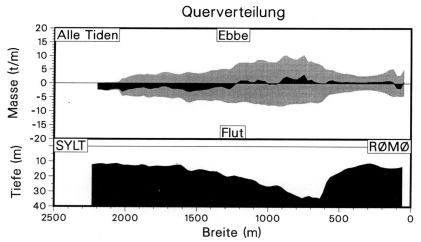

Abb. 4. Schwebstoffbilanz und Lateralverteilung des Transports im Lister Tief über eine Doppeltide: Durchflußwerte q und transportierte Schwebstoffmasse M (schraffiert), q_m und M_m Mittelwerte über die Doppeltide. Untere Abb.: Querverteilung des halbtidegemittelten Schwebstoffmassentransports (schwarze Fläche: Nettotransport)

1.1.3 Hydrographie und Klima im Lister Tidebecken 47

Das Buchtwasser hat einen Salzgehalt von 30-32 psu, gegen Ende der Ebbphase wurden im Rømø Tief Werte bis 28,5 psu gemessen. Typische Schwebstoffgehalte in der Bucht liegen zwischen 5 und 30 g m^{-3}. Typische Schwebstoffverhältnisse im Lister Tief lagen in der SWAP-Meßperiode 17./18.8.92 (Abb. 4) vor. Man erkennt auch hier einen Nettoeintrag an Schwebstoff auf der Sylt-Seite und einen Nettoaustrag auf der Rømø-Seite bei im Rahmen der Meßgenauigkeit ausgeglichener Gesamtbilanz für das Lister Tief (siehe auch Kap. 2.3.2).

Das Strömungs- und Transportgeschehen im Inneren der Sylt-Rømø Bucht wird durch drei, vom Lister Tief ausgehende, sich immer weiter verästelnde Priele, das Rømø Dyb im Nordosten, das Højer Dyb im Südosten und die Lister Ley im Süden und Südwesten, mit den dazwischen liegenden Platen bestimmt. Hydrographisch wird die Gesamtbucht dadurch quasi in drei, durch Wattwasserscheiden abgegrenzte Untersysteme aufgeteilt, die miteinander und mit der Nordsee über das Lister Tief als eine Art Misch- und Verteilsystem wechselwirken. So betragen die Halbtide-Durchflußmengen des Rømø Dybs etwa 20 %, des Højer Dybs etwa 30 % und der Lister Ley etwa 25 % der Halbtide-Durchflußmenge des Lister Tiefs. Etwa 1/4 der Halbtide-Durchflußmenge des Lister Tiefs wird über die Platen ausgetauscht. Die Kompartmenteinteilung der Sylt-Rømø Bucht (Abb. 1) trägt dem Rechnung.

Eine Sonderrolle spielt das Kompartiment 1, der Königshafen, ein Hauptbeobachtungsgebiet von SWAP. Es hat (ohne Uthörn) eine Gesamtfläche von 5,55 km^2, wovon 72,1 % dem Eulitoral und 27,9 % dem flachen Sublitoral zuzurechnen sind. Wasseraustausch und Transport zwischen den Kompartimenten 1 (Königshafen) und 5b (Lister Tief) sind wegen der wie Barren wirkenden Muschelbänke und eines Wirbels im Übergangsbereich äußerst komplex; unter mittleren Bedingungen betragen das Niedrigwasservolumen des Königshafens 0,86 Mill. m^3 und die Ebb- bzw. Flutstrommengen, die zwischen Königshafen und Lister Tief ausgetauscht werden, 6,39 Mill. m^3.

STRÖMUNGSGESCHEHEN EINER GEZEITENPERIODE

Das Strömungsgeschehen in der Sylt-Rømø Bucht - über eine Gezeitenperiode (Abb. 5a und 5b) im stündlichen Abstand berechnet (siehe dazu Fanger et al., dieser Band) - weist buchttypische Tidestrommuster auf.

Beginnen wir mit dem Zeitpunkt Niedrigwassers (NW) am Pegel List: Im Lister Tief herrscht noch Ebbstrom vor. Nur im küstennahen Bereich nördlich des Ellenbogens zeigt sich ein Lee-Wirbel, der Wasser von West nach Ost transportiert. Die Strömungsgeschwindigkeiten erreichen im tiefen Bereich Werte bis zu 60 cm s^{-1}. Zu den Küsten hin nimmt die Geschwindigkeit kontinuierlich ab. Im Becken treten höhere Geschwindigkeiten als 30 cm s^{-1} nur in der Lister Ley und im Højer Dyb auf. Die Strömungsrichtungen sind topographisch geführt und weisen alle in Richtung Lister Tief.

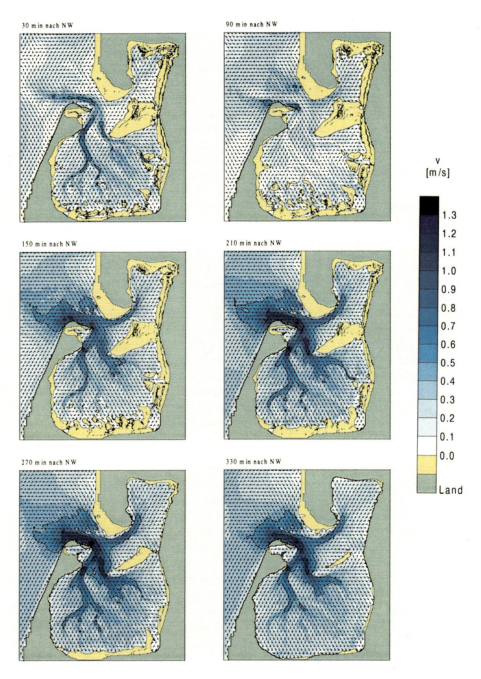

Abb. 5a. Gezeitenströme (m s^{-1}) in der Sylt-Rømø Bucht (Isolinien 0,5 und 1,0 m s^{-1}, Zeitbezug: NW auf der Kompartimentgrenze 5a/5b = NW Pegel List -30 min)

1.1.3 Hydrographie und Klima im Lister Tidebecken

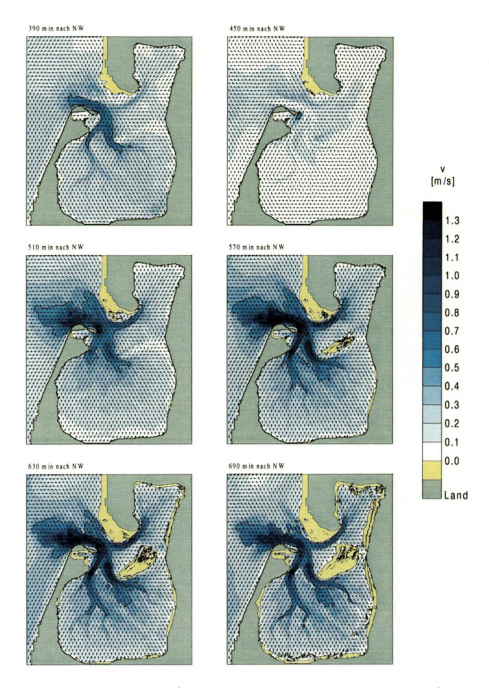

Abb. 5b. Gezeitenströme (m s^{-1}) in der Sylt-Rømø Bucht (Isolinien 0,5 und 1,0 m s^{-1}, Zeitbezug: NW auf der Kompartimentgrenze 5a/5b = NW Pegel List -30 min)

Eine Stunde nach NW am Pegel List ist der Kenterpunkt des Ebbstroms hier überschritten. Im nördlichen und südlichen Teil des Lister Tiefs herrscht Flutstrom mit Geschwindigkeiten bis zu 40 cm s^{-1}. Der Wirbel hat sich in den tiefen, zentralen Bereich der Passage verlagert und beginnt sich aufzulösen. Die Geschwindigkeiten erreichen hier maximale Werte von 10 cm s^{-1}. Im Becken selbst hat sich das Strömungsbild stark gewandelt. Im Rømø Dyb werden jetzt Geschwindigkeiten bis zu 40 cm s^{-1} erreicht. Die Strömungsrichtung weist hier in Richtung Rømødamm. Im südlichen Teil der Bucht ist noch ablaufendes Wasser. Im Bereich zwischen Königshafen und Jordsand ist die Strömungssituation komplex. Flut- und Ebbstrom treffen hier aufeinander, dadurch entstehen starke Scherströmungen. In der Lister Ley läuft das Wasser ab und im Højer Dyb bereits auf; die Geschwindigkeiten sind unter 20 cm s^{-1}.

Zwei Stunden nach NW am Pegel List ist im gesamten betrachteten Gebiet Flutstrom zu finden. Im Lister Tief treten zu diesem Zeitpunkt Strömungen zwischen 60 und 80 cm s^{-1} auf. Geschwindigkeiten größer als 40 cm s^{-1} sind sonst nur in den drei tiefen Rinnen zu finden. Im Bereich des Hindenburgdamms erreicht jetzt die trockenfallende Fläche ihr Maximum. Bei Jordsand setzt die Überflutung des trockengefallenen Bereichs ein.

In den folgenden zwei Stunden nimmt die Strömungsgeschwindigkeit weiter zu und erreicht zwischen 3 und 4 Stunden nach NW am Pegel List maximale Werte von bis zu 1,3 m s^{-1} im Lister Tief und mehr als 60 cm s^{-1} in den tiefen Rinnen. Die Strömung ist weiterhin topographisch geführt. Über den flachen Gebieten nimmt die Geschwindigkeit stark ab. Im Bereich südlich der Ellenbogenspitze bildet sich nun ein Leewirbel aus, der sich mit zunehmender Dauer vergrößert und höhere Geschwindigkeiten enthält.

5 Stunden nach NW am Pegel List sind die Strömungsgeschwindigkeiten drastisch zurückgegangen. Nur im Lister Tief werden Geschwindigkeiten größer 50 cm s^{-1} erreicht. In den tiefen Rinnen liegen die maximalen Geschwindigkeiten bei 40 cm s^{-1}. Im restlichen Wattengebiet liegen die Beträge im Bereich von 10 cm s^{-1}. Jordsand ist soweit überflutet, daß keine Verbindung zum Festland mehr besteht.

6 Stunden nach NW herrscht im gesamten Lister Tief noch Flutstrom vor. Jordsand ist bereits völlig überflutet. Die Strömungsgeschwindigkeiten haben sich nur geringfügig verändert. Eine Stunde später läuft im nördlichen Bereich des Lister Tiefs das Wasser bereits ab, während im südlichen Teil noch Flutstrom vorherrscht. Die Geschwindigkeiten liegen hier stets unter 30 cm s^{-1}. Im Rømø-Becken ist der Ebbstrom schon deutlich ausgebildet. Im südlichen Bereich des Wattenmeeres ist eine vorherrschende Richtung nicht erkennbar. Die Geschwindigkeiten liegen unter 10 cm s^{-1}.

8 Stunden nach NW hat der Ebbstrom im ganzen Gebiet eingesetzt; die Strömungsrichtung zeigt in Richtung Lister Tief. Die Geschwindigkeitsbeträge haben stark zugenommen und sind in den tiefen Rinnen größer als 50 cm s^{-1}. Im Lister Tief liegen die Geschwindigkeiten zwischen 70-110 cm s^{-1}.

In den folgenden beiden Stunden nimmt die Strömung kontinuierlich zu und erreicht 2 Stunden nach Hochwasser ihr Maximum. Dabei erreichen die Geschwindigkeiten in den tiefen Rinnen Werte bis zu 100 cm s^{-1}. Im Lister Tief werden maximale Geschwindigkeiten von über 130 cm s^{-1} im südlichen Teil der Passage angenommen. In den flachen Regionen sind ebenfalls hohe Beträge von bis zu 50 cm s^{-1} festzustellen. Sowohl Teile von Jordsand als auch flache Bereiche am Ostufer des Beckens sind bereits wieder trockengefallen. Mit zeitlicher Näherung zum erneuten Niedrigwasser nehmen die Strömungsgeschwindigkeiten weiter ab. Die Trockenfallfläche nimmt weiter zu.

DER LAGRANGE´SCHE RESTSTROM

Der Lagrange´sche Reststrom (Abb. 6) stellt ein Maß für die Versetzung von Wassermassen und damit auch gelöster Wasserbeimengungen im Tidemittel dar. Im Lister Tidebecken ist er stark topographiegeführt. Reststromgeschwindigkeiten von über 10 cm s^{-1} treten lediglich in Regionen auf, wo eine starke Änderung des Tiefengradienten vorliegt. Dies ist der Fall im Bereich der Hunningen-Sande am Übergang zur Lister Ley und zum Højer Dyb, desweiteren an der Westseite des Jordsand Flaks. Hier werden Geschwindigkeiten über 20 cm s^{-1} erreicht. Spitzengeschwindigkeiten von 40-50 cm s^{-1} finden sich nördlich und südlich der Ellenbogenspitze, wo sich bei Ebbstrom bzw. Flutstrom Leewirbel ausbilden. In den tiefen Rinnen liegt die Reststromgeschwindigkeit stets unter 10 cm s^{-1}. Im Lister Tief ist keine bevorzugte Transportrichtung zu erkennen. Lediglich im überfluteten Bereich des Havsands ist eine vorherrschende Reststromrichtung von West nach Ost erkennbar. Die Geschwindigkeiten liegen hier aber generell unter 5 cm s^{-1}. Im südlichen Teil des Sylter Tidebeckens zeichnet sich von Munkmarsch bis zur Mündung der Vidå ein zyklonaler, küstenparalleler Restsstrom ab. Im Bereich des Morsumkliffs treten maximale Geschwindigkeiten von bis zu 10 cm s^{-1} auf. Im Bereich zwischen Rømø und dem dänischen Festland ist ein antizyklonaler Wirbel zu erkennen, dessen maximale Geschwindigkeit von 8 cm s^{-1} südlich des Rømø-Dammes erreicht wird. Im übrigen Gebiet zeigt sich eine diffuse Reststromverteilung mit Geschwindigkeiten unter 10 cm s^{-1}.

KLIMA

Die klimatischen Verhältnisse der Sylt-Rømø Bucht werden durch ihre geschützte Lage zwischen den Inseln Sylt und Rømø und dem Festland im Übergangsbereich zwischen der Nordsee und der Landbrücke Schleswig-Holstein/Dänemark bestimmt. Einen quantitativen Überblick über diese Verhältnisse im langfristigen Mittel vergleichend mit anderen Nordseeküstenbereichen gibt (DWD, 1967).

Infolge der vorherrschenden Westströmung (50 % Jahreshäufigkeit, (DWD, 1995)) sorgen in der Regel vom Atlantik über die Nordsee herangeführte Luftmassen für ein ausgesprochen maritimes Klima in der Sylt-Rømø Bucht. Ostwindlagen (Jahreshäufigkeit 30 %, (DWD, 1995)), die kontinentale Luftmassen heranführen, treten seltener auf. Das Jahresmittel der Windgeschwindigkeit in der Sylt-Rømø Bucht liegt bei 7 m s^{-1}, (DWD, 1995). Bei geringeren Windgeschwindigkeiten und unterschiedlichen Land- und Wassertemperaturen können sich lokalspezifische Muster einer Land-See-Wind-Zirkulation herausbilden. Windstillen liegen unter 1 %-Jahreshäufigkeit.

Das Jahresmittel der Lufttemperatur beträgt 8,4° C (Winterhalbjahresmittel 4,0° C, Sommerhalbjahresmittel 12,8° C, (DWD, 1995). Das Mittel der Wassertemperatur im Hafen List über 10 Jahre (1979/88) ist 9,0° C (Winterhalbjahresmittel 5,3° C, Sommerhalbjahresmittel 13,7° C) (LW, 1994). Im Mittel unterschreitet die Lufttemperatur an 45 Tagen im Jahr den Gefrierpunkt und bleibt an 18 Tagen ganztägig darunter; an 5 Sommertagen erreicht oder überschreitet sie 25° C, (DWD, 1995). Das Jahresmittel der Luftfeuchtigkeit ist rund 80 %, die mittlere jährliche Niederschlagsmenge 750 mm. Die mittlere Zahl der Tage im Jahr mit einer Bewölkung über $^8/_{10}$ beträgt 130 Tage, mit einer Bewölkung unter $^2/_{10}$ 30 Tage. Im Jahresmittel gibt es 4,8 Stunden Sonnenschein/Tag (Sommerhalbjahr 6,8 Std./Tag, Winterhalbjahr 2,7 Std./Tag).

Während des SWAP-Projektes wurden mikrometeorologische Messungen im Königshafen durchgeführt (Lohse et al., 1995a, b). Der erhaltene Datensatz (Standardmeteorologiedaten, Energie- und Impulsflüsse, Energiebilanzen, Strahlungsdaten) ermöglicht eine detaillierte Beschreibung der Verhältnisse in der bodennahen Grenzschicht des Sylt-Rømø Watts in den Sommermonaten in Abhängigkeit von Tagesgang und Tide.

Parallel durchgeführte Messungen an der Station List des Deutschen Wetterdienstes und im Möwenbergwatt des Königshafens (ca. 3 km in nordwestlicher Richtung von der Station) wiesen weitgehende Übereinstimmungen zwischen Windgeschwindigkeit und -richtung, Lufttemperatur, -feuchte, -druck, Niederschlag und Strahlungsdaten auf. Die Angaben der Wetterstation können daher auf den Wattbereich des Lister Tidebeckens übertragen werden.

1.1.3 Hydrographie und Klima im Lister Tidebecken

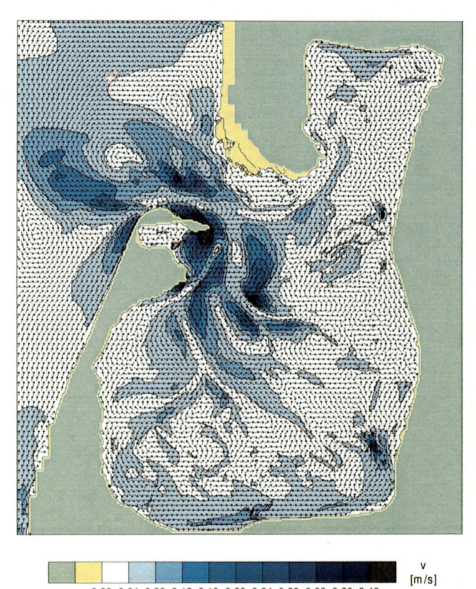

Abb. 6: Restströme (m s^{-1}) in der Sylt-Rømø Bucht

LITERATUR

Backhaus, J., Hartke, D. & Hübner, U.,1995. Hydrodynamisches und thermodynamisches Modell des Sylter Wattenmeeres. - SWAP-Abschlußbericht Teilprojekt 4.1a, Universität Hamburg, unveröffentlicht.

Bundesamt für Seeschiffahrt und Hydrographie, BSH, 1992/93a. Gezeitentafeln, Bd.I . Europäische Gewässer. Selbstverlag des BSH, Hamburg .

Bundesamt für Seeschiffahrt und Hydrographie, BSH, 1992/93b. Hoch- und Niedrigwasserzeiten für die Deutsche Bucht und deren Flussgebiete. - Selbstverlag des BSH, Hamburg.

Bundesamt für Seeschiffahrt und Hydrographie, BSH, 1992. Seekarte 103 (INT 1412). - Selbstverlag des BSH, Hamburg.

Burchard, H., 1995. Turbulenzmodellierung mit Anwendungen auf thermische Deckschichten im Meer und Strömungen in Wattengebieten. - Dissertation Universität Hamburg. GKSS 95/E/30.

Deutscher Wetterdienst, DWD, 1967. Klima-Atlas von Schleswig-Holstein, Hamburg und Bremen. - Selbstverlag des DWD, Offenbach.

Deutscher Wetterdienst, DWD, 1995. Persönliche Mitteilungen.

Fanger, H.-U., Kappenberg, J., Kolb, M. & Müller, A., 1995. Wasser-und Schwebstofftransport im Sylt-Rømø Wattenmeer. - SWAP-Abschlußbericht Teilprojekt 4.3a, GKSS-Forschungszentrum Geesthacht, unveröffentlicht.

Fanger, H.-U., Backhaus, J., Hartke, D., Hübner, U. & Müller, A., 1997. Hydrodynamik des Lister Tidebeckens: Messungen und Modellierung. - In: Gätje, C. & Reise, K. (Hrsg.): Ökosystem Wattenmeer - Austausch-, Transport- und Stoffumwandlungsprozesse, Springer-Verlag, Heidelberg, Berlin, S. 161-184.

Landesamt für Wasserhaushalt und Küsten Schleswig-Holstein, LW, 1994. Deutsches Gewässerkundliches Jahrbuch Küstengebiet der Nord- und Ostsee Abflußjahr 1988. - Selbstverlag des LW, Kiel.

Lohse, H. & Müller, A., 1995a. Vertikale Austauschprozesse an der Grenzfläche Sediment/ Wasser/Atmosphäre: Impuls-, Energie- und Feuchteflüsse, Mikroklima. - SWAP-Abschlußbericht Teilprojekt 3.3, GKSS-Forschungszentrum Geesthacht, unveröffentlicht.

Lohse, H., Müller, A. & Siewers, H., 1995b. Mikrometeorologische Messungen im Wattenmeer. - Selbstverlag des GKSS-Forschungszentrum Geesthacht, GKSS 95/E/40.

Pejrup, M., Larsen, M. & Edelvang, K., 1995. Deposition of finegrained sediment in the Sylt-Rømø tidal area. - SWAP-Abschlußbericht Teilprojekt 4.2, University of Kopenhagen, unveröffentlicht.

1.2 Biota des Wattenmeeres zwischen Sylt und Rømø

Biota of the Wadden Sea Between the Islands of Sylt and Rømø

1.2.1 Benthos des Wattenmeeres zwischen Sylt und Rømø

Benthos of the Wadden Sea Between the Islands of Sylt and Rømø

Karsten Reise & Dagmar Lackschewitz
Biologische Anstalt Helgoland, Wattenmeerstation Sylt; D-25992 List

ABSTRACT

The intertidal macrobenthos of the Sylt-Rømø Wadden Sea is similar to that of the Dutch Wadden Sea and the Jadebusen in terms of species composition and biomass. The tidal flats have a high share of seagrass beds (12 % or 15.6 km²). Intertidal mussel beds cover 0.36 km². The abundance of macrofauna is dominated by the snail *Hydrobia ulvae* (64 %) and the polychaete *Pygospio elegans* (16 %). Average biomass of macrofauna amounts to 50 g m^{-2} ash-free dry weight, with patches of cockles *Cerastoderma edule* contributing 39 % and the wide-spread lugworm *Arenicola marina* 20 %. The subtidal macrofauna is estimated at 11 g m^{-2}. Since the beginning of this century, considerable changes have occurred in the composition of the benthos.

ZUSAMMENFASSUNG

Das Makrobenthos im Eulitoral des Sylt-Rømø Wattenmeeres ähnelt im Artenspektrum und in der Biomasse dem des niederländischen Wattenmeeres und des Jadebusens. Die Watten haben mit 12 % (15,6 km²) der Fläche einen hohen Anteil an Seegraswiesen. Eulitorale Muschelbänke bedecken 0,36 km². Die Individuenzahl der Makrofauna wird von der Wattschnecke *Hydrobia ulvae* mit 64 % und dem Polychaeten *Pygospio elegans* mit 16 % dominiert. Die Biomasse der Makrofauna beträgt im Mittel etwa 50 g m^{-2} aschefreies Trockengewicht, davon werden 39 % von fleckig verteilten Herzmuschelsiedlungen (*Cerastoderma edule*) und 20 % vom weit verbreiteten Wattwurm *Arenicola marina* gestellt. Die Makrofauna im Sublitoral wird auf 11 g m^{-2} geschätzt. Seit Beginn dieses Jahrhunderts haben erhebliche Veränderungen in der Zusammensetzung des Benthos stattgefunden.

EINLEITUNG

Das Benthos im Wattenmeer zwischen Sylt und Rømø, insbesondere die damaligen Austernbänke, wurden erstmals von 1869 bis 1891 durch Möbius (1893) untersucht. Frühe Angaben zum Vorkommen von Seegräsern und Algen verdanken wir Reinbold (1893), Nienburg (1927), Wohlenberg (1935, 1937), Hagmeier (1941) und Kornmann (1952). Eine detaillierte Bestandsaufnahme zum Makrobenthos der sublitoralen Rinnen lieferten Hagmeier & Kändler (1927), sowie Wohlenberg (1937) zum Makrobenthos des eulitoralen Königshafens bei Sylt. Zusammengenommen ergeben diese früheren Angaben eine gute Vergleichsbasis zu den heutigen Untersuchungen.

Umfangreich bearbeitet wurde die Mikrofauna der Strände, Salzwiesen und Watten im Sylter Gebiet. Zusammenfassende Übersichten geben Schmidt (1968), Ax (1969), Reise (1985), Armonies (1987) und Armonies & Hellwig-Armonies (1987). Offenbar ist die Sandlückenfauna östlich Sylt besonders arten- und individuenreich durch den aeolischen Eintrag von relativ grobkörnigen Sänden in eine hydrodynamisch geschützte Lage. Allein das Taxon der freilebenden Plathelminthen (Turbellarien) ist mit 435 Arten vertreten (Reise, 1988). Insgesamt dürfte die Artenzahl der Mikrofauna deutlich über 1000 liegen. Für die Mikroalgen der Sedimente im Königshafen geben Asmus & Bauerfeind (1994) 109 Arten an.

Die folgenden Ausführungen konzentrieren sich auf das Makrobenthos im Sylt-Rømø Wattenmeer. Es umfaßt gegenwärtig 35 Arten der Grünalgen, 15 Braunalgen, 12 Rotalgen, 2 Seegräser und etwa 200 Arten der Makrofauna, davon 69 Polychaeten, 51 Crustaceen und 35 Mollusken (Schories et al., 1997; Reise, unpubl.). Aus einem Teil des Sylt-Rømø Wattenmeeres, dem Königshafen, liegen schon detaillierte Beschreibungen zum Makrobenthos vor (Asmus & Asmus, 1985; Asmus, 1987; Reise, 1985; Reise et al., 1989, 1994), ebenso zur Makrofauna der Lister Ley (Riesen & Reise, 1982). Diese kleinräumigen Untersuchungen werden hier durch eine Bearbeitung des gesamten Eulitorals zwischen Sylt und Rømø erweitert.

METHODEN

Die hier dargestellten Ergebnisse basieren auf Untersuchungen der Sommer 1992 bis 1994. Die Verteilung eulitoraler Biotope wurde durch Messungen im Gelände und nach Luftaufnahmen von 1990 vorgenommen. Die Flächenangabe zum Eulitoral (Tab. 1) basiert auf Modellberechnungen zur mittleren Niedrigwasserlinie. In diesem Niveaubereich ist im Lister Tidebecken das Gefälle gering und die Fläche groß. Geringfügige Änderungen in der Modellberechnung führen daher zu großen Differenzen. Auf die Angaben zur Biomasse wirkt sich dies dennoch kaum aus, da die Durchschnittswerte in diesem Bereich niedrig liegen. Die Makrofauna ist methodisch definiert als die mit 1 mm-Siebmaschen zurückgehaltene Größenfraktion. Sie wurde an 35 repräsentativ im Gebiet verteilten Stationen quantifiziert. Die Epifauna der sublitoralen Rinnen wurde mit Dredgen einer Maschenweite von 1 cm erfaßt (Buhs & Reise, 1997). Gewichtsangaben zur Biomasse erfolgen als aschefreies Trockengewicht (Gewichtsdifferenz zwischen Trocknung bei 80° C und Veraschung bei 520° C), wobei Mollusken mit Kalkschale verascht wurden.

ERGEBNIS UND DISKUSSION

Die eulitoralen Biotope werden vom Sandwatt dominiert, das dicht von dem Wattwurm *Arenicola marina* bewohnt wird (Abb. 1, Tab. 1). Nur auf dem hohen Sandwatt (+ 1,00 bis + 0,75 m NN) und auf den strömungsexponierten Stromsänden (-0,50 und -1,00 m NN) bleibt die Dichte von *A. marina* gering. Im hohen Sandwatt können jedoch vorübergehend Brutwatten dieser Art auftreten, wohingegen sich auf den Stromsänden die größten (und vermutlich ältesten) Individuen befinden. Die Biomasse im *Arenicola*-Sandwatt wird zur Hälfte von fleckig verteilten Herzmuschelsiedlungen (*Cerastoderma edule*) gestellt.

Vergleichsweise hoch ist mit 12 % der eulitoralen Fläche der Anteil an Seegraswiesen (Abb. 1). Im niederländischen Watt und im Dollard liegt der Seegrasanteil unter 1 % (Philippart & Dijkema, 1995), im Jadebusen unter 2 % (Michaelis, 1987; Kastler & Michaelis 1997). Die Seegräser wuchsen 1993-94 auf 4,8 km² Sandwatt und auf 10,8 km² Mischwatt. Von den zwei Seegrasarten wächst *Zostera noltii* vorwiegend im oberen Gezeitenbereich (+ 0,3 bis 0,0 m NN) und *Z. marina* im unteren Gezeitenbereich (0,0 bis -0,5 m NN). Im Gebiet des Königshafens zeigten die Seegrasbestände seit 1924 ausgeprägte Langzeitschwankungen mit wechselnder Dominanz zwischen *Z. noltii* und *Z. marina* (Reise et al., 1989). Ein früheres Vorkommen von *Z. marina* im Sylter Sublitoral erlosch 1934 (Wohlenberg, 1935). Die Biomasse der Makrofauna wird in den Seegraswiesen von der Wattschnecke *Hydrobia ulvae* mit 33 % dominiert.

Grünalgen können in den Sommermonaten bis zu 10 % des Eulitorals bedecken. Das Verteilungsmuster ist unbeständig und daher in Abb. 1 nicht eingetragen. In kompakten Grünalgenmatten kann die Phytomasse zwischen 200 und 400 g m^{-2} betragen. Großflächige Grünalgenmatten wurden erstmals im Sommer 1979 im Königshafen bei Sylt beobachtet (Reise, 1983) und traten seitdem regelmäßig auf. Die Ursache ihres Auftretens wird in erhöhten Stickstoffeinträgen in das Küstenwasser gesehen (Reise & Siebert, 1994).

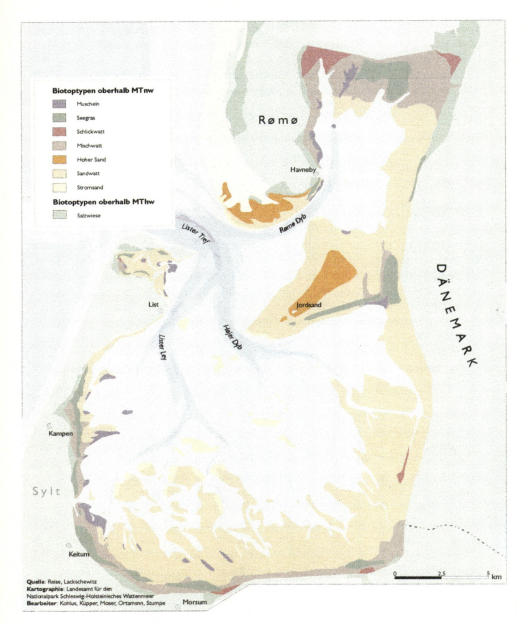

Abb. 1. Eulitorale Biotope im Sylt-Rømø Wattenmeer, August 1993. Gezeichnet nach Vermessungen im Gelände, Luftaufnahmen und Beobachtungen aus dem Flugzeug. Muscheln: Miesmuschelbänke; Hoher Sand: zwischen + 1,00 und + 0,75 m über mittlerer Tidenlinie); Sandwatt: entspricht *Arenicola*-Sandwatt; gelb: Strand oberhalb mittlerem Hochwasser (MThw); blau: Sublitoral unter mittlerem Niedrigwasser (MTnw).

Tabelle 1. Fläche der Biotope im Eulitoral des Sylt-Rømø Wattenmeeres (128,32 km² ohne Außenbereich des Lister Tiefs) und die mittlere Biomasse der Makrofauna in diesen Biotopen. Das flächengewichtete Mittel der Biomasse beträgt 50 ± 33 g m^{-2}.

Biotop	km²	g m^{-2}
Hohes Sandwatt	7,32	4,80
Stromsände	3,70	13,90
Arenicola-Sandwatt ohne Seegras	84,31	45,90
Seegraswiesen auf Sandwatt	4,76	63,50
Seegraswiesen auf Mischwatt	10,77	59,60
Mischwatt ohne Seegras	13,25	76,50
Schlickwatt	3,85	37,00
Miesmuschelbänke	0,36	1378,20

Seegraswiesen und Muschelbänke finden sich überwiegend dort, wo ein Schutz vor westlichen Stürmen gegeben ist (Abb. 1). Die Muschelbankfelder liegen alle im unteren Eulitoral und erstrecken sich zusammen über eine Fläche von 3 km². Davon sind nur 12 % (0,28 % des Eulitorals) direkt mit Muscheln (*Mytilus edulis*) bedeckt (Tab. 1). Etwa die Hälfte der Muschelbänke ist dicht mit dem Tang *Fucus vesiculosus* überwachsen. Bezüglich der Makrofauna stellt die Miesmuschel hier 95 % der Biomasse, die auf den Muschelbänken 30mal höher liegt als im umgebenden *Arenicola*-Sandwatt. Für Muschelkulturen im Sublitoral von Nordsylt sind gegenwärtig 10 km² ausgewiesen, aber der tatsächlich mit Miesmuscheln bedeckte Meeresboden wird auf nur 1,2 km² in den Muschelkulturen und außerhalb auf höchstens 0,5 km² geschätzt. Gegenüber der ersten Hälfte dieses Jahrhunderts haben die Muschelbänke im Eu- und Sublitoral des Sylter Wattenmeeres deutlich zugenommen (Reise et al., 1989; Reise in Vorb.).

In diesem Zeitraum hat es besonders an den Hängen der tiefen Rinnen weitere Veränderungen im Makrobenthos gegeben (Abb. 2). Das Verschwinden der Rotalgen aus dem Sublitoral läßt trüber gewordenes Wasser vermuten. Die natürlichen Austernbänke (*Ostrea edulis*) verschwanden durch Raubbau. Die bis zu einem Meter hohen Sandriffe des Polychaeten *Sabellaria spinulosa* wurden mechanisch zerstört, weil sie die Schleppnetzfischerei behinderten (Reise, 1982; Riesen & Reise, 1982). Im Sediment lebende Polychaeten haben generell zugenommen. Eine langfristige Zunahme scheint auch in der Population der Strandkrabbe *Carcinus maenas* eingetreten zu sein (Reise et al., 1989), die zusammen mit der Garnele *Crangon crangon* eine Schlüsselrolle als Räuber für die Dynamik der Bodenfauna einnimmt (Reise, 1985). In diesem Jahrhundert eingeschleppte und im Gebiet häufig gewordene Arten sind das Schlickgras *Spartina anglica*, der Polychaet *Nereis virens*, die Pantoffelschnecke *Crepidula fornicata* und die Schwertmuschel *Ensis americanus*. Heimische Arten wurden durch sie nicht verdrängt.

Die mittlere Biomasse der eulitoralen Makrofauna lag 1992-94 bei 50 g aschefreiem Trockengewicht m^{-2}, wovon mehr als die Hälfte durch Suspensionsfresser gestellt wurde (Tab. 2). Auf fleckige Siedlungen der Herzmuschel *Cerastoderma edule* entfielen 39 % und auf den weit verbreiteten Wattwurm *Arenicola marina* 20 %. Die Individuenzahl der Makrofauna wurde mit 64% von der Wattschnecke *Hydrobia ulvae* dominiert, gefolgt von dem Polychaeten *Pygospio elegans* (16 %). Unterdurchschnittliche Biomassen fanden sich auf den hohen Sandwatten und den exponierten Stromsänden. Auf den Muschelbänken lag die Biomasse dagegen mit 1380 g m^{-2} weit über dem Mittel. Die Biomasse der Makrofauna im Sublitoral wird mittels Daten aus den 80er Jahren auf etwa 11 g m^{-2} geschätzt.

In der durchschnittlichen Biomasse der eulitoralen Makrofauna gleicht das Sylt-Rømø Wattenmeer dem niederländischen Watt und dem Jadebusen (Tab. 2). Im weichen Schlick des brackigen Dollard ist die Biomasse deutlich geringer. Einen großen Einfluß auf den flächenproportionalen Mittelwert der Biomasse hat das Vorkommen von Miesmuschelbänken in der Region. Sie fehlen im Dollard und waren im untersuchten, niederländischen Watt kaum vorhanden. Im Jadebusen wird ihr Flächenanteil auf etwa 1 % geschätzt. Im Vergleich zu den anderen Watten liegt zwischen Sylt und Rømø die Biomasse des Wattwurmes *Arenicola marina* relativ hoch. Da dessen Populationsstärke zeitlich und räumlich wenig schwankt (Reise, 1985), dürfte dieser Unterschied gesichert sein. Die Populationen der Muscheln *Cerastoderma edule* und *Mya arenaria* sind dagegen zeitlich und räumlich äußerst wechselhaft verteilt und daher wenig für einen Vergleich geeignet.

Im Artenspektrum der Makrofauna gleichen sich niederländisches Watt, Jadebusen und Sylt-Rømø Wattenmeer. Die dominanten Arten sind dieselben. Allerdings ist die Wattschnecke *Hydrobia ulvae* im niederländischen Watt bei weitem nicht so zahlreich wie im Jadebusen und dem Watt zwischen Sylt und Rømø.

Ein bedeutender Unterschied besteht zur Makrofauna im Sublitoral der angrenzenden Nordsee, wo andere Arten dominieren (Duineveld et al., 1991; Reise & Bartsch, 1990). Die Biomasse kann zwar auch in der Nordsee bis zu 100 g m^{-2} betragen, erreicht in den flacheren Bereichen mit Feinsand und Schlicksand im Mittel aber lediglich 10 und 12 g m^{-2}. Damit gleicht sie dem Sublitoral im Sylt-Rømø Wattenmeer, beträgt aber nur ein Viertel der eulitoralen Biomasse.

Zusammenfassend zeigt der Vergleich, daß die benthische Besiedlung im Sylt-Rømø Gebiet mit anderen Regionen im Wattenmeer große Ähnlichkeiten aufweist, aber vom schlickreichen, brackigen Dollard und der angrenzenden Nordsee deutlich verschieden ist. Da das Makrobenthos ein guter Indikator für die langfristigen, ökologischen Verhältnisse einer Wattregion ist, kann gefolgert werden, daß die Wattenbucht zwischen Sylt und Rømø für weite Bereiche des Wattenmeeres als repräsentativ gelten kann, trotz der nördlichen Lage und der Verbindungsdämme zwischen Inseln und Festland.

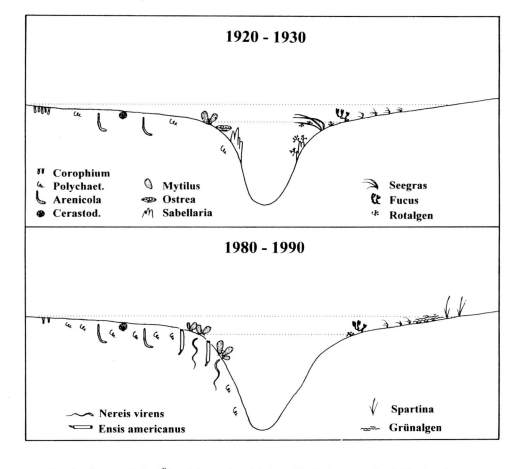

Abb. 2. Schematische Übersicht zu langfristigen Veränderungen im Makrobenthos des Sylt-Rømø Wattenmeeres. Dargestellt ist ein Profil durch das Eulitoral (punktierte Linien) und eine sublitorale Rinne, links die Makrofauna und rechts die Vegetation.

Tabelle 2. Vergleich der Biomassen (g m^{-2}) der Makrofauna aus NL: westliches niederländisches Wattenmeer (Beukema, 1989), DL: Dollard (Essink et al., 1987), JB: Jadebusen (Michaelis, 1987), KH: Königshafen bei Sylt (Reise et al., 1994), eine Bucht innerhalb von SR: Sylt-Rømø Wattenmeer. Im KH und in SR sind die Biomassen für Mollusken mit Schalen bestimmt worden. Zum Vergleich sind in ( ) umgerechnete Werte für aschefreies Trockengewicht ohne Schale angegeben.

Makrofauna > 1mm	NL	DL	JB	KH	SR
Mytilus edulis	0,9	0,0	19,6	13,8 (10,4)	3,7 (2,8)
Cerastoderma edule	9,5	0,0	12,3	6,7 (4,7)	19,5 (13,7)
Arenicola marina	6,2	0,0	2,2	18,3	10,3
Mya arenaria	8,0	2,0	5,7	10,2 (8,4)	3,7 (3,1)
Hydrobia ulvae	0,8	0,0	3,4	5,7 (4,0)	3,4 (2,4)
Macoma balthica	5,1	1,5	2,6	1,9 (1,6)	9,1 (7,5)
Nereis diversicolor	2,2	2,7	2,0	1,3	1,4
Makrofauna insges.	38,5	7,2	51,4	64,9 (55,7)	50,2 (40,3)

DANKSAGUNG

Birgitta Wilmes, Dorothea Kirsch, Silke Lieser und Ives Gibon halfen tatkräftig bei den Benthosproben. Gedankt sei Niels Kruse und Peter Elvert von dem FK 'Mya' für die Fahrten zu den Stromsänden, Jürgen Meyer-Brenkhof für die sicheren Flüge über die Sylt-Rømø-Bucht und allen SWAPlern für die gute Zusammenarbeit.

LITERATUR

Armonies, W., 1987. Freilebende Plathelminthen in supralitoralen Salzwiesen der Nordsee: Ökologie einer borealen Brackwasser-Lebensgemeinschaft. - Microfauna Marina *3*, 81-156.

Armonies, W. & Hellwig-Armonies, M., 1987. Synoptic patterns of meiofaunal and macrofaunal abundances and specific composition in littoral sediments.- Helgoländer Meeresunters. *41*, 83-111.

Asmus, H., 1987. Secondary production of an intertidal mussel bed community related to its storage and turnover compartments. - Mar. Ecol. Prog. Ser. *39*, 251-266.

Asmus, H. & Asmus, R., 1985. The importance of grazing food chain for energy flow and production in three intertidal sand bottom communities of the northern Wadden Sea. - Helgoländer Meeresunters. *39*, 273-301.

Asmus, R.M. & Bauerfeind, E., 1994. The microphytobenthos of Königshafen - spatial and seasonal distribution on a sandy tidal flat. - Helgoländer Meeresunters. *48*, 257-276.

Ax, P., 1969. Populationsdynamik, Lebenszyklen und Fortpflanzungsbiologie der Mikrofauna des Meeressandes. Verh. Dtsch. Zool. Ges. Innsbruck 1968, 66-113.

Beukema, J.J., 1989. Long-term changes in macrozoobenthic abundance on tidal flats of the western part of the Dutch Wadden Sea. - Helgoländer Meeresunters. *43*, 405-415.

Buhs, F. & Reise, K., 1997. Epibenthic fauna dredged from tidal channels in the Wadden Sea of Schleswig-Holstein: Spatial patterns and a long-term decline. - Helgoländer Meeresunters. *51*, (im Druck).

Duineveld, G.C.A., Künitzer, A., Niermann, U., Wilde, P.A.W.J. de & Gray, J., 1991. The macrobenthos of the North Sea. - Neth. J. Sea Res. *28*, 53-65.

Essink, K., Visser, W. & Begeman, D., 1987. Inventarisatie van de makroskopische bodemfauna van de Dollard juni-juli 1985. - Rijkswaterstaat, dienst getijdewateren, GWAO-87.155, 1-35.

Hagmeier, A., 1941. Die intensive Nutzung des nordfriesischen Wattenmeeres durch Austern- und Muschelkultur. - Z. Fisch. *39*, 105-165.

Hagmeier, A. & Kändler, R., 1927. Neue Untersuchungen im nordfriesischen Wattenmeer und auf den fiskalischen Austernbänken. - Wiss. Meeresunters. (Abt. Helgoland) *16*, 1-90.

Kastler, T. & Michaelis, H., 1997. Der Rückgang der Seegrasbestände im niedersächsischen Wattenmeer. - Niedersächsisches Landesamt für Ökologie, Forschungsstelle Küste *2/1997*, 1-24.

Kornmann, P., 1952. Die Algenvegetation von List auf Sylt. - Helgoländer wiss. Meeresunters. *4*, 55-61.

Michaelis, H., 1987. Bestandsaufnahme des eulitoralen Makrobenthos im Jadebusen in Verbindung mit einer Luftbildanalyse. - Jber. ForschSt. Küste, Norderney *38*, 1-97.

Möbius, K., 1893. Über die Tiere der schleswig-holsteinischen Austernbänke, ihre physikalischen und biologischen Lebensverhältnisse. - Sber. preuss. Akad. Wiss. 7, 33-58.

Nienburg, W., 1927. Zur Ökologie der Flora des Wattenmeeres. I. Teil. Der Königshafen bei List auf Sylt. - Wiss. Meeresunters. (Abt. Kiel) *20*, 146-196.

Philippart, C.J.M. & Dijkema, K.S., 1995. Wax and wane of *Zostera noltii* Hornem. in the Dutch Wadden Sea. - Aquatic Botany *49*, 255-268.

Reinbold, T., 1893. Bericht über die im Juni 1892 ausgeführte botanische Untersuchung einiger Distrikte der Schleswig-Holsteinischen Nordseeküste. - Komm. wiss. Unters. dtsch. Meeres *6* (3), 251-252.

Reise, K., 1985. Tidal flat ecology. Springer, Berlin, 191 pp.

Reise, K., 1988. Plathelminth diversity in littoral sediments around the island of Sylt in the North Sea. - Fortschr. Zool. *36*, 469-480.

Reise, K. & Bartsch, I., 1990. Inshore and offshore diversity of epibenthos dredged in the North Sea. - Neth. J. Sea Res. *25*, 175-179.

Reise, K., Herre, E. & Sturm, M., 1989. Historical changes in the benthos of the Wadden Sea around the island of Sylt in the North Sea. - Helgoländer Meeresunters., *43*, 417-433.

Reise, K., Herre, E. & Sturm, M., 1994. Biomass and abundance of macrofauna in intertidal sediments of Königshafen in the northern Wadden Sea. - Helgoländer Meeresunters. *48*, 201-215.

Reise, K. & Siebert, I., 1994. Mass occurrence of green algae in the German Wadden Sea. - Dt. hydrogr. Z., Suppl. *1*, 171-180.

Schmidt, P., 1968. Die quantitative Verteilung und Populationsdynamik des Mesopsammons am Gezeitenstrand der Nordseeinsel Sylt. I. Faktorengefüge und biologische Gliederung des Lebensraumes. - Int. Rev. ges. Hydrobiol. *53*, 723-779.

Schories, D., Albrecht, A. & Lotze, H. K., 1997. Historical changes and inventory of macroalgae from Königshafen Bay in the northern Wadden Sea. - Helgoländer Meeresunters., *51* (im Druck).

Wohlenberg, E., 1935. Beobachtungen über das Seegras, *Zostera marina*, und seine Erkrankung im nordfriesischen Wattenmeer. - Nordelbingen *11*, 1-19.

Wohlenberg, E., 1937. Die Wattenmeer-Lebensgemeinschaften im Königshafen von Sylt. - Helgoländer wiss. Meeresunters. *1*, 1-92.

1.2.2
Zeitliche und räumliche Variabilität der Mikronährstoffe und des Planktons im Sylt-Rømø Wattenmeer

Temporal and Spatial Variability of Micronutrients and Plankton in the Sylt-Rømø Wadden Sea

Peter Martens & Malte Elbrächter
Biologische Anstalt Helgoland, Wattenmeerstation Sylt; D-25992 List

ABSTRACT

The concentrations of micro-nutrients (nitrogen, silicate and phosphate) found during the summer in the Sylt-Rømø Bight have changed during the last years. Phosphate and silicate have decreased since the early nineties whereas the amount of total dissolved nitrogen has increased. The situation now is, different from the seventies, and comparable to the Wadden Sea areas of the Netherlands.

The phytoplankton shows a seasonal cycle and is composed of: meroplanktonic residents of the Waddensea (i.e. *Brockmanniella brockmannii*) and holoplanktonic species imported from the North Sea (i.e. *Coscinodiscus wailesii* and *Ceratium* spp.). The latter are abundant in the North Sea a few weeks before they are abundant in the Sylt-Rømø Bight. Starting in May, *Phaeocystis globosa* is abundant for several weeks, and is dominant up to 4 weeks later than in the Eastfrisian Wadden Sea. The environmental conditions in the Sylt-Rømø Bight are favourable for some of the zooplankton species. Neritic holozooplankton species such as *Acartia* spp., dominate in late summer, increasing during their time of residence in the Wadden Sea. The same holds true for the gelatinous zooplankton. During spring and early summer, the zooplankton is dominated by meroplanktonic larvae. Their spatial distribution is highly patchy, and their temporal occurrence is mainly triggered by temperature.

ZUSAMMENFASSUNG

Die sommerlichen Gehalte an Algen-Nährstoffen (Stickstoff, Phosphat und Silikat) in der Sylt-Rømø Bucht unterlagen in den letzten Jahren deutlichen Veränderunen. Während Phosphor und Silikat seit Anfang der 90er Jahre abnahmen, nahm der Stickstoffgehalt des Wassers zu. Die sommerliche Nährstoffkonzentration ist, anders als noch in den 70er Jahren, mit den Zuständen in den niederländischen Wattgebieten vergleichbar.

Das Phytoplankton weist einen Jahresgang auf und hat zwei Komponenten. Arten, die im Wattenmeer ihr Gedeihgebiet haben, sind Meroplankter mit ausgedehnter, benthischer Phase (z. B. *Brockmaniella brockmannii*), und holoplanktische Arten, die aus der Nordsee in das Wattenmeer importiert werden (z. B. *Coscinodiscus wailesii, Ceratium*-Arten). In der Nordsee sind sie meist schon einige Wochen früher häufig. *Phaeocystis globosa* dominiert ab Mai mehrere Wochen lang, häufig aber bis zu 4 Wochen später als im Ostfriesischen Wattenmeer.

Die Lebensbedingungen für das Zooplankton sind für einige Arten im Gebiet der Sylt-Rømø Bucht förderlich. Beim Holozooplankton, der im Spätsommer doinierenden Zooplanktonkomponente, kommt es bei typisch neritischen Arten wie dem Kopepoden *Acartia* spp. zu einer Bestandszunahme in diesem Gebiet, ebenso beim gelatinösen Zooplankton. Im Frühjahr und Frühsommer ist das Zooplankton in der Sylt-Rømø Bucht hauptsächlich durch meroplanktische Larven bestimmt. Die horizontale Verteilung dieser Tiere ist dabei nicht homogen, sondern bestimmt durch das Vorkommen der benthischen Elterntiere.

EINLEITUNG

Die seit zwanzig Jahren laufenden Langzeitbeobachtungen zur biologischen Ozeanographie der Sylt-Rømø Bucht geben die Möglichkeit, im Vergleich zur Dauermeßserie der Helgoland Reede entsprechende Trends in einem Gebiet der Deutschen Bucht zu untersuchen, das hydrographisch wesentlich anderen Einflüssen unterworfen ist. Bedingt durch die geringe Wassertiefe machen sich tidale Unterschiede vor allem in der Temperatur verstärkt bemerkbar, Tiere und Pflanzen sind also stärkerem Streß ausgesetzt. Das Futterangebot an die schwebende Tierwelt ist qualitativ und auch quantitativ anders, der resuspendierte Anteil an den Schwebstoffen des Wassers naturgemäß sehr viel höher. Andererseits ist die Entfernung von der Hauptverschmutzungsquelle der Deutschen Bucht, der Elbe, größer und der Verdünnungseffekt der eingeleiteten Schadstoffe spürbar (Hickel et al., 1993). Es stellt sich also die Frage, ob diese Faktoren zu Besonderheiten in der biologischen Ozeanographie der Wattgebiete führen. Ist die Dynamik der Phyto- und Zooplankter und der sie beeinflussenden Umweltparameter eine Eigenständige im Vergleich zur Deutschen Bucht, gibt es eigene Populationen in diesem hydrographisch sehr turbulenten Gebiet und sind die Langzeitprozesse von denen der vorgelagerten Meeresgebiete entkoppelt oder folgen sie den gleichen Trends?

MATERIAL UND METHODE

Zu dieser Fragestellung wurden seit 1975 Untersuchungen an vier Stationen in der Sylt-Rømø Bucht vorgenommen. Diese Stationen liegen in den großen Prielen,

1.2.2 Zeitliche und räumliche Variabilität der Mikronährstoffe und des Planktons

Lister Ley, Højer Dyb und Rømø Dyb sowie im zuleitenden Priel des Königshafens. In diesen Prielen sammelt sich jeweils das ablaufende Wasser des gesamten Wattgebietes, so daß damit das Wasser der ganzen Sylt-Rømø Bucht erfaßt wird. Je nach Wetterlage wurden bis zu zweimal wöchentlich folgende Parameter untersucht:

- Temperatur und Salzgehalt (°C, S)
- Mikronährstoffe (Ammonium, Nitrit, Nitrat, Phosphat, Silikat) (μmol dm^{-3})
- Sestonmenge (Trockengewicht) (μg TG dm^{-3})
- Chlorophyll-a (μg chl-a dm^{-3})
- Mesozooplankton (n * m^{-3})

Hinzu kommen nicht durchgängig erhobene Messungen von pH und Gehalt an partikulärem organischen Kohlenstoff und Stickstoff. Zur Methodik siehe Martens (1989 a, b).

Seit 1987 werden 1x wöchentlich Netzproben (20 und 80 μm Maschenweite) qualitativ auf die Artenzusammensetzung des Phytoplanktons untersucht. Die Häufigkeit wird in 3 Kategorien eingeteilt: vorhanden, häufig und massenhaft. Schon vor 20 Jahren wurde das Phytoplankton über mehrere Jahre bei Helgoland und List/Sylt mit der gleichen Methode untersucht (Drebes & Elbrächter, 1976).

ERGEBNISSE UND DISKUSSION

NÄHRSTOFFE UND SESTONKONZENTRATION

In Abhängigkeit von der im Jahr wechselnden biologischen Aktivität der Pflanzen unterliegen die im Wasser gelösten Mikronährstoffe saisonalen Schwankungen von zwei bis drei Größenordnungen. Alternierend mit den Schwankungen der Wassertemperatur, der die biologische Aktivität im wesentlichen folgt, zeigt z. B. der im Wasser gelöste Gesamtstickstoff (Ammonium, Nitrit & Nitrat) Schwankungen zwischen ca. 100 μmol dm^{-3} bis unter 1μmol dm^{-3} (Abb. 1). Das gelöste Orthophosphat ist ebenfalls in den Sommermonaten in den geringsten Konzentrationen anzutreffen, jedoch sind die Winterkonzentrationen sehr variabel. Auch das gelöste Silikat zeigt Minima in den Sommermonaten, die bis in das Algenwachstum limitierende Grenzwerte hinabreichen. Deutlich wird dies am starken Abfall der Chlorophyll-Konzentration zu Beginn des Sommers parallel zur Nährstoffabnahme (Abb. 1).

Ein derart klares Bild ist nicht bei der Summe der im Wasser treibenden Partikeln, dem Seston zu finden (Abb. 1), das in der Sylt-Rømø Bucht durchschnittlich zu über 90 % aus anorganischer Materie besteht. Bedingt durch die geringe Wassertiefe des Untersuchungsgebiets ist der Gehalt an Schwebstoffen im wesentlichen durch meteorologische Einflüsse bedingt.

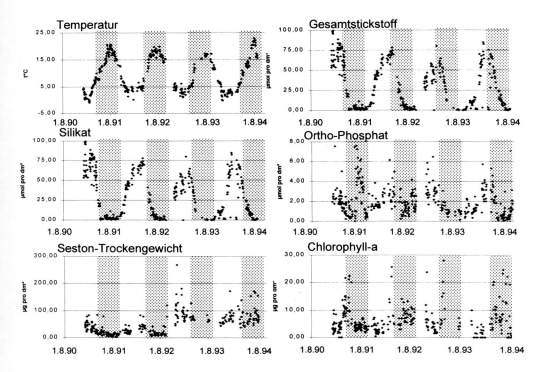

Abb. 1. Saisonale und zwischenjährliche Schwankungen in der Temperatur, Mikronährstoffen und der Chlorophyll-Konzentration im Oberflächenwasser des Sylt-Rømø Wattenmeeres von 1991 bis 1994. Schattierte Bereiche: Sommermonate Juni-August

Schon beim Vergleich der in Abb. 1 dargestellten Komponenten fällt ein großer interannueller Unterschied in den Konzentrationen auf. Deutlicher wird dies bei Betrachtung eines längeren Zeitraums. Wie von Martens (1989b) gezeigt, unterliegen auch die Mikronährstoffe im Wattenmeer gewissen Langzeittrends ähnlich denen im vorgelagerten Wasser der Deutschen Bucht (Hickel et al., 1993; Radach & Berg, 1986). Anorganische Stickstoffkomponenten (Ammonium, Nitrit und Nitrat) nehmen bis heute in den Sommermonaten zu (Abb. 2) und erreichen jetzt Werte, die 1975 nicht einmal im Winter erreicht wurden. Diese Aussagen sind nicht für alle Bereiche des Sylt-Rømø Watts gültig, einzelne abgeschlossene Buchten, wie der Königshafen können lokal bedingt andere Verhaltensmuster aufweisen (Schneider & Martens, 1994).

1.2.2 Zeitliche und räumliche Variabilität der Mikronährstoffe und des Planktons

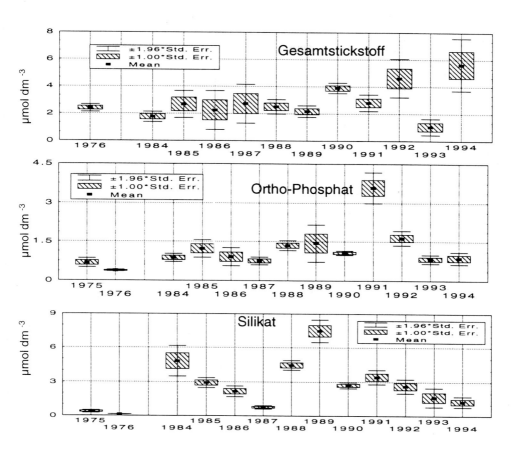

Abb. 2. Box-Whisker-Plot der Sommerkonzentrationen von Mikronährstoffen im Sylt-Rømø Watt (Juni-August, Oberflächenwerte) im Zeitraum von 1975 bis 1994

Setzt man die Menge des in der Wassersäule vorhandenen Chlorophylls in Beziehung zur Größe der Nährstoffabnahme von den winterlichen Ausgangswerten zum sommerlichen Minimum, erkennt man, daß diese Abnahme allein durch das Phytoplankton nicht bewirkt sein kann. Die geringen sommerlichen Phytoplanktonbestände von teilweise unter 5 µg chl-a dm^{-3} reichen nicht aus, das sommerliche Nährstoffminimum zu erklären. Hier wird deutlich, daß das Sylt-Rømø Watt in erster Linie ein benthisch bestimmter Lebensraum ist. Im Falle der Nährstoffe machen sich die ausgedehnten Rasen der Bodendiatomeen bemerkbar.

Der Gehalt des Wassers an Phosphat im Sommer ist nach einem Anstieg bis 1991 in den letzten Jahren wieder auf Werte wie in den 70er Jahren gefallen (Abb. 2). Auch die Konzentrationen an reaktivem gelösten Silikat sind im Sommer in den letzten 6 Jahren kontinuierlich gesunken (Abb. 2), ohne daß vorher entsprechend geringere winterlichen Ausgangswerte vorhanden gewesen wären.

Im Vergleich zu den südlich an Sylt anschließenden Wattgebieten sind sowohl die Sylt-Rømø Bucht als auch die westlich vorgelagerten Wasserkörper in ihren Nährstoffkonzentrationen gering. Wie von Martens (1989a, 1992) angezeigt, nimmt das Gebiet um die Sylt-Rømø Bucht hier eine Sonderstellung in den Deutschen Wattgebieten ein, da es in Relation zu den anderen weniger durch fluviatile Einträge geprägt ist (Abb. 3 und 4).

Die in der Sylt-Rømø Bucht gemessenen Nährstoffkonzentrationen entsprechen eher den bei Helgoland im Gebiet der Deutschen Bucht gefundenen Werten (Hickel et al., 1993). Die Sonderstellung auch der übrigen nordfriesischen Wattgebiete im Vergleich zu den holländischen, die noch in den 70er Jahren in der deutlich verringerten Nährstoffkonzentration im nordfriesischen Bereich bestand (de Jonge & Postma, 1974; Hickel, 1989), ist nicht länger gegeben (Hickel et al., 1993). Wie der Assessment Report 1993 der North Sea Task Force zeigt, liegen die sommerlichen Konzentrationen an Phosphor, Silikat und Nitrat an der deutschen, der niederländischen und der belgischen Wattenmeerküste in vergleichbaren Größenordnungen (van der Falk, 1993). Auch in den niederländischen Wattgebieten wurde in den letzten Jahren eine Abnahme der Phosphat-Konzentrationen beobachtet (Cadee & Hegemann, 1993).

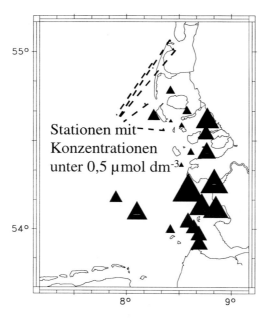

Abb. 3. Ammonium-Gehalt des Oberflächenwassers im August-September 1988 an verschiedenen Stationen der schleswig-holsteinischen Westküste (1 cm = 12 µmol dm^{-3}) (Martens, unpubl. Daten)

1.2.2 Zeitliche und räumliche Variabilität der Mikronährstoffe und des Planktons 71

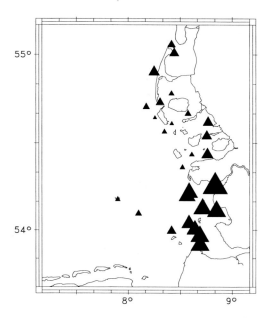

Abb. 4. Phosphat-Gehalt des Oberflächenwassers im August-September 1988 an verschiedenen Stationen der schleswig-holsteinischen Westküste (1 cm = 7,3 µmol dm^{-3}) (Martens, unpubl. Daten)

Limitierender Faktor für das Wachstum der Phytoplanktonalgen ist jetzt nicht mehr der Phosphor, wie noch in den 70er Jahren mit einer sommerlichen Konzentration unterhalb der methodischen Nachweisgrenze, sondern nach Beendigung der Diatomeen-Frühjahrsblüte der Silikat-Gehalt des Wassers. Anschließende Blüten anderer Phytoplanktongruppen senken auch den Stickstoff-Gehalt des Wassers bis in limitierende Grenzwerte ab.

PHYTOPLANKTON

Das Phytoplankton des Wattenmeeres weist zwei Komponenten auf: Arten, die im Wattenmeer ihr Hauptgedeihgebiet haben und Arten, die aus der Nordsee in das Wattenmeer eingetragen werden und sich hier mehr oder weniger gut vermehren können. Zu ersteren gehören meroplanktische Arten, in deren Lebenszyklus eine benthische Phase eine wesentliche Rolle spielt. Hierzu gehören die Diatomeen *Brockmanniella brockmannii* und manche Arten aus der Gattung *Odontella*. Zu den Phytoplanktern, die aus der Nordsee eingeschwemmt werden, sich aber im Wattenmeer gut vermehren, gehören z. B. die Diatomeen *Rhizosolenia* spp., *Bacteriastrum hyalinum*, *Coscinodiscus wailesii* und *Guinardia flaccida* sowie die Dinoflagellaten *Ceratium* spp. und *Noctiluca scintillans*, ferner die Prymnesiophycee *Phaeocystis globosa*.

Tabelle 1. Phytoplankton-Arten, die in den Jahren 1987-1994 in mindestens 5 Wochen häufig bis massenhaft vorkamen. Jeder * bedeutet, daß die Art in dem Monat während einer Woche dominant war, maximal könnten 32 * pro Monat pro Art vergeben werden.

Arten	Jan.	Feb.	März	April	Mai	Juni	Juli	Aug.	Sept.	Okt.	Nov.	Dez.
Diatomeen												
Actinoptychus senarius			*								******	
Asterionella glacialis			******	******								
Bacteriastrum hyalinum						*	***	*				
Bellerochea malleus						*	****	***				
Brockmanniella brockmannii		*	*****	***** *****								
Cerataulina bergonii				**	**					*		
Chaetoceros socialis				***		*	**	***	*****	*		
Coscinodiscus concinnus			*	****	***** ***	*****						
Coscinodiscus wailesii							*	***	***** ***** **** **	***** *	*****	*
Ditylum brightwellii				****								
Eucampia zodiacus								*	*****			
Guinardia flaccida						****	***** *****	*	****			
Leptocylindrus danicus							*	** °	*			
Leptocylindrus minimus				***				***	*			
Lithodesmium undulatum						*		**	**			
Odontella aurita	*	*	***** ***** *****	**								

1.2.2 Zeitliche und räumliche Variabilität der Mikronährstoffe und des Planktons 73

Tabelle 1. (Fortsetzung)

Arten	Jan.	Feb.	März	April	Mai	Juni	Juli	Aug.	Sept.	Okt.	Nov.	Dez.
Diatomeen												
Odontella rhombus	•		••	••••	••	••	••••	••••	•••••	••		••
Odontella sinensis	••	•		•	•			••	••••••	••••	••••••••••	•••••
Pseuo-nitzschia pungens						••••	•	••••				
Rhizosolenia del.				•		••••	••	••••••	•••	•		
Rhizosolenia setigera				••	••••••	•						
Rhizosolenia shrubsolei					••••	••••••••••	••••••••••••	••••••••	••••••••	•••	••	
Rhizosolenia similoides					••••				•			
Rhizosolenia styliformis						•	•	••	••	•	•	
Skeletonema costatum			•••••••••••	••••••••••	•							
Streptotheca tamesis						•	••••••	••	•			
Thalassiosira nordenskioeldii			•	•••								
Thalassiosira punctigera	•	•		•••••					•			
Dinophyceen												
Ceratium furca								•••	••••••	•••	•	
Ceratium fusus						••	••••	•				
Ceratium horridum							••	•••	••••••	••	•	
Noctiluca scintillans					•••••••••	••••••••••••	••••••••••••	••••	•			
Prymnesiophy.												
Phaeocystis globosa				•	••••••••••••••	•••••••••	••••••••••••••	••••••••••••	••••			

Die Grundmuster des saisonalen Auftretens der einzelnen Arten sind in jedem Jahr wieder zu finden, jedoch variiert das genaue zeitliche Auftreten und die Maxima der erreichten Bestandsdichten in den einzelnen Jahren. Typische Frühjahrsformen sind z. B. *Asterionella glacialis* und *Brockmanniella brockmannii*, Sommerformen sind *Noctiluca scintillans* und *Phaeocystis globosa*, im Herbst ist *Coscinodiscus wailesii* dominant (Tab. 1). Regelmäßig vorkommende, aber nicht häufige Arten können in aus ungeklärten Ursachen in einzelnen Jahren massenhaft vorkommen.

Bisher sind im Lister Wattenmeergebiet etwa 150 Diatomeen-, 180 Dinoflagellaten- und 15 Prymnesiophyceen-Arten nachgewiesen worden. Drebes & Elbrächter (1976) führen für Helgoland und List zusammen 105 Diatomeen-Arten und 93 Dinoflagellaten-Arten auf. Diese Zunahme der nachgewiesen Arten beruht einerseits auf einer besseren Methode der Artbestimmung (Benutzung des Rasterelektronenmikroskopes) andererseits auch auf der Einschleppung (z. B. mit Ballastwasser) gebietsfremder Arten. *Coscinodiscus wailesii* wurde Ende der siebziger Jahre in die Nordsee eingeschleppt und ist jetzt eine der dominanten Arten (siehe Tab. 1). Sie hat die ähnliche Art *C. granii* als Massenform verdrängt (siehe Drebes und Elbrächter, 1976), welche jetzt zwar regelmäßig jedes Jahr auch vorkommt, aber nur in geringen Zellzahlen. Eine weitere neu eingeschleppte Art ist *Thalassiosira punctigera*, die jetzt regelmäßig auch häufig im Plankton des Wattenmeeres vorkommt. Diese Diatomee ist etwa gleichzeitig mit *C. wailesii* in die Nordsee eingeschleppt worden.

Arten, die die Sylt-Rømø Bucht von der Nordsee her besiedeln, entwickeln sich in der Nordsee und im Küstenwasser früher. So sind z. B. *Ceratium*-Arten bei Helgoland meist schon 2 Wochen bestandsbildend, bevor sie im Sylter Wattenmeer hohe Zelldichten erreichen. Noch größer ist die zeitliche Differenz des Massenauftretens von *Phaeocystis* (Elbrächter et al., 1994) und *Noctiluca* (Uhlig & Sahling, 1995) im Ostfriesischen Wattenmeer bei Norderney und im Nordfriesischen Wattenmeer bei Sylt. Sie kann bis zu 4 Wochen betragen. Ursachen dafür sind bisher nicht bekannt.

ZEITLICHE UND RÄUMLICHE VARIABILITÄT DES ZOOPLANKTONS

Im Gegensatz zur offenen Nordsee ist das Zooplankton der Sylt-Rømø Bucht primär durch planktische Stadien bodenbewohnender Tiere geprägt, das Meroplankton. Wie das Phytoplankton und seine anorganischen Nährstoffe unterliegt es starken saisonalen Schwankungen, die je nach Tierart oder Gattung divergieren. In Abhängigkeit von der Wassertemperatur kommt es bei den meroplanktischen Larven der Spioniden Anfang Mai zu einem plötzlichen Anstieg der Populationsdichten (Martens, 1980, 1992), wenn ein Temperatur-Schwellenwert von ca. 5° C erreicht wird (Abb. 5).

Andere Muster des Vorkommens zeigen die planktischen Kopepoden mit der hauptbestandsbildenden Gattung *Acartia*, die bedeutende Vorkommen in den Monaten Juli und August (Abb. 5) bildet. In diesen starken Populationsdichten sind sie auf wenige Wochen im Jahr beschränkt, auch wenn vereinzelte Individuen das ganze Jahr über zu finden sind (Hickel, 1975; Martens, 1980, 1981).

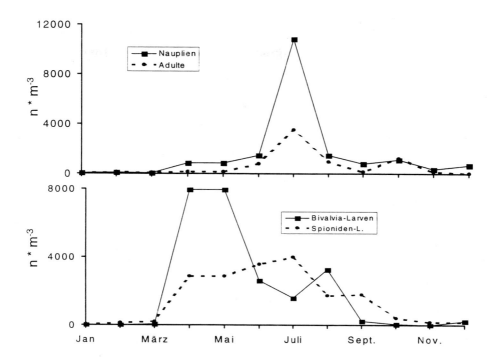

Abb. 5. Jahresgang verschiedener Zooplankter im Sylt-Rømø Watt im Jahre 1986 (Monatsmittelwerte)
oberes Diagramm: Veliger-Larven der Bivalvia und Larven der spioniden Polychaeten
unteres Diagramm: Nauplien-Larven und Adulte der Kopepodengattung *Acartia*

Wie bei den Mikronährstoffen und auch dem Phytoplankton sind zwar die Grundmuster des saisonalen Auftretens der einzelnen Gattungen und Arten in jedem Jahr wieder zu finden, jedoch variiert das genaue zeitliche Auftreten der Maxima und die Höhe der erreichten Bestandsdichten interannuell sehr deutlich (Abb. 6). Ein Zusammenhang mit dem Nahrungsangebot in Form von Phytoplankton oder Seston ist hierbei nicht zu sehen. Die Umgebungstemperatur scheint im Falle der Gattung *Acartia* eine bestimmende Rolle zu spielen (Martens, 1995). Dies kann seine Ursache in der Überwinterungsstrategie (Dauereier im Sediment) haben.

Die räumliche Verteilung der Zooplankter im Untersuchungsgebiet ist - wie auch bei allen anderen untersuchten Parametern - nicht homogen. Bedingt durch den Transport des Wassers im Sylt-Rømø Watt und die dabei vor sich gehende Veränderung der Inhaltsstoffe - Phyto- und Zooplankton wächst und stirbt ab, verbraucht dabei Mikronährstoffe oder setzt sie wieder frei - finden sich ausgeprägte Unterschiede in den Bestandsdichten von z. B. *Acartia* spp. (Abb. 7), einer typisch neritischen Form, die in der Nordsee entlang der Wattenmeerküste ihr Hauptverbreitungsgebiet hat (Krause & Martens, 1990). Interessant ist hierbei, daß die Maxima von *Acartia* spp. dabei nicht am Eingang der Sylt-Rømø Bucht gefunden werden (Station 1, Lister Ley), sondern auf der inneren Wattenmeerstation Rømø Dyb. Die Populationen entwickeln sich also innerhalb der Sylt-Rømø Bucht. Dies ist hierbei von der jeweiligen Planktonart abhängig. Beim gelatinösen Zooplankton (Scypho- und Hydromedusae) findet sich teilweise eine Zunahme im Wattgebiet. Hier ließ sich auch der Mechanismus erkennen, der zu einer Anreicherung der Populationen im Watt führte - die vertikale Wanderung in der Wassersäule in Abhängigkeit von Ebbe und Flut (Kopacz, 1994), wobei die Tiere bei auflaufendem Wasser in die Wassersäule aufstiegen und somit in das Gebiet der Sylt-Rømø Bucht eingeschwemmt wurden. bei ablaufendem Wasser ließen sie sich wieder zu Boden sinken und entgingen so einer Ausschwemmung.

Diese räumliche Diversität ist auch bei den meroplanktischen Larven zu finden, wobei sie hier eher die unterschiedlichen Vorkommen der Elterntiere auf den überströmten Wattflächen widerspiegelt. Die Menge des Meroplanktons kann zu bestimmten Jahreszeiten die des Holoplanktons übertreffen. Trotz der für etliche Zooplankter ungünstigen Umweltbedingungen kommt es so durch den Beitrag des Meroplanktons zu einer Bestandsmenge und Zooplanktonproduktion, die denen anderer Meeresgebiete wie etwa der westlichen Ostsee oder der belgischen Nordseeküste vergleichbar ist (Martens, 1980).

Stärker als die Unterschiede innerhalb der Sylt-Rømø Bucht sind naturgemäß die Unterschiede in der Zooplanktonzusammensetzung des Wattenmeers und des vorgelagerten Wassers der Deutschen Bucht (Martens & Brockmann, 1993). Hier kommt es z. B. zu Einschüben von starken Populationen des Turbellars *Alaurina composita* von Südwesten her oder der Kopepodenart *Oithona similis* von Norden, wobei sich die Maxima der meroplanktischen Spioniden-Larven wieder in Küstennähe finden. Je nach meteorologischen Bedingungen kann dies zum Einstrom gänzlich verschiedenartiger Planktonpopulationen in das Sylt-Rømø Watt führen (Martens, 1981).

Langzeittrends entsprechend denen der Algen-Mikronährstoffe lassen sich im Sylt-Rømø Watt aus den vorliegenden Daten nicht erkennen. Auch Vergleiche von Künne (1952) und Kopacz (1994) zeigen keine signifikanten Änderungen in Menge oder Artenzusammensetzung. Wie auch in den südlich anschließenden Wattgebieten (Martens, 1992) maskieren die starken interannuellen Unterschiede bisher eventuell vorhandene Langzeitänderungen.

1.2.2 Zeitliche und räumliche Variabilität der Mikronährstoffe und des Planktons

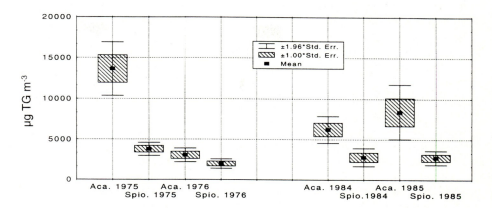

Abb. 6. Box-Whisker-Diagramm der Populationsstärke der Kopepodengattung *Acartia* und Larven der spioniden Polychaeten während der Hauptvorkommenszeit April-September der Jahre 1975/76 und 1984/85

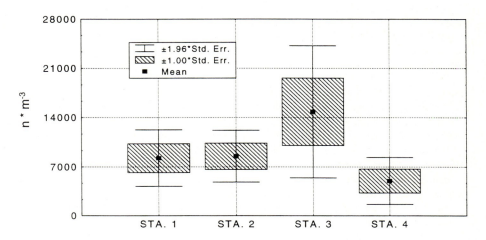

Abb. 7. Box-Whisker-Diagramm der Populationsstärke der Adulten der Kopepodengattung *Acartia* spp. während der Hauptvorkommenszeit April-September auf den vier Untersuchungsstationen Lister Ley (Sta. 1), Höjer Dyb (Sta. 2), Rømø Dyb (Sta. 3) und Königshafen (Sta. 4)

LITERATUR

Cadee, G. C. & J. Hegemann, 1993. Persisting high levels of primary production at declining phosphate concentrations in the Dutch coastal area (Marsdiep). - Neth. J. Sea Res. *31*, 147-152.

Drebes, G. & M. Elbrächter, 1976. A checklist of planktonic diatoms and dinoflagellates from Helgoland and List (Sylt), German Bight. - Botanica Marina *19*, 75-83.

Elbrächter, M., Rahmel, J. & M. Hanslik, 1994. *Phaeocystis* im Wattenmeer. In: Warnsignale aus dem Wattenmeer. Ed. by J.L. Lozán et al., Blackwell, Berlin, 87-90.

Hickel, W., 1975. The mesozooplankton in the Wadden Sea of Sylt (North Sea). - Helgoländer Meeresunters. *27*, 254-262.

Hickel, W., 1989. Inorganic micronutrients and the eutrophication in the Wadden Sea of Sylt (German Bight, North Sea). In: Proceedings of the 21st European Marine Biology Symposium, Gdansk, 14.-19.9.1986. Ed.by Z. Klekowski et al., Polish Academy of Sciences, Wroclaw, 309-318.

Hickel, W., Mangelsdorf, P. & A. Berg, 1993. The human impact in the German Bight: Eutrophication during three decades (1962-1991). - Helgoländer Meeresunters. *47*, 243-263.

Kopacz, U., 1994. Gelatinöses Zooplankton (Scyphomedusae, Hydromedusae, Ctenophora) und Chaetognatha im Sylter Seegebiet. - Diss. Univ. Göttingen, 1994, 146 pp.

Krause, M. & P. Martens, 1990. Distribution patterns of mesozooplankton biomass in the North Sea. - Helgoländer Meeresunters. *44*, 295-327.

Künne, C., 1952. Untersuchungen über das Großplankton in der Deutschen Bucht und im Nordsylter Wattenmeer. - Helgoländer Meeresunters. *4*, 1-54

Martens, P., 1980. Beiträge zum Mesozooplankton des Nordsylter Wattenmeers. - Helgoländer Meeresunters. *34*, 41-53.

Martens, P., 1981. On the Acartia species of the northern Wadden Sea of Sylt. - Kieler Meeresforsch., Sonderh. *5,* 153-163.

Martens, P., 1989a. Inorganic phytoplankton nutrients in the Wadden Sea areas off Schleswig-Holstein. I. Dissolved inorganic nitrogen. - Helgoländer Meeresunters. *43*, 77-85

Martens, P., 1989b. On trends in nutrient concentration in the Northern Wadden Sea of Sylt. - Helgoländer Meeresunters. *43*, 489-499.

Martens, P., 1992. Inorganic phytoplankton nutrients in the Wadden Sea areas off Schleswig-Holstein. II. Dissolved ortho-phosphate and reactive silicate with comments on the zooplankton. - Helgoländer Meeresunters. *46*, 103-115.

Martens, P. & U. Brockmann, 1993. Different zooplankton structures in the German Bight. - Helgoländer Meeresunters. *47*, 193-212.

Martens, P., 1995. Mesozooplankton in the northern Wadden Sea of Sylt: Seasonal distribution and environmental parameters. - Helgoländer Meeersunters. *49*, 553-562.

Radach, G. & A. Berg, 1986. Trends in den Konzentrationen der Nährstoffe und des Phytoplanktons in der Helgoländer Bucht (Helgoland Reede Daten). - Ber. Biol. Anst. Helgoland *2*, 1-63.

Schneider, G. & P. Martens, 1994. A comparison of summer nutrient data obtained in Königshafen Bay (North Sea, German Bight) during two investigation periods: 1979-1983 and 1990-1992. - Helgoländer Meeresunters. *48*, 173-182.

Uhlig, G. & G. Sahling, 1995. *Noctiluca scintillans*: Zeitliche Verteilung bei Helgoland und räumliche Verbreitung in der Deutschen Bucht (Langzeitreihen 1970-1993). - Ber. Biol. Anst. Helgoland *10*,1-127.

Van der Falk, F., 1993. Marine chemistry. - In: F. van der Falk et al. (eds.), North Sea Subregion 4, Assessment Report 1993, North Sea Task Force, 195 pp.

1.2.3
Fische und dekapode Krebse in der Sylt-Rømø Bucht

Fish and Decapod Crustaceans in the Sylt-Rømø Bight

J.-P. Herrmann, S. Jansen & A. Temming
Institut für Hydrobiologie und Fischereiwissenschaft, Universität Hamburg;
Olbersweg 24; D-22767 Hamburg

ABSTRACT

Species composition and spatial distribution of fish and decapod crustaceans of the Sylt-Rømø bight were investigated at different water depths from 1990 to 1994. For both groups, the species composition showed no striking differences to other parts of the Wadden Sea. In total, 50 species of fish and 8 species of decapod crustaceans were recorded during the period of investigation. An increase in diversity with water depth was observed in all seasons. In comparison to other parts of the Wadden Sea of Schleswig-Holstein, young flatfish were much less abundant, which is explained by a smaller percentage of suitable shallow nursery areas.

ZUSAMMENFASSUNG

Die Zusammensetzung und räumliche Verteilung der Fisch- und dekapoden Krebsfauna wurde in der Sylt-Rømø Bucht von 1990 bis 1994 in verschiedenen Wassertiefen untersucht. Das Artenspektrum beider Gruppen zeigt keine auffälligen Unterschiede zu anderen Wattgebieten. Insgesamt 50 Fisch- und 8 dekapode Krebsarten konnten nachgewiesen werden. Zu allen Jahreszeiten nimmt die Diversität mit der Wassertiefe zu. Eine deutlich geringere Besiedlung durch junge Plattfische im Vergleich zum übrigen Schleswig-Holsteinischen Wattenmeer wird auf den geringen Anteil an geeigneten Eulitoralflächen zurückgeführt.

EINLEITUNG

Die Mehrzahl der bisherigen Untersuchungen zur Fischfauna des Wattenmeeres basieren auf Befischungen, die mit kommerziellen Krabbenkuttern und Baumkurren unterschiedlicher Größe (3 m - 8 m) durchgeführt wurden (Rauck, 1978; Fonds, 1978; Witte & Zijlstra, 1978). Diese weisen charakteristische Lücken auf. Die Daten stammen zudem überwiegend aus den Niederlanden. Daraus ergibt sich ein relativ gutes Bild über die dort vorkommenden Arten (Witte & Zijlstra, 1978), jedoch ist bisher nur wenig Information über Unterschiede innerhalb des Wattenmeeres in seiner Nord-Süd Ausdehnung vorhanden. Weiterhin stellt die Probennahme mit der Baumkurre ein erhebliches Problem dar, da diese nur geringe Fangeffizienz bei Fischarten aufweist, die keine ausgesprochene bodengebundene Lebensweise haben. Ein großer Teil der Daten bezieht sich außerdem allein auf tiefere Priele und Rinnen. Diese Lücken sollten mit der vorliegenden Untersuchung für den deutschen Teil der Sylt-Rømø Bucht geschlossen werden.

MATERIAL UND METHODEN

Die fischereibiologischen Untersuchungen erstreckten sich über den Zeitraum von August 1990 bis Oktober 1994. Die Befischungen waren dabei innerhalb der Sylt-Rømø Bucht aus fischereirechtlichen Gründen auf den deutschen Teil, das Nordsylter Wattenmeer, beschränkt. Von April 1992 bis November 1993 wurden mit Ausnahme der Monate Dezember bis März die drei folgenden Stationsnetze monatlich bei Tag befischt:

1. 3 Stationen in den tieferen Rinnen und 3 weitere in den Hauptprielen wurden in der Zeit von 2 Stunden vor bis 2 Stunden nach NW, mit einem Grundschleppnetz (10 m Grundtau, 10 mm Maschen im Steert, ca 1,2 m Stauhöhe) mit Hilfe eines 24 Fuß GFK Kutters (50 PS, 1,5-3,5 SM h^{-1} Schleppgeschwindigkeit) befischt. Die 3 Stationen in den Rinnen befanden sich im Lister Tief, in der Lister Ley und im Pander Tief, die übrigen drei Stationen lagen in den nicht bezeichneten Prielen, die von Süden her in die Wester Ley bzw. in das Pander Tief entwässern. In den Rinnen wurden jeweils Schräghols an einer Kante durchgeführt, wobei ein Bereich von ca. 3 m Wassertiefe an der Oberkante bis ca. 13 m Wassertiefe an der Sohle befischt wurde. Die Hauptpriele wurden in der Prielmitte (ca. 3 m - 6 m Wassertiefe) befischt. Die Holdauer betrug jeweils ca. 20 Minuten, wobei im Mittel eine Stecke von 0,8 Seemeilen befischt wurde. Die Beprobung erfolgte normalerweise an zwei aufeinander folgenden Tag-Niedrigwassern.
2. 7 Stationen im Bereich des tiefer gelegenen Eulitorals und des flachen Sublitorals wurden jeweils in der Zeit von 2 Stunden vor bis 2 Stunden nach Hochwasser, mit einer 2 m Baumkurre (Kuipers, 1975) (4 mm Maschenweite) von Bord des oben benannten Kutters befischt. Die Fangtiefe erstreckte sich von 1,0 m-2,0 m. Eine Station lag im Königshafen, die übrigen 6 Stationen be-

fanden sich im südlichen Teil der Bucht: auf dem Rauling Sand, vor Munkmarsch, vor Keitum, vor Morsum, vor dem westlichen Ende des Hindenburg Damms und nördlich der Dammitte. Die Holdauer war so bemessen, daß eine Fläche von ca. 1000 m² befischt wurde. Die Befischung der 6 Stationen im südlichen Teil der Bucht wurde innerhalb einer Tide, die des Königshafens an dem davor oder danach gelegenem Tag-Hochwassers durchgeführt.

3. 3 Stationen des oberen Eulitorals wurden mit Hilfe eines Schiebehamens (Riley, 1971) (1,5 mm Maschenweite) im Laufe eines Tag-Hochwassers beprobt. Die Stationen befanden sich im Königshafen (Möwenbergwatt), vor Munkmarsch und vor Morsum. Die Befischung wurde von Land aus in Wassertiefen von 0,5 m bis 0,8 m durchgeführt, entsprechend einer Fläche von ca. 110 m².

Neben den regelmäßigen Beprobungen wurden Befischungen zur tiefenabhängigen Verteilung der Fische und dekapoden Krebse an den Kanten der verschiedenen Rinnen mit dem Grundschleppnetz und der 2 m Kurre durchgeführt. Weiterhin wurden in den Jahren 1992 und 1993 insgesamt 8 Aktionen mit stündlicher Probennahme über zwei Tidezyklen hinweg durchgeführt, sogenannte 24 Stundenfischereien, die der qualitativen und quantitativen Erfassung der Nahrungsaufnahme dienten. Außerdem wurde über den gesamten Untersuchungszeitraum jeweils im Februar eine Befischung der Rinnen und Priele mit einer 3 m Kurre von Bord des FK "MYA" der Biologischen Anstalt Helgoland vorgenommen. Zusätzlich konnten von 1993 bis 1994 insgesamt 5 Probenserien des Freiwassers im Bereich des Lister Tiefs und der Lister Ley mit einem 2 m * 3 m Hamen von Bord des verankerten FS "HEINCKE" durchgeführt werden. Aus allen Befischungen wird hier nur das Auftreten der verschiedenen Arten betrachtet.

ERGEBNISSE

Über den gesamten Untersuchungszeitraum konnten für die Sylt-Rømø Bucht 50 Fisch- und 8 dekapode Krebsarten nachgewiesen werden. In Tabelle 1 sind die Fischarten aufgelistet und entsprechend ihrer Saisonalität im Auftreten gruppiert. Es zeigte sich, daß mit nur 21 Arten weniger als die Hälfte ganzjährig im Gebiet vorkam. Bis auf drei Ausnahmen war den übrigen Arten eine Abwanderung zur kalten Jahreszeit gemeinsam. Dieser Trend der Bestandsabnahme zeigte sich bei den meisten Arten, einschließlich der ganzjährig im Gebiet nachgewiesenen. Von den ganzjährig vorkommenden Arten können nur acht ihren ganzen Lebenszyklus im Watt durchlaufen (Tab. 1). Von diesen zeigen bis auf den Dreistachligen Stichling alle eine bodenliegende Lebensweise. Die im Untersuchungszeitraum nachgewiesenen dekapoden Krebsarten sind in Tabelle 2 aufgeführt. Außer der Felsen- und Ostseegarnele kommen sie ganzjährig im Gebiet vor. Die Felsengarnele trat nur einmal bei einer Befischung der tiefen Rinne vor dem Lister Hafen bei mehr als 20 m Wassertiefe auf.

Tabelle 1. Liste der Fischarten im Nordsylter Wattenmeer (1990-1994) mit Angaben zum saisonalen Auftreten (W = Dez-Feb., F = März-Mai, S = Jun-Aug., H = Sep.-Nov., o = < 10 Individuen gefangen), zur Bedeutung des Gebiets für einzelne Arten (L = Laichgebiet, A = Aufwuchsgebiet, F = Freßgebiet für Adulte, ? = Bedeutung unklar) und zur Lebensweise (P = pelagisch, B = bodenliegend, BP= benthopelagisch).

Ganzjährige Arten		W	F	S	H	L	A	F	Lebensweise
Agonus cataphractus	Steinpicker	+	+	+	+	?	*	*	BP
Ammodytes marinus	Kl. Sandaal	+	+	+	+		*		B
Ammodytes tobianus	Sandaal	+	+	+	+		*		B
Ciliata mustela	5-bärtelige Seequappe	+	+	+	+	*	*	*	B
Clupea harengus	Hering	+	+	+	+	?	*		P
Gadus morhua	Dorsch	+	+	+	+		*		BP
Gasterosteus aculeatus	3-stachliger Stichling	+	+	+	+	?	*	*	P
Hyperoplus lanceolatus	Gr. Sandaal	+	+	+	+		*		B
Limanda limanda	Kliesche	+	+	+	+		*	*	B
Merlangius merlangus	Wittling	+	+	+	+		*		BP
Microstomus kitt	Limande	+	+	+	+		*		B
Myoxocephalus scorpius	Seeskorpion	+	+	+	+	*	*	*	B
Osmerus eperlanus	Stint	+	+	+	+			*	P
Pholis gunnellus	Butterfisch	+	+	+	+	*	*	*	B
Platichthys flesus	Flunder	+	+	+	+		*	*	B
Pleuronectes platessa	Scholle	+	+	+	+		*		B
Pomatoschistus microps	Strandgrundel	+	+	+	+	*	*	*	B
Pomatoschistus minutus	Sandgrundel	+	+	+	+	?	*	*	B
Sprattus sprattus	Sprotte	+	+	+	+		*	*	P
Zoarces viviparus	Aalmutter	+	+	+	+	*	*	*	B
Fast ganzjährige Arten									
Cyclopterus lumpus	Seehase	o	+	o	o	?	*		B
Anguilla anguilla	Aal		+	+	+		*	*	B
Callionymus lyra	Gestreifter Leierfisch		+	+	+			*	B
Solea solea	Seezunge		+	+	+		*	*	B
Trachurus trachurus	Stöcker		+	+	+		*		P
Trisopterus luscus	Franzosendorsch		+	+	+		*		BP
Syngnatus rostellatus	Kl. Seenadel		+	+	+		*	*	B

1.2.3 Fische und dekapode Krebse in der Sylt-Rømø Bucht

Tabelle 1. (Fortsetzung)

Fast ganzjährige Arten		W	F	S	H	L	A	F	Lebensweise
Buglossidium luteum	Zwergzunge		o	+	o		*		B
Spinachia spinachia	Seestichling		o	o	o	*	*	*	?
Syngnatus acus	Gr. Seenadel		o	o	o	*	*	*	B
Liparis liparis	Gr. Scheibenbauch	o		o	+	?	*	*	B
Aphia minuta	Glasgrundel		o	o	+	?	*	*	B
"Sommergäste"									
Belone belone	Hornhecht			o		*	*	*	P
Engraulis encrasicolus	Sardelle			o		?	*		P
Mugil chelo	Meeräsche				o			*	BP
Mullus surmuletus	Streifenbarbe			o				*	BP
Scomber scombrus	Makrele			o				*	P
Trigla lucerna	Roter Knurrhahn			o			*		BP
Andere und seltene Arten									
Alosa fallax	Finte		+	o		*	*		P
Atherina presbyter	Ährenfisch			o					P
Coregonus oxyrhynchus	Schnäpel			o		*	*		P
Entelurus aequoreus	Gr. Schlangennadel	o					*		B
Eutrigla gurnardus	Grauer Knurrhahn		+	+		*			BP
Lampetra fluviatilis	Flußneunauge			o	o				?
Maurolicus muelleri	Lachshering	+					*		P
Pollachius virens	Seelachs			o		*			BP
Salmo trutta	Forelle	o				*	*		P
Scophthalmus maximus	Steinbutt			o	o	*			B
Scophthalmus rhombus	Glattbutt			o	o	*			B
Taurulus bubalis	Seebull			o	o	?	*	*	B

Tabelle 2. Liste der dekapoden Krebsarten, die im Untersuchungszeitraum von 1990-1994 für die Sylt-Rømø Bucht nachgewiesen wurden. Die Arten sind in der Reihenfolge ihrer Häufigkeit aufgeführt.

Crangon crangon	Sandgarnele
Carcinus maenas	Strandkrabbe
Eupagurus bernhardus	Einsiedlerkrebs
Liocarcinus holsatus	Schwimmkrabbe
Hyas areneus	Seespinne
Cancer pagurus	Taschenkrebs
Palaemon adspersus	Ostseegarnele
Pandalus montagui	Felsengarnele

DISKUSSION

Das Arteninventar der Fisch- und dekapoden Krebsfauna der Sylt-Rømø Bucht unterscheidet sich nicht wesentlich von anderen Wattgebieten. Mit insgesamt 50 Fisch- und 8 dekapoden Krebsarten konnte im Untersuchungszeitraum eine ähnliche Artenzahl nachgewiesen werden, wie sie für andere Gebiete des Wattenmeeres unter Berücksichtigung der eingesetzten Fanggeräte und Dauer des Untersuchungszeitraums bestimmt wurden, (siehe z. B. Breckling & Neudecker, 1994). Die bisher umfassendste Auflistung über die im Wattenmeer auftretenden Fischarten von Witte & Zijlstra (1978) umfaßt dagegen 101 Arten. Hier handelt es sich jedoch um die Auswertung einer sehr langen Datenserie des gesamten Wattenmeeres, in der seltene Arten mit größerer Wahrscheinlichkeit vorkommen. Beim Vergleich mit deren Artenliste ergibt sich folgerichtig der Hauptunterschied in der wesentlich größeren Anzahl von Arten, die als seltene bis sehr seltene Gäste zu bezeichnen sind. Der Nachweis solcher seltenen Arten dürfte jedoch für die quantitativen Beziehungen innerhalb des Ökosystems Wattenmeer keine große Bedeutung haben. In Übereinstimmung mit den Untersuchungen von Breckling et al. (1994) konnten auch im Nordsylter Wattenmeer die früher häufigen Arten Nagelrochen (*Raja clavata*), Stör (*Acipenser sturio*) und Maifisch (*Alosa alosa*) nicht nachgewiesen werden. Bemerkenswert ist jedoch der erste Nachweis des Nordseeschnäpel für das gesamte deutsche Wattenmeer seit langem, wenn auch nur mit einem Exemplar.

Bei der dekapoden Krebsfauna zeigte sich neben dem Artenspektrum auch hinsichtlich der Reihenfolge der Häufigkeit der verschiedenen Arten kein wesentlicher Unterschied gegenüber anderen Wattgebieten. Das Auftreten der Felsengarnele ist wohl auf die nördliche Randlage der Sylt-Rømø Bucht im Wattenmeer zurückzuführen. Vergleichende quantitative Angaben zur Besiedlungsdichte mit Ausnahme der Sandgarnele sind auf Grund methodischer Schwierigkeiten nicht möglich. Auffällig für das Nordsylter Wattenmeer war jedoch ein im Vergleich zum Husumer Bereich (Berghahn, 1984) deutlich geringeres Rekrutierungsaufkommen junger Sandgarnelen im flachen Eulitoral. Nennenswerte Dichten konnten nur im Bereich des Morsumkliffs festgestellt werden.

Im Vergleich mit anderen fischereibiologischen Untersuchungen im Bereich des Schleswig-Holsteinischen Wattenmeeres, die früher (Berghahn 1984; Hinz 1989; Tiews 1990) oder zur gleichen Zeit (Breckling et al. 1994; Breckling & Neudecker, 1994) durchgeführt wurden, fällt vor allem eine deutlich geringere Abundanz an jungen Plattfischen (Scholle, Flunder, Seezunge) auf. Dieser Unterschied ist wohl hauptsächlich auf die abweichende Topographie des Tidebecken selbst zurückzuführen. Das Nordsylter Wattenmeer unterscheidet sich von anderen Wattgebieten vor allem durch einen deutlich geringeren Anteil an Eulitoralflächen (ca. 30 % zu ca. 60 % sonst). Weiterhin sind die Eulitoralflächen überwiegend als Sand- oder Mischwatten einzuordnen. Der Aufwuchserfolg junger Plattfische, die das Gebiet am Ende ihrer Larvaldrift erreichen, scheint aber im wesentlichen gerade von den flachsten Bereichen abhängig zu sein (Boddeke, 1978) und ist zudem auf Schlickwatt besonders erfolgreich. Das geringe Vorkommen an jungen Schollen könnte auch in der Lage des Untersuchungsgebiets am nördlichen Rand des Wattenmeeres begründet liegen. Das Hauptlaichgebiet dieser Art ist vor der holländischen Küste, also eher am südlichen Rand, lokalisiert. Bei der katadromen Flunder ist außerdem die relativ große Entfernung zum Elbe- und Eider Ästuar und der damit verbundene hohe Salzgehalt von Bedeutung. Junge Flundern suchen gezielt die Ästuare als Aufwuchsgebiete auf. Zusätzlich wird das Tidebecken nach der Errichtung des Hindenburg Damms nur noch über das Lister Tief be- und entwässert, wodurch eine rückseitige Besiedlung aus den südlich angrenzenden Bereichen nicht mehr möglich ist. Vergleichszahlen, die auf die Zeit vor dem Dammbau datieren, sind aber nicht verfügbar und wären wegen des erheblich gestiegenen Fischereiaufwands und dem damit verbundenen verkleinertem Laichbestand auch nur bedingt aussagekräftig.

DANKSAGUNG

Der unermüdliche Einsatz und die Bereitschaft des gesamten IHF SWAP Teams auch zu ungewöhnlichen Zeiten bei der Probennahme und Aufarbeitung der Fänge mitzuwirken, haben diese Untersuchungen erst möglich gemacht. Unser besonderer Dank in dieser Hinsicht gilt Gitta Hemken, Sigrid Heye und Andrea Schneider. Auch bei den Besatzungen des FK „MYA" und des FS „HEINCKE" möchten wir uns für die tatkräftige Unterstützung bedanken.

LITERATUR

Berghahn, R., 1984. Zeitliche und räumliche Koexistenz ausgewählter Fisch- und Krebsarten im Wattenmeer unter Berücksichtigung von Räuber-Beute-Beziehung und Nahrungskonkurenz. - Dissertation, Univ. Hamburg, 220pp.

Boddeke, R., 1978. Changes in the stock of brown shrimp (*Crangon crangon* L.) in the coastal area of the Netherlands. - Rapp. P. v. Reun. Cons. int. Explor. Mer *172*, 239-249.

Breckling, P., Beermann-Schleiff, S., Achenbach, I., Opitz, S. & Walthemath, M., 1994. Fische und Krebse im Wattenmeer. - Gemeinsamer Abschlußbericht ÖSF Schleswig-Holsteinisches Wattenmeer TP. A 2.8, 2.9 und 6.2, Forschungsbericht UBA 10802085/01, 187pp.

Breckling, P. & Neudecker, T., 1994. Monitoring the fish fauna of the Wadden Sea with stow nets (Part 1): A comparison of demersal and pelagic fish in a deep tidal channel. - Arch. Fish. Mar. Res. *42*, 3-15.

Fonds, M., 1978. The seasonal distribution of some fish species in the western Dutch Wadden Sea. - In: Dankers, N., Wolff, W.J. & Zijlstra, J.J., Fishes and fisheries of the Wadden Sea. Report 5 of the Wadden Sea Working Group, Leiden, pp. 42-77.

Hinz, V., 1989. Monitoring the fish fauna of the Wadden Sea with special refference to different fishing methods and effects of wind and light on catches. - Helgoländer Meeresunters. *43*, 447-459.

Kuipers, B.R., 1975. On the efficiency of a two-meter beam trawl for juvenile plaice (*Pleuronectes platessa*). - Neth. J. Sea Res. *9*, 69-85.

Rauck, G., 1978. The possibility of long-term changes in stock size of fish species living in the Wadden Sea. - In: Dankers, N., Wolff, W.J. & Zijlstra, J.J., Fishes and fisheries of the Wadden Sea. Report 5 of the Wadden Sea Working Group, Leiden, pp. 33-42.

Riley, J.D., 1971. The Riley push-net. - In: Holme, N.A. & McIntyre, A.D. (eds.): Methods for the study of marine benthos. IBP Handbook No. *16*, Blackwell, Oxford.

Tiews, K., 1990. 35-Jahres-Trends (1954-1988) der Häufigkeit von 25 Fisch- und Krebstierbeständen an der deutschen Nordseeküste. - Arch. FischWiss. *40*, 39-48.

Witte, J.Y. & Zijlstra, J.J., 1978. The species of fish occurring in the Wadden Sea. - In: Dankers, N., Wolff, W.J. & Zijlstra, J.J., Fishes and fisheries of the Wadden Sea. Report 5 of the Wadden Sea Working Group, Leiden, pp. 10-19.

1.2.4
Rastvogelbestände im Sylt-Rømø Wattenmeer

Migratory Waterbirds in the Sylt-Rømø Wadden Sea

Georg Nehls[1] & Gregor Scheiffarth[1,2]
[1]*Forschungs- und Technologiezentrum Westküste der Universität Kiel; Hafentörn, D-25761 Büsum*
[2]*Institut für Vogelforschung; An der Vogelwarte 21, D-26386 Wilhelmshaven*

ABSTRACT

This chapter describes the composition and the phenology of the avifauna in the Sylt-Rømø Wadden Sea. Highest bird numbers occur on spring and autumn migration with 230,000 and 150,000 individuals respectively. In winter on average 80,000 birds stay in the area and lowest numbers are reached in early summer with 30,000 birds. Most abundant are waders, especially Dunlin which comprise a quarter of all birds counted. Species composition is much alike that of the other parts of the Wadden Sea. The mean weight of the carnivorous birds ranges from 0.2 kg in spring to 0.95 kg in winter. The high winter weights probably reflect the relatively harsh climatic conditions at the northern end of the Wadden Sea which is deserted by most smaller species in winter.

ZUSAMMENFASSUNG

In diesem Kapitel werden Zusammensetzung und jahreszeitlicher Verlauf der Vogelbestände im Sylt-Rømø Wattenmeer beschrieben. Die höchsten Bestände treten während des Herbst- und Frühjahrszuges mit 230.000, bzw. 150.000 Exemplaren auf. Im Mittel überwintern 80.000 Vögel in diesem Gebiet, die niedrigsten Bestände liegen im Frühsommer bei 30.000 Exemplaren. Häufigste Arten sind Limikolen, insbesondere der Alpenstrandläufer mit einem Viertel aller gezählten Vögel. Bis auf einzelne Ausnahmen entspricht das Arteninventar dem in den anderen Teilen des Wattenmeeres. Das mittlere Gewicht der karnivoren Vögel schwankt zwischen 0,2 kg im Frühjahr und 0,95 kg im Winter. Die hohen Wintergewichte sind vermutlich eine Folge der relativ harschen klimatischen Bedingungen am Nordende des Wattenmeeres, das von den kleineren Arten im Winter verlassen wird.

EINLEITUNG

Mehr als 10 Millionen Individuen aus über 40 Vogelarten verbringen einen Teil ihres Jahreszyklus im Wattenmeer zwischen Esbjerg und Den Helder (Meltofte et al., 1994). Je nach Art und Herkunft der Vögel dient das Wattenmeer als Brut-, Mauser-, Rast- oder Überwinterungsgebiet. Als Zwischenrastgebiet auf dem Herbst- oder Frühjahrszug ist das Wattenmeer ein unersetzliches Bindeglied zwischen arktischen Brut- und südlichen Überwinterungsgebieten. Ein Teil dieser Vögel nutzt das Wattenmeer nur für wenige Wochen als Zwischenrastplatz auf dem Zug zwischen arktischen Brut- und südlichen Überwinterungsgebieten, während sich andere hier für den größten Teil des Jahres aufhalten und es nur für eine kurze Zeit verlassen, um anderswo zu brüten. Übersichten über Bestände und Ökologie finden sich in Smit & Wolff (1983), neuere Angaben über Bestände und die Verteilung innerhalb des Wattenmeeres in Meltofte et al. (1994). In diesem Kapitel wird die Zusammensetzung der Rastvogelbestände im Sylt-Rømø Wattenmeer dargestellt.

MATERIAL UND METHODE

Die Vogelbestände im Sylt-Rømø Wattenmeer wurden in 10 Teilgebieten von 1989 bis 1995 in 15tägigen Abständen auf den Hochwasserrastplätzen ermittelt. Die Bestände wurden dabei unter Verwendung von Fernglas und Spektiv von erhöhten Punkten (Deich, Dünen) gezählt oder geschätzt. Bei den Zählungen wurden Brut- und Rastvögeln nicht unterschieden.

Eiderenten wurden im Königshafen von Land aus gezählt, im übrigen Gebiet mit Zählungen vom Flugzeug erfaßt (s. Nehls, 1991) für genaue Beschreibung der Methode). Für die Auswertung wurden 65 Flugzeugzählungen seit 1988 verwendet.

Neben den im Rahmen des Projektes SWAP erhobenen Daten wurden unveröffentlichte Daten von Flugzeugzählungen des National Environmental Research Institute (NERI) des dänischen Umweltministeriums ausgewertet.

ERGEBNISSE

Der Bestandsverlauf der Vögel im Sylt-Rømø Watt weist ausgeprägte Maxima während des Herbst- und Frühjahrszuges mit 230.000 und 150.000 Exemplaren aus. Die niedrigsten Bestände werden im Frühsommer erreicht, mit nur 30.000 Exemplaren im Juni. Niedrige Bestände treten auch im Winter auf mit 80.000 Exemplaren im Februar. Viele Vögel verlassen das Wattenmeer bei anhaltenden Vereisungen (Meltofte et al., 1994). Der Untersuchungszeitraum war jedoch durch relativ milde Winter geprägt, so daß der mittlere Winterbestand durch die Ergebnisse vermutlich überschätzt wird.

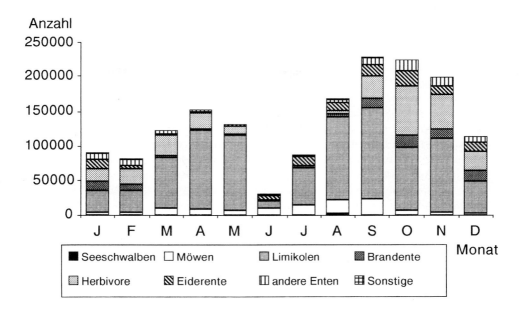

Abb. 1. Bestandsverlauf der wichtigsten Vogelgruppen im Sylt-Rømø Watt nach Zählungen 1990-94

Während des Frühjahrszuges bilden Limikolen den größten Teil der Vögel, im Herbst sind Limikolen und herbivore Wasservögel die zahlenmäßig stärksten Artengruppen (Abb. 1).

Betrachtet man die Vogelbestände nach ökologischen Gruppen getrennt, dominieren karnivore Vögel bei weitem. Auf Arten, die von benthischen Invertebraten leben, entfallen im Mittel 80 % der anwesenden Vögel. Die häufigsten Arten sind hier die Limikolen, gefolgt von einigen Entenarten, vor allem der Eiderente, und den Möwen. Häufigste Art ist der Alpenstrandläufer, auf den ein Viertel aller gezählten Vögel entfällt. Als reine Fischfresser treten im Untersuchungsgebiet Kormorane und Seeschwalben auf, die aber nur in den Sommermonaten nennenswerte Bestände erreichen. Bis zu 1000 Kormorane halten sich im August auf Jordsand auf. Als herbivore Wasservögel treten vor allem Ringelgänse und Pfeifenten mit 16 % der gezählten Vögel in Erscheinung, die im Herbst in großen Zahlen auf den Seegraswiesen und im Frühjahr auf den Salzwiesen der Vorländer anzutreffen sind.

Die Bestände der karnivoren Vogelarten, die die artenreichste Gruppe darstellen, werden von relativ großen Vögeln dominiert, es treten jedoch deutliche saisonale Veränderungen auf (Abb. 2). Das mittlere Gewicht erreicht im Winter die höchsten Werte mit bis zu 0,95 kg im Januar. Das niedrigste Gewicht wird während des Frühjahrszuges der Limikolen im April und Mai mit nur 0,2 kg erreicht. Das heißt, daß im Winter die großen Arten dominieren, während die kleineren Arten das Wattenmeer verlassen. Für die Sommermonate ergeben sich teilweise ebenfalls relativ hohe mittlere Körpergewichte, da im Sylt-Rømø Watt viele Eiderenten mausern.

Die Vogelbestände verteilen sich ungleichmäßig innerhalb des Sylt-Rømø Wattenmeeres und für einen Teil der Arten lassen sich Verbreitungsschwerpunkte erkennen. Besonders ausgeprägt ist dies für Säbelschnäbler, die sich im Spätsommer auf den schlickigen Mischwatten südlich des Rømø-Dammes konzentrieren. Dort befindet sich eines der wichtigsten Mausergebiete dieser Art. Auswirkungen der Struktur der Sedimente auf die Verteilung der Vogelbeständen lassen sich, mit Ausnahme für den Säbelschnäblers, jedoch kaum erkennen. Dies liegt zum Teil daran, daß die Zählungen auf den Hochwasserrastplätzen nicht die Verteilung der Vögel auf den Nahrungsgebieten wiederspiegeln, da das Angebot an Hochwasserrastplätzen begrenzt ist. So sind die Vogelzahlen in den Gebieten Rickelsbüller Koog und Margrethe Koog für viele Arten mit unterschiedlichen ökologischen Ansprüchen vermutlich deshalb besonders hoch, weil sie dort ungestörte Rastplätze finden. Die Vögel dieser Rastplätze lassen sich nicht bestimmten Wattgebieten zuordnen, da sie möglicherweise größere Strecken zu ihren Nahrungsgebieten fliegen.

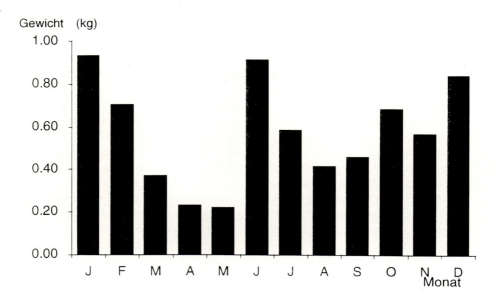

Abb. 2. Entwicklung der mittleren Gewichte der karnivoren Rastvögel im Jahresverlauf

DISKUSSION

Unterscheidet sich die Avifauna des Sylt-Rømø Wattenmeeres von den anderen Teilen des Wattenmeeres? Die meisten Vogelarten verteilen sich mehr oder weniger gleichmäßig über das Wattenmeer. Deutliche regionale Unterschiede treten für die häufigeren Arten meist nur im Winter auf (s. Meltofte et al., 1994). Im Sylt-Rømø Watt weichen die Bestände nur bei zwei Arten deutlich vom restlichen Wattenmeer ab. Als einzige Art der im Wattenmeer mit mehr als 100.000 Exemplaren vorkommenden Vögel ist der Kiebitzregenpfeifer im Sylt-Rømø Watt mit nur bis zu 1800 Exemplaren unterrepräsentiert. Säbelschnäbler sind dagegen häufiger als in den meisten anderen Teilen des Wattenmeeres. Dies ist damit zu erklären, daß sich südlich des Rømø-Damms ein ausgedehntes schlickiges Mischwattgebiet befindet.

Die hohen mittleren Körpergewichte der Vögel im Sylt-Rømø Watt im Winter spiegeln vermutlich die relativ harschen klimatischen Bedingungen wider. Der Energieumsatz der kleineren Arten steigt mit abnehmenden Umgebungstemperaturen stark an (s. Scheiffarth & Nehls, dieser Band; Wiersma et al. 1993). Zugleich haben die kleineren Arten, insbesondere die kleinen Limikolen, im Winter größere Schwierigkeit ihre Nahrung zu erreichen, da die Aktivität von Polychaeten abnimmt und Muscheln sich tiefer im Sediment eingraben (s. Zwarts & Wanink, 1993). Crustaceen sind im Winter fast gar nicht verfügbar, da sie ins Sublitoral abwandern. Die Bedeutung der unterschiedlichen klimatischen Bedingungen werden vor allem an der Verbreitung der Limikolen in kalten Wintern deutlich, in denen sich die meisten Arten fast ausschließlich auf das Niederländische Wattenmeer beschränken (Meltofte et al., 1994).

Die hohe Ähnlichkeit der Avifauna des Sylt-Rømø Wattenmeeres mit anderen Teilen dieses Gebietes, insbesondere dem Niederländischen Wattenmeer, spiegelt die hohe Übereinstimmung in der Besiedlung durch die benthische Makrofauna wieder, die sich regional in der Artenzusammensetzung und der Biomasse nur wenig unterscheiden (Reise & Lackschewitz, dieser Band). Daß einzelne Arten, wie die Pfeffermuschel *Scrobicularia plana*, im Sylt-Rømø Wattenmeer in manchen Teilen fehlen, wirkt sich nicht auf die Vogelbestände auf, da kaum Vogelarten in ihrer Nahrungswahl auf einzelne Benthosarten spezialisiert sind. Hinzu kommen saisonale Änderungen in der Habitatwahl, die in großräumigen Verlagerungen der Aufenthaltsgebiete deutlich werden und teilweise das ganze Wattenmeer umfassen können (Prokosch, 1988, Piersma et al., 1994). Bei Alpenstrandläufern führen saisonale Änderungen der Nahrungswahl dazu, daß sie mal Sandwatt und mal Schlickwatt aufsuchen (Nehls & Tiedemann, 1993). Dies führt zu einer gleichmäßigen Verteilung der Vogelbestände im Wattenmeer.

Im Sylt-Rømø Wattenmeer sind alle Watt-Typen, von Schlickwatt bis zu exponierten Grobsanden, vorhanden und entsprechend vollständig ist das Inventar der Avifauna. Aufgrund der geographischen Lage und den daraus folgenden klimatischen Bedingungen ist hier jedoch eine höhere jährliche Dynamik als in den westlichen Teilen des Wattenmeeres zu erwarten, da mit häufigeren winterlichen Vereisungen zu rechnen ist.

LITERATUR

Meltofte, H., Blew, J. , Frikke, J., Rösner, H.U. & Smit, C.J., 1994. Numbers and distribution of waterbirds in the Wadden Sea. - IWRB Publication 34, Wader Study Group Bulletin *74*, Special Issue.

Nehls, G., 1991. Bestand, Jahresrhythmus und Nahrungsökologie der Eiderente (*Somateria mollissima* L. 1758) im schleswig-holsteinischen Wattenmeer. - Corax *14*, 146-209.

Nehls, G. & Tiedemann, R., 1993. What determines the densities of feeding birds on tidal flats ? A case study on dunlin, *Calidris alpina*, in the Wadden Sea. - Neth. J. Sea Res. *31*, 375-384.

Piersma, T., Verkuil, Y. & Tulp, I., 1994. Resources for long-distance migration of knots *Calidris canutus islandica* and *C.c.canutus*: how broad is the temporal exploitation window of benthic prey in the western and eastern Wadden Sea. - Oikos *71*, 393-407.

Prokosch, P. 1988. Das Schleswig-Holsteinische Wattenmeer als Frühjahrs-Aufenthaltsgebiet arktischer Wattvogel-Populationen am Beispiel von Kiebitzregenpfeifer (*Pluvialis squatarola*, L. 1758), Knutt (*Calidris canutus*, L. 1758) und Pfuhlschnepfe (*Limosa lapponica*, L. 1758). - Corax *12*, 273-442.

Reise, K. & Lackschewitz, D., 1997. Benthos des Wattenmeeres zwischen Sylt und Rømø.- In: Gätje, C. & Reise, K. (Hrsg.): Ökosystem Wattenmeer - Austausch-, Transport- und Stoffumwandlungsprozesse, Springer-Verlag, Berlin, Heidelberg, S. 55-64.

Smit, C. & Wolff, W.J., 1983. Birds of the Wadden sea. - in: Wolff, W.J. (ed.): Ecology of the Wadden Sea. Balkema, Rotterdam.

Wiersma, P., Bruinzeel, L. & Piersma, T ., 1993. Energiebesparing bij wadvogels: over de kieren van de Kanoet. - Limosa *66*, 41-52.

Zwarts, L. & Wanink, J. H. 1993. How the food supply harvestable by waders in the Wadden Sea depends on the variation in energy density, body weigth, biomass, burying depth and behaviour of tidal-flat invertebrates. - Neth. J. Sea Res. *31*, 441-476.

1.2.5
Häufigkeit und Verteilung der Seehunde (*Phoca vitulina*) im Sylt-Rømø Wattenmeer

Abundance and Distribution of Harbour Seals (Phoca vitulina) in the Sylt-Rømø Wadden Sea

Kai F. Abt
Forschungs- und Technologiezentrum Westküste der Universität Kiel; Hafentörn; D-25761 Büsum

ABSTRACT

After the harbour seal mass die-off in 1988, the seal stock in the bay between the islands of Sylt and Rømø increased from about 300 in 1989 to 690 in 1994, as indicated by aerial surveys, thus exceeding the level of 1987. Within the tidal basin, where whelping and suckling takes place, highest numbers of the year were recorded in June and July (in 1994: 262). On the sand bars in the ebb-tidal delta of the Lister Dyb, where primarily subadults hauled out in early summer, annual maximum numbers occurred in August (in 1994: 524), when adult seals moult. In winter almost all seals left the inner bay, while about one quarter of late summer count level remained on the outer sand bars.

ZUSAMMENFASSUNG

Nach dem Massensterben im Jahre 1988 ist der durch Flugzählungen erfaßte Seehundbestand in der Bucht zwischen Sylt und Rømø im Zeitraum 1989-94 von 300 auf 690 Tiere angestiegen, womit das Niveau von 1987 überschritten wurde. Innerhalb des Lister Tidebeckens, wo Geburt und Säugen der Jungtiere stattfinden, wurden Höchstzahlen im Juni und Juli festgestellt (1994: 262). Auf den Sandbänken im Ebbstromdelta des Lister Tiefs, wo sich zur Fortpflanzungszeit vorwiegend subadulte Tiere aufhalten, erschien das Jahresmaximum im August, wenn die Adulttiere sich im Haarwechsel befinden (1994: 524). Im Winter verließen nahezu alle Seehunde die innere Bucht, während auf den äußeren Sandbänken noch etwa ein Viertel des Spätsommerbestandes anzutreffen war.

EINLEITUNG

Seehunde sind typische Bewohner flacher Küstengewässer (Bonner, 1979). Wesentliche Voraussetzung für ihr Vorkommen sind neben der Nahrungsgrundlage geeignete Liegeplätze. Diese dienen zum Ruhen und Sonnenbaden (wichtig in der Zeit des Haarwechsels) sowie zum Gebären und Säugen der Jungen. Die sandigen Küsten Mitteleuropas sind heute durch die Präsenz des Menschen für Seehunde weitgehend unbewohnbar, zumal die Tiere infolge der Jahrhunderte währenden Bejagung verhältnismäßig scheu sind. Die periodisch trockenfallenden Sände des weiträumigen Wattenmeeres bieten jedoch geeignete Refugien. Etwa 8% des derzeit (1994) rund 9000 Exemplare zählenden Seehundbestandes im Europäischen Wattenmeer halten sich im Sommer in der Bucht zwischen Sylt und Rømø auf.

MATERIAL UND METHODEN

Zur Bestandserfassung der Seehunde im Wattenmeer werden Flugzählungen durchgeführt, wobei man die jeweils auf den Sandbänken liegenden Tiere registriert. In der Regel finden die Flüge im Sommer und bei Niedrigwasser statt, weil dann ein maximaler Prozentsatz der Population auf den Liegeplätzen anzutreffen ist. 1989-92 wurden aber auch einige Zählungen im Winterhalbjahr und bei Hochwasser durchgeführt. Die hier vorgelegten Bestandszahlen wurden von Mitarbeitern der Universität Kiel im Rahmen der Ökosystemforschung Schleswig-Holsteinisches Wattenmeer (Teil A) erarbeitet.

ERGEBNISSE UND DISKUSSION

Die höchsten Seehundzahlen werden im Sommer (Juli/August) festgestellt. In dieser Zeit werden einerseits die Jungen geboren und gesäugt, andererseits vollziehen die Tiere den Haarwechsel und benötigen dazu Sonnenbestrahlung. Seit dem Massensterben durch eine Virus-Epidemie im Jahre 1988 ist der Bestand wieder deutlich angestiegen und hat das Niveau von 1987 inzwischen überschritten (Abb. 1). Der Anteil der Jungtiere am Maximalbestand beträgt im gesamten Gebiet 10-17 %, im Lister Tidebecken jedoch, wo praktisch alle Jungen geboren werden, 23-28 %. Hieraus wird ersichtlich, daß sich der innere Teil der Bucht und die vorgelagerten Sandbänke im Ebbstromdelta funktionell unterscheiden.

Geburt und Säugen der Jungen finden auf prielnahen Watten im Inneren der Bucht statt (Abb. 2). Maximale Bestände treten hier entsprechend im Juni/Juli auf. Auf den nur selten überspülten Außensänden liegen zu dieser Zeit vornehmlich nicht-reproduzierende, subadulte Tiere. Maximalzahlen erscheinen hier erst im August zur Zeit des Haarwechsels, nachdem einige Tiere den inneren Teil der Bucht bereits wieder verlassen haben (Abb. 2).

1.2.5 Häufigkeit und Verteilung der Seehunde im Sylt-Rømø Wattenmeer

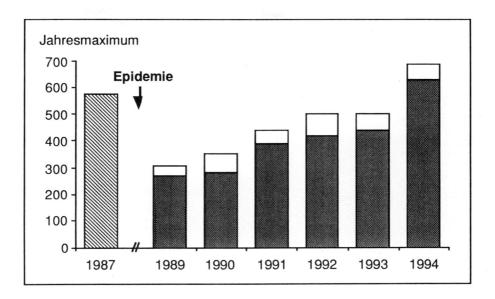

Abb. 1. Bestandsentwicklung der Seehunde im Sylt-Rømø Gebiet nach Flugzählungen (Maximalzahlen); weiß: Anteil der Jungtiere am Jahresmaximum; schraffiert: Zahl für August 1987 (nach Tougaard, 1989)

Im Winter schließlich sind auf den Watten kaum noch Seehunde zu finden. Die Tiere liegen dann überhaupt seltener an Land, da der Aufenthalt im Wasser bei kalter Witterung energetisch günstiger ist (John & Günther, 1985). Auf den Sänden im Ebbstromdelta wird aber, je nach Witterung, immer noch ca. ein Viertel des Maximalbestandes angetroffen. Bereits im zeitigen Frühjahr steigen die Zahlen hier wieder deutlich an. Ähnlich beschreibt Tougaard (1989) saisonale Muster in der Häufigkeit und räumlichen Verteilung der Seehunde im Gebiet.

Die Zählungen erfassen den Bestand nicht vollständig, da nie alle Tiere gleichzeitig an Land liegen. Tougaard (1989) schätzt den Erfassungsgrad für Niedrigwasserbänke auf ca. 80 %, für die hohen Außensände geringer. Die Höhe der Dunkelziffer wird beeinflußt durch Jahreszeit, Witterung, Expositionsdauer der Sandbank und Störungen (Schneider & Payne, 1983; Vogel, 1994). Da die weitaus meisten Liegeplätze im Wattenmeer nur bei Niedrigwasser verfügbar sind, passen die Seehunde ihren Aktivitätsrhythmus den Gezeiten an. Allerdings tendieren die Tiere von sich aus zu einem diurnalen Rhythmus. Dauerhaft exponierte Sände wie der Lammeläger werden deshalb auch bei Hochwasser genutzt (Thiel, 1991; Gartmann et al., 1995).

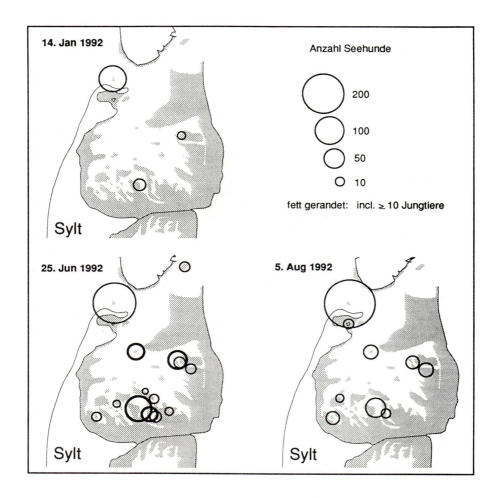

Abb. 2. Räumliche Verteilung der Seehunde im Sylt-Rømø Wattenmeer im Januar, Juni und August 1992; die Fächen der Kreise sind proportional der Anzahl Tiere je Liegeplatz; bedeutende Wurf- und Säugeplätze sind durch fett gerandete Kreise gekennzeichnet

Inwieweit die Sylt-Rømø Bucht den Seehunden auch als Nahrungshabitat dient ist derzeit nicht zu beurteilen. Zumindest im Winter ist jedoch eine derartige Nutzung angesichts der seewärtigen Verlagerung der Tiere eher unwahrscheinlich.

DANKSAGUNG

Ich bedanke mich bei den Herren M. Thiel, G. Nehls, J. Schwarz und D. Möller für die Durchführung der Flugzählungen.

LITERATUR

Bonner, N., 1979. Harbour (Common) seal. In: Mammals in the seas, FAO Fisheries Ser. 5, Vol. II., Rome. Pp. 58-62.

Gartmann, S., Kröger, M., Mössinger, G. Tapken, K., Wolbers, M. & Bergmann, H.-H., 1995. Strand oder Sandbank? - Wie nutzen Seehunde (*Phoca vitulina*) ihren Lebensraum? - Seevögel *16*, 50-52.

John, W. & Günther, I., 1985. Die Robben sollen überleben. - Bild der Wissenschaft *5* - 1985, 108-120.

Schneider, D. C., Payne, P. M., 1983. Factors affecting haul-out of harbor seals at a site in southeastern Massachusetts. - J. Mammal. *64*, 518-520.

Thiel, M., 1991. Monitoring der Robbenvorkommen im schleswig-holsteinischen Wattenmeer. - Jahresbericht 1990 zum Teilprojekt A 2.11 der Ökosystemforschung Schleswig-Holsteinisches Wattenmeer, 15 pp.

Tougaard, S., 1989. Monitoring harbour seal (*Phoca vitulina*) in the Danish Wadden Sea. - Helgoländer Meeresunters. *43*, 347-356.

Vogel, S. (Hrsg.), 1994. Robben im Schleswig-Holsteinischen Wattenmeer. Thematischer Bericht der Ökosystemforschung Schleswig-Holsteinisches Wattenmeer, Universität Kiel, 108 pp.

Kapitel 2

Erosion, Sedimentation und Schwebstofftransport im Lister Tidebecken: Ein Überblick

Erosion, Sedimentation and Transport of Suspended Matter in the List Tidal Basin: An Overview

Rolf Köster[1] & Agmar Müller[2]
[1]*Forschungs- und Technologiezentrum Westküste der Universität Kiel; D-25761 Büsum*
[2]*GKSS-Forschungszentrum; Max-Planck-Straße, D-21502 Geesthacht*

Die Veränderlichkeit des Wattenmeeres und mit ihm des Lister Tidebeckens gilt nicht nur für die langzeitliche Betrachtung über Jahrtausende. Veränderungen werden ebenso bei mittelfristiger Betrachtung (Jahrhunderte) und bei kurzfristiger Analyse (Wochen, Monate oder Jahre) deutlich. Im Kartenvergleich über die letzten 100 Jahre haben sich die Wattstromrinnen ständig verbreitert, während die eulitoralen Flächen kleiner wurden. Sie nahmen um 1900 noch etwa 66 % der Gesamtfläche ein, und 1992 nur noch um 40 %.

Diesen Erosionsvorgängen vor allem in den zentralen Teilen des Sylt-Rømø Wattenmeeres steht eine geringe Sedimentation in den randlichen Bereichen gegenüber. Die Ablagerung von Feinmaterial erfolgt vor allem in geschützten Gebieten, wie an der Südseite des Rømødammes und an der Nordseite des Hindenburgdammes.

Die jährliche Gesamtakkumulation von Feinmaterial im Sylt-Rømø Wattenmeer erreicht nur ungefähr 58000 Tonnen. Im Vergleich zu anderen Wattgebieten ist dieser Betrag und damit die Wirkung des Tidebeckens als Sedimentfalle gering. Der Neueintrag stammt zu etwa 64 % aus der Nordsee, zu 14 % aus den Flüssen, zu 15 % aus der Primärproduktion, zu 5 % aus der Küstenerosion und zu 2 % aus der atmosphärischen Deposition.

Ein wesentlicher Prozeß für die Ablagerung von Schwebstoff auf den Wattflächen ist die Biodeposition durch Filtrierer, Sedimentfresser und an der Wattoberfläche weidende Arten. Kotpillen einiger verbreiteter Arten sind als Folge geringer Stabilität gegenüber der Strömung während der Umlagerung selten.

Die Erosionsfestigkeit der Wattsedimente hängt von der Sedimentzusammensetzung und der Besiedlung ab. Die Ergebnisse der Erosionsversuche mit Schubspannungen, die häufig auftretenden Strömungsbedingungen zuzuordnen sind, zeigen eine gute Korrelation von Wattyp und Erosionsbeginn.

Die Tiefe der Umlagerung der eulitoralen Wattsedimente durch die Gezeiten und den Seegang war im allgemein gering. Auf den Schlick- und Mischwattflächen betrug die Umlagerungstiefe häufig nur wenige Millimeter, nur unmittelbar nach Sturmwetterlagen wurden Beträge von mehr als 2 cm beobachtet. In diesen Bereichen lebt eine arten- und individuenreiche Fauna.

Auf den großflächigen Sandwatten erreicht die Umlagerungstiefe im allgemeinen die Größenordnung von mittleren Rippelhöhen (ca 3 cm). Diese Werte wurden aber bei höherem Seegang und besonders nach Stürmen oder Orkanen sowie nach Drift von Eisschollen im Wattenmeer stellenweise weit überschritten. Dieser Befund macht die große Bedeutung der Extremwetterlagen deutlich.

Das tide- und windgesteuerte Strömungsregime in der Nordsee vor dem Lister Tief und im Lister Tidebecken bestimmt den Stoffaustausch zwischen der Nordsee und der Sylt-Rømø Bucht wie auch die Stoffverteilung innerhalb der Bucht. Die mit dem Ebb- bzw. Flutstrom durch das Lister Tief aus- bzw. einfließende Wassermenge beträgt abhängig vom Tideverlauf rund 500 bis 600 Mill. m³ bei einem Niedrigwasservolumen der Bucht von etwa gleicher Größenordnung. Ungefähr $^3/_4$ der Menge verteilen sich durch die Hauptpriele Lister Ley, Høyer und Rømø Dyb in der Bucht, der Rest fließt über die Platen zu und ab. Der Fluteinstrom überwiegt auf der Sylter Seite des Lister Tiefs, der Ebbausstrom auf der Rømø-Seite.

Der Durchfluß durch das Lister Tief läßt sich als Funktion der Tide aus den Wasserstandsmessungen an den Pegeln List und Havneby bestimmen. Der Tidenhub im Lister Tidebecken erreicht etwa 2 m. Die maximalen Strömungsgeschwindigkeiten liegen im Lister Tief bei 1,3 m s^{-1}, in den Hauptprielen bei 0,6 m s^{-1} und auf den Platen bei 0,1 m s^{-1}. Die Strömung ist im gesamten Becken topographiegeführt, es bilden sich zeitweilig Wirbel aus; der Reststrom liegt fast überall unter 0,1 m s^{-1}.

Die Messungen und Modellierungen zur Stoffbilanz der Sylt-Rømø Bucht weisen auf eine ausgeglichene Bilanz bzw. eine Eintragstendenz hin. Die Schwebstoffkonzentrationen steigen in der Regel von einigen mg/l im Lister Tief bis auf einige zehn mg l^{-1}, vereinzelt über 100 mg l^{-1} in Richtung der Hochwasserlinien im Inneren der Bucht an. Die mittlere Korngröße des Schwebstoffs liegt unter 30 μm, es treten aber auch deutlich größere Flocken auf. Mittlere Schwebstoffsinkgeschwindigkeiten liegen zwischen 0,1 und 1 cm s^{-1}. Der organische Anteil des Schwebstoffs schwankt zwischen 10 und 80 %. In geschützten Wattbereichen mit höherer Schwebstoffkonzentration und höherem organischem Anteil findet verstärkt Sedimentation statt.

Schwebstoffmodellierungen haben gezeigt, daß der Seegangsanteil an der Bodenschubspannung den Strömungsanteil insbesondere in Flachwassergebieten um ein Mehrfaches übersteigen kann. Deposition und Erosion und somit auch die Schwebstoffkonzentration werden daher durch Seegang und Starkwindlagen stark beeinflußt. Die Beobachtungen in SWAP weisen tendenziell auf diesen Sachverhalt hin, reichen aber für eine quantitative Beschreibung nicht aus.

2.1
Morphodynamik des Lister Tidebeckens

Morphodynamics of the List Tidal Basin

Bodo Higelke
Geographisches Institut der Christian-Albrechts-Universität; Olshausenstraße 40, D-24118 Kiel

ABSTRACT

With respect to morphology, the Sylt-Rømø area of the Wadden Sea is unique in that nowadays it is only accessible from the open sea through the Lister Tief. Although it is protected from strong wave-action by islands and causeways, this area of the Wadden Sea still continuously experiences the effects of erosion through the existing tidal gullies. As much as could be, informational maps were used to establish subtidal volumes of water; with them the development of the tidal gullies over the last 100 years was followed. A comparison of maps suggests that tidal inlets and channels became wider and intertidal flats smaller. Intertidal area (above spring low water) decreased from 66 % in 1900 to merely 40 % in 1992. The subtidal volume of water calculated from nautical maps increased during this century by 37 %. Related to the present subtidal area, the average increase of depth was about 1 m. The temporal development differed between the various subregions. In general, however, the tidal channels changed little in maximum depth but became considerably wider above -5 m, and those directed southward became longer. Until now, detailed consideration of the total vertical area of the relief of the tidal flats was only possible for a small bay (Königshafen) within the List tidal basin. For this area, an investigation of the last 40 years proved that a small amount of sediment is lost through transport in tidal creeks and processes of abrasion on the tidal flat itself.

ZUSAMMENFASSUNG

In morphologischer Hinsicht nimmt das heute nur über das Lister Tief mit der freien See verbundene Sylt-Rømø Wattengebiet eine besondere Stellung ein. Zwar ist es durch Inseln und Dämme vor besonders starker Welleneinwirkung geschützt, jedoch lassen die in diesem Wattengebiet vorhandenen Tiderinnen fast alle anhaltende Erosionstendenzen erkennen. Soweit es die verwendeten Kartenunterlagen zulassen, wurden Bilanzen der Wasserräume des Sublitorals aufgestellt und mit ihnen die Entwicklung der Tiderinnen während der letzten 100 Jahre verfolgt. Kartenvergleiche belegen, daß die Wattstromrinnen breiter wurden und die Fläche der eulitoralen Watten entsprechend abnahm. Deren Flächenanteil (oberhalb Springtideniedrigwasser) betrug um 1900 noch 66 % und 1992 nur noch 40 %. Die aus Seekarten berechnete Bilanz der sublitoralen Wasserräume ergibt für dieses Jahrhundert eine Zunahme von 37 %. Bezogen auf die heutige Fläche, vertiefte sich das Sublitoral um durchschnittlich einen Meter. Die zeitliche Entwicklung verlief in den einzelnen Rinnenbereichen unterschiedlich. Generell änderten sich in den Wattströmen die Maximaltiefen wenig, aber oberhalb -5 m wurden sie deutlich breiter und die nach Süden gerichteten Priele wurden länger. Eingehendere Betrachtungen des gesamten Vertikalbereichs des Wattenreliefs waren bisher nur für eine kleine Bucht (Königshafen) innerhalb des Lister Tidebeckens möglich. Hierfür ergab eine Untersuchung der letzten 40 Jahre einen leichten Sedimentverlust, der durch Prielverlagerungen, aber auch durch Abrasionsvorgänge auf dem Watt selbst verursacht wurde.

EINLEITUNG

Für die Entwicklung des Ökosystems Sylt-Rømø Wattenmeer stellen die Vorgänge Erosion und Sedimentation entscheidende Phänomene dar. Eine langfristige Materialbilanz wird mit Hilfe von quantitativen Kartenauswertungen erstellt und mit einer auf Geländekartierungen gestützten Luftbildinterpretation wird auf aktuelle Prozesse geschlossen. Der Untersuchungszeitraum wird durch die Verfügbarkeit geeigneter Kartenunterlagen bestimmt. Auswertungen neuester Luftbilder trugen dazu bei, Art und Intensität der rezenten Morphodynamik der Wattflächen im Sylt-Rømø Watt zu analysieren. Historische Karten gestatten es, die Entwicklung der Sylt-Rømø-Region seit der Mitte des 17. Jahrhunderts zu verfolgen. Im 19. Jahrhundert werden die Karten zunehmend exakter, so daß sie sich vom Beginn des 20. Jahrhunderts an quantitativ auswerten lassen. Die bei dieser Untersuchung angewendete Methodik hängt von der Eigenart der Karten- und Luftbildunterlagen ab. Morphologische Untersuchungen, wie die hier durchgeführte, verfolgen das Ziel, die raumzeitlichen Formveränderungen von Wattrinnen und Platen quantitativ zu erfassen und in anschaulicher Art darzustellen. Je nach Fragestellung lassen sich die gewonnenen Ergebnisse danach mit Hilfe der Kenntnis der Naturvorgänge erklären und in den weitergespannten Rahmen stellen, der die Landschaftsveränderung und damit die ökologische Entwicklung dieses amphibischen Raumes erklären will. Nach dem so formulierten methodischen Leitgedanken wurde in anderen Bereichen der Nordseeküste bei ähnlichen Aufgaben mit Erfolg gehandelt (Bayerl & Higelke, 1994; Göhren, 1970; Higelke, 1986; Mesenburg, 1990; Newig, 1980a u. 1980b; Zausig, 1939).

MATERIAL UND METHODEN

Grundsätzlich gilt: der Gedanke, durch den Vergleich unterschiedlich alter Kartenstadien der Topographie auf die zwischenzeitlich erfolgten Reliefveränderungen zu schließen, kann zu einer Antwort auf die Frage nach der Materialbilanz führen und die mit ihr im Zusammenhang stehenden Landschaftsveränderung beschreiben. Das Maß der zwischen den Betrachtungszeitpunkten erfolgten morphologischen Veränderungen geht dabei je nachdem, welcher Vertikalbereich des Wattreliefs der Untersuchung zugrundegelegt wird, teilweise oder ganz in die Bilanz der reliefbildenden Materialmengen ein.

Eine quantitative Auswertung unterschiedlich alter Karten verschiedenster Art (historische Land- und Seekarten, neuere Land- und Seekarten, Vermessungsunterlagen der unterschiedlichen Institutionen, wie Bundesamt für Seeschiffahrt und Hydrographie, Amt für Land- und Wasserwirtschaft Husum) erlaubt es, Lage-, Größen- und Umrißveränderungen von Wattrinnen und -platen, Veränderungen des Wasserraumes des Tidebeckens und von Höhendifferenzen der Wattflächen zu ermitteln.

Bei den historischen Karten muß vor einer Auswertung das Bemühen stehen, ihnen anhaftende grundsätzliche Mängel (geringe Detaillierung, Abbildungsfehler, Verzerrungen) zu erkennen und möglichst auszugleichen, um ihre Verwendung überhaupt erst zu ermöglichen. Werden die Kartenbilder der historischen Karten mit dafür geeigneten Methoden (Entzerrung mittels identischer Punkte) aufbereitet, lassen sich Grundrißstadien der Landschaftsentwicklung konstruieren. Sie lassen sich mit den Resultaten anderer Projekte verbinden, z. B. mit einem von der Geologie zu zeichnenden Zustandsbild der Landschaft nach den großen Fluten des ausgehenden Mittelalters oder dem exakt erfaßbaren Landschaftsstatus der Gegenwart (Bayerl & Higelke, 1994; Higelke, 1986; Lang, 1968; Mesenburg, 1990; Newig, 1980a u. 1980b; Zausig, 1939).

Messungen in Karten, die auf moderneren Vermessungen beruhen, geben Aufschluß über die Größen der Wasserflächen in den einzelnen Tiefenstufen, die das Kartenbild für einen bestimmten Vertikalbereich des Tidebeckens zeigt. Es muß jedoch immer darauf geachtet werden, daß die vertikalen Begrenzungen dieses Darstellungsbereiches in den einzelnen Karten recht unterschiedlich sein können.

Die Konstruktion oder Berechnung von Flächen-Tiefen-Diagrammen läßt nach dieser Bearbeitungsphase die Ermittlung der Rauminhalte des Tidebeckens zu. Resultate, die mit dieser Methode in unterschiedlich alten Karten gewonnen werden, können miteinander verglichen werden, um auf diese Weise die Umgestaltung des Wattreliefs quantitativ zu erfassen. Dadurch werden entlang einer zeitlichen Skala Einblicke in die Bilanzen der Sedimentumlagerungen innerhalb des Tidebeckens möglich (Higelke, 1978).

Ist der Maßstab der Karten groß genug und ist ihre Reliefdarstellung auf Normalnull (NN) bezogen, kann eine Bilanzierung der Watthöhen in Form eines direkten Vergleichs untereinander und Punkt für Punkt vorgenommen werden. Hierbei werden die mittleren Watthöhen in einem Grundraster, das für die zu vergleichenden Karten identisch ist, bilanziert. Als Ergebnis wird der Änderungsbetrag der Höhenabnahme oder -zunahme pro Rasterflächeneinheit festgestellt. Die Maschenweite dieser Flächeneinheiten ist bei der Auswertung von Wattgrundkarten (WGK 1:10000) normalerweise 100 Meter, bei der vorliegenden Karte des Königshafens, die im Maßstab 1:5000 erstellt wurde, ist diese Flächengröße 50 mal 50 Meter.

Die erwähnte Methode eignet sich vor allem für die Untersuchung der relativ ebenen Wattflächen selbst, da es dabei um den Vergleich von mittleren Watthöhen geht. An den Unterwasserböschungen von Prielen können bei der Anwendung dieser Methode Schwierigkeiten auftreten. Daher ist dieser methodische Weg zusammen mit dem der Luftbildanalyse eher geeignet, Art und Intensität der Morphodynamik der Wattflächen regional differenzierend zu analysieren.

Ergebnisse der auf Geländeuntersuchungen gestützten Luftbildanalyse erlauben es, die gewonnenen Sedimentbilanzwerte mit Hilfe von Erkenntnissen über Formeninventar und Morphodynamik des Wattreliefs räumlich differenziert zuzuordnen und zu erläutern. Für die Luftbildanalyse werden neueste Luftbildsenkrechtaufnahmen im Maßstab 1:10000 verwendet, die eine Auflösung von 0,5 m besitzen. In ihnen können die unterschiedlichen Reliefglieder der Wattoberfläche erfaßt und ihre Form unter Berücksichtigung des formbildenden Materials (Sand, Klei, Schlick, organisches Material aller Art) bestimmt und auskartiert werden.

Die Ergebnisse der Luftbildanalyse sind im Gelände zu verifizieren. Resultate aus diesem Teilbereich und die Ergebnisse der Watthöhenvergleichs lassen sich zu einem Bild zusammenfügen, das die rezente Morphodynamik in ihrer regionalen Differenziertheit ausdrückt. Auch wenn nur das Gebiet des Königshafens auf diese Weise bearbeitet werden konnte, hat sich gezeigt, daß die miteinander verbundenen Resultate aus Kartenauswertung, Luftbildanalyse und Geländekartierung klare Aussagen über Materialbilanzen und über die Morphodynamik der Wattflächen gestatten.

Genaue Karten, deren Höhen- und Tiefenangaben auf NN bezogen sind, existieren für Teile des Tidebeckens ab 1950, für fast den gesamten Bereich ab 1974. Sie sind als Grundlagen dazu geeignet, Materialbilanzen für den gesamten Vertikalbereich des Wattreliefs aufzustellen (Higelke, 1978). Nur fehlt bislang als Vergleichsmaterial eine neue, flächendeckende Kartenausgabe auf der Basis von Vermessungen und Peilungen, die im Jahr 1994 von deutscher und dänischer Seite durchgeführt wurden. Aus diesem Grunde ist die Reihe der hydrographischen Vermessungen und der auf ihnen basierenden Seekarten für die Untersuchung herangezogen worden, die sich allerdings auf den Bereich unterhalb Seekartennull (Springtideniedrigwasser) beschränken. Es wurden nur Seekartenjahrgänge ausgewertet, denen eine Neuvermessung aller Rinnen bzw. von großen Teilen des Gebietes zugrundelag. Danach ergibt sich folgende Zeitreihe: 1879, 1896, 1898, 1902/04, 1909, 1912, 1916, 1931, 1935, 1941, 1951, 1953, 1963, 1968, 1979, 1988 und 1992.

Die Arbeitskarten des BSH (früher DHI), die für die Zeit nach dem Krieg beschafft werden konnten, sind nur zur Überprüfung notwendiger Detailangaben verwendet worden. Letztlich lag ihr Nutzen auch darin, daß geprüft werden konnte, welcher Bereich überhaupt von deutscher Seite gepeilt worden war.

Luftbilder liegen aus den Jahren 1989 und 1990 vor, die erste Befliegung bildet das Gesamtgebiet, also auch die dänischen Watt- und Rinnenbereiche im Maßstab 1:25000 ab, die Aufnahmen der zweiten Befliegung geben nur den Bereich etwa südlich des Lister Tiefs im Maßstab 1:16000 wieder. Aus der Zeit vor dem 2. Weltkrieg existieren Aufnahmen, die das ALW Husum besitzt. Diese können für ausgewählte Gebiete zum Vergleich herangezogen werden.

ERGEBNISSE

Kartenanalysen

Um einen landschaftsgeschichtlichen Bezug der Resultate zu betonen, wird eine Analyse von Entwicklungsstadien des Lister Tidebeckens während der letzten 300 Jahre in Kartenform vorangestellt (Abb. 1-3).

Auf der Basis der gesammelten und kritisch überprüften historischen Karten wurden mit Hilfe der Methode der identischen Punkte (Higelke, 1986) zeitliche Stadien der Landschaftsentwicklung in Kartenform rekonstruiert. Diese auf dem heutigen Kartennetz aufgebauten neuen Entwürfe besitzen nicht nur veranschaulichenden Charakter, vielmehr sind sie innerhalb bestimmter Genauigkeitsgrenzen auch quantitativ auswertbar. Unter Berücksichtigung der Quellenlage wurden die Stadien von 1650, 1800 und 1900 gewählt (Abb. 1-3), deren Untersuchung den historischen Vorlauf für die anschließenden Bilanzierungen für die letzten 100 Jahre darstellen.

Flächengröße eines Tidebeckens und Tiefe der dazugehörenden Tiderinnen stehen empirischer Erkenntnis zufolge in funktionalem Zusammenhang (Renger, 1976). Diesem theoretischen Ansatz entsprechend sind für die einzelnen Zeitstadien die jeweiligen Flächen des Tidebeckens ermittelt worden. Es handelt sich dabei um die Fläche des gesamten Tidebereichs unterhalb des Hochwasserniveaus und innerhalb der durch die Dämme nach Rømø und Sylt und durch die für die Untersuchung gewählte Querung des Lister Tiefs dargestellten Grenzen.

Allerdings nur für die Stadien von 1800 und 1900 sind darüberhinaus die Flächen der Tiderinnen unterhalb des Tideniedrigwasserniveaus durch Planimetrieren der Wasserflächen in den Kartendarstellungen (in einheitlichem Maßstab = gleicher Generalisierungsgrad) ermittelt worden. In der Karte für 1650 war dies nicht möglich, weil die unkorrekte Abbildung der Tiderinnen in den als Hauptquelle dienenden Karten von J. Mejer nicht zu korrigieren war. Die ermittelten Werte wurden mit denen verglichen, die das Stadium von 1992 beschreiben.

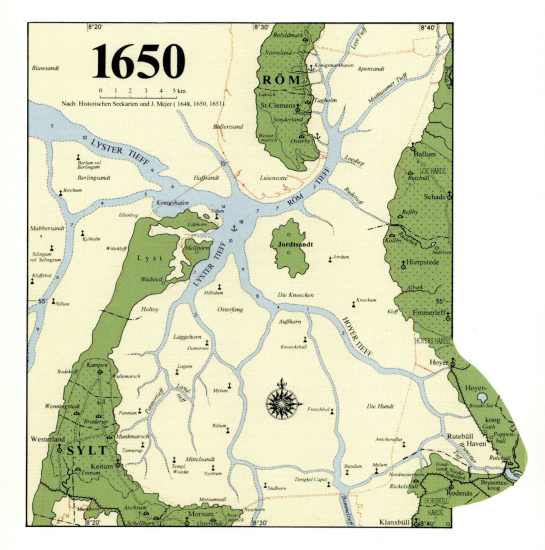

Abb. 1. Rekonstruktion des Tidebeckens für 1650 auf der Basis der heutigen Projektion (Mercator)

2.1 Morphodynamik des Lister Tidebeckens 109

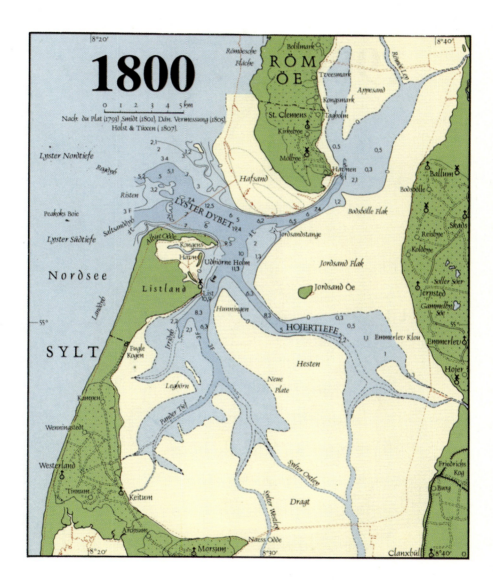

Abb. 2. Rekonstruktion des Tidebeckens für 1800 auf der Basis der heutigen Projektion (Mercator)

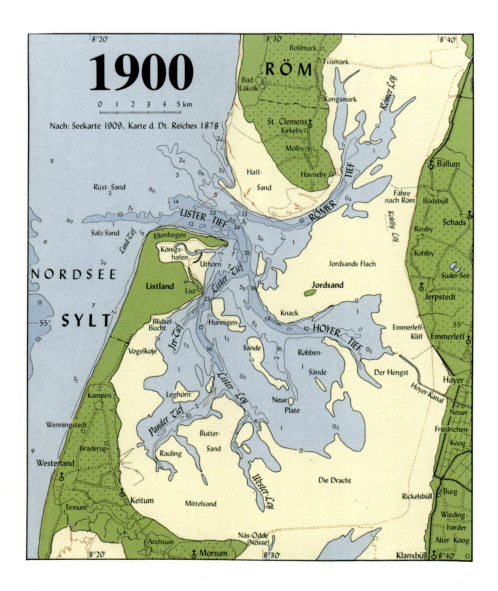

Abb. 3. Rekonstruktion des Tidebeckens für 1900 auf der Basis der heutigen Projektion (Mercator)

Es zeigte sich, daß die Fläche des Gebietes innerhalb der vorher beschriebenen Grenzen von 1650 über 1800 und 1900 bis zur Gegenwart (1992) bedingt durch Eindeichungen abnimmt. Die Flächen aller Rinnen in dem abgegrenzten Bereich, also die des Sublitorals, dehnen sich auf Kosten des Eulitorals aus (Tab. 1).

Tabelle 1. Flächenveränderungen (km²) im Lister Tidebecken seit 1650, bezogen auf die Kartendarstellungen in Abb. 1-4. Grenze zwischen Sub- und Eulitoral ist das Seekartennull (Springtideniedrigwasser)

Jahr	1650	1800	1900	1992
Gesamtfläche	456,1	445,8	429,6	401,4
Sublitoral		140,0	145,5	242,4
Eulitoral		305,8	284,1	159,0
Eulitoral (%)		*68,6*	*66,1*	*39,6*

Bilanzen der Wasserräume

Die zweite Ergebnisreihe leitet zu einer Betrachtung der Rinnenentwicklung und zur Bilanzierung von Veränderungen des Sublitorals über, der Teilbereich des Tidebeckens, der in der Karte hervorgehoben worden ist (Abb. 4). Die Bilanzierungen der Wasserräume von Rinnen lassen für das Zeitintervall von 1904 bis 1992 die überwiegende Wasserraumzunahme und damit deutliche Materialverluste erkennen. Dies betrifft fast den gesamten Bereich des Tidebeckens und ist in fast allen Tiefenbereichen feststellbar, worauf die an roten Ziffern erkennbaren Werte in den drei Rubriken pro Untersuchungsfeld hinweisen (Abb. 5).

Durch besonders große Werte fällt dabei der Rinnenabschnitt zwischen Sylt und Rømø auf. Hier ist im Lister Tief (Feld B-II) die überaus kräftige Zunahme des Wasserraumes im Tiefenbereich unterhalb von SKN -10 m zu bemerken.

Die Veränderung der größten Tiefen in den Einzelfeldern, Tiefendynamik genannt (Abb. 6), wurde während des gesamten Untersuchungszeitraumes verfolgt. Dabei hat sich herausgestellt, daß die Maximaltiefen pro Feld über die Zeit nicht spektakulär zugenommen haben, abgesehen von den kleineren Rinnen, die innerhalb der Felder im Südwesten und Süden des Gebietes liegen. Vielfach wurde die Zunahme des Wasserraumes durch Vergrößerung bei gleichbleibender Tiefe, durch eine größere Fülligkeit der Rinnen also, verursacht.

Die Summierung aller Ergebnisse der Kartenauswertungen für die Zeit seit 1879 zeigt eine Diagrammdarstellung für das Gesamtgebiet (Abb. 7). Hierbei wurden Gesamtwasserraum, Wasserraum unterhalb von SKN -5 m und unterhalb von SKN -10 m unterschieden. In dieser Grafik erscheinen auch Auswertungsergebnisse von Kartenjahrgängen vor 1900. Sie wurden in die Betrachtung miteinbezogen, weil es sich bei ihnen um Karten handelt, die auf den ersten vollständigen hydrographischen Aufnahmen der Kaiserlichen Marine beruhen. Allerdings sind es Karten im Maßstab 1:100000 (gegenüber allen folgenden, die bis heute im Maßstab 1:50000 gehalten sind). Ihre maßstabsbedingte Generalisierung jedoch läßt den direkten Vergleich der Bilanzen zumindestens problematisch erscheinen.

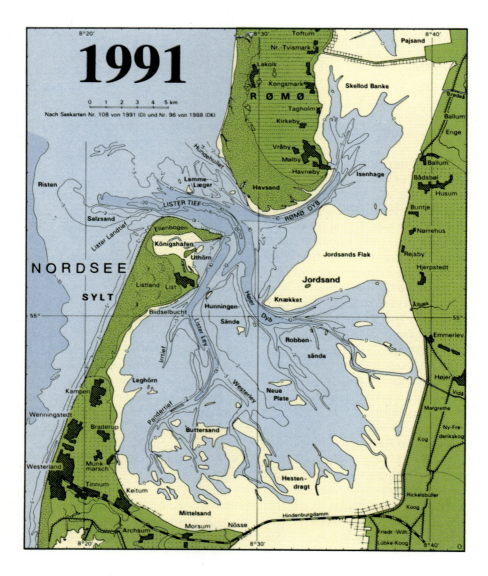

Abb. 4. Tidebereich der Sylt-Rømø Bucht unterhalb von Seekartennull (= mittleres Springtideniedrigwasser

2.1 Morphodynamik des Lister Tidebeckens   113

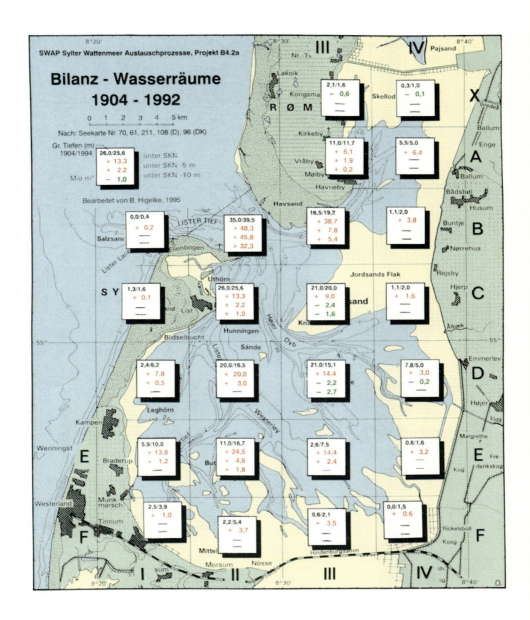

Abb. 5. Bilanz der Wasserräume für das Zeitintervall 1904-1992 (rot: Wasserraumzunahme; grün: Wasserraumabnahme)

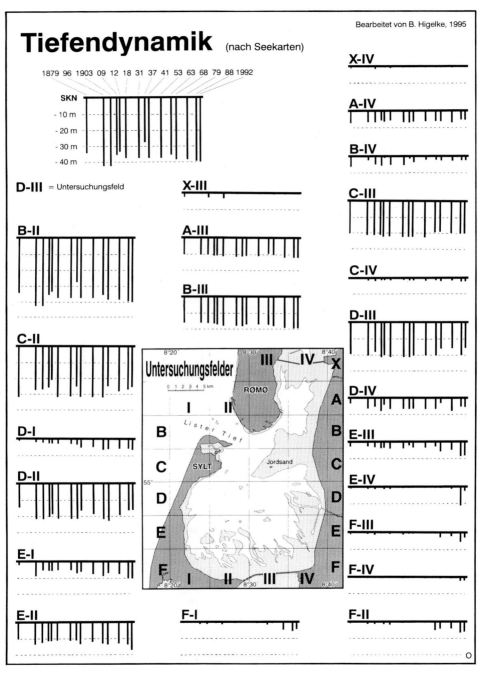

Abb. 6. Veränderung der Maximaltiefen in allen ausgewerteten Seekarten im Zeitraum von 1879-1992 für jedes Untersuchungsfeld

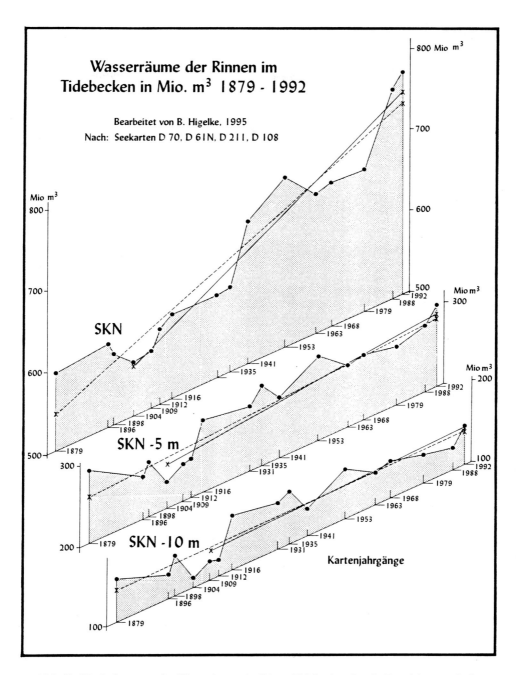

Abb. 7. Veränderungen der Wasserräume im Lister Tidebecken für die Bereiche unterhalb von Seekartennull (SKN), von SKN -5 m und SKN -10 m für das Zeitintervall von 1879-1992

Die Darstellung verdeutlicht die unterschiedlich starke, jedoch generelle Zunahme des Wasserraumes im Untersuchungszeitraum (1904 = 566,44 Mio m³ und 1992 = 776,13 Mio m³) für den gesamten Bereich des Sublitorals. Weit weniger stark ist diese Entwicklung im Tiefenbereich unterhalb von SKN -5 m und sehr gering nur unterhalb von SKN -10 m festzustellen.

Die Ausgleichsgeraden (gerissene Linie = seit 1879; durchgezogene Linie = seit 1904) verdeutlichen den Trend dieser Zunahme für den Gesamtwasserraum unterhalb von SKN im Vergleich mit der Entwicklung im Bereich der größeren Wassertiefen. Daher kann bereits an dieser Stelle festgehalten werden, daß das bei der Analyse der Bilanzierungswerte herausgestellte Gebiet des Lister Tiefs mit seiner Wasserraumzunahme in der Tiefe (Abb. 5, Feld B-II) eine Sonderstellung im Gesamtgebiet einnimmt. In der Regel sind die Rinnen im Beobachtungszeitraum breiter geworden.

Nach Aufstellung der Bilanzreihe bot es sich an, auf der Grundlage dieser Übersicht weitere Vergleichszeiträume auszuwählen. Zwei Intervalle, das von 1935 bis 1992 und das von 1953 bis 1992, sind Beispiele, die zwei weitere Kartenbilder zeigen (Abb. 8 und 9).

Auf einige Besonderheiten darf hingewiesen werden: die Entwicklungen in den Einzelfeldern verlaufen nicht immer dem Trend folgend. Das Feld C-II weist für den Zeitraum 1935 bis 1992 eine starke Abnahme des Wasserraumes in allen Tiefenbereichen auf, während für das Gesamtgebiet der allgemeine Trend andauert (Abb. 8). Dies ist zwar auch weniger ausgeprägt, aber dennoch auffallend in der Zeit von 1953 bis 1992 im Feld B-II der Fall (Abb. 9). Das Fehlen der Werte im Gebiet, das im Winkel zwischen dänischem Festland und Hindenburgdamm liegt, ist im letztgenannten Zeitraum auf fehlende Vermessungen zurückzuführen.

Morphodynamik der Wattflächen im Königshafen

Die Resultate der gesonderten Untersuchung der Königshafen-Bucht werden zusammen mit einer Sedimentbilanz vorgestellt, die auf Kartenstadien von 1950 und 1991 im Maßstab 1:5000 beruhen. Sie sollen zeigen, in welche Richtung die geplante Untersuchung des Gesamtraumes zielt.

Die Luftbildanalyse auf der Grundlage der Senkrechtaufnahme vom 16.05.89 (ALW Husum) ergab zusammen mit den Ergebnissen der Geländekartierung ein Augenblicksbild der Morphodynamik (Abb. 10). Auch wenn dieses geschützt liegende Buchtenwatt keine Vielzahl an morphologischen Merkmalen erwarten ließ, konnten eine Reihe von das Sediment und seine Veränderungen betreffende Erscheinungen differenziert werden.

2.1 Morphodynamik des Lister Tidebeckens

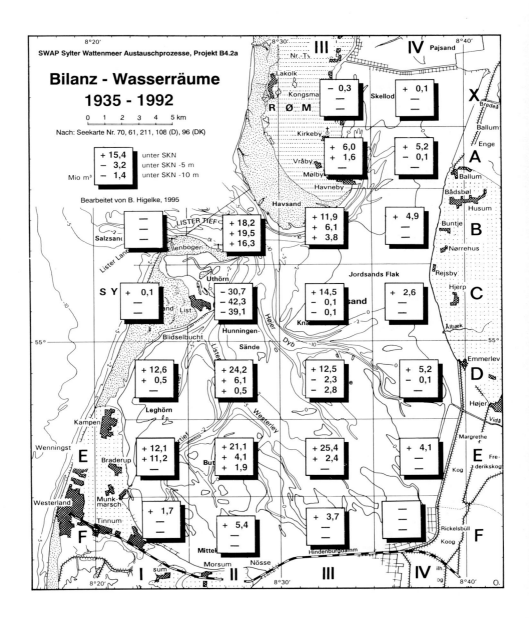

Abb. 8. Bilanz der Wasserräume für das Zeitintervall 1935-1992 (+ = Wasserraumzunahme; - = Wasserraumabnahme)

118 Kapitel 2: Erosion, Sedimentation und Schwebstofftransport im Lister Tidebecken

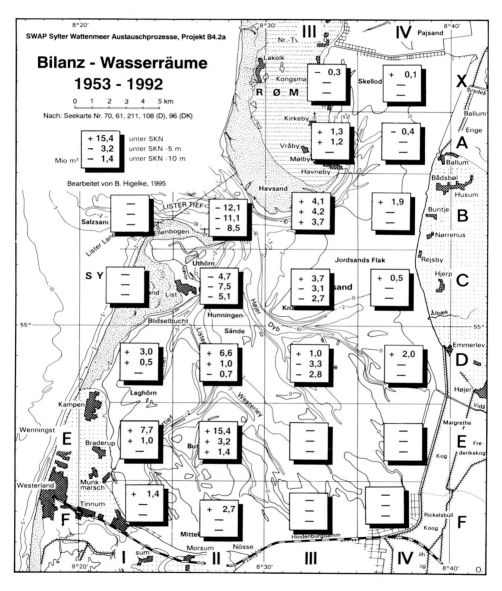

Abb. 9. Bilanz der Wasserräume für das Zeitintervall 1953-1992 (+ = Wasserraumzunahme; − = Wasserraumabnahme)

Königshafen 1989
Luftaufnahme
16. Mai 1989

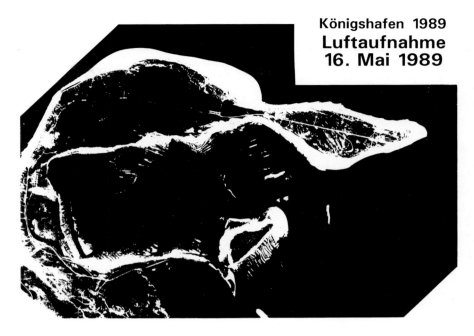

Sedimentationsbereich:
- Sedimentation
- " mit trockenem Sand
- Trockener Sand
- Muscheln
- Rippeln
- Vorland

Erosionsbereich:
- Erosion
- " mit höheren Rücken

Königshafen 1989
Morphodynamik

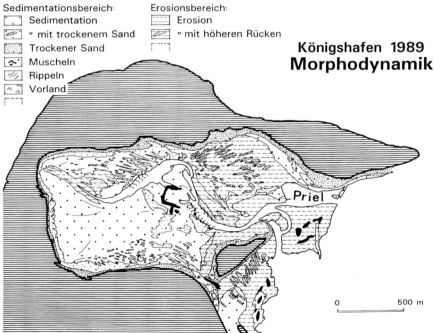

Abb. 10. Merkmale der Morphodynamik im Königshafen

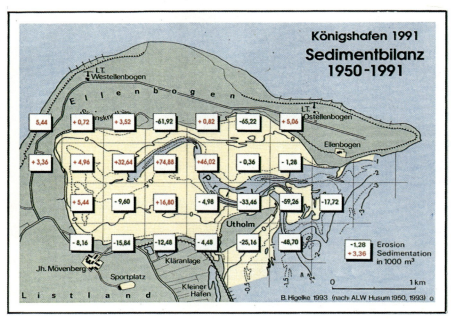

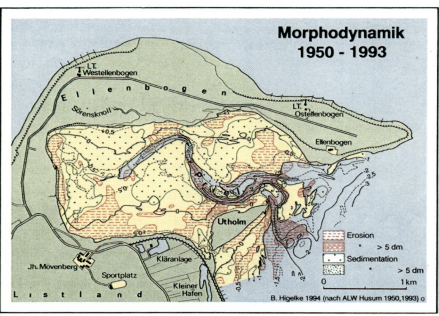

Abb. 11. Sedimentbilanz und Morphodynamik des Königshafens im Zeitraum 1950-1991 bzw. 1993

Da diese Art der Analyse stets auf eine quantitative Grundlage gestellt werden muß, wurde mit Hilfe der Nivellements von 1950 ein eigenes Kartenbild konstruiert, das mit der vom ALW Husum erstellten Topographie von 1991 verglichen werden konnte. Bilanzwerte sind im 500-Meter-Raster dargestellt und ergeben eine negative Sedimentbilanz für das Gebiet des Königshafens (Abb. 11, oben). Werden alle untersuchten Felder berücksichtigt, so ist für den Untersuchungszeitraum ein Fehlbetrag von 107040 m³ zu verzeichnen. Werden die beiden östlichsten Felder, die bereits im flächenhaft tieferen Wasser und damit eigentlich außerhalb des Königshafens liegen, außerachtgelassen, ergibt sich für den Königshafen im engeren Sinne immer noch ein Materialverlust von 40620 m³ für 1950 bis 1991.

In einem weiteren Arbeitsgang wurden, vor allem auch mit Blick auf die bei der Luftbildauswertung angesprochene Analyse der Morphodynamik, in beiden Kartenstadien die Veränderungen der mittleren Watthöhen in 50 x 50 m großen Rasterfeldern ermittelt. Dieser Watthöhenvergleich ermöglichte es, eine eingehendere Regionalisierung von Erosion und Sedimentation vorzunehmen, und darauf aufbauend eine Karte der Morphodynamik zu erstellen (Abb. 11, unten).

Luftbildauswertung und Analyse der Morphodynamik lassen erkennen, daß fast alle stärkeren Veränderungen innerhalb der Bucht mit Verlagerungen oder Verbreiterungen des Priels in Zusammenhang stehen. Auffallend sind jedoch auch Flächen im Südwesten und im Nordosten der Bucht, auf denen während der letzten 40 Jahre Erosion stattgefunden hat. Diese augenscheinlich nur über längere Zeit feststellbare Veränderung war nach den Erkenntnissen und Meßergebnissen der Geländeuntersuchungen, die innerhalb des Projektzeitraumes durchgeführt wurden, so nicht zu erkennen.

DISKUSSION

Bei der Aufstellung von Materialbilanzen für einen Küstenraum gibt es zur Benutzung von Seekarten keine Alternative. Fragen nach der Genauigkeit des für die Auswertung zur Verfügung stehenden Kartenmaterials sollen an dieser Stelle nicht erörtert werden. Es soll hier die Genauigkeit der Untersuchungsarbeiten selbst erläutert werden, die entscheidenden Einfluß auf die Exaktheit der quantitativen Aussagen besitzt.

Generell muß festgestellt werden, daß alle Bilanzergebnisse auf den kleinen Differenzen großer Zahlen beruhen. Es ist leicht vorzustellen, wie entscheidend die Güte der Resultate dabei von der Genauigkeit abhängt, mit der alle Flächenmessungen in den Karten vorgenommen werden. Ist in den Karten mit dem Maßstab 1:50000 die von den Tiefenlinien umschlossenen Fläche mit einer Genauigkeit von 0,1 cm² erfaßt worden, so entspricht dies, je nach Lage des Untersuchungsfeldes im Gradnetz der Projektion, 0,025 km² oder 2,5 ha. Testmessungen haben auf diesen Wert gleichsam als auf ein stets erreichbares Grenzmaß immer wieder hingewiesen.

122 Kapitel 2: Erosion, Sedimentation und Schwebstofftransport im Lister Tidebecken

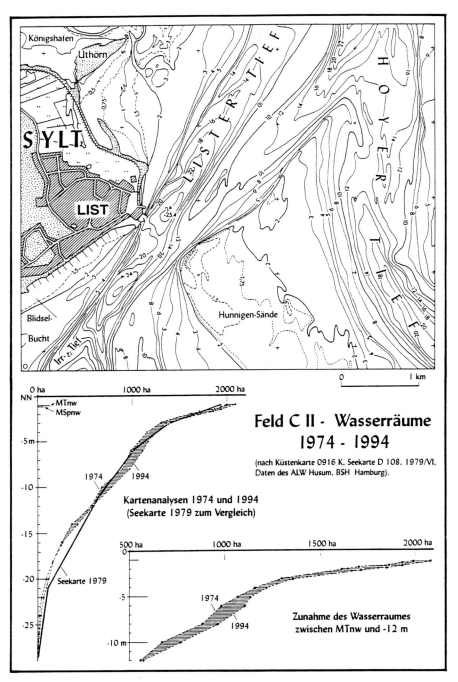

Abb. 12. Vergleich der Wasserräume in Karten unterschiedlichen Alters im Zeitraum 1974-1994

2.1 Morphodynamik des Lister Tidebeckens

Die Umrechnungen mit den aus den Konstruktionsdaten des Gitternetzes ermittelten Faktoren, um von den Kartenflächen zu den Flächengrößen in der Natur zu gelangen, sind bis zum Endergebnis ohne Rundungen vorgenommen worden, um weitere Fehler auszuschließen. Die anschließende Massenermittlung wird in den Tiefen/Flächen-Diagrammen vorgenommen.

Bei den Bilanzierungsarbeiten für das Königshafengebiet wurde mit Karten im Maßstab 1:5000 gearbeitet, so daß die Flächen mit einer Genauigkeit von 0,25 ha erfaßt werden konnten (0,1 cm = 2 500 m^2). Die Bilanzierung selbst ergab der größeren Anzahl in den Karten vorhandener Höhen- und Tiefenlinien wegen verständlicherweise genauere Massenbilanzen als die auf der Basis von Seekarten erstellten Ergebnisse.

Zur Lage des mittleren Springtideniedrigwassers (Spnw = SKN), das als Seekartennull das Bezugsniveau und damit von grundsätzlicher Bedeutung für eine Vergleichbarkeit der Karten ist, kann festgestellt werden: die Höhenlage am Pegel List hat sich seit 1943 (bis 1993) um maximal 9,6 cm erhöht (Schreiben des BSH v. 27.04.92). Mögliche andere Fehlerquellen, wie der Wechsel des Bezugsellipsoiden für die Mercatorprojektion der Seekarten 1968, sind bei den Umrechnungen berücksichtigt worden.

Gewonnene Ergebnisse können, wenn auch nur exemplarisch, noch auf eine andere Weise überprüft werden. Aus ersten Rohdaten der neuesten Peilungen des BSH von 1994, die vom ALW Husum in auf NN bezogene Daten umgerechnet worden sind, wurde für ein Feld östlich des Lister Hafens (Feld C-II) die Topographie erstellt. Diese wurde mit der aus der Küstenkarte 1:25000 von 1974 (KFKI) stammenden verglichen (Abb. 12).

Mit den Meßwerten wurde hier zur Veranschaulichung einmal das Flächen/-Tiefen-Diagramm konstruiert und die Zahlenwerte, die aus der Seekarte 1979 stammen, gleichfalls in die Darstellung eingearbeitet. Das Kartenbild dieser Seekarte basiert auf ebendenselben Peilungsdaten wie das der Küstenkarte. Kleinere Unterschiede beruhen auf der maßstabsbedingten Generalisierung und auf der geringeren Anzahl der in der Seekarte vorhandenen Tiefenlinien. Im oberen Tiefenbereich zeigen sich leicht erhöhte Werte der Wasserräume, im mittleren Tiefenabschnitt, unterhalb von SKN -5 m, folgen die Ergebnisse aus der Seekarte den Werten, die in der Küstenkarte gemessen wurden und unterhalb von SKN -10 m wird der erfaßte Wasserraum wegen der wenigen Tiefenangaben in der Seekarte zu klein abgebildet.

Aus dem Vergleich der beiden unterschiedlich alten Küstenkarten läßt sich ferner erkennen, daß in diesem Rinnenbereich vor List auch in den letzten 20 Jahren eine Zunahme des Wasserraumes erfolgte. Der besonders aussagekräftige Tiefenbereich zwischen dem Tideniedrigwasserniveau und NN -12 m ist deshalb gesondert herausgezeichnet worden. Die Zahlenwerte beschreiben diese Zunahme mit 4,9 Mio m^3 unterhalb des MTnw, mit 3,3 Mio m^3 unterhalb von -5 m und mit 0,9 Mio m^3 unterhalb von -10 m innerhalb dieses Feldes.

Die Karten des Sylt-Rømø Wattgebiets lenken den Blick auf die Tatsache, daß die Wattströme und Rinnen einen immer größer werdenden Anteil des Gesamtgebietes einnehmen. Mit nunmehr nur einem Ein- und Ausgang über das Lister Tief zur freien

Nordsee stellt dieses durch die 1927 und 1949 fertiggestellten Dämme zu den Inseln Sylt und Rømø abgeschlossene Tidebecken in morphologischer Hinsicht einen Sonderfall dar. Obwohl wohl in erster Linie aus verkehrstechnischen und politischen Gründen erbaut, zielte der Bau der Dämme ebenfalls darauf ab, Erosion zu verhindern, die durch das Umströmen der Inseln verursacht wurde.

Das Bemühen, die Entwicklung der Wattrinnen auf der Grundlage von Kartenauswertungen zu verfolgen, führte zu der Erkenntnis, daß das Tidebecken durch die Wiederbedeichungen der Sylter Marschen nach den Sturmfluten des Mittelalters verkleinert wurde (Müller & Fischer, 1938). Entscheidender jedoch waren hierfür sicherlich die Bedeichungen an der dänischen Festlandküste bei Ballum Schleuse 1918 und durch die phasenweise Eindeichung der Marsch südlich von Højer von 1436 bis zur Fertigstellung des Margrethe- und des Rickelsbüller Kooges 1979 bis 1981 (Jespersen & Rasmussen, 1989).

Während dieser Zeit ist auch die Vergrößerung der heute nur noch durch das Lister Tief in die Nordsee führenden Tiderinnen zu verzeichnen. Diese Feststellung gewinnt an Bedeutung, wenn die Bilanzierungsergebnisse aus den detaillierteren Karten der letzten 100 Jahre berücksichtigt werden. Bereits in einer früheren Untersuchung der Wattströme Nordfrieslands, die sich auf Kartenauswertungen stützte, wurde der Gedanke geäußert, daß die Zerstörung des Wattenmeeres vom 14. Jahrhundert bis heute andauert (Braren, 1952). Die dabei ermittelten Zahlenwerte lassen zumindestens für den dort beschriebenen Zeitraum von 1879 bis 1952 dieselbe Tendenz erkennen, wie sie in der hier vorgelegten Untersuchung herausgestellt wurde. Die Größe der Werte selbst unterscheidet sich wegen einer anders geführten Abgrenzung des Gebietes zur Nordsee hin. Es soll nicht unerwähnt bleiben, daß Ergebnisse von Untersuchungen an anderen Rinnen im nordfriesischen (Ahrendt, 1992; Braren, 1953) und im dithmarscher Watt (Bahr, 1963; Higelke, 1978) denselben Trend zur Ausräumung von Wattrinnen erkennen lassen.

Die mit der Rinnenvergrößerung einhergehenden Substanzverluste lassen die Frage nach dem Verbleib des erodierten Materials aufkommen. Ganz sicher sind die Materialmengen bedeutend, die durch Eindeichungen im Gebiet der Tonderner Marsch dem Sedimenthaushalt entzogen worden sind.

Ergebnisse der Kartierung zur Sedimentverteilung zeigen, daß nur südlich des Rømødammes Schlickflächen vorhanden sind und daß somit dort Sedimentation herrscht. Im Südteil, vor dem Hindenburgdamm findet eine wenn überhaupt nur geringe Sedimentablagerung statt. Die Ausläufer der kleineren Priele greifen bereits in geringer Entfernung zum Damm erosiv in die Wattflächen ein, wie sich bei den Untersuchungen im Gelände zeigte (Bayerl, 1992).

Messungen an der dänischen Festlandküste, im Bereich südlich des Vidausieles, weisen ebendenselben Trend nach (Jespersen & Rasmussen, 1989). Umfang und Materialmenge des Jordsandkomplexes sowie die Hallig selbst haben abgenommen, und auch die Materialbilanzen aus der eigentlich recht geschützt liegenden Bucht des Königshafens weisen für die jüngste Vergangenheit eher Verluste aus. So bleibt außer dem nicht nachweisbaren Verlust in die freie Nordsee als möglicher Sedimentationsraum außer der Barre des Lister Tiefs nur der Bereich des stark vergrößerten Havsandes vor Rømø.

LITERATUR

Ahrendt, K., 1992. Entwicklung und Sedimenthabitus des Hörnum- und Vortrapptiefs. - Meyniana *44*, 53-65.

Bahr, M., 1963. Die Entwicklung des Küstenvorfeldes zwischen Hever und Elbe seit dem Ende des 16.Jahrhunderts. - Unveröffl. Bericht Küstenausschuß Nord- und Ostsee, Helgoland.

Braren, L., 1952. Über die Entstehung der Wattströme Nordfrieslands. - Zu: Die Größe Föhrs in früheren Zeiten. Die Geschlechterreihen St. Laurentii-Föhr. -Privatdruck in beschränkter Stückzahl, München.

Braren, L., 1953. Über die Entstehung der Wattströme Nordfrieslands. - Ergänzung zur Druckschrift über die gleiche Frage. Manuskript, Markt Indersdorf.

Bayerl, K.-A., 1992. Zur jahreszeitlichen Variabilität der Oberflächensedimente im Sylter Watt nördlich des Hindenburgdammes. - Berichte aus dem Forschungs- und Technologiezentrum Westküste der Universität Kiel, *2*, 134 S.; Büsum.

Bayerl, K.-A. & Higelke, B., 1994. The development of northern Sylt during the latest holocene. - Helgoländer Meeresunters., *48 (2/3)*, 145-162.

Göhren, H., 1970. Studien zur morphologischen Entwicklung des Elbmündungsgebietes. - Hamburger Küstenforsch. *14*.

Higelke, B., 1978. Morphodynamik und Materialbilanz im Küstenvorfeld zwischen Hever und Elbe. Ergebnisse quantitativer Kartenanalysen für die Zeit von 1936 bis 1969.- Regensburger Geogr. Schriften *11*.

Higelke, B., 1986. Geländeuntersuchungen im nordfriesischen Wattenmeer. Zur Korrektur einer historischen Karte von Johannes Mejer aus dem Jahr 1949. - Offa *43*, 337-341.

Jespersen, M. & Rasmussen, E., 1989. Margrethe-Koog - Landgewinnung und Küstenschutz im südlichen Teil des dänischen Wattenmeeres. - Die Küste *50*, 97-154.

Lang, A. W., 1968. Seekarten der südlichen Nord- und Ostsee. - Dt. hydrogr. Z. Erg. H. (B) *10*, 1-105.

Mesenburg, P., 1990. Untersuchungen zur kartometrischen Auswertung mittelalterlicher Portolane. - Kartographische Nachrichten *1*, 9-18.

Müller, F. & Fischer, O., 1938. Sylt. - Das Wasserwesen an der schleswig-holsteinischen Nordseeküste. II. Die Inseln, *7*.

Newig, J., 1980a. Sylt im Spiegel historischer Karten. - In: G. Kossack, O. Harck, J. Newig, D. Hoffmann, H. Willkomm, F.-R. Averdieck u. J. Reichstein: Archsum auf Sylt. Teil 1, Einführung in Forschungsverlauf und Landschaftsgeschichte, 64-84.

Newig, J., 1980b. Zur Entwicklung des Listlandes auf Sylt in den letzten drei Jahrhunderten - ein historisch-kartographischer Vergleich. - Nordfriesisches Jahrbuch (NF) *16*, 69-74.

Renger, E., 1976. Quantitative Analyse der Morphologie von Watteneinzugsgebieten und Tidebecken. - Mitt. Franzius-Inst. f. Wasserbau u. Küsteningenieurwesen der TU Hannover *43*, 1-160.

Zausig, F., 1939. Veränderungen der Küsten, Sände, Tiefs und Watten der Gewässer um Sylt (Nordsee) nach alten Seekarten, Seehandbüchern und Landkarten seit 1585. - Geol. d. Meere u. Binnengewässer II *4*, 401-505.

KARTEN

Bugge, T. u. F. Wilster. (Hrsg. Det Kongelige Videnskabernes Societets Direction), 1805. Karte 9 Kort over Tönder og Lugumscloster Amter samt Deele af Haderslebhuus Apenrade Flensborg og Bredsted Amter udi Hertugdömmet Schleswig.

Bundesamt für Seeschiffahrt und Hydrographie, früher: Deutsches Hydrographisches Institut (Hrsg.), 1953, XI; 1963, VI; 1968, VI; 1978, III; 1988, III; 1992. Karte 108, Lister Tief, Seekarte 1:50000, Hamburg.

Bundesamt für Seeschiffahrt und Hydrographie, früher: Deutsches Hydrographisches Institut (Hrsg.), 1953, VIII; 1956, III; 1968, III; 1974, II. Karte 103, Die Nordfriesischen Inseln mit Helgoland, Seekarte 1:100000. Hamburg.

Du Plat, H., F. Bauditz, F. Wilster u. Z. Tauenzien, 1804/05. Karte des Herzogthums Schleswig in XIV Blättern. (Hrsg. Landesvermessungsamt Schleswig-Holstein, 1983. Kiel). Karte Lögumskloster, Westerland, Tönder.

Farvandsdirektoratet (Hrsg.), 1933, II; 1967, VI; 1978, V). Karte 96, Lister Dyb, Seekarte 1:50000. Kopenhagen.

Kuratorium für Forschung im Küsteningenieurwesen (KFKI) (Hrsg.), 1977. Blatt 916, 1016, 1116, Küstenkarte 1:25000. Kiel.

Landesvermessungsamt Schleswig-Holstein (Hrsg.), 1980. Blatt 916, List, 1:25000, Kiel.

Danckwerth, C., 1652. Die Landkarten von Johannes Mejer, Husum, aus der neuen Landesbeschreibung der zwei Herzogtümer Schleswig und Holstein. Neu hrsg. K. Domeier u. M Haack (Hamburg-Bergedorf 1963) Karte IV Nordertheil des Hertzogthumbs Schleswieg; Karte IX Westertheil des Amptes Haderschleben Zusambt Riepen und dem Löhmcloster 1649; Kart XI Das Ambt Tondern ohne Lundtofft Herde 1648; Karte XIII Landtcarte Von dem Nortfrieslande in dem Hertzogthumbe Sleswieg 1651.

Lang, A. W. (Hrsg.), 1973. Historisches Seekartenwerk der Deutschen Bucht. Karte 8, A. Haeyen, 1585. Westküste. Karte 24, N. Hegelund, 1689. Lister und Riper Tief. Karte 23, J. Sörensen, 1695. Westküste. Karte 77 a, Grapow, 1869. Übersichtskarte der Schleswig-Holsteinischen Westküste.

Reichs-Marine-Amt ((Hrsg.) 1904, 1912, 1916, 1918, XI; 1930, IX; 1935, IX; 1941, VII): Karte 211, Lister Tief, Seekarte 1:50000. Berlin.

Reichs-Marine-Amt (Hrsg.), 1879, 1896, 1898. Schleswig-Holstein, Westküste, Nördlicher Theil, Seekarte 1:100000. Berlin.

Reichs-Marine-Amt (Hrsg.), 1922, III; 1939, VII. Karte 216, Reede von List, Seekarte 1:20000. Berlin.

2.2
Dynamik der Sedimente im Lister Tidebecken

Sediment Dynamics in the List Tidal Basin

Klaus Bayerl[1], Ingrid Austen[1], Rolf Köster[1], Morten Pejrup[2] & Gerhard Witte[3]

[1] *Forschungs- und Technologiezentrum Westküste der Universität Kiel; D-25761 Büsum*
[2] *Geografisk Centralinstitut, Københavns Universitet, Østervoldgade, DK-1350 København*
[3] *GKSS-Forschungszentrum, Max-Planck-Straße, D-21502 Geesthacht*

ABSTRACT

Sedimentation of fine-grained material especially takes place in protected areas south of Rømø causeway and north of Hindenburg causeway. Net accumulation of fine-grained sediments approaches 58000 t a^{-1} and originates from several sources, 64 % from the North Sea, smaller amounts from rivers (14 %), 5 % from eroded material of exposed parts of saltmarshes and 2 % from deposition of aeolian material. The contribution of primary production is estimated at 15 %. In comparison to other tidal areas deposition of fine-grained material is low. An important process for deposition of suspended matter is biodeposition by filtrating organisms. On the surface of tidal flats only fecal pellets of *Heteromastus filiformis*, *Cerastoderma edule* and *Hydrobia ulvae* had relevant shares in volume. Fecal pellets produced by other species are destroyed quickly by transportation, redeposition and decomposition by microbes. Erosion tests of field samples allowed the determination of erosion shear stresses. A significant dependence between the benthic diatom chlorophyll-a concentration in the uppermost layer was found for the muddy areas. This dependence decreases with decreasing grain-size fraction < 63 µm. For stations with low phytobenthic coverage a weakly distinct decrease of erosion shear stress with increasing grain-size fraction < 63 µm was found. Mapping of the region and detailed work in selected areas allowed the description of areas of sedimentation and erosion as well as the determination of the depth and the intensity of redeposition. The depth of redeposition is often limited to the size of mean height of ripples. Stronger effects are only obtained at extremely exposed areas and during storms with higher sea waves or drifting ice floes.

ZUSAMMENFASSUNG

Die Sedimentation von Feinmaterial erfolgt vor allem in geschützten Gebieten südlich des Rømø-Dammes und an der Nordseite des Hindenburg-Dammes. Die Netto-Akkumulation von feinkörnigen Sedimenten erreicht 58000 t/Jahr und stammt aus verschiedenen Quellen. Der höchste Anteil mit 64 % wird aus der Nordsee eingetragen, geringere aus den Flüssen (14 %), der Erosion der Kanten der Salzmarschen (5 %) und dem äolischen Eintrag (2 %). Der Beitrag der Primärproduktion wird auf 15 % geschätzt. Im Vergleich mit anderen Wattgebieten ist der Eintrag von Feinmaterial gering. Ein wichtiger Prozeß für die Ablagerung von Schwebstoff auf den Wattflächen ist die Biodeposition durch Filtrierer. In volumenmäßig relevanten Anteilen wurden an der Wattoberfläche nur Fecal Pellets von *Heteromastus filiformis*, *Cerastoderma edule* und *Hydrobia ulvae* angetroffen. Fecal Pellets anderer Arten werden bei Umlagerung und Transport sowie durch mikrobielle Zersetzung schneller zerstört. Erosionsversuche an Feldproben erlaubten die Bestimmung kritischer Sohlschubspannungen. Für schlickige Wattbereiche wurde eine signifikante Abhängigkeit vom Chlorophyll-a-Gehalt (benthische Diatomeen) in der obersten Sedimentschicht festgestellt. Diese Abhängigkeit nimmt mit geringer werdendem Feinkornanteil < 63 µm ab. An Stationen mit geringer Bedeckung durch Phytobenthos wurde eine schwach ausgeprägte Abnahme der kritischen Sohlschubspannung mit zunehmendem Feinkornanteil festgestellt. Die Flächenkartierung und die Detailarbeiten in ausgewählten Testgebieten erlauben die Beschreibung der Sedimentations- und Erosionsgebiete sowie die Bestimmung von Umlagerungstiefe und Umlagerungsintensität. Häufig ist die Umlagerungstiefe auf die Größenordnung der mittleren Rippelhöhen beschränkt. Höhere Werte werden nur in extrem exponierten Bereichen sowie bei Stürmen mit höherem Seegang oder Drift von Eisschollen erreicht.

EINLEITUNG

In diesem Abschnitt werden prozeßorientierte Studien zur Sedimentation, Erosion, Umlagerung und zur biogenen Sedimentation behandelt. Die Mineral- und Korngrößenzusammensetzung der oberen Dezimeter und das Gefüge der Sedimente ermöglichen, Faziesbereiche mit unterschiedlichen Ablagerungsbedingungen zu unterscheiden. Die Umlagerungstiefe und -intensität ist von maßgebender Bedeutung für die Lebensbedingungen benthischer Wattbewohner und viele physikalische und chemische Prozesse (wie z. B. der Tiefenlage des Redoxhorizontes).

Für Sedimentbilanzierungen in Zeiträumen von einigen Jahren eignet sich besonders die Feinfraktion < 0,063 mm. Die quantitative Erfassung der einzelnen Quellen erlaubt zusammen mit der Bestimmung von durchschnittlichen Akkumulationsraten in Sedimentationsgebieten die Aufstellung eines Sedimentbudgets dieser Fraktion für das gesamte Sylt-Rømø Tidebecken.

Die Ausbildung der Sedimente des Ablagerungsraums Wattenmeer wird in starkem Maße durch den Einfluß von Organismen geprägt. Ihre Tätigkeit kann nach Thiel et al. (1984) als Bioturbation, Bioresuspension, Biostabilisation und Biodeposition zusammengefaßt werden. Für die Schlicksedimentation in offenen Wattgebieten ist die Biodeposition der wichtigste Faktor (Dittmann, 1987; Gast et al., 1984; Runte, 1985). Filtrierende Organismen entziehen dem Meerwasser große Mengen an Schwebstoffen (Pryor, 1975). Die unverdaulichen Komponenten der Nahrung werden im Darm der Tiere zu Kotpillen (= Fecal Pellets oder Faeces) komprimiert und wieder ausgeschieden. Auch sedimentfressende Arten sind in entscheidendem Maße an der Produktion von Kotpillen beteiligt, da sie je nach Lebensweise feinkörniges Material selektiv von der Oberfläche oder aus tieferen Sedimentschichten aufnehmen und als Faeces an der Grenzfläche Wasser/Sediment deponieren. Untersuchungen zur biogenen Sedimentation galten der Frage, welche Bedeutung Fecal Pellets für den Sedimenthaushalt und die Sedimenteigenschaften im Sylt-Rømø Wattenmeer haben, und welche Rolle sie für die Sedimentation von Feinmaterial im Untersuchungsgebiet spielen.

Der Antrieb und die Verifizierung numerischer Modelle des Stofftransports erfordern neben der Kenntnis der hydrodynamischen Randbedingungen quantitative Angaben über das strömungsbedingte Erosionsverhalten der Sedimentoberfläche. Realistische und statistisch abgesicherte Daten lagen für das Sylter Rückseitenwatt nicht vor, so daß auf die Modellierung abgestimmte Experimente durchgeführt werden mußten. Diese wurden auf kohäsive Sedimentoberflächen beschränkt, deren Festigkeit einerseits eine Folge des Feinanteils ("Schlick") ist, andererseits aber auch biologisch bedingt sein kann. Der Beitrag nichtkohäsiver (rolliger) Sedimente zum Stofftransport in der Wassersäule ist im Untersuchungsgebiet unter normalen Strömungsbedingungen gering. Für eine Mobilisierung dieser sandigen Korngrößen ist in der Regel zusätzlicher Energieeintrag durch Seegang (oder Eisdrift) erforderlich.

METHODEN

Die Bestimmung der Sedimentationsraten von Feinmaterial im Watt und auf den Salzwiesen erfolgt an ungestörten Profilen. Durch die Altersbestimmungen mit der ^{210}Pb-Methode können einzelne Schichten datiert und die resultierenden Sedimentationsraten berechnet werden. Eine Darstellung der Einzelheiten der Methode findet sich in Runte (1994) und Pejrup et al. (1995).

Zur Probenentnahme wurden an Positionen im Watt Stechrohre aus Aluminium senkrecht eingebracht, mit Wasser aufgefüllt und mit einem Gummistopfen verschlossen. Beim Ziehen des Stechrohres entsteht ein Vakuum, so daß weitgehend ungestörte Sedimentkerne gewonnen werden konnten. Die Kerne waren ungefähr 50 cm lang. Im Durchschnitt lag die Kompaktion des Sediments bei 3 cm, so daß die Kerne ein rund 53 cm mächtiges Vertikalprofil wiedergeben. Der Fehler durch Kompaktion des Sediments bei der Kernentnahme ist bei dieser Methode mit durchschnittlich 6 % vergleichsweise gering. Im Labor wurden die Kerne vertikal halbiert. Beide Hälften wurden horizontal in 1 cm dicke Scheiben geschnitten, eine Hälfte für Korngrößenanalysen, die andere zur Messung der ^{210}Pb-Aktivität.

In den Salzwiesen wurden statt dessen Steckkastenprofile entnommen. Für die Entnahme wird ein 50 cm tiefes Loch gegraben, der Stechkasten horizontal in die Wand gedrückt und ausgestochen. So werden ungestörte Vertikalprofile ohne Setzungsfehler gewonnen. Die Länge dieser Profile lag bei 30 bis 40 cm. Dies entspricht der maximalen Sedimentmächtigkeit, die bei einer Sedimentationsrate von 1 bis 2 mm pro Jahr mit der ^{210}Pb-Methode noch datiert werden kann.

Neben der indirekten Bestimmung der Sedimentationsraten wurde der Eintrag von Sediment über die Zuflüsse von Land gemessen. An den Flußmündungen der Brede Å und der Vidå wurden während der Beobachtungszeit täglich bei Niedrigwasser Schwebstoffproben mit einem automatischen Wasserschöpfer (ISCO, Modell 2700) entnommen. Die Wasserproben wurden filtriert (Whatman GF/F Filter, 0,7 µm nominal retention diameter) und ausgewogen.

Vor dem Filtrieren wurde die Leitfähigkeit jeder Wasserprobe gemessen. Das Filtrat von ausgewählten Proben wurde bei 180 °C eingedampft und der Rückstand in mg l^{-1} angegeben. Die Bestimmung des Gehaltes an organischer Substanz erfolgte über den Glühverlust (4 Stunden bei 550 °C). Der Eintrag an gelöstem Material wird durch lineare Regression zwischen der Leitfähigkeit und dem Verdampfungsrückstand bestimmt (Einzelheiten s. Pejrup, 1995).

Als Grundlage für die Arbeiten zur biogenen Sedimentation wurde für die Zuordnung von Kotpillen zu den sie produzierenden Arten ein Klassifikationsschema der Fecal Pellets mariner Invertebraten im Untersuchungsgebiet aufgestellt. Dieses ist möglich, da aufgrund der unterschiedlichen Lebensweisen und Arten des Nahrungserwerbs die Kotpillen der einzelnen Tiergruppen deutliche morphologische Unterschiede aufweisen.

Für die qualitative und quantitative Bestimmung von biodepositären Komponenten am Oberflächensediment wurden die oberen 5 mm des Sediments mit einem handelsüblichen Käsehobel entnommen. Unter dem Mikroskop erfolgte die Durchsicht der Proben auf Art der enthaltenen Fecal Pellets und prozentuale Abschätzung ihres Anteils. Parallel mit einem Stechrohr (Länge 20 cm, Ø 6,9 cm) entnommene Sedimentkerne dienten der Bestimmung der benthischen Fauna > 1 mm.

Für die Sedimentkartierung und die Arbeiten in Schwerpunktgebieten wurden die Wattsedimente auf ihre granulometrische Zusammensetzung analysiert (vgl. Bayerl & Köster, 1996). Diese Untersuchungen konnten auf Voruntersuchungen in den ursprünglich sechs Testgebieten der Vorarbeiten und der Vorlaufphase aufbauen (Austen, 1990; Bayerl, 1992). Die Schwerpunkte lagen in der SWAP-Hauptphase im inneren Königshafen, in der Keitumer Bucht mit dem Raulingsand, im Vorfeld des Rickelsbüller Koogs sowie im Ballum-Watt nahe der Brede Å -Einmündung.

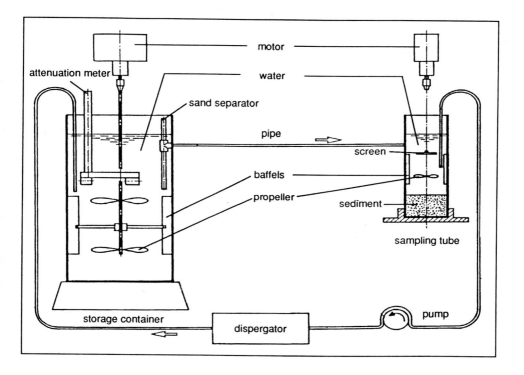

Abb. 1. Schemazeichnung des Meßsystemes EROMES für Erosionsversuche

Zur Bestimmung der Umlagerungstiefe diente die Tracer-Methode nach Runte (1989), verbunden mit Gefügeanalysen von Stechkastenprofilen (nach Bouma, 1969; Reineck, 1958; Werner, 1967). Durch Wiederholungsbeprobungen an markierten Stationen konnte die Umlagerungsintensität gemessen werden. Zusammen mit der Bestimmung der relativen Watthöhe ('Tiefenröhrchenmethode' nach Runte, 1991) waren an diesen Positionen Sedimentbilanzierungen zwischen zwei Beprobungen möglich. Aus dem Versatz der Tracer lassen sich auch Aussagen über Transportrichtungen ableiten.

Zur Untersuchung der Erosion an der Wattoberfläche wurden einige Gebiete ausgewählt, in denen nach dem Trockenfallen Sedimentproben zur Ermittlung der Erosionseigenschaften und der kennzeichnenden bio-geochemischen Begleitparameter entnommen werden konnten: fünf Stationen im dänischen Ballum-Watt, eine Station im Keitum-Watt und jeweils drei typische Stationen im westlichen Königshafen und im Munkmarsch-Watt.

Für die Erosionsversuche wurde das Meßsystem EROMES eingesetzt, eine Apparatur zur Ermittlung der kritischen Schubspannungen und Erosionsraten natürlicher kohäsiver Sedimente (Kühl & Puls, 1990; Schünemann & Kühl, 1993; Witte & Kühl, 1994). Als Prüfobjekt diente ein naturbelassener Sedimentkern, der mit Wasser überschichtet war. Durch einen Propeller wurde eine turbulente Beaufschlagung der Sohle erzeugt, deren Wirkung in statistischer Hinsicht der (eindimensionalen) Kanalströmung vergleichbar ist (Abb. 1).

Die erzeugte Sohlschubspannung ist eine Funktion der Propellerdrehzahl. Sie ist mit sortierten Quarzsänden einheitlicher Korngröße und bekannter kritischer Sohlschubspannung kalibriert. In einem größeren Vorratsbehälter wird ständig im Umlauf über die Lichtattenuation die Konzentration des erodierten Materials in der Suspension gemessen. Diese Trübungsmessung wird durch wiederholte Probennahme aus der Suspension und anschließender Bestimmung des Feststoffgehaltes kalibriert. Die Erosionsrate als Funktion der Zeit wird aus dem zeitlichen Verlauf der Konzentration bei bekanntem Pumpendurchsatz berechnet. Die Auswertung erfolgte durch eine Approximation (linearer oder exponentieller Fit) der so ermittelten Erosionsrate als Funktion der Sohlschubspannung. Das Meßsystem diente auch zur Bestimmung des Erosionsbeginns isolierter Kotpillen und von Kotpillen auf natürlichen Wattoberflächen.

Als das Sediment kennzeichnende Begleitparameter zu den Erosionsversuchen wurden folgende Größen bestimmt: Sediment-Naßdichte, Sediment-Trockendichte bzw. Wassergehalt, Korngrößenverteilung (Naßsiebung, Sinkversuch bzw. Lasermethode), Glühverlust, partikulärer organischer Kohlenstoff (POC-Meßgerät, CO_2-Messung über Infrarot), Chlorophyll a (HPLC-Meßgerät, spektro-photometrische Detektion der Pigmente), Kohlenhydratgehalt (Phenol-Schwefelsäure-Methode), Sedimenttextur und Diatomeen (Raster-Elektronen-Mikroskop).

ERGEBNISSE

Sedimentation

Transport und Sedimentation von Feinmaterial

Die Ablagerung von Feinmaterial im Watt erfolgt vor allem in geschützten Gebieten, wie auf der Südseite des Rømødammes, auf der Nordseite des Hindenburgdammes und in kleineren Bereichen an der Ostküste von Sylt und Rømø. Der Gehalt an Ton und Schluff variiert zwischen diesen Gebieten erheblich. Durch Biodeposition kann Feinmaterial auch in anderen Teilgebieten sedimentiert werden.

In einem Kernprofil aus dem Schlickwatt südlich des Rømødammes nahe der Ortschaft Kongsmark erreichte der Feinanteil < 0,063 mm (Schluff und Ton) im oberen Dezimeter 80 bis 90 Gew.- %, mit Tongehalten (< 0,002 mm) bis zu 45 Gew.- %. Dieses sind außergewöhnlich hohe Beträge, wie sie im Sylt-Rømø Wattenmeer sonst nicht gemessen werden. Im Mischwatt nahe dem Tipkenhügel bei Keitum erreicht der Feinanteil < 0,063 mm aus Schluff und Ton nur zwischen 35 und 45 Gew.- %. Auch in den weiten Flächen des Sandwattes werden Schluff und Ton mit Anteilen von bis zu 10 Gew.- % angetroffen, überwiegend aber nur bis zu 5 Gew.- %.

Der Gehalt an Komponenten < 0,063 mm in den Salzwiesen variiert je nach deren Lage. Auf den Flächen nördlich von Ballum an der Festlandsküste liegt der Feinanteil zwischen 40 und 50 Gew.- % und nimmt mit zunehmender Tiefe etwas ab. In den Salzwiesen der geschützten Keitumer Bucht ist er viel höher. Hier erreicht die Feinfraktion < 0,063 mm wieder überwiegend zwischen 90 und 95 Gew.- %. Der Tongehalt (< 0,002 mm) allein liegt zumeist bei 60 Gew.- %. Die Unterschiede können teilweise auf den Einfluß örtlicher Umlagerung zurückgeführt werden (Bayerl & Köster, in diesem Band).

Eine Berechnung der Netto-Akkumulation von Feinmaterial im Sylt-Rømø Wattenmeer mit Hilfe von ^{210}Pb-Datierungen konnte an neun, über das gesamte Gebiet verteilten Kernen vorgenommen werden. Unter Verwendung der Sedimentkarte (Bayerl & Köster, dieser Band) und auf der Basis von Gefügeanalysen konnte für jedes der Teilgebiete des Tidebeckens eine Klassifikation der Sedimentproben, die den Kernen für die ^{210}Pb-Datierung entstammen wurden, vorgenommen werden. Die Akkumulationsrate auf Sandwattflächen wurde denen in exponierten Mischwattgebieten gleichgesetzt, da eine Datierung im Sandwatt aufgrund der geringen Gehalte an Feinmaterial unmöglich war.

Die ^{210}Pb-Datierungen der Sedimentkerne zeigten eine Spanne bei den Akkumulationsraten von Feinmaterial zwischen 0,6 und 5,1 kg m^{-1} a^{-1}. Im Untersuchungsgebiet ergibt sich nur eine durchschnittliche jährliche Rate von 0,2 g m^{-3} gegenüber 1 g m^{-3} a^{-1}, wie von Eisma (1981) sowie Bartholdy & Pheiffer Madsen (1985) als Faustregel für den Eintrag von Feinmaterial aus der Nordsee ins Wattenmeer angegeben wurde. Daraus läßt sich ableiten, daß die Akkumulationsrate von Feinmaterial in den Randzonen des Sylt-Rømø Wattenmeeres nicht so hoch ist, wie nach Daten in der Literatur zu erwarten war.

Ein Teil der Feinsubstanz stammt aus der offenen Nordsee. Hier beträgt die Konzentration an suspendierten feinkörnigen Sedimenten 0 bis 2 mg l^{-1} (Eisma, 1981). Beim Übergang in das Wattenmeer findet ein Anstieg über das Lister Tief mit 10 mg l^{-1} (Postma, 1981) bis zu einer Zone hoher Turbulenz im inneren Teil des Sylt-Rømø Tidebeckens mit 20 bis 400 mg l^{-1} statt (Pejrup, 1980; Edelvang, 1995). Dieser Konzentrationsgradient weist darauf hin, daß ein beträchtlicher Prozentsatz des Sediments im Tidebecken lokalen Erosionsprozessen entstammt. Hohe Schwebstoffkonzentrationen in den inneren Bereichen eines Wattgebietes sind ein gut bekanntes Phänomen, das zuerst bei Van Straaten & Kuenen (1957) und Postma (1967) näher beschrieben worden ist.

Tabelle 1. Herkunft des Feinsediment-Eintrages in das Sylt-Rømø Wattenmeer

Quelle	Akkumulation (t a^{-1})	Anteil am Gesamteintrag (%)
Flußeinträge	8.000	14
Salzwiesenerosion	3.000	5
Primärproduktion	9.000	15
Atmosphärische Deposition	1.000	2
Nordsee	37.000	64
Netto-Akkumulation	**58.000**	**100**

Das durchschnittliche Tidevolumen im Sylt-Rømø Wattenmeer beträgt rund 560 Mio m^3. Die berechnete mittlere jährliche Sedimentation erreicht nur 0,2 g Feinmaterial aus jedem Kubikmeter Wasser. Ein Vergleich dieses Ergebnisses mit anderen Gebieten im Wattenmeer zeigt, daß dieser Betrag und damit die Wirkung des Tidebeckens als Sedimentfalle gering ist. Daraus resultiert eine sehr geringe Gesamtakkumulation von Feinmaterial (Schluff und Ton) im Sylt-Rømø-Wattenmeer von nur ungefähr 58.000 Tonnen im Jahr.

Vom Neueintrag stammen aus der Nordsee rechnerisch etwa 64 % (Tab. 1). Die übrigen Quellen für Feinmaterial sind der Einstrom aus den Flüssen Brede Å und Vidå (etwa 14 %), Primärproduktion (15 %), Küstenerosion (etwa 5 %) und atmosphärische Deposition (etwa 2 %). Der gesamte Süßwasserzufluß, der Eintrag von Schwebstoff, an organischer Substanz und gelösten Stoffen der Brede Å und der Vidå pro Jahr sind in Tabelle 2 aufgelistet. Der Süßwasserzufluß erreicht im Sylt-Rømø Tidebecken nur rund 0,1 % des Tideprismas des Lister Tiefs. Die durchschnittliche Schwebstoffführung des einfließenden Süßwassers ist mit rund 20 mg l^{-1} doppelt so hoch wie im küstennahen Nordseewasser (Postma, 1981).

Aus den Messungen der mittleren monatlichen Zuströme und der durchschnittlichen Schwebstoffkonzentration kann der Gesamteintrag der Flüsse aus den Jahren 1992 bis 1994 berechnet werden. Er beträgt rund 17000 Tonnen pro Jahr. Der Gehalt an organischer Substanz nimmt rund 1/3 ein. Von dem Rest entfallen 65 % auf die Feinfraktion < 0,063 mm. Damit hat die jährliche Zufuhr aus den Flüssen einen Anteil von rund 14 % am Gesamtbudget des Feinmaterials im Sylt-Rømø Tidebecken. Die gelösten Stoffe tragen nicht direkt zu dem Sedimenthaushalt bei, wohl aber indirekt als Nährstoff für die Primärproduktion. Der Zustrom von organischer Substanz aus den Flüssen ist im Sommer wegen der erhöhten Primärproduktion vergleichsweise hoch.

Tabelle 2. Eintrag durch die Flüsse Brede Å und Vidå

	Brede Å	Vidå	Gesamt
Oberwasserabfluß (m³ s⁻¹)	6,7	17,0	23,7
Gelöstes Material (mg l⁻¹)	324,1	607,7	527,7
Feinmaterialtransport (g s⁻¹)	142,6	403,7	546,3
Feinmaterialkonzentration (mg l⁻¹)	21,3	23,8	23,1
Organische Substanz (%)	39,1	34,3	35,5
Gesamt-Oberwasserabfluß (10³ m³)	210,7	523,7	734,4
Gesamttransport Feinmaterial (10³ t)	4,5	12,7	17,2
Gesamttransport gelöstes Material (10³ t)	68,3	252,0	421,3

Tabelle 3. Gesamtabtrag und mittlerer Abtrag an den Salzmarschen des Sylt-Rømø Wattenmeeres

Jahr	Gesamt-erosion (t)	Länge der Teststrecke (m)	Gesamtlänge der Salzwiese (m)	Mittelwert (% < 0,063 mm)	Gesamtabtrag (t a⁻¹)
1992-1993	1.289	4.000	10.000	90	3.000
1993-1994	1.613	6.500	10.000	90	2.000
Mittelwert	-	-	10.000	90	3.000

Eine weitere Quelle für Feinsubstanz ist der Küstenabbruch, besonders der der Salzwiesen. Der Abbruch der Salzwiesenkante beträgt durchschnittlich rund 0,35 m/Jahr. Die Ergebnisse der durch Vermessungsvergleiche bestimmten Salzwiesenerosion sind in Tabelle 3 aufgelistet. Die Gesamtlänge der Salzwiesenkanten im Sylt-Rømø Tidebecken beträgt rund 10 km. Das dort abbrechende Material beläuft sich im Jahresdurchschnitt auf 3000 t oder 5 % des Gesamteintrages. Die Salzwiesen liefern demnach durchschnittlich etwa 0,25 $m^3 m^{-1} a^{-1}$ Allerdings differierten die Abbruchraten sowohl von Ort zu Ort als auch von Jahr zu Jahr.

Biogene Sedimentation

Ein wesentlicher Prozeß für die Ablagerung von Schwebstoff auf den Wattflächen ist die Biodeposition durch die Filtrierer (z. B. Muscheln). Diese Tiere nehmen Schwebstoffe aus der Wassersäule als Nahrung auf und legen die Ausscheidungsprodukte als Kotpillen an der Sedimentoberfläche ab. Auch einige Sedimentfresser (z. B. Polychaeten) und an der Wattoberfläche weidende Tierarten (z. B. Schnecken) scheiden Kotpillen an der Wattoberfläche aus.

Im Königshafen traten in volumenmäßig relevanten Anteilen nur die Kotpillen (= Fecal Pellets) des Kotpillenwurmes *Heteromastus filiformis* und der Wattschnecke *Hydrobia ulvae* auf, obwohl auch andere pelletproduzierende Organismengruppen z. B. die Herzmuschel *Cerastoderma edule* und die Miesmuschel *Mytilus edulis* in dem Gebiet abundant waren. Zum überwiegenden Teil waren die Kotpillen autochthon. Durch die Wechselwirkung zwischen Sediment und Organismen ergab sich stets eine enge Korrelation zwischen dem Fraktionsanteil < 0,063 mm und dem Gehalt an Fecal Pellets am Sediment. Die granulometrische Zusammensetzung des Sediments beeinflußt einerseits die Ansiedlung der Organismen, andererseits wird durch die Aktivität der Tiere selbst, besonders durch die Produktion von Kotpillen, das Sediment verändert. So war im Schlick- und Mischwatt das Oberflächensediment bis zu 80 Vol. % aus Fecal Pellets aufgebaut. Mit dem Übergang zum Sandwatt ging deren Anteil auf wenige Prozent zurück.

Auffällig war auf den Profilen im Königshafen eine räumliche Differenzierung der Besiedlungsschwerpunkte. An den Schlickwattstationen dominierte *Hydrobia ulvae*, während an den Mischwatt- und z. T. auch den Sandwattstationen *Heteromastus filiformis* vorherrschte. Dies führte aufgrund der zumeist autochthonen Lagerung der Kotpillen zu einer räumlichen Trennung bei der Verbreitung von deren biodepositären Komponenten.

Der Vergleich zwischen den Untersuchungsgebieten vor Keitum und im Königshafen ergab nur geringe Unterschiede bei der Verteilung der Fecal Pellets und den Besiedlungsmustern der Fauna. In beiden Gebieten traten die gleichen Tiergruppen und deren Kotpillen an der Wattoberfläche auf. In Keitum nahm die Menge des Faeces von *Hydrobia ulvae* und von *Cerastoderma edule* einen höheren Anteil am Sediment ein als im Königshafen. Der höhere Gehalt an Ausscheidungsprodukten der Wattschnecke konnte auf die hohe Besiedlungsdichte mit juvenilen Hydrobien am seewärtigen Ende des Profils zurückgeführt werden. Der vergleichsweise hohe Gehalt an Kotpillen der Herzmuschel war durch deren generell hohe Besiedlungsdichte auf dem Keitumer Profil bedingt.

Als Ursachen für das Fehlen der Kotpillen einiger Arten kann deren geringe Stabilität gegenüber der Strömung genannt werden. Die Ausscheidungsprodukte von *Cerastoderma edule* und der Strandschnecke *Littorina littorea* wiesen bei Laborexperimenten in einem ringförmigen Strömungskanal eine geringe Stabilität beim Transport auf, während jene von *Heteromastus filiformis* das Potential besitzen, über weite Strecken transportiert werden zu können (Köster et al., 1995).

Eine Zerstörung der Kotpillen erfolgt nicht nur bei Umlagerung und Transport. Nach Ablagerung in strömungsberuhigten Bereichen mit geringer Welleneinwirkung können sie mikrobiell zersetzt werden oder im Falle einer Übersandung oder Einarbeitung in tieferen Sedimentschichten durch Kompaktion ihre Form verlieren. Dies führt zu einer Abnahme ihrer Anzahl mit der Tiefe (Neira, 1992; Rhoads, 1967 und 1974; Plath, 1965) und letztendlich zu einer Umwandlung in einen homogenen Schlick. An den untersuchten Stationen nahm der Anteil an Fecal Pellets in tieferen Sedimentschichten ab, aber nur in einem Fall war die Umbildung zu einer homogenen Ton-Schlufflage zu beobachten. In den Kernen aus der Keitumer Bucht stand schon in geringer Tiefe der Leithorizont (s. Bayerl & Köster, dieser Band) an, und im inneren Königshafen fand sich eine ähnliche Kleischicht. Eine Festlegung des Feinmaterials aus den Kotpillen in tieferen Sedimentschichten ließ sich somit für die untersuchten Positionen im Sylt-Rømø Watt nicht eindeutig nachweisen.

Das Vorkommen von Kotpillen wirkt sich auf die Sedimenteigenschaften an der Wattoberfläche aus. Durch die Produktion von Kotpillen kommt es zu einer Verschiebung der hydraulisch wirksamen Korngrößen in den 'sandigen' Bereich. Die Einzelbestandteile der Ausscheidungsprodukte sind durch Modalwerte im Intervall zwischen 0,003 bis 0,005 mm und maximale Korngrößen von 0,04 mm gekennzeichnet (Edelvang & Austen, 1995). Dies ist auf die selektive Freßtätigkeit der Produzenten zurückzuführen (Cadée, 1979; Kiørboe et al., 1980; Neira, 1992; Rhoads, 1967). Die Bevorzugung von feinkörnigen Partikeln hängt mit der engen Korrelation zwischen dem Ton-Schluffanteil und dem Gehalt an organischer Substanz zusammen (Little-Gadow, 1982).

Damit ist selektive Freßaktivität der Organismen auch für eine Erhöhung des Gehalts an organischer Substanz in den Kotpillen um den Faktor 3 bis 10 im Vergleich zum umgebenden Sediment verantwortlich (Köster et al., 1995). Außerdem werden frisch ausgeschiedene Kotpillen innerhalb kürzester Zeit durch Bakterien besiedelt, denen die darin enthaltene organische Substanz als Nahrung dient und die durch ihr Wachstum den Gehalt an Kohlenstoff weiter erhöhen können (Pryor, 1975).

Berücksichtigt man weiterhin die Tatsache, daß zwar große Produktionsgebiete von Fecal Pellets existieren, in denen das Oberflächensediment zu einem hohen Anteil mit den Ausscheidungsprodukten der dort abundanten Tiergruppen bedeckt ist, aber bisher nur kleine Bereiche südlich des Rømødammes beobachtet wurden, deren Sedimente zu einem erheblich größeren Anteil aus Kotpillen bestehen, begründet dies die Annahme einer in großen Teilen des Untersuchungsraumes ausgeglichenen Bilanz im Kreislauf der Fecal Pellets ohne großräumige und langfristige Anreicherung oder Abnahme.

Ob es einen nennenswerten Export in die Salzwiesen oder in die Nordsee gibt, läßt sich wegen der begrenzten Haltbarkeit der Pellets nicht bestimmen.

Äolischer Sandeintrag

Bereits in früheren Abhandlungen ist die in weiten Teilen für Wattgebiete ungewöhnlich grobkörnige Sedimentzusammensetzung im Königshafen erwähnt worden und wurde zumindest teilweise auf äolischen Sandeintrag zurückgeführt (Austen, 1990; Felix, 1981; Kolumbe, 1933). Subaerische Liefergebiete der Sandkörner mit Durchmessern über 0,18 mm, häufig über 0,35 mm, werden rezent am Weststrand von Sylt (Ahrendt & Köster, 1994) sowie in den Dünen des Listlandes angetroffen. Von hier aus können sie durch äolischen Transport ins Wattenmeer gelangen (Goldschmidt et al., 1993; Köster et al., 1992; Kolumbe, 1933; Priesmeier, 1969).

Als Ergebnis ist ein für Rückseitenwatten ungewöhnlich breites Korngrößenspektrum der Sandfraktion anzutreffen, das im Königshafen kleinräumig besonders wechselhaft ausgeprägt ist (Austen, 1990). In Gebieten, die durch Eintrag von Flugsand beeinflußt sind, zeigt sich auch eine ungewöhnliche Zonierung. So nahmen auf einem Süd-Nord-Profil (Abb. 2) durch den inneren Königshafen die Feinsandanteile gegenüber den Grob- und Mittelsanden zum Inneren der Bucht (Königshafenpriel) zu. Während der SWAP-Hauptphase (August 1991 bis August 1994) blieben aber die Veränderungen in der granulometrischen Sedimentzusammensetzung gering (Abb. 3).

In Stichproben aus dem oberen halben Meter im Mövenbergwatt des Königshafens konnte die äolische Herkunft von Mittelsandkörnern an Hand der typischen Mattierung der Oberfläche unter dem Binokular nachgewiesen werden (Höck, 1994; Höck & Runte, 1996).

Derartige (Mittel-) Sande bestimmen auch in einem bis zu einige hundert Meter breiten küstennahen Streifen zwischen Kirkeby auf Rømø und Munkmarsch auf Sylt, an den eulitoralen Strandbereichen des Lister Tiefs sowie im unmittelbaren Vorfeld des Morsum-Kliffs die Sedimentzusammensetzung.

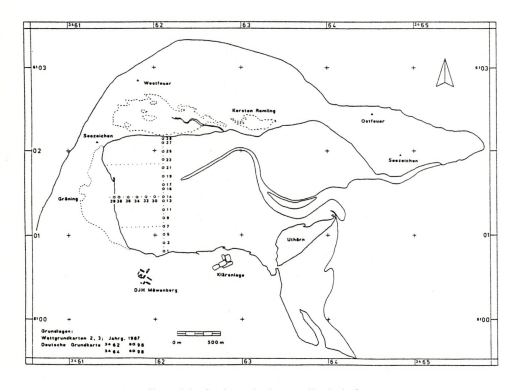

Abb. 2. Lage der Profile und der Stationen im inneren Königshafen

2.2 Dynamik der Sedimente im Lister Tidebeckens 139

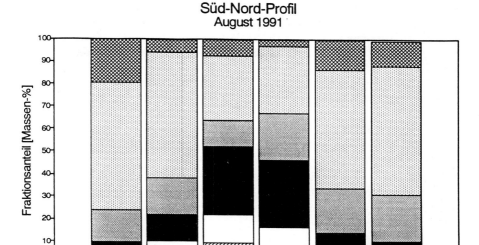

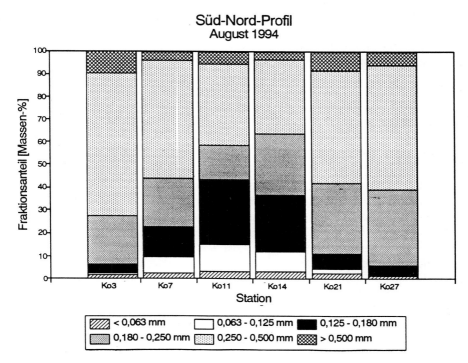

Abb. 3. Sedimentverteilung der Oberflächenproben in einem Nord-Südprofil im inneren Königshafen. Die Lage der Stationen ist in Abb. 2 eingetragen

Vor Beginn der weitgehenden Festlegung der Dünen durch Bepflanzung mit Strandhafer war der äolische Eintrag beträchtlich höher als heute. Aus der granulometrischen Zusammensetzung der Oberflächensedimente im Königshafenwatt und nach genetischer Zuordnung der Fraktionsanteile wurde der primär äolische Anteil dort auf rund 50 % geschätzt (Köster et al., 1992). Nach Priesmeier (1969) müssen in der Vergangenheit sogar mehrere Wanderdünen in das Wattenmeer eingewandert sein. Kolumbe (1933) deutete den Mövenberg, auf dem heute die Kläranlage von List steht, als eine derartige isolierte Wanderdüne, die durch die Bepflanzung einerseits direkt, andererseits durch Ausbleiben von Sandnachschub gegen Ende des letzten Jahrhunderts zum Stillstand kam.

Goldschmidt et al. (1993) haben den äolischen Sandeintrag aus dem Listland ins Wattenmeer grob abgeschätzt. Vor der intensiven Bepflanzung könnten rechnerisch zwischen 0,5 bis zu maximal 2,5 Millionen Tonnen Sand pro Jahr vom Weststrand und aus dem Listland vom Wind in das Sylt-Rømø Wattenmeer transportiert worden sein.

Sedimentationsgebiete

Bei der Sedimentkartierung wurde an Merkmalen wie der Einsinktiefe oder der Pioniervegetation von Queller und Schlickgras festgestellt, daß alle Schlickgebiete des Sylt-Rømø Wattenmeeres mit Ausnahme der kleinräumigen Bereiche, an denen der alte Kleihorizont unmittelbar an der Wattoberfläche ansteht und Schlick als lokales Umlagerungsprodukt vorkommt, als Gebiete mit frischer Sedimentakkumulation anzusehen sind. Dieses gilt für die Winkel südlich des Rømødammes, den inneren Königshafen, den Bereich zwischen dem Hindenburgdamm und dem Morsum-Kliff, einen rund 30 m breiten Streifen nördlich des Hindenburgdammes sowie die parallel zum Deich verlaufende Baggerrinne vor dem Margrethe Koog.

Im Vergleich der Testgebiete erwiesen sich der innere Königshafen (Gröningenwatt) und ein etwa 500 m breiter küstennaher Streifen jenseits der Lahnungsfelder in der Keitumer Bucht in Übereinstimmung mit den längerfristigen Kartenvergleichen (vgl. Higelke, dieser Band) als Gebiete mit positiver Sedimentbilanz. Direkt an der Küste kam es, sofern vorhanden, zwar gleichzeitig zum Abbruch der Salzwiesen, allerdings reicht die Menge an erodiertem Material nicht für die flächenhafte Sedimentation im Küstenvorfeld aus. Im inneren Königshafen wie in der Keitumer Bucht waren keine saisonalen Abhängigkeiten zu erkennen.

Aus Kartenvergleichen geht hervor, daß vor dem Rickelsbüller Koog unmittelbar nach Bau des neuen Deiches erhebliche Sedimentakkumulation stattgefunden haben muß. Da sowohl während der Vorarbeiten zu SWAP zwischen 1988 und 1991 (Bayerl, 1992; Wulf, 1992) als auch während der SWAP-Hauptphase in den Testgebieten außerhalb der Lahnungsfelder keine derartigen Befunde festgestellt wurden, scheint sich wieder ein Gleichgewichtszustand eingestellt zu haben. In den Lahnungsfeldern kommt es allerdings weiterhin, insbesondere nahe dem Hindenburgdamm, zu Sedimentakkumulation. Dies gilt generell, wenn auch mit unterschiedlichen Beträgen, für alle noch unterhaltenen Lahnungsfelder sowie die Salzwiesen (Pejrup et al., 1995).

Erosion

Abbruch der Salzwiesen und Kliffs

Die Bedeutung der Salzwiesenerosion für den Feinmaterial-Haushalt ist im Abschnitt Transport und Sedimentation von Feinmaterial beschrieben. Die Höhe der Salzwiesenkliffs variiert zwischen 0,3 und 1 m mit einem Durchschnittswert von 0,7 m. Der mittlere Rückgang der Salzwiesen beträgt rund 0,35 m a^{-1}. Dieser Betrag stimmt gut mit früheren Ergebnissen überein (Ehlers, 1988), die in diesem Gebiet einen jährlichen Rückgang der Salzwiesen von rund 0,3 m ergaben. Die Gesamtlänge der Salzwiesenkanten im Sylt-Rømø Tidebecken beträgt rund 10 km. Die Salzwiesen liefern durchschnittlich etwa 0,25 m^3 m^{-1} a^{-1}. Allerdings differierten die Abbruchraten sowohl von Ort zu Ort als auch von Jahr zu Jahr.

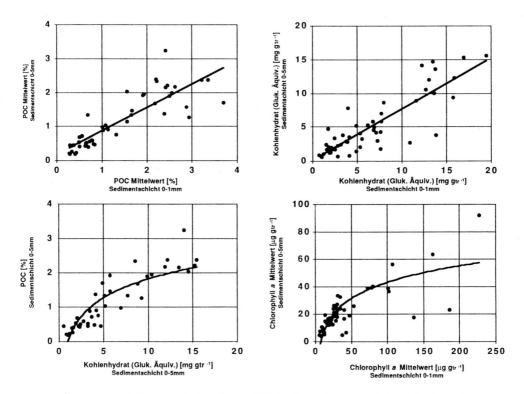

Abb. 4. Korrelationen zwischen dem POC Mittelwert 0-1mm und dem Mittelwert 0-5mm (oben links) sowie dem Kohlenhydrat Mittelwert 0-1 mm und 0-5 mm (oben rechts), den Kohlenhydraten in der 5 mm-Schicht und POC 0-5 mm (unten links) und dem Chlorophyll a-Mittelwert 0-1 mm mit dem Mittelwert 0-5 mm (unten rechts). Sedimentbeprobung 1992-1994

Erosionsexperimente in Misch- und Schlickwatt

Die Erosionsfestigkeit der Wattsedimente hängt von der Zusammensetzung und der Besiedlung ab. Auf den Einfluß der mikrobiologischen Besiedlung auf die Erosionsfestigkeit von Sandwatten wies bereits Führböter (1983) hin.

Die Beprobung der Sedimentoberfläche zeigt eine schwache lineare Abnahme von POC und Kohlenhydraten mit der Tiefe in den oberen 5 mm (Abb. 4 oben). Der Chlorophyll a-Gehalt nimmt erwartungsgemäß mit der Tiefe überproportional stark ab, so daß sich z. B der Mittelwert über 5 mm Tiefe unabhängig vom Oberflächen-Chlorophyll bereits einem Grenzwert nähert (Abb.4 unten rechts). Während POC und Kohlenhydrate der Sedimentoberfläche miteinander korreliert sind (Abb. 4 unten links), kann eine Verbindung dieser Größen mit dem Chlorophyll a-Gehalt nicht hergestellt werden.

Ebenfalls nicht korreliert ist der Organikanteil des beim Versuch erodierten Materials mit dem POC der Sedimentoberfläche, was darauf zurückzuführen ist, daß beim Erosionsversuch bereits eine Umlagerung und Selektion der Partikel an der Oberfläche stattfindet.

Mit zunehmendem Ton/Schluffanteil des Sediments nehmen sowohl POC als auch Kohlenhydrat-Gehalt zu. Dies trifft nicht auf das Chlorophyll a zu, jedoch ist zu erkennen, daß sehr hohe Chlorophyll a-Gehalte von über 100 µg g^{-1} im oberen Millimeter erst bei Feinanteilen über 25 % auftreten.

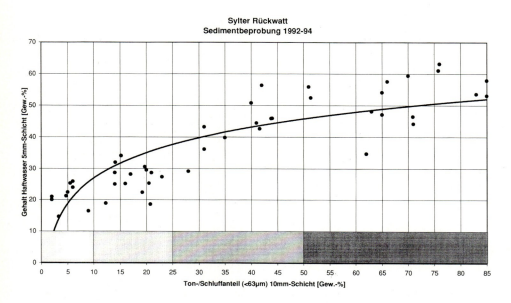

Abb. 5. Korrelation zwischen dem Feinkornanteil (Schluff und Ton) und dem Haftwasser

Das Haftwasser korreliert sehr gut mit dem Ton-/Schluffanteil, so daß hiermit eine einfache Methode gegeben ist, den über den Feinanteil definierten Wattyp zu klassifizieren (Abb. 5). Die allein aus der Beobachtung der Trübungszunahme beim Erosionsversuch abgeleitete kritische Schubspannung paßt - läßt man die Sandkörner unberücksichtigt - bis auf einen systematischen (korrigierbaren) Fehler recht gut zum über die Erosionsrate rückgerechneten Erosionsbeginn, wobei die verbleibende Streubreite auf die örtlich unterschiedlichen optischen Eigenschaften der erodierten Partikel zurückzuführen ist. Die kritische Schubspannung einer Sedimentoberfläche konnte somit in einfacher Weise direkt aus der Trübungszunahme bestimmt werden, nachdem vorher einmal das lokale Attenuations-Konzentrationsverhältnis bestimmt wurde.

Die während acht Meßkampagnen in 180 Erosionsversuchen im Laufe von drei Jahren ermittelten kritischen Schubspannungen und auch die biologischen Parameter zeigen selbst bei einer Sortierung nach den einzelnen Wattypen keinen Jahresgang.

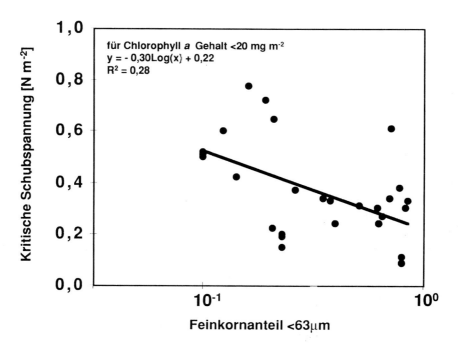

Abb. 6. Korrelation zwischen dem Feinkornanteil < 63 µm (Ton und Schluff) und der kritischen Schubspannung für biologisch wenig verfestigte Sedimente (Chlorophyll a-Gehalt < 20 mg m^{-2})

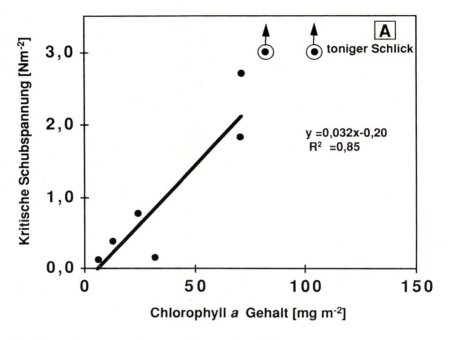

Abb. 7a. Korrelation zwischen dem Chlorophyll a-Gehalt der oberen 1mm-Sedimentschicht und der kritischen Schubspannung für unterschiedliche Sedimenttypen

Um die Einflüsse der unterschiedlichen Parameter auf die kritische Sohlschubspannung herauszufinden, wurde eine schrittweise Analyse der Erosionsdaten vorgenommen. Hierfür wurden alle 73 Datensätze herangezogen, bei denen auch die bio-geochemischen Daten (Feinanteil im Sediment, Wassergehalt, Naßdichte, POC, Kohlenhydatgehalt, Chlorophyll a-Gehalt) vollständig vorlagen. Zunächst wurde der Datensatz einer Faktorenanalyse unterzogen. Diese lieferte zwei Faktoren, welche die Meßgrößen in zwei deutlich unterscheidbare Gruppen unterteilte. Zum ersten Faktor tragen alle physikalischen Einflußgrößen und die gemessenen biologischen Summenparamter bei. Chlorophyll a und kritische Schubspannung bestimmen lediglich den zweiten Faktor. Dennoch konnte bei Betrachtung aller Werte kein signifikanter Zusammenhang zwischen Chlorophyll a und kritischer Schubspannung gefunden werden. Eine klarere Abhängigkeit konnte jedoch herausgearbeitet werden, indem die Meßdaten nach ihrem Feinanteil < 63 µm in folgende Sedimentklassen sortiert wurden: Sand und sandiger Schlick (Feinanteil 0-25 %), schlickiger Sand (Feinanteil 25-50 %), Schlick (Feinanteil 50-85 %) und toniger Schlick (Feinanteil > 85 %).

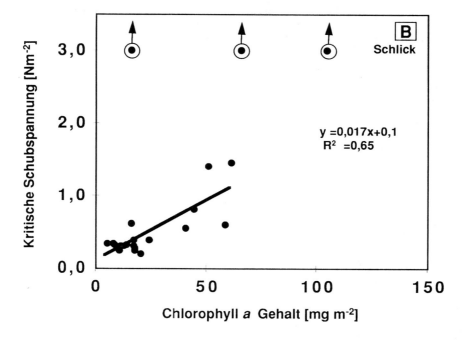

Abb. 7b. Korrelation zwischen dem Chlorophyll a-Gehalt der oberen 1mm-Sedimentschicht und der kritischen Schubspannung für unterschiedliche Sedimenttypen

Abbildung 7 zeigt eine ausgeprägte Abhängigkeit für die schlickigen Sedimente, während mit abnehmendem Feinanteil die Streuung zunimmt. Für Sand und sandigen Schlick (Abb. 7d) konnte keine Korrelation zwischen Chlorophyll-a-Gehalt und kritischer Schubspannung gefunden werden.

Allgemein gültige und parametrisierte Erosionsraten lassen sich für die biologisch verfestigte Sedimentoberfläche nicht angeben, da hier die Abtragung auf „chaotische" Weise erfolgt, indem die Algenmatte nach anfänglicher Beständigkeit abrupt in größeren Stücken erodiert wird, wobei Teile der Sedimentoberfläche freigelegt werden, die eine sehr viel geringere Festigkeit aufweisen und so die Erosionsrate noch verstärken.

Um die Abhängigkeit von den physikalischen Parametern allein zu untersuchen, wurden alle Meßdaten mit einem Chlorophyll a-Gehalt unter 20 mg m^{-2} getrennt untersucht. Hierbei zeigte sich erwartungsgemäß eine Zunahme der kritischen Sohlschubspannung mit zunehmendem Grobanteil des Sediments (Abb. 6). Diese Korrelation ist jedoch nur schwach ausgeprägt, was eine Folge der Meßmethode ist, bei der erodierte und nicht resuspendierte Sandpartikel nicht über die Trübungsmessung erfaßt werden.

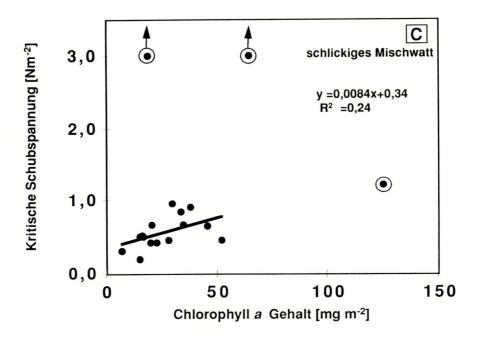

Abb. 7c. Korrelation zwischen dem Chlorophyll a-Gehalt der oberen 1mm-Sedimentschicht und der kritischen Schubspannung für unterschiedliche Sedimenttypen

Die Erosionsraten dieser als biologisch nicht verfestigt anzusehenden Sedimentoberflächen sind bei Erosionsbeginn für Mischwatten (Ton-/Schluffanteil zwischen 10 und 50 %) im Mittel um einen Faktor 3 höher als für Sand- und Schlickwatten.

Im Rahmen der Untersuchungen zur Resuspension waren die Kotpillen, die aufgrund ihres geringen spezifischen Gewichtes leicht verfrachtet werden können, von besonderem Interesse. Ihre Mobilisierung von der Sedimentoberfläche und der Transport in der Wassersäule wurden im Pandertief, Højer Dyb und dem Königshafenpriel untersucht. Es konnte hier eine charakteristische Verteilung der Fecal Pellets im Verlauf einer Tide festgestellt werden. Kurz nach Hochwasser waren in der Regel nur wenige Kotpillen in der Bodenfracht vertreten. Mit der Erhöhung der Strömungsgeschwindigkeit nimmt deren Anzahl im Wasser zu und erreicht kurz vor Niedrigwasser ein Maximum, wenn das letzte ablaufende Wasser Material von den Wattflächen in die Rinnen spült.

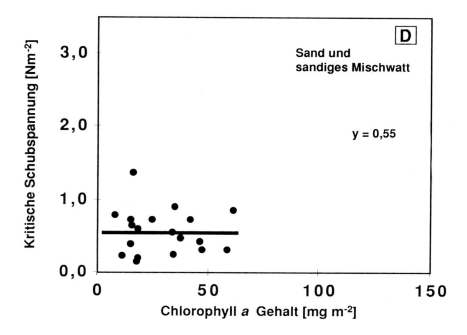

Abb. 7d. Korrelation zwischen dem Chlorophyll a-Gehalt der oberen 1mm-Sedimentschicht und der kritischen Schubspannung für unterschiedliche Sedimenttypen

Während der Stauwasserphase zu Niedrigwasser nimmt die Anzahl der Fecal Pellets und auch die damit eng korrelierte Sestonkonzentration infolge von Sedimentationsprozessen ab. Mit Einsetzen der Strömung im auflaufenden Wasser erhöht sich der Anteil an Kotpillen in der Wassersäule wieder.

Erosionsgebiete

In den Testgebieten, die wegen der Zugänglichkeit vergleichsweise küstennah lagen, trat nur in der Keitumer Bucht eine etwa zwei Hektar große Fläche in Prielnähe nordwestlich des Profilkreuzes (Köster et al., 1995) als Erosionsgebiet hervor, auf der mit Annäherung an den Priel der Leithorizont in den Rippeltälern an der Oberfläche ansteht. Seit Beginn der Voruntersuchungen im Sommer 1988 blieb diese Erosionsfläche in Lage und Ausdehnung weitgehend konstant.

Während der Sedimentkartierung wurden im Eulitoral weitere kleinräumige Erosionsgebiete aufgenommen. Anders als in den Testgebieten handelt es sich um einmalige Beobachtungen, die nur für den Zeitpunkt der Geländeaufnahme gelten.

Als Gebiete mit vorherrschender Erosion traten hervor:

- Die Ostseite der Insel Uthörn im Königshafen,
- ein etwa 300 m breiter Streifen unmittelbar südlich des Jordsands Flaks vor dem Emmerlev Klev,
- die Südwest-Flanke des Knækket auf Jordsands Flak,
- die gesamte Südost-Flanke von Leghörn (bei Kampen auf Sylt),
- die prielnahen Bereiche an den östlichen Rändern in dem Gebiet zwischen Buttersand und dem Hindenburgdamm.

In einer anderen Untersuchung (Jespersen & Rasmussen, 1989) wurde die Zerstörung und Verlagerung der ehemaligen Hallig Jordsand, von der heute nur noch ein kleiner Rest erhalten ist, ausführlich beschrieben.

Allgemein herrscht Erosion in den kleinen Rinnen zwischen Miesmuschelbänken sowie im Supralitoral an den Salzwiesenkanten und Kliffs vor. Da die Miesmuschelbänke selbst Sedimentationsgebiete sind, gibt es oft einen Wechsel zwischen Sedimentation und Erosion im Meterbereich, wie beispielsweise in dem Testgebiet vor Keitum (Bayerl, 1992). Was letztlich überwiegt, war aufgrund der natürlichen Störungen (Eisgang in den Spätwintern der Jahre 1993 und 1994) und der intensiven Miesmuschelfischerei in den ersten Quartalen der Jahre 1991 und 1992 nicht festzustellen.

Darüber hinaus waren bei extrem niedrigen Wasserständen über einen halben Meter unter normalem Wasserstand bei Niedrigwasser im flachen Sublitoral ausnahmslos erosive Tendenzen an den Prielwurzeln vor dem Morsumkliff und dem Hindenburgdamm zu beobachten. Auch bei einer Betrachtung in anderen Zeitskalen, wie bei den Kartenvergleichen (Higelke, dieser Band) ausgeführt, traten die Sedimentverluste besonders im flachen Sublitoral auf, wie z. B. im äußeren Königshafen. Die von Higelke ermittelten hohen Erosionsraten konzentrieren sich auf rinnennahe Sublitoralbereiche.

Umlagerung

Umlagerungstiefe und Umlagerungsintensität

Die Umlagerung der eulitoralen Wattsedimente durch die Gezeiten und den Seegang war in den Testgebieten im allgemein gering. Auf den Schlick- und Mischwattflächen an der Ostküste Sylts und im Einzugsgebiet des Rømø Dybs betrug die Umlagerungstiefe häufig nur wenige Millimeter. Bei dem jahreszeitlichen Beprobungsrhythmus wurden nur unmittelbar nach Sturmwetterlagen Beträge von mehr als 2 cm beobachtet. In diesen Bereichen lebt eine arten- und individuenreiche Fauna. Häufig sind die Flächen auch von Seegraswiesen bewachsen oder von Miesmuschelfeldern bedeckt.

Auf den großflächigen Sandwatten erreicht die Umlagerungstiefe im allgemeinen die Größenordnung von mittleren Rippelhöhen, die auf den Platen nur selten 3 cm übertrafen. In unmittelbarer Nähe der Prielränder können sie auf über

10 cm anwachsen. Ein Extremwert von 40 cm wurde auf einer nur sehr kurze Zeit trockenfallenden Prielsohle im Königshafen, nahe Uthörn, beobachtet (Köster et al., 1992).

In den Testgebieten war die Umlagerungintensität am Nordwest-Rand des Hunningensandes, der exponiert an der Lister Ley gegenüber dem Hafen List liegt, am höchsten. In diesem durch Strömung und Wellen stark belasteten Gebiet stimmten die Umlagerungstiefe und die Tiefe des Redox-Horizontes meist gut überein (Bayerl, 1992). Ein ähnlich oder noch stärker exponiertes Gebiet ist die Südwest-Spitze des Jordsandflaks (Knækket), die allerdings nur einmalig im Sommer 1994 untersucht werden konnte, so daß die Umlagerungsintensität nur zu schätzen war. Der Redox-Horizont lag hier mindestens 15 cm unter der Wattoberfläche, die Umlagerungstiefe erreichte mindestens den gleichen Betrag. Das Stechkastenprofil war wie am äußersten Nordwest-Rand des Hunningensandes durchgehend geschichtet und kaum durch Bioturbation beeinflußt.

Bei stärkeren Winden mit höherem Seegang und besonders nach Stürmen oder Orkanen sowie nach Drift von Eisschollen im Wattenmeer wurden die Durchschnittswerte stellenweise weit überschritten. Methodisch bedingt konnten die genauen Umlagerungstiefen dann dem Betrag nach zwar nicht genau erfaßt, wohl aber über Gefügeanalysen Minimalwerte abgeschätzt werden (Köster et al., 1994). So wurde während der Voruntersuchungen nach einem Westorkan vor dem Rickelsbüller Koog an einzelnen Stationen in Lahnungsnähe eine Erhöhung der Umlagerungstiefe auf über 20 cm festgestellt (Bayerl, 1992).

Neben der Bestimmung der Umlagerungstiefe wurden mit Hilfe der Tracermethode in Verbindung mit der Messung der relativen Watthöhe an den festen Stationen in den Schwerpunktgebieten im inneren Königshafen und in der Keitumer Bucht Sedimentbilanzen erstellt. Summiert man alle Einzelergebnisse während der SWAP-Laufzeit auf, waren in den randlichen Untersuchungsfeldern alle Sedimentbilanzen positiv. Im inneren Königshafen ergab sich für das Nord-Süd-Profil in 34 Monaten eine Bilanz von + 5,8 $\pm$ 2,0 cm, für das West-Ost-Profil + 4,2 $\pm$ 2,5 cm. Zusammen betrug die Sedimentakkumulation während dieser Zeit rechnerisch 5,4 $\pm$ 2,3 cm. Ergänzend vorgenommene Nivellements in den Sommern 1993 und 1994 bestätigten eine insgesamt positive Sedimentbilanz im inneren Königshafen, die allerdings innerhalb der Fehlergrenzen lag, die dort mit 1 bis 2 cm anzusetzen waren.

Vor Keitum wurde im küstennahen Bereich zwischen dem Lahnungsfeld und der Nordost-Grenze des Miesmuschelfeldes eine positive Sedimentbilanz von rechnerisch 5,2 $\pm$ 2,3 cm in 34 Monaten festgestellt. Auf dem gesamten küstennormalen Profil war die Bilanz näherungsweise ausgeglichen (0,87 $\pm$ 3,95 cm). Die Ergebnisse zweier Nivellements zwischen Ende Mai 1993 und Anfang Juni 1994 deuten auf einen positiven Trend (1,1 $\pm$ 2,5 cm), blieben hier aufgrund des meist sehr weichen, im Miesmuschelfeld auch stellenweise sehr ungleichmäßigen Untergrundes bei den geringen Differenzen der Watthöhe ebenfalls innerhalb des Fehlerbereichs. Für Nivellements erscheinen in beiden Gebieten längerfristige Vergleichsmessungen über mehrere Jahre für genauere Aussagen notwendig.

Die Sedimentbilanzen in den Testgebieten auf dem Raulingsand, vor dem Rickelsbüller Koog und dem Ballum-Siel blieben während kürzerer Beobachtungszeiten zwischen 12 und 24 Monaten insgesamt ausgeglichen.

Sedimenttransport am Boden

Die wiederholt beobachtete Begrenzung der Umlagerungstiefe auf die Mächtigkeit der Rippeln war ein Anlaß, im Königshafen Studien zur kleinräumigen und kurzzeitigen Mobilität von Großrippeln durchzuführen. Der sedimentologische Aufbau des Gebietes ergibt sich aus einem Ost-West-Profil (Abb. 8). Die genaue Lage des Profiles und der Stationen finden sich in Abb. 2. Im Profil tritt nach Westen eine kontinuierliche Zunahme des Feinanteiles auf, bis unmittelbar am Westufer der Sandanteil durch äolischen Eintrag wieder plötzlich ansteigt.

Das erste Experiment konzentrierte sich auf eine etwa 80 m lange und bis zu 13 cm hohe, asymmetrisch aufgebaute Rippel, die nach der neueren Nomenklatur als semiaquatische Düne zu bezeichnen ist. Sie war Bestandteil eines Großrippelfelds am Nordrand des Königshafenpriels, nahe der Station 14 am Ostende des Ost-West-Profiles (vgl. Abb. 8). Im Verlauf des Versuchs wurde eine nach Westen buchteinwärts gerichtete Wanderung dieser Großstruktur von bis zu 200 cm in zehn Tagen festgestellt (Köster et al., 1994). Das Ausmaß der Umlagerung ist typisch für die Bedingungen in Prielnähe.

Ende Mai 1993 wurde im Mövenbergwatt auf Höhe der Stationen 3 bis 7 (vgl. Abb. 2) ein 200 x 200 m großes Testfeld angelegt. Hier erfolgten wiederholte, z. T. tägliche Nivellements und Tracerversuche. Während dieser Untersuchung baute sich das nach dem Winter stark eingeebnete 'Großrippel'-Feld, das für diese Position schon von Wohlenberg (1937) beschrieben wurde, bis August wieder auf. Innerhalb von zwei Tagen im August 1993 wurden bei Niveauänderungen von 2 cm Umlagerungstiefen von maximal 2 cm erreicht. Über mehrere Wochen (von Mai bis Oktober 1993) lagen die Niveauänderungen zwischen zwei Messungen im Bereich von nahe 0 bis 3,2 cm bei Umlagerungstiefen zwischen 1,0 und 4,5 cm. Weiterhin wurde ersichtlich, daß die Großrippeln zwar nicht lagestabil sind, sich aber zwischen Mai und August nur geringfügig verlagert haben (Köster et al., 1994).

Auf einer kleinen Sandplate am seewärtigen Ende des küstennormalen Profiles vor Keitum war ein Sedimenttransport nach Südsüdosten festzustellen. Dabei verlagerte sich der höchste Punkt der Sandplate in diese Richtung. In der Nordnordwest-Ecke der Sandplate waren an der Oberfläche Anzeichen für Erosion zu beobachten (viel Schill, *Mya* in Lebendstellung). Dieser Bereich rückte während der Beobachtungszeit aber nicht in gleichem Maße nach Südosten vor. Die Oberfläche des tonig-schluffigen Leithorizontes dient hier als eine Basis der Umlagerungen in der geringmächtigen Sandauflage, die im westlichen Teil des Profils in ihrer Höhe nahezu konstant blieb. Offenbar erhält die Sandplate bei Sturmereignissen oder auch durch Eisdrift aus Nordnordwesten, vom Pandertief her, immer wieder Nachschub an Feinsand.

2.2 Dynamik der Sedimente im Lister Tidebeckens 151

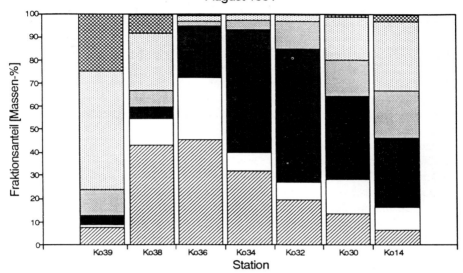

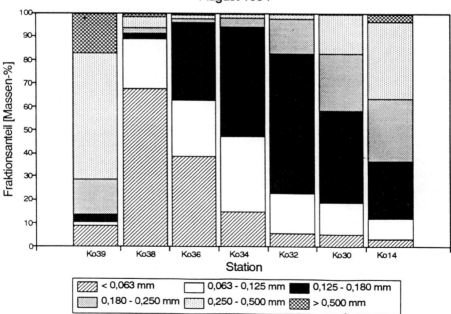

Abb. 8. Veränderungen der Korngrößenverteilung in Oberflächenproben in einem Ost-West-Profil im inneren Königshafen. Die Lage der Stationen ist in Abb. 2 eingetragen

DISKUSSION

Im Sylt-Rømø Wattenmeer erfolgt eine ungewöhnlich geringe Sedimentation von Feinmaterial. Die Zufuhr von Feinsubstanz ist viel geringer als im Durchschnitt der niederländischen, deutschen und dänischen Watten. Schlickgebiete haben nur eine geringe Ausdehnung. Viele frühere Schlick- und Vorlandflächen sind eingedeicht, und in der Gegenwart unterliegt vor allem der zentrale Teil der Wattenbucht einer starken Erosion. Ob Veränderungen in der Natur oder die umfangreichen wasserbaulichen Maßnahmen die Ursache sind, muß beim heutigen Kenntnisstand offen bleiben.

Auch die Biodepositionsprozesse bewirken eine Anreicherung von Feinmaterial, da durch die Freßaktivität der Organismen Ton-Schluffpartikel zu sandkorngroßen Fecal Pellets agglomeriert werden, die eine höhere Sedimentationsgeschwindigkeit besitzen, als die Einzelpartikel, aus denen sie aufgebaut sind. Derartige biogen produzierte Sedimente in Form von Kotpillen mariner Invertebraten spielen im Sylt-Rømø Wattenmeer eine wichtige Rolle. Als Sedimentbestandteil sind Fecal Pellets in den Produktionsgebieten weit verbreitet, wo sie die Sedimenteigenschaften sowie die Nahrungsumsätze beeinflussen.

Den großen Produktionsgebieten von Fecal Pellets stehen nur kleine Bereiche südlich des Rømødammes gegenüber, deren Sedimente zu einem erheblichen Anteil aus Kotpillen bestehen. So entsteht der Eindruck einer in großen Teilen des Untersuchungsraumes ausgeglichenen Bilanz im Kreislauf der Fecal Pellets, ohne daß eine großräumige und langfristige Anreicherung oder Abnahme stattfindet. In diesem Kreislauf wird Feinmaterial durch die Aktivität der Organismen zu Kotpillen komprimiert, die z. T. durch Strömungen verfrachtet und zerstört werden, so daß das Feinmaterial wieder zur Verfügung steht. Auch das Fehlen von Kotpillen in tieferen Sedimentschichten sowie eine geringe Anzahl an Ton-Schluffhorizonten, die aus zerstörten und kompaktierten ehemaligen Kotpillen hervorgegangen sein können, weist in diese Richtung.

Eine Hochrechnung der Menge an Feinmaterial, die durch die Aktivität der Organismen umgeformt wird, und der letztendlich in Fecal Pellets gebundenen Menge an feinkörnigen Sedimenten kann aufgrund der punktuellen Datenerhebung und der großen Variabilität der die Biodeposition beeinflussenden Faktoren nicht abgeleitet werden. Somit muß das Ergebnis einer insgesamt ausgeglichenen Bilanz der Kotpillen im Sylt-Rømø Watt als grobe Abschätzung angesehen werden.

Die zahlreichen Daten zur Erosionsfestigkeit und biologisch-sedimentologischen Beschaffenheit eulitoraler Sedimentoberflächen unterschiedlichster Watttypen stellen eine Grundvoraussetzung für die realistische Modellierung des Stofftransports in diesem und ebenso in ähnlichen Rückseitenwatten dar.

Die Ergebnisse der Erosionsversuche mit Schubspannungen, die häufig auftretenden Strömungsbedingungen zuzuordnen sind, zeigen eine gute Korrelation von Wattyp und Erosionsbeginn. Sie ermöglichen Modellierern einen abgesicherten Berechnungsansatz über die Oberflächenrauhigkeit. Dies gilt ebenfalls für die zugehörigen Erosionsraten, solange die kritischen Schubspannungen nicht wesentlich überschritten werden (10 bis 50 %) und sich die Erosionstiefen in Grenzen halten (wenige Millimeter). Für die durch biogene Verfestigung erreichbaren höheren kritischen Schubspannungen können bei bekannter Mikroalgenbiomasse Anhaltswerte gegeben werden. Um Abtragungsraten biogen verfestigter Sedimentoberflächen angeben zu können, sind Naturmessungen unter Extrembedingungen erforderlich, die allein durch die Beobachtung größerer Flächen eine statistische Absicherung ermöglichen.

Die Untersuchungen zur granulometrischen Zusammensetzung der Oberflächensedimente (0 bis 5 cm) ergaben für das Sylt-Rømø Tidebecken einige Besonderheiten. So unterscheiden sich die Wattsedimente an der Ostküste des Listlandes und im Königshafen durch ihre vergleichsweise hohen Mittel- und Grobsandanteile, von weiten Bereichen des übrigen Sylt-Rømø Watts (Austen, 1990; Bayerl, 1992; Jacobsen, 1986) und anderen Rückseitenwatten in ähnlich geschützter Lage (Berner et al., 1986; Ragutzki, 1982 und 1983). Die ungewöhnlich grobkörnige Sedimentzusammensetzung ist auf äolischen Sandeintrag vom Strand und aus den benachbarten Dünen des Listlandes zurückzuführen. Ein Küstenlängstransport um die Ellenbogenspitze in den Königshafen kann aufgrund der Strömungsverhältnisse weitgehend ausgeschlossen werden.

In der Keitumer Bucht traten feine Mittelsande (< 0,3 mm) nur untergeordnet im Nordwesten des Raulingsandes auf. Grobsande werden dagegen nicht angetroffen. Der äolische Eintrag grobkörniger Komponenten ist hier vernachlässigbar klein. Nur außerhalb der Testgebiete wurden vor dem Morsum-Kliff und dem Weißen Kliff örtlich den Sanden des Königshafens vergleichbare Komponenten angetroffen. Statt dessen beeinflußt an der Ostküste von Sylt zwischen Kampen und dem Hindenburgdamm ein über 3000 Jahre alter Kleihorizont dort, wo er nahe der Oberfläche ansteht, die Sedimentzusammensetzung.

In den Testgebieten des Sylt-Rømø Watts waren weder bei den Sedimenteigenschaften, noch bei den Biodepositen eindeutige jahreszeitliche Abhängigkeiten festzustellen. Es gab zwar Variationen, aber keine regelmäßig eintretenden. Die Veränderungen waren zumeist lokal begrenzt und ließen sich nicht zwischen den Testgebieten parallelisieren.

Eine Ausnahme bildeten zwei etwa vierzehntägige Frostperioden 1993 und 1994, jeweils im Februar. Der Königshafen und Teile der Keitumer Bucht waren zeitweise eisbedeckt. Sowohl im Königshafen als auch vor Keitum erschien die Wattoberfläche in beiden Jahren noch Ende März wie "gefegt". Da im Königshafen und auf dem Raulingsand auch vereinzelt die Holzpflöcke der Stationen durch die Eisdrift zerstört waren, könnte die Umlagerungstiefe stellenweise einige Dezimeter erreicht haben.

Für die Stationen im inneren Königshafen wurde eine Sedimentation von rechnerisch $5,4 \pm 2,3$ cm in 34 Monaten bestimmt. Die Strömungsmessungen und prozeßorientierte Experimente zum Sedimenttransport bestätigten hier in den jeweiligen Beobachtungszeiträumen eine positive Bilanz. Auch in den küstennahen Mischwatt-Bereichen des Testprofils in der Keitumer Bucht ergab sich in Übereinstimmung mit Strömungsmessungen, die während des Meßintervalles einen flutorientierten Reststrom erbrachten, rechnerisch eine positive Sedimentbilanz. Diese Sedimentakkumulation östlich von Keitum kann allerdings kein lange anhaltender Vorgang sein, da hier ein über 3000 Jahre alter Klei bis wenige Zentimeter unter der Wattoberfläche ansteht und örtlich auch oberflächlich ausstreicht.

Die angegebenen Beträge dürfen deshalb keinesfalls hochgerechnet werden. Einmal liegen die jahreszeitlichen Messungen häufig im Fehlerbereich von ± 1 cm, zum anderen könnten sich die beiden Frostperioden im Februar 1993 und 1994 durch die Eisdrift in Richtung Küste stellenweise auf die Sedimentbilanzen ausgewirkt haben, indem beim Abtauen der Eisschollen die mitgeführte Sedimentfracht ('Eisschlick') an Ort und Stelle zur Ablagerung kam. Qualitativ kann aber für die Laufzeit von SWAP von einer leichten Sedimentationstendenz in den beiden, randlich gelegenen Schwerpunktgebieten ausgegangen werden.

SCHLUSSFOLGERUNGEN

Das Sylt-Rømø Wattenmeer nimmt im Vergleich zu anderen Wattgebieten in einigen Punkten eine besondere Stellung ein. Die erste Anlage des heutigen Sylter Wattenmeeres ist im Zeitraum vor 5500 bis 5000 Jahren entstanden. Ein Kleihorizont dieser Altersstellung ('Leithorizont') ist an der Ostseite Sylts von List bis zur Morsum-Halbinsel angetroffen worden und liegt weithin nur wenige Dezimeter unter der heutigen Wattoberfläche. Die jüngeren Wattsedimente haben hier nur wenige Dezimeter Mächtigkeit. Die Beobachtung legt den Schluß nahe, daß das Sylt-Rømø Wattenmeer in den küstennahen Gebieten über 3000 Jahre bis in unser Jahrhundert hinein keine wesentlichen einseitig gerichteten Veränderungen erfahren hat, die über die Auswirkungen einer Rückverlegung des Listlandes, begrenzte interne Verlagerungen von Rinnen und Umlagerungen der Sedimente sowie zeitlich begrenzte Oszillationen - z. B. durch Klima- und Wasserstandsschwankungen - um die langfristigen Durchschnittsbedingungen hinausgehen.

Die über Jahrhunderte erfolgten Eindeichungen an der Festlandsküste haben, abgesehen von den unmittelbar betroffenen Vorländern und Kögen, in der Zusammensetzung der Sedimenttypen und dem Verteilungsmuster keine signifikanten Spuren hinterlassen. Es bleibt aber eine Aufgabe für künftige Untersuchungen, einen möglichen Zusammenhang mit den Verlusten an Feinsubstanz im Eulitoral und der Erosion im zentralen Teil der Bucht zu prüfen.

Die gegenwärtige Sedimentverteilung entspricht im Prinzip dem typischen Bild einer Wattenbucht mit Sandwatt im zentralen Bereich und randlichen Misch- und Schlickwatten. Schlick ist auf begrenzte Teilbereiche beschränkt. Größere Schlickflächen liegen nur südlich des Rømø-Dammes. Im Vergleich mit dem Einzugsgebiet des Grå Dybs bei Skallingen beträgt die randliche Salzwiesenfläche prozentual nur ein Viertel des dortigen Wertes. Dies sind Hinweise, daß das Sylt-Rømø Wattenmeer durch die Dammbauten in den letzten 70 Jahren einschneidende Veränderungen erfahren hat.

In den Sand- und Schlicksandflächen zeichnet sich ab, daß bis auf extrem exponierte Platen (z. B. Hunningen-Sand vor List) und Ausnahmesituationen (schwere Stürme mit starkem Seegang) die Umlagerungstiefen nur gering sind, in der Regel 5 cm nicht überschreiten. Sie entsprechen damit oft der Mächtigkeit der Rippeln. Entsprechend stark ist die Entschichtung der unter dem Rippelhorizont liegenden Teile des Profils durch Bioturbation.

Die Zusammensetzung der Wattsedimente im westlichen Teil des Sylt-Rømø Wattenmeeres weicht in einem Merkmal erheblich von allen anderen Flächen des schleswig-holsteinischen Wattenmeeres ab. In der Regel bestehen die Wattablagerungen zu ungefähr 40 bis 60 % aus Korngrößen zwischen 0,063 und 0,125 mm, in der Wentworth-Skala als 'sehr feiner Sand' zusammengefaßt. Die Anteile der anderen Komponenten < 0,063 mm (Schluff und Ton) sowie > 0,125 mm (Sand) bestimmen die Unterschiede zwischen den Sedimenttypen. Die Korngrößen > 0,25 mm kommen nur ausnahmsweise vor (Figge et al., 1980).

Im Watt des Königshafens sowie an den Ostufern des Listlandes und von Rømø sind Mittel- und Grobsande > 0,25 mm verbreitet. Damit erfährt hier nicht nur das Sandwatt eine Verschiebung der Korngrößenverteilung zu gröberen Sedimenten, sondern es sind Mittel- und Grobsandkörner auch in Schlicksand und selbst im Schlick zu finden. Der Schlick des Königshafens mit Grobsandkörnern ist eine extrem ungewöhnliche Ablagerung. Diese Sedimente finden ihre Erklärung durch einen starken äolischen Sandtransport. Starke westliche Winde treiben Flugsand vom Strand und aus den Dünen weit in das Wattenmeer hinein. Flugsandkörner aus den Lister Wanderdünen können Durchmesser von 0,5 mm überschreiten.

Die Arbeiten zur Morphodynamik (Higelke, dieser Band) haben auf der Grundlage des Vergleichs von Seevermessungen für die letzten Jahrzehnte eine Ausräumung des sublitoralen Bereichs des Sylt-Rømø Wattenmeeres aufgezeigt. Bisher bildet sich dieser Prozeß in der Sedimentverteilung des Eulitorales noch nicht signifikant ab. Auch bleibt aus Sicht der sedimentologischen Untersuchungen noch offen, ob diese einschneidende Veränderung der Entwicklungstendenzen eine Spätfolge der Dammbauten (Hindenburgdamm und Rømødamm) mit allmählicher Einstellung eines neuen "Gleichgewichtes" ist oder ob sich hier überregionale Faktoren abbilden (Aufsteilung der Gezeitenkurve, Anstieg des Weltmeeresspiegels, Zunahme der Stürme und des Seeganges o.ä.).

Der Eintrag von Feinmaterial < 0,063 mm über die Flüsse lag bei durchschnittlich 20 mg l^{-1}. Bei bekannten Abflußraten läßt sich der fluviatile Input in das Sylt-Rømø Wattenmeer berechnen. Die ^{210}Pb-Datierungen der in den vier Jahren entnommenen Sedimentkerne ergaben eine Spanne bei den Akkumulationsraten von Feinmaterial zwischen 0,6 und 5,1 kg m^{-1} a^{-1}. Allerdings waren einige Kerne zu arm an Feinmaterial, um mit dieser Methode datiert werden zu können. Daraus läßt sich andererseits ableiten, daß die Akkumulationsrate von Feinmaterial in den randlichen Zonen des Sylt-Rømø Wattenmeeres nicht so hoch war, wie nach Angaben in der Literatur zu erwarten. Im Untersuchungsgebiet ergibt sich nur eine durchschnittliche jährliche Rate von 0,2 g m^{-3} gegenüber 1 g m^{-3} a^{-1}, wie von

Eisma (1981) sowie Bartholdy & Pfeiffer Madsen (1985) als Faustregel für den Eintrag von Feinmaterial aus der Nordsee ins Wattenmeer angegeben wurde.

Die Ergebnisse der prozeßorientierten Studien zur Biodeposition haben ergeben, daß im Eulitoral die biogene Schlicksedimentation, abgesehen von den Zeiten außergewöhnlicher hydrographischer Rahmenbedingungen, wie zum Beispiel länger anhaltende Stauwassersituationen, die physikalische bei weitem übertrifft. Dabei sind nur die Kotpillen einiger Arten für die Schlicksedimentation von großer Bedeutung. Die Faeces der meisten übrigen Wattbewohner werden dagegen schnell wieder zerstört.

Die Kotpillen waren im Sylt-Rømø Wattenmeer überwiegend autochthon und im Sedimenthaushalt als Bestandteil der Ablagerungen ebenso von Bedeutung wie als Bestandteil des Sestons. Vereinzelt traten in der Wassersäule hohe Kotpillenanteile auf. So wurden im Pandertief und im Højer Dyb bis zu 20000 Kotpillen von *Hydrobia ulvae* pro Liter im bodennahen Wasserkörper gemessen.

Die Erosionsversuche an weitgehend ungestörten Wattkernen zeigten, daß an natürlichen Wattoberflächen mit Diatomeenbewuchs (und geringer Abweidung durch die Wattschnecke) rund zehnmal höhere kritische Sohlschubspannungen zur Mobilisierung erforderlich waren. Der entsprechende Stabilisierungsfaktor (3,33fach) stimmt sehr gut mit dem von Führböter (1983) in situ ermittelten (3- bis 5fach) für den Erosionsbeginn von biogen verfestigten Wattsanden überein.

LITERATUR

Ahrendt, K. & Köster, R., 1994. Sedimentologisch-morphologische Untersuchungen vor der Westküste Sylts. - In: BMFT [Hrsg.]: Untersuchungen zur Optimierung des Küstenschutzes auf Sylt - Phase II, 41-53, Bonn.

Austen, I., 1990. Geologisch-sedimentologische Kartierung des Königshafens (List auf Sylt) und Untersuchung seiner Sedimente. - Unveröffl. Dipl.-Arb., Forschungs- und Technologiezentrum Westküste d. Univ. Kiel, 106 S.; Büsum.

Bartholdy, J. & Pheiffer Madsen, P., 1985. Accumulation of fine-grained material in a Danish tidal area. Marine Geology *67*, 121-137.

Bayerl, K.-A., 1992. Zur jahreszeitlichen Variabilität der Oberflächensedimente im Sylter Watt nördlich des Hindenburgdammes. - Berichte, Forsch.- u. Technologiezentrum Westküste d. Univ. Kiel, *2*, 134 S.; Büsum.

Bouma, A.H., 1969. Methods for the Study of Sedimentary Structures. - 458 S.; New York.

Cadée, G.C., 1979. Sediment reworking by the polychaete *Heteromastus filiformis* on a tidal flat in the Dutch Wadden Sea. - Neth. J. Sea Res. *13* (3/4), 441-456, Texel.

Dittmann, S., 1987. Die Bedeutung der Bioposite für die Benthosgemeinschaft der Wattsedimente. Unter besonderer Berücksichtigung der Miesmuschel *Mytilus edulis* L. - Diss. Univ. Göttingen, 182 S.; Göttingen.

Edelvang, K., 1995. The significance of aggregation in an estuarine environment. Ph.D. thesis, University of Copenhagen, Institute of Geography, 111 pp.

Edelvang, K. & Austen, I., 1995. Suspended matter in a tidal channel: Number and species of fecal pellets and their role in flocculation and settling velocities. - Geogr. Tidsskrift, (in prep.); Copenhagen.

Ehlers, J., 1988. The morphodynamics of the Wadden Sea. 397 pp; Balkema, Rotterdam.
Eisma, D., 1981. Supply and deposition of suspended matter in the North Sea. Spec. Publs. Int. Ass. Sed. *5*, 15-428.
Felix, K.M., 1981. Sedimentologische Kartierung und Untersuchung des Königshafens und der Gaten, Tiefs und Rinnen des Wattenmeeres List/Sylt. - Unveröffl. Dipl.-Arb., TU Clausthal, 91 S.; Clausthal-Zellerfeld.
Figge, K., Köster, R., Thiel, H. & Wieland, P., 1980. Schlickuntersuchung im Wattenmeer der Deutschen Bucht; Zwischenbericht über ein Forschungsprojekt des KFKIs. - Die Küste *35*, 187-204.
Führböter, A., 1983. Über mikrobiologische Einflüsse auf den Erosionsbeginn bei Sandwatten. - Wasser und Boden *3*, 106-116.
Gast, R., Köster, R. & Runte, K.-H., 1984. Die Wattsedimente in der nördlichen und mittleren Meldorfer Bucht. Untersuchungen zur Frage der Sedimentverteilung und der Schlicksedimentation. - Die Küste *40*, 165-257.
Goldschmidt, P., Bayerl, K., Austen, I. & Köster, R., 1993. From the Wanderdünen to the Watt: Coarse-grained aeolian sediment transport on Sylt, Germany. - Z. Geomorph. N.F. *37* (2), 171-178.
Hansen, K., 1956. The Sedimentation along the Rømødam. - Medd. Dansk. Geol. Foren. *13* (2), 112-117.
Haven, D.S. & Morales-Alamo, R., 1966. Aspects of biodeposition by oysters and other invertebrate filter feeders. - Limnol. Oceanogr. *11*, 487-498.
Higelke, B., 1995. Sedimentbilanz der Wattflächen, Kartenauswertung und Luftbildanalyse. - Unveröffl. SWAP-Abschlußbericht, Teilprojekt 4.2a, 18 S.; Geogr. Inst. Univ. Kiel.
Higelke, B., 1997. Morphodynamik des Lister Tidebeckens. - In: Gätje, C. & Reise, K. (Hrsg.): Ökosystem Wattenmeer - Austausch-, Transport- und Stoffumwandlungsprozesse, Springer-Verlag, Heidelberg, Berlin, S. 103-126.
Höck, M., 1994. Historische Entwicklung von Schwermetallen im Sediment. - Forschungsbericht 10802085/01 der Ökosystemforschung Schleswig-Holsteinisches Wattenmeer im Auftrag des UBAs Berlin, 121 S.; GPI, Kiel.
Höck, M. & Runte, K.-H., 1996. Zur historischen Entwicklung von Sedimenten und Schwermetallen im Königshafen. - Meyniana *48*, (in Vorb.).
Jespersen, M. & Rasmussen, E., 1989. Jordsand - ein Bericht über die Vernichtung einer Hallig im dänischen Wattenmeer. - Seevögel *10* (2), 17-25.
Kiørboe, T., Møhlenberg, F. & Nøhr, O., 1980: Feeding, particle selection and carbon absorption in *Mytilus edulis* in different mixtures of algae and resuspended bottom materials. - Ophelia *19*, 193-205.
Köster, R., Austen, G., Austen, I., Bayerl, K.-A. & Ricklefs, K., 1992. Sedimentation, Erosion und Biodeposition. - Unveröffl. Zwischenbericht 1991, SWAP-Teilprojekt 1.2b/3.1, 23 S., Forsch.- u. Technologiezentrum Westküste d. Univ. Kiel; Büsum.
Köster, R., Austen, G., Austen, I., Bayerl, K.-A. & Ricklefs, K., 1994. Sedimentation, Erosion und Biodeposition. - Unveröffl. Zwischenbericht 1993, SWAP-Teilprojekt 1.2b/3.1, 35 S., Forsch.- u. Technologiezentrum Westküste d. Univ. Kiel; Büsum.
Köster, R., Austen, G., Austen, I., Bayerl, K.-A. & Ricklefs, K., 1995. Sedimentation, Erosion und Biodeposition. - Unveröffl. Abschlußbericht BMBF 52540003-03 F0006D0, SWAP-Teilprojekt 1.2b/3.1, 89 S., Forsch.- u. Technologiezentrum Westküste d. Univ. Kiel; Büsum.

Kolumbe, E., 1933. Ein Beitrag zur Kenntnis der Entwicklungsgeschichte des Königshafens bei List auf Sylt. - Wiss. Meeresunters. N.F. Abt. Kiel *21* (2), 116-130.

Krumbein, W.C., 1936. Application of logarithmic moments to size frequency distribution of sediments. - J. Sed. Petrol. *6* (1), 35-47.

Kühl, H. & Puls, W., 1990. Offenlegungsschrift DE 3826044 A1. - Deutsches Patentamt, Bundesdruckerei.

Little-Gadow, S., 1982. Sediment und Gefüge. - In: Reineck, H.E. [Hrsg]: Das Watt; Ablagerungs- und Lebensraum, 3. Aufl., 51-62; Frankfurt a. M. (W. Kramer).

Neira, C.N., 1992. Benthic fecal pellets. Cycling of sediment and organic carbon by *Heteromastus filiformis*. - Diss. Univ. Oldenburg: 159 S.; Oldenburg.

Olsen, H.A., 1959. The influence of the Rømø-Dam on the sedimentation in the adjacent part of the Danish Wadden Sea. - Geogr. Tidsskrift *58*, 119-141.

Pejrup, M., 1980. The turbidity maximum and sedimentation in estuarine environments. Geogr. Tidsskrift, 80, 72-77.

Pejrup, M., Larsen, M. & Edelvang, K., 1995. Sedimentation von Feinmaterial im Sylter Wattenmeer. - Unveröff. SWAP-Abschlußbericht, Teilprojekt B 4.2, 45 S. Inst. of Geogr.; København.

Plath, M., 1965. Ein im Gezeitenbereich des Wattenmeeres selbsttätig arbeitendes Sinkstoff-Schöpfgerät und die Bedeutung der Wattfauna für die Bildung von Sinkstoffen. - Die Küste *13*, 119-132.

Postma, H., 1967. Sediment transport and sedimentation in estuarine environments. In: Lauff, G.H. (ed.): Estuaries. Am. Assoc. Publ. *83*, 158-179.

Postma, H., 1981. Exchange of materials between the North Sea and the Wadden Sea. - Mar. Geology *40*, 199-213.

Priesmeier, K., 1969. Form und Genese der Dünen des Listlandes auf Sylt. - Diss. Univ. Kiel, 173 S.; Kiel.

Pryor, W.A., 1975. Biogenic sedimentation and alteration of argillaceous sediments in shallow marine environments. - Geol. Soc. Am. Bull. *86*, 1244-1254.

Reineck, H.-E., 1958. Wühlbau-Gefüge in Abhängigkeit von Sedimentumlagerungen; über das Härten und Schleifen von Lockersedimenten. - Senckenbergiana Leth. *39*, 1-23.

Rhoads, D.C., 1967. Biogenic reworking of intertidal and subtidal sediments in Barnstable Harbor and Buzzards Bay; Massachusetts. - J. Geol. *75*, 461-476.

Rhoads, D.C., 1974. Organism-sediment relations on the muddy sea floor. - Oceanogr. Mar. Biol. Ann. Rev. *12*, 263-300.

Runte, K.-H., 1985. Ablagerungsvorgänge in Testfeldern der Meldorfer Bucht unter Berücksichtigung der Bioaktivität. - Unveröffl. Dipl.-Arb., Geol.-Paläont. Inst., Univ. Kiel: 75 S.; Kiel.

Runte, K.-H., 1989. Methodische Verfahren zur Quantifizierung von Umlagerungen in intertidalen Sedimenten. - Meyniana *41*, 153-165.

Runte, K.-H., 1991. Sedimentologisch-Morphodynamische Untersuchungen zu den Auswirkungen der Herzmuschelfischerei mit Spüldredgen im Wattenmeer. - Berichte, Forsch.- u. Technologiezentrum Westküste d. Univ. Kiel *1*, 136 S.; Büsum.

Runte, K.-H., 1994. Schadstoffe im Wattenmeer. Eine Studie über Forschungsergebnisse von Schadstoffuntersuchungen im Umfeld der Ökosystemforschung Schleswig-Holsteinisches Wattenmeer. Bericht, Kiel.

Schünemann, M. & Kühl, H., 1993. Experimental investigations of the erosional behaviour of naturally formed mud from the Elbe-estuary and the adjacent wadden sea. - Coastal and Estuarine Studies Series, Vol. 42, AGU, Washington.

Straaten, L.M.J.U., van & Kuenen, P.H., 1957. Accumulation of fine grained sediment in the Dutch Wadden Sea. - Geologie en Mijnbouw (NW.Ser) *19*, 329-354.

Thiel, H., Grossmann, M. & Spychala, H., 1984. Quantitative Erhebungen über die Makrofauna in einem Testfeld im Büsumer Watt und Abschätzungen ihrer Auswirkungen auf den Sedimentverband. - Die Küste *40*, 260-314.

Werner, F., 1967. Röntgen-Radiographie zur Untersuchung von Sedimentstrukturen. - Umschau *16*, 532; Frankfurt a. M..

Witte, G. & Kühl, H., 1996. Facilities for sedimentation and erosion measurements. - Conf. on Particulate Matter in Rivers and Estuaries, in: Arch. für Hydrobiologie, Advances in Limnology 47, Schweizbart'sche Verlagsbuchhandlung, Stuttgart, S. 121-125.

Wohlenberg, E., 1937. Das Wattenmeer-Lebensgemeinschaft im Königshafen von Sylt. - Helgoländer wiss. Meeresunters. *1* (1), 1-82.

Wulf, J., 1992. Untersuchungen zur Umlagerungsintensität zweier hydrodynamisch unterschiedlich stark exponierter Gebiete im Sylter Nordwatt. - Unveröffl. Dipl.-Arb., Geol.-Paläont. Inst. Univ. Kiel, Teil 2, 64 S.; Kiel.

2.3
Strömung und Schwebstoffe im Lister Tidebecken

Currents and Suspended Matter in the List Tidal Basin

2.3.1
Hydrodynamik im Lister Tidebecken:
Messungen und Modellierung

Hydrodynamics in the List Tidal Basin:
Measurements and Modelling

Hans-Ulrich Fanger[2], Jan Backhaus[1], Doris Hartke[1], Udo Hübner[1],
Jens Kappenberg[2] & Agmar Müller[2]
[1] *Institut für Meereskunde, Universität Hamburg, Troplowitzstraße 7, D-22529 Hamburg*
[2] *GKSS-Forschungszentrum, Max-Planck-Straße, D-21502 Geesthacht*

ABSTRACT

Measurements performed at strategic cross-sections revealed that 70 to 75 % of the water mass transported through the passage at Lister Tief appear in the main gullies of Lister Ley, Hoyer and Rømø Dyb. Another important result of the measurements is the successful parametrization of the functional dependency between flow rate at Lister Tief and official elevation data at List and Havneby. Flow rates measured over 1-2 tidal cycles agree well with results of 2-dimensional hydrodynamic model calculations if depth-dependent friction coefficients are used. The model also shows that the tidal front takes a time of 2 hours to rotate around the Ellenbogen and that the high water level increases by ca. 20 cm from List to the south east margin of the basin. The Lagrangian residual current velocity rarely exceeds 10 cm s^{-1}, this is only the case at locations of high depth gradients or in the vicinity of the Ellenbogen (lee vortex).

ZUSAMMENFASUNG

Durchflußmessungen an strategischen Querschnitten haben ergeben, daß 70-75 % der bei Ebbe oder Flut durch das Lister Tief transportierten Wassermassen die

Hauptpriele Lister Ley, Hoyer und Rømø Dyb passieren. Ein wichtiges Ergebnis dieser Messungen ist ferner die erfolgreiche Parametrisierung der Beziehung zwischen den Pegeldaten von List und Havneby und den Durchflußraten beim Lister Tief. Zwischen den mehrfach über 1-2 Tiden gemessenen Durchflußraten und den Ergebnissen einer hydrodynamischen 2D-Modellierung besteht eine gute Übereinstimmung, wenn im Modell tiefenabhängige Reibungskoeffizienten verwendet werden. Dieses Modell zeigt auch, daß die Gezeitenwelle in etwa zwei Stunden um eine Achse beim Ellenbogen läuft und daß sich das Hochwasser am südöstlichen Rand gegenüber List um ca. 20 cm aufsteilt. Der Lagrangesche Reststrom übersteigt gemäß Modellrechnung nur bei größeren Tiefengradienten und in der Nähe des Ellenbogen (Leewirbel) Werte von 10 cm s^{-1}.

EINLEITUNG

Die Kenntnis des tide- und windgesteuerten Strömungsregimes in der Sylt-Rømø Bucht ist für das Verständnis des Stoffaustauschs (Schweb-, Nähr- und Spurenstoffe) zur freien Nordsee und innerhalb einzelner Kompartimente des Wattenmeers - sowie für die Beurteilung der Morphodynamik - von grundlegender Bedeutung. Die Untersuchungen zur Strömungsdynamik wurden daher zweigleisig, sowohl mit Modellen als auch mit Feldmessungen, nach dem Grundsatz durchgeführt, daß ein Phänomen erst verstanden ist, wenn es modelliert werden kann, d. h. wenn Modellaussagen und Beobachtungen übereinstimmen.

METHODEN

Messungen

Für den Wassertransport im Sylt-Rømø Tidebecken spielt die Passage über das Lister Tief und die Hauptpriele Lister Ley, Hojer- und Rømø-Dyb, gleichsam als den Adern des Systems, eine besondere Rolle (vgl. Backhaus et al., dieser Band). Entsprechend waren die Meßaktivitäten auf kleinere Teilgebiete und kurze zeitliche Episoden beschränkt und konzentrierten sich auf strategische Querschnitte im Lister Tief und in den erwähnten Prielen. Tab. 1 gibt einen Überblick über die mit dem GKSS-Meßschiff LUDWIG PRANDTL durchgeführten hydrographischen Profilmessungen mit Angaben über Koordinaten und der jeweils vorherrschenden Windsituation.

In der vereinfachten Karte der Abb. 1 sind die Sollprofile und zusätzlich die Positionen von zeitweilig verankerten Wattstrommessern eingezeichnet. Im Rømø Dyb waren zwei, über 30 km voneinander entfernte Profile definiert worden (s. Tab. 1). Außerdem sei hier erwähnt, daß im Teilprojekt "Sedimentation, Erosion und Biodeposition" in Grundgestellen montierte Aanderaa-Strömungsmesser mehrfach im Hoyer Dyb, in der Lister Ley, im Königshafen-Priel und deren Watteinzugsgebieten eingesetzt wurden (Köster et al., 1995).

Tabelle 1. Hydrographische Profil-Messungen von GKSS

Profil	Datum/Uhrzeit	Anfangspunkt RW/HW	Endpunkt RW/HW	Wind
Lister Tief L = 2347 m	5.08.92/13:00- 6.08.92/16:00	3466380.0 6104090.0	3464550.0 6102620.0	S-SW, 5-10 m s^{-1}
	17.08.92/11:00- 18.08.92/13:00			W, 7-8 m s^{-1}
	26.08.92/7:00- 27.08.92/4:00			SW-W, 4-8 m s^{-1}
Lister Ley L = 711 m	11.08.92/8:00- 11.08.92/21:30	3464300.0 6097500.0	3463750.0 6097950.0	W, 7-5 m s^{-1}
	18.08.93/8:40- 18.08.93/22:30			NW, 6-5 m s^{-1}
Hojer Dyb L = 900 m	20.08.92/7:15- 20.08.92/20:00	3467800.0 6098000.0	3466900.0 6098000.0	O, 5-11 m s^{-1}
	20.08.93/11:30- 20.08.93/24:00			SW-NW, 4-8 m s^{-1}
	27.08.93/4:00- 27.08.93/18:00			N, 2-4 m s^{-1}
Rømø Dyb 1 L = 700 m	19.08.92/6:30- 19.08.92/19:00	3468500.0 6103300.0	3468500.0 6102600.0	SO-N, 2-5 m s^{-1}
	22.08.93/11:50- 23.08.93/1:15			NW, 8 m s^{-1}
Rømø Dyb 2 L = 662 m	24.08.93/7:40- 24.08.93/20:30	3471500.0 6104515.0	3471950.0 6104030.0	NW, 6-12 m s^{-1}

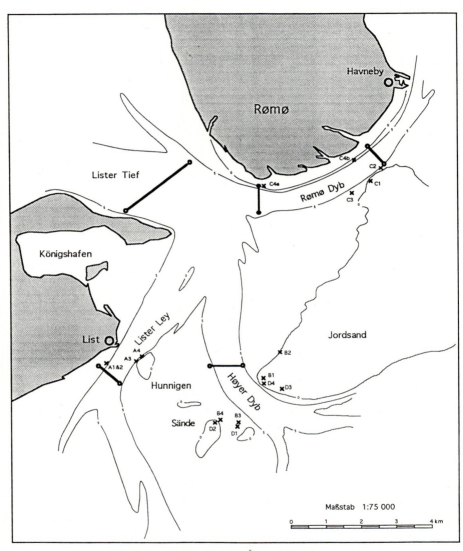

Die Sollprofile der "Ludwig Prandtl"-Fahrten
und die Positionen der Wattstrommesser
Angegeben sind die Küstenlinie, die 5m-Linie und Kartennull (= NN - 1m)

Abb. 1. Lage der untersuchten Querschnitte im Sylt-Rømø Tidebecken. Angegeben sind die Küstenlinien, die 5 m-Linie und Kartennull (NN -1 m). Zusätzlich zu den Sollprofilen sind auch die Positionen der Wattstrommesser eingetragen

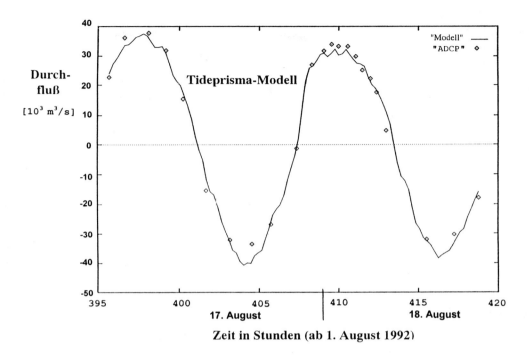

Abb. 2. Vergleich von ADCP- und Modell-Durchflußganglinien für den 17./18. August 1992 im Lister Tief

An Meßsystemen wurden auf der LUDWIG PRANDTL ein akustisches Dopplersonar (1,2 Mhz-ADCP; Fanger & Kolb, 1992) und ein nach der Moving-boat-Methode arbeitendes Multiparametersondensystem (Fanger et al., 1990) eingesetzt, die sich gut ergänzten. Beide Systeme ermöglichten die Bestimmung von Strömungsgeschwindigkeiten in der Vertikalen wie Horizontalen und damit die Ermittlung von Durchflußraten. Nach dieser Methode wurden darüber hinaus auf den Querschnitten raum-zeitliche Verteilungen der Schwebstoffkonzentration, Salinität und Temperatur für mindestens je einen Tidezyklus gemessen.

Besonderes Interesse galt den Durchflußmessungen im Lister Tief. Hier waren mit dem ADCP für eine Doppeltide am 5./6. Aug. 1992 (s. Tab. 1) bei Windgeschwindigkeiten von 5-10 m s^{-1} aus Süd bis Südwest (also bei einer häufig vorkommenden Situation) Durchfluß-Spitzenwerte von 34000 m^3 s^{-1} und ein Halbtidentransport von ca. 520 Mio m^3 (was einem Halbtidemittel von 23000 m^3 s^{-1} entspricht) gemessen worden. In einer einfachen Analyse nach dem sog. "Tide-Prisma-Modell", wonach das sich durch Zu- oder Abfluß verändernde Flutraumvolumen in Pegelstandsänderungen dokumentiert, wurden die hier ermittelten Durchflußraten mit Daten der nicht-trockenfallenden Pegel bei Havneby und List unter Zuhilfenahme der für die Modellierung digitalisierten Topographie nach Art einer Massenbilanz verglichen (Kolb et al., 1994). Mit den hieraus über einen Fit abgeleiteten Parametern, die bereits bei Backhaus et al. (dieser Band) explizit angegeben sind, und entsprechenden Pegeldaten für einen anderen Meßzeitraum (17. und 18. August 1992) wurde ein Modelltidengang des Durchflusses gerechnet. Das Ergebnis (Abb. 2) zeigt einen praktischen Weg auf, wie künftig aus Pegeldaten ohne weitere Messungen Durchflußraten am Lister Tief bestimmt werden können, und gibt eine Vorstellung von der dabei erreichbaren Genauigkeit.

Die Tatsache, daß sich aus den Pegelkurven List/Havneby mit Hilfe einer empirischen Beziehung der Durchfluß durch das Lister Tief relativ genau bestimmen läßt, ist aus folgenden Gründen von besonderer Bedeutung:

- Es können aus den Routine-Pegelmessungen auf diese Weise Jahreswasserbilanzen für die Sylt-Rømø Bucht erstellt werden. Damit ist eine gute Grundlage für die Konzeption eines Dauerbeobachtungsprogramm gegeben.
- Verwendet man diese Durchfluß-Pegelbeziehung in geeigneter Weise als Randbedingung in einem hydrodynamischen Modell, so lassen sich für jeden Punkt in der Sylt-Rømø Bucht Tidekurven für Wasserstand und Strömung berechnen.
- Richtet man im Lister Tief eine Station für Dauermessungen oder regelmäßige Probenahmen ein, so sollten deren Ergebnisse zusammen mit den Wasserbilanzen empirische Aussagen zur Quellen/Senken-Funktion der Sylt-Rømø Bucht erlauben.
- Verwendet man die Ergebnisse der Dauermessungen im Lister Tief zusammen mit den hydrodynamischen Feldern aus den Pegeldaten als Rand- bzw. Eingabewerte für numerische Transportmodelle, so wird im Prinzip eine ökologische Modellierung von Jahresgängen in Teilbereichen der Sylt-Rømø Bucht möglich.

Zusammen mit den Routinemessungen des DWD in der Wetterstation List (s. Backhaus et al., dieser Band) sind damit gute und kostengünstige Voraussetzungen für eine Wahl der Sylt-Rømø Bucht zu einem ökologischen Hauptbeobachtungsgebiet für das Wattenmeer gegeben.

ERGEBNISSE

Messungen

Setzt man die zeitlich aufeinanderfolgend gemessenen Durchflußwerte in den Hauptprielen vom August 1992 in Beziehung zu entsprechenden Daten aus dem Lister Tief (s. Abb. 3), so ergibt sich für den integrierten Halbtide-Durchsatz (Flut bzw. Ebbe), daß durch die Priele in der Summe 72 % bzw. 73 % der durch das Lister Tief transportierten Wassermassen bewegt werden; d.h. über die Eulitoralflächen fließen im Tidemittel nur rd. 27 % des Wassers. Im Maximum der

Strömung ist der Anteil des Prieltransports 75 % bei Flut und 67 % bei Ebbe. Die Differenz kann leicht durch den unterschiedlichen Wasserstand bei maximalem Ebbstrom und bei maximalem Flutstrom erklärt werden. Eine gewisse Vorsicht ist bei diesen Zahlen insoweit geboten, als die Windsituation bei den verschiedenen Profilmessungen nicht konstant blieb. Es fällt auf, daß tendenziell der Durchsatz in den Prielen bei Flut höher ist als bei Ebbe. Das belegen auch die Wiederholungsmessungen vom August 1993 (Abb. 4).

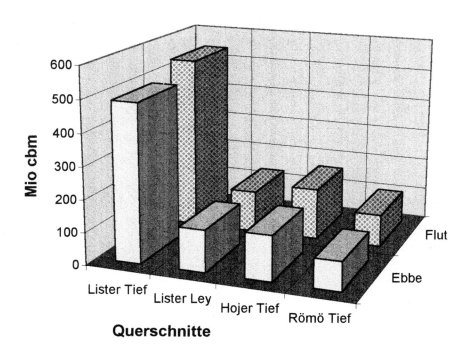

Lister Tief 5./6. Aug. 1992
Lister Ley 11.Aug., Römö Tief 19.Aug., Hojer Tief 20.Aug.1992

Abb. 3. Halbtide-Durchflußmengen für das Lister Tief und die Hauptpriele, August 1992

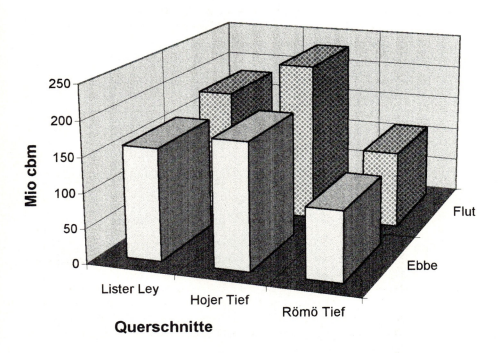

Lister Ley 18.Aug., Hojer Tief 20.Aug., Römö Tief 22.Aug.1993

Abb. 4. Halbtide-Durchflußmengen für die Hauptpriele des Sylt-Rømø Tidebeckens, August 1993

Im folgenden (s. Abb. 5-9) wird auf die experimentell ermittelten Wasserbilanzen näher eingegangen. Die den Abbildungen (mit Ausnahme von 6) zugrundeliegenden Daten wurden über Strömungsmessungen mit einer Bugauslegersonde (konstante Meßtiefe 1,5 m) vom fahrenden Boot aus gewonnen (s.a. Abschnitt METHODEN); für die Vertikalverteilung wurde ein durch zahlreiche frühere Messungen bestätigtes Blasiusprofil angenommen. Die auf diese Weise ermittelten Durchflußraten (in den Abbildungen Meßpunkte mit Fehlerbalken) wurden nach der Methode der kleinsten Fehlerquadrate durch eine Ansatz-Funktion $q_w(t)$ mit einer harmonischen Komponente und einem linearen Trendanteil genähert. Dabei wurden die (3 bis 6) Frequenzen aus astronomischen und Flachwassertiden fest vorgegeben, die Amplituden und Phasen sowie die zwei Konstanten der Trendfunktion als Anpassungsparameter behandelt. Ein Maß für die Güte der Anpassung sind die in

2.3.1 Hydrodynamik im Lister Tidebecken: Messungen und Modellierung

den Abbildungen angegebenen Werte für Chi-Quadrat sowie die Gütezahl Q für die (N - M) Freiheitsgrade. Der Fit ist akzeptabel, wenn Chi-Quadrat in der Nähe von (N - M) liegt und der Wert von Q nicht zu klein ist (Unterschätzung der systematischen Meßfehler) bzw. nicht zu nahe bei 1 (Überschätzung der Meßfehler) liegt. Die Tiden- und Halbtidenbilanzen des Wassertransports (schraffierte Flächen in den Abbildungen) resultieren aus der analytisch durchgeführten Zeitintegration über die Funktion q_W (t) zwischen den Kenterpunkten. Die ebenfalls angegebenen Bilanzunsicherheiten ergeben sich durch Anwendung der Fehlerfortpflanzung (s.a. Brandt, 1992). In Abb. 5, 7, 8, 9 ist nicht nur der Tidengang des Wassertransports (Bild oben), sondern auch die Lateralverteilung (Bild unten) des tidengemittelten (dunkelgrau) bzw. halbtidengemittelten (hellgrau) Wassertransports in *(t/m)* dargestellt.

In den Bilanzen aller 4 Profilmessungen beim Lister Tief, Lister Ley, Højer- und Rømø-Dyb dominiert der Flutstrom (q bzw. V tragen negatives Vorzeichen). Allerdings ist das Bilanzergebnis für das Lister Tief (Abb. 5) mit einer Unsicherheit von ca. 80 % auch mit Null verträglich; d.h. Flut- und Ebbetransport sind hier recht ausgeglichen. Die untere Bildhälfte gibt einen Hinweis, weshalb die Bilanz schwierig ist: Bei Ebbstrom überwiegt auf diesem Profil der Rømø-seitige Transport, bei Flutstrom ist der Wasserdurchsatz in Syltnähe höher; möglicherweise wurde ein nicht unwesentlicher Teil des Fluttransports in Ufernähe nicht erfaßt. Die recht komplexe Strömungsverteilung über den Querschnitt am Lister Tief wird auch in Abb. 6 erkennbar, wo in zwei "Momentaufnahmen" des ADCP-Systems eine Situation bei vollem Flutstrom (oben) und eine beim Kenterpunkt Flut gezeigt ist. Diese Verteilung ist in einer 3D-Modellierung (Burchard, 1995) gut reproduzierbar.

Bei der Lister Ley (Abb. 7) mit signifikant größerem Fluttransport dominiert nahezu über den gesamten Querschnitt der Flutstrom; lediglich ein schmaler Streifen in Syltnähe zeigt einen größeren Ebbstromtransport. Ähnlich, noch homogener ist die Verteilung des in der Bilanz überwiegenden Flutstromtransports beim Querschnitt im Hojer Dyb (Abb. 8), und beim Rømø-Dyb 1 (Abb. 9) nimmt das Übergewicht des Flutstromtransports in südlicher Richtung (gegen Sylt) zu. - Die Dominanz des Flutstroms im Hojer Dyb wird auch durch die zu einer anderen Zeit durchgeführten Aanderaa-Strömungsmessungen von Köster et al. (1995) bestätigt; für den ideellen mittleren Stromweg ergab sich in der Flutphase 11 km, in der Ebbphase 7 km. In der Lister Ley dagegen waren bei jenen Messungen die mittleren Stromwege in den beiden Tidephasen etwa gleich groß, wenn man von einer Starkwindlage aus westlicher Richtung absieht.

Da es wenig wahrscheinlich ist, daß bei allen Profilmessungen der Flutraum am Ende der Meßaktion größer war als zu Beginn, bleibt anzunehmen, daß der Flutstrom sich auf die Priele konzentriert, während der Ebbstrom zu einem größeren Anteil die Wattflächen überströmt. Köster et al. (1995) kommen durch Messung der Strömungen in den angrenzenden Wattgebieten zu der Auffassung, daß der flutorientierte Reststrom im Højer Dyb durch einen ebborientierten Reststrom in der Lister Ley teilweise kompensiert wird. Letzteres braucht nicht im Widerspruch zu den mit der LUDWIG PRANDTL durchgeführten Querschnittsmessungen zu stehen, wenn man die starke Abhängigkeit von der Wetterlage berücksichtigt.

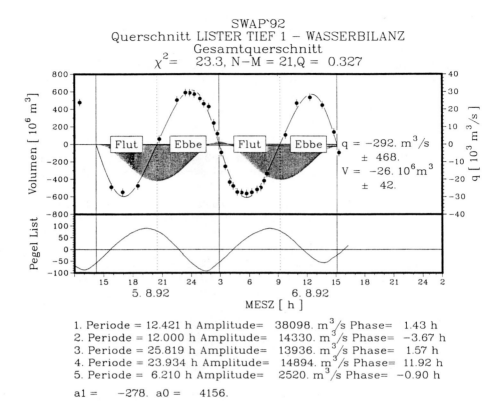
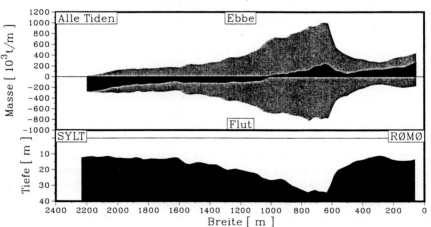

Abb. 5. Wasserbilanz und Lateralverteilung des Wassertransports im Lister Tief, August 1992

2.3.1 Hydrodynamik im Lister Tidebecken: Messungen und Modellierung 171

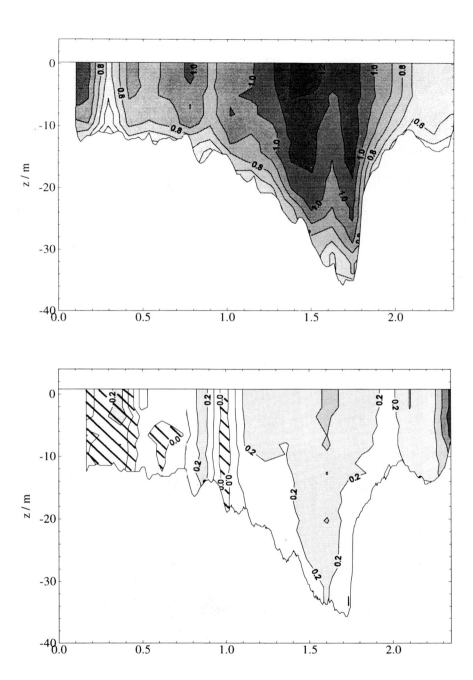

Abb. 6. Mit dem ADCP gemessene Strömungsverteilung im Querschnitt Lister Tief. Oben: voller Flutstrom. Unten: Kenterpunkt Flut

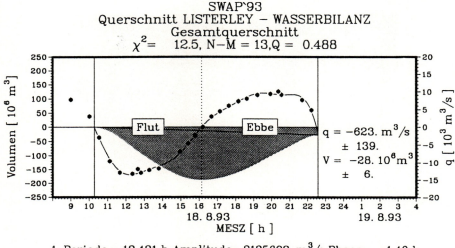

1. Periode = 12.421 h Amplitude= 2125692. m³/s Phase= −1.40 h
2. Periode = 12.000 h Amplitude= 1865539. m³/s Phase= 4.38 h
3. Periode = 25.819 h Amplitude= 2039912. m³/s Phase= 5.16 h
4. Periode = 23.934 h Amplitude= 2302519. m³/s Phase= −7.73 h
5. Periode = 6.210 h Amplitude=   5942. m³/s Phase= 1.66 h
6. Periode = 3.105 h Amplitude=   649. m³/s Phase= 1.06 h

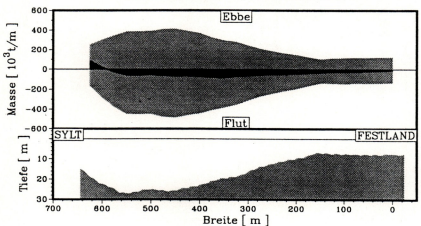

Abb. 7. Wasserbilanz und Lateralverteilung des Wassertransports in der Lister Ley, August 1993

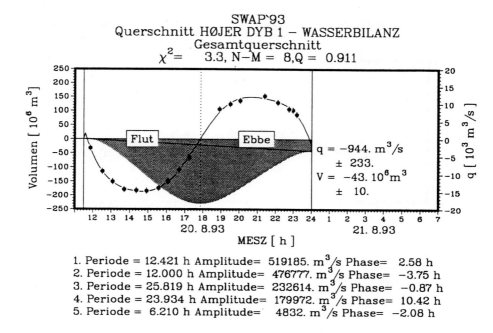

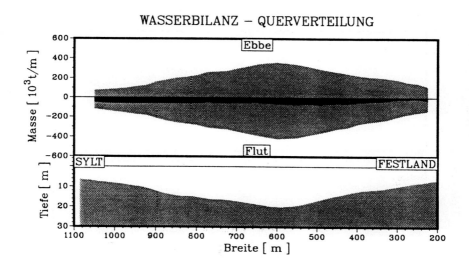

Abb. 8. Wasserbilanz und Lateralverteilung des Wassertransports im Hoyer Dyb, August 1993

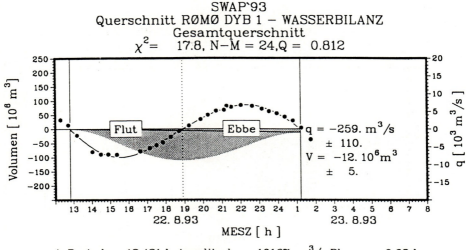

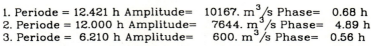

Abb. 9. Wasserbilanz und Lateralverteilung des Wassertransports im Rømø-Dyb, August 1993

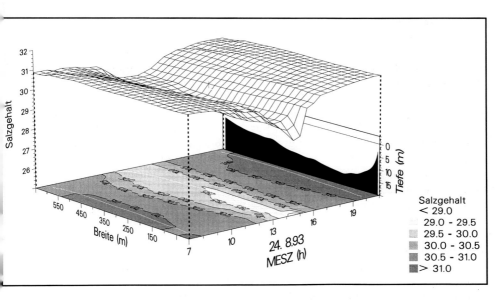

Abb. 10. Tidengang der Salinität (3-dimensionale Darstellung und Isolinienbild) an einem Querschnitt im Rømø-Tief am 24. August 1993, Niedrigwasser: 14:30 Uhr MESZ (Mitteleuropäische Sommerzeit)

Die Daten aus Temperatur- und Salzgehaltsmessungen, die mit Multiparametersonden (bzw. CTD-Sonden) auf den Forschungsschiffen HEINCKE und LUDWIG PRANDTL gewonnen wurden, geben als Tracer für die bewegten Wasserkörper zusätzliche Informationen zum Strömungsgeschehen in Teilgebieten des Sylt-Rømø Watts:

1. Die Temperatur weist je nach topographischer Umgebung, Tages- und Jahreszeit typische Trends und Schwankungen auf, die qualitativ verständlich sind und die für thermodynamische Betrachtungen auch quantitativ für konkrete Situationen verwendet werden könnten. Dies soll an dieser Stelle nicht im einzelnen erörtert werden.
2. Der Salzgehalt, der vom Frischwasserzufluß, von Einleitungen, sowie von Verdunstung und Niederschlag abhängt, unterliegt im betrachteten Gebiet nur geringen Schwankungen. An den untersuchten Querschnitten in den Hauptprielen fiel die Salinität jeweils am Ende des Ebbstroms um bis zu 1-2 ab, im Rømø-Tief ging sie sogar auf der ganzen Breite von 31 auf 28,5 zurück (s. Abb. 10). Dies ist ein deutlicher Hinweis darauf, daß die Einträge der kleinen Süßwasserzuflüsse ins Wattgebiet nicht zu vernachlässigen sind. Dieser Effekt scheint beim Rømø-Tief vor allem wegen der aus früheren Messungen im Sylt-Rømø Watt bekannten Zirkulation im Gegenuhrzeigersinn besonders groß zu sein, welche die Süßwasserimporte vom Festland durch den Priel beim Römö-Tief vorbeiführt (s.a. Hickel, 1984).

Auffällig war eine in der ersten Flutstromphase (1 h nach K_e) gemessene Salinitätsabnahme um 0,4 bis 1,0 an einer Ankerstation beim Lister Tief nördlich des Ellenbogens. Dies wurde regelmäßig bei allen Meßeinsätzen beobachtet, obwohl in dieser Tidephase das einströmende salzhaltigere Nordseewasser eher einen Anstieg im Salzgehalt bewirkt haben müßte. Für den entgegengesetzten Effekt verantwortlich ist wahrscheinlich ein durch ständige Abwassereinleitungen der Kläranlagen von Kampen und List ausgesüßter Wasserkörper; beide Anlagen leiten pro Tide durchschnittlich 1100 m³ in das Einzugsgebiet der Lister Ley ein. Mit Tracerrechnungen konnte gezeigt werden, daß Teilchen, die in der Lister Ley südwestlich von List Hafen eingesetzt werden, mit ablaufendem Wasser bis in den Bereich der Ellenbogenspitze gelangen können. Es ist anzunehmen, daß der bei Ebbstrom vorhandene Lee-Wirbel nördlich des Ellenbogens dafür sorgt, daß der ausgesüßte Wasserkörper bei ablaufendem Wasser noch nicht, sondern erst mit dem beginnenden Flutstrom in den Bereich der Ankerstation kommt.

Modellierung

Für die unterschiedlichen Fragestellungen wurde das Untersuchungsgebiet in fünf Boxen bzw. Kompartimente eingeteilt (Backhaus et al., dieser Band, Abb. 1). Die Flächen dieser Kompartimente und ihre prozentualen Anteile an der Gesamtfläche (GF) sind in Tab. 2 wiedergegeben.

Für die Modellierung wurden Trockenflächen als Zonen definiert, die während der Simulation nicht überflutet werden; ihr Anteil beträgt nur 2 % der Gesamtfläche (GF). Entsprechend sind Eulitoralflächen mit ca. 32 % GF solche, die zwischen dem mittleren Tidehochwasser und dem mittleren Tideniedrigwasser trockenfallen. Das Sublitoral wurde in eine flache Zone (53 % GF) bis zur 5 m-Linie unter der unteren Eulitoralgrenze und eine tiefe Zone (13 % GF) unterteilt. In der Karte von Abb. 11 sind diese Zonen für das gesamte Untersuchungsgebiet in verschiedenen Farben dargestellt. Die Flächenaufteilung dieser Zonen in den verschiedenen Kompartimenten ist durch das Diagramm im unteren Teil dieser Abbildung wiedergegeben.

Tabelle 2. Kompartimentflächen und ihr prozentualer Anteil an der Gesamtfläche von 447 km²

BOX	1	2a	2b	3	4a	4b	5a	5b
Fläche	5,90	47,60	117,20	91,45	63,32	41,98	39,08	39,23
Anteil %	1,32	10,67	26,29	20,51	14,20	9,41	8,76	8,80

2.3.1 Hydrodynamik im Lister Tidebecken: Messungen und Modellierung 177

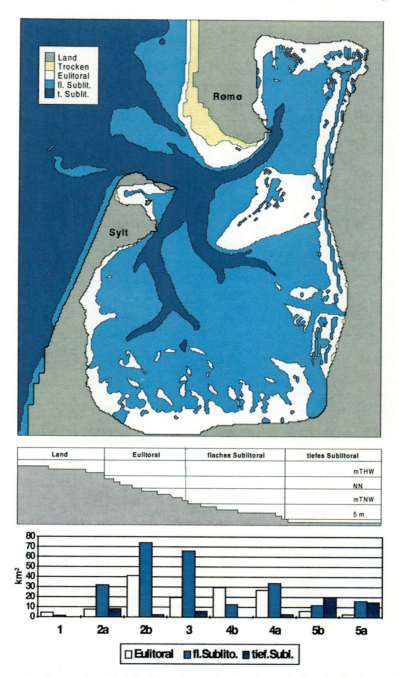

Abb. 11. Zonierung des Modellgebiets in Land-, Trocken-, Eulitoral-, flache und tiefe Sublitoralflächen (oben). Tiefendefinition der Zonierung (Mitte). Aufteilung der verschiedenen Zonen auf die einzelnen Kompartimente (unten).

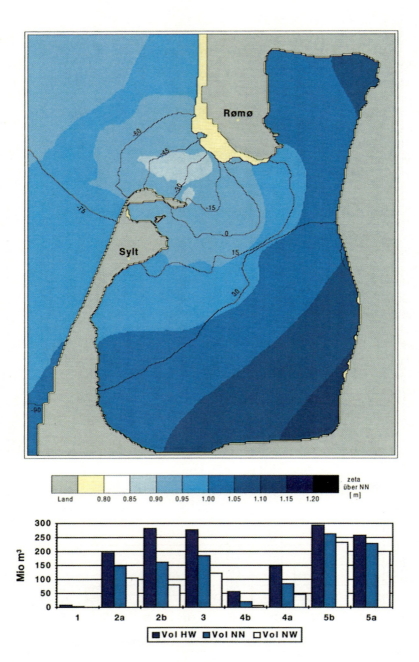

Abb. 12. Flächen gleicher Wasserstandsauslenkung (zeta) und Linien gleicher Eintrittszeit (min) im Sylt-Rømø-Tidebecken. Wasservolumina (10^6 m^3) der einzelnen Kompartimente während Hoch- und Niedrigwasser sowie bei Normalnull (unten)

2.3.1 Hydrodynamik im Lister Tidebecken: Messungen und Modellierung

Es zeigt sich, daß 80 % der tiefen Sublitoralfläche in den Boxen 5a und 5 b (Lister Tief) sowie in der Box 2a (Lister Ley) liegen. In den flachen Kompartimenten 1 (Königshafen) und 4b (Jordsand) ist kein tiefes Sublitoral vorhanden. 83 % der Gesamtfläche des flachen Sublitorals liegen in den Boxen 2a, 2b, 3 und 4a. In den restlichen Kompartimenten ist dieser Flächenanteil jeweils ca. 5 % (im Königshafen aber nur 0,5 %). Die Hauptanteile der Eulitoralfläche (85 %) ergeben sich in den Boxen 2b, 3, 4a und 4b. In den anderen Kompartimenten liegen die Flächenanteile jeweils unter 5 %. Nur in den Boxen 1 und 4b überwiegt die Eulitoralfläche die Sublitoralfläche um mehr als das Doppelte. Dies bedeutet, daß hier relativ zur Gesamtfläche eine große Überflutungsfläche vorhanden ist.

Sämtliche Simulationsrechnungen wurden mit einem zweidimensionalen, vertikal integrierenden Strömungsmodell für Flachwassergebiete (Backhaus et al., 1995) durchgeführt. Überflutungs- und Trockenfallsituationen wurden mit einem speziellen Algorithmus berücksichtigt. Der Gitterabstand betrug 100 m, der verwendete Zeitschritt war 12 s. Für die Modellsimulation wurde ein konstanter Westwind von 5 m s^{-1} angenommen.

Das aus dem Modell resultierende Strömungsgeschehen über eine volle Tideperiode in der Sylt-Rømø Bucht wurde bereits von Backhaus et al. (dieser Band) ausführlich (im Stundentakt) dargestellt. Die Ergebnisse lassen sich wie folgt zusammenfassen: Das Strömungsregime ist geprägt durch die Gezeitenwelle, die alle 12,4 Stunden aus der Nordsee in das betrachtete Gebiet einläuft. Die Gezeitenwelle kommt aus südwestlicher Richtung und erreicht den Eingang am Lister Tief 30 min, den Hafen von List etwa 100 min nach Westerland. Innerhalb des Beckens breitet sich die Welle relativ gleichförmig über die flachen Gebiete aus und gelangt ca. 30 min nach List Hafen an den Hindenburgdamm. Somit dreht sich die Gezeitenwelle um eine virtuelle Amphidromie im Gebiet des Lister Ellenbogens. Für den Umlauf um den nördlichen Teil der Insel Sylt benötigt sie etwa 2 Stunden. Die Hochwasserhöhe nimmt vom Lister Tief aus mit 85-95 cm NN zu den flachen Küstenbereichen innerhalb des Beckens kontinuierlich zu bis über 110 cm NN. In Abb. 12 sind Linien gleicher Hochwassereintrittszeit und Flächen gleicher Hochwasserhöhe im Becken dargestellt.

Aus der von Backhaus et al. (dieser Band) ebenfalls beschriebenen Reststromverteilung sei noch einmal hervorgehoben, daß die Reststromgeschwindigkeit i.a. den Wert von 10 cm s^{-1} nicht übersteigt; Spitzengeschwindigkeiten von bis zu 50 cm s^{-1} treten vor allem an der Ellenbogenspitze und in Bereichen größerer Tiefengradienten auf. Die aus Beobachtungen gestützte Vermutung, daß ein großer zyklonaler Reststromwirbel sich über die gesamte Sylt-Rømø Bucht erstreckt (Hickel, 1984), wird durch dieses Modell nicht bestätigt. Statt dessen scheinen mehrere zyklonale und antizyklonale Wirbel (mit sehr kleinen Reststromgeschwindigkeiten) das Feld zu beherrschen.

Im folgenden wird näher auf die Modellaussagen an Querschnitten der vier großen Rinnen dieser Bucht eingegangen, wobei der Querschnitt am Lister Tief als Grenze zwischen den Kompartimenten 5a und 5b, als Passage zwischen freier Nordsee und Wattenmeer, besonders ausführlich diskutiert wird.

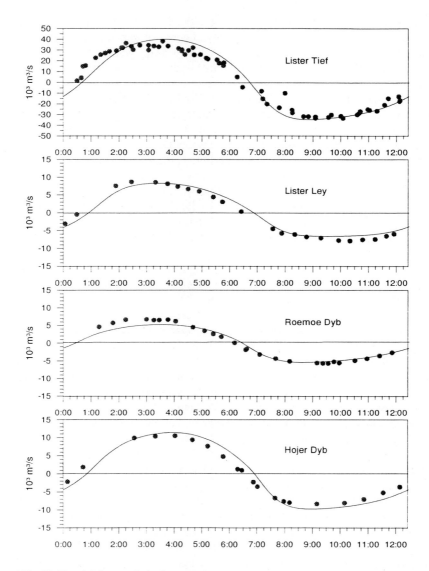

Abb. 13. Vergleich von (mit dem ADCP im August 1992) gemessenen und gerechneten Durchflußraten im Lister Tief

Die mit dem ADCP-System im August 1992 gemessenen Durchflußraten für das Lister Tief und die drei Hauptpriele wurden mit dem 2D-Modell nachgerechnet (Abb. 13). Bei den Berechnungen stellte sich heraus, daß der Bodenreibungskoeffizient einen erheblichen Einfluß auf die Durchflüsse hat. Bei Annahme einer konstanten Bodenreibung, wie sie häufig in Flachwassermodellen verwendet wird, werden die berechneten differentiellen Durchflüsse teilweise bis zu 30 % über-

2.3.1 Hydrodynamik im Lister Tidebecken: Messungen und Modellierung

schätzt und die Phase weicht 30 min und mehr ab. Für die Ergebnisse, die in Abb. 12 wiedergegeben sind, wurden tiefenabhängige Reibungskoeffizienten benutzt. Modellierung und Experiment stimmen offensichtlich gut überein; die Phase ist lediglich um etwa 10 min verschoben. Die noch vorhandenen Unterschiede könnten auf eine topographiebedingte Abweichung der Durchflußfläche bzw. durch die (sicher nicht korrekte) Annahme einer konstanten Bodenrauhigkeit (10 cm) erklärt werden.Der Vergleich Modell-Experiment ist für Maximalwerte der differentiellen Durchflüsse in Tab. 3 tabellarisch dargestellt. Daraus geht hervor, daß auch im Modell die maximalen Durchflußwerte bei auflaufendem Wasser um ca. 10-20 % höher sind als bei ablaufendem Wasser. Dies stützt die obengenannte Hypothese.

Das nachfolgend analysierte Profil mit einer Länge von 6,6 km beim Lister Tief erstreckt sich über 47 Modellgitterpunkte und wird an beiden Seiten durch einen Landpunkt begrenzt. Demgegenüber betrug die Länge des gemessenen Profils nur ca. 2,3 km; der Unterschied wird verständlich, wenn man das ausgedehnte Gebiet vom Havsand/Rømø betrachtet, das nur bei Hochwasser überflutet wird. In der Abb. 14 läßt sich die zeitliche Entwicklung der Strömung über eine vollständige Tide verfolgen, wobei in dieser Abbildung über dem Tiefenprofil und der Reststromverteilung (unten) in Farbflächen die Normalkomponente der Strömungsgeschwindigkeit in den Koordinaten Tide-Zeit (von unten nach oben) gegen die Distanz vom Syltufer auf dem Profil aufgetragen ist. Rote Farbtöne entsprechen dem Flutstrom (SO), blaue dem Ebbstrom (NW):

Zum Zeitpunkt des Niedrigwassers List Hafen herrscht noch Ebbstrom vor mit Maximalgeschwindigkeiten von bis zu 60 cm s^{-1} in der tiefen Rinne; Ausnahme ist ein Bereich am Ellenbogen mit einer entgegengesetzten Strömung bis zu 40 cm s^{-1}. Diese wird durch die Rezirkulation eines Leewirbels verursacht. Der Kenterpunkt der Strömung wird 35-40 min nach Niedrigwasser (TNW) List Hafen erreicht. Zu diesem Zeitpunkt hat sich der Leewirbel aufgelöst. - Der Flutstrom erstreckt sich dann über die volle Breite des Profils. Das Maximum mit Strömungsgeschwindigkeiten bis zu 120 cm s^{-1} im Bereich zwischen Ellenbogen und der tiefen Rinne wird 4 Stunden nach TNW List Hafen erreicht. Bereits 2 Stunden nach Niedrigwasser setzt die Überflutung des Havsandes ein und erreicht 3,5 Stunden nach dem Beginn ihre maximale Ausdehnung. Dabei wird auf dem Profil ein Trockenbereich von ca. 1000 m Breite überflutet.

Der Flutstrom hält im Lister Tief noch 30 min nach Hochwasser (THW) List Hafen an. Zum Kenterzeitpunkt findet sich lediglich im überfluteten Bereich von Havsand noch eine nach SO gerichtete Strömung von max. 10 cm s^{-1}. Kurz darauf dehnt sich der Ebbstrom auf die volle Breite des Lister Tiefs aus und bleibt so für 90 min erhalten. Danach baut sich der bereits erwähnte Leewirbel im Strömungsschatten des Ellenbogens wieder auf. Die Rezirkulationsgeschwindigkeit erreicht kurz vor TNW Werte von über 30 cm s^{-1}. Im Ebbstrom treten maximale Geschwindigkeiten von bis zu 140 cm s^{-1} in nordwestlicher Richtung auf.

Tabelle 3. Maximalwerte von Durchflüssen in 10^3 m^3 s^{-1}, berechnet und gemessen (August 1992)

	Ebbstrom		Flutstrom	
	berechnet	gemessen	berechnet	gemessen
Lister Tief	33,09	33,60	39,11	37,80
Lister Ley	6,57	7,93	8,31	8,65
Hojer Dyb	10,30	8,37	11,90	10,40
Rømø Dyb	5,37	5,75	5,21	6,70

Diese Strömungen sind räumlich begrenzt auf den Bereich der tiefen Rinne im Lister Tief. Sie liegen im Gegensatz zur Position der maximalen Flutstromgeschwindigkeit (120 cm s^{-1}) weiter vom Lister Ellenbogen entfernt. Das heißt, die Einengung des Ebbstroms wird durch höhere Geschwindigkeiten kompensiert. Der Wasserdurchsatz durch den Profilschnitt beträgt ca. 1,45 km^3 während einer Tide.

Die Gezeitenrestströme auf dem Profilschnitt weisen im Bereich des überfluteten Havsandes und nahe beim Ellenbogen in östliche Richtung. Im zentralen Teil zeigt der Reststrom nach Nord bis Nordwesten. Die Geschwindigkeitsbeträge fallen von der Sylter Küste von 35-40 cm s^{-1} auf 5 cm s^{-1} im tiefen Rinnenbereich ab.

Aus der detaillierten Darstellung des über Modell simulierten Strömungsgeschehens wurde deutlich, daß viele der auch in den Feldmessungen beobachteten Phänomene auftreten - wie es auch sein muß, wenn die Modellierung die natürlichen Prozesse richtig abbildet. Darüber hinaus aber ist über die Modellierung ein Detaillierungsgrad und eine zeitlich lückenlose, flächendeckende Analyse möglich, wie sie durch Felduntersuchungen nie erreichbar wäre.

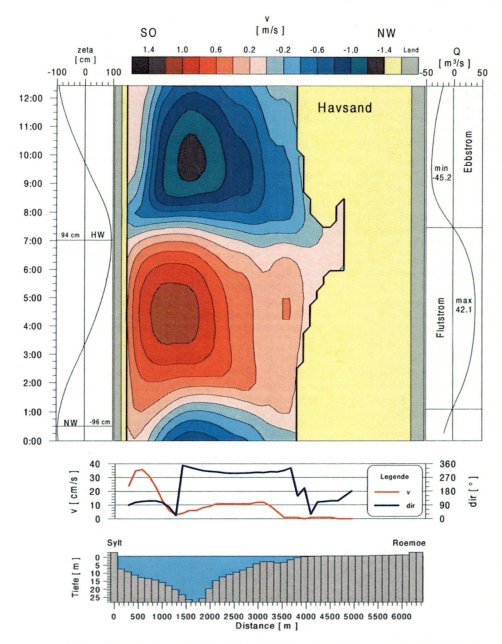

Abb. 14. Zeitliche Entwicklung der Normalkomponente der Strömungsgeschwindigkeit auf einem Profilschnitt im Lister Ellenbogen in nordöstlicher Richtung (oben). Links: Wasserstand (zeta) bei List Hafen. Rechts: Durchfluß durch das Profil. Mitte: Reststromgeschwindigkeit und -richtung. Unten: Tiefenverteilung bezogen auf NN

LITERATUR

Backhaus, J., Hartke, D. & Hübner, U.; 1995. Hydrodynamisches und thermodynamisches Modell des Sylter Wattenmeeres. - SWAP-Abschlußbericht Teilprojekt 4.1 a.

Backhaus, J., Hartke, D., Hübner, U., Lohse, H. & Müller, A., 1997. Hydrographie und Klima im Lister Tidebecken. - In: Gätje, C. & Reise, K. (Hrsg.): Ökosystem Wattenmeer - Austausch-, Transport- und Stoffumwandlungsprozesse, Springer-Verlag, Heidelberg, Berlin, S. 39-54.

Brandt, S., 1992. Datenanalyse. B.I. Wissenschaftsverlag, Mannheim 1992.

Burchard, H.,1995. Turbulenzmodellierung mit Anwendungen auf thermische Deckschichten im Meer und Strömungen in Wattengebieten. Dissertation Universität Hamburg. - GKSS 95/E/30.

Fanger, H.-U., Kappenberg, J., Kuhn, H., Maixner, U. & Milferstädt, D., 1990. The Hydrographic Measuring System HYDRA. In: Michaelis, W. (Ed.), Estuarine Water Quality Management, Ser. Coastal and Estuarine Studies, Springer Verlag Berlin, Heidelberg, New York, pp 211-216.

Fanger, H.-U., Kappenberg, J., Kolb, M. & Müller, A.; 1995. Wasser- und Schwebstofftransport im Sylt-Rømø Wattenmeer. - SWAP-Abschlußbericht, Teilprojekt 4.3a

Fanger, H.-U. & Kolb, M., 1992. Hydrographische Meßtechnik zur Untersuchung von Transportvorgängen in der Elbe. Kongreß "Umweltmeßtechnik" an der Universität Leipzig, 26.-28.Februar 1992. VDI-Tagungsbericht Ste. 125-145; GKSS 92/E/108.

Hickel, W., 1984. Seston in the Wadden Sea of Sylt (German Bight, North Sea). - Neth. J. Sea Res. *10*, 113-131; Texel

Köster, R., Austen, G., Austen, I., Bayerl, K.-A. & Ricklefs, K. , 1995. Sedimentation, Erosion und Biodeposition. - SWAP-Abschlußbericht, Teilprojekt 1.2b/3.1.

Kolb, M., Rudolph, E. & Schiller, H., 1994. ADCP-measured fluxes through channels of the North Frisian Sea and Modelling Results. - 2nd European Conference on Underwater Acoustics. Copenhagen, 4-8 July, 1994.

2.3.2
Schwebstofftransport im Sylt-Rømø Tidebecken: Messungen und Modellierung

Transport of Suspended Matter in the Sylt-Rømø Tidal Basin: Measurements and Modelling

G. Austen[1], H.-U. Fanger[2], J. Kappenberg[2], A. Müller[2], M. Pejrup[3], K. Ricklefs[1], J. Ross[2], & G. Witte[2]

[1]*Forschungs- und Technologiezentrum Westküste der Universität Kiel, Hafentörn, D-25761 Büsum,*
[2]*GKSS-Forschungszentrum, Max-Planck-Straße, D-21502 Geesthacht,*
[3]*Kobenhavns Universitet, Øster Voldgade 10, DK-1350 Copenhagen*

ABSTRACT

It could be shown that the concentration of seston - typically with median diameters of less than 30 µm - increases from a few mg l^{-1} at Lister Tief to 100 mg l^{-1} or more towards the high-water coastline within the basin. In these areas of high concentration one finds enhanced siltation/sedimentation which is probably caused by intensified coalescence processes leading to higher mean settling velocities. Tidal pumping due to the asymmetry of the tidal currents might be the reason for the landward directed transport. In shallow waters, however, local erosion processes by seawaves also play an important role. An example of modelling performed for a position in the west of Jordsand, having a water depth of 2 m, revealed that under conditions of constant west wind of 5 m s^{-1}, the bottom shear stress of sea waves exceeds, for any tidal phase, by far that of tidal currents. Several current and seston measurements performed at cross sections of the main gullies and at Lister Tief over full tidal cycles confirmed in some cases the suggested landward transport of suspended sediment; in most cases, however, the semitidal transports were well balanced within the experimental error.

ZUSAMMENFASSUNG

Hinsichtlich der Verteilung der Schwebstoffe, die im betrachteten Gebiet mittlere Durchmesser von < 30 µm aufweisen, wird festgestellt, daß die Konzentrationen vom Lister Tief zum Buchtinneren des Sylt-Rømø Watts in Richtung Hochwasserlinie von einigen mg l^{-1} bis (vereinzelt) auf über 100 mg l^{-1} ansteigen. In diesen

Bereichen hoher Konzentration findet auch Schlickbildung bzw. Sedimentation statt, was durch vermehrte Flockungsprozesse zu erklären ist, die zu einer signifikanten Erhöhung der mittleren Sinkgeschwindigkeit führen. Für den Anstieg der Konzentration könnte ein durch die Asymmetrie der Tideströmung (tidal pumping) bewirkter landwärts gerichteter Transport verantwortlich sein. Daneben spielen aber, vor allem in flacheren Gebieten, lokale Erosionsprozesse durch Seegang eine Rolle. An einem Modellier-Beispiel für eine 2 m tiefe Stelle westlich des Jordsandes wurde quantitativ gezeigt, daß bei einem konstanten mäßigen Westwind von 5 m s^{-1} die durch Seegang erzeugte Bodenschubspannung über die gesamte Tide größer ist als die der Strömung. Mehrere, an Querschnitten der Hauptpriele und des Lister Tiefs unter Schwachwindbedingungen über je eine volle Tide durchgeführte Strömungs- und Schwebstoffmessungen bestätigten in einigen Fällen den oben angedeuteten landwärts gerichteten Schwebstofftransport, ergaben aber zumeist im Rahmen der Fehlergrenzen relativ ausgeglichene Schwebstofftransportbilanzen.

EINLEITUNG

Eine vertiefte Kenntnis über die Verteilung und Beschaffenheit der im Wasser des Sylt-Rømø Wattenmeeres schwebenden partikulären Stoffe ist von erheblicher Bedeutung bei der Bewertung von Austauschvorgängen. Dies liegt darin begründet, daß Schwebstoffe Träger für viele Schad- und Nährsubstanzen sind. Betrachtet man die Schwebstoffe weiterhin als suspendierte Sedimente, so spielen sie auch eine wichtige Rolle im Hinblick auf die Sedimentbilanz und damit für die morphologische Stabilität des Lebensraums Watt.

Unter dem Begriff Schwebstoff wird hier die Gesamtheit des im Wasser schwebenden toten und lebenden Materials verstanden, aus dem sich Sedimente bilden können. Das so beschriebene Schwebmaterial oder Seston besteht nach Dietrich et al. (1975) aus drei Komponenten:

- den mineralischen Feststoffen,
- dem Detritus, der aus feinem anorganischen und organischen Zerreibsel vorwiegend biogener Herkunft besteht und
- dem Plankton - also den im Wasser schwebenden pflanzlichen und tierischen Lebewesen.

Die Charakterisierung des Sestons erfolgt mit Hilfe übergreifender Kenngrößen wie Konzentration, Sinkgeschwindigkeit, Korngrößenverteilung, Glühverlust und Gehalt an partikulärer organischer Substanz.

METHODEN

Messungen

Zur Bestimmung der räumlichen Verteilung des Sestons in den Hauptwattstromrinnen und im Königshafen sind vom Schiff aus Vertikalprofilmessungen der optischen Transmission durchgeführt worden. Diese Meßergebnisse werden anschließend mit einem digitalen Geländemodell (SURFER, Golden Software) (z. T. nach Umrechnung der Transmissionswerte in Feststoffkonzentrationen) im Falle der Rinnen zu interpolierten Längsschnitten oder im Falle des Königshafens zu interpolierten flächenhaften Verteilungen verrechnet. Die zeitliche Variabilität von Schwebstoffverteilungen ist weiterhin an verschiedenen Orten des Sylt-Rømø Watts (Ankerstationen, automatisch registrierende Meßsonden, manuelle Beprobungen auf den Wattflächen) ermittelt worden. Die Bestimmung der Schwebstoffkonzentration erfolgt bei Einzelproben durch Vakuumfiltration mit Hilfe von Glasfaserfiltern mit einem Rückhaltevermögen von 0,7 bzw. 0,45 µm. Die Umrechnung der Trübungswerte geschieht mit Hilfe von Kalibrierbeziehungen, die die jeweiligen Gegebenheiten am Meßort berücksichtigen.

Für die Ermittlung der Schwebstoffsinkgeschwindigkeiten werden sog. Owen-Rohre eingesetzt. Der eigentliche Sinkversuch geschieht nach dem in seinen Grundzügen bei Owen & Eng (1976) beschriebenen Bodenabzugsverfahren.

Die Analyse der Korngrößenzusammensetzung von Schwebstoffproben erfolgt mit einem CIS-1 Lasergranulometer (Austen et al., 1992; Reinemann & Schemmer, 1993). Bei der Analyse wird zwischen dispergiertem, von organischen Komponenten befreiten Schwebmaterial und naturbelassenen Suspensionen unterschieden, die ohne weitere Behandlung kurz nach der Entnahme untersucht werden. Der Glühverlust wird in Anlehnung an die DIN 38409 ermittelt. Die Bestimmung des Gehaltes an partikulärem organischen Kohlenstoff (POC) geschieht nach der vollständigen Verbrennung zu CO_2 coulombmetrisch oder durch Infrarot-Spektroskopie.

Im folgenden wird - in Analogie zu den in Kap. 2.3.1 (Abb. 5-9) beschriebenen Wasserbilanzen - auch auf experimentell ermittelte Schwebstoffbilanzen (Abb. 15-18) näher eingegangen. Die hierfür zugrundeliegenden, im Lister Tief und den Hauptprielen durchgeführten Querschnittsmessungen sind dort hinsichtlich Position, Zeit und meteorologischer Situation in Tab.1 des Kap. 2.3.1 aufgelistet. Die den Abbildungen zugrundeliegenden Daten wurden aus Trübungsmessungen mit einer Bugauslegersonde (konstante Meßtiefe ca. 1,2 m) des auf festen Querprofilen fahrenden Bootes (LUDWIG PRANDTL) gewonnen; zur Ermittlung der Vertikalverteilung dienten entsprechende Messungen mit einer Multiparameter-Fiersonde an 2 bis 5 (je nach Profillänge) festgelegten Positionen auf den genannten Profilen. Der Zusammenhang zwischen Trübung und Feststoffkonzentration wurde in gewohnter Weise über Kalibrierung anhand von synchron zu den Messungen genommenen Wasserproben und konventioneller Schwebstoffbestimmung nach Druckfiltrierung mit 0,45 µm Filterporenweite hergestellt.

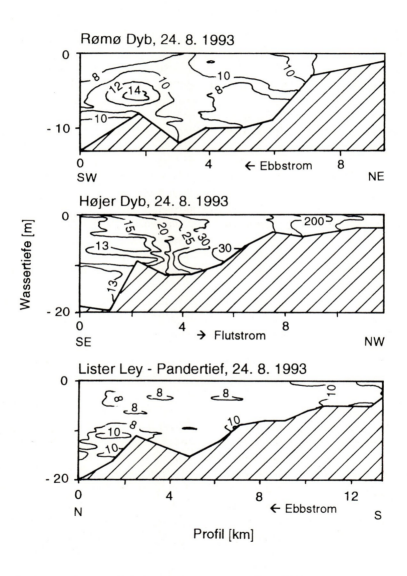

Abb. 1. Längsschnitt der Schwebstoffverteilung [mg l^{-1}] um Tideniedrigwasser in den drei Hauptstromrinnen

2.3.2 Schwebstofftransport im Sylt-Rømø Tidebecken: Messungen und Modellierung

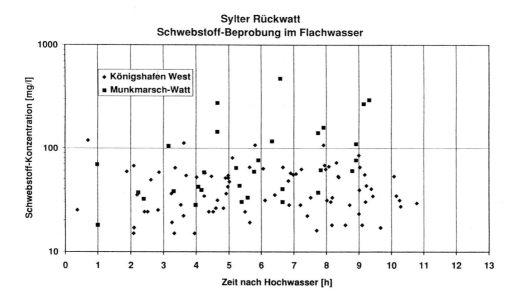

Abb. 2. Zeitreihe der Schwebstoffkonzentration in Flachwassergebieten

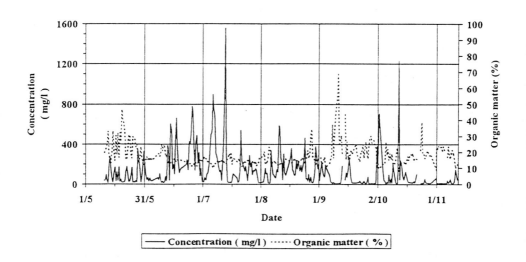

Abb. 3. Zeitreihe der Schwebstoffkonzentration zur Zeit des Tidehochwassers im Watt vor Ballum in 0,3 m über Grund

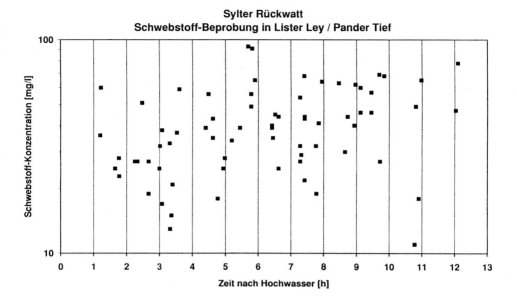

Abb. 4. Zeitreihe der Schwebstoffkonzentration in Lister/Pander Tief

Die zeitabhängigen Schwebstofftransportraten wurden durch Aufsummation von Produkten aus vertikal gemittelter Schwebstoffkonzentration mit der Durchflußrate in den Lateralinkrementen über den gesamten Querschnitt ermittelt. Die auf diese Weise gewonnenen Transportraten (in den Abbildungen Meßpunkte mit Fehlerbalken) wurden wieder analog zu dem Verfahren für die Durchflußbestimmung (Kap.2.3.1) nach der Methode der kleinsten Fehlerquadrate durch eine Ansatz-Funktion q_S (t) mit einer harmonischen Komponente und einem linearen Trendanteil genähert. Dabei wurden die (4 bis 6) Frequenzen aus astronomischen und Flachwassertiden fest vorgegeben, die Amplituden und Phasen sowie die zwei Konstanten der Trendfunktion als Anpassungsparameter behandelt. Die Tiden- und Halbtidenbilanzen des Schwebstofftransports (schraffierte Flächen in den Abbildungen) resultieren aus der analytisch durchgeführten Zeitintegration über die Funktion q_S (t) zwischen den Kenterpunkten. Die ebenfalls angegebenen Bilanzunsicherheiten für die tidengemittelte Transportrate q_m bzw. die insgesamt in einer Tide (bzw. in zwei Tiden beim Lister Tief) transportierte Schwebstoffmasse M_m ergeben sich durch Anwendung der Fehlerfortpflanzung (s.a. Brandt, 1992). In den Abbildungen ist nicht nur der Tidengang des Schwebstofftransports (Bild oben), sondern auch die Lateralverteilung (Bild unten) des tidengemittelten (dunkelgrau) bzw. halbtidengemittelten (hellgrau) Schwebstofftransports in (t m^{-1}) dargestellt.

2.3.2 Schwebstofftransport im Sylt-Rømø Tidebecken: Messungen und Modellierung

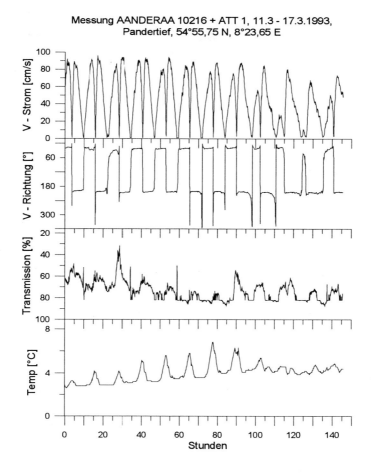

Abb. 5. Zeitreihen von Strömung und Trübung im Pander Tief. Hohe Transmissionswerte bedeuten niedrige Konzentrationswerte, niedrige Transmissionen entsprechend hohe Schwebstoffgehalte

Modellierung

Mit einem numerischen Modell wurden Transport und Verbleib von suspendiertem Feinmaterial im Sylt-Rømø Watt simuliert. Das Schwebstofftransportmodell arbeitet mit einem Lagrangeschen Verfahren. Der Schwebstoff wird hierbei durch Teilchen repräsentiert. Jedes dieser Teilchen trägt eine zeitlich veränderliche Masse an Schwebstoff. Das Modell berechnet nun jeweils den Ort und die Masse eines jeden Teilchens. Die Position eines Teilchens ist dabei abhängig von Strömung, Diffusion und Sinkgeschwindigkeit. Der Schwebstoffgehalt im Inneren des Modellgebietes wird durch die stattfindenen Bodenprozesse bestimmt. Bei Erosion wird dem Wasserkörper Feinmaterial hinzugefügt bzw. durch Ablagerung entzogen. An den seewärtigen Rändern wird das Modell durch die Vorgabe von (zeitlich und räumlich) veränderlichen Schwebstoffkonzentrationen gesteuert. Für einen genaueren Überblick über die Modellphysik siehe Ross (1995) und Ross & Krohn (1996).

ERGEBNISSE

Zusammensetzung und Verteilung der Schwebstoffe

Die räumliche Verteilung der Schwebstoffe im Sylt-Rømø Watt zeigt ausgehend vom Lister Tief deutliche Konzentrationsgradienten in Richtung auf die buchtinneren Abschnitte. Betragen die Sestongehalte im Lister Tief nur wenige mg l^{-1} und liegen damit im Bereich der Konzentrationen in der offenen Nordsee (Eisma, 1981), so steigen sie im inneren Teil des Tiefs am Übergang zu den drei Hauptwattstromrinnen auf etwa 10 mg l^{-1} an. Dieser Wert ähnelt jenen, die in von ihrer Exposition her vergleichbaren Wattgebieten festgestellt wurden (Postma, 1981). Die im Zuge von SWAP ermittelten Variationsbreiten der Schwebstoffkonzentrationen in den beiden Kompartimenten 5 sind gering.

Hinsichtlich der bei durchschnittlichen Wetterlagen auftretenden Schwebstoffkonzentrationen und deren Variationsbreiten gilt ähnliches, wenn auch für Konzentrationsbereiche von einigen Zehn mg l^{-1} für die Rinnen in den beiden Kompartimenten 2a und 2b, im nordwestlichen Teil von Kompartiment 3 und den Abschnitten des Rømø Tiefs mit Wassertiefen von mehr als 3 m in Kompartiment 4a . Im Falle des Systems Lister Ley/Pander Tief sowie im Rømø Tief erfolgt ein starker Anstieg im Bereich der Aufspaltung der Hauptrinne in kleine Priele. Anders ist es im Højer Tief; hier treten meist schon im Mittelabschnitt höhere Schwebstoffgehalte von deutlich über 100 mg l^{-1} auf. Im Bereich des Außentiefs vor der Højer Schleuse können Konzentrationen bei Salzgehaltsverhältnissen, die diesen Abschnitt als eine Art kleines Ästuar ausweisen, auf einige Hundert mg l^{-1} um Tideniedrigwasser ansteigen. Für alle Rinnen gilt, daß erst ab Oberflächenkonzentrationen von 4-5 mg l^{-1} vertikale Gradienten zu beobachten sind, die um so stärker ausfallen, je höher die Konzentrationen sind. Die Ergebnisse der punktuell auf den Wattflächen durchgeführten Konzentrationsbestimmungen zeigen, daß die Schwebstoffgehalte mit weiterer Annäherung an die Hochwasserlinie zunehmen. Der Anstieg ist um so deutlicher, je feinkörniger die in dem Gebiet anstehenden Sedimente sind. Besonders hohe Werte treten beispielsweise über den Schlickgebieten vor Munkmarsch (Abb. 2) und Ballum (Abb. 3) auf.

Die Abb. 2 und 3 zeigen aber auch die große Variationsbreite der Sestongehalte in derartigen Gebieten. Diese kann, wie sich ansatzweise in Abb. 2 andeutet, auf hydrologische Ungleichheiten zurückzuführen sein, wie sie sich im Nipp-Spring-Tidezyklus ergeben. In den Flachstwassergebieten sind es aber besonders auch die kurzzeitig wetterbedingten Einflüsse, die z. B. über die erodierende Wirkung von Windwellen zu der erwähnten hohen Variabilität beitragen.

2.3.2 Schwebstofftransport im Sylt-Rømø Tidebecken: Messungen und Modellierung

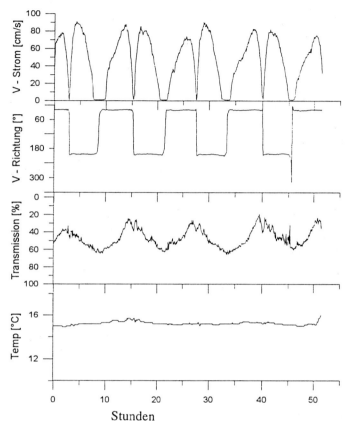

Abb. 6. Zeitreihen von Strömung und Trübung im Pander Tief. Hohe Transmissionswerte bedeuten niedrige Konzentrationswerte, niedrige Transmissionen entsprechend hohe Schwebstoffgehalte

In den Rinnen ist, wie bereits weiter oben ausgeführt, die Schwankungsbreite der Konzentrationen geringer. Wie verschiedene, auch bei Starkwind durchgeführte Messungen gezeigt haben, werden hier die Gehalte an suspendierten Feststoffen wenig durch die von Windwellen hervorgerufene Turbulenz im Wasser beeinflußt. Bei fast allen Messungen, die den Verlauf von nur einer Tide beschreiben, sind Beziehungen zwischen Tidephase bzw. Strömungsgeschwindigkeit und Schwebstoffkonzentration festzustellen. Die vielen, jeweils auf Hochwasser bezogenen Werte in Abb. 4 sowie die in Abb. 5 dargestellte Meßreihe zeigen aber auch, daß die vorkommenden Variabilitäten eine zweifelsfreie, in allen Rinnen gültige (und für Modellrechnungen vielleicht sehr nützliche) Zuordnung zwischen Tidephase und Schwebstoffkonzentration kaum zulassen.

194 Kapitel 2: Erosion, Sedimentation und Schwebstofftransport im Lister Tidebecken

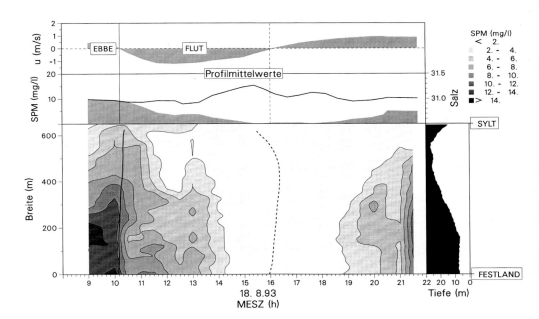

Abb. 7. Schwebstoff-Querverteilung über eine Tide, Lister Ley Aug. 1993. SPM = Schwebstoff (suspended particulate matter), u = Strömungsgeschwindigkeit, gestrichelte vertikale Linie = Kenterpunkt Hochwasser, durchgezogene vertikale Linie = Kenterpunkt Niedrigwasser

Diese Aussage kann aber auch mit einer gewissen Berechtigung dahingehend eingeschränkt werden, daß, wie Abb. 5 andeutet und augenfällig in Abb. 6 zu sehen ist, an vielen Meßorten häufig eine Zunahme der Konzentrationen um Niedrigwasser herum festzustellen ist. Derartige Konzentrationsverläufe sind nicht nur im Pander Tief, sondern auch im mittleren Abschnitt der Lister Ley (Abb. 7), im Rømø Tief (Abb. 8) und im Lister Tief festzustellen. Das Højer Tief scheint, wie schon in Bezug auf die vorkommenden Konzentrationen, auch hinsichtlich der zeitlichen Variabilität der Schwebstoffgehalte eine Sonderstellung einzunehmen. Die im mittleren Abschnitt der Rinne, etwa auf Höhe des Jordsands durchgeführten Messungen belegen, daß hier das Konzentrationsgeschehen stark von den jeweiligen Strömungsgeschwindigkeiten und weniger von der Tidephase abhängig ist. So zeigen die Abb. 9 und 10, daß in diesem Bereich die höchsten Konzentrationen schon etwa zur Hälfte der Ebbe und damit geringfügig phasenverschoben zu den maximalen Fließgeschwindigkeiten auftreten. Die sich so ergebende Korrelation zwischen Strömungsgeschwindigkeit und Sestongehalt verdeutlichen noch einmal die unteren Diagramme der Abb. 9 und 10. Folgt man bei der Betrachtung den an die Kurven geschriebenen Ziffernfolgen, die zeitgleiche Messungen markieren, so fallen einige interessante Aspekte auf. Zum einen ist während der

2.3.2 Schwebstofftransport im Sylt-Rømø Tidebecken: Messungen und Modellierung

Ebbphase bei vom Betrag her vergleichbaren Strömungsgeschwindigkeiten unter Bedingungen zunehmender Fließgeschwindigkeiten das Konzentrationsniveau niedriger als bei abnehmenden Geschwindigkeiten. Weiterhin fällt auf, daß es ab Strömungsgeschwindigkeiten von ungefähr 50 cm s^{-1} zu einer verstärkten Resuspension von Material kommt und ab etwa 65-75 cm s^{-1} gröberkörniges Sediment in Suspension gebracht wird. Die aufgewirbelten Feststoffe benötigen dann eine bestimmte Zeit, um sich wieder abzusetzen (settling lag), wodurch es zu den relativ höheren Schwebstoffgehalten bei zurückgehenden Strömungsgeschwindigkeiten kommt. Während dieser Phase tritt aber wohl auch eine gewisse Überlagerung mit advektiven Transportkomponenten auf, die, wie in den anderen Rinnen auch, zu einer Zunahme der Schwebstoffkonzentrationen mit Annäherung an das Niedrigwasser führen. Eine klare Differenzierung beider Phänomene ist jedoch nicht möglich. Durch die Geschwindigkeit des fließenden Wassers wird aber nicht nur die Quantität der suspendierten Feststoffe verändert, sondern auch deren qualitative Zusammensetzung.

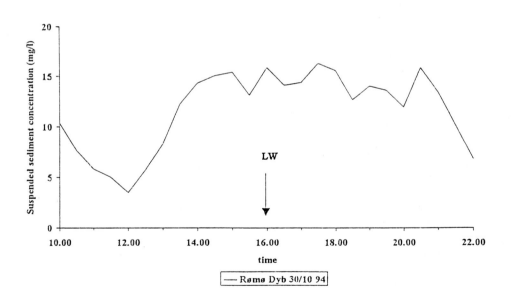

Abb. 8. Zeitreihe der Schwebstoffkonzentration von Hochwasser zu Hochwasser im Rømø Tief

Wie die Abb. 9 und 10 erkennen lassen, ist bis zu Strömungsgeschwindigkeiten von etwa 50 cm s^{-1} die Größenzusammensetzung der transportierten Feststoffe verhältnismäßig einheitlich. Im Bereich zwischen 50 und 70 cm s^{-1} tritt dann eine leichte Vergröberung ein. Bei noch höheren Geschwindigkeiten als 70 cm s^{-1} werden schließlich siltige und feinsandige Komponenten in Suspension gebracht, was zu einer drastischen Vergröberung des Kornspektrums führt. Es ist also zwischen einer Schwebstofffraktion recht einheitlicher Zusammensetzung und wenig differierendem Sinkverhalten sowie einer siltig-sandigen Fraktion mit ausgeprägten Sinkgeschwindigkeiten zu unterscheiden. Für die zuletzt genannte Komponente gilt in noch viel stärkerem Maße als für die Schwebstoffkonzentrationen, daß die zur Erosion dieser Partikel notwendige Geschwindigkeit deutlich oberhalb der zum Transport benötigten liegt (scour lag).

Granulometrische Analysen zahlreicher, an unterschiedlichsten Positionen genommener Schwebstoffproben führen zu dem Ergebnis, daß die überwiegende Menge des Schwebmaterials kleinere Durchmesser als 30 µm aufweist. Die Verteilungskurve der Einzelprobe ist dabei häufig durch Modi bei 10 µm und 30 µm gekennzeichnet. Daneben kommt bei höheren Geschwindigkeiten eine weitere Kornklasse mit Durchmessern von mehr als 50 µm vor. Mikroskopische Analysen der Schwebmaterialien erbrachten, daß der feinere Anteil mit mittleren Durchmessern von bis zu 30 µm zumeist aus kleinen, recht stabilen Flocken aufgebaut ist, während es sich bei dem gröberen zumeist um isolierte Silt- und Feinsandkörner handelt. Dieses auf der Basis von lasergranulometrischen Analysen erarbeitete Ergebnis deckt sich gut mit Resultaten, die im dänischen Teil des Wattenmeers auf der Grundlage von Sinkgeschwindigkeitsuntersuchungen gewonnen worden sind.

Die Ergebnisse der hier durchgeführten Sinkgeschwindigkeitsmessungen zeigen darüber hinaus, daß in den großen Rinnen das suspendierte feinkörnige Material hauptsächlich als isolierte Einzelkörner oder als Mikroflocken vorkommt. Diese Einzelkörner sind entweder Teil der groben Fraktion mit sehr hohen Sinkgeschwindigkeiten oder, wenn es sich um sehr kleine Einzelkörner bzw. Mikroflocken handelt, gehören sie einer Sinkgeschwindigkeitsklasse an, die mit den in situ Meßverfahren nicht mehr detektiert werden kann. Vernachlässigt man diese beiden Schwebstoffanteile, so läßt sich, basierend auf den Ergebnissen der hauptsächlich im System Lister Tief/Lister Ley durchgeführten Messungen, eine Korrelation zwischen Konzentration und Median-Sinkgeschwindigkeit erkennen (Abb. 11). Führt man sich weiterhin vor Augen, daß, wie bereits ausführlich geschildert, üblicherweise die Schwebstoffkonzentrationen ausgehend von den Rinnen bis hin zur Hochwasserlinie im Buchtinneren ansteigen, somit mit einer Abnahme der Turbulenz ein Anstieg der Sestongehalte einhergeht, so legt das den Schluß nahe, daß bei höheren Konzentrationen auf den Wattflächen solche Flockungsprozesse stattfinden, die zu einer signifikanten Erhöhung der Sinkgeschwindigkeiten führen. Daß dieser Anstieg tatsächlich durch Flockung und nicht durch einen erhöhten Anteil an sandigen Komponenten hervorgerufen wird, ist zumindest für den Bereich des Ballum Watts durch weitere Untersuchungen an dem Probenmaterial belegt.

2.3.2 Schwebstofftransport im Sylt-Rømø Tidebecken: Messungen und Modellierung

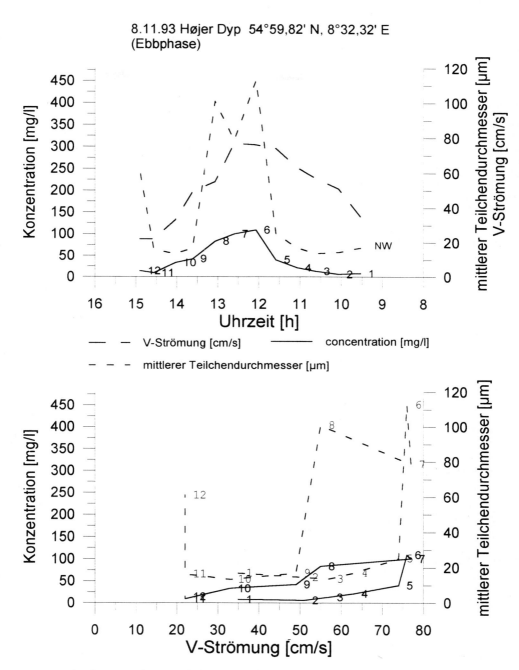

Abb. 9. Zusammenhänge zwischen Strömungsgeschwindigkeit, Schwebstoffkonzentration und mittlerem Teilchendurchmesser (Medianwert) im Højer Dyb (November 1993). Die Ziffern markieren die Probenentnahmen im Verlauf der Ebbphase

198 Kapitel 2: Erosion, Sedimentation und Schwebstofftransport im Lister Tidebecken

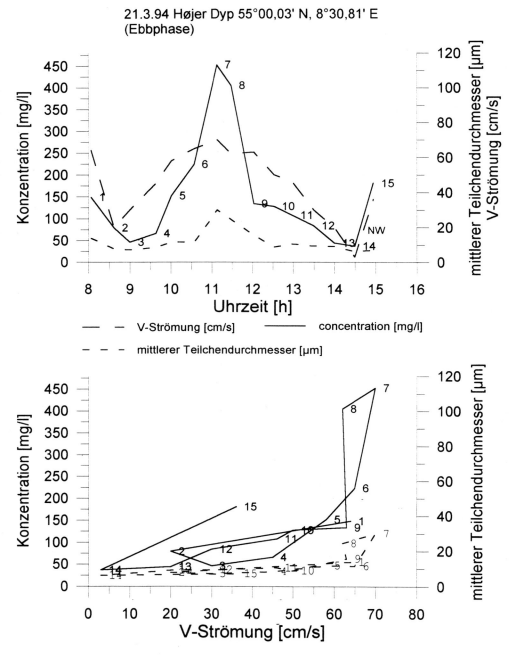

Abb. 10. Zusammenhänge zwischen Strömungsgeschwindigkeit, Schwebstoffkonzentration und mittlerem Teilchendurchmesser (Medianwert) im Højer Dyb (März 1994). Die Ziffern markieren die Probenentnahmen im Verlauf der Ebbphase

2.3.2 Schwebstofftransport im Sylt-Rømø Tidebecken: Messungen und Modellierung

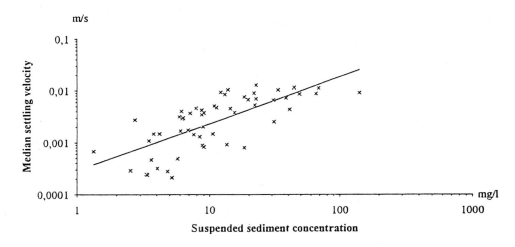

Abb. 11. Median-Sinkgeschwindigkeiten in Abhängigkeit von der Schwebstoffkonzentration

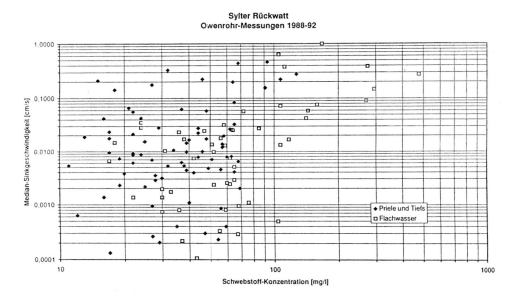

Abb. 12. Median-Sinkgeschwindigkeiten in Abhängigkeit von der Schwebstoffkonzentration für Priele, Tiefs und Flachwasser

Abb. 12 zeigt eine Zusammenfassung der Ergebnisse der im deutschen Teil der Wattenbucht durchgeführten Sinkgeschwindigkeitsmessungen. Hieraus kann man für das Flachwasser und auch den Königshafen Priel einen, wenn auch schwach ausgeprägten, Trend der Zunahme der Sinkgeschwindigkeit mit der Konzentration ableiten. Dieser ist aber hier z. T. eine Folge des höheren Sandanteils in dem zugehörigen Beprobungsgebiet (Watt bei Munkmarsch). Betrachtet man jedoch die Gesamtheit der Meßergebnisse in Abb. 12, so ist festzustellen, daß eine für das ganze Gebiet gültige Zuordnung bestimmter Sinkgeschwindigkeiten zu Konzentrationswerten nicht zu treffen ist. Korrelationen scheinen immer nur dann möglich zu sein, wenn Ergebnisse räumlich und zeitlich nicht zu weit auseinander liegender Messungen miteinander verglichen werden.

Wichtig für die qualitative Beurteilung von suspendierten Sedimenten ist auch deren Gehalt anorganischen Komponenten. Dieser wirkt sich u.a. entscheidend auf das Flockungs- und damit das Sinkverhalten der Schwebstoffe aus. Zweifelsfreie Zusammenhänge sind allerdings auch hier schwer zu formulieren, da einerseits zu beobachten ist, daß die Sinkgeschwindigkeiten mit dem Anteil an organischen Material zunehmen, was auf eine den Flockungsprozessen förderliche verklebende Wirkung organischer Stoffe zurückzuführen sein dürfte. Andererseits können aber auch bei hohen Glühverlusten bzw. hohen POC-Anteilen die Fraktionen geringster Absetzgeschwindigkeit die Sinkgeschwindigkeitsverteilungskurve beherrschen. Dies ist immer dann der Fall, wenn das Seston zum überwiegenden Teil aus Phytoplankton besteht.

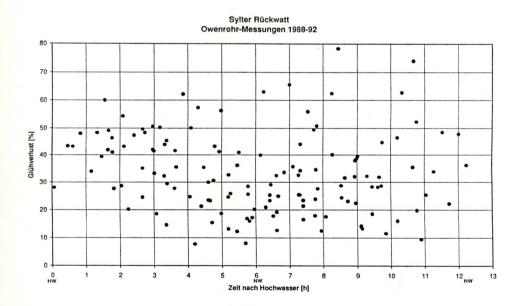

Abb. 13. Zeitreihe Schwebstoff-Glühverlust

2.3.2 Schwebstofftransport im Sylt-Rømø Tidebecken: Messungen und Modellierung

Der Anteil organischen Materials am Seston, in Abb. 13 charakterisiert durch Glühverlustwerte, unterliegt starken Schwankungen (8-80 %). Verantwortlich für diese Variationsbreite sind zahlreiche schwer bezifferbare Faktoren wie z. B. die biologische Produktivität, das Wetter usw., die die Verfügbarkeit dieser Stoffe maßgeblich beeinflussen. Im Fall der Abb. 13, wo die Ergebnisse zahlreicher, in Lister Tief, Wester Ley und Pander Tief durchgeführter Messungen zusammengefaßt sind, scheint sich aber gleichwohl ein gewisser Trend abzuzeichnen, daß mit dem ablaufenden Wasser mehr organisches Material weggeführt, als mit der Flut wieder herangeschafft wird. Dies läßt den Schluß zu, daß über diese Rinnen insgesamt ein Austrag von Organik in das Sylter Becken erfolgt. Dieses Ergebnis steht damit in einem gewissen Widerspruch zu den Resultaten des SWAP-Teilprojekts "Der gezeiteninduzierte Austausch von gelösten und partikulären Stoffen zwischen der Nordsee und dem Sylter Wattgebiet: Implikationen für die Quellen-Senken-Diskussion" (Schneider et al., dieser Band). Hier wird festgestellt, daß die Wattgebiete eine Senke für organisches partikuläres Material darstellen oder eine ausgeglichene Bilanz aufweisen. Dieser Widerspruch war im Rahmen dieser Arbeit nicht aufzuklären, mag aber als Hinweis darauf anzusehen sein, daß die Bilanzierung der Frachten in den Rinnen wegen des "Problems der kleinen Differenzen großer Zahlen" und der hohen zeitlichen Variabilität ein nicht einfach zu lösendes Problem darstellt.

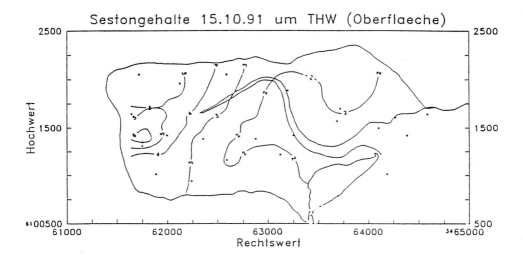

Abb. 14. Schwebstoffkonzentrationen [mg l^{-1}] bei Hochwasser im Königshafen

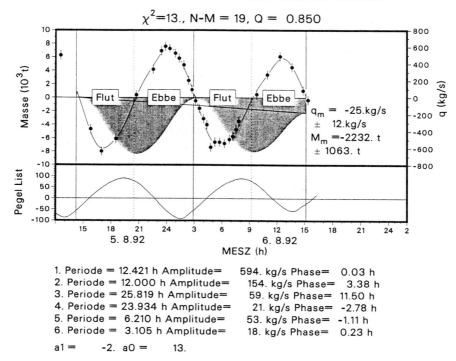

1. Periode = 12.421 h Amplitude= 594. kg/s Phase= 0.03 h
2. Periode = 12.000 h Amplitude= 154. kg/s Phase= 3.38 h
3. Periode = 25.819 h Amplitude= 59. kg/s Phase= 11.50 h
4. Periode = 23.934 h Amplitude= 21. kg/s Phase= -2.78 h
5. Periode = 6.210 h Amplitude= 53. kg/s Phase= -1.11 h
6. Periode = 3.105 h Amplitude= 18. kg/s Phase= 0.23 h

a1 = -2. a0 = 13.

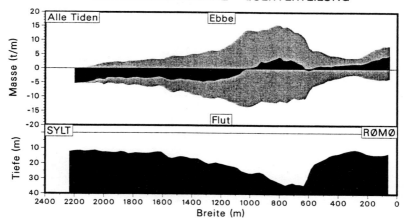

Abb. 15. Schwebstoffbilanz und Lateralverteilung des Transports im Lister Tief am 5./6. Aug. 1992. Obere Abb.: Durchflußwerte q und transportierte Schwebstoffmasse M (schraffiert), q_m und M_m Mittelwerte über die Doppeltide. Untere Abb.: Querverteilung des halbtidemittelten Schwebstoffmassentransports (schwarze Fläche = Nettotransport)

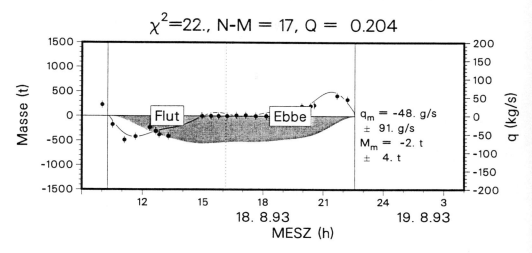

1. Periode =	12.421 h Amplitude=	33. kg/s Phase=	1.81 h
2. Periode =	6.210 h Amplitude=	27. kg/s Phase=	0.05 h
3. Periode =	4.000 h Amplitude=	11. kg/s Phase=	-0.48 h
4. Periode =	3.105 h Amplitude=	10. kg/s Phase=	-0.32 h

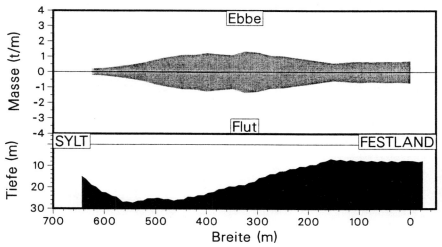

Abb. 16. Schwebstoffbilanz und Lateralverteilung des Transports in der Lister Ley am 18. Aug. 1993. Obere Abb. : Durchflußwerte q und transportierte Schwebstoffmasse M (schraffiert), q_m und M_m Tidemittelwerte. Untere Abb.: Querverteilung des halbtidemittelten Schwebstoffmassentransports (schwarze Fläche Nettotransport)

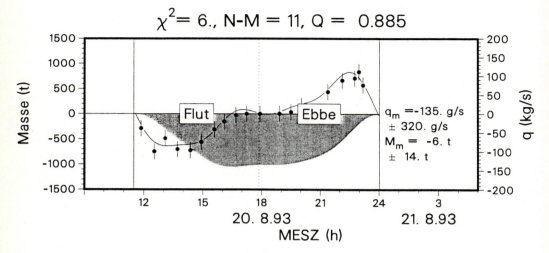

1. Periode = 12.421 h   Amplitude =   68. kg/s   Phase = 0.45 h
2. Periode = 6.210 h   Amplitude =   43. kg/s   Phase = -1.23 h
3. Periode = 4.000 h   Amplitude =   10. kg/s   Phase = -1.45 h
4. Periode = 3.105 h   Amplitude =   13. kg/s   Phase = -1.44 h

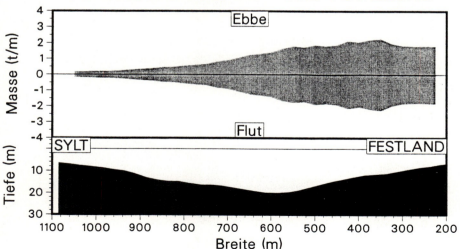

Abb. 17. Schwebstoffbilanz und Lateralverteilung des Transports im Højer Tief am 20. Aug. 1993 (Legende siehe Abb. 16)

2.3.2 Schwebstofftransport im Sylt-Rømø Tidebecken: Messungen und Modellierung

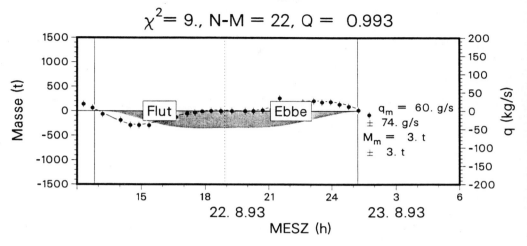

1. Periode = 12.421 h   Amplitude= 24. kg/s   Phase= 2.35 h
2. Periode = 6.210 h   Amplitude= 14. kg/s   Phase= 0.58 h
3. Periode = 4.000 h   Amplitude= 2. kg/s   Phase= -1.13 h
4. Periode = 3.105 h   Amplitude= 2. kg/s   Phase= -0.74 h

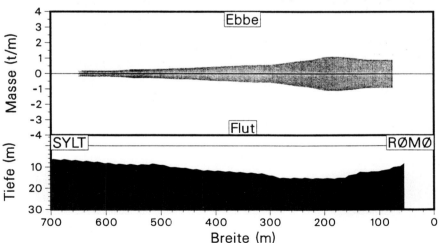

Abb. 18. Schwebstoffbilanz und Lateralverteilung des Transports im Rømø Tief am 22. Aug. 1993 (Legende siehe Abb. 16)

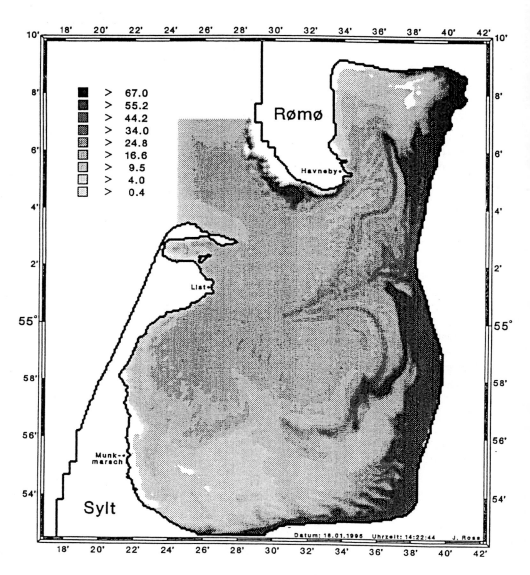

Abb. 19. Berechnete Schwebstoffkonzentrationen [mg l^{-1}] nach 9,5 Gezeitenperioden bei Hochwasser

Schwebstoffbilanzen

Aus der Schwebstoffbilanz einer Zweitiden-Messung im Lister Tief am 5./6. Aug. 1992 (Abb. 15) geht ein landwärts gerichteter Transport hervor, bei dem im untersuchten Zeitraum ca. 2000 t Feststoff ins Sylt-Rømø Wattgebiet befördert werden. Die Unsicherheit dieser Aussage liegt bei knapp 50 %. Auffällig ist die Tidenasymmetrie dieses Transports: Bei Flutstrom überwiegt der Feststofftransport in der Nähe von Sylt, bei Ebbstrom in der Nähe von Rømø. Dieses Verhalten entspricht der Asymmetrie des Wassertransports (Kap. 2.3.1) und wurde in zwei weiteren Bilanzierungsversuchen im Aug 1992 im wesentlichen bestätigt. Die Messungen auf Querschnitten der Lister Ley, des Højer Tiefs bzw. des Rømø Tiefs im Aug. 1992 und 1993 (Abb. 16-18) ergeben über eine Tide innerhalb der Fehlergrenzen eine ausgeglichene Transportbilanz. Die Lateralverteilung des Transport ist hier sehr symmetrisch über den Querschnitt; die Schwebstoffkonzentrationen und damit auch die Tranporte sind jedoch um den Kenterpunkt Ebbe herum deutlich höher als um den Kenterpunkt Flut.

Modellierung des Schwebstofftransportes
Mit Hilfe der Modellrechnungen können die Einflüsse unterschiedliche Parameter auf den Transport und die Verteilung von Feinmaterial im Modellgebiet bestimmt und dargestellt werden. Eine für mittlere Wetterbedingungen berechnete Verteilung der Schwebstoffkonzentration zeigt die Abbildung 19.

Ein weiteres Modellergebnis (Abb. 20) stellt den Transport von suspendiertem Material durch das Lister Tief im Verlauf einer Gezeitenperiode dar. Die Rechnung beginnt im vorliegenden Fall bei Niedrigwasser. Auf der X-Achse sind die Anzahl der Modellzeitschritte und auf der Y-Achse der Transport von Seston in Tonnen pro Modellzeitschritt (ein Modellzeitschritt = 720 Sekunden) aufgetragen. Positive Werte bedeuten dabei, daß Material von der Nordsee in das Sylt-Rømø Becken importiert wird. Negative Werte zeigen einen Export von Schwebstoff in die Nordsee an. Deutlich ist zu erkennen, wie mit dem Beginn des Flutstroms Feinmaterial in das Lister Tidebecken eingetragen wird. Bei maximalem Flutstrom werden ca. 510 Tonnen/Modellzeitschritt (das entspricht ungefähr 0,7 t s^{-1}) durch das Lister Tief transportiert. Anschließend ist wieder eine Abnahme des Transportes zu verzeichnen. Mit einsetzendem Ebbstrom beginnt dann ein Export von Schwebstoff aus der Sylt-Rømø Bucht in die Nordsee. Auch hier liegt der maximale Wert bei ca. 0,7 t s^{-1}.

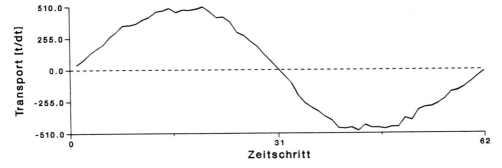

Abb. 20. Transport von suspendiertem Feinmaterial durch das Lister Tief. Positive Werte zeigen einen Transport aus der Nordsee in die Sylt-Rømø Bucht an. Bei negativen Werten wird Schwebstoff in die Nordsee ausgetragen

Wenn man nun jeweils den positiven und negativen Ast der Kurve aufsummiert, ergibt sich der Gesamtimport aus der Nordsee bzw. der Gesamtexport der Sylt-Rømø Bucht an Feinmaterial über eine Gezeitenperiode. Bei der vorliegenden Rechnung beträgt die Summe des aus der Nordsee in das Sylt-Rømø Becken eingetragenen Materials 9865 Tonnen und die Summe des Austrags beträgt 9593 Tonnen. Damit ergibt sich rein rechnerisch ein Überschuß von Nordseeschwebstoff im Modellgebiet von 272 Tonnen innerhalb der betrachteten Periode. Allerdings kann aus diesem im Vergleich zum Gesamttransport sehr geringen Überschuß nicht zwangsläufig daraus geschlossen werden, daß generell ein Import von suspendiertem Material aus der Nordsee in das Sylt-Rømø Becken stattfindet, da dieser Wert innerhalb der Fehlergrenzen des Modells liegt. Es sollte in diesem Fall eher davon ausgegangen werden, daß bei mittleren Wetterbedingungen eine ausgeglichende Schwebstoffbilanz vorliegt.

Einfluß der Turbulenz
Die Konzentration von suspendiertem Material in einer Wassersäule hängt, außer von den Gegebenheiten an den Rändern, stark von der im Wasser herrschenden Turbulenz ab. Sie sorgt unter anderem dafür, daß das Feinmaterial im Wasser in der Schwebe gehalten wird. Verringert sich die Turbulenz unter einen Schwellenwert, so sinken die Schwebeteilchen auf den Boden und die Konzentration von suspendiertem Material im Wasser wird kleiner. Wenn sich die Turbulenz andererseits erhöht, so wird, ab einem bestimmten Grenzwert, auf oder im Sediment befindliches Feinmaterial aufgewirbelt. Dieses Material geht als Schwebfracht in die Wassersäule über und erhöht der Konzentration von Schwebstoff im Wasser. Turbulenz bedingt weiterhin einen kleinräumigen Transport - besonders in der vertikalen Richtung - von Seston. Großräumige horizontale Transporte von Schwebstoff hingegen, werden hauptsächlich durch wind-, dichte- und gezeiteninduzierte Strömungen verursacht.

Beschrieben wird die Turbulenz in diesem Abschnitt durch die Bodenschubspannungsgeschwindigkeit v^* [m s^{-1}]. Sie berechnet sich im wesentlichen aus der Strömungsgeschwindigkeit sowie der Wellenhöhe und der Periode des Seegangs. Die von der Strömung hervorgerufene Bodenschubspannungsgeschwindigkeit hängt in erster Linie von der Strömungsgeschwindigkeit ab. Je höher diese ist, desto größer ist auch die Bodenschubspannungsgeschwindigkeit. Beim Seegang hingegen liegt der Fall ein wenig anders. Die Wellen rufen eine vertikale v^*-Verteilung hervor, wobei v^* sehr schnell mit zunehmender Wassertiefe abnimmt, d.h., beim Seegang spielen nicht nur die Wellenhöhen und Perioden sondern auch die Wassertiefe bei der Berechnung der Bodenschubspannungsgeschwindigkeit eine wichtige Rolle. Die größten Werte von v^* durch Seegang sind demnach in der Nähe der Wasseroberfläche zu finden.

Bemerkenswert dabei ist, daß schon relativ kleine Wellenhöhen und Perioden bei geringer Wassertiefe Bodenschubspannungsgeschwindigkeiten verursachen können, die sonst nur bei hohen Strömungsgeschwindigkeiten auftreten. Bei einer Wassertiefe von 0,5 m erzeugt z. B. eine Strömung mit einer Geschwindigkeit von

2.3.2 Schwebstofftransport im Sylt-Rømø Tidebecken: Messungen und Modellierung

0,54 m s^{-1} an der Wasseroberfläche ein v* von ca. 0,019 m s^{-1} (Yalin, 1972). Die gleiche Bodenschubspannungsgeschwindigkeit induziert bei dieser Wassertiefe aber auch eine Welle mit einer Höhe von ca. 0,1 m und einer Periode von 0,9 Sekunden (Dyer, 1986). Dieser Vergleich macht deutlich, daß im Flachwasser der Seegang bei der Bestimmung von v* eine sehr entscheidende Rolle spielt. Dies gilt insbesondere dann, wenn man zusätzlich berücksichtigt, daß Strömungsgeschwindigkeiten von mehr als 0,5 m s^{-1} im Meer meist nur durch Gezeitenkräfte zu erzeugen sind. Beim Seegang hingegen genügt eine für die Nordsee mittlere Windgeschwindigkeit von 6 m s^{-1} sowie eine Windwirklänge von 1000 m, um die benötigten Wellenhöhen und Perioden für den im Beispiel genannten Wert von v* zu bekommen.

Wie stark die Bodenschubspannungsgeschwindigkeit im Wattenmeer von Seegang beeinflußt wird, soll an einem Beispiel aus der Sylt-Rømø Bucht verdeutlicht werden. Der in den folgenden Abbildungen dargestellte Punkt liegt westlich des Jordsandes auf Höhe des Lister Tiefs. Die Wassertiefe - bezogen auf NN - an dieser Stelle beträgt 2,0 m. Für die Berechnung der Strömung und des Seegangs wurden mittlere Wetterbedingungen zugrundegelegt, d.h. am seewärtigen Rand des Strömungsmodells wurde der Wasserstand mit Hilfe der harmonischen Konstanten der M2-, S2- und M4-Gezeit bestimmt (Backhaus et al., 1995) und an der Wasseroberfläche ein zeitlich und räumlich konstanter Westwind mit einer Geschwindigkeit von 5 m s^{-1} vorgegeben. Die betrachtete Simulationszeit beginnt bei Niedrigwasser und umfaßt eine Tide.

In Abb. 21 sind die mit Hilfe von Modellen berechneten Strömungsgeschwindigkeiten sowie Seegangsparameter dargestellt, die aus den oben genannten Randbedingungen resultieren. Die Strömungsgeschwindigkeit zeigt den für ein durch Gezeiten beeinflußtes Gewässer typischen Verlauf. Beim Kenterpunkt des Ebbstroms sind nur geringe Geschwindigkeiten zu beobachten. Sie steigen mit dem einsetzenden Flutstrom an und erreichen maximale Werte von ca. 0,4 m s^{-1}. Danach nimmt die Geschwindigkeit wieder ab und hat beim Kenterpunkt der Flut erneut ein Minimum. Diese Verteilung wiederholt sich dann für den folgenden Ebbstrom. Beim Seegang hingegen zeigt sich eine deutliche Abhängigkeit von der Wassertiefe. Mit zunehmendem Wasserstand werden die Wellen aufgrund der geringeren Energiedissipation am Boden höher und kürzer. Nach dem Überschreiten des Scheitelpunktes der Flut kehrt sich der Trend um und die Wellen werden wieder kleiner und länger.Die aus diesem Verteilungsmuster von Strömung und Seegang berechneten Bodenschubspannungsgeschwindigkeiten sind in Abb. 22 dargestellt.

Bei den aus der Strömung berechneten Werten ist klar der Verlauf der Tide mit geringen v*-Werten an den Kenterpunkten und hohen v*-Werten bei vollem Flut- bzw. Ebbstrom zu erkennen. Zu beachten ist, daß die höchsten Bodenschubspannungsgeschwindigkeiten der Strömung nur ca. 0,015 m s^{-1} betragen. Sie sind damit viel zu gering, um z. B. Erosion auszulösen, da die gemessenen Schwellenwerte für den Beginn der Erosion in der Sylt-Rømø Bucht ca. 0,016-0,045 m s^{-1} betragen (Witte et al., 1995). Die Bodenschubspannungsgeschwindigkeiten des

Seegangs sind über die gesamte Tide größer als die der Strömung. Deutlich zeigt sich dabei der Einfluß der Wassertiefe auf die durch Seegang hervorgerufenen v*-Werte. Trotz der Zunahme der Wellenhöhe bei ansteigendem Wasserstand nimmt v* ab. Die höchsten Werte sind folglich bei Niedrigwasser zu finden. Sie betragen in diesem Fall ca. 0,03 m s^{-1}. Zur Hochwasserzeit ist v* zwar etwas kleiner, beträgt aber dennoch ca. 0,02 m s^{-1}. Mit diesen hohen Werten ist allein schon der Seegang in der Lage im oder auf dem Boden lagerndes Feinmaterial aufzuwirbeln.

Die aus diesen beiden Kurven errechnete gesamte Bodenschubspannungsgeschwindigkeit zeigt wiederum einen gezeitengeprägten Verlauf: Geringe Werte um die Kenterpunkte herum und große v* während des Flut- bzw. Ebbstroms. Allerdings ist aufgrund des Einflußes des Seegangs das gesamte v*-Niveau erhöht. Die Werte schwanken nun zwischen ca. 0,02 und 0,035 m s^{-1}.

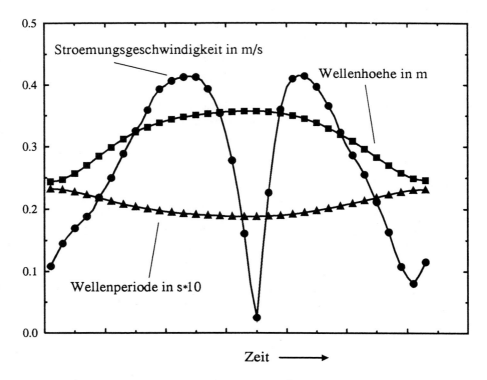

Abb. 21. Berechnete Strömungsgeschwindigkeit (m s^{-1}) (Kreis), Wellenhöhe (m) (Quadrat) und Wellenperiode (s*10) (Dreieck) westlich von Jordsand

2.3.2 Schwebstofftransport im Sylt-Rømø Tidebecken: Messungen und Modellierung 211

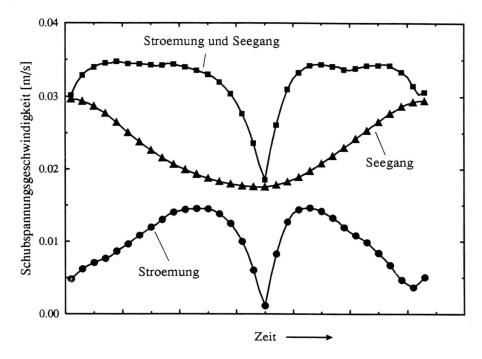

Abb. 22. Berechnete Bodenschubspannungsgeschwindigkeit (m s^{-1}) aus Strömung (Kreis), Seegang (Dreieck) sowie aus Strömung und Seegang zusammen (Quadrat) westlich von Jordsand

Das Beispiel macht deutlich, daß im Flachwasser der Seegang, auch schon bei geringen Windstärken, bei der Bestimmung der Bodenschubspannungsgeschwindigkeit eine große Rolle spielt. Erosion und Deposition und somit auch die Schwebstoffverteilung im Wattenmeer werden folglich sehr stark vom Seegang beeinflußt. Bei der Betrachtung (und der Modellierung) der Schwebstoffdynamik darf der Seegang daher auf keinen Fall außer Acht gelassen werden.

DISKUSSION

Faßt man die Ergebnisse hinsichtlich der räumlichen Schwebstoffverteilung zusammen, so ergibt sich das Bild, daß im Sylt-Rømø Watt die Sestongehalte ausgehend vom Lister Tief, wo die Konzentrationen sich wenig von denen der offenen

Nordsee unterscheiden, in Richtung auf die Hochwasserlinie der buchtinneren Bereiche ansteigen. Da ein ähnlicher Trend auch bei den mittleren Korngrößen der anstehenden Sedimente zu beobachten ist, ist die Verteilung der im Wasser suspendierten Feststoffe der Sedimentverteilung sehr ähnlich. Damit stellt der Königshafen in gewisser Weise ein Modell der gesamten Wattenbucht dar, da auch hier die höchsten Schwebstoffgehalte über den schlickigen Bereichen im Buchtinneren auftreten (Abb. 14). So wie die in SWAP durchgeführten Modellrechnungen im Königshafen dieses Verteilungsmuster nachzeichnen, entwerfen sie auch für das gesamte Sylt-Rømø Watt ein Bild (Abb. 19), welches im wesentlichen mit den Naturmessungen korreliert. Es fällt allerdings auf, daß durch die unter Zugrundelegung westlicher Winde durchgeführte Modellrechnung zwar an der Festlandsküste hohe Schwebstoffkonzentrationen ausweist, an den dem Wind abgewandten Küsten Sylts und Rømøs aber nur sehr geringe. Dies könnte darauf zurückzuführen sein, daß das Modell die durch Windwellen hervorgerufene Resuspension und Erosion von Sediment überbewertet. Möglich ist aber auch, daß Anreicherungsprozesse, die sich aus dem Transportverhalten der Feststoffe unter den gegebenen Strömungsbedingungen ergeben, im Modell zu wenig Berücksichtigung finden.

In diesem Zusammenhang ist wichtig, daß die zahlreichen Strömungsmessungen in den Rinnen und auf den Wattflächen u.a. ergaben, daß in den Rinnen der zeitliche Anstieg des Flutstroms sich als generell steiler erwies als der des Ebbstroms. Diese Asymmetrie verstärkt sich auf den Wattflächen in der Form weiter, daß die Flutphasen immer kürzer werden und die Ebbphasen immer länger andauern. Entsprechend treten bei Flut höhere Strömungsgeschwindigkeiten als bei Ebbe auf (siehe auch Abb. 5). Zudem erfolgt unter diesen Bedingungen bei Flut der Geschwindigkeitsanstieg sehr schnell, während bei Ebbe die Strömungsgeschwindigkeiten erst gegen Ende der Halbtide ihre Maximalwerte erreichen. Derartige Strömungsverläufe führen in den Watten zusammen mit den speziellen Eigenschaften der feinkörnigen suspendierten Sedimente (Postma, 1961; Dyer, 1988) zu einem landwärts gerichteten Materialtransport. Groen (1967) konnte nachweisen, daß es selbst dann zu einer auf die Küste zu gerichteten Verlagerung kommen kann, wenn bei rein alternierenden Strömungen ohne Restströmungen und bei gleichen maximalen Flut- und Ebbstromgeschwindigkeiten, die Tidekurve nur einen asymmetrischen Verlauf zeigt. Bartholdy und Pheiffer Madsen (1985) fanden weiterhin heraus, daß 85 % des im Gråbyb Gebiet abgelagerten schlickigen Sediments aus der Nordsee stammt. Dies alles sind Anhaltspunkte dafür, daß im Sylt-Rømø Watt, wo alle hydrologischen Voraussetzungen gegeben sind, die landnahe Anreicherung von suspendierten Materialien im wesentlichen auf die durch "settling lag" und "scour lag" (van Straaten & Kuenen, 1958) verursachten Transportprozesse und weniger auf eine lokale Erosion anstehender Sedimente zurückzuführen ist.

Durch die beschriebenen Anreicherungsmechanismen bildet sich entlang der Hochwasserlinie und besonders dort, wo die übrigen Turbulenzbedingungen eine Sedimentation von Feinmaterial zulassen, ein Trübungsmaximum. Diese Trübungswolke wandert unter durchschnittlichen hydrologischen Bedingungen mit der Tide hin und her. Eine derartige advektive Bewegung führt an vielen Orten und besonders dort, wo die vorkommenden Strömungen nicht in der Lage sind, Material vom Boden aufzunehmen, zu dem häufig anzutreffenden Konzentrationsverlauf mit den höchsten Schwebstoffgehalten um Niedrigwasser herum.

Die Sinkgeschwindigkeitsmessungen und Größenanalysen der suspendierten Sedimente haben gezeigt, daß es sich bei dem bei höheren Strömungsgeschwindigkeiten transportierten Sediment fast ausschließlich um isolierte Silt- und Sandkörner handelt. Das bei niedrigen und mittleren Strömungsgeschwindigkeiten transportierte Material kann dagegen recht heterogen zusammengesetzt sein. Korrelationen, beispielsweise zwischen der Sinkgeschwindigkeit und Schwebstoffkonzentration, sind meist nur bei den Ergebnissen zeitlich und räumlich eng aufeinander folgender Messungen zu erzielen.

Gleichwohl scheint sich aber, bei sehr vorsichtiger Auslegung der Ergebnisse, ein gewisser Trend abzuzeichnen, daß mit steigender Sestonkonzentration die Sinkgeschwindigkeiten zunehmen. Dieser Zusammenhang korreliert wiederum gut mit der durch Meßergebnisse gestützten Beobachtung, daß im Wasserkörper über Gebieten, wo Schlick ansteht, auch höhere Schwebstoffkonzentrationen anzutreffen sind. Die Verteilung der Schlickgebiete gibt somit einen Hinweis auf die Effektivität der ablaufenden hydrologischen Anreicherungsmechanismen.

Alle bisher gemachten Aussagen hinsichtlich einer resultierenden Transportrichtung für feinkörnige Sedimente bezogen sich auf durchschnittliche Turbulenzverhältnisse. Das Beispiel Königshafen, wo es bei starken Ostwinden und entsprechendem Wellenschlag zu einem starken Austrag von Feinmaterial kommt, zeigt aber, daß sich unter Extrembedingungen die Verhältnisse grundlegend ändern können. Da die Auswirkungen derartiger Situationen auf das gesamte Sylt-Rømø Watt während SWAP nicht bearbeitet werden konnten, fehlen auch die notwendigen Daten zur quantitativen und qualitativen Beschreibung solcher Ereignisse. Hieraus leitet sich die Forderung ab, in Zukunft mehr Gewicht auf die Erforschung von Situationen zu legen, bei denen es zu einem großen hydrodynamischen Energieeintrag ins Wattenmeer kommt.

Zusammenfassend betrachtet kann aber durch die Ergebnisse zur Verteilung und Zusammensetzung der Schwebstoffe das Resultat der in Kap. 2.2 beschriebenen Bilanz der feinkörnigen Sedimente gestützt werden. Danach werden pro Jahr 71000 Tonnen schlickiges Material abg. lagert, wovon 64 % aus der Nordsee herangebracht werden. Die übrigen Quellen für Feinmaterial sind der Eintrag aus den Flüssen Brede Å und Vidå, Primärproduktion, Küstenerosion sowie atmosphärische Deposition. Wichtig für die Akkumulation feinkörniger Sedimente sind allerdings nicht allein physikalische und chemische (z. B. Flockung) Vorgänge, sondern auch biologische Prozesse (vergl. Kap. 2.2). Hier ist besonders die Festlegung durch filtrierende Organismen zu nennen.

Verglichen mit anderen Wattgebieten (Eisma, 1981; Bartholdy & Pheiffer Madsen, 1985) ist allerdings der Anteil der aus der Nordsee in das Sylt-Rømø Watt eingetragenen Sedimentmengen als eher unterdurchschnittlich anzusehen.

Die Gründe hierfür können bei den geomorphologischen Gegebenheiten zu suchen sein. Es sind in diesem Zusammenhang die künstlichen Dämme zu nennen, die das Gebiet südlich und nördlich begrenzen. Ebenfalls kommen die Abdeichung von Salzmarschgebieten oder auch die, durch den geologischen Aufbau der Insel Sylt bedingte, ungewöhnlich große West-Ost-Erstreckung des Rückseitenwatts in Betracht.

LITERATUR

Austen, G., Austen, I., Köster, R. & Ricklefs, K., 1992. Computer-aided particle analysis with examples from a lower mesotidal environment (German Wadden Sea). -Cour. Forsch. Inst. Senckenberg *151*, 3-4.

Backhaus, J.O., Hartke, D. & Hübner, U., 1995. Hydrodynamisches und thermodynamisches Modell des Sylter Wattenmeeres. - Sylter Wattenmeer Austauschprozesse, Abschlußbericht des Teilprojektes 4.1a.

Bartholdy, J. & Pheiffer Madsen, P., 1985. Accumulation of fine-grained material in a Danish tidal area. - Marine Geology *67*, 121-137

Dietrich, G., Kalle, K., Krauss, W. & Siedler, G., 1975. Allgemeine Meereskunde. Borntraeger, Berlin, 593 pp.

Dyer K.R., 1986. Coastel and Estuarine Sediment Dynamics, John Wiley and Sons, Chichester.

Dyer, K. R., 1988. Fine sediment transport in estuaries. - In: Dronkers, J., van Leussen, W., Physical processes in estuaries, 1. Aufl., 285-310, Heidelberg.

Eisma, D., 1981. Supply and deposition of suspended matter in the North Sea. - Spec. Publs. int. Ass. Sediment, vol. *5*, 305-309

Groen, P., 1967. On the residual transport of suspended matter by an alternating tidal current. - Neth. J. Sea Res. *3*, 564-574

Owen, M.W. & Eng, C., 1976. Determination of settling velocities of cohesive muds. - Hydraulic Res. Station Wallingfort, Report No IT 161

Postma, H., 1961. Transport and accumulation of suspended matter in the Dutch Wadden Sea. - Neth. J. Sea Res. *1*, 148-190

Postma, H., 1981. Exchange of materials between the North Sea and the Wadden Sea. - Marine Geology *40*, 199--213

Reinemann, L. & Schemmer, H., 1993. Korngrößenanalyse von Feinsedimenten im Vergleich Naßsieb- und Lasermethode. - DGM, Vol. *37*, 27-30.

Ross, J., 1995. Modellierung der Schwebstoffdynamik in einer Wattenmeerbucht (Königshafen/Sylt). - Dissertation Universität Hamburg. GKSS 95/E/56.

Ross, J. & Krohn, J., 1996. Computation of suspended matter in a Wadden Sea bight (Königshafen/Sylt). - Arch. Hydrobiol. Spec. Issues Advanc. Limnol. *47*, 439-447.

van Straaten, L.M.J.U. & Kuenen, P.H., 1958. Tidal action as a cause of clay accumulation. - J.Sed. Petr. *28/4*, 406-413

Witte, G., Heineke, M. & Kühl, H., 1995. Modellierung des Stofftransports. - Sylter Wattenmeer Austauschprozesse, Abschlußbericht des Teilprojektes 4.1b.

Yalin, M.S., 1972. Mechanics of sediment transport, Pergamon Press, Oxford - New York - Toronto.

Kapitel 3

Biogener Austausch und Stoffumwandlungen im Sylt-Rømø Wattenmeer: Ein Überblick

Biogenic Exchange and Transformation Processes in the Sylt-Rømø Wadden Sea: An Overview

Harald Asmus[1], Ragnhild Asmus[1] & Wolfgang Hickel[2]
[1] *Biologische Anstalt Helgoland, Wattenmeerstation Sylt; Hafenstraße 43, D-25992 List*
[2] *Biologische Anstalt Helgoland, Zentrale Hamburg, D-22607 Hamburg*

Das Wattenmeer zeichnet sich gegenüber dem offenen Meer durch eine hohe Konzentration gelöster und partikulärer Stoffe im Wasser aus sowie durch eine starke Dynamik im Austausch dieser Substanzen zwischen Wasser und Sediment. Die großen Mengen von organischen Stoffen sowie von Nährstoffen im Wattenmeer sind weniger die Folge des Eintrags vom angrenzenden Land, als vielmehr des Importes aus dem benachbarten Nordsee-Küstenwasser, aus dem mit dem alternierenden Gezeitenstrom die Inhaltsstoffe des Wassers ein- und ausgetragen werden. Dabei kommt es zu einem gerichteten Eintrag feiner, suspendierter Partikel, die sich im inneren Wattenmeer anreichern. Mit der Atmosphäre werden gasförmige Verbindungen ausgetauscht sowie gelöste Substanzen mit dem Regen dem Wattenmeer zugeführt.

Diese großräumigen Austauschprozesse stehen im Wechselspiel mit den intensiven Prozessen des Stoffaustauschs zwischen Wattboden und der Wassersäule im Wattenmeer selbst, wobei biologische und abiotische Vorgänge eine Rolle spielen. Auf unterschiedlichen räumlichen und zeitlichen Skalen und an verschiedenen Grenzflächen spielen sich Austauschprozesse ab und finden ihren Ausdruck im Energiefluß durch die Lebensgemeinschaft des Wattenmeeres.

Bereits auf der kleinsten, räumlichen Skala werden komplexe, richtungsgebende Prozesse für das Ökosystem sichtbar. Stickstoffumsätze im Sediment durch den bakteriellen Abbau organischer Substanz ergeben eine hohe Produktion von gelöstem, anorganischen Stickstoff, insbesondere Ammonium. Benthische Mikroalgen steuern dabei die Richtung des Ammoniumflusses zwischen Sediment und Wasser, indem sie je nach Mikroalgendichte in den verschiedenen Wattypen und zu verschiedenen Zeiten den Austrag an Ammonium verringern oder sogar zusätzlich Ammonium aus dem Gezeitenwasser aufnehmen. Hierin zeigt sich, daß der

Nährstoffpool der obersten Sedimentschicht trotz der hohen Konzentrationen im Porenwasser so verarmt sein kann, daß das Mikrophytobenthos Nährsalze aus der bodennahen Wasserschicht benötigt. Dagegen sind Nitrifikation und Denitrifikation in den Sedimenten des Sylt-Rømø Gebietes eher von untergeordneter Bedeutung. Eine Stickstoffeliminierung durch die Abgabe von gasförmigem Stickstoff an die Atmosphäre ist daher gering.

Der Abbau von organischer Substanz im Wattboden ist eng an den Schwefelkreislauf im Sediment gekoppelt. So beträgt der Anteil des anaeroben Abbaus (Sulfatreduktion) am Gesamtsedimentstoffwechsel in feinsandigen und schlickigen Sedimenten 70-100 %, im Grobsand dagegen nur 20-30 %. Es konnte in diesem Rahmen zum ersten Mal ein jährliches Budget der Sulfatreduktion in Wattenmeersedimenten aufgestellt werden. Den Motor für die Stoffwechselprozesse im Gezeitensediment stellen anscheinend die benthischen Diatomeen dar, indem sie ständig eine große Menge frisches, organisches Material liefern. Dies ist ein wesentlicher Unterschied zu sublitoralen Sedimenten, wo nur pulsförmige Einträge von Phytoplankton und Detritus zur Verfügung stehen. Das Endprodukt des anaeroben Abbaus, das Sulfid, wird hauptsächlich im Sediment und in der Wassersäule reoxidiert und nur zu einem geringen Teil an die Atmosphäre abgegeben.

Diese Grundprozesse treten modifiziert in den verschiedenen Lebensgemeinschaften auf, deren Betrachtung auf einer größeren, räumlichen Skala erfolgte und daher weitere, den Stoffaustausch bestimmende Komponenten, wie das Makrobenthos und die Prozesse der bodennahen Wassersäule mit einschließt. Der Austausch zwischen Boden und Wasser ist sehr intensiv und zeigt eine starke Abhängigkeit von windinduzierten Strömungen und Turbulenzen. Daher erweisen sich alle *in situ* gemessenen Austauschraten als wesentlich höher als *in vitro* gemessene, auf mikrobiellen Prozessen und auf Diffusion beruhende Raten. Das weist auf eine vielversprechende zukünftige Forschungsrichtung hin.

Von allen mit Makrofauna oder -flora besiedelten Sedimenten werden Partikel aus der Wassersäule aufgenommen. Von Makrofauna dominierte Gemeinschaften setzen im Boden remineralisierte Nährsalze frei, während ein Bewuchs mit Makrophyten als Nährsalzsenke wirkt. In dünnbesiedelten Sedimenten herrscht dagegen ein Austrag an Partikeln und Nährsalzen vor. Das Eulitoral erweist sich als Partikelsenke und Nährsalzquelle. Unter der Annahme, daß im Sublitoral Sedimente mit vernachlässigbar geringen Austauschraten überwiegen, zeigt das Gesamtgebiet die gleiche Tendenz. Werden dagegen natürliche Sedimente mit geringer Besiedlung als dominant für das Sublitoral angesehen, dann wirkt das Gesamtgebiet für die meisten Stoffe als Quelle. Diese Quellenfunktion des Sylt-Rømø Gebietes erhöht sich durch den rechnerischen Ausschluß von Seegraswiesen und Muschelbänken.

Auf der nächst höheren Ebene des Austausches zwischen Wattenmeer und Küstenwasser der Nordsee zeigt ein Vergleich der mittleren Stoffkonzentrationen eine mehr oder minder ausgeglichene Bilanz. Die Abhängigkeit des gezeitenbedingten Austausches von der Variabilität des Stoffpools und der betrachteten Raum-Zeit-ebene erfordert in Zukunft eine noch engmaschigere Meßstrategie, um Importe und Exporte der Wattenmeerbucht sichtbar zu machen.

Bei aller Abhängigkeit von der Raum-Zeitskala ist der Stoffaustausch sehr intensiv und er spiegelt sich daher auch im Nahrungsnetz des Sylt-Rømø Wattenmeeres wider. So sorgen das Lichtangebot bis in 5-Meter Wassertiefe zusammen mit dem relativ hohen Nährstoffangebot für günstige Voraussetzungen für eine hohe Primärproduktion, die im Gesamtgebiet durch das Phytoplankton dominiert wird, gefolgt vom Mikrophytobenthos. Seegräser tragen zu 3 % zur Primärproduktion bei. Im Eulitoral spielt das Phytoplankton dagegen nur eine untergeordnete Rolle. Primärproduzenten erzeugen Detritus, der zusammen mit eingeschwemmtem, organischen Material vor allem im Eulitoral zu 50 % umgesetzt wird. Der größte Teil des mikrobiellen Abbaus erfolgt auf anaerobem Wege. Das noch verbleibende, relativ hohe, primäre Nahrungsangebot wird von zahlreichen Primärkonsumenten ausgenutzt, unter denen die Filtrierer eine besonders wichtige Rolle spielen. Aber auch die Biomasse des Seegrases wird zu 50-70 % durch Ringelgänse und Pfeifenten direkt genutzt. Räuberische Organismen verbrauchen nur Bruchteile der tierischen Sekundärproduktion. Die Nahrungskette, die vom Phytoplankton ausgeht und über Filtrierer bis hin zu Eiderenten verläuft, wirkt dabei besonders effektiv. Andere Vögel greifen wiederum an anderer Stelle ins Nahrungsnetz ein. Für den Wegfraß durch Fische haben die zahlreichen Sandgarnelen eine wichtige Bedeutung. Diese nutzen zusammen mit Strand- und Sandgrundeln die Sekundärproduktion der Wattflächen und tragen durch ihre periodischen Wanderungen ständig Material und Energie in die tieferen Bereiche des Wattes, wo sie wiederum von den meisten der vorkommenden Fischarten als Nahrungsquelle genutzt werden. Planktonfressende Fischarten haben dagegen nur einen geringen Anteil am Gesamtwegfraß. Auch Plattfische spielen im Vergleich zu anderen Wattgebieten nur eine untergeordnete Rolle im Energiefluß.

Vergleiche im Energiefluß zwischen Bilanzierungen in den achtziger Jahren mit denen aus der Untersuchungsphase lassen eine Verdoppelung des Energieflusses durch alle bekannten Glieder des Nahrungsnetzes bis hin zu den Vögeln erkennen. Wodurch ein solcher Anstieg im Stoffpool des belebten Teils des Ökosystems hervorgerufen wurde, bleibt offen, vieles deutet auf Eutrophierungserscheinungen hin. Durch Erosion im Sublitoral könnten sowohl Wattverluste auftreten als auch die Struktur der Lebensgemeinschaften verändert werden. Dies würde den Energiefluß schwächen und die durch Eutrophierung hervorgerufene ansteigende Tendenz künftig umkehren.

3.1
Quellen und Senken gelöster und partikulär-organischer Substanzen für die Sylt-Rømø Bucht

Sources and Sinks of Dissolved and Particulate Organic Matter in the Sylt-Rømø Bight

3.1.1
Benthische Stickstoffumsätze und ihre Bedeutung für die Bilanz gelöster anorganischer Stickstoffverbindungen im Sylt-Rømø Wattenmeer

Benthic Nitrogen Turnover and Implications for the Budget of Dissolved Inorganic Nitrogen Compounds in the Sylt-Rømø Wadden Sea

R. Bruns[1] & L.-A. Meyer-Reil[2]
[1] Institut für Meereskunde; Universität Kiel, Düsternbrooker Weg 20, D-24105 Kiel
[2] Institut für Ökologie; Ernst-Moritz-Arndt-Universität Greifswald, Schwedenhagen 6, D-18565 Kloster/Hiddensee

ABSTRACT

Measurements of the exchange of ammonium, nitrate and nitrite were carried out in intact sediment cores taken from five different locations in the Sylt-Rømø Wadden-Sea area. Four stations were located in the Königshafen Bay, one station in the Keitum tidal flat. Two locations were characterized as sand, two locations as muddy sand, and one location as mud. Particular emphasis was laid on the effect of primary production, benthic remineralisation, nitrification and denitrification on the exchange of dissolved inorganic nitrogen (DIN) between sediment and water. Intensive ammonium production by the benthos was found in summer. On many occasions, ammonium fluxes to the water column were clearly reduced by benthic primary production. In the light (and in the dark at both sandy stations), an uptake of ammonium from the overlying water was even observed. Nitrification and denitrification were of minor importance for the benthic nitrogen cycle, with the consequence that removal of DIN was low. Both sandy sediments acted as a sink for DIN. Benthic primary production was the process responsible for the uptake of DIN. Two stations (one muddy-sand, one mud) had a balanced budget with regard to DIN, the uptake of nitrate balancing the release of ammonium. Only the station located in the Keitum Wadden Sea was an overall source for DIN. From the muddy station, it became obvious that the fluxes of ammonium measured were highly dependent on the dimensions of the samples. Whereas in the light without macrofauna, ammonium was taken up by the sediment, the presence of *Cerastoderma edule* caused the release of ammonium. The importance of benthic primary production as the basis of the food chain in the Wadden Sea is discussed.

ZUSAMMENFASSUNG

Der Austausch von Ammonium, Nitrat und Nitrit zwischen Sediment und Wasser wurde an intakten Sedimentkernen aus dem Sylt-Rømø Watt untersucht. Vier Stationen lagen im Königshafen, eine Station im Keitumer Watt. Zwei Stationen wurden als Sandwatt, zwei Stationen als Mischwatt und eine Station als Schlickwatt charakterisiert. Besondere Aufmerksamkeit wurde dem Einfluß der benthischen Primärproduktion, Remineralisierung, Nitrifikation und Denitrifikation auf den Austausch von gelösten anorganischen Stickstoffverbindungen (DIN, dissolved inorganic nitrogen) gewidmet. Eine intensive Produktion von Ammonium wurde im Sommer gefunden. Jedoch wurde die Ammoniumfreisetzung aus dem Sediment durch die benthische Primärproduktion meist deutlich vermindert. Im Licht (bei den beiden sandigen Standorten auch im Dunklen) wurde sogar eine Ammoniumaufnahme aus dem Wasser beobachtet. Nitrifikation und Denitrifikation waren nur von geringer Bedeutung für den benthischen Stickstoffkreislauf mit der Konsequenz einer geringen Eliminierung von Stickstoff. Bedingt durch die benthische Primärproduktion waren die beiden sandigen Sedimente eine Senke für DIN. An zwei Stationen (eine im Mischwatt und die andere im Schlickwatt) wurde die Freisetzung von Ammonium durch die Aufnahme von Nitrat kompensiert. Nur die Station im Keitumer Watt war immer eine Quelle für DIN. Messungen im Schlickwatt zeigten, daß der Flux von Ammonium von der Dimensionierung der Probe abhängig war. Während im Licht ohne Makrofauna Ammonium durch das Sediment aufgenommen wurde, fand in Gegenwart von *Cerastoderma edule* eine Freisetzung von Ammonium statt. Die Bedeutung der benthischen Primärproduktion als Basis des Nahrungsnetzes im Wattenmeer wird diskutiert.

MIKROBIELLE PROZESSE IN WATTSEDIMENTEN

Wattsedimente als flache, durch die Gezeiten geprägte Küstenlebensräume sind Orte intensiver Bildung und Remineralisation von organischem Material. Bei diesen Prozessen spielen Mikroorganismen eine bedeutende Rolle. An der Sedimentoberfläche dominieren komplexe Lebensgemeinschaften bestehend aus Algen,

Cyanobakterien und Bakterien. Die autotrophe Komponente, das Mikrophytobenthos, zeigt ausgeprägte jahreszeitliche Variabilitäten, hohe Biomasse und hohe Primärproduktion (vgl. Colijn & de Jonge, 1984; de Jonge & Colijn, 1994), die der planktischer Lebensgemeinschaften vergleichbar ist.

Die räumliche Nähe autotropher und heterotropher Prozesse im Sediment kann dazu führen, daß die durch Remineralisation freigesetzten Nährstoffe direkt von benthischen Primärproduzenten aufgenommen werden, ohne daß die Stoffe in das überstehende Wasser gelangen. In flachen Küstengewässern wird der Stickstoffbedarf pelagischer Primärproduzenten zu 30-80 % durch im Sediment gebildetes Ammonium gedeckt (Nixon, 1981; Blackburn & Henriksen, 1983). Die Begrenzung der Phytoplanktonbiomasse durch benthische Primärproduktion wurde in experimentellen Mikrokosmen nachgewiesen (Fong et al., 1993).

Während der letzten Jahrzehnte hat der Eintrag anorganischer Nährstoffe in Küstengewässer zugenommen. Erhöhte Konzentrationen von Nährstoffen wurden auch im Wattenmeer gefunden (Martens, 1989 a, b; 1992; Boddeke & Hagel, 1991; de Jonge & Essink, 1991). Es wird angenommen, daß gelöster anorganischer Stickstoff (DIN) und Phosphat die pelagische Primärproduktion in vielen Küstengewässern limitieren. Riegmann et al. (1992) vermuten, daß bis 1977 Phosphat der limitierende Faktor war. Trotz weiter steigender Stickstoffeinträge ist von den anorganischen Nährstoffen heute wahrscheinlich DIN die begrenzende Größe der Primärproduktion.

In flachen Küstengewässern sedimentiert das meiste des eingetragenen partikulären organischen Materials und wird im Sediment mikrobiell abgebaut. Hierbei kommt es zu komplexen Vernetzungen verschiedener Prozesse, die durch die Produkte der mikrobiellen Substratumsätze sowie durch die Umweltbedingungen bestimmt werden.

Aus dem mikrobiellen Abbau organischer Stickstoffverbindungen entsteht Ammonium, das unter oxischen Bedingungen über Nitrit zu Nitrat im Rahmen der Nitrifikation oxidiert werden kann. Die autotrophe Oxidation von Ammonium durch Bakterien ist ein wichtiger Schritt, der nicht nur die Gewinnung von Energie ermöglicht, sondern auch die Photosynthese durch die geringere Verfügbarkeit von DIN begrenzen kann. Nitrat und Nitrit als Produkte der Nitrifikation dienen unter anoxischen Bedingungen anderen Bakterien als Elektronenakzeptoren, wobei neben Ammonium (Nitratammonifikation) molekularer Stickstoff (Denitrifikation) das überwiegende Endprodukt ist. Aerobe Respiration und Nitrifikation stehen in enger Wechselbeziehung. Intensive Remineralisation kann aufgrund erhöhter Verfügbarkeit von Ammonium die Nitrifikation stimulieren, andererseits aber auch zu einer Hemmung durch verminderte Verfügbarkeit von Sauerstoff führen (Henriksen & Kemp, 1988). Jenkins & Kemp (1984) betonen die Bedeutung einer engen Kopplung von Nitrifikation und Denitrifikation für die Begrenzung der Primärproduktion durch die verringerte Verfügbarkeit von DIN.

MESSUNG MIKROBIELLER PROZESSE

Ziel der mikrobiologischen Untersuchungen im Nordsylter Wattenmeer war es, die Vernetzung benthischer Primär- und Sekundärproduktion, Remineralisation, Nitrifikation und Denitrifikation aufzuzeigen sowie den Einfluß dieser Prozesse auf den Austausch anorganischer Stickstoffverbindungen zwischen Sediment und Wasser zu analysieren.

Hierzu wurden unterschiedliche Sedimente untersucht: Sandwatt, Mischwatt und Schlickwatt im Königshafen sowie Mischwatt im Keitumer Watt. Profile der mittleren Korngröße der Sedimente sind bei Köster et al. (1995) dargestellt. Messungen ergänzender biologischer und chemischer Sedimentparameter (Wassergehalt, Porosität, anorganischer und organischer Kohlenstoff und Stickstoff, Chlorophyll a) finden sich in den Arbeiten von Bruns et al. (1995) und Jensen et al. (1995).

Im einzelnen standen folgende Fragestellungen im Mittelpunkt der Untersuchungen:

a) Bestimmung der Austauschraten von DIN (Ammonium, Nitrit, Nitrat), O_2 und CO_2 an intakten Sedimentkernen (i. D. 10 cm) in Hell- (Kunstlicht 200 µE m^{-2} s^{-1}) und Dunkelinkubationen. Das Überstandswasser wurde gerührt. Die Bruttosauerstoffproduktion errechnete sich aus der Differenz der Hell- und Dunkelflüsse. Stoffaustausch über einen ganzen Tag wurde aus den stündlichen Raten der Hell- und Dunkelflüsse durch Multiplikation mit der jeweiligen Tag- und Nachtlänge ermittelt. Parallelbestimmungen der Austauschraten von DIN zwischen Sediment und Wasser erfolgten an intakten Sedimentkernen (i. D. 4 cm), die bei natürlichen Lichtbedingungen bzw. abgedunkelt über 48 h unter Belüftung der Wassersäule inkubiert wurden.

b) Messungen der Nitrifikation und Denitrifikation in Dunkelinkubationen an intakten Sedimentkernen mit der $^{15}NO_3$-Verdünnungsmethode. Parallel erfolgte die Bestimmung der Nitrifikationsraten an belüfteten hell- bzw. dunkelinkubierten Sedimentkernen durch Hemmung der Nitrifikation mit Allylthioharnstoff (ATU). Die Nitrifikationsrate ergibt sich aus der Differenz des Ammoniumflusses in Dunkelansätzen mit und ohne ATU. Das Verhältnis der Differenzen der Nitrat- und Nitritflüsse zwischen den Ansätzen mit und ohne ATU-Hemmung zur Nitrifikationsrate entspricht der Kopplung zwischen Nitrifikation und Denitrifikation.

c) Messung von Sauerstoffmikroprofilen in Hell- und Dunkelinkubationen. Aus dem Sauerstoffgradienten im Sediment (Dunkelinkubation) konnte die diffusive Sauerstoffaufnahme des Sediments berechnet werden.

d) Bestimmung der Bruttosauerstoffproduktion mit Mikroelektroden. Detaillierte Beschreibungen der Untersuchungsmethoden finden sich bei Bruns et al. (1995) und Jensen et al. (1990, 1995).

MIKROKOSMOS-EXPERIMENTE

Zur Messung der Flüsse von DIN, Sauerstoff, Primärproduktion sowie Nitrifikation und Denitrifikation war es notwendig, Sedimentkerne aus dem Lebensraum zu entnehmen und unter Feld- oder Laborbedingungen zu inkubieren (Mikrokosmen). Die hieraus resultierenden Limitationen müssen bei der Interpretation der Ergebnisse, insbesondere bei der Übertragung der Daten auf natürliche Verhältnisse, berücksichtigt werden.

Schon durch die Größe der inkubierten Sedimentkerne, der wegen der Entnahme im Feld und Inkubation im Labor enge Grenzen gesetzt sind, wird eine Auswahl von Organismen getroffen, die an den Substratumsätzen beteiligt sind. In der Regel blieben größere Makrofaunaorganismen unberücksichtigt, oder ihre Verteilung war zufallsbedingt. Mit zunehmender Inkubation im Labor kann sich der Lebensraum verändern. Physikalische Parameter wie Strömungen, Wellen und Unterschiede im Lichtangebot bleiben in der Regel in Mikrokosmen ausgeschlossen. Mehrere Autoren erwähnen den bedeutenden Einfluß von Strömungen und Wellen auf den Stoffaustausch zwischen Sediment und Wasser (Vanderborght et al., 1977; Rutgers van der Loeff, 1981; Hüttel & Gust, 1992). Bruns et al. (1995) führten vergleichende Mikroprofilmessungen von Sauerstoff in Wattsedimenten und in Sedimentkernen, die im Freiland inkubiert wurden, durch. Dabei ähnelten sich die Profile bei Niedrigwasser, während insbesondere bei beginnendem auflaufenden Wasser deutliche Unterschiede festgestellt wurden. Dies galt besonders für sandige Sedimente. Asmus et al. (1995) fanden bei Messungen mit dem Strömungskanal eine Erhöhung der Ammoniumfreisetzung aus dem Sediment an stürmischen Tagen im Vergleich zu ruhigen Tagen. Zudem minimierte sich der Unterschied zwischen Sedimenten mit und ohne *Arenicola*-Besiedlung. Die erwähnten Beispiele zeigen, daß großskalige Vorgänge kleinskalige Prozesse überdecken können. So können z. B. Strömungen und Wellen die Exkretion von Ammonium durch *Arenicola* maskieren, die Exkretion von Ammonium durch *Cerastoderma* kann die Ammoniumaufnahme durch Mikrophytobenthos überdecken.

FLÜSSE UND PRODUKTION VON SAUERSTOFF, BENTHISCHE PRIMÄRPRODUKTION

Die Sauerstoffaufnahme durch Zehrung heterotropher und autotropher Organismen zeigte in allen Sedimenten einen deutlichen jahreszeitlichen Verlauf. Generell wurden maximale Aufnahmeraten im Frühsommer (Mai und/oder Juni) und Sommer (August) gefunden, minimale Raten im Winter. Durch die hohe Zehrung von Sauerstoff durch Organismen im Sediment nahm die Dicke des oxischen Sedimentes im Frühsommer auf weniger als 1 mm ab. Generell zeigte das Sandwatt deutlich geringere diffusive Aufnahme von Sauerstoff gegenüber dem Misch- oder Schlickwatt. Abbildung 1 und 2 zeigen den jahreszeitlichen Verlauf der Prozesse am Beispiel des Sand- bzw. Schlickwatts.

224   Kapitel 3: Biogener Austausch und Stoffumwandlungen im Sylt-RømøWattenmeer

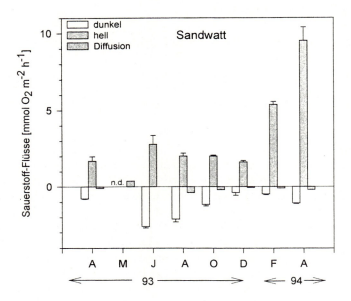

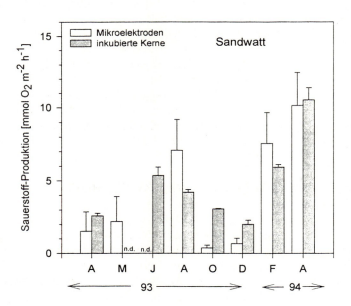

Abb. 1. Jahreszeitlicher Verlauf der Flüsse von Sauerstoff im Sandwatt: diffusive Flüsse und Gesamtflüsse in Hell- und Dunkelinkubationen (obere Abbildung) sowie Produktion von Sauerstoff (Messungen mit Mikroelektroden und in inkubierten Kernen; untere Abbildung)

3.1.1 Benthische Stickstoffumsätze 225

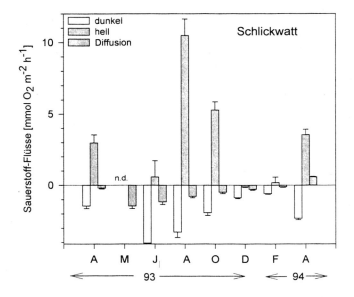

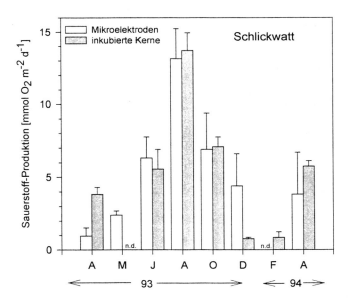

Abb. 2. Jahreszeitlicher Verlauf der Flüsse von Sauerstoff im Schlickwatt: diffusive Flüsse und Gesamtflüsse in Hell- und Dunkelinkubationen (obere Abbildung) sowie Produktion von Sauerstoff (Messungen mit Mikroelektroden und in inkubierten Kernen; untere Abbildung)

Hohe Zehrungsraten von Sauerstoff bedingt durch intensive Remineralisation von organischem Material führten generell zu hoher mikrobieller Sekundärproduktion (Inkorporation von Leucin; Bruns et al., 1995). Parallel zur Sauerstoffaufnahme zeigte die Sulfatreduktion einen vergleichbaren saisonalen Verlauf (Jensen et al., 1995).

Die Flüsse von Sauerstoff in Hellinkubationen und die benthische Sauerstoffproduktion zeigten uneinheitliche saisonale Verläufe, die aus den vorhandenen Daten nicht erklärt werden können (Algenblüten, Freßdruck durch Protozoen, Makrofauna?). Generell wurden hohe Produktionsraten von Sauerstoff im Frühjahr (April) und Sommer (August) gemessen. Während der saisonale Verlauf der Produktionsraten von Sauerstoff mit Messungen der benthischen Primärproduktion (Fixierung von markiertem Bikarbonat) vergleichbar war, zeigten die absoluten Werte deutliche Unterschiede, wobei die aus den Mikroelektrodenmessungen extrapolierten Produktionsraten generell höher waren.

NITRIFIKATION UND DENITRIFIKATION

Die mit der ATU-Inhibition und der ^{15}N-Technik gemessenen Nitrifikationsraten zeigten im Schlickwatt unterschiedliche Ergebnisse, im Sandwatt ergab sich hingegen eine gute Übereinstimmung (Tab. 1). Die Gründe hierfür dürften nicht nur in der kleinskaligen Heterogenität der Sedimente, sondern vor allem in den beiden unterschiedlichen Methoden begründet sein (Inkubationszeit, Empfindlichkeit, Beeinflussungen des Sedimentmetabolismus). Hier besteht Nachholbedarf an ergänzenden methodischen Arbeiten, um die Aussagekraft beider Techniken hinreichend zu interpretieren.

Für das Sandwatt wurden mit beiden Methoden vergleichbare Ergebnisse erzielt. Maximale Raten zeigten sich im Sommer. Mit sinkenden Temperaturen nahm die Nitrifikationsrate deutlich ab. Im Schlickwatt waren die Werte widersprüchlich. Während mit der ATU-Inhibition die höchsten Nitrifikationsraten im Frühjahr gemessen wurden, fanden sich aufgrund der ^{15}N-Technik im Frühjahr und im Sommer sehr hohe Raten. Im Schlickwatt waren die Nitrifikationsraten etwa 7 mal so hoch wie im Sandwatt.

3.1.1 Benthische Stickstoffumsätze

Tabelle 1. Nitrifikationsraten (μmol NH4 m^{-2} d^{-1}) im Sandwatt (St. 1, F1), Mischwatt (St. 6) und Schlickwatt (St. 8 K) gemessen mit der ATU-Inhibitionstechnik (linker Teil) und der ^{15}N-Methode (rechter Teil). Standardabweichungen in Klammern, ns - keine signifikanten Werte, nd - keine Messungen

	Stationen				Stationen		
	1	6	8	K	1	8	F1
April 93	24(8)	270(133)	793(130)	202(100)	85(12)	nd	nd
Mai. 93	219(133)	494(141)	ns	ns	nd	nd	nd
Juni 93	ns	ns	ns	ns	41(17)	187(52)	618(170)
August 93	257(160)	ns	90(52)	ns	185(41)	647(63)	155(34)
Oktober 93	169(37)	313(285)	99(51)	358(64)	32(14)	271(72)	49(11)
Dezember 93	48(32)	207(80)	478(120)	344(214)	31(5)	163(62)	43(20)
Februar 94	ns	521(220)	585(137)	ns	188(22)	449(34)	199(30)
April 94	119(36)	507(94)	1452(792)	ns	395(32)	642(53)	180(40)

Die Nitrifikation im Mischwatt und im Schlickwatt zeigte vergleichbare jahreszeitliche Verläufe, jedoch waren die absoluten Raten im Mischwatt geringer als im Schlickwatt. Maximale Nitrifikationsraten wurden im Frühjahr gefunden, im Sommer kam es zu einer Hemmung der Nitrifikation. Im Keitumer Watt wurde im Sommer ebenfalls eine Hemmung der Nitrifikation gefunden, doch blieben die Raten auch im Frühjahr und Herbst niedrig. Messungen mit der ^{15}N-Methode wurden an diesen Standorten nicht durchgeführt. Die Hemmung der Nitrifikation im Sommer im Misch- und Schlickwatt könnte auf die geringe Sauerstoffverfügbarkeit in diesen Sedimenten zurückzuführen sein. In den sandigen Sedimenten hingegen zeigten sich Temperatur und Nitrifikation miteinander korreliert.

Die Flüsse von Ammonium in Dunkelinkubationen unterschieden sich meist nur gering von den potentiellen Ammoniumflüssen, die im Dunkeln unter Hemmung der Nitrifikation bestimmt wurden. Das weist darauf hin, daß die Nitrifikation nur einen geringen Einfluß auf den Ammoniumaustausch zwischen Sediment und Wasser hatte. Nur im Herbst und Frühjahr waren die Dunkelflüsse im Misch- und Schlickwatt deutlich gegenüber den potentiellen Flüssen vermindert. Da aber im Herbst die Kopplung zwischen Nitrifikation und Denitrifikation gering war, kam es nur im Frühjahr zu einer nennenswerten Entfernung von DIN durch gekoppelte benthische Nitrifikation und Denitrifikation.

Dagegen zeigte sich häufig ein deutlicher Unterschied zwischen potentiellen Ammoniumflüssen und dem Ammoniumaustausch in unbehandelten Sedimentkernen, was auf die große Bedeutung des Mikrophytobenthos für den Austausch von Ammonium hindeutet. Im Misch- und Schlickwatt kam es häufig sogar zu einer Inversion der Flüsse, das heißt Ammonium wurde vom Sediment aufgenommen. Zusätzliche Experimente zeigten, daß die Exkretion durch *Cerastoderma* beträchtlich zu den Flüssen von Ammonium aus dem Sediment beitragen kann (vgl.

Kristensen et al., 1991; Gardner et al., 1993). Auch *Arenicola* fördert die Freisetzung von Ammonium aus dem Sediment (Asmus et al., 1995).

Die Adsorption von Ammonium an Sedimentpartikeln ist ein weiterer Prozeß, der den Austausch von Ammonium zwischen Sediment und Wasser beeinflussen kann. Die Untersuchungen zeigten, daß die Menge adsorbierten Ammoniums die Menge des gelösten Ammoniums übertrifft. Die Adsorptionskapazität des Sedimentes stieg mit zunehmendem organischen Gehalt und und der damit verbundenen intensiven Remineralisierung an. Damit wirkt die Adsorption von Ammonium an Partikeln als Puffer auf den Ammoniumaustausch.

Die Nitrataufnahme der Sedimente in Dunkelinkubationen zeigte den gleichen saisonalen Verlauf wie die Denitrifikation. Jedoch war die Denitrifikation, besonders im Frühjahr, nur für einen geringen Teil der Nitratreduktion in Dunkelinkubationen verantwortlich. Das deutet darauf hin, daß andere nitratverbrauchende Prozesse im Sediment Bedeutung gewannen. Im Vergleich zu den Nitratflüssen waren die Nitritflüsse generell wesentlich geringer.

Der saisonale Verlauf der Denitrifikation war im Sand-, Misch- und Schlickwatt vergleichbar. Maximale Raten wurden im Frühjahr gefunden, wenn die Nitratkonzentrationen im Wasser am höchsten waren. Im Sommer und Herbst wurden wesentlich geringere Denitrifikationsraten gemessen. Während im Frühjahr der größte Anteil des reduzierten Nitrats aus der Wassersäule stammte, trug im Sommer und Herbst die benthische Nitrifikation entscheidend zur Nitratbildung bei.

Für die Kopplung zwischen Nitrifikation und Denitrifikation ergaben sich mit beiden Methoden widersprüchliche Ergebnisse. Basierend auf der ^{15}N-Methode war in allen Sedimenten die Kopplung im Sommer gering, der höchste Grad der Kopplung wurde im Winter gefunden. Dagegen zeigte sich aufgrund der ATU-Inhibitionstechnik im Sommer ein hoher Grad der Kopplung zwischen Nitrifikation und Denitrifikation. Im Herbst und Winter dagegen war die Kopplung gering.

BILANZIERUNGEN

Bilanzierungen der Stoffflüsse und Prozesse können nur eine grobe Einschätzung widerspiegeln und sollten daher in ihren absoluten Werten nicht überinterpretiert werden. Zudem erschweren kurzfristige Veränderungen des Metabolismus und der Umweltparameter im Sediment eine zeitliche Extrapolation. Als Beispiel sei hier der plötzliche Zusammenbruch der benthischen Primärproduktion im Mischwatt zwischen Mai und Juni 1993 genannt.

Das Sandwatt muß als Senke sowohl für Ammonium als auch für Nitrat beschrieben werden. Die benthische Ammoniumproduktion wurde an diesen Standorten sicher unterschätzt, da die negativen potentiellen Ammoniumflüsse belegen, daß es zu einer Dunkelaufnahme von Ammonium durch das Mikrophytobenthos kam. Während Nitrifikation und Denitrifikation nur eine geringe Rolle für den DIN-Umsatz spielten, war die Ammoniumaufnahme durch die benthische Primärproduktion der dominierende Prozeß im Sandwatt (Abb. 3).

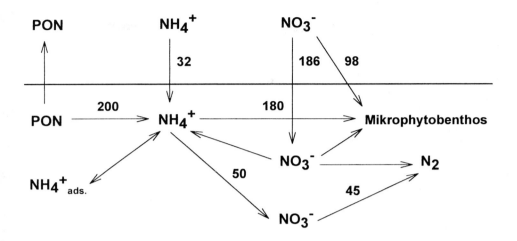

Abb. 3. Bilanz der Flüsse gelöster anorganischer Stickstoffkomponenten im Sandwatt. Die Zahlen sind angegeben in mmol N m^{-2} a^{-1}

Im Mischwatt wurde vor allem Nitrat vom Sediment aufgenommen, hingegen war die Ammoniumaufnahme gering. Nitrifikation und Denitrifikation waren von größerer Bedeutung verglichen mit dem Sandwatt. Jedoch war auch im Mischwatt die benthische Primärproduktion der wichtigste DIN verbrauchende Prozeß. Produktion von Ammonium durch Remineralisation und Verbrauch durch das Mikrophytobenthos glichen sich in etwa aus.

Die Ammoniumproduktion im Schlickwatt war deutlich größer als in den anderen Sedimenten. Durch *Cerastoderma* wurde die Ammoniumfreisetzung aus dem Sediment deutlich erhöht, während nur eine geringe Aufnahme durch das Mikrophytobenthos gefunden wurde. Dagegen wurde die Produktion von Ammonium durch Remineralisation organischer Stickstoffkomponenten in Sedimenten ohne *Cerastoderma* durch die Aufnahme des Mikrophytobenthos nahezu ausgeglichen, und die Ammoniumfreisetzung war deutlich geringer. Es ist aber wahrscheinlich, daß die Ammoniumaufnahme durch das Mikrophytobenthos in Sedimenten mit und ohne *Cerastoderma* ähnlich hoch war, jedoch in Sedimenten mit *Cerastoderma* durch deren Exkretion überdeckt wurde. Die Kopplung zwischen Nitrifikation und Denitrifikation war vergleichbar mit dem Mischwatt, jedoch gewann die Denitrifikation von Nitrat aus der Wassersäule größere Bedeutung. Die Nitrataufnahme war der Ammoniumfreisetzung vergleichbar (Abb. 4).

Die höchsten Werte für die Produktion von Ammonium durch benthische Remineralisation wurden im Keitumer Watt gemessen. Ein großer Teil des Ammoniums diffundierte in das Wasser, und ein weiterer Teil wurde durch das Mikrophytobenthos aufgenommen. Die Nitrataufnahme war im Vergleich zu den anderen Sedimenten gering, die Nitrifikation fast ohne Bedeutung.

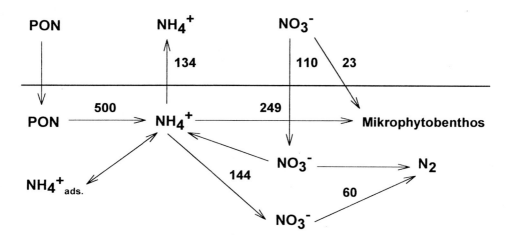

Abb. 4. Bilanz der Flüsse gelöster anorganischer Stickstoffkomponenten im Schlickwatt. Die Zahlen sind angegeben in mmol N m^{-2} a^{-1}

SCHLUSSFOLGERUNGEN

Benthische Nitrifikation und Denitrifikation waren in allen untersuchten Sedimenten von geringer Bedeutung für den DIN-Austausch, damit spielte die Elimination von DIN durch gekoppelte Nitrifikation und Denitrifikation eine untergeordnete Rolle. Die Frage, ob eine zunehmende Stickstoff-Zufuhr durch eine verstärkte Elimination von DIN ausgeglichen würde, hinge sicherlich von der Form des zugeführten Stickstoffs ab. Da die Denitrifikationsraten mit zunehmenden Nitratkonzentrationen anstiegen, ist zu vermuten, daß zumindestens ein Teil einer erhöhten Nitratbelastung durch Denitrifikation entfernt werden könnte. Andererseits würde eine höhere Belastung mit organischem Material zu einem erhöhten Sauerstoffverbrauch und damit zu einer Hemmung der Nitrifikation führen (Hansen et al., 1981; Kemp et al., 1990; Lohse et al., 1993). Steigende Konzentrationen von DIN führen jedoch zu einer Erhöhung der Primärproduktion, die gegenüber einer gesteigerten Denitrifikation überwiegen könnte. Im Sandwatt war die Nitrifikation wahrscheinlich durch Konkurrenz mit dem Mikrophytobenthos um Ammonium limitiert. Durch Zugabe von Ammonium zum Überstandswasser ließen sich die Nitrifikationsraten steigern.

Der Zustand eines hochdynamischen Systems, wie der Wattsedimente, wird durch eine Vielzahl eng gekoppelter Prozesse bestimmt. Geringe Schwankungen einzelner Prozesse könnten zu großen Veränderungen des Gesamtzustandes führen. Eine mögliche Inhibition der Nitrifikation durch Sauerstoffmangel infolge erhöhten organischen Gehalts und intensiver Remineralisation ist hierfür ein Beispiel. Insbesondere im Schlickwatt war Sauerstoff im Sommer nur bis maximal 1 mm Tiefe nachweisbar. Zunehmende Belastungen der Sedimente sind daher nicht tragbar.

Die Untersuchungen haben entscheidend dazu beigetragen, dominierende mikrobielle Prozesse in Wattsedimenten zu identifizieren und in ihrer Bedeutung als steuernde Faktoren zu verstehen. Aus den Untersuchungen wird aber auch deutlich, daß vor allem in dem Verständnis der Verknüpfung der Prozesse im Wattsediment beträchtliche Lücken bestehen, die nur durch kleinskalige räumliche und zeitliche Auflösungen der Messungen sowie durch die Erfassung eines breiten Spektrums umweltrelevanter biologischer, chemischer und physikalischer Prozesse und deren vergleichender Interpretation geschlossen werden können.

LITERATUR

Asmus, H., Asmus, R., Berger, J., Schubert, F. & Wille, A., 1995. Bentho-pelagischer Stoffaustausch und Produktionsbedingungen dominierender Lebensgemeinschaften des Sylt-Rømø Wattes. - Abschlußbericht Sylter Wattenmeer Austauschprozesse. Biologische Anstalt Helgoland. 111 S.

Blackburn T. H. & Henriksen, K., 1983. Nitrogen cycling in different types of sediments from Danish waters. - Limnol. Oceanogr. *28*, 477-493.

Boddeke, R. & Hagel, P., 1991. Eutrophication on the North Sea continental zone, a blessing in disguise. - C.M./ICES, *E 7*, 1-18.

Bruns, R., Hollinde, M. & Meyer-Reil, L.-A., 1995. Untersuchungen zu mikrobiellen Nährstoffumsätzen. - Abschlußbericht Sylter Wattenmeer Austauschprozesse. Christian-Albrechts-Universität zu Kiel. 133 S.

Colijn, F. & de Jonge, V.N., 1984. Primary production of microphytobenthos in the Ems-Dollar estuary. - Mar. Ecol. Prog. Ser. *14*, 185-196.

de Jonge, V.N. & Colijn, F., 1994. Dynamics of microphytobenthos biomass in the Ems estuary.- Mar. Ecol. Prog. Ser. *104*, 185-196.

de Jonge, V. N. & Essink, K., 1991. Long-term changes in nutrient loads and primary and secondary production in the Dutch Wadden Sea. In: Estuaries and coasts: spatial and temporal intercomparisons. Ed. by M. Elliot & J.-P. Ducrotoy. Olsen & Olsen, Fredensborg, 307-316.

Fong, P., Donhoe, R. M. & Zedler, J. B., 1993. Competition with macroalgae and benthic cyanobacterial mats limits phytoplankton abundance in experimental microcosms. - Mar. Ecol. Prog. Ser. *97*, 97-102.

Gardner, W. S., Briones, E. E., Kaegi, E. C. & Rowe, G. T., 1993. Ammonium excretion by benthic invertebrates and sediment-water nitrogen flux in the Gulf of Mexico near the Mississippi River outflow. - Estuaries *16*, 799-808.

Hansen, J. I., Henriksen, K. & Blackburn, T. H., 1981. Seasonal distribution of nitrifying bacteria and rates of nitrification in coastal marine sediments. - Microb. Ecol. *10*, 25-36.

Henriksen, K. & Kemp, W.M., 1988. Nitrification in estuarine and coastal sediments. - In: Nitrogen cycling in coastal marine environments. Ed. by T. H. Blackburn & J. Sørensen. John Wiley & Sons Ltd., New York, 207-249.

Hüttel, M., & Gust, G., 1992. Solute release mechanisms from confined sediment cores in stirred benthic chambers and flume flows. - Mar. Ecol. Prog. Ser. *82*, 187-197.

Jenkins, M. C. & Kemp, W. M., 1984. The coupling of nitrification and denitrification in two estuarine sediments. - Limnol. Oceanogr. *29*, 609-619.

Jensen, M. H., Jensen, K. M. & Kristensen, E., 1995. Benthic metabolism and C-, O-, S-, N-cycling in Königshafen. - Abschlußbericht Sylter Wattenmeer Austauschprozesse. Odense University. 128 S.

Jensen, M. H., Lomstein, E. & Sørensen, J., 1990. Benthic NH_4^+ and NO_3^- flux following sedimentation of a spring phytoplankton bloom in Aarhus Bight, Denmark. - Mar. Ecol. Prog. Ser. *61*, 87-96.

Kemp, W. M., Sampou, P., Caffrey, J., Mayer, M., Henriksen, K. & Boynton, W. R., 1990. Ammonium recycling versus denitrification in Chesapeake Bay sediments.- Limnol. Oceanogr. *35*, 1545-1563.

Köster, R., Austen, G., Austen, I., Bayerl, K.-A. & Ricklefs, K., 1995. Sedimentation, Erosion und Biodeposition. - Abschlußbericht Sylter Wattenmeer Austauschprozesse. Christian-Albrechts-Universität zu Kiel.

Kristensen, E., Jensen, M. H. & Aller, R. C. 1991. Direct measurement of dissolved inorganic nitrogen exchange and denitrification in individual polychaete (*Nereis*) burrows. - J. Mar. Res. *49*, 355-377.

Lohse, L., Malschaert, J. F. P., Slomp, C. P., Helder, W. & van Raaphorst, W., 1993. Nitrogen cycling in North Sea sediments: interaction of denitrification and nitrification in offshore and coastal areas. - Mar. Ecol. Prog. Ser. *101*, 283-296.

Martens, P., 1989 a. Inorganic phytoplankton nutrients in the Wadden Sea areas off Schleswig-Holstein. I. Dissolved inorganic nitrogen. - Helgoländer Meeresunters. *43*, 77-85.

Martens, P., 1989 b. On trends in nutrient concentration in the northern Wadden Sea of Sylt. - Helgoländer Meeresunters. *43*, 489-499.

Martens, P., 1992. Inorganic phytoplankton nutrients in the Wadden Sea off Schleswig-Holstein. II. Dissolved ortho-phosphate and reactive silicate with comments on the zooplankton. - Helgoländer Meeresunters. *46*, 103-115.

Nixon, S. W., 1981. Remineralisation and nutrient cycling in coastal marine ecosystems. In: Estuaries and Nutrients. Ed. by B. J. Nielson & L. E. Cronin. Humana Press, Clipton, New Jersey, 111-138.

Riegmann, R., Noordeloos, A. A. M. & Cadée. G. C., 1992. *Phaeocystis* blooms and eutrophication of the continental coastal zones of the North Sea. - Mar. Biol. *112*, 479-484.

Rutgers van der Loeff, M. M., 1981. Wave effects on sediment water exchange in a submerged sand bed. - Neth. J. Sea Res. *15*, 100-112.

Vanderborght, J. P., Wollast, R. & Billen, G., 1977. Kinetic models of diagenesis in disturbed sediments. Part II. Nitrogen diagenesis. - Limnol. Oceanogr. *22*, 953-961.

3.1.2
Sulfur Dynamics in Sediments of Königshafen

Der Schwefelhaushalt in Sedimenten des Königshafens

Erik Kristensen, Mikael H. Jensen & Karen M. Jensen
Institute of Biology, Odense University, DK-5230 Odense M, Denmark

ZUSAMMENFASSUNG

Die benthische Gemeinschaftsrespiration und Sulfatreduktion wurde an 3 Stationen im Königshafen im Jahresgang gemessen. Die Raten der Sulfatreduktion zeigten eine starke zeitliche und räumliche Variation. Am höchsten war die Sulfatreduktion im schlickigen, an organischen Substanzen reichen Sediment im inneren Königshafen (2-5 mal höher als im sandigen, an organischer Substanz armem Sediment). Im groben Sand nahe der Hochwasserlinie waren die Sulfatreduktionsraten nur halb so hoch wie in Mittelsand auf tieferem Gezeitenniveau. Die Gemeinschaftsrespiration (als CO_2-Flußrate gemessen) variierte weniger stark zwischen den 3 Sedimenttypen mit den niedrigsten Raten im Mittelsand bis hin zu den höchsten im Schlick. Der Anteil der Sulfatreduktion am gesamten Sedimentstoffwechsel war im Mittelsand und im Schlick sehr hoch (70-100 %), während er im groben Sand niedrig war (20-30 %). Dieser Unterschied war der besseren Versorgung mit Sauerstoff im groben Sand zuzuschreiben, wodurch die anaerobe Respiration gehemmt wurde. In diesem Sediment wird der relativ hohe Gesamtmetabolismus in einem stärkeren Maße als in den anderen Sedimenten durch aerobe Bakterien verursacht. Das höhere Oxidierungsniveau wird durch physikalische Bedingungen wie Wellen und Gezeitenströme bewirkt. In der Tiefenverteilung der Sulfatreduktionsraten in den beiden sandigen Sedimenten zeigte sich, daß die meisten leicht abbaubaren, organischen Substanzen, die von benthischen Diatomeen stammen, in den oberen Zentimetern zu finden waren, während entsprechend mit abnehmenden Gehalten an organischer Substanz die Sulfatreduktionsraten unter 5 cm Sedimenttiefe sehr schnell geringer wurden. Im Schlick nahmen ebenfalls, trotz einer erhöhten Konzentration von organischem Material in 5 cm Tiefe, die Raten der Sulfatreduktion allmählich mit der Tiefe ab. Dieser Peak unterhalb der Sedimentoberfläche wurde von relativ altem, schwer abbaubarem, organischen Material gebildet, das wahrscheinlich bei früheren Stürmen im Sediment festgelegt wurde. Im Jahresgang der Sulfatreduktion zeigte sich deutlich ihre starke Temperaturabhängigkeit. Zusätzlich wurden die höchsten Temperaturen im Mittelsand und die niedrigsten im groben Sand gemessen. Die gesamte Abhängigkeit der

Sulfatreduktion von den Jahreszeiten ist aber wesentlich komplexer durch den gleichzeitigen Einfluß mehrerer Faktoren, die mit der Temperatur korreliert sind und sich ebenfalls saisonal bedingt ändern. Die große Bedeutung der Verfügbarkeit von abbaubarem, organischen Material zeigte sich darin, daß die Sulfatreduktion gut korreliert war mit dem zeitlichen Verlauf der Konzentration an organischem Material im Oberflächensediment. Die unterschiedlich starke Abbaubarkeit zeigte sich in der wechselnden Enge der Beziehung, die einen höheren Anteil leicht abbaubarer, organischer Substanz in den beiden sandigen Sedimenten anzeigte als in dem an organischem Material reichen, schlickigem Sediment. Der Gehalt an reduzierten, anorganischen Schwefelverbindungen (FeS und FeS_2) war insgesamt in allen 3 Sedimenten der Gezeitenfläche sehr gering, wobei der Gehalt im Schlick 10 mal höher war als im Sand. Die Eisenverfügbarkeit limitierte wahrscheinlich die Schwefelausfällung. Als Konsequenz hieraus muß fast das gesamte im Sediment produzierte Sulfid aufwärts diffundieren und wird entweder im oberen Sedimentbereich oder in der Wassersäule oxidiert. Die Emission an die Atmosphäre spielt als Eliminationsweg von reduziertem Schwefel nur eine untergeordnete Rolle, da weniger als 1 % des produzierten Sulfid an die Atmosphäre abgegeben wird. Somit wird der größte Anteil der Sauerstoffaufnahme in Mittelsand und Schlick für die Oxidation von Sulfid verwendet - entweder direkt oder indirekt über oxidierte Verbindungen wie Nitrat etc. Im groben Sand, wo die Sulfatreduktion gering ist, wurde organisches Material überwiegend durch aerobe bakterielle Aktivität abgebaut. Hier dient nur ein kleiner Teil des vom Sediment aufgenommenen Sauerstoff der Oxidation von Sulfid.

ABSTRACT

Seasonal measurements of benthic community respiration and sulfate reduction were made at 3 different stations in the intertidal Wadden Sea embayment, Königshafen. Rates of sulfate reduction varied considerable in time and space. Highest sulfate reduction was obtained in organic-rich, muddy sediment of the mid intertidal zone near the head of the embayment; 2-5 times higher than organic-poor, sandy sediments. High intertidal, coarse sand exhibited half the rates of low intertidal, medium sand. Total community respiration (measured as CO_2 flux) varied less dramatically between the 3 sediment types, with lowest rates in medium sand and highest in muddy sediment. The contribution of sulfate reduction to total sediment metabolism was high in medium sand and muddy sediment (70-100 %), but low in coarse sand (20-30 %). This difference was attributed to a higher oxidation level in the coarse sand, which inhibited anaerobic respiration. The relatively high total metabolism in this sediment is to a higher degree than the other sediment types mediated by aerobic bacteria. The higher oxidation level is induced by physical disturbances due to waves and tidal currents. The depth distribution of sulfate reduction revealed that the two sandy sediments contained most labile organic matter in the upper few cm (derived from benthic diatoms), as the rates decreased rapidly to low values below 5 cm depth. Despite a subsurface peak in organic matter around 5 cm depth, the muddy sediment also exhibited gradually decreasing rates of sulfate reduction with depth. The subsurface peak was composed of old and relatively refractory organic matter buried by past storm events. The seasonal pattern of sulfate reduction clearly indicated a strong temperature control. The temperature dependence was highest in the medium sand and lowest in the coarse sand. However, the overall seasonal control of sulfate reduction is more complex due to simultaneous influence of other seasonal factors which also correlates with temperature. The degradability and availability of organic matter is an important controlling factor, since sulfate reduction in the upper sediment correlated well with temporal variations in organic content of the surface sediment. The variation in degradability was evident as different strength of the relationship, suggesting a relatively higher fraction of labile organic matter in the two sandy sediments than in the organic-rich mud sediment. Pools of reduced inorganic sulfur (FeS and FeS_2) were very low in all 3 intertidal sediments, although the content was 10 times higher in the muddy area compared with sandy locations. The limiting factor for sulfide precipitation was probably iron availability. As a consequence almost all sulfide being produced within the sediment must diffuse upwards to be oxidized in the upper sediment layers or the water column. Emission to the atmosphere as another sink for reduced sulfur can be ruled out since less than 1 % of the produced sulfide was lost by this process. Consequently, most of the oxygen uptake measured in the medium sand and muddy sediment is devoted to sulfide oxidation - either directly of indirectly via oxidized intermediates (e.g. NO_3^-). In the coarse sand, where sulfate reduction is low, most organic matter decomposition is due to aerobic bacterial activity. Only a fraction of the consumed oxygen drives sulfide oxidation here.

INTRODUCTION

A large part of organic matter degradation in coastal areas is mediated by aerobic and anaerobic bacterial processes in the sediment (Jørgensen, 1982). Due to the generally limited depth penetration of oxygen in sediments (a few mm) combined with the two orders of magnitude higher concentration of sulfate than oxygen, the quantitatively dominant process of organic carbon mineralization is anaerobic bacterial respiration with sulfate (sulfate reduction). In most coastal marine sediments sulfate reduction may account for 50 % or more of the total benthic respiration and carbon mineralization (Jørgensen, 1982, Mackin & Swider, 1989). As a consequence, most of the sedimentary O_2 uptake is used for microbial or chemical reoxidation of reduced inorganic metabolites (e.g. sulfide) rather than mineralization of organic carbon (Jørgensen, 1987).

The partition between aerobic respiration and sulfate reduction in sediments depends on a multitude of factors like temperature, the input rate and lability (or "quantity and quality") of organic carbon, sediment oxidation level due to wave and current action as well as bioturbation (Skyring, 1987; Oenema, 1990; Moeslund et al., 1994). Seasonal variations of microbial processes in sediments are often related to temperature alone. However, large temporal variations in the content and lability of organic matter in the sediment (e.g. sedimentation and autochthonous primary production) may obscure the true temperature dependence (Kristensen, 1993). In an intertidal area like the Wadden Sea the complexity of sediment microbial ecology and element cycles is complicated even further due to short-term physical changes by tides and storm events. In addition, the high productivity in such areas stimulates the growth and abundance of bioturbating infauna, which may exert a major influence on sediment processes by their reworking, irrigation and respiration activities (Aller, 1982; Hansen et al., 1996).

In this chapter, we present and compare data on sulfate reduction and total benthic respiration from the intertidal Wadden Sea embayment, Königshafen, with emphasis on spatial and seasonal variations. Since sediments in the tidally dominated Königshafen ranges from low-organic sands to high-organic silty muds within relatively short distances, large quantitative and qualitative differences in sediment processes and biogeochemistry are expected to occur in time and space.

STUDY SITE

Königshafen is a tidally dominated bay at the northern tip of the island of Sylt (northern part of the German Wadden Sea, southwest North Sea) covering 5.5 km^2 (Fig. 1). The field measurements reported in this chapter were carried out during 8 periods, each of 8-17 days duration, from April 1993 to July 1994. All seasons were covered (temporal variation), but not with similar frequency, and three different sediment types (spatial variation) were investigated. Although this study did not cover the entire Rømø-Sylt Wadden Sea area, the locations chosen in Königshafen should be representative for the range of sediment types found in the area. The sediments of the bay vary in grain-size spectrum from mud to cobbles (Austen, 1994). At the head of the bay, where protection from prevailing winds and waves creates a deposition area, the sediment is fine grained with a modal particle size of < 0.1 mm (Fig. 1). The central, low intertidal part of the bay is dominated by medium sand with a modal particle size of 0.1 to 0.2 mm, whereas medium sand with a modal particle size of 0.2 to 0.35 mm is characteristic of the high intertidal areas. Large parts of the south and north shores are dominated by coarse sand with a modal particle size > 0.35 mm. It has been suggested that the presence of coarse and medium sand in high intertidal Königshafen sediments is due to aeolian input from adjacent dunes (Austen, 1994). Of our 3 main stations, *S1* (coarse sand) and *F1* (medium sand) were located in different parts of the 'Sandwatt'; *S1* in the upper intertidal zone, and *F1* in the low intertidal zone near the tidal channel in a lugworm *Arenicola marina*, dominated area (where the tidal flume of Asmus & Asmus (this volume) was situated in 1993). The muddy station *M2* (muddy sand) was located in the organic-rich mid intertidal zone near the head

Asmus & Asmus (this volume) was situated in 1993). The muddy station $M2$ (muddy sand) was located in the organic-rich mid intertidal zone near the head of the Königshafen embayment ($M2$ corresponds to the 'Schlickwatt' station of Bruns & Meyer-Reil (this volume)). Two other stations, which were close to and resembled $S1$ and $M2$ have been investigated for sulfur and CO_2 gas emission to the atmosphere (Bodenbender, this volume). In terms of areal cover of Königshafen, the medium sand sediment, as represented by $F1$, was dominant (Fig. 1), whereas the coarse sand sediment ($S1$) was confined to nearshore patches. The muddy sand sediment ($M2$) dominated the deep central and innermost parts of Königshafen.

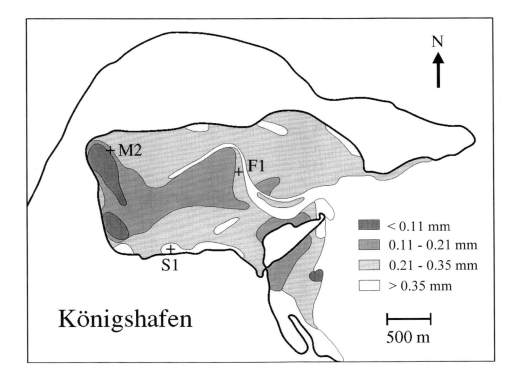

Fig. 1. Map of the study area, Königshafen, in the Rømø-Sylt Wadden Sea with indications of sampling stations, $S1$, $F1$ and $M2$. The modal grain size of the major sediment types are indicated by different coloration (redrawn after Austen, 1994)

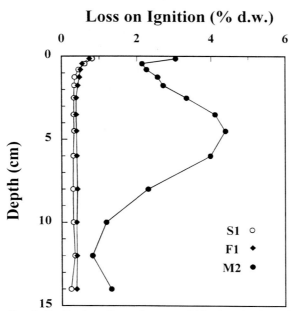

Fig. 2. Depth distribution of organic matter (% LoI) at the three Königshafen stations

At the high intertidal coarse sand station (*S1*) the occurrence of the lugworm, *Arenicola marina*, was sparse and scattered in time and space (mostly small specimens, when present), whereas the mudsnail, *Hydrobia ulvae*, was present in high numbers (< 20000 m^{-2}). Conversely, a relatively high density of large specimens of *A. marina* was present (about 40-70 m^{-2}) in the low intertidal medium sand station (*F1*), while *H. ulvae* and most other benthic macrofauna were absent here. The muddy sand station (*M2*) was dominated by the cockle, *Cerastoderma edule*, (100-300 m^{-2}) with scattered occurrence of *H. ulvae*, *Littorina* sp., *Macoma balthica*, and *A. marina*.

Diatoms dominated the microphytobenthic community at all stations. Seagrasses were absent from the sandy sites, but showed a scattered occurrence at the muddy *M2* site. At the latter location occasional covering with mats of macroalgae (*Ulva lactuca*) occurred during summer.

The various sediment types will here be characterized by their bulk organic matter content, as Loss on Ignition (LoI, % d.w.). Roughly 30-50 % of LoI is represented by POC (weight-based). The annual average distribution of LoI showed a low background level of 0.2-0.4 % with depth in the sandy *S1* and *F1* sediments, but microphytobenthic presence was reflected as enrichment in the upper centimetres, with maxima of about 0.8 % (Fig. 2). The difference in texture between *S1* (coarse sand) and *F1* (medium sand) was thus not reflected in LoI. The muddy *M2* sediment showed a very heterogenous (laminated) distribution of LoI with an enrichment in the top 3 mm (3 %) and subsurface peaks at 4-6 cm (4 %) and below 15 cm (data not shown). It is noteworthy that the LoI content at 10-15 cm depth in the *M2* sediment approached a level as low as on the sandy sites (below 0.5 %). Besides the presence of benthic diatoms at the surface, other organic matter sources at the muddy stations were (decaying) seagrasses and occasionally decaying macroalgae.

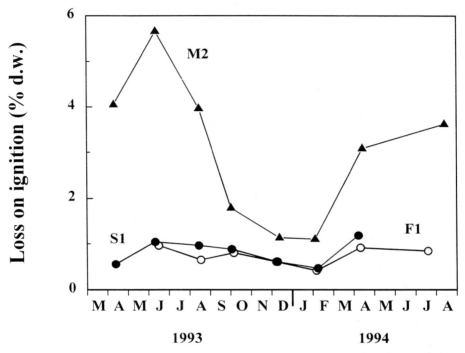

Fig. 3. Temporal variations in organic matter content (% LoI) of surface sediment (0-3 mm) at the three Königshafen stations

The LoI content in the upper 3 mm of the sediment showed a distinct seasonal variation at all three stations (Fig. 3). LoI in the two sandy sediments (*F1* and *S1*) varied from about 0.5 % in winter to 1 % in summer, whereas the *M2* sediment ranged from 1 % in winter to 3-6 % in summer. This temporal variation in the surficial organic matter content was supported by visual observations of the sediment surface during samplings. It is likely that seasonal variations in benthic diatom biomass can be reflected as changes in the surface LoI against a very low background at the sandy stations, but the dramatic (almost 6-fold change) changes at *M2* is probably caused by variations in deposition of macrophyte detritus combined with climatic variations in physical (e.g. waves) removal. The laminated distribution of LOI at *M2* may reflect past storm events.

TEMPORAL AND SPATIAL VARIATIONS OF SULFATE REDUCTION

Depth distribution

Although sulfate reduction is the quantitatively most important anaerobic pathway of mineralization of organic matter in coastal sediments not much is known about rates as well as spatial and temporal variability of the process in intertidal Wadden Sea sediments. Given the heterogeneity of such sediments (as influenced by the harsh physical regime, bioturbation, micro- and macrophytes, etc) and the wide range of sediment types encountered the variability of sulfate reduction is expected to be high.

Sulfate reduction rates measured by the whole-core ^{35}S-SO_4^{2-} injection technique (Jørgensen, 1977; Fossing & Jørgensen, 1989) in Königshafen sediments varied up to 3 orders of magnitude, from < 1 to 500 nmol cm^{-3}d^{-1} in the upper 15 cm of the sediment (Fig. 4), highest during summer and in muddy sand (*M2*), i.e. in "organic-rich" sediment. Maximum rates were typically found at or near the surface followed by a more or less sharp decline to low rates at depth, which is consistent with the general pattern for shallow, near-shore sediments (Thode-Andersen & Jørgensen, 1989; Holmer & Kristensen, 1992).

At the cold temperatures during winter subsurface maxima of about 25 and 100 nmol cm^{-3} d^{-1} at 3-5 and 2-4 cm depth were evident in sandy (*S1, F1*) and muddy (*M2*) stations, respectively. Very low rates were often found in the top cm during winter. Sulfate reduction increased 5-10 times from winter to summer with the peak rate moving upwards in the sediment when temperature increased. This typical phenomenon is caused by a relative depletion of the 'suboxic' electron acceptors, NO_3^- and oxidized Mn and Fe (e.g., Canfield et al., 1993a) in the upper layers of the sediment during summer when organic matter availability (and temperature) is high. The difference between sites was most evident during summer; *S1* peaked at 1-3 cm depth (about 100 nmol cm^{-3}d^{-1}) and *F1* peaked at the surface (-225 nmol cm^{-3}d^{-1}), while *M2* had a maximum of about 500 nmol cm^{-3}d^{-1} at 1-2 cm.

The peak of the sulfate reduction in the uppermost cm reflects the presence of benthic microalgae as a surface located source of labile organic matter. The total pool of organic matter in sediments can be described as a reactive continuum, where the largest part of the total pool is refractory and only a small part is degradable within the time scale examined here. In most sediments the reactive pool decreases with depth in a pattern similar to the vertical profiles of sulfate reduction, while the refractory pool remains almost constant (a large relative increase) with depth (Christensen, 1984; Henrichs & Reeburgh, 1987). Pigment (i.e., chlorophyll a) concentrations in the sediment, which is a measure of labile organic matter, did not show large differences between sandy (*S1* and *F1*) and muddy (*M2*) sediments in Königshafen (data not shown). Although sulfate reduction was higher in the organic-rich *M2* sediments, the organic matter pool in the organic-poor *S1* and *F1* sediments is relatively more dynamic with a higher turnover rate.

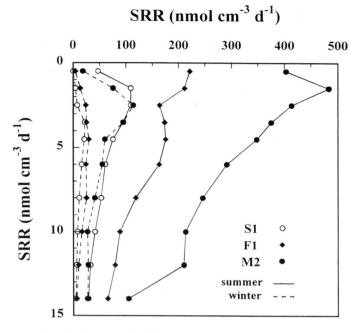

Fig. 4. Vertical distribution of sulfate reduction rates at the three Königshafen stations during winter and summer

In the organic-poor sands of a Danish lagoon, it was estimated that the pool of reactive matter in the form of microalgal material constituted as much as 12 % of the total organic carbon pool (Kristensen, 1993). The higher sulfate reduction rates at *M2* clearly reflect the higher input of allochthonous organic matter in the innermost part of Königshafen.

The two sandy stations, *F1* and *S1*, showed different depth distributions of sulfate reduction during summer. As *F1* was more intensively bioturbated by *Arenicola marina* than *S1*, the sediment reworking by this animal may distribute labile organic matter and thus sulfate reduction activity more evenly with depth in the medium sand at *F1*. In contrast, *S1* was more subjected to strong wind, wave and current action, which caused a higher degree of oxygenation of the surface sediment and resuspension of surficial organic matter. These physical forces at *S1* may push sulfate reduction as well as other anaerobic (suboxic) mineralization processes downwards in the sediment and favour aerobic respiration at the surface. Although the sulfate reducing bacteria are considered to be strict anaerobes which demand reduced conditions, recent information has revealed that the number of sulfate reducing bacteria may be highest in the oxidized, or even oxic zone of sediments (Jørgensen & Bak, 1991), and that sulfate reduction actually may proceed in anaerobic microniches where there is an apparent presence of oxygen (e.g., Jørgensen, 1977; Canfield & Des Marais, 1991).

proceed in anaerobic microniches where there is an apparent presence of oxygen (e.g., Jørgensen, 1977; Canfield & Des Marais, 1991).

Temporal variations

The seasonal variations will here be discussed on the basis of depth-integrated (0-15 cm) areal sulfate reduction rates. The summer rates varied somewhat at the muddy site, *M2*, ranging between 43 (June) and 26 (August) mmol m^{-2}d^{-1} (Fig. 5). Lowest rates at *M2* were found in April 93 and Febr. 94 (3.6-4.2 mmol m^{-2}d^{-1}), whereas Dec. 93 and April 94 rates were 2-3 fold higher (about 10 mmol m^{-2}d^{-1}). Climatically, April 93 was clearly "earlier" than April 94 and different availability of labile organic matter (connected to the diatom spring bloom) could be an explanation for the distinct interannual difference in sulfate reduction at *M2*. There was a considerable difference in sulfate reduction between the two sandy sites (*S1* and *F1*) during the warm seasons, but less so during the colder winter period. Relatively low summer rates of sulfate reduction was evident at *S1* (6-10 mmol m^{-2}d^{-1}) compared to about 3 fold higher rates at *F1* (16-22 mmol m^{-2}d^{-1}). One possible mechanism could be that *Arenicola marina* may have redistributed and captured organic matter and thus increased sulfate reduction at depth in the medium sand. The lowest rates at *S1* and *F1*, observed from December to February, were of similar magnitude (0.8-2.2 and about 2 mmol m^{-2}d^{-1}, respectively). Although sulfate reduction in the organic-poor sands of Königshafen varied considerably between sites, the rates were generally high compared to more organic-rich subtidal sediments (Skyring, 1987). The seasonal maximum in an organic-rich (7 % LoI) subtidal sediment in Aarhus Bight, Denmark, was reported to be about 12 mmol m^{-2}d^{-1} (at 14°C) (Moeslund et al., 1994), i.e. comparable to *S1*, but clearly lower than *F1*. To our knowledge, the only seasonal study of sulfate reduction in a Wadden Sea area was carried out by Oenema (1990) in the fine-grained sediments of the Eastern Scheldt, Holland. The seasonal range reported by Oenema (1990) was 14-68 mmol m^{-2} d^{-1}, which is similar to the rates found in the present study at the muddy *M2* site in Königshafen.

In general, sulfate reduction followed the seasonal temperature cycle. The Arrhenius equation (R = A exp(-E/RT), where R is rate constant, A is a constant, E is activation energy, R is the gas constant, and T is temperature in °K) was used as a measure of temperature dependence (Fig. 6; Table 1). This equation is normally used to describe the relationship between the rate of a biochemical process and temperature. In the present case the rate is a biological community process and the temperature dependence can be considered the seasonal relationship between a community process and temperature. Thus, the slope from plots of: ln(community rate) versus 1/temperature, provides the "apparent activation energy" (E_a) of the process, which for comparison with other studies can be transformed to Q_{10}. This Arrhenius approach has been used to describe the influence of seasonal temperature changes on various specific processes, including sulfate reduction (Abdollahi & Nedwell, 1979; Aller & Yingst, 1980; Westrich & Berner, 1988).

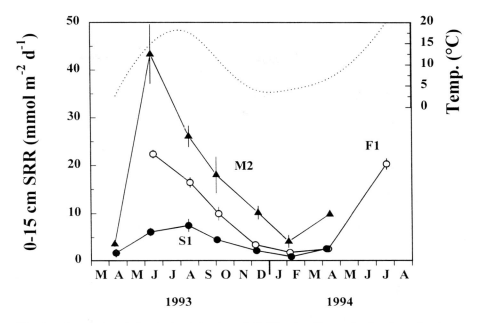

Fig. 5. Seasonal variation in depth integrated (0-15 cm) sulfate reduction from the three Königshafen stations. Temperature variation is shown as a dotted line

Table 1. Arrhenius relations of areal depth-integrated (0-15 cm) sulfate reduction, SRR, and community respiration, RSP (O_2 flux) at the three Königshafen sites (from plots of ln rate vs. inverse temperature). Shown are the apparent activation energy (slope of the plot in kJ mol^{-1}), regression coefficients (r^2), number of data (n) and 'seasonal Q_{10}'. Temperature interval: 2-20° C.

	SRR			RSP		
	E_a (kJ mol^{-1})	r^2 (n)	Q_{10}	E_a (kJ mol^{-1})	r^2 (n)	Q_{10}
S1	69.1	0.98 (12)	2.7	57.9	0.76 (24)	2.3
F1	101.9	0.89 (7)	4.4	95.9	0.90 (16)	4.0
M2	93.9	0.90 (8)	3.9	74.2	0.80 (17)	2.9

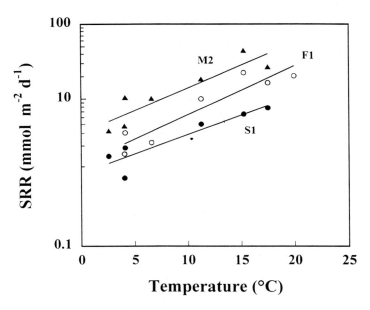

Fig. 6. Temperature relationship of depth integrated (0-15 cm) sulfate reduction at the three Königshafen stations. Note the logarithmic SRR scale

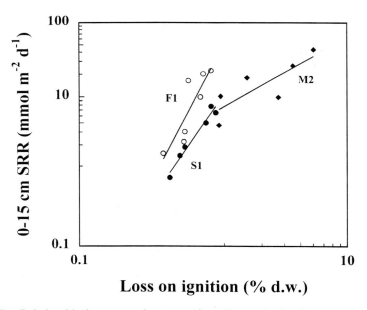

Fig. 7. Relationship between volume specific sulfate reduction in the upper 1 cm and organic content in the upper 0.3 cm of sediments from the three Königshafen stations

Since a measure of temperature dependence in sediment systems besides the pure biochemical changes also includes effects on microbial population size and other environmental variables, the term 'seasonal E_a' (Moeslund et al., 1994) is more appropriate. The highly correlated Arrhenius plots at the three Königshafen sites (r^2 = 0.89-0.98) indicates that temperature is an important controlling factor for community sulfate reduction. The obtained 'seasonal E_a' values of 70-102 kJ mol^{-1} is comparable with previously reported values, 40-130 kJ mol^{-1}, for sulfate reduction (Abdollahi & Nedwell, 1979; Westrich & Berner, 1988). Although sulfate reduction can be related to temperature, the overall control may be more complex due to the simultaneous influence of other seasonal factors which also correlates with temperature. Among those are the availability and susceptibility to metabolic attack of organic matter in the sediment environment very important. Accordingly, the seasonal variation of organic matter in the upper 3 mm of the sediment was highly correlated with sulfate reduction in the same zone (Fig. 7), indicating that the autochthonous and allochthonous input of organic matter to the sediment surface supports and controls the anaerobic microbial community. However, from the present data the precise role of each individual factor controlling the rate of sulfate reduction can not be fully assessed due interdependence of water temperature with organic content and oxidation level of surface sediment. In a seasonal study from an intertidal sand flat, Kristensen (1993) also observed that the quality (i.e. C:N ratio) of sedimentary organic matter correlated strongly with both sediment metabolism and temperature.

The inter-site differences in temperature dependence (highest for *F1* and lowest for *S1*) may rely on differences in availability of organic substrates for the sulfate reducing bacteria. The increased feeding activity of *A.marina* during warm summer months may have cause a burial of large quantities of labile surface derived organic matter (i.e. diatoms). Burial of fresh organic matter by the feeding activities of *A. marina* have been observed frequently (Hylleberg, 1975; Reichardt, 1988; Grossman & Reichardt, 1991). Such increased input may, therefore, have stimulated anaerobic respiration due to sulfate reduction during summer to a higher degree at the highly bioturbated station *F1* than at the less bioturbated station *S1*, and thus providing a higher apparent temperature dependence of sulfate reduction at the former station.

BENTHIC COMMUNITY RESPIRATION AND THE ROLE OF SULFATE REDUCTION

The applied core-flux incubations for determination of oxygen and carbon dioxide fluxes did not mimic actual *in situ* conditions, i.e. wind, waves, currents, diurnal and day-to-day changes in temperature. We deliberately held cores at constant temperature during each 2-week sampling campaign and with the same overlying water movement (magnet rotating with 50-60 rpm) at all occasions.

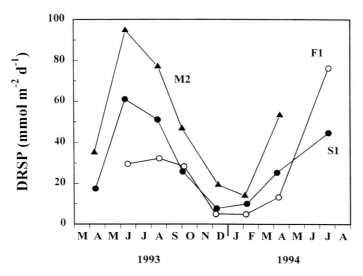

Fig. 8. Seasonal variation of daily community respiration (DRSP) measured as oxygen uptake at the three Königshafen stations

This is opposed to e.g. bell jar experiments (Asmus, 1986) and some of the core fluxes of Bruns & Meyer-Reil (this volume), where incubations were carried out at the prevailing temperature during each incubation. Although some differences can be observed between the various techniques, we consider our sediment-water fluxes comparable to the similarly treated sulfate reduction measurements. However, our fluxes should not be considered fully representative for physically and spatially integrated *in situ* rates as those obtained by larger scale bell-jar and "Sylt-flume" approaches (Asmus et al., 1995, R. Asmus et al., in press). In addition, the size of our cores were not sufficient to include *Arenicola* during measurements at station *F1*, which excludes the direct impact of the animals (e.g., ventilation and respiration), whereas possible "indirect" effects (e.g., reworking) of the animal should be reflected during our relatively short-term incubations of the sampled cores.

The dark O_2 uptake (DRSP) was (not surprisingly) highest in summer (June-Aug.), and higher in muddy sediment (*M2*) than in sands (*F1* and *S1*)(Fig. 8). The overall seasonal range is consistent with numerous other studies of intertidal sediments (e.g. Hargrave et al., 1983; Nowicki & Nixon, 1985; Kristensen, 1993), although the community respiration at *F1* (*Arenicola* sandflat) most likely is underestimated due to the lack of *Arenicola* respiration. The influence of temperature on DRSP was significant and the 'seasonal E_a' varied between 58 and 96 kJ mol^{-1} (Table 1), which is within the range reported from other studies (e.g. Aller & Yingst, 1980; Kristensen et al., 1992; Kristensen, 1993), and similar to the values obtained here for sulfate reduction. When considering the relationship between sulfate reduction and organic content of the sediment (Fig. 7), the strong

3.1.2 Sulfur Dynamics in Sediments of Königshafen

temperature dependence of DRSP may also to some extent be misleading due to interdependence of controlling factors (Sampou & Oviatt, 1991).

CO_2 production (dark CO_2 release) is usually considered a superior measure of sediment metabolism compared to O_2 consumption (dark O_2 uptake) (e.g. Sampou & Oviatt, 1991), provided that reasonable steady state conditions prevail. However, when carbonate dissolution or precipitation and chemoautotrophic CO_2 fixation are of quantitative importance, the dark steady state CO_2 release may deviate from the "true" community respiration. Unfortunately, dark CO_2 fluxes are only available here at a number of selected summer and winter dates. Rates of DRSP were generally higher when measured as CO_2 fluxes than as O_2 fluxes. Furthermore, there was a consistent, not statistically significant, seasonal and spatial pattern in community respiratory quotient (CRQ = CO_2 flux/O_2 flux) showing highest CRQ during summer and at the sandy stations (Table 2). This indicates a predominance of anaerobic respiration and storage or loss of reduced metabolites (Andersen & Hargrave, 1984; Andersen & Kristensen, 1988). The average CRQ compares well with the seasonal averages obtained in other intertidal sediments (Kristensen, 1993).

The areal sulfate reduction rates can be transformed to carbon equivalents, by assuming 2:1 stoichiometry between carbon dioxide produced and sulfate reduced (Aller & Yingst, 1980; Mackin & Swider, 1989). By relating the measured carbon dioxide fluxes to the 0-15 cm depth integrated areal sulfate reduction rates, the contribution of sulfate reduction to total sedimentary metabolism can be obtained (Table 3). The contribution of sulfate reduction in the coarse sand at *S1* differed greatly from the medium sand at *F1* and muddy sand at *M2*. The large difference between coarse and medium sand (or similarity between medium sand and muddy sand) is somewhat surprising. It should be noted again, however, that the carbon dioxide flux at *F1* must be underestimated due to the missing direct impact of *Arenicola marina*. In contrast to the suggestions based on seasonal variations in CRQ values, the contribution of sulfate reduction to total CO_2 production appeared to be highest during winter. This seasonal difference in sulfate contribution was most conspicuous with an almost doubling during winter in the sandy *S1* and *F1* sediments, which is opposite the tendency towards a greater relative importance of sulfate reduction during the warm season found in other studies (e.g., Sørensen et al., 1979, Jørgensen & Sørensen, 1985). This study offers no specific explanation for this apparent discrepancy, except for possible methodological problems when two estimates obtained by different incubation techniques have to be compared.

Table 2. Seasonal variations (summer and winter) in community respiration quotient (CRQ) in the three Königshafen sites. Values are presented as mean ± S.D. of n determinations

	Summer	n	Winter	n
S1	1.55±0.31	8	1.14±0.35	5
F1	1.25±0.17	4	1.08±0.22	5
M2	1.08±0.15	5	1.05±0.09	3

Table 3. Measured average summer and winter fluxes of oxygen and carbon dioxide across the sediment-water interface (mmol m^{-2} d^{-1}). Depth integrated (0-15 cm) areal sulfate reduction rates converted to carbon dioxide units using a 2:1 stoichiometry (mmol m^{-2} d^{-1}). Estimated contribution of sulfate reduction to the total sediment carbon dioxide production (%)

	O_2 flux		CO_2 flux		CO_2 from SRR		Role of SRR (%)	
	Summer	Winter	Summer	Winter	Summer	Winter	Summer	Winter
S1	56.0	8.8	86.8	10.0	13.7	3.0	16	30
F1	46.0	4.8	57.5	5.2	38.8	5.2	67	100
M2	85.9	16.6	92.8	17.4	69.4	14.4	75	83

DYNAMICS OF REDUCED INORGANIC SULFUR POOLS

Dissimilatory reduction of sulfate in marine sediments results in the formation of extracellular hydrogen sulfide (HS$^-$). In most coastal sediments less than 10 % of the produced HS$^-$ is preserved as iron monosulfide (FeS) or pyrite (FeS$_2$) while the rest is oxidized or lost to the atmosphere (Jørgensen, 1987; Fossing & Jørgensen, 1990). Pyrite is known to be the dominant solid phase sulfur form in most marine sediments (King et al., 1985; Mackin & Swider, 1989; Moeslund et al., 1994). Pyrite formation has been suggested either to occur by direct precipitation of Fe^{2+} with polysulfides or via FeS oxidation with S^0 and polysulfides (Howarth, 1979; Giblin, 1988; Luther, 1991). Sulfide oxidation by oxygen may proceed in the upper few mm of most coastal sediments. However, a large fraction of produced sulfide becomes oxidized in the suboxic zone, i.e., oxidized but anoxic sediment (Froelich et al., 1979; Fossing & Jørgensen, 1990). Possible electron acceptors for sulfide oxidation in the suboxic zone is NO$_3^-$, Mn^{4+} and Fe^{3+} (Howarth, 1984; Burdige & Nealson, 1986; Aller & Rude, 1988). Emission of sulfides (H$_2$S, CS$_2$ and DMS) to the atmosphere varies depending on season, degree of water cover and sediment organic content, but is generally of limited importance in the overall sulfur cycling.

3.1.2 Sulfur Dynamics in Sediments of Königshafen

The pools of reduced inorganic sulfur in Königshafen varied considerably in both time and space. The AVS pool (equivalent to FeS + HS$^-$) generally accounted for about 30 % (range 20-40 %) of the TRIS pool (total reduced inorganic sulfur). The remainder was found in the CRS pool (equivalent to FeS$_2$ + S^0). These proportions are in agreement with previous studies from coastal non-rooted marine sediments (Thode-Andersen & Jørgensen, 1989). FeS$_2$ is generally the major particulate sulfur component in rooted salt marsh and mangrove sediments (Howarth & Giblin, 1983; Kristensen et al., 1991). The proportion between CRS and AVS remained almost constant with depth in the sediment (Fig. 9), although both exhibited considerable variations with depth. The two sandy stations (*S1* and *F1*) appeared quite similar with respect to reduced inorganic sulfur. Accordingly, TRIS increased with depth to a maximum of 12 to 15 nmol cm^{-3} in summer and 5 to 8 nmol^{-3} in winter at these stations. Below the maximum TRIS decreased rapidly approaching concentrations at 15 cm depth similar to the surface level. At the muddy station *M2* the general depth pattern was similar to that observed at the sandy stations, except that the TRIS (both AVS and CRS) concentrations were about 10 times higher. Compared with other coastal sediments, the TRIS concentration in the Königshafen sediments are very low (i.e. less than 1 %, Thode-Andersen & Jørgensen, 1989; Fossing & Jørgensen, 1990). The overall low concentrations of TRIS in Königshafen sediments are caused by lack of available iron (least for station *M2*) for precipitation of FeS and FeS$_2$ (data not shown) promoting dissolved sulfide produced by sulfate reduction to diffuse upwards to be oxidized in the sediment surface/water column or to be lost to the atmosphere. The relatively low TRIS concentration found in the upper 2 cm of the sediment from all stations - despite high rates of sulfate reduction (Fig. 4) - must be the consequence of sulfide oxidation (by O$_2$, NO$_3^-$, Mn^{4+}, Fe^{3+}) in the oxidized surface layer (Fossing & Jørgensen, 1990) and loss to the atmosphere (Jørgensen & Okholm-Hansen, 1985), partly due to wave and current induced sediment resuspension. The decreasing and variable TRIS concentrations in the deeper layers substantiate the heterogeneity and non-steady state diagenesis of these iron poor intertidal sediments.

The total TRIS pool in the upper 15 cm of the sediment column increased with a factor of 2 from winter to summer (Fig. 10). The seasonal variations of TRIS pools between the 3 stations reflected (although not in proportion) the differences in depth integrated rates of sulfate reduction. A similar seasonal variation in TRIS, with increasing pools during summer (building an 'oxygen debt') and decreasing pools during fall and winter (oxidation due to improved oxygen availability) has previously been observed in coastal sediments (Moeslund et al., 1994). In the present iron poor sediments, however, the TRIS pools only accounted for 6-25 % (summer) to about 100 % (winter) of the daily production of sulfide, indicating a very dynamic pool of reduced inorganic sulfur.

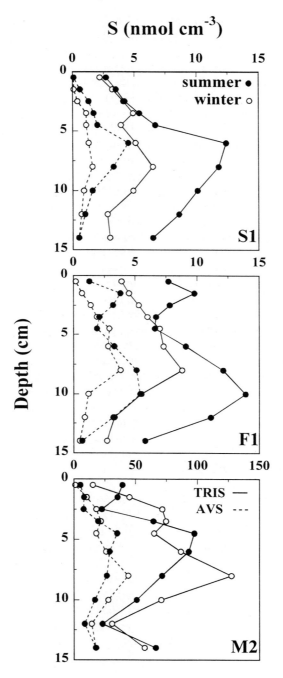

Fig 9. Vertical profiles of TRIS (total reduced inorganic sulfur) and AVS (acid volatile sulfur) in summer and winter at the three Königshafen stations

3.1.2 Sulfur Dynamics in Sediments of Königshafen

Emission of reduced sulfur gases (H_2S, CS_2 and DMS) to the atmosphere was 1.5 and 2.0 µmol m^{-2} d^{-1} in winter and summer, respectively, at the sandy station *S1*, whereas the rates at the muddy station *M2* was 1.5 and 8.0 mol m^{-2} d^{-1}, respectively (no data available at *F1*; Bodenbender, this volume). These emissions are very low compared with the total sulfide production within the sediment, i.e. 0.002 to 0.011 % at *S1* and 0.006 to 0.031 % at *M2*. The observed emission rates are within the range of values reported from other intertidal flats (Jaeschke et al., 1978; Jørgensen & Okholm-Hansen, 1985; Aneja, 1990). The low rates indicate that the sediments efficiently retained H_2S by biological and geochemical consumption processes. Based on the very low TRIS pools, it must be concluded that sulfide oxidation consumes the majority of the produced sulfide. Sulfide oxidation (ultimately to sulfate) generally accounts for half or more of the oxygen consumption in marine sediments (Jørgensen, 1982; Mackin & Swider, 1989). In the present Königshafen sediments, sulfide oxidation can account for 20-30 % of oxygen uptake at station *S1* and almost 100 % at stations *F1* and *M2*, when precipitation as iron sulfides and emission to the atmosphere is ignored. Jørgensen et al. (1990) reported that 68-96 % of the produced H_2S was reoxidized in a variety of marine sediments, when assuming that oxygen was the ultimate electron acceptor for reoxidation (2:1 stoichiometry). A close spatial coupling between H_2S producing and consuming processes is obviously a major reason for the very low emission in the investigated Königshafen sediments. The higher emission rates during summer than winter, and at the muddy station relative to the sandy may simply be a consequence of higher sulfate reduction rates and lower penetration depths and availability of O_2 in both the former cases.

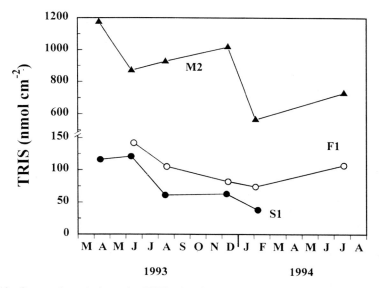

Fig. 10. Seasonal variations in TRIS (total reduced inorganic sulfur) at the three Königshafen stations

ANNUAL BUDGETS

The integrated annual sulfate reduction (SRR) was lowest at the two sandy stations (Table 4) and between these the annual SRR was about twice as high in the medium sand at $F1$ than in the coarse sand at $S1$. The muddy sand at $M2$ had, not surprisingly, the highest annual SRR at a rate about twice that found in the medium sand at $F1$. Thus, up to a 4-fold range in annual SRR was evident between the studied Königshafen sites. We are not aware of any annual sulfate reduction estimates based on seasonal studies in other Wadden Sea areas. The present estimates are somewhat high, when compared to organic-rich subtidal sediments. In the 15 m deep Aarhus Bight, Denmark, the annual SRR was 2.6 mol $m^{-2}a^{-1}$ in 1988-89 (Moeslund et al., 1994) and 1.7 mol $m^{-2}a^{-1}$ in 1990-91 (Fossing et al., 1992), i.e. in the same range as the sandy $S1$ and $F1$, but certainly lower (2-3 fold) than the muddy $M2$. Among reasons for such a difference, the most important is that in an intertidal area, a fresh and abundant organic matter supply is available via benthic diatoms (i.e., a source of "high quality/quantity") whereas subtidally the decomposition of sinking planktonic material is initiated in the water column before it reaches the sea floor.

Annual and average daily rates of sediment-water fluxes of CO_2 at the three stations ($S1$, $F1$ and $M2$) showed about twice a high values in $M2$ than in $S1$ and $F1$ sediments. For comparison, Kristensen (1993) found rates of CO_2-based community metabolism in the sandy sediments of an oligotrophic, organic-poor Danish lagoon (11.7 mol $m^{-2}a^{-1}$) which are similar to those at station $S1$. Sulfate reduction was an important process for the overall sediment metabolism (Table 4).

An overall annual contribution of sulfate reduction to the total sedimentary CO_2 production of 65 % at the muddy station, $M2$, is in accordance with many other coastal sediments (Mackin & Swider, 1989; Moeslund et al., 1994). The apparently lower contribution of sulfate reduction to sediment metabolism at station, $M2$, estimated on an anual basis (Table 4) rather than on a daily basis both summer and winter (Table 3) is caused by a generally low contribution of sulfate reduction during spring and fall.

Table 4. Annual (mol $m^{-2}a^{-1}$) and daily average rates (mmol $m^{-2}d^{-1}$) of benthic community respiration (RSP as CO_2), and 0-15 cm depth integrated sulfate reduction (SRR) at the three Königshafen stations in 1993-94. The estimates are based on timed integrations of the daily rates. The relative role of sulfate reduction for the overall community respiration is presented on an annual basis (2*SRR/RSP in %).

	RSP		SRR		2*SRR/RSP
	Annual	Daily Avg.	Annual	Daily Avg.	%
S1	13.5	37	1.39	3.8	22
F1	9.3	25	.35	9.2	76
M2	20.0	55	6.49	17.8	69

For the sandy station, *F1*, it should be remembered that the role of sulfate reduction in Table 4 is overestimated, because *A. marina* respiration is missing in the measured community respiration. However, higher contribution of sulfate reduction at station *F1* compared to the other sand station, *S1*, was expected. A considerable part of sediment O_2 uptake is normally used for reoxidation of reduced inorganic species in coastal marine areas (Canfield et al., 1993b). At station *S1*, where less than 20 % of the O_2 uptake is used for sulfide reoxidation, the coarse sand and related high permeability combined with frequent disturbances due to waves and tidal currents would imply that the surface sediment is oxic to a greater depth compared to station *F1*. This suppresses anaerobic respiration processes (metal- and sulfate reduction) in favour of direct aerobic respiration of organic matter.

Unfortunately, the inorganic sulfur pools (AVS and CRS) were so low and variable in time and space at the three stations, that no reliable annual estimates of reduced sulfur, FeS and FeS_2, burial/oxidation could be obtained. Pyrite normally accumulates at depth in marine sedimens (Moeslund et al., 1994). In the present study, however, the CRS pool often decreased at depth or showed secondary peaks, which clearly illustrates the complex geomorphological/historical relations as well as the influence of deep-burrowing bioturbators and the physical regime in Königshafen. Reoxidation of H_2S via O_2, NO_3^-, Fe^{3+}, Mn^{4+} and sulfur cycle intermediates (Aller & Rude, 1988, Thamdrup et al., 1993), on the other hand, was a more important H_2S removing process in the Königshafen sediments than permanent pyrite burial and sulfur gas emissions.

ACKNOWLEDGEMENTS

Bente Frost Jacobsen and Susan Andreassen is gratefully acknowledged for excellent technical assistance in the field and laboratory. Kim D. Kristiansen, Helene A. Nielsen, Hanne Brandt, Ove Larsen, Marianne Dupont and Tina Priisholm is thanked for various degrees of help in the field and laboratory.

REFERENCES

Abdollahi, H. & Nedwell, D.B., 1979. Seasonal temperature as a factor influencing bacterial sulfate reduction in a saltmarsh sediment. - Microb. Ecol. *5*, 73-79.

Aller, R.C., 1982. The effects of macrobenthos on chemical properties of marine sediment and overlying water. - In: P.L. McCall & M.J.S. Tevesz (eds.), Animal-sediment relations, p. 53-102 - Plenum Press, New York.

Aller, R.C. & Rude, P.D., 1988. Complete oxidation of solid phase sulfides by manganese and bacteria in anoxic sediments. - Geochim. Cosmochim. Acta *52*, 751-765.

Aller, R.C. & Yingst, J.Y., 1980. Relationships between microbial distributions and anaerobic decomposition of organic matter in surface sediments of Long Island Sound, USA. - Mar. Biol. *56*, 29-42.

Andersen, F.Ø. & Hargrave, B.T., 1984. Effects of *Spartina* detritus enrichment on aerobic/anaerobic metabolism in an intertidal sediment. - Mar. Ecol. Prog. Ser. *16*, 161-171.

Andersen, F.Ø. & Kristensen, E., 1988. The influence of macrofauna on estuarine benthic community metabolism: A microcosm study. - Mar. Biol. *99*, 591-603.

Aneja, V.P., 1990. Natural sulfur emissions into the atmosphere. - J. Air Waste Manag. Assoc. *40*, 469-476.

Asmus, R., 1986. Nutrient flux in short-term enclosures of intertidal sand communities. - Ophelia *26*, 1-18.

Asmus, R. & Asmus, H., 1997. Bedeutung der Organismengemeinschaften für den bentho-pelagischen Stoffaustausch im Sylt-Rømø Wattenmeer. - In: Gätje, C. & Reise, K. (Hrsg.): Ökosystem Wattenmeer - Austausch-, Transport- und Stoffumwandlungs-prozesse, Springer-Verlag, Heidelberg, Berlin, S. 257-302.

Asmus, R., Asmus, H., Wille, A., Zubillaga, G.F. & Reise, K.,1995. Complementary oxygen and nutrient fluxes in seagrass beds and mussel banks? - In: K.R. Dyer & R.J. Orth (eds.), Changes in fluxes and estuaries, pp. 227-237. Olsen & Olsen, Fredensborg, Denmark.

Austen, I., 1994. The surficial sediments of Königshafen - variations over the past 50 years. - Helgoländer Meeresunters. *48*, 163-171.

Bruns, R. & Meyer-Reil, L.-A., 1997. Benthische Stickstoffumsätze und ihre Bedeutung für die Bilanz gelöster anorganischer Stickstoffverbindungen im Sylt-Rømø Wattenmeer. - In: Gätje, C. & Reise, K. (Hrsg.): Ökosystem Wattenmeer - Austausch-, Transport- und Stoffumwandlungsprozesse, Springer-Verlag, Heidelberg, Berlin, S. 219-232.

Bodenbender, J. & Papen, H., 1997. Bedeutung gasförmiger Komponenten an den Grenz-flächen Sediment-Wasser und Wasser-Atmosphäre im Sylt-Rømø Wattenmeer. - In: Gätje, C. & Reise, K. (Hrsg.): Ökosystem Wattenmeer - Austausch-, Transport- und Stoffumwandlungsprozesse, Springer-Verlag, Heidelberg, Berlin, S. 303-340.

Burdige, D.J. & Nealson, K.H., 1986. Chemical and microbiological studies of sulfide-mediated manganese reduction. - Geomicrobiol. J. *4*, 361-387.

Canfield, D.E. & Des Marais, D.J., 1991. Aerobic sulfate reduction in micobial mats. - Science *251*, 1471-1473.

Canfield, D.E., Thamdrup, B.& Hansen, J.W., 1993a. The anaerobic degradation of organic matter in Danish coastal sediments: Iron reduction, maganese reduction, and sulfate reduction. - Geochim. Cosmochim. Acta *57*, 3867-3883.

Canfield, D.E., Jørgensen, B.B.,Fossing, H., Glud, R., Gundersen, J., Ramsing, N.B., Thamdrup, B., Hansen, J.W., Nielsen, L.P. & Hall, P.O.J., 1993b. Pathways of organic carbon oxidation in three continental margin sediments. - Mar. Geol. *113*, 27-40.

Christensen, D., 1984. Determination of substrates oxidized by sulfate reduction in intact cores of marine sediment. - Limnol. Oceanogr. *29*, 189-192.

Fossing, H. & Jørgensen, B.B., 1989. Measurement of bacterial sulfate reduction in sediments: evaluation of a single-step chromium reduction method. - Biogeochemistry *8*, 205-222

Fossing, H. & Jørgensen, B.B.,1990. Oxidation and reduction of radiolabeled inorganic sulfur compounds in an estuarine sediment, Kysing Fjord, Denmark. - Geochim. Cosmochim. Acta *54*, 2731-2742.

Fossing, H., Thode-Andersen, S. & Jørgensen, B.B., 1992. Sulfur isotope exchange between ^{35}S-labeled inorganic sulfur compounds in anoxic marine sediments. - Mar. Chem. *38*, 117-132.

Froelich, P.N., Klinkhammer, G.P., Bender, M.L., Luedtke, N.A., Heath, G.R., Cullen, D., Dauphin, P., Hammond, D., Hartman, B. & Maynard, V., 1979. Early oxidation of organic matter in pelagic sediments of the eastern equatorial Atlantic: suboxic diagenesis. - Geochim. Cosmochim. Acta *43*, 1075-1090.

Giblin, A.E., 1988. Pyrite formation in marshes during early diagenesis. - Geomicrobiol. J. *6*, 77-97.

Grossman, S. & Reichardt, W., 1991. Impact of *Arenicola marina* on bacteria in intertidal sediments. - Mar. Ecol. Prog. Ser. *77*, 85-93.

Hansen, K., King, G.M. & Kristensen, E., 1996. Impact of the soft-shell clam, *Mya arenaria* on sulfate reduction in an intertidal sediment. - Aquat. Microb. Ecol. (in press).

Hargrave, B.T., Prouse, N.J., Phillips, G.A. & Neame, P.A., 1983. Primary production and respiration in pelagic and benthic communities at two intertidal sites in the upper Bay of Fundy. - Can. J. Fish. Aquat. Sci. *40*, 229-243.

Henrichs, S.M. & Reeburgh, W.S., 1987. Anaerobic mineralization of marine sediment organic matter: Rates and the role of anaerobic processes in the oceanic carbon economy. - Geomicrob. J. *5*, 191-237.

Holmer, M. & Kristensen, E., 1992. Impact of marine fish cage farming on metabolism and sulfate reduction of underlying sediments. - Mar. Ecol. Prog. Ser. *80*, 191-201.

Howarth, R.W., 1979. Pyrite: Its rapid formation in a salt marsh and its importance in ecosystem metabolism. - Science *203*, 49-51.

Howarth, R.W., 1984. The ecological significance of sulfur in the energy dynamics of slat marsh and coastal marine sediments. Biogeochemistry *1*, 5-27.

Howarth, R.W. & Giblin, A.E., 1983. Sulfate reduction in the salt marshes at Sapelo Island, Georgia. - Limnol. Oceanogr. *28*, 70-82.

Hylleberg, J., 1975. Selective feeding by *Abarenicola pacifica* with notes on *Abarenicola vagabunda* and a concept of gardening in lugworms. - Ophelia *14*, 113-137.

Jaeschke, W., Georgii, H.-W., Claude, H. & Malewski, H., 1978. Contributions of H_2S to the atmospheric sulfur cycle. - Pure Appl. Geophys. *116*, 465-475.

Jørgensen, B.B., 1977. Bacterial sulfate reduction within reduced microniches of oxidized marine sediments. - Mar. Biol. *41*, 7-17.

Jørgensen, B.B., 1982. Mineralization of organic matter in the sea bed; the role of sulfate reduction. - Nature *307*, 148-150

Jørgensen, B.B., 1987. Ecology of the sulphur cycle: Oxidative pathways in sediments. In: J.A.Cole & S.Ferguson (eds.), The nitrogen and sulphur cycles, p. 31-63 - Cambridge Univ. Press, Cambridge.

Jørgensen, B.B. & Bak, F., 1991. Pathways and microbiology of thiosulfate transformations and sulfate reduction in a marine sediment (Kattegat, Denmark). - Appl. Environ. Microbiol. *57*, 847-856.

Jørgensen, B.B. & Okholm-Hansen, B., 1985. Emissions of biogenic sulfur gases from a Danish estuary. - Atmospheric Environ. *19*, 1737-1749

Jørgensen, B.B & Srrensen, J., 1985. Seasonal cycles of O_2, NO_3^- and SO_4^{2-} reduction in estuarine sediments: the significance of an NO_3^- reduction maximum in spring. - Mar. Ecol. Prog. Ser. *24*, 65-74

Jørgensen, B. B., Bang, M. & Blackburn, T.H., 1990. Anaerobic mineralization in marine sediments from the Baltic Sea-North Sea transition. - Mar. Ecol. Prog. Ser. *59*, 39-54.

King, G.M., Howes, B.L. & Dacey, J.W.H., 1985. Short-term endproducts of sulfate reduction in a salt marsh: Formation of acid volatile sulfides, elemental sulfur, and pyrite. - Geochim. Cosmochim. Acta *49*, 1561-1566.

Kristensen, E., 1993. Seasonal variations in benthic community metabolism and nitrogen dynamics in a shallow, organic-poor Danish lagoon. - Estuar., Coast. Shelf Sci. *36*, 565-586.

Kristensen, E., Holmer, M. & Bussarawit,N., 1991. Benthic metabolism and sulfate reduction in a southeast Asian mangrove swamp. - Mar. Ecol. Prog. Ser. *73*, 93-103.

Kristensen, E., Andersen, F.q. & Blackburn, T.H., 1992. Effects of benthic macrofauna and temperature on degradation of macroalgal detritus: The fate of organic carbon. - Limnol. Oceanogr. *37*: 1404-1419.

Luther, G.W., 1991. Pyrite synthesis via polysulfide compounds. - Geochim. Cosmochim. Acta *55*, 2839-2850.

Mackin, J.E. & Swider, K.T., 1989. Organic matter decomposition pathway and oxygen consumption in coastal marine sediments. - J. Mar. Res. 47, 681-716.

Moeslund, L., Thamdrup, B.& Jørgensen, B.B., 1994. Sulfur and iron cycling in a coastal sediment: Radiotracer studies and seasonal dynamics. - Biogeochemistry *27*, 129-152.

Nowicki, B.L. & Nixon, S.W., 1985. Benthic community metabolism in a coastal lagoon ecosystem. - Mar. Ecol. Prog. Ser. *22*, 21-30.

Oenema, O., 1990. Sulfate reduction in fine-grained sediments in the eastern Scheldt, southwest Netherlands. - Biogeochemistry *9*, 53-74

Reichardt, W., 1988. Impact of bioturbation by *Arenicola marina* on microbiological parameters in intertidal sediments. - Mar. Ecol. Prog. Ser. *44*, 149-158.

Sampou, P. & Oviatt, C.A., 1991. Seasonal patterns of of sedimentary carbon and anaerobic respiration along a simulated eutrophication gradient. - Mar. Ecol Prog. Ser. *72*, 271-282.

Skyring, G.W., 1987. Sulfate reduction in coastal ecosystems. - Geomicrobiol. J. *5*, 295-374.

Sørensen, J., Jørgensen, B.B. & Revsbech, N.P., 1979. A comparison of oxygen, nitrate and sulphate respiration in coastal marine sediments. - Microb. Ecol. *5*, 105-115.

Thamdrup, B., Finster, K., Hansen, J.W. & Bak, F., 1993. Bacterial disproportionation of elemental sulfur coupled to chemical reduction of iron and manganese. - Appl. Environ. Microbiol. *59*, 101-108.

Thode-Andersen, S. & Jørgensen, B.B., 1989. Sulfate reduction and formation of ^{35}S-labelled FeS, FeS_2, and S in coastal marine sediment. - Limnol. Oceanogr. *34*, 793-806.

Westrich, J.T. & Berner, R.A., 1988. The effect of temperature on rates of sulfate reduction in marine sediments. - Geomicrobiol. J. *6*, 99-117.

3.1.3 Bedeutung der Organismengemeinschaften für den benthopelagischen Stoffaustausch im Sylt-Rømø Wattenmeer

The Role of Benthic Communities for the Material Exchange in the Sylt-Rømø Wadden Sea

Ragnhild Asmus & Harald Asmus
Biologische Anstalt Helgoland, Wattenmeerstation Sylt; Hafenstraße 43, D-25992 List

ABSTRACT

The material exchange mediated by dominant benthic communities in Königshafen was measured *in situ* using the Sylt flume. In mussel beds, seagrass beds of *Zostera marina* and in *Arenicola* flats flux rates of particles, total nitrogen and phosphorus as well as dissolved nutrients were measured during two summer seasons, while in a seagrass bed of *Zostera noltii* measurements were done during one summer. Particle uptake from the water column prevailed in all macrofaunal and -floral communities. Communities dominated by macrofauna released nutrients remineralised in the sediment, whereas communities covered by macroflora acted as a sink for nutrients. Simultaneously to these measurements, flux rates were measured in sediments low in macrobenthic biomass. In these habitats release of particles and nutrients was dominant. In all communities investigated flux rates were depending on wind induced currents and turbulence. *In situ* flux rates, including macrofauna and -flora, surpassed by far those measured *in vitro* which were mainly based on microbial and diffusional processes. In measurements with the Sylt flume most of the important environmental conditions were considered. Thus a balance of release and uptake rates was estimated considering the areal coverage of the communities in Königshafen and in the whole Sylt-Rømø Bay. The intertidal area of this ecosystem could be described as a sink for particles and a source for dissolved nutrients. Assuming that the sublitoral area is dominated by sediments showing a negligible material exchange, this trend was also visible for the total system. The subtidal area acted as a source for the material investigated, when estimations were based on the assumption that sublitoral sediments are comparable to those eulitoral sediments with a low benthic biomass. To assess the effects of a possible decline of mussel beds and seagrass beds on the material budget of the ecosystem, a balance was estimated excluding these communities. As a result their function as a source for particles increased for the total ecosystem.

ZUSAMMENFASSUNG

In den dominanten Benthosgemeinschaften des Königshafens wurde der Stoffaustausch zwischen Boden und Wasser mit dem Sylter Strömungskanal direkt im Freiland gemessen. In je zwei Sommern wurden in Muschelbänken, Seegraswiesen von *Zostera marina*, in *Arenicola* Watten und während eines Sommer in einer Zwergseegraswiese Partikel- und Nährsalzflüsse gemessen. Von allen mit Makrofauna oder -flora besiedelten Sedimenten wurden Partikel aus der Wassersäule aufgenommen. Von Makrofauna dominierte Gemeinschaften setzten im Boden remineralisierte Nährsalze frei, während ein Bewuchs mit Makrophyten als Nährsalzsenke wirkte. Gleichzeitig zu diesen Messungen wurden Stoffaustauschraten in nur dünn besiedelten Sedimenten durchgeführt. Hier herrschte Austrag an Partikeln und Nährsalzen vor. Die Flußraten aller Gemeinschaften waren abhängig von windinduzierter Strömung und Turbulenz. Alle *in situ* gemessenen Austauschraten erwiesen sich durch die Berücksichtigung von Makrofauna und -flora unter dem natürlichen physikalischen Regime als wesentlich höher als *in vitro* gemessene, auf mikrobiellen Prozessen und auf Diffusion beruhende Raten. Da in diesen Messungen alle im natürlichen System bedeutsamen Einflußgrößen integriert waren, konnten die Raten sowohl auf den Königshafen als auch auf das Sylt-Rømø Gesamtgebiet hochgerechnet werden. Das Eulitoral erwies sich als Partikelsenke und Nährsalzquelle. Unter der Annahme, daß im Sublitoral Sedimente mit vernachlässigbar geringen Austauschraten überwiegen, zeigte das Gesamtgebiet die gleiche Tendenz. Wurden dagegen natürliche Sedimente mit geringer Besiedlung als dominant für das Sublitoral angesehen, dann wirkte das Sublitoral für die meisten Substanzen als Quelle. Um die Auswirkungen eines möglichen Rückganges von Muschelbänken und/oder Seegraswiesen auf den Stoffhaushalt zu prüfen, wurde die Bilanzierung unter Ausschluß dieser Gemeinschaften durchgeführt. Es zeigte sich, daß sich die Quellenfunktion des Sylt-Rømø Gebietes für Partikel durch den rechnerischen Ausschluß von Seegraswiesen und Muschelbänken noch erhöhte.

EINLEITUNG

Der bentho-pelagische Materialaustausch ist das Ergebnis des Zusammenwirkens von physikalischen, chemischen und biologischen Prozessen. Hier wurde die Fragestellung verfolgt, inwiefern die am weitesten verbreiteten benthischen Lebensgemeinschaften eine Senken- oder Quellenfunktion für die lebensnotwendigen partikulären und gelösten Verbindungen von Stickstoff, Kohlenstoff und Phosphor ausüben. Einen Ausgangspunkt für solche Import-Export-Bilanzierung bildete die Hypothese, daß generell partikuläres, organisches Material auf die Wattflächen eingetragen wird, dort umgesetzt und ein Teil in Form von anorganischen Nährsalzen wieder freigesetzt wird (Postma, 1954). Um diesen Problemkreis bearbeiten zu können, war es zunächst notwendig, eine Meßmethode zu entwickeln, die unter

3.1.3 Bedeutung der Organismengemeinschaften für den bentho-pelagischen Stoffaustausch

möglichst ungestörten Bedingungen realistische Austauschraten ergibt. Es hat verschiedene erfolgreiche Ansätze gegeben, um Austauschraten zwischen Sediment und Wasser zu messen, beginnend mit der Entwicklung von Benthoskammern (Pamatmat, 1968), in denen Teile einer Gemeinschaft eingeschlossen und unter künstlich erzeugter Strömung Austauschraten gemessen werden. Diese mittlerweile weit verbreitete Methode zeigte, wie tief die im und auf dem Sediment lebenden Tiere und Pflanzen die Nährstoffhaushalte beeinflussen. Es wurde aber auch klar, daß es für eine Ökosystemanalyse notwendig ist, den bentho-pelagischen Materialtransport auf einer größeren Skala zu messen, auf der die Interaktionen der vielfältigen Gemeinschaften erfaßt werden könnten. Hier hat sich die Entwicklung von Mesokosmen bewährt (Nixon et al., 1984), in denen sich verschiedene physikalische und chemische Bedingungen erzeugen lassen und die Reaktionen der jeweils eingeschlossenen Gemeinschaft z.B. auf eine Eutrophierung studiert werden können (Oviatt et al., 1995; Prins et al., 1994). Für eine Klärung des Anteils verschiedener Gemeinschaften am Gesamtstoffhaushalt, war es darüber hinaus notwendig, unter möglichst ungestörten Strömungs- und Turbulenzbedingungen zu messen. Für Austernbänke wurde von Dame et al. (1984) ein 10 m langes Tunnelsystem entwickelt, in dem im natürlichen Durchstrom der unteren Wassersäule (ca. 20 cm) der Stoffhaushalt gemessen werden konnte. Für Salzwiesen wurde von der gleichen Arbeitsgruppe ein wesentlich größeres Durchflußsystem entwickelt, in dem ca. 280 m^2 Salzwiese unter natürlichen Strömungsverhältnissen auf Stoffaustauschraten hin untersucht werden konnte (Wolaver et al., 1985). Es gilt, das für das jeweilige Strömungsregime und die spezifischen benthischen Gemeinschaften adäquate Durchstromsystem zu entwickeln. Für Muschelbänke im Sylt-Rømø Watt wurde der Sylter Strömungskanal entwickelt (Asmus & Asmus, 1991), mit dem nun versucht wurde, auch das Austauschgeschehen in den anderen, wichtigen Gemeinschaften von Seegraswiesen, *Arenicola* Watt und Schlick unter Einschluß der gesamten Wassersäule unter natürlichen Strömungsverhältnissen zu messen. Nach der Messung möglichst naturnaher Austauschraten für Stickstoff, Kohlenstoff und Phosphor in dominanten, benthischen Gemeinschaften unter verschiedenen Umweltbedingungen soll in einer Gesamtschau durch eine Hochrechnung auf das Gebiet des Sylt-Rømø Wattes eine Bilanzierung des Material-Import und -Exportes zwischen Boden und Wasser versucht werden.

MATERIAL UND METHODEN

Die Methode der Messungen mit dem Sylter Strömungskanal wurde im Detail von Asmus et al. (1990) beschrieben. Der Sylter Strömungskanal (20 m lang) wurde in einer einspurigen Version (2 m breit) einmal in einer Muschelbank (1986) und in einer Seegraswiese von *Zostera marina* (1987) angewendet. Danach wurde eine zweite Spur eingeführt, in der die jeweilige Hauptkomponente der Gemeinschaft entfernt wurde. Diese Spur diente als Kontrolle. Die Ergebnisse aus der Muschelbank wurden in einem durch die DFG finanzierten Vorlaufprojekt von SWAP gewonnen und werden in die Synthese miteinbezogen. In den Hauptgemeinschaften des Gebietes wurden von Frühjahr bis Herbst im inneren und äußeren Königshafen jeweils mehrere Überflutungsphasen gemessen: Muschelbank 1986, 1989, *Zostera marina* Wiese 1987, 1991; *Zostera noltii* Wiese 1990, *Arenicola* Watt 1992, 1993. (Details siehe Ergebnisteil). Wintermessungen waren aus technischen Gründen leider nicht möglich.

Die Nährstoffanalytik folgte Standardmethoden (Graßhoff et al., 1983) ebenso wie die C/N-Messungen. Strömungsmessungen wurden in einer Kombination von Driftkörpern und Induktionsströmungsmessern (Marsh McBirney) durchgeführt. Weitere Methoden der Messungen sind in Asmus & Asmus (1991), Asmus et al. (1992), Asmus et al. (1994) sowie Asmus et al. (1995) angegeben.

ERGEBNISSE

Miesmuschelbänke

Partikel

Durch die Filtrationsleistung der Miesmuscheln wurden über Muschelbänken ständig Partikel der Wassersäule entzogen und dem Bodensystem zugeführt (Abb. 1) (Mittelwert 443 mg POC m^{-2} h^{-1}). Dieses Material wurde aber auch resuspendiert, doch nur in 2 von 11 untersuchten Tidenzyklen überwog die Resuspension gegenüber der aufgenommenen Menge an POC. Sturmbedingungen unterstützen diese Freisetzungsprozesse. Die Aufnahme von Partikeln ging mit einer qualitativen Veränderung der Zusammensetzung des organischen Materials einher, so daß Muschelbänke für organische Substanz eine Austauscherfunktion besaßen, für POC jedoch überwiegend eine Senke darstellten. Für den Austausch von POC durch Muschelbänke stellte das Phytoplankton einen Schlüsselfaktor dar. So wurde in allen daraufhin untersuchten Gezeitenzyklen Phytoplankton durch die Muschelbank aufgenommen. Durch eine 20 x 2 m große Muschelbank wurden im Mittel 37 % $\pm$ 20 % der Phytoplanktonbiomasse dem darüberfließenden Wasser entzogen (Asmus & Asmus, 1991). Ungefähr die Hälfte des partikulären Kohlenstoffflusses über einer Muschelbank wurden durch die Aufnahme von Phytoplankton verursacht, während nur 4 bis maximal 30 % des POC im Wattenmeerwasser durch Phytoplankton gebildet wird (Hickel, 1984).

3.1.3 Bedeutung der Organismengemeinschaften für den bentho-pelagischen Stoffaustausch 261

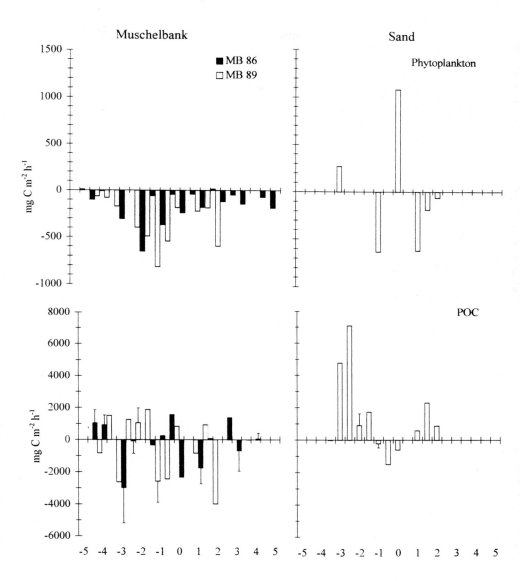

Abb. 1. Aufnahme von Phytoplankton durch Muschelbänke (Mittelwerte über je 3 Gezeitenzyklen 1986 (dunkle Säulen) und 1989 (helle Säulen) im Vergleich zu einer Kontrollspur (Sand); Aufnahme (-) und Abgabe (+) von partikulärem, organischen Kohlenstoff in Muschelspur und Kontrollspur des Strömungskanals. Die Werte sind für die meist 10stündige Überflutungsphase relativ zu Hochwasser (0) aufgetragen, Standardfehler sind angegeben

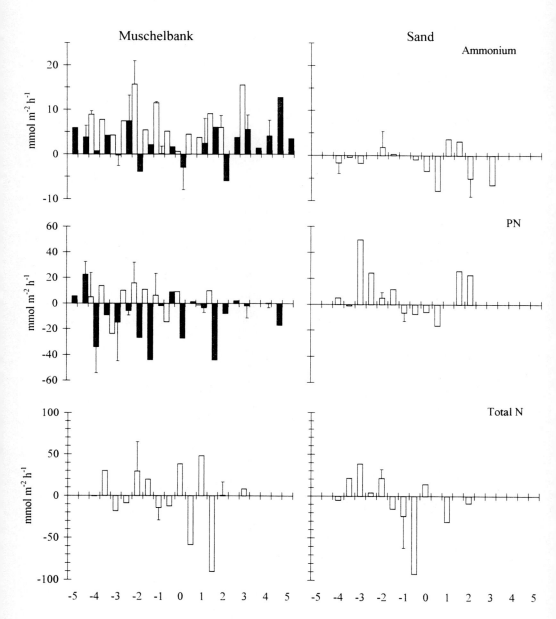

Abb. 2. Stickstoff-Austauschraten in Muschelbänken gemessen mit dem Sylter Strömungskanal (1986 (dunkle Säulen), 1989 (helle Säulen) und einer sandigen Kontrollspur (1989). Dargestellt sind Mittelwerte zu Zeitpunkten vor und nach Hochwasser (0) während der je 5 Überflutungsphasen pro Sommer (Mai bis September). Standardfehler sind angegeben. Negative Werte: Aufnahmeraten, positive Werte: Abgabeprozesse

3.1.3 Bedeutung der Organismengemeinschaften für den bentho-pelagischen Stoffaustausch 263

Stickstoff

Muschelbänke akkumulierten stickstoffhaltige Partikel (PN), während unmittelbar benachbarte Flächen, die nicht von Miesmuschelbänken besetzt waren (Abb. 2), überwiegend PN freisetzten. Auf den Muschelbänken fanden während der gesamten Wasserbedeckung Aufnahmeprozesse und in geringerem Maße Abgabeprozesse gleichzeitig statt, im Mittel überwog jedoch die Aufnahme. Auf den muschelfreien Flächen wurden um die Hochwasserzeit Partikel aufgenommen, insbesondere während Flut aber auch bei Ebbe wurden Partikel freigesetzt (Abb. 2). An Sturmtagen setzten Muschelbänke dagegen stickstoffhaltige Partikel frei. Die Filtrationstätigkeit der Muscheln war zeitweise herabgesetzt oder blieb sogar ganz aus. Häufig war dafür eine für die Muscheln ungünstige Phytoplanktonzusammensetzung die Ursache (zum Beispiel die Schaumalge *Phaeocystis globosa*). Muschelbänke setzten gelöste, anorganische Stickstoffkomponenten (DIN), hauptsächlich Ammonium, in großen Mengen frei, während Kontrollflächen überwiegend eine Aufnahme von Ammonium zeigten (Abb. 2). Die Freisetzung des Ammoniums wurde vor allem durch mikrobielle Prozesse im Muschelbanksediment hervorgerufen, das durch die Faeces und Pseudofaeces der Muscheln mit organischem Material angereichert war. Die direkte Exkretion durch Muscheln kann zusätzlich einen beträchtlichen Beitrag zur Ammoniumproduktion dieser Gemeinschaft leisten. Nitrat wurde nur in geringem Maße von Muschelbänken freigesetzt (0,6 % der DIN-Freisetzung). Die Freisetzung von DIN war auch an Sturmtagen meßbar. Mit Blasentang (*Fucus vesiculosus*) bewachsene Miesmuschelbänke nahmen gelösten, anorganischen Stickstoff auf. Die Aufnahme an PN in einer unbewachsenen Muschelbank wurde durch die Abgabe von DIN im Mittel kompensiert. Dies zeigte sich auch in der geringen mittleren Austauschrate des Gesamtstickstoffs (Abb. 13). In unbewachsenen Muschelbänken war daher die Senkenfunktion für Partikel und die Quellenfunktion für gelöste, anorganische Stickstoffverbindungen gleich stark. Die Muschelbank fungierte als wirksames Remineralisierungssystem. Mit Algen bewachsene Miesmuschelbänke waren dagegen eine Stickstoffsenke, da die von der Muschelbank freigesetzten, gelösten Stickstoffkomponenten durch den Algenteppich aufgenommen wurden, so daß das Gesamtsystem zumindest während des Sommerhalbjahres als Stickstoffspeicher wirkte. Zusätzlich wurden gelöste Stickstoffkomponenten von den Algen aus der Wassersäule aufgenommen und in der Gemeinschaft gespeichert.

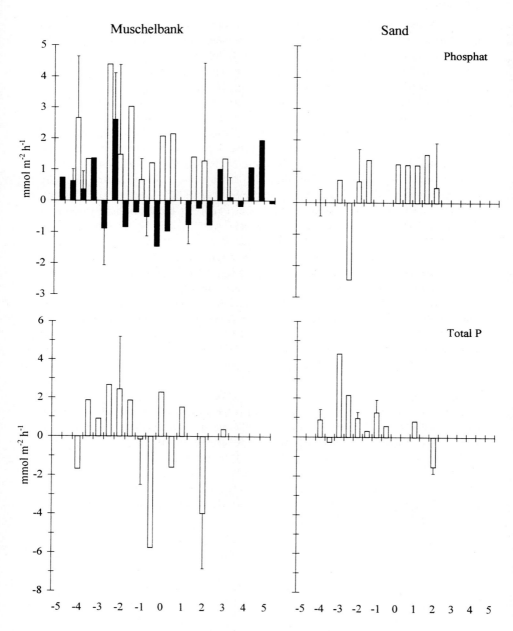

Abb. 3. Mittelwerte und Standardfehler der Flußraten von anorganischem, gelösten Phosphat und Gesamtphosphor für je 5 Gezeitenzyklen in 2 Muschelbänken und einer sandigen Kontrollspur (1986 (dunkle Säulen) und 1989 (helle Säulen)) im äußeren Königshafen. Gesamtphosphor wurde erst 1989 analysiert (HW = 0)

3.1.3 Bedeutung der Organismengemeinschaften für den bentho-pelagischen Stoffaustausch 265

Phosphor

Der Phosphoraustausch zwischen dem Sediment und dem Gezeitenwasser wurde durch Muschelbänke intensiviert (Asmus et al., 1995). Gelöster, anorganischer Phosphor (DIP) wurde überwiegend von der Muschelbank freigesetzt (Abb. 3, 13). Die Freisetzung von DIP war über der Muschelbank signifikant höher als über der Kontrollspur. Flüsse des Gesamtphosphors (TP) über einer Miesmuschelbank zeigten im Gezeitenverlauf einen unregelmäßigen Wechsel zwischen Aufnahme und Abgabe, während über muschelfreiem Kontrollsediment eine Nettoabgabe während Flut beobachtet werden konnte (Abb. 3). Die Differenz zwischen Gesamtphosphorgehalt und DIP ergibt den organischen Phosphor (OP), der sowohl in Partikeln gebunden ist als auch in gelöster Form vorliegt. Im Durchschnitt wurde dieser OP von der Muschelbank aufgenommen, während über der Kontrollfläche ähnliche Verhältnisse sichtbar wurden wie für Gesamtphosphor. Insgesamt konnte für TP in drei Tidenzyklen eine Aufnahme und in zweien eine Abgabe gemessen werden. Diese unterschiedlichen Richtungen des Phosphorflusses konnten mit dem Phytoplanktongehalt in der Wassersäule in Verbindung gebracht werden. Obwohl das Phytoplankton nur einen relativ kleinen Teil der organischen, partikulären Substanz bildete, steigerte ein hoher Phytoplanktongehalt die Filteraktivität der Muscheln und führte über die Aufnahme von Partikeln zu einem deutlichen Eintrag von Phosphor aus der Wassersäule in die Muschelbank. Wenn wenig Phytoplankton im Wasser war, wurden die Resuspension phosphorhaltiger Partikel und die Diffusion gelösten Phosphors aus dem Sediment heraus nicht durch die Aufnahmeprozesse aufgewogen (Asmus et al., 1995).

Silikat

Muschelbänke reicherten das Gezeitenwasser mit Silikat an (Abb. 10, 13). In 8 von 10 Tidenzyklen wurden über einer Muschelbank Silikatfreisetzungen, in 2 Tidenzyklen überwiegend Aufnahmen gemessen. Gegenüber einer muschelfreien Kontrollfläche war die Silikatfreisetzung einer Muschelbank um das 12fache erhöht.

Wie groß ist der Wasserkörper, der durch die Muschelbänke beeinflußt wird?

Die untersuchten Muschelbänke liegen im äußeren Königshafen. In diesem Bereich folgt die Strömung im Bogen der Uferlinie der nach Osten geöffneten Bucht und weist während der gesamten Wasserbedeckungsphase eine von Süden nach Norden gerichtete Strömung auf (Backhaus et al., dieser Band). Dieser Strömungswirbel überwiegt den normalen Richtungswechsel von Flut- und Ebbstrom. Demzufolge wird das die Muschelbänke überströmende Wasser auch bei Flut zum Lister Tief hin transportiert, aus dem es auch stammt. Ein kleiner Teil dieses Wasserkörpers kann dann in den inneren Königshafen eindringen. Während der Ebbphase verläßt das Wasser das Gebiet in Richtung Lister Tief (1183 m^3 Wasser pro m^2 Muschelbank pro Tide, Flut: 691 m^3 Wasser m^{-2}, Ebbe: 492 m^3 m^{-2}).

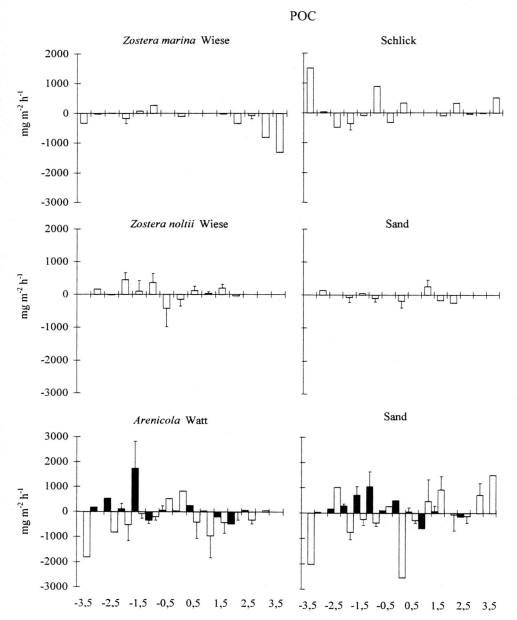

Abb. 4. Aufnahme und Abgabe von partikulärem, organischen Kohlenstoff, gemessen mit dem Strömungskanal in Seegraswiesen von *Zostera marina* im Vergleich zu der von Seegras befreiten Schlickspur (1991), und einer sandigen Zwergseegraswiese (1990). POC-Raten wurden 1992 (dunkle Säulen) und 1993 (helle Säulen) im *Arenicola* Watt im Vergleich zur *Arenicola*-freien Sandspur des Kanals gemessen. Mittelwerte über Gezeitenzyklen, HW = 0, mit Standardfehlern

Seegraswiesen

Partikel

Seegraswiesen bilden mit ihrem dichten Blattwerk von Mai bis Oktober strömungsgeschützte Räume, in denen die Sedimentation von partikulärem Material erhöht ist (Abb. 4). In dieser Weise zeigten dichte *Zostera marina* Bestände auf schlickigem Grund eine höhere Aufnahme an POC (222 mg C m^2 h^{-1}) als eine Kontrollfläche, auf der die Seegrasblätter entfernt worden waren (62 mg C m^2 h^{-1}) (Abb. 4). Die Rolle der *Zostera marina* Wiesen als Partikelsenke wurde auch durch Sturm nicht verändert. Durch die dann höheren Partikelgehalte in der Wassersäule konnte die Sedimentationswirkung zwischen den Seegrasblättern sogar noch erhöht werden. Auch auf benachbarten seegrasfreien Schlickflächen wurde während des Sturms Sedimentation beobachtet. Die Sedimentationswirkung ist daher wohl bereits durch den nach Westen hin geschützten Standort gegeben, während die Seegraswiese selbst diese Tendenz lediglich verstärkte. Der Eintrag an partikulärem Material war am größten zu Beginn und am Ende des Gezeitenzykluses, wenn durch höhere Strömung über den Wattflächen mehr Material im Gezeitenwasser vorhanden war als bei Hochwasser, wenn das Partikelangebot geringer war. Über der Seegrasfläche war der Eintrag an partikulärem Material daher besonders vom Angebot in der Wassersäule abhängig, da die Strömung zwischen den Seegraspflanzen selbst immer gleichmäßig niedrig war. Auf der Kontrollfläche bewirkte höhere Strömung dagegen einen Austrag an Partikeln zu Beginn und am Ende der Wasserbedeckungsphase. Ein Partikeleintrag, der den Austrag übertraf, war hier während höherer Wasserstände und niedriger Strömung zu finden.

Die auf sandigem Sediment wachsenden Bestände des kleinen Seegrases *Zostera noltii* waren keine Partikelsenke (Abb. 4). Dieses Seegras bildet weniger Blattmasse aus, und daher kam es im Mittel zu einer leichten Freisetzung von POC gegenüber einer schwachen POC-Aufnahme durch seegrasfreies sandiges Kontrollsediment (Abb. 13), das mit filtrierender Makrofauna (*Cerastoderma edule*) besiedelt war.

Stickstoff

Auch partikulärer Stickstoff (PN) wurde von der *Zostera marina* Wiese aufgenommen (Abb. 5). Kurzfristige Freisetzungsraten wurden am Ende der Wasserbedeckung durch Partikel hervorgerufen, die sich an der Oberfläche des Blatteppichs abgelagert hatten, und bei wiedereinsetzender, schnellerer Strömung vom Wasser mitgerissen wurden. Eine seegrasfreie Kontrollfläche zeigte im Tidenzyklus bei Flut vorwiegend eine Freisetzung von PN, die die Aufnahme bei Ebbe jedoch überwog. Die Senkenfunktion von *Zostera marina* Wiesen für Stickstoff wurde noch durch die Aufnahme gelöster, anorganischer Stickstoffverbindungen (DIN) erhöht. Besonders hoch waren diese Aufnahmeraten in einer Seegraswiese an einem eutrophierten Standort in der Nähe der Lister Kläranlage.

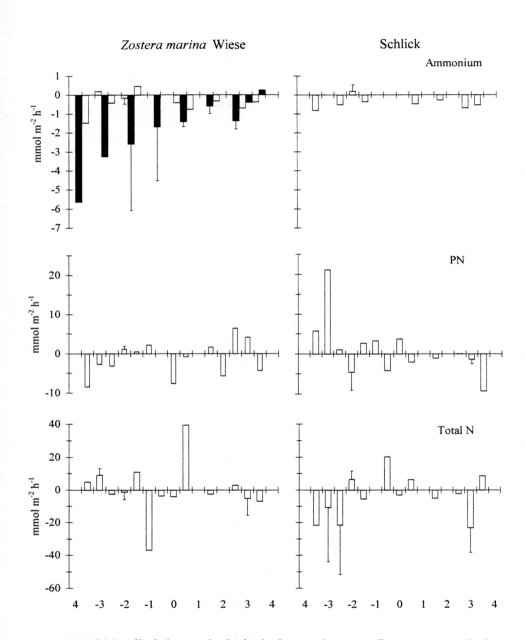

Abb. 5. Stickstoffaufnahme und -abgabe in Seegraswiesen von *Zostera marina*. (Je 3 Überflutungsphasen im äußeren Königshafen (dunkle Säulen) und im inneren Königshafen (helle Säulen), dort mit einer schlickigen Kontrollspur im Strömungskanal). Mittelwerte mit Standardfehlern

3.1.3 Bedeutung der Organismengemeinschaften für den bentho-pelagischen Stoffaustausch

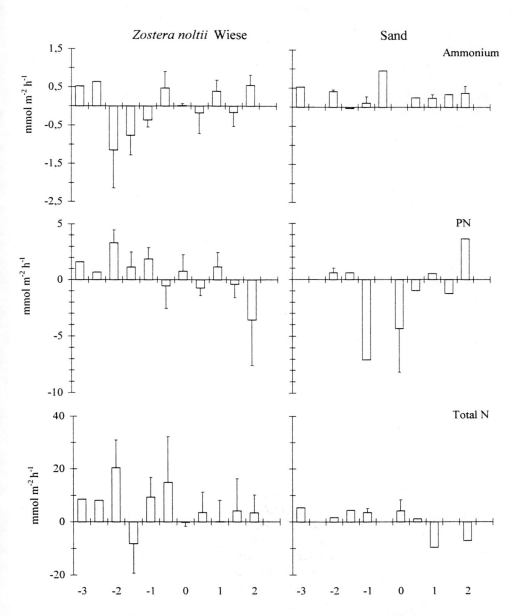

Abb. 6. Mittlere Stickstoff-Flußraten in einer Zwergseegraswiese (8 Überflutungsphasen 1990, gemessen im Strömungskanal gegenüber einer sandigen Kontrollspur). PN = Partikulärer Stickstoff, Total N = Gesamtstickstoff

Der *Zostera marina* Wiese im Gröningwatt standen dagegen weniger Nährsalze zur Verfügung und die Ammoniumaufnahme gegenüber der Kontrollfläche war nur unbedeutend erhöht. In beiden Fällen war dieser Seegraswiesentyp bei ruhigem Wetter eine Senke für Ammonium. Bei Sturm traten die Unterschiede zwischen Seegrasgebieten und seegrasfreien Gebieten stärker hervor. Während die Abgabe von Ammonium über der Seegraswiese vernachlässigbar klein war, war sie über seegrasfreiem Schlick wesentlich höher. In einer *Zostera marina* Wiese wurde trotz der Aufnahme an PN insgesamt aber eine Abgabe von Gesamtstickstoff gemessen. Eine Erklärungsmöglichkeit hierfür ist, daß über Seegraswiesen große Mengen gelösten, organischen Stickstoffs freigesetzt werden, der für diese Bilanz verantwortlich sein könnte. Die Schwankungen der stündlichen Raten waren allerdings sehr hoch. Über den Kontrollgebieten wurde dagegen eine Aufnahme an Gesamtstickstoff gefunden.

Die *Zostera noltii* Wiese bildete eine, wenn auch kleine, Quelle für Partikel (Abb. 6) (0,32 mmol N m^{-2} h^{-1}). Es ist das Nettoergebnis aus relativ hohen Freisetzungsraten bei Flut und überwiegenden Aufnahmeprozessen in ähnlicher Größenordnung bei Ebbe. In der seegrasfreien Kontrollspur wurde PN aufgenommen, ein Vorgang, der vermutlich auf die stärkere Anwesenheit von Filtrierern in dieser Spur zurückzuführen ist. Die Aufnahme von Ammonium durch die *Zostera noltii* Wiese war ebenfalls sehr gering (0,06 mmol m^{-2} h^{-1}), während in den benachbarten seegrasfreien Sedimenten Ammonium freigesetzt wurde (0,24 mmol m^{-2} h^{-1}) (Abb. 6). Insgesamt zeigte die Zwergseegraswiese daher eine schwache Quellenfunktion für Stickstoff, die sich auch in dem Fluß des Gesamtstickstoffs widerspiegelte. Der Austrag an Gesamtstickstoff (5 mmol m^{-2} h^{-1}) ist ähnlich wie in der *Zostera marina* Wiese vermutlich mit der Freisetzung von organischen, gelösten Stickstoffverbindungen in dieser Gemeinschaft erklärbar. Trotz der Senkenfunktion der Seegraswiesen für gelösten, anorganischen Stickstoff, bestand anscheinend ein beachtlicher Austrag an gelöstem, organischen Stickstoff aus der Gemeinschaft. Dieses Phänomen wurde in allen hier untersuchten Gemeinschaften nur über Seegraswiesen beobachtet.

Phosphor

Zostera marina Wiesen wirkten als Phosphorsenken. Dies zeigte besonders der Fluß des Gesamtphosphats (Abb. 7, 13) (0,38 mmol m^{-2} h^{-1}). Im Vergleich dazu wurde über seegrasfreiem Kontrollsediment überwiegend Phosphor freigesetzt (1,95 mmol m^{-2} h^{-1}). Die Senkenfunktion der Seegraswiese wurde zum großen Teil durch die Aufnahme von gelöstem, anorganischen Phosphat (DIP) hervorgerufen (0,25 mmol m^{-2} h^{-1}) (Abb. 8). Zusätzlich scheint die Aufnahme von Partikeln eine Rolle gespielt zu haben, da der Verlauf von Abgabe und Aufnahme in den beiden Spuren große Ähnlichkeit mit dem Verhalten von POC aufwies. Überraschenderweise war die Aufnahme von DIP durch eine seegrasfreie Kontrollfläche höher als in der Seegraswiese selbst. Dies hing vor allem mit oft sehr hohen Phosphatausträgen aus Seegraswiesen im ersten auflaufenden Wasser zusammen, die zwar unregelmäßig waren, die mittleren Raten jedoch beeinflußten.

3.1.3 Bedeutung der Organismengemeinschaften für den bentho-pelagischen Stoffaustausch

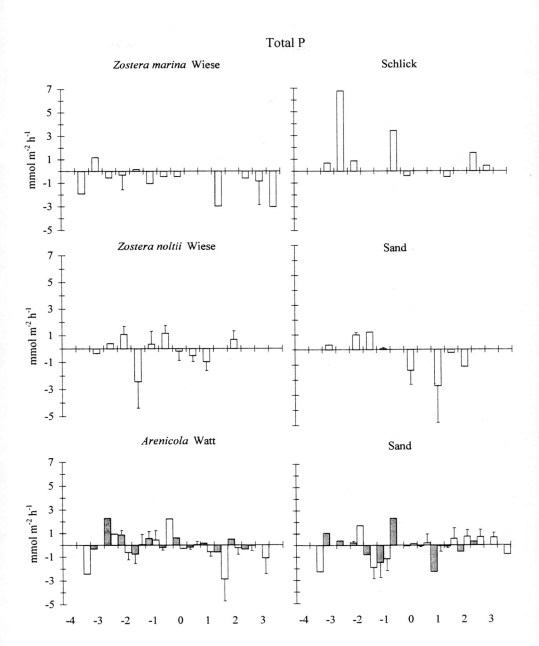

Abb. 7. Flußraten von Gesamtphosphor in Seegraswiesen und im *Arenicola* Watt 1992 (graue Schraffur), 1993 (weiße Säulen) im Vergleich zu schlickigem bzw. sandigem Kontrollsediment

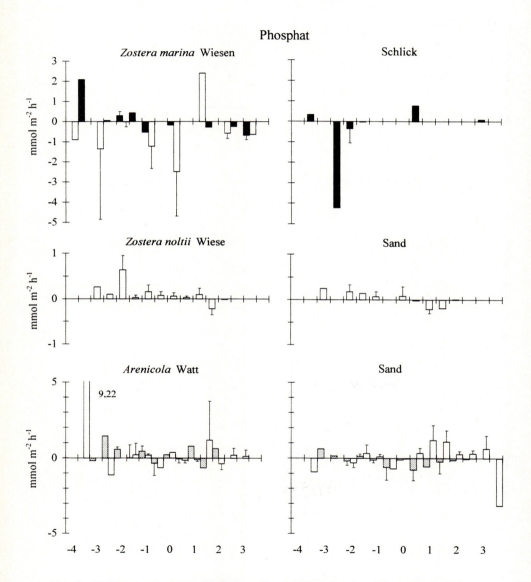

Abb. 8. Flußraten von anorganischem, gelösten Phosphat in dichten Beständen von *Zostera marina* (1991 (dunkle Säulen), 1987), der an Biomasse armen Zwergseegraswiese (1990) und in *Arenicola* Watten (1992 (grau) und 1993)

3.1.3 Bedeutung der Organismengemeinschaften für den bentho-pelagischen Stoffaustausch   273

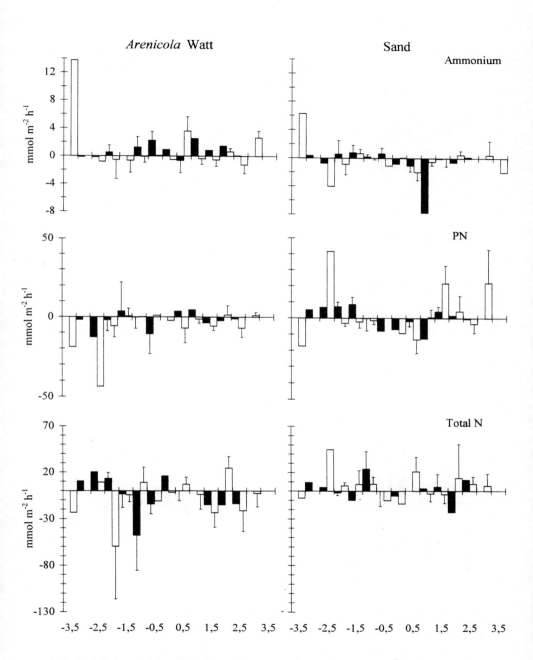

Abb. 9. Mittlere Stickstoff-Flußraten im *Arenicola* Watt, (1992: 5 Überflutungsphasen (dunkle Säulen) und 1993: weitere 6 Gezeitenzyklen (helle Säulen) zwischen Mai und Oktober

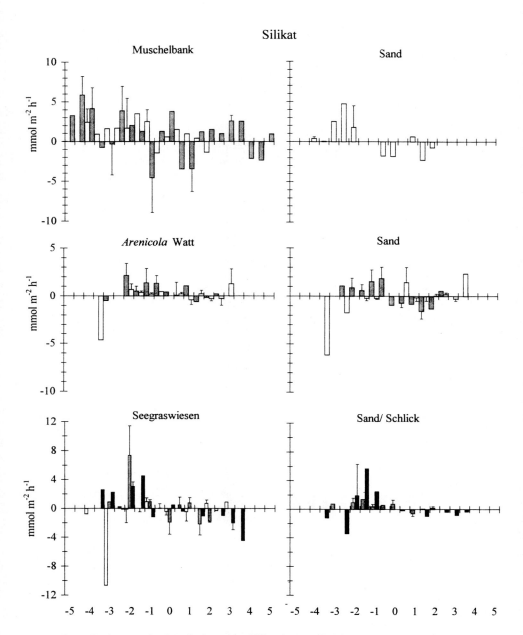

Abb. 10. Freisetzung und Aufnahme von Silikat in Muschelbänken in einem Meßjahr ohne Kontrollspur (grau) und einem mit Kontrollspur, im *Arenicola* Watt während zweier Sommer im Strömungskanal jeweils mit sandiger Kontrollspur und in Seegraswiesen von *Zostera marina* (2 Meßsommer (weiß und schwarz) und *Zostera noltii* (grau)

3.1.3 Bedeutung der Organismengemeinschaften für den bentho-pelagischen Stoffaustausch

In der *Zostera noltii* Wiese war der Phosphoraustausch noch geringer als in der *Zostera marina* Wiese. Aufnahme und Abgabe von Gesamtphosphor erreichten ähnliche Größenordnungen und wechselten sich im Verlauf der Wasserbedeckung unregelmäßig ab (Abb. 7). Im Mittel überwog eine schwache Freisetzung von Gesamtphosphor (0,11 mmol m^{-2} h^{-1}). Seegrasfreie Sandsedimente zeigten einen regelmäßigeren Verlauf mit Freisetzung bei Flut und Aufnahme bei Ebbe, die den Austrag überwog (mittlere Aufnahme 0,43 mmol m^{-2} h^{-1}) (Abb. 7). Dieses Muster fand sich auch beim sehr niedrigen Fluß von DIP über einer Zwergseegraswiese wieder. Seegrasbedeckte und seegrasfreie Gebiete zeigten dabei eine geringe Nettofreisetzung von Phosphat (Abb. 8). Vermutlich war die Phosphataufnahme durch das Seegras so gering, daß der ständig aus dem Sediment diffundierende Phosphatstrom kaum durch das Seegras verringert wurde. Mit Zwergseegras bestandene Sedimente waren daher schwache Phosphatquellen.

Silikat

Für Silikate waren *Zostera marina* Wiesen eine Senke (0,60 mmol m^{-2} h^{-1}) (Abb. 10, 13), während seegrasfreie Schlickflächen Silikat freisetzten (0,29 mmol m^{-2} h^{-1}). Zwergseegraswiesen setzten, wie die benachbarten Sandflächen, Silikate frei. Ausschlaggebend für diese Bilanz waren relativ hohe Freisetzungsraten während der Flut, während bei Ebbe die Aufnahmeraten überwogen.

Wie groß ist der Wasserkörper, der durch diese Gemeinschaft beeinflußt wird?

Seegraswiesen sind im Untersuchungsgebiet heute nur im Eulitoral vorhanden. Die 1991 untersuchte *Zostera marina* Wiese befand sich im inneren, schlickigen Teil des Königshafens. Dieses relativ tief gelegene Gebiet füllt sich über den zentralen Priel des Königshafens vom Lister Tief her bei Flut schnell auf und zeigt dann über einen Großteil der Wasserbedeckungsphase nur sehr schwache Wasserbewegungen. Dementsprechend ist der Wasseraustausch in diesem Bereich vor allem durch das Wasservolumen bestimmt. Im Vergleich zu Muschelbänken und Sandwatten ist der Wasseraustausch trotz der relativ langen Bedeckungsphase gering (200 m³ Wasser pro Tide pro m² *Zostera marina* Wiese).

Zostera noltii Wiesen liegen meist auf höheren Wattflächen mit sandigem Untergrund. Die Wasserbewegung und die Turbulenz ist in diesen Bereichen stärker, das Wasservolumen über der Gemeinschaft jedoch sehr viel kleiner als in der *Zostera marina* Wiese (221 m³ Wasser pro Tide pro m² *Zostera noltii* Watt, Flut: 99 m³, Ebbe: 122 m³ pro m²).

Arenicola Watt

Partikel

Der Stofffluß in Sandwatten schien sehr stark durch die Anwesenheit größerer Makrofauna geprägt zu sein. Sandwatten mit dichter Besiedlung durch *Arenicola marina* besaßen gegenüber Partikeln eine schwache Senkenfunktion (Abb. 4) (Tab. 1-10). POC wurde vor allem am Anfang und am Ende der Wasserbedeckung von der Gemeinschaft aufgenommen. Bei Flut traten am Meßstandort des äußeren Königshafens auch Freisetzungsraten auf. Kontrollsedimente ohne *Arenicola marina* setzten überwiegend Partikel frei. Die Aufnahme von Partikeln in *Arenicola* Watten kann vor allem durch die unregelmäßige Struktur der Sedimentoberfläche durch Fraßtrichter und Kothäufchen hervorgerufen werden, da dadurch die Bodenreibung erhöht wird und somit die "benthic boundary layer" wächst. Eine schwach erhöhte Sedimentation gegenüber strukturlosen Oberflächen könnte daher die Folge sein.

Stickstoff

Noch klarer wurde die Wirkung der *Arenicola* Watten bei Betrachtung des partikulären Stickstoffs (PN) (Abb. 9). Beide Standorte zeigten eine überwiegende Aufnahme, während in wattwurmfreien Kontrollsedimenten zu Beginn und am Ende der Wasserbedeckung PN freigesetzt wurde. PN sedimentierte nur bei hohen Wasserständen und geringer Strömung. *Arenicola* Watten wirkten daher als Senke für PN. Gelöste Stickstoffverbindungen (Ammonium und Nitrat) wurden in der gleichen Größenordnung wieder freigesetzt. Über *Arenicola* Watten fand daher eine wirksame Stickstoffumsetzung statt. Bei Betrachtung des Gesamtstickstoffs fällt dagegen eine hohe Aufnahme auf (Abb. 9, 13). Da die Partikelaufnahme durch die Freisetzung an gelöstem, anorganischen Stickstoff ausgeglichen wurde, wurde diese hohe Aufnahme an Stickstoff vermutlich durch die Aufnahme an gelöstem, organischen Stickstoff hervorgerufen.

Phosphor

Phosphate wurden von Sandwatten freigesetzt. Es konnte kein Unterschied zwischen Sedimenten mit und ohne *Arenicola* Besiedelung hinsichtlich des Phosphatflußes festgestellt werden. Hohe Freisetzungsraten wurden im *Arenicola* Watt zu Beginn der Wasserbedeckungsphase und 1-2 Stunden nach Hochwasser gefunden, während im Sandwatt ohne *Arenicola* die Raten zu Beginn des Tidenzyklus geringer waren (Abb. 8).

Silikat

Vom *Arenicola* Watt wurde im Mittel 4 bis 5 mal so viel Silikat abgegeben, wie von den entsprechenden, makrofaunafreien Sedimenten, in denen neben den ähnlich hohen Freisetzungsraten auch sehr hohe Aufnahmeraten gemessen wurden (Abb. 10), die den mittleren Fluß herabsetzten. *Arenicola Watt*en waren Silikatquellen.

3.1.3 Bedeutung der Organismengemeinschaften für den bentho-pelagischen Stoffaustausch

Tabelle 1-5. Austausch von partikulären und gelösten Substanzen im Königshafen. Positive Werte: Freisetzung; negative Werte: Aufnahme, Mb.: Muschelbank, Mb. + *Fuc.*: mit *Fucus* bewachsene Muschelbank, *Ar.*: *Arenicola* Watt, *Z. mar.*: *Zostera marina* Wiese, *Z. nolt.*: *Zostera noltii* Wiese, POC: partikulärer, organischer Kohlenstoff, PN: partikulärer Stickstoff, DIN: gelöster, anorganischer Stickstoff, TN: Gesamtstickstoff, TP: Gesamtphosphor

Tabelle 1. Stündliche Flußraten im Königshafen (ohne Sturm)

	Mb.	Mb. +*Fuc.*	*Ar.*	*Z. mar.*	*Z. nolt.*	Schlick	Sublitoral	Eulitoral Summe	Eu+Sublit. Summe
Fläche Mio m²	0,07	0,07	3,34	0,05	0,26	0,35	1,41		
Fluß kg h⁻¹									
POC	-31	-47	-184	-11	20	22	242	-231	12
PN	-4	-7	-106	-0,7	1	6	47	-110	-64
Ammonium	5	-0,4	26	-0,9	-0,2	-1,4	-6	28	22
Nitrat	0,03	-1,2	12	0	-0,7	0	1,2	10	11
DIN	5	-1,6	40	-0,9	-0,8	-1,4	-6	41	35
TN	1,6		-368	0,9	17	-11	100	-359	-259
TP	-0,8		-21	-0,6	1	21	-6	-0,03	-6
Phosphat	2	-0,5	17	-0,4	1	-6	4	13	16
Silikat	2		35		4	3	2	43	45

Tabelle 2. Stündliche Flußraten im Königshafen (mit Sturm)

	Mb.	Mb. +*Fuc.*	*Ar.*	*Z. mar.*	*Z. nolt.**	Schlick	Sublitoral	Eulitoral Summe	Eu+Sublit. Summe
Fläche Mio m²	0,07	0,07	3,34	0,05	0,26	0,35	1,41		
Fluß kg h⁻¹									
POC	-31	-47	-75	-13	20	-62	378	-207	171
PN	-4	-7	-75	-1	1	-2	68	-88	-20
Ammonium	5	-0,4	49	2	-0,2	4	0,8	60	61
Nitrat	0,03	-1,2	3	0	-0,7	0	3	1,4	4,7
DIN	5	-1,6	54	2	-0,8	4	3	63	65
TN	1,6		-281	-0,5	17	-24	107	-287	-181
TP	-0,8		-33	-1	1	13	3	-21	-18
Phosphat	2	-0,5	19	1	1	-5	8	17	25
Silikat	2		42	-0,01	4	3	4	51	55

*nur Messungen ohne Sturm verfügbar

Tabelle 3. Ebbe- und Flutraten pro Stunde bzw. pro Tide für den Königshafen (ohne Sturm)

	Fluß kg h⁻¹				Fluß kg Tide⁻¹			
	Flut		Ebbe		Flut		Ebbe	
	Eulitoral	Eu+Sublit.	Eulitoral	Eu+Sublit.	Eulitoral	Eu+Sublit.	Eulitoral	Eu+Sublit.
POC	-0,03	-161	-776	-415	-153	-1141	-2543	-433
PN	-302	-274	-96	-70	-933	-766	-303	-148
Ammonium	54	57	40	16	171	186	129	-14
DIN	62	66	35	15	193	215	113	-9
TN	-295	-219	-310	-239	-909	-456	-975	-569
TP	43	36	-46	-51	130	91	-138	-169
Phosphat	73	66	13	5	222	180	42	-2
Silikat	33	20	1,4	-7	98	25	14	-36

Tabelle 4. Flußraten pro Tide im Königshafen (ohne Sturm)

	Mb.	Mb. +*Fuc.*	*Ar.*	*Z. mar.*	*Z. nolt.*	Schlick	Sublitoral	Eulitoral Summe	Eu+Sublit. Summe
Fläche Mio m²	0,07	0,07	3,34	0,05	0,26	0,35	1,41		
Fluß kg Tide⁻¹									
POC	-310	-466	-1105	-67	82	130	2909	-1736	1173
PN	-37	-68	-638	-4	5	38	555	-704	-149
Ammonium	50,8	-4	157	-5	-1	-8	-73	189	116
Nitrat	0,3	-12	70	0	-3	0	14	55	70
DIN	51	-16	241	-5		-8	-71	260	189
TN	16		-2205	6	-3	-65	1201	-2181	-980
TP	-8		-124	-4	4	127	-73	-5	-79
Phosphat	20	-5	99	-2	1	-36	42	80	122
Silikat	22		208	-5	16	17	24	258	282

Tabelle 5. Flußraten pro Tide im Königshafen (mit Sturm)

	Mb.	Mb. +*Fuc.*	*Ar.*	*Z. mar.*	*Z. nolt.**	Schlick	Sublitoral	Eulitoral Summe	Eu+Sublit. Summe
Fläche Mio m²	0,07	0,07	3,34	0,05	0,26	0,35	1,41		
Fluß kg Tide⁻¹									
POC	-310	-466	-448	-79	82	-373	4538	-1593	2944
PN	-37	-68	-452	-5	5	-15	817	-572	245
Ammonium	51	-4	295	13	-1	25	9	378	387
Nitrat	0,3	-12	20	0	-3	0	40	5	45
DIN	51	-16	323	13	-3	25	33	392	425
TN	16		-1686	-3	68	-146	1279	-1751	-472
TP	-8		-199	-6	4	81	31	-128	-96
Phosphat	20	-5	112	5	4	-31	94	105	199
Silikat	22		253	-0,1	16	18	47	309	356

*nur Messungen ohne Sturm verfügbar

Tabelle 6-8. Austausch von partikulären und gelösten Substanzen im Sylt-Rømø Gebiet unter sommerlichen Windbedingungen (3-8 Beaufort). Positive Werte: Freisetzung; negative Werte: Aufnahme, Mb.: Muschelbank, Mb. + *Fuc.*: mit *Fucus* bewachsene Muschelbank, *Ar.*: *Arenicola* Watt, *Z. mar.*: *Zostera marina* Wiese, *Z. nolt.*: *Zostera noltii* Wiese, Str.-S.: Stromsände, fl. Sublit.: flaches Sublitoral, sbl. Mb.: sublitorale Muschelbänke, sbl. Mk.: sublitorale Muschelkulturen, POC: partikulärer, organischer Kohlenstoff, PN: partikulärer Stickstoff, DIN: gelöster, anorganischer Stickstoff, TN: Gesamtstickstoff, TP: Gesamtphosphor

Tabelle 6. Stündliche Flußraten im Sylt-Römö Watt

	Mb.	Mb.+*Fuc.*	Ar.	Z. mar.	Z. nolt.	Schlick	Str.-S.	fl. Sublit.	Sublit.	sbl. Mb.	sbl. Mk.
Fläche Mio m²	0,18	0,18	104,24	10,77	4,76	3,85	11,02	220,6	38	0,6	9,8
Fluß kg h⁻¹											
POC	-80	-120	-2331	-2822	373	-684	912	18266	3146	-266	-930
PN	-9	-17	-2349	-191	21	-27	605	12109	2086	-31	-110
Ammonium	13	-1	1532	452	-4	46	-3	-62	-11	44	152
Nitrat	0,1	-3	102	0,0	-13,3	0,0	0,0	0,0	0	0	1
DIN	13	-4	1678	452	-15	46	-3	-62	-11	44	154
TN	4		-8771	-101	311	-267	997	19951	3437	13	47
TP	-2		-1034	-200	16	148	17	342	59	-7	-23
Phosphat	5	-1,2	582	187	16	-57	133	2667	459	17	60
Silikat	6		1313	-3	75	42	-25	0	0	19	67

Tabelle 7. Flußraten pro Tide im Sylt-Römö Watt

	Mb.	Mb.+*Fuc.*	Ar.	Z. mar.	Z. nolt.	Schlick	Str.-S.	fl. Sublit.	Sublit.	sbl. Mb.	sbl. Mk.
Fläche Mio m²	0,18	0,18	104,24	10,77	4,76	3,85	11,02	220,6	38	0,6	9,8
Fluß kg Tide⁻¹											
POC	-797	-1197	-13985	-16930	1494	-4102	5475	219188	37757	-3187	-11155
PN	-94	-175	-14091	-1147	84	-164	3629	145305	25030	-376	-1315
Ammonium	131	-11	9194	2714	-16	275	-19	-741	-128	522	1828
Nitrat	1	-31	613	0	-53	0	0	0	0	3	11
DIN	132	-42	10070	2714	-59	275	-19	-741	-128	528	1849
TN	40		-52625	-606	1245	-1601	5980	239413	41241	161	564
TP	-20		-6204	-1202	65	888	102	4103	707	-80	-281
Phosphat	51	-12	3490	1122	65	-344	799	32005	5513	205	719
Silikat	57		7881	-18	299	252	-148	0	0	230	804

Tabelle 8. Gesamtflußraten pro Stunde bzw. pro Tide für das Sylt-Römö Watt

	Fluß kg h⁻¹		Fluß kg Tide⁻¹	
	Eulitoral	Sublitoral	Eulitoral	Sublitoral
POC	-4750	20217	-30043	242603
PN	-1968	14054	-11958	168644
Ammonium	2035	123	12268	1481
Nitrat	86	1	529	14
DIN	2168	126	13071	1508
TN	-7827	23448	-47566	281379
TP	-1055	371	-6371	4448
Phosphat	865	3203	5172	38442
Silikat	1408	86	8323	1034

3.1.3 Bedeutung der Organismengemeinschaften für den bentho-pelagischen Stoffaustausch

Tabelle 9. Bentho-pelagischer Stoffaustausch von partikulären und gelösten Substanzen im Sylt-Rømø Watt unter 3 verschiedenen Annahmen:

1) Annahme: Sublitorale Sandgebiete und Stromsände zeigen keinen Austausch

Fluß kg Tide^{-1}	Eulitoral	Sublitoral	Gesamt
POC	-35518	-14342	-49859
PN	-15587	-1691	-17278
Ammonium	12286	2350	14636
Nitrat	529	14	543
DIN	13090	2377	15466
TN	-53546	726	-52821
TP	-6473	-362	-6835
Phosphat	4373	924	5297
Silikat	8471	1034	9505

2) Sublitorale Sandgebiete und Stromsände entsprechen einem stärker exponierten, biomassearmem Sandwatt

Fluß kg Tide-1	Eulitoral	Sublitoral	Gesamt
POC	-30043	242603	212561
PN	-11958	168644	156686
Ammonium	12268	1481	13748
Nitrat	529	14	543
DIN	13071	1508	14579
TN	-47566	281379	233813
TP	-6371	4448	-1923
Phosphat	5172	38442	43614
Silikat	8323	1034	9357

3) Sublitorale Sandgebiete und Stromsände entsprechen einem weniger exponierten, biomassearmem Sandwatt

Flux kg/Tide	Eulitoral	Sublitoral	Gesamt
POC	-17785	817906	800121
PN	-12396	148101	135705
Ammonium	12323	4087	16411
Nitrat	686	7399	8086
DIN	13219	8459	21678
TN	-48548	235328	186780
TP	-6351	5410	-940
Phosphat	4742	18240	22981
Silikat	8656	9723	18379

Tabelle 10. Bentho-pelagischer Stoffaustausch von partikulären und gelösten Substanzen im Königshafen

mit allen Gemeinschaften

Fluß Tide⁻¹	Eulitoral kg	Eu- und Sublitoral kg
POC	-1593	2944
PN	-572	245
Ammonium	378	387
Nitrat	5	45
DIN	392	425
TN	-1751	-472
TP	-128	-96
Phosphat	105	199
Silikat	309	356

ohne Muschelbänke

Fluß Tide⁻¹	Eulitoral kg	Eu- und Sublitoral kg
POC	-837	3701
PN	-486	331
Ammonium	344	353
Nitrat	18	58
DIN	371	404
TN	-1837	-558
TP	-128	-97
Phosphat	94	188
Silikat	297	344

ohne Seegraswiesen

Fluß Tide⁻¹	Eulitoral kg	Eu- und Sublitoral kg
POC	-1638	2900
PN	-613	204
Ammonium	393	403
Nitrat	10	50
DIN	412	446
TN	-1973	-693
TP	-144	-113
Phosphat	106	201
Silikat	316	363

ohne Seegraswiesen oder Muschelbänke

Fluß Tide⁻¹	Eulitoral kg	Eu- und Sublitoral kg
POC	-881	3656
PN	-527	289
Ammonium	359	369
Nitrat	22	63
DIN	391	424
TN	-2059	-780
TP	-145	-113
Phosphat	96	190
Silikat	304	352

Wie groß ist der Wasserkörper, der durch diese Gemeinschaft beeinflußt wird?

Je nach Lage des Untersuchungsgebietes betrug der Wasseraustausch zwischen 702 und 1156 m^3 m^{-2} pro Tide. Im äußeren Königshafen trat keine Strömungsumkehr auf. Hier floß das Gezeitenwasser, ähnlich wie in den Muschelbänken, während der gesamten Wasserbedeckungszeit zum Lister Tief hin. In diesem Bereich war während der Flut ein stärkerer Wasseraustausch meßbar als während der Ebbe. Im *Arenicola* Watt im inneren Königshafen war der Wasseraustausch wegen der dort höheren Strömungen größer als im äußeren Königshafen. Strömungsfreie Perioden während Hochwasser mit anschließender Strömungsumkehr traten im *Arenicola* Watt des inneren Königshafen auf. Sehr hohe Strömungsgeschwindigkeiten zu Beginn und gegen Ende der Überflutung führten zu zwei Maxima des Wasseraustausches je 2,5 h vor und 1,5 h nach Hochwasser, wenn sich Strömungsgeschwindigkeit und hoher Wasserstand in ihrer Wirkung addierten.

Hochrechnung auf den Königshafen

Muschelbänke

Im Königshafen nehmen Muschelbänke ungefähr 3,4 % der gesamten Eulitoralfläche oder 0,14 Mio m^2 ein (Murphy, GKSS, Fernerkundung). Der überwiegende Teil der Miesmuschelbänke befindet sich im äußeren Königshafen. 50 % dieser Miesmuschelbänke wiesen zur Untersuchungszeit einen dichten Bewuchs mit dem Blasentang *Fucus vesiculosus* auf, der sich vor allem auf die Aufnahme von gelösten, anorganischen Nährsalzen auswirkte. Die Hälfte des von Muschelbänken akkumulierten, partikulären Kohlenstoffs (776 kg POC pro Tide) (Tab. 4, 1) wurde durch das Phytoplankton gebildet. In Form von Partikeln (PN) wurden zusammen 105 kg N pro Tide von bewachsenen und unbewachsenen Muschelbänken aufgenommen (Tab. 4, 1). Unbewachsene Muschelbänke gaben davon 51 kg N in gelöster, anorganischer Form (DIN) wieder ab, während bewachsene Muschelbänke 16 kg DIN pro Tide aufnahmen. Insgesamt wurden daher 35 kg DIN von den Muschelbänken abgegeben. Der größte Teil dieser abgegebenen Menge Stickstoff wurde dabei im äußeren Königshafen produziert, die Muschelbänke des inneren Königshafen trugen aufgrund ihrer geringen Ausdehnung nur ca. 16 % (nach Murphy, GKSS, Fernerkundung) zum Stoffluß bei. Daher wurde der überwiegende Teil des produzierten Stickstoffs während der gesamten Überflutungsphase in das Lister Tief transportiert, wo es vermutlich im Pelagial verarbeitet wurde. Die Nettoaufnahme von Phosphor durch unbewachsene Muschelbänke beträgt im Königshafen 8 kg P pro Tide. Gleichzeitig wurde anorganisches, gelöstes Phosphat (DIP) (20 kg P pro Tide) durch unbewachsene Muschelbänke freigesetzt, während bewachsene Muschelbänke 5 kg DIP pro Tide aufnahmen (Tab. 4, 1). Silikat wurde durch unbewachsene Muschelbänke im Königshafen freigesetzt. Wie für Stickstoff geschildert, wurde der größte Teil der abgegebenen Menge gelöster Phosphate und Silikate in das Lister Tief transportiert.

Seegraswiesen

Insgesamt werden 7,5 % der Eulitoralfläche des Königshafens von Seegraswiesen eingenommen (*Zostera marina* Wiesen: 1,2 % der Fläche oder 50000 m², *Zostera noltii*: 6,3 % oder 260000 m², (Asmus & Asmus, 1990, Asmus et al. 1994)). Da beide Seegraswiesentypen einen von einander abweichenden Stoffaustausch besitzen, werden sie getrennt bilanziert. *Zostera marina* Wiesen akkumulierten im Königshafen 79 kg POC pro Tide und 5 kg PN pro Tide (Tab. 5, 2). An ruhigen Tagen, wenn wenig Partikel in der Wassersäule vorhanden waren, betrug der PN-Eintrag nur 4 kg pro Tide (Tab. 4, 1). Die Aufnahme an gelöstem, anorganischen Stickstoff (DIN) betrug an Tagen ohne Sturm 5 kg pro Tide (Tab. 4, 1), so daß insgesamt 9 kg N pro Tide durch die *Zostera marina* Wiesen im Königshafen festgelegt wurden. Berücksichtigt man die Sturmtage in der Bilanz, so wurden 13 kg DIN pro Tide (Tab. 5, 2) abgegeben. Auch die experimentell ermittelte Gesamtbilanz an Stickstoff unterscheidet sich, je nachdem ob stürmische Tage in die Bilanz eingehen oder nicht. Da unter Ausschluß der Sturmtage eine Abgabe von

Gesamtstickstoff (6 kg TN pro Tide) (Tab. 4, 1) vorlag, mußte um die DIN und PN Aufnahme zu kompensieren, an ruhigen Tagen Stickstoff in der Größenordnung von 15 kg N pro Tide in Form von gelöstem, organischen Material von der Gemeinschaft abgegeben werden. Insgesamt wurde an ruhigen Tagen Phosphor sowohl in partikulärer als auch in gelöster Form von den *Zostera marina* Wiesen im Königshafen absorbiert (Tab. 4, 1). Der größte Teil davon wurde in Form von DIP aufgenommen. Bei Berücksichtigung von Sturmtagen ist die Bilanz zwischen Phosphoraufnahme in Form von Partikeln und gelöster, organischer Substanz und Abgabe an Phosphaten ausgeglichen. *Zostera marina* Wiesen erwiesen sich als wirksame Fallen für Silikat, jedoch bei Berücksichtigung der Sturmtage wurde nur recht wenig Silikat gebunden (Tab. 5).

Zostera noltii Wiesen setzten partikulären Kohlenstoff und Stickstoff frei (82 kg POC bzw. 5 kg PN pro Tide (Tab. 4, 1)). Demgegenüber wurden 3 kg DIN pro Tide akkumuliert. Zusammengenommen gelangte in der Größenordnung von 1,4 kg Stickstoff pro Tide von der Zwergseegraswiese in das darüberfließende Gezeitenwasser. Da in der Zwergseegraswiese ein Austrag an Gesamtstickstoff von 68 kg TN pro Tide gemessen wurde, wurden vermutlich 66,6 kg pro Tide an gelösten, organischen Stickstoffverbindungen von dieser Gemeinschaft freigesetzt. Zwergseegraswiesen im Königshafen setzten anorganisches, gelöstes Phosphat und Silikat frei.

Arenicola Watt

Mit *Arenicola marina* besiedelte Sandwatten nehmen im Königshafen mit 81 % den größten Teil der Eulitoralfläche ein. Im Mittel wurden 448 kg POC und 452 kg PN pro Tide durch *Arenicola* Watten aufgenommen (Tab. 5, 2). DIN wurde in vergleichbaren Mengen (323 kg pro Tide) abgegeben (Tab. 5, 2). Dies deutet an, wie aktiv diese Gemeinschaft Stickstoff remineralisierte. Die Stickstoffbilanz zeigt bei Betrachtung aller Komponenten eine Aufnahme (Gesamtstickstoff: 1686 kg pro Tide). Da die Aufnahme von PN durch die Abgabe von gelöstem Stickstoff kompensiert wurde, wurde diese Aufnahme vermutlich durch gelösten, organischen Stickstoff hervorgerufen. Auch bei Phosphor überwog die Aufnahme, wenn alle Komponenten in Betracht gezogen wurden (Tab. 5, 2). DIP wurde jedoch abgegeben. Silikat wurde auch vom *Arenicola* Watt an das Wasser des Königshafens unter Berücksichtigung von stürmischem Wetter abgegeben.

Schlickwatten

Um den Einfluß der Schlickwatten auf das Gesamtgebiet zu charakterisieren, wurden die Raten aus den schlickigen, seegrasfreien Kontrollspuren des Strömungskanals im *Zostera marina* Watt auf die Schlickwattflächen übertragen. Im Königshafen sind 0,35 Mio m² der Fläche schlickig. Hier wurde an ruhigen Meßtagen ein leichter Export an partikulärem Material festgestellt (im Mittel 130 kg POC und 38 kg PN pro Tide (Tab. 4, 1)), der vor allem durch die hohe strömungsbedingte Resuspension zu Anfang der Überflutung entstand, während in der gesamten übrigen Zeit Sedimentation herrschte. Diese war jedoch wegen der relativ geringen

3.1.3 Bedeutung der Organismengemeinschaften für den bentho-pelagischen Stoffaustausch   283

Partikelkonzentrationen im Wasser niedriger als die anfänglich gemessene Resuspension. Bei stärkerem Wind und erhöhten Partikelkonzentrationen überwog dagegen die Partikelaufnahme (373 kg POC bzw 15 kg PN pro Tide) (Tab. 5, 2). Schlickgebiete waren für Ammonium an ruhigen Tagen Senken (Tab. 4, 1) und wurden an Sturmtagen zu Ammoniumquellen (Tab. 5, 2). Gesamtstickstoff (TN) wurde durch Schlickgebiete überwiegend aufgenommen. Bei Phosphor überwog ein Austrag von Gesamtphosphor aus der Gemeinschaft (Tab. 4, 1), gegenüber der Aufnahme von Phosphat durch Schlick. Vermutlich bestehen enge Austauschprozesse zwischen Nährsalzen und schwebenden Partikeln über Schlickwatten, wodurch die Aufnahme an anorganischen Nährsalzen in diesem Bereich gefördert wird. Silikat wurde auch von Schlickwatten freigesetzt.

Sublitoral

Über die Besiedlung der Sublitoralgebiete liegen uns keine flächenhaften Zahlen vor. Zum überwiegenden Teil besteht das Sublitoral des Königshafens aus Sandgebieten mit relativ armer Besiedlung und ihre Austauschraten werden daher mit den Kontrollspuren der *Arenicola* Watten vergleichbar. 1,41 Mio. m² Sublitoral sind im Königshafen vorhanden. Von diesem Bereich wurden ca. 4538 kg POC und 817 kg PN pro Tide freigesetzt. Darüberhinaus wurden auch alle anderen gemessenen Verbindungen (Gesamtstickstoff (TN), DIN, Gesamtphosphor (TP), DIP, Silikat) vom sublitoralen Sediment im Königshafen nach diesen Schätzungen an die Wassersäule abgegeben, besonders unter Berücksichtigung von stärkerem Wind (Tab. 5, 2).

Hochrechnung auf das gesamte Sylt-Rømø Watt

Muschelbänke

Das gesamte Sylt-Rømø Watt weist im Eulitoral 360000 m² Muschelbänke auf (nach Reise & Lackschewitz, dieser Band). Von diesen Muschelbänken wurden an Partikeln 1994 kg POC aufgenommen (Tab. 7). Fast die Hälfte davon wurde durch das Phytoplankton gebildet. An PN wurden 269 kg pro Tide von den Muschelbänken aufgenommen. Davon wurden insgesamt 90 kg DIN von unbewachsenen Muschelbänken und von solchen mit *Fucus vesiculosus* bewachsenen wieder an das Gezeitenwasser abgegeben. Daher wurden 179 kg Stickstoff von den Muschelbänken des gesamten, eulitoralen Untersuchungsgebietes pro Tide gespeichert. Ein ähnliches Bild bietet sich für eine Phosphorbilanz der Muschelbänke. An Phosphaten wurden von unbewachsenen Muschelbänken im Eulitoral 51 kg abgegeben, von mit *Fucus* bewachsenen Muschelbänken aber 12 kg aufgenommen, so daß insgesamt 39 kg P pro Tide abgegeben wurden (Tab. 7). Silikat wurde durch unbewachsene Muschelbänke freigesetzt (Tab. 6, 7).

Da die Fläche der Muschelbänke des Sublitorals nicht bekannt ist, kann hierüber nur eine Schätzung abgegeben werden. In der Zeit von 1989 bis 1993 wurden im Einzugsbereich des Lister Tiefs 8340 t (ung: 751 t AFDW) Besatzmuscheln gefischt. Nach 1993 wurden in diesem Bereich keine befischbaren Standorte mehr gefunden (Ruth, pers. Mitt.). Das bedeutet allerdings nicht, daß sich nicht an Standorten, die für die Fischerei unzugänglich waren, Muschelbänke befunden haben. Nimmt man die von den Fischern gefischte Menge Miesmuscheln als Maß für den sublitoralen Bestand, dann erhält man eine Art Minimalwert. Die sublitoralen Bestände scheinen starken räumlichen und zeitlichen Schwankungen zu unterliegen. Umgerechnet entspricht die gefischte Menge Besatzmuscheln einer eulitoralen Bank von ungefähr 625 500 m^2. Demnach ist der von diesen Bänken hervorgerufene Stofffluß höher als der der Muschelbänke des Eulitorals. Da die sublitoralen Bänke kaum Algenbewuchs aufweisen, wirkten sie vermutlich überwiegend als Partikelsenke und Nährstoffquelle (Tab. 6, 7, sbl. Mb.).

Insgesamt sind im Sylt-Rømø Watt 9762387 m^2 Fläche als Muschelkulturfläche ausgewiesen. Diese Muschelbänke werden mit einer Menge von 20-30 t ha^{-1} (bei Saatmuschelgröße von 30 mm = 1,1-1,6 t AFDW) besät (Ruth, pers. Mitt.). Bei 976 ha entspricht dies einer Menge von 1074-1562 t AFDW. Angelandet wurden im gleichen Zeitraum 27379 t (ca. 2464 t AFDW) (Ruth, pers. Mitt.). Dies entspricht einer eulitoralen Bank von 2053425 m². Die angelandete Menge ist vermutlich nur ein Teil des insgesamt vorhandenen Kulturbestandes. Dieser Teil des Bestandes ist aber bereits 5 bis 6 mal so groß, wie der im Eulitoral vorhandene, natürliche Bestand. Demzufolge wird auch der durch die Kulturmuschelbänke hervorgerufene Stofffluß vermutlich 5 bis 6 mal so groß sein wie der für das Eulitoral berechnete Stofffluß. Auch auf den Kulturmuschelflächen tritt kein Algenbewuchs auf, so daß die Freisetzung von gelösten, anorganischen Nährsalzen hier nicht durch eine Aufnahme kompensiert wird (Tab. 6, 7, sbl. Mk.).

Seegraswiesen im Sylt-Rømø Gebiet

Während im Königshafen die Zwergseegraswiesen auf Sand die *Zostera marina* Wiesen auf Schlick an Fläche übertreffen, ist dies Verhältnis im Sylt-Rømø Gesamtgebiet umgekehrt. Auf Schlick- und Mischwatten dehnen sich im Eulitoral 10770000 m² Seegraswiesen aus. Da diese meistens zum Typ der *Zostera marina* Wiese gehören oder aber aus Mischbeständen von *Zostera noltii* und *Zostera marina* bestehen, wurden sie in der Bilanz dem Typ der *Zostera marina* Wiese zugeordnet. Von den Seegraswiesen wurden daher bei jeder Tide 16930 kg POC festgelegt (Tab. 7). Durch Sedimentation gelangten auch 1147 kg PN pro Tide in die Seegraswiesen des Gesamtgebietes. Diese relativ hohe Stickstoffaufnahme wurde bei ruhigem Wetter noch um 1094 kg N pro Tide erhöht, der in Form von Ammonium durch die Seegraspflanzen und das diese begleitende Phytobenthos aufgenommen wurde. Unter Berücksichtigung von Sturmtagen wurde Stickstoff dagegen an das Gezeitenwasser abgegeben.

Ein ähnliches Bild bot der Phosphorhaushalt. Insgesamt wurden 1202 kg P pro Tide aufgenommen (Tab. 7), während Phosphat freigesetzt wurde (1122 kg pro Tide). An ruhigen Tagen addierte sich die Aufnahme von Partikeln und gelöstem Phosphat. Silikat wurde von schlickigen Seegraswiesen aufgenommen (Tab. 7). Auch hier war an ruhigen Tagen die Senkenfunktion um ein Vielfaches gesteigert.

Auf Sand finden sich 4760000 m² Seegraswiesen, meist *Zostera noltii* Wiesen. Von dieser Gemeinschaft wurden 1494 kg POC und 84 kg PN pro Tide (Tab. 7) freigesetzt. Die Aufnahme an DIN betrug nur 59 kg N pro Tide. Anorganisches Phosphat und Silikat wurden abgegeben. Betrachtet man die Seegraswiesen als Ganzes, so wurden die Stoffflüße der Zwergseegraswiesen durch die der *Zostera marina* Wiesen überlagert. Seegraswiesen waren an windstillen Tagen Senken für Partikel und gelöste, anorganische Nährsalze. An Sturmtagen konnte die Quellenfunktion für gelöste, anorganische Verbindungen hoch sein.

Arenicola Watt

Im Sylt-Rømø Watt nehmen *Arenicola* Watten eine Fläche von 90,99 Mio m² ein. Seegrasfreies Mischwatt bedeckte 13,25 Mio. m² und wurde aufgrund ähnlicher Besiedlung mit zum *Arenicola* Watt gerechnet. Somit wurden von dieser Gemeinschaft, die sich auf 104,24 Mio. m² erstreckte 13985 kg POC und 14091 kg PN pro Tide aufgenommen (Tab. 7). Davon wurden 9194 kg Stickstoff als Ammonium wieder an die Wassersäule abgegeben. Nitrat wurde nur in relativ kleinen Mengen produziert (613 kg pro Tide). Gesamtstickstoff und Gesamtphosphor wurden jeweils vom *Arenicola* Watt aufgenommen. Im Gegenzug wurden anorganisches, gelöstes Phosphat wie auch Silikat freigesetzt.

Schlickwatten

Im gesamten Sylt-Rømø Wattenmeer bestehen 2,85 % der Eulitoralfläche bzw. 3,85 Mio m² aus Schlickwatten. Von diesen Schlickwatten wurden POC und PN aufgenommen (Tab. 6, 7). Anorganische, gelöste Stickstoffverbindungen (DIN) und Gesamtstickstoff (TN) wurden an ruhigen Tagen aufgenommen, während unter Einbeziehung der stürmischen Tagen die Bilanz dahin verändert wurde, daß DIN dann freigesetzt wurde, aber für TN weiterhin die Aufnahme dominierte. Gesamtphosphor (TP) wurde stets abgegeben und anorganisches, gelöstes Phosphat (DIP) wurde bei ruhigem und stürmischem Wetter aufgenommen. Silikat wurde auch von den Schlickwatten des Sylt-Rømø Gebietes freigesetzt.

Stromsände und Hohe Sandwatten

Stromsände und Hohe Sandwatten zeichnen sich durch geringe Besiedlung mit Makrofauna aus, da in diesen Bereichen das Sediment häufig umgelagert wird. Austauschraten der künstlich erzeugten, nahezu makrofaunafreien Sände, wie wir sie in der Kontrollspur des Strömungskanals des *Arenicola* Wattes im inneren Königshafen gemessen haben, erscheinen uns daher geeignet, eine Schätzung der Austauschprozesse in Stromsänden und Hohen Sandwatten durchzuführen (Tab. 6-8). Vermutlich sind diese Werte jedoch überschätzt, da Stromsände einen geringeren Stoffpool besitzen als makrofaunafreie *Arenicola* Sandwatten. Im Königshafen finden wir keine größeren Stromsände. Im Gesamtgebiet dagegen erstrecken sich Stromsände über 3,7 Millionen m² oder 2,9 % der Gesamtfläche. Zusammen mit den hochgelegenen Sandwatten ergibt sich eine Fläche stark bewegter Sände von 11 Millionen m². Diese Gebiete setzten Partikel (POC und PN) frei und gaben damit die Resuspenions- bzw. Erosionstendenz wieder. Gesamtstickstoff wurde in noch größerer Menge wie PN freigesetzt (Tab. 6-8). Gelöste, anorganische Stickstoffverbindungen und Silikat wurden dagegen aufgenommen. Für Phosphorverbindungen überwogen nach diesen Schätzungen die Freisetzungsprozesse.

Sublitorale Sandgebiete

Die Ausdehnung der Lebensgemeinschaften des Sublitorals des gesamten Sylt-Rømø Gebietes sind unbekannt. Weite Bereiche sind wahrscheinlich Sandgebiete mit geringer Besiedlung. Auf die sublitoralen Muschelbänke wurde bereits eingegangen. Auch Schillgebiete mit Epifaunabesiedlung und Siedlungen des Sandröhrenwurmes *Lanice conchilega* werden im Sublitoral von größerer Bedeutung sein. An einigen Stellen kann das Vorkommen der Schwertmuschel *Ensis americanus* die Biomasse der Makrofauna stark erhöhen. Um eine Schätzung des Stoffflußes des Sublitorals vorzunehmen, müssen wir diese Vielfalt leider ausschließen, da wir in diesen Gebieten bislang keine Austauschraten messen konnten. Wir gehen daher von der vergröbernden Annahme aus, daß das Sublitoral nur aus Sandgebieten, natürlichen Muschelbänken und Muschelkulturen besteht. Für die Sandgebiete gehen wir wie bei den Stromsänden vor. Von den Sandgebieten des Sublitorals wurden demnach partikulärer Kohlenstoff und Stickstoff freigesetzt (Tab. 6-8). Die Aufnahme an Nährstoffen, die in eulitoralen Bereichen gefunden wurde, läßt sich nicht auf sublitorale Verhältnisse übertragen, da die Besiedlung mit Mikroalgen im Sublitoral durch Mangel an Licht sehr viel geringer ist als im Eulitoral und dadurch vermutlich die Nährstoffaufnahme sehr gering sein dürfte. Lediglich für das flache Sublitoral, das im Sylt-Rømø Watt 231 Mio m² einnimmt, könnte eine Übertragbarkeit gegeben sein. In diesen Bereichen dürften daher an ruhigen Tagen Nährsalze in Form von gelöstem, anorganischen Stickstoff aufgenommen worden sein. Phosphat wurde dagegen an die Wassersäule abgegeben (Tab. 6-8).

DISKUSSION

Die Bedeutung der natürlichen Strömung und Turbulenz für den Nährstoffaustausch - Vergleich von Messungen an Sedimentkernen bis hin zum Strömungskanal

Im Rahmen des SWAP-Projektes war es erstmals möglich, gleichzeitig Nährstoffaustauschraten auf verschiedenen Größenskalen zu messen. Von zwei Arbeitsgruppen (Kristensen et al., dieser Band; Bruns & Meyer-Reil, dieser Band; Jensen et al., 1995) wurden Sedimentkerne auf der "Mikroskala" eingeschlossen und auf ihre mikrobiell bedingten Stickstoffaustauschraten hin untersucht. Gleichzeitig wurde im Strömungskanal die gesamte bentho-pelagische Gemeinschaft des Standortes auf der "Makroskala" unter natürlichen Strömungs und Turbulenz-Bedingungen untersucht. Ein Vergleich der Ammonium-Flußraten zeigte, daß die im Strömungskanal gemessenen Raten um mehrere Größenordnungen höher sind, als die

3.1.3 Bedeutung der Organismengemeinschaften für den bentho-pelagischen Stoffaustausch

in Einschlüssen von makrofaunafreien Sedimentkernen (Abb. 11) (Asmus et al., 1997). Bei Inkubation von wenigen Quadratzentimetern Sediment unter kontrollierten Bedingungen können eine Vielzahl von Prozessen untersucht werden, die durch Mikrophytobenthos, Bakterien, Mikro-und Meiofauna in Zusammenhang mit chemischen und physikalischen Prozessen hervorgerufen werden. Der Einfluß von Makrofauna und -flora kann erst in größeren Einschlußsystemen erfaßt werden. Während Makrophyten wie Seegräser aus der Wassersäule und dem Sediment Ammonium aufnehmen, ist der Einfluß der Makrofauna dadurch komplizierter, daß zu den direkten auch indirekte Effekte treten. In den Messungen mit dem Strömungskanal war im *Arenicola* Watt die Ammoniumfreisetzung größer als in dem Kontrollgebiet, aus dem der Wattwurm entfernt worden war (Abb. 11). Die Ammoniumabgabe wird sowohl durch Exkretion als auch durch die Ventilation des Baues gefördert (Kristensen & Blackburn, 1987). Die große Bedeutung der Endofauna für den bentho-pelagischen Stickstoffaustausch ist für einige Arten nachgewiesen worden, wie für *Nereis virens* (Kristensen, 1984), *Arenicola marina* (Hüttel, 1990) und Maulwurfskrebse (Murphy & Kremer, 1992). Makrofauna wie *Nereis virens* stimuliert darüberhinaus sowohl die Nitrifikation als auch die Denitrifikation (Kristensen et al., 1985; 1991).

Klein-und großskalige physikalische Prozesse von der Diffusion bis hin zu Stürmen beeinflussen das Austauschgeschehen auf allen Ebenen (Berner, 1974). Im Labor wurde die Beziehung zwischen laminarer Strömung und der Struktur der Sedimentoberfläche untersucht. So sagt das Bernoulli Prinzip, daß Nährstoffflüsse durch U-förmige Bauten verstärkt werden, an deren einem Ende sich eine kegelförmige Erhöhung befindet (Allanson et al., 1992). Unter der Einwirkung von Wellen wird der Nährstoffaustrag durch leere Wohnröhren noch vergrößert (Webster, 1992). Wohnbauten und Tierkörper (Bioroughness) erhöhen den Austausch zwischen Sediment und Wasser (Hüttel & Gust, 1992) und zusätzlich bestimmt die Form der Körper darüber, ob der Wasserstrom vom Sediment ins Wasser oder umgekehrt ins Sediment hinein gerichtet ist (Abelson et al., 1993).

Schon in früheren Untersuchungen wurde die große Bedeutung von Strömung und Wellen für den Nährstoffaustausch betont (Vanderborght et al., 1977; Rutgers van der Loeff, 1981). Aufgrund methodischer Probleme war es jedoch viele Jahre lang nicht möglich, qualitative und quantitative Vergleichsdaten zu gewinnen. Erst als es für die Untersuchung von filtrierenden Organismen notwendig war, Durchflußsysteme zu entwickeln (Dame et al., 1984), enstanden größere Mesokosmen, Tunnel-und Kanalsysteme. Mit einem auf Sylt entwickelten Kanalsystem konnte im SWAP-Projekt die Abhängigkeit des Ammoniumaustausches von der Strömungsgeschwindigkeit (1 bis 13 cm s^{-1}) gemessen werden (Abb. 12). Auf der "Makroskala" wurde der Ammoniumfluß vom phyikalischen Regime bestimmt. Zusätzlich wurde der Ammoniumfluß durch direkte und indirekte Auswirkungen der Makrofauna erhöht. Messungen mit dem Strömungskanal konnten bis ca. 7 Beaufort durchgeführt werden. Für starke Stürme ist diese Konstruktion nicht ausreichend stabil. Die Resuspension ist im Königshafen bei Ostwinden jedoch stärker als bei Westwinden, so daß heftiger Ostwind, der im Sommer regelmäßig auftritt, auch einem Westwindsturm höherer Windstärken entsprechen könnte. Messungen mit dem Strömungskanal wurden bei starkem Ostwind durchgeführt. In einigen Ästuaren konnte die Bedeutung von mit Stürmen verbundener Resuspension für den Stickstoffhaushalt dargestellt werden (Shannon Ästuar, Brennan & Wilson, 1993; Vejle Fjord, Christiansen et al., 1992). Neben dem reinen Ausspüleffekt kann Resuspension auch Aktivität und Wachstum von Mikroorganismen in der Wassersäule stimulieren (Chróst & Riemann 1994; Ritzrau & Graf, 1992).

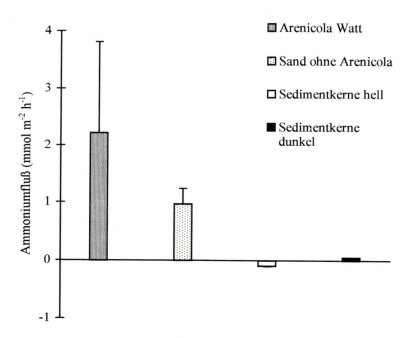

Abb. 11. Ammonium-Flußraten parallel gemessen im Strömungskanal und an Sedimentkernen über eine Tide am 17.8.1993 (Mittelwerte mit Standardfehlern). Die höchsten Werte wurden in der *Arenicola* Spur, niedrigere in der *Arenicola*-freien Spur gemessen. Die Werte aus *in vitro* Inkubationen von makrofaunafreien Sedimentkernen sind um eine Größenordnung geringer. Der Unterschied zwischen Hell- und Dunkelraten zeigt die Aufnahme von Ammonium durch das Mikrophytobenthos

3.1.3 Bedeutung der Organismengemeinschaften für den bentho-pelagischen Stoffaustausch

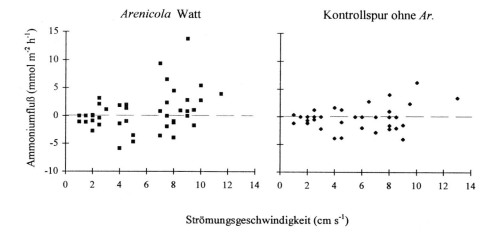

Abb. 12. Abhängigkeit des Ammonium-Flusses von der Strömungsgeschwindigkeit im *Arenicola* Watt. Aufgetragen sind sämtliche Einzelmessungen, die zwischen Juni und Oktober während 6 Gezeitenzyklen gemessen wurden. In der Sandspur war *Arenicola marina* durch eine eingegrabene Gaze ausgeschlossen worden. Der Ammonium-Fluß ist signifikant mit der Strömungsgeschwindigkeit korreliert (Spearman Rank Test, $P < 0,05$, *Arenicola* Spur: $n = 44$, Sandspur: $n = 38$)

In der SWAP-Studie wurden Messungen in der räumlichen Skala von wenigen cm^2 bis hin zu 40 m^2 Sedimentoberfläche und eingeschlossenen Wasservolumina von ½ l bis zu mehreren Tausend l verglichen. Der Materialtransport wurde in der Skala, die von der Diffusion bis hin zu mittleren Strömungen und Wellen reichte, gemessen. Während Messungen mit dem Strömungskanal im Prinzip einen Gesamtansatz darstellen, können in kleineren Sedimenteinschlüssen spezifische Prozesse aufgeklärt werden. In Mikrokosmen werden unter kontrollierten, naturnahen Bedingungen *in vitro* Flüsse gemessen, während in größeren Durchstromsystemen so weit wie möglich *in situ* Raten gewonnen werden. Eine tiefere Einsicht in die Prozesse, die den Nährstoffluß in küstennahen Ökosystemen steuern, kann durch die Kombination von Meßsystemen auf verschiedenen räumlichen Skalen gewonnen werden. In der Vergangenheit wurden Nährstoffbilanzen häufig von kleinskaligen Messungen auf ganze Küstenökosysteme hochgerechnet. Gegen diese Vorgehensweise sind schon einige Kritiken erhoben worden (Dame, 1993). Auf die Entwicklung und Anwendung von *in situ* Techniken auf allen Skalen von der mikrobiellen bis hin zu der ganzer Ökosysteme sollte besonderer Wert gelegt werden.

Die Rolle der Gemeinschaften für Sedimentation und Resuspension

Die untersuchten Gemeinschaften des Eulitorals nehmen überwiegend organische Partikel aus der Wassersäule auf (Abb. 13). Die Aufnahmerate ist dabei eng mit der Biomasse der Gemeinschaft korreliert. Die höchsten Aufnahmeraten für partikulären, organischen Kohlenstoff und Stickstoff pro Flächeneinheit findet sich bei Muschelbänken, gefolgt von Seegraswiesen und *Arenicola* Watten. Dünn mit Organismen besiedelte Gemeinschaften (makrofaunafreie Sandwatten) zeigten eine deutliche Tendenz zur Freisetzung von Partikeln. Die Wirkung der Sylt-Rømø Bucht als Sinkstoffalle für Feinmaterial ist als gering anzusehen; im Jahresmittel werden 58000 t Feinmaterial (Bayerl et al., dieser Band) in dieser Bucht akkumuliert. Eine Hochrechnung der Partikelakkumulation durch die eulitoralen Makrofaunalebensgemeinschaften ergibt 21931 t C pro Jahr. Der Einfluß der Wattlebensgemeinschaften auf den Partikelfluß ist im Untersuchungsgebiet demnach beachtlich und übertrifft bei weitem den fluviatilen Eintrag von 6000 t organischen Materials (= 35,5 % von 17200) (Bayerl et al., dieser Band). Den größten Anteil an der Partikelakkumulation besitzen Seegraswiesen. In ihnen findet kaum eine Selektion von Partikeln statt, sondern es wird passiv die Sedimentation durch Strömungsschutz zwischen den Seegrasblättern gesteigert. Diese Wirkung von Seegraswiesen ist auch aus anderen Küstenbereichen bekannt (Fonseca & Fisher, 1986). Die Wirkung von Seegraswiesen auf den Partikelfluß ist jedoch nur im Sommer effektiv, da nur dann genügend Blattmasse vorhanden ist, um strömungsberuhigte Zonen zu schaffen. Auch *Arenicola* Watten wirken als Partikelsenke, vor allem durch ihre weite, räumliche Ausdehnung. Von großer Bedeutung für die Sedimentation sind hier die durch den Wurm geschaffenen, unregelmäßigen Oberflächenstrukturen, die die Bodenreibung erhöhen und als Sedimentfallen wirken. Ein Vergleich zwischen Kohlenstoff- und Stickstoffgehalt der Partikel zeigt, daß durch die Partikelaufnahme im *Arenicola* Watt stickstoffhaltige Partikel bevorzugt werden, da das C/N- Verhältnis im Partikelfluß ungefähr 1 beträgt, während es im Seston 6 bis 7 beträgt. Man muß dabei allerdings berücksichtigen, daß es sich bei den Flüssen um Nettoraten handelt, die durch kurz aufeinanderfolgende Resuspension und Sedimentation entstehen.

Muschelbänke sind zwar effektive Partikelsenken, aber durch ihre relativ geringe Flächenausdehnung ist ihr Gesamteinfluß auf den eulitoralen Partikelfluß des Sylt-Rømø Wattenmeeres jedoch geringer als der der *Arenicola* Watten. Die gemessenen Nettoflüsse in unseren Experimenten stimmen sehr gut mit den *in situ* Partikel-Flüssen, die in Muschelbänken in anderen Wattenmeergebieten gemessen wurden, überein (Dame & Dankers, 1988; Dame et al. 1991; Prins, 1996). Die Partikelaufnahme durch Muschelbänke erfolgt selektiv. Sowohl die Menge als auch die Art des Phytoplanktons besitzt eine Art Auslöserfunktion für den Umfang des Filtrationsprozesses durch die Muscheln (Asmus & Asmus, 1993). So ist der Anteil an Phytoplanktonkohlenstoff am Partikelfluß über Muschelbänken um ein Vielfaches höher als im Seston. Außerdem zeigte Phytoplanktonkohlenstoff ein stabileres Aufnahmeverhalten als POC.

3.1.3 Bedeutung der Organismengemeinschaften für den bentho-pelagischen Stoffaustausch

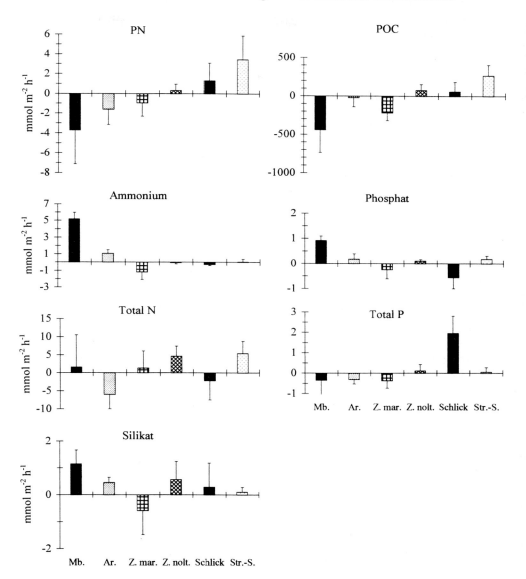

Abb. 13. Mittelwerte des Stoffaustausches (mit Standardfehlern) für Muschelbänke (Mb. 2 Meßsommer), *Arenicola* Watt (Ar. 2 Meßsommer), Seegraswiese von *Zostera marina* (Z. mar. 2 Meßsommer), *Zostera noltii* (Z. nolt. 1 Meßsommer), Schlick (1 Meßsommer) und von im Strömungskanal imitierten Stromsänden (Str.-S. 2 Meßsommer)

Verglichen mit dem Seston führt die vorzugsweise Aufnahme von Phytoplankton durch Muscheln zur Produktion von Pseudofaeces mit einem relativ geringen Algenanteil (Kiørboe & Møhlenberg, 1981; Newell & Jordan, 1983; Prins et al., 1991). Pseudofaeces haben eine sehr lockere Struktur und eine geringe Sinkgeschwindigkeit (0,5-1,0 cm s^{-1}; Oenema, 1988). Sie werden durch die Muscheln direkt in die Wasserströmung abgegeben und sind vom Boden aus leicht resuspendierbar (Risk & Moffat, 1977; Nowell et al., 1981). Auch frisch produzierte Faeces werden vermutlich leicht resuspendiert (Risk & Moffat, 1977; Taghon et al., 1984). Als Ergebnis aus Filtration von Phytoplankton und Resuspension von Faeces und Pseudofaeces ergibt sich eine Biodeposition von einem Teil des Sestons aus der Wassersäule. Muschelbänke legen Material im Boden fest, das hauptsächlich aus der Wassersäule stammt und nur geringfügig aus resuspendiertem Material besteht. Zusammengenommen wirken die Lebensgemeinschaften des Eulitorals als Partikelsenke.

Die Rolle der Gemeinschaften im Stickstoffkreislauf

Die Aufnahme von Stickstoff durch die Lebensgemeinschaften erfolgt überwiegend durch Partikel. Der zum Boden sedimentierte Stickstoff wird nun mikrobiell, aber auch durch Verdauungsprozesse der Bodenfauna umgesetzt. Die Effektivität, mit der diese Umsetzungen geschehen, sind von Gemeinschaft zu Gemeinschaft unterschiedlich. Bildet man das Verhältnis zwischen freigesetztem, anorganischen Stickstoff und aufgenommenem, partikulären Stickstoff, so erhält man ein Maß für die Effektivität des Umsatzes. Muschelbänke haben hierin den höchsten Wirkungsgrad, zumindest in der Sommersaison setzen sie pro Stunde sogar mehr gelösten Stickstoff frei, als sie in der gleichen Zeit an Stickstoff in Partikelform aufnehmen. Der Grund dafür ist das große Reservoir an organischer Substanz im Sediment unter den Muscheln einer Bank, wodurch eine hohe Remineralisierung erlaubt wird. Dieser Speicher wird vermutlich immer dann besonders stark wieder aufgefüllt, wenn eine hohe Partikelkonzentration in der Wassersäule (etwa nach Stürmen oder Phytoplanktonblüten) mit ruhigem Wasser und daher günstigen Sedimentationsbedingungen auftritt. Bei hoher Turbulenz während eines Sturmes werden Stickstoffpartikel aus der Muschelbank freigesetzt, und bei geringer Turbulenz werden sie stärker remineralisiert als nachgeliefert.

Arenicola Watten sind ebenfalls sehr effektiv in der Umwandlung von Stickstoffpartikeln in gelöste, anorganische Stickstoffverbindungen. Ungefähr 71 % der von einer *Arenicola* Wattfläche aufgenommenen Menge partikulären Stickstoffs wird als gelöstes, anorganisches Material wieder freigesetzt. *Zostera marina* Wiesen sind dagegen Stickstoffsenken, die sowohl Partikel als auch gelösten, anorganischen Stickstoff aufnehmen. An windigen Tagen wird hier ein Teil des gelösten, anorganischen Stickstoffs wieder exportiert.

Die Rolle des Sublitorals im Stoffaustausch

Für das Sublitoral liegen keine Flußratenmessungen vor. Um von den eulitoralen Gemeinschaften auf das Sublitoral zu extrapolieren, sind verschiedene Wege denk-

3.1.3 Bedeutung der Organismengemeinschaften für den bentho-pelagischen Stoffaustausch

bar (Tab. 9). Zunächst kann man davon ausgehen, daß die Austauschraten in sublitoralen Sandgebieten ausgeglichen sind, das heißt, Aufnahmeprozesse und Abgabeprozesse halten sich die Waage und es findet kein Nettoaustausch statt (Tab. 9, Annahme 1). Unter dieser Annahme entsprechen die Tendenzen für Aufnahme und Abgabe von Stoffen dem Eulitoral. Das Gesamtgebiet wirkt sogar noch stärker als Senke für partikuläres Material und als Quelle für gelöstes Material, da die sublitoralen Muschelbänke diese Funktionen unterstützen. Geht man jedoch davon aus, daß die Biomasse der überwiegend sandigen Sublitoralgebiete gering ist, könnten die Austauschraten dort in ähnlicher Größenordnung liegen wie in makrofaunaarmen sandigen Zonen des Eulitorals. Setzt man Austauschraten aus eulitoralen, makrofaunaarmen Sänden ein, die stärker strömungsexponiert sind, dann erhält man für das Sublitoral eine überwiegende Quellenfunktion für alle Parameter (Tab. 9, Annahme 2). Durch die große Fläche dominiert in diesem Gebiet der Export an Material derart, daß sich die Gesamtbilanz für das gesamte Sylt-Rømø Wattenmeer dadurch als Quelle verhält, außer für Gesamtphosphor. Dem wirken im Sublitoral des Sylt-Rømø Wattenmeeres nur Muschelbänke entgegen, da sie trotz allgemeiner Erosionstendenz Partikel akkumulieren. Zieht man zusätzlich auch die weniger strömungsexponierten, biomassearmen Sedimentareale für eine Abschätzung des sublitoralen Stoffaustausches heran, dann bleibt diese Tendenz bestehen (Tab. 9, Annahme 3). Die Quellenfunktion im Sublitoral verstärkt sich noch für POC, DIN und Silikat, und auch für das Gesamtgebiet tritt dann eine erhebliche Steigerung der Quellenfunktion für POC und DIN auf. Vermutlich ist die Quellenfunktion dieser Gebiete durch die Extrapolation eulitoraler Sedimente überschätzt, da man von einer Erschöpfung des Stoffpools im Sediment bei langanhaltender Erosion dieser Gebiete ausgehen muß, die wahrscheinlich die Austauschraten verringert. Aus diesem Grunde ist aber auch Austauschneutralität unwahrscheinlich, da dann Austrags-und Eintragsprozesse im Gleichgewicht stehen würden. Ein Charakteristikum der Austauschprozesse zwischen Sediment und Wasser ist aber eher ein Ungleichgewicht denn ein Gleichgewicht im Untersuchungsgebiet (Asmus et al., 1994). Vermutlich liefert daher die Übertragung der strömungsexponierten, eulitoralen Sände eine recht realistische Schätzung.

Stickstoffeinträge in das Sylt-Rømø Gebiet
Die beiden kleinen Flüsse Wiedau und Bredeå tragen im Jahresmittel, auf das gesamte Sylt-Rømø Gebiet bezogen, 26 µmol DIN m^{-2} h^{-1} ein. Dabei überwiegt Nitrat (21 µmol m^{-2} h^{-1}). Eine weitere, kleinere Stickstoffquelle bildet der Regeneintrag mit 5 µmol m^{-2} h^{-1} (Mittel aus 3 Meßjahren, Martens pers. Mitt.). Darüberhinaus können Mikroorganismen gasförmige Verbindungen aufnehmen oder abgeben. Für Sandwatten wurden im Mittel nur 0,04 µmol N m^{-2} h^{-1} (=0,60 µg N) vom Sediment aus der Luft während des Sommers und Herbstes aufgenommen (Bodenbender & Papen, dieser Band). In Messungen der mikrobiologischen bzw. biochemischen Arbeitsgruppen wurde übereinstimmend ermittelt, daß die Denitrifikationsraten in den Sedimenten des Untersuchungsgebietes gering sind (Bruns & Meyer-Reil, dieser Band). Da eine gasförmige Elimination von Stickstoff also nur

eine untergeordnete Rolle spielt, wird der Stickstoffhaushalt der Wattflächen von den Remineralisations-und Oxidations-Reduktionsprozessen im Sediment und den Austauschraten zwischen Sediment und Wasser geprägt.

Gleichen die Nährstoffflüsse zwischen Sediment und Wasser eine mögliche Stickstoff-Limitierung der Primärproduzenten aus ?

Da die Konzentrationen von gelöstem, anorganischen Stickstoff in der Wassersäule des Sylt-Rømø Wattenmeeres im Sommer sehr niedrig sind (Martens & Elbrächter, dieser Band), stellt die hohe Ammoniumfreisetzung der benthischen Gemeinschaften eine wichtige Stickstoffquelle dar. Das Mikrophytobenthos nimmt von dem im Sediment produzierten Ammonium erhebliche Mengen auf (Bruns & Meyer-Reil, dieser Band). Weiterhin nutzen Seegräser den Ammoniumpool von Sediment und Wassersäule. Die Ammoniumproduktion des Benthos ist hoch genug, so daß trotz benthischer Mikro-und Makrophyten im Sommer Ammonium an das Phytoplankton abgegeben wird. Da einerseits die Absolutkonzentration an Ammonium erhöht wird, stellt sich die Frage, ob auch das Verhältnis von Stickstoff zu Phosphor für das Phytoplankton verbessert wird. Die günstigsten Wachstumsbedingungen für Phytoplankton herrschen, wenn N und P im Verhältnis 16:1 stehen (Redfield Ratio). Im Sommer liegt das Verhältnis im einströmenden Wasser deutlich unter diesem Idealwert mit im Mittel N:P = 8:1 (Königshafen). In einem Vergleich der Flußraten von DIN und anorganischem Phosphat für alle untersuchten Gemeinschaften zeigt sich, daß in den Nährsalzflüssen das ideale Verhältnis nicht erreicht wird. Im Verhältnis zum Phosphat wird nicht 16 mal mehr anorganischer, gelöster Stickstoff von den benthischen Gemeinschaften freigesetzt, sondern im Mittel nur 6 mal soviel (Abb. 14). Obwohl die Absolutraten der N-Flüsse sehr hoch sind, reichen sie nicht aus, um das N:P Verhältnis zu verbessern. Gleichzeitig mit N-Verbindungen wird viel Phosphat freigesetzt. Daher können die Nährsalzflüsse zwar die Konzentrationen, aber nicht das N:P Verhältnis für das Phytoplankton im Sommer verbessern.

3.1.3 Bedeutung der Organismengemeinschaften für den bentho-pelagischen Stoffaustausch

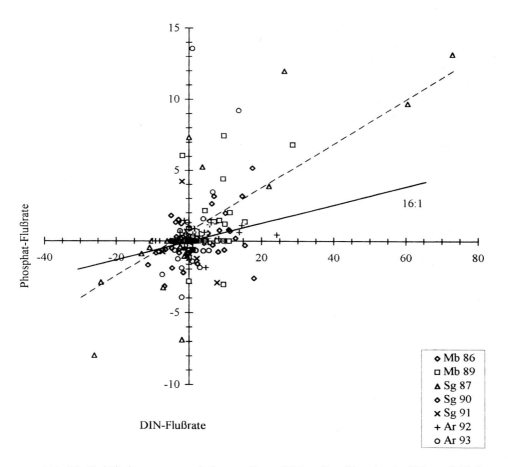

Abb. 14. Verhältnis von anorganischem, gelösten Stickstoff zu Phosphor im Nährstoff-Fluß ($mmol\ m^{-2}\ h^{-1}$) dominanter Wattgemeinschaften. Einzelne Flußraten sind gegeneinander aufgetragen. Die Redfield Ratio von N : P = 16:1 liegt deutlich unter der Korrelationsgeraden der Austauschraten mit N : P = 6:1, worin sich zeigt, daß im Verhältnis zu hohen Raten von Phosphat weniger Stickstoff freigesetzt wird. Dies liefert einen Hinweis auf eine mögliche N-Limitierung im Wattgebiet

Szenario: Was würde im Stoffhaushalt des Wattgebietes passieren, wenn es keine Seegraswiesen bzw. Muschelbänke gäbe ?

Muschelbänke und Seegraswiesen wirken stark auf den Stoffhaushalt des Wattenmeeres ein. Daher ergibt sich die Frage, wie die Stoffbilanz des Wattenmeeres aussieht, wenn diese Gemeinschaften fehlen. Beim Ausschluß der Muschelbänke aus dem Teilökosystem Königshafen wird auf den Wattflächen eine Reduktion der Senkenfunktion für POC und PN deutlich (Tab. 10). Der Nährstoffaustrag wird dadurch nur unwesentlich verringert, da durch die relativ starke Bedeckung eulitoraler Muschelbänke durch Großalgen die Abgabe an Nährsalzen bereits vor dem Ausschluß dieser Lebensgemeinschaft gering war. Auch die Aufnahme von Gesamtstickstoff und Gesamtphosphor bleibt nahezu unverändert. Die fehlenden Muschelbänke wurden bei dieser Rechnung durch *Arenicola* Sandwatten ersetzt, daher wurde die Aufnahme der zuletzt genannten Parameter in etwa aufrechterhalten.

Betrachtet man das Gesamtgebiet des Königshafens einschließlich des Sublitorals, dann zeigt sich, daß bei Ausschluß der Muschelbänke der Austrag an POC beachtlich gesteigert wird (Tab. 10). Auf die anderen Parameter wirkt sich der Ausschluß von Muschelbänken schwächer aus. Da im Bereich des Königshafens sublitorale Bänke fehlen, spiegelt diese Rechnung nur den Einfluß der eulitoralen Bänke auf das Gesamtsystem wider. Eine solche Situation könnte nach harten Wintern auftreten, wenn alle eulitoralen Muschelbänke zerstört würden, wie dies im Winter 1978/79 der Fall war.

Im Eulitoral des Sylt-Rømø Wattenmeeres bewirkt der Ausschluß der Muschelbänke eine deutliche Verringerung der Senkenfunktion für POC um 7 % (Tab.11). Die Veränderungen der anderen Parameter sind ebenso wie beim Königshafen geringer (Tab. 11). Bei Betrachtung des gesamten Sylt-Rømø Wattenmeeres müssen auch sublitorale Muschelbänke und Muschelkulturen berücksichtigt werden. Ohne diese Bereiche wird der Austrag an POC und PN erhöht und der Austrag an gelösten, anorganischen Stickstoffverbindungen, Phosphaten und Silikaten verringert (Tab. 11). Gesamtstickstoff wird verstärkt ausgetragen und vor allem die Aufnahme an Gesamtphosphor verringert sich um 26 % (Tab. 11). Diese Modellrechnungen zeigen deutlich, daß Muschelbänke den Haushalt der organischen Substanz im Gesamtgebiet beeinflussen. Eine Verringerung der Muschelbänke erhöht daher den Verlust an organischen Feststoffen des gesamten Ökosystems, eine Ausdehnung der Muschelbänke bewirkt eine Steigerung der Speicherfunktion für organisches Material und eine Verstärkung des Nährstoffeintrages in die Wassersäule. Bei den Modellrechnungen wurde davon ausgegangen, daß sich die Muschelkulturflächen wie natürliche Miesmuschelbänke verhalten. Dies könnte die Speicherkapazität an organischer Substanz im Sublitoral überschätzen, da Kulturmuschelbänke meist in relativ strömungsreichen Gebieten angelegt werden, in denen sich Faeces und Pseudofaeces nur unvollkommen in der Sedimentschicht anreichern können. Weitere Untersuchungen sind daher erforderlich, um den Unterschied im Stoffhaushalt zwischen natürlichen und

3.1.3 Bedeutung der Organismengemeinschaften für den bentho-pelagischen Stoffaustausch

künstlichen Muschelbänken zu klären. Nach dem jetzigen Stand der Forschung muß jedoch davon ausgegangen werden, daß im Sylt-Rømø Gebiet der Stoffhaushalt der Kulturbänke über den der natürlichen Muschelbänke dominiert, und damit von größtem Einfluß auf das Ökosystem ist.

Beim Ausschluß von Seegraswiesen aus dem Eulitoral des Teilökosystems Königshafen wird vor allem der Austrag an gelösten, anorganischen Stickstoffverbindungen erhöht (Tab. 10). Die anderen Komponenten verändern sich nur unbedeutend (Tab. 10). Der geringe Unterschied zwischen dem Ökosystem mit Seegrasbewuchs und ohne Seegrasbewuchs hängt mit der relativ geringen Flächenausdehnung dichtwüchsiger Seegraswiesen im Königshafen und der Flächendominanz von Zwergseegraswiesen in diesem Gebiet zusammen, deren Einfluß auf die gemessenen Komponenten recht gering ist. Auffällig ist jedoch die Zunahme der Senkenfunktion des Königshafens für Gesamtstickstoff und Gesamtphosphor bei Ausschluß von Seegraswiesen. Dies hängt vermutlich mit dem Fehlen der Seegraswiesen als wichtigem Produzenten von gelöster, organischer Substanz in diesem Szenario zusammen (Tab. 10).

Im Sylt-Rømø Wattenmeer dominieren die Wiesen des großen Seegrases *Zostera marina* beziehungsweise Mischbestände aus beiden Arten mit einem höheren Flächenanteil (12 %). Die Veränderung im Stoffhaushalt beim Ausschluß von Seegraswiesen fallen daher in der gesamten Bucht sehr viel drastischer aus als im Königshafen (Tab. 11). So wird im Eulitoral die Senkenfunktion für POC um 44 % reduziert, die für Gesamtstickstoff dagegen gestärkt. Der Einfluß von Seegraswiesen auf den Fluß gelöster, anorganischer Nährsalze ist abhängig von Starkwindsituationen, die hier kurzfristig einen überproportional hohen Austrag an Nährsalzen hervorrufen, im Vergleich zur Nährstoffaufnahme an ruhigen Tagen. Daher wird beim Ausschluß von Seegraswiesen eine schwache Abnahme des DIN-Austrages sichtbar, würde man ausschließlich windstille Tage für dieses Modell heranziehen, dann wäre beim Ausschluß der Seegraswiesen auch der Austrag dieser Komponente geringfügig erhöht.

Schließt man bei dieser Betrachtung das Sublitoral mit ein (Tab. 11), so ist nach Ausschluß der Seegraswiesen der Austrag an POC beträchtlich, der von Nitrat und Silikat wenig erhöht. Der Austrag aller anderen Komponenten ist nur leicht verändert. Besonders auffällig ist der starke Einfluß der Seegraswiesen als Sinkstoffalle. Die Aufnahme an Gesamtphosphor ist deutlich verringert. Es liegt daher nahe, anzunehmen, daß die überwiegende Rolle des Gesamtgebietes als Stoffquelle erst nach dem Verschwinden der sublitoralen Seegraswiesen deutlich hervortrat, vermutlich bedingt durch fortschreitende Erosion als Folge benthischer Verkarstung.

Den größten Rückgang der Senkenfunktionen des Ökosystems erhält man, wenn Muschelbänke und Seegraswiesen gleichzeitig ausgeschlossen werden (Tab. 10, 11). Bei einem solchen Szenario wird die Senkenfunktion der Wattgebiete des Sylt-Rømø Gebietes für POC um ca. die Hälfte verringert. Wenn Muschelbänke und Seegraswiesen aus dem Sylt-Rømø Gebiet verschwinden würden, wären die Auswirkungen noch wesentlich größer, als wenn nur eine dieser Gemeinschaften mit ökologischer Schlüsselfunktion fehlen würde (Tab. 10, 11).

Tabelle 11. Bentho-pelagischer Stoffaustausch von partikulären und gelösten Substanzen im Sylt-Rømø Watt

mit allen Gemeinschaften

Fluß Tide^{-1}	Eulitoral kg	Eu- und Sublitoral kg
POC	-30043	212561
PN	-11958	156686
Ammonium	12268	13748
Nitrat	529	543
DIN	13071	14579
TN	-47566	233813
TP	-6371	-1923
Phosphat	5172	43614
Silikat	8323	9357

ohne Muschelbänke

Fluß Tide^{-1}	Eulitoral kg	Eu- und Sublitoral kg
POC	-28049	235156
PN	-11689	162795
Ammonium	12148	11258
Nitrat	560	560
DIN	12981	12091
TN	-47607	239884
TP	-6351	-1424
Phosphat	5132	43564
Silikat	8265	8265

ohne Seegraswiesen

Fluß Tide^{-1}	Eulitoral kg	Eu- und Sublitoral kg
POC	-16690	228497
PN	-12994	157362
Ammonium	10939	12411
Nitrat	674	687
DIN	11916	13415
TN	-56045	228156
TP	-6158	-1662
Phosphat	4505	43324
Silikat	9216	10250

ohne Seegraswiesen oder Muschelbänke

Fluß Tide^{-1}	Eulitoral kg	Eu- und Sublitoral kg
POC	-14744	248461
PN	-12774	161710
Ammonium	10852	9962
Nitrat	706	706
DIN	11861	10971
TN	-56267	231223
TP	-6160	-1233
Phosphat	4478	42909
Silikat	9186	9186

DANKSAGUNG

Ganz herzlich gedankt sei B. Ipsen, N. Kruse und P. Elvert für ihre tatkräftige Hilfe bei der Konstruktion des Sylter Strömungskanals. Allen beteiligten Studenten und Doktoranden danken wir für ihre Einsatzfreude während der Feldmessungen. Unschätzbare technische Hilfe gab J. Berger sowohl im Feld als auch im Labor. Für konstruktive Kommentare danken wir L.-A. Meyer-Reil.

LITERATUR

Abelson, A., Miloh, T. & Loya, Y., 1993. Flow patterns induced by substrata and body morphologies of benthic organisms, and their roles in determing availability of food particles. - Limnol. Oceanogr. *38*(6), 1116-1124.

Allanson, B. R., Skinner, D. & Imberger, J., 1992. Flow in prawn burrows.-Estuar. coast. Shelf Sci. *35*, 253-266.

Asmus, H. & Asmus, R. M., 1990. Trophic relationships in tidal flat areas: to what extent are tidal flats dependent on imported food ?-Neth. J. Sea Res. *27*(1), 93-99.

Asmus, H., Asmus, R. M. & Reise, K., 1990. Exchange processes in an intertidal mussel bed: a Sylt-flume study in the Wadden Sea. - Ber. Biol. Anst. Helgoland, Hamburg *6*, 79 S.

Asmus, H., Asmus, R. M., Prins, T. C., Dankers, N., Francés, G., Maaß, B. & Reise, K., 1992. Benthic-pelagic flux rates on mussel beds: tunnel and tidal flume methodology compared. - Helgoländer Meeresunters. *46*, 341-361.

Asmus, H. & Asmus, R. M., 1993. Phytoplankton-mussel bed interactions in intertidal ecosystems. - In: Bivalve filter feeders in estuarine and coastal ecosystem processes. Ed. by R. F. Dame, Springer, New York, 57-84.

Asmus, H., Asmus, R. M. & Francés Zubillaga, G., 1995. Do mussel beds intensify the phosphorus exchange between sediment and tidal waters ?- Ophelia *41*, 37-55.

Asmus, R. M. & Asmus, H., 1991. Mussel beds: limiting or promoting phytoplankton ?- J. exp. mar. Biol. Ecol. *148*, 215-232.

Asmus, R. M., Asmus, H., Wille, A., Francés Zubillaga, G. & Reise, K., 1994. Complementary oxygen and nutrient fluxes in seagrass beds and mussel banks ? In: Changes in fluxes in estuaries: implications from science to management. Ed. by K. Dyer & R. J. Orth Olsen & Olsen., Int. Symp. Ser., Fredensborg, 227-237.

Asmus, R. M., Jensen, M.H., Jensen, K.M., Kristensen, E., Asmus, H. & Wille, A., 1997. The role of water movement and spatial scaling for measurement of dissolved inorganic nitrogen fluxes in intertidal sediments. - Estuar. Coast. Shelf Sci, im Druck.

Backhaus, J., Hartke, D., Hübner, U., Müller, A. & Lohse, H., 1997. Hydrographie und Klima im Lister Tidebecken. - In: Gätje, C. & Reise, K. (Hrsg.): Ökosystem Wattenmeer - Austausch-, Transport- und Stoffumwandlungsprozesse, Springer-Verlag, Heidelberg, Berlin, S. 39-54.

Bayerl, K.-A., Austen, I., Köster, R., Pejrup, M. & Witte, G., 1997. Dynamik der Sedimente im Lister Tidebecken. - In: Gätje, C. & Reise, K. (Hrsg.): Ökosystem Wattenmeer - Austausch-, Transport- und Stoffumwandlungsprozesse, Springer-Verlag, Heidelberg, Berlin, 127-160.

Berner, R. A., 1974. Kinetic models for the early diagenesis of nitrogen, sulfur, phosphorus, and silicon in anoxic marine sediments. - In: The Sea *5*. Ed. by E. D. Goldberg, John Wiley & Sons, p. 427-450.

Bodenbender, J. & Papen, H., 1997. Bedeutung gasförmiger Komponenten an den Grenzflächen Sediment/Atmosphäre und Wasser/Atmosphäre im Sylt-Rømø Wattenmeer. - In: Gätje, C. & Reise, K. (Hrsg.): Ökosystem Wattenmeer - Austausch-, Transport- und Stoffumwandlungsprozesse, Springer-Verlag, Heidelberg, Berlin, S. 303-340.

Brennan, B. M. & Wilson, J. G., 1993. Spatial and temporal variation in sediments and their nutrient concentrations in the unpolluted Shannon estuary, Ireland. - Arch. Hydrobiol./Suppl. *75*(3/4), 451-486.

Bruns, R. & Meyer-Reil, L.-A., 1997. Benthische Stickstoffumsätze und ihre Bedeutung für die Bilanz gelöster anorganischer Stickstoffverbindungen im Sylt-Rømø Wattenmeer. - In: Gätje, C. & Reise, K. (Hrsg.): Ökosystem Wattenmeer - Austausch-, Transport- und Stoffumwandlungsprozesse, Springer-Verlag, Heidelberg, Berlin, S. 219-232.

Christiansen, C., Zacharias, I. & Vang, T., 1992. Storage, redistribution and net export of dissolved and sediment-bound nutrients, Vejle Fjord, Denmark. - Hydrobiologia *235/236*, 47-57.

Chróst, R. J. & Riemann, B., 1994. Storm-stimulated enzymatic decomposition of organic matter in benthic/pelagic coastal mesocosms. - Mar. Ecol. Prog. Ser. *108*, 185-192.

Dame, R. F., 1993. Bivalve filter feeders. NATO ASI Series G: Ecological Sciences, Vol. *33.*, Springer, New York, 579 S.

Dame, R. F., Zingmark, R. G. & Haskin, E., 1984. Oyster reefs as processors of estuarine materials. - J. exp. mar. Biol. Ecol. *83*, 239-247.

Dame, R. F. & Dankers, N., 1988. Uptake and release of materials by a Wadden Sea mussel bed. - J. exp. mar. Biol. Ecol. *118*, 207-216.

Dame, R. F., Spurrier, J. D., Williams, T. M., Kjerfve, B., Zingmark, R. G., Wolaver, T. G., Chrzanowski, T. H., McKellar, H. N.& Vernberg, F. J., 1991. Annual material processing by a salt marsh-estuarine basin in South Carolina, USA. - Mar. Ecol. Prog. Ser. *72*, 153-166.

Fonseca, M. S. & Fisher, J. S., 1986. A comparison of canopy friction and sediment movement between four species of seagrass with reference to their ecology and restoration. - Mar. Ecol. Prog. Ser. *29*, 15-22.

Graßhoff, K. Ehrhardt, M. & Kremling, K., 1983. Methods of seawater analysis. Verlag Chemie, Weinheim, 419 S.

Hickel, W., 1984. Seston in the Wadden Sea of Sylt (German Bight, North Sea). - Neth. Inst. Sea Res. *10*, 113-131.

Hüttel, M., 1990. Influence of the lugworm *Arenicola marina* on porewater nutrient profiles of sand flat sediments. - Mar. Ecol. Prog. Ser. *62*, 241-248.

Hüttel, M. & Gust, G., 1992. Impact of bioroughness on intertidal solute exchange in permeable sediments. - Mar. Ecol. Prog. Ser. *89*, 253-267.

Jensen, M. H., Jensen, K. M. & Kristensen, E., 1995. Benthic metabolism and C-, O-, S-, N-cycling in Königshafen, 1995. SWAP-Bericht, 121 S.

Kiørboe, T. & Møhlenberg, F., 1981. Particle selection in suspension-feeding bivalves. - Mar. Ecol. Prog. Ser. *5*, 291-296.

Kristensen, E., 1984. Effect of natural concentrations on nutrient exchange between a polychaete burrow in estuarine sediment and the overlying water. - J. exp. mar. Biol. Ecol. *75*, 171-190.

Kristensen, E. & Blackburn, T. H., 1987. The fate of organic carbon and nitrogen in experimental marine sediment systems: Influence of bioturbation and anoxia. - J. mar. Res. *45*, 231-257.

Kristensen, E., Jensen, M. H. & Andersen, T. K., 1985. The impact of polychaete (*Nereis virens* Sars) burrows on nitrification and nitrate reduction in estuarine sediments. - J. exp, mar. Biol. Ecol. *85*, 75-91.

Kristensen, E., Jensen, M. H. & Aller, R., 1991. Direct measurement of dissolved inorganic nitrogen exchange and denitrification in individual polychaete (*Nereis virens*) burrows. - J. mar. Res. *49*, 355-377.

Kristensen, E., Jensen, M. H. & Jensen, K. M., 1996. Sulfur dynamics in sediments of Königshafen. - In: Gätje, C. & Reise, K. (Hrsg.): Ökosystem Wattenmeer - Austausch-, Transport- und Stoffumwandlungsprozesse, Springer-Verlag, Heidelberg, Berlin, S. 233-256.

Martens, P. & Elbrächter, M., 1997. Zeitliche und räumliche Variabilität der Mikronährstoffe und des Planktons im Sylt-Rømø Wattenmeer. - In: Gätje, C. & Reise, K. (Hrsg.): Ökosystem Wattenmeer - Austausch-, Transport- und Stoffumwandlungsprozesse, Heidelberg, Berlin, S. 65-79.

Murphy, R. C. & Kremer, J. N., 1992. Benthic community metabolism and the role of deposit-feeding callianassid shrimp. - J. mar. Res. *50*, 321-340.

Newell, R. I. E. & Jordan, S. J., 1983. Preferential ingestion of organic material by the American oyster *Crassostrea virginica*. - Mar. Ecol. Prog. Ser. *13*, 47-53.

Nixon, S. W., Pilson, M. E. Q., Oviatt, C. A., Donaghay, P., Sullivan, B., Seitzinger, S., Rudniçk, D. & Frithsen, J., 1984. Eutrophication of a coastal marine ecosystem - an experimental study using the MERL microcosms. In: Flows of energy and materials in marine ecosystems. Ed. by M. J. R. Fasham, Plenum Publishing Corporation, New York, 105-135.

Nowell, A. R. M., Jumars, P. A. & Eckmann, J. E., 1981. Effects of biological activity on the entrainment of marine sediments. - Mar. Geol. *42*, 133-153.

Oenema, O., 1988. Early diagenesis in recent fine-grained sediments in the Eastern Scheldt. Ph. D. Thesis, University of Utrecht, 221 S.

Oviatt, C., Doering, P., Nowicki, B., Reed, L., Cole, J. & Frithsen, J., 1995. An ecosystem level experiment on nutrient limitation in temperate coastal marine environments. - Mar. Ecol. Prog. Ser. *116*, 171-179.

Pamatmat, M. M., 1968. Ecology and metabolism of a benthic community on an intertidal sandflat. - Int. Revue ges. Hydrobiol. *53* (2), 211-298.

Postma, H., 1954. Hydrography of the Dutch Wadden Sea. - Arch. néerl. Zool. *10*, 1-106.

Prins, T. C., 1996. Bivalve grazing, nutrient cycling and phytoplankton dynamics in an estuarine ecosystem. Ph. D. Thesis, Landbouwuniversiteit Wageningen, Neth. Inst. Ecology, publ. no. 2073, 151 S.

Prins, T. C., Smaal, A. C. & Pouwer, A. J., 1991. Selective ingestion of phytoplankton by the bivalves *Mytilus edulis* L. and *Cerastoderma edule* (L.). - Hydrobiol. Bull. *25*, 93-100.

Prins, T. C., Escaravage, V., Pouwer, A. J., Haas, H. A., Smaal, A. C. & Peeters, J. C. H., 1994. Nitrogen and phosphorus balances, of the 1993 mesocosm experiments. In: The impact of marine eutrophication on phytoplankton and benthic suspension feeders: results of a mesocosm pilot study. Ed. by A. C. Smaal, J. C. H. Peeters, H. A. Haas & C. H. R. Heip. Report DGW-93.039/NIOO-CEMO-654, Middelburg, NL, 104-126.

Reise, K. & Lackschewitz, D., 1997. Benthos des Wattenmeeres zwischen Sylt und Rømø. - In: Gätje, C. & Reise, K. (Hrsg.): Ökosystem Wattenmeer - Austausch-, Transport- und Stoffumwandlungsprozesse, Springer-Verlag, Heidelberg, Berlin, S. 55-64.

Risk, M. J. & Moffat, J. S., 1977. Sedimentological significance of fecal pellets of *Macoma balthica* in the Minas Basin, Bay of Fundy. - J. Sed. Petrol. *47*, 1425-1436.

Ritzrau, W. & Graf, G., 1992. Increase of microbial biomass in the benthic turbidity zone of Kiel Bight after resuspension by a storm event. - Limnol. Oceanogr. *37*(5), 1081-1086.

Rutgers van der Loeff, M. M., 1981. Wave effects on sediment exchange in a submerged sandbed. - Neth. J. Sea Res. *15*, 100-112.

Taghon, G. L., Nowell, A. R. M. & Jumars, P. A., 1984. Transport and breakdown of fecal pellets: Biological and sedimentological consequences. - Limnol. Oceanogr. *29*, 64-72.

Vanderborght, J.-P., Wollast, R. & Billen, G., 1977. Kinetic models of diagenesis in disturbed sediments. Part 1. Mass transfer properties and silica diagenesis. - Limnol. Oceanogr. *22*(5), 787-793.

Webster, I., T., 1992. Wave enhancement of solute exchange within empty burrows. - Limnol. Oceanogr. *37*(3), 630-643.

Wolaver, T., Whiting, G., Kjerfve, B., Spurrier, J., McKellar, H., Dame, R., Chrzanowski, T., Zingmark, R. & Williams, T., 1985. The flume design - a methodology for evaluating material fluxes between a vegetated salt marsh and the adjacent tidal creek. - J. exp. mar. Biol. Ecol. *91*, 281-291.

3.1.4
Bedeutung gasförmiger Komponenten an den Grenzflächen Sediment/Atmosphäre und Wasser/Atmosphäre im Sylt-Rømø Wattenmeer

The Role of Gas Fluxes at the Interfaces of Sediment/Atmosphere and Water/Atmosphere in the Sylt-Rømø Wadden Sea

Jörg Bodenbender & Hans Papen
Fraunhofer-Institut für atmosphärische Umweltforschung;
Kreuzeckbahnstraße 19, D-82467 Garmisch-Partenkirchen

ABSTRACT

By conducting eleven measuring campaigns between August 1990 and September 1994 the trace gas fluxes of the gaseous nitrogen (NO, NO_2, N_2O), carbon (CO_2, CH_4) and sulfur compounds (H_2S, COS, CH_3SH, DMS, CS_2) were quantified at the Wadden Sea/atmosphere interface. The measuring program was designed to determine the spatial and temporal variations of the gaseous C-, N- and S-fluxes. Measurements were performed at representative sites mainly in different sediments of the Königshafen but also in a wider range of the Sylt-Rømø tidal flat area. The different trace gas fluxes were determined by using static and dynamic chamber techniques focussing on dry sediment periods. Additional experiments were performed in order to determine gas-concentrations in the sea water (S-gases) as well as in the sediment (S-gases, CH_4). To understand the functional connections of the internal transformation pathways of carbon, nitrogen, and sulfur, in particular the remain of the gaseous products of microbial decay, the results were discussed in teamwork with other groups of the project. The transfer rates of gaseous nitrogen compounds between the Wadden Sea and the atmosphere were of minor importance compared to the exchange of CO_2 and reduced S-gases. Nevertheless the occurrence of seagrass and green-algal mats caused a distinct increase of the N_2O-fluxes. CH_4 showed low emissions from uncoverd sediment areas too, but relatively high CH_4-emissions (up to 90 fold) were found in seagrass beds and especially in green algal-mats. Highest flux rates between the sediment and the atmosphere were demonstrated for CO_2. The generally observed diurnal cycle of CO_2-exchange (deposition during the daytime and a release from the sediment during nighttime) reflected the amplitude of photosynthetic primary production as well as the respiratory activities of the organisms present in or above the sediment. In most cases H_2S was the dominant gaseous sulfur compound emitted from the sediment to the atmosphere, contributing up to 77 % of the total S-emission at this interface. The comparison of H_2S-emission and the corresponding sulfur reduction rates showed that depending on season and sediment type between 1600 and 26000 times more H_2S was produced than emitted. These findings demonstrate the efficiency by which sediments retain the H_2S produced during sulfate reduction, and indicate a high H_2S consumption by biological and chemical sediment processes. During the submersion period DMS was the predominant S-compound emitted to the atmosphere contributing 40 % to 93 % to the total S-emission. In summary, the increasing input of organic material to the Wadden Sea and the resulting ecolocigal changes like increase of anaerobic sediment areas or increasing green algal mats result in increasing emission rates of different trace gases like N_2O, CH_4, H_2S and with respect to green algae also of DMS.

ZUSAMMENFASSUNG

Im Zeitraum zwischen August 1990 und September 1994 wurde der Transfer der gasförmigen Stickstoff- (N_2O, NO_2, N_2O), Kohlenstoff- (CO_2, CH_4) und Schwefelverbindungen (H_2S, COS, CH_3SH, DMS, CS_2), zwischen Wattenmeer und Atmosphäre quantifiziert. Das Meßprogramm war darauf ausgerichtet, die zeitliche und räumliche Variation der Gasflüsse im Ökosystem zu erfassen. Die Bestimmungen der *in situ*-Spurengasflüsse an der Grenzfläche Sediment/Atmosphäre erfolgten mit Hilfe von dynamischen und statischen Meßkammern, hauptsächlich in repräsentativen Wattbereichen im Königshafen, diskontinuierlich aber auch in größerem Umfeld des Sylt-Rømø-Wattgebietes. Weitere Untersuchungsschwerpunkte waren die Erfassung des Gastransfers zwischen Wasser und Atmosphäre (S-Verbindungen) sowie die Bestimmung von Konzentrationsgradienten im Wattsediment (CH_4, S-Verbindungen). Zum Verständnis der funktionalen Beziehungen zwischen Wattenmeer und angrenzenden Ökosystemen sowie auch der internen Stoffkreisläufe wurden die gewonnenen Ergebnisse in Verbund mit verschiedenen Arbeitsgruppen des Projektes interpretiert.

Die Gasflüsse der stickstoffhaltigen Spurengase spielten im Vergleich zu Kohlendioxid und den verschiedenen gasförmigen S-Verbindungen eine eher untergeordnete Rolle. Lokal konnte allerdings eine ausgeprägte Steigerung der N_2O-Emissionsraten induziert durch Seegrasbewuchs bzw. Grünalgenbedeckung nachgewiesen werden. Auch die Transferraten von Methan waren in reinen Sandwattbereichen meist nur gering, während in Schlick-, Seegras- und insbesondere Grünalgenbereichen häufig weitaus höhere Emissionsraten beobachtet wurden. Von den erfaßten Spurengasflüssen wies Kohlendioxid die weitaus höchsten Emissions- bzw. Depositionsraten zwischen Sediment und Atmosphäre auf. Der CO_2-Transfer reflektierte deutlich die diurnale Periodik der benthischen Primärproduktion mit einer CO_2-Deposition am Tag und einer Freisetzung aus dem Sediment in der

Nacht. An der Grenzfläche Sediment/Atmosphäre war meist H_2S mit einem Anteil von bis zu 76,7 % an der Gesamtemission der untersuchten S-Gase die dominierende flüchtige Schwefelverbindung, während an der Grenzfläche Wasser/-Atmosphäre der Austausch von DMS mit einem Anteil an der Emission gasförmigen Schwefels von 40 bis 93 % quantitativ beherrschend war. Insgesamt wirken anoxische Sedimentoberflächen in Verbindung mit einem erhöhten Eintrag organischen Materials stark fördernd auf den Spurengastransfer, insbesondere von N_2O, CH_4 und H_2S sowie in Verbindung mit Grünalgenmatten auch von DMS. So kann generell im Hinblick auf die zunehmende Eutrophierung von einer Steigerung der Emissionsraten dieser Verbindungen aus dem Ökosystem Wattenmeer ausgeangen werden.

EINLEITUNG

Ausgangspunkt der Untersuchungen war die Überlegung, daß gasförmige Verbindungen sowohl Ausgangssubstanzen als auch Zwischen- und Endprodukte zahleicher metabolischer Prozesse darstellen. Da das Wattenmeer im Vergleich zu anderen marinen Ökosystemen durch besonders hohe Stoffumsätze charakterisiert ist, lassen sich hier umfangreiche Produktions- und Konsumptionsraten gasförmiger Verbindungen, insbesondere der Makronährelemente Stickstoff, Kohlenstoff und Schwefel vermuten. Der Entstehung und Konsumption der verschiedenen Spurengase liegen eine Vielzahl von biogenen und chemischen Mechanismen zugrunde. Die Grundlage für die mikrobielle Spurengasbildung stellt der Eintrag organischer Substanz in das Sediment dar, die über eine Reihe von Abbaustufen in niedermolekulare Verbindungen umgewandelt wird (Abb. 1). Am Anfang der Nahrungskette stehen aerobe heterotrophe Bakterien, die ihre Energie durch Oxidation verschiedener Kohlenstoffverbindungen unter Bildung von CO_2 gewinnen (Capone & Kiene, 1988). In marinen Sedimenten ist der Gehalt an abbaubarem organischem Material jedoch häufig so hoch, daß O_2 bereits in den oberen Millimetern des Sedimentes verbraucht wird und die anaeroben Mineralisationsprozesse quantitativ von größerer Bedeutung sind als die aeroben Mineralisationsprozesse (Jørgensen, 1977; Canfield, 1993). Die wichtigsten terminalen Prozesse der Remineralisation von organischem Kohlenstoff in anaeroben marinen Sedimenten, bei denen der Kohlenstoff entweder vollständig zu Kohlendioxid (CO_2) oxidiert oder zu Methan (CH_4) reduziert wird, sind die Denitrifikation, die dissimilatorische Sulfatreduktion und die Methanogenese (Heyer, 1990). Durch die Denitrifikation werden mit Nitrat (NO_3^-) als Elektronenakzeptor verschiedene kurz- und längerkettige Kohlenstoffverbindungen oxidiert, wobei letztendlich CO_2, molekularer Stickstoff und in geringeren Anteilen auch die Spurengase NO und N_2O gebildet werden (Knowles, 1985; Jensen et al., 1984) (Abb. 1). Neben einem Eintrag durch das Flutwasser wird Nitrat auch direkt im Sediment aus der Oxidation von Ammonium (NH_4^+ bei der Nitrifikation gebildet, wobei ebenfalls NO und N_2O entstehen können (Jørgensen et al., 1984).

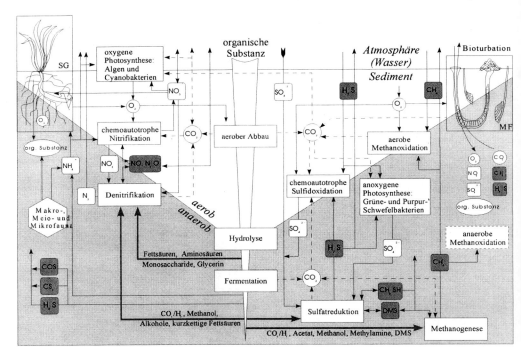

Abb. 1. Schematische Darstellung der wichtigsten biogenen Produktions- und Konsumptionsmechanismen der untersuchten Spurengase im Verlauf der Umsetzung organischer Substanz im Wattboden. Die grau unterlegte Fläche repräsentiert die durch Eisenmonosulfid (FeS) im oberen Bereich tiefschwarz bzw. durch Eisendisulfid (FeS$_2$) im unteren Bereich grau gefärbte anaerobe Reduktionszone des Sediments, während der darüberliegende, bis zur Grenzfläche Sediment/-Atmosphäre bzw. Sediment/Wasser reichende Horizont den aeroben Sedimentbereich illustriert. Die bei den einzelnen Prozessen entstehenden Spurengase sind fettgedruckt und unterlegt hervorgehoben. Da CO$_2$ in alle dargestellten Umsetzungsprozesse involviert ist, wurde hier eine andere Darstellungsform (Kreis, gestrichelte Verbindungslinien) gewählt. Sauerstoff stellt einen wichtigen Regulationsparameter des Spurengastransfers dar und wurde deshalb in das Schema integriert. Weitere den Spurengastransfer beeinflussende Faktoren wie die Abundanz von Makrofauna (MF) oder Seegrasbewuchs (SG) wurden ebenfalls in die Grafik aufgenommen.

Sulfatreduzierer, die zur Energiegewinnung organische Kohlenstoffverbindungen mit Hilfe von Sulfat (SO$_4^{2-}$) oxidieren, können eine Vielzahl von Fermentationsprodukten, wie eine Reihe verschiedener Alkohole einschließlich Methanol, sowie kurz- und langkettige Fettsäuren als Substrate verwenden, während die methanogenen Bakterien auf die Verfügbarkeit weniger Verbindungen wie Kohlenmonoxid, CO_2/H_2, Formiat, Acetat, Methanol, Methylamine oder DMS angewiesen sind (Crill & Martens, 1986) (Abb. 1). Die Produkte der Sulfatreduktion sind Schwefelwasserstoff (H_2S) und CO_2. Methan (CH_4) ist das Endprodukt der Methanogenese. Die reduzierten Endprodukte des terminalen Abbaus, H_2S und CH_4, werden durch verschiedene aerobe und anaerobe Mikroorganismengruppen oxidiert, wobei letztendlich wieder CO_2 bzw. Sulfat gebildet werden (Iversen & Jørgensen, 1985; Heyer, 1990). Die reduzierten S-Verbindungen Dimethylsulfid (DMS), Carbonylsulfid (COS), Schwefelkohlenstoff (CS_2) und Methylmercaptan (CH_3SH) können durch verschiedene mikrobielle Prozesse im Zusammenhang mit der Umsetzung S-haltiger Aminosäuren produziert werden, wobei zumindest Sulfatreduzierer und methanogene Bakterien in die Bildung und Konsumption von CH_3SH und DMS involviert sind (Kiene, 1993).

Das Ziel der Untersuchungen im Rahmen von SWAP, die Erfassung der zeitlichen und räumlichen Variation des Austauschs der verschiedenen gasförmigen Stickstoff- (NO, NO_2, N_2O), Kohlenstoff- (CO_2, CH_4) und Schwefelverbindungen (H_2S, DMS, COS, CS_2 und CH_3SH) zwischen Wattenmeer und Atmosphäre, stellt einen essentiellen Beitrag zum Verständnis des Spurengastransfers aus Küstenbereichen dar. Gerade vor dem Hintergrund der zunehmenden Eutrophierung ist von hoher Bedeutung unter welchen Bedingungen das Wattenmeer eine Quelle oder Senke für die untersuchten gasförmigen Makroelemente darstellt. Darüber hinaus tragen die Untersuchungen, im Verbund mit anderen Arbeitsgruppen des Projektes, zum Verständnis sowohl der internen Stoffumsetzungen als auch der Austauschvorgänge mit angrenzenden Ökosystemen bei.

MATERIAL UND METHODEN

Die Untersuchungen konzentrierten sich aufgrund infrastruktureller Gegebenheiten (Zugänglichkeit der Meßplätze, Stromversorgung) hauptsächlich auf repräsentative Wattbereiche innerhalb des Königshafens. Die Hauptmeßstationen lagen im nordwestlichen Bereich des Königshafens (Nähe Bundeswehrturm: BW-S (Sand); BW-M1 (Sand-Schlick); BW-M (Schlick)) sowie in dessen südlichen Bereich (Nähe Kläranlage: KA-S (Feinsand); KA-S5 (Grobsand)). Diskontinuierlich wurden allerdings auch Watt- und Tiefwasserbereiche in weiterem Umfeld des Sylt-Rømø-Wattgebietes untersucht. Die Messungen erfolgten während insgesamt elf Freiland-Meßkampagnen (jeweils drei- bis vierwöchig) im Zeitraum zwischen Juli 1990 und September 1994.

Das Spektrum der untersuchten Spurengase reicht von hochreaktiven (z. B. H_2S) bis zu äußerst reaktionsträgen Verbindungen (z. B. N_2O); die Erfassung der Gasflüsse machte deshalb für die einzelnen Verbindungen den Einsatz unterschiedlicher Meßsysteme und Meßmethoden erforderlich.

Zur Bestimmung des *in situ*-Spurengastransfers der reaktiven Stickoxide (NO, NO_2) und von Kohlendioxid (CO_2) wurden permanent durchströmte, dynamische Meßkammern aus Plexiglas eingesetzt; die Flußraten wurden aus der Konzentrationsdifferenz zwischen Außenluft und Kammerluft berechnet.

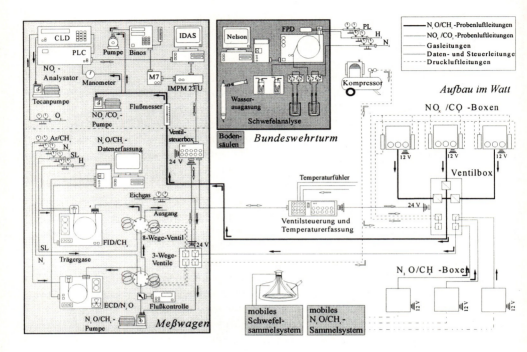

Abb. 2. Schematische Darstellung des Gesamt-Meßaufbaus am Standort Bundeswehrturm. Der Aufbau ist unterteilt in die Kompartimente Meßwagen, Wattaufbau, Bundeswehrturm und mobile Sammelsysteme. Die mobilen Sammelsysteme und der modular zusammengesetzte Aufbau im Watt waren nur während der „Trockenfallphase" im Watt exponiert. Die Analyseanlagen im Meßwagen und Bundeswehrturm waren jeweils für die Dauer einer Meßkampagne fest installiert. Der in zwei Bereiche unterteilte Meßwagen enthielt das NO_x/CO_2-Meßsystem (oberer Bereich) und das N_2O/CH_4-Meßsystem (unterer Bereich). Im Bundeswehrturm waren alle für die Analyse gasförmiger S-Verbindungen notwendigen Geräte untergebracht. CLD: Chemolumineszenzdetektor; PLC: Photolysekonverter; IDAS: IFU-Data-Aquisition-System; M7: A/D-Wandler-Modul; Impm23U: Interface-Modul; FID: Flammen-Ionisations-Detektor; ECD: Elektronen-Einfang-Detektor; FPD: Flammen-photometrischer Detektor; SL: Synthetische Luft; PL: Preßluft.

Die Probenaufgabe zur Analyse dieser Verbindungen erfolgte direkt, d.h. die Probenluft wurde mit einer Probenluftpumpe kontinuierlich aus den Meßkammern im Watt angesogen und über nachgeschaltete Pumpsysteme permanent durch den NO_x-Analysator (CLD/PLC) bzw. CO_2-Analysator (Binos) geleitet (Abb. 2).

Die reaktionsträgen Spurengase Distickstoffoxid (N_2O) und Methan (CH_4) wurden mit Hilfe von statischen Boxen erfaßt, die Flußraten anhand des zeitlichen Konzentrationsanstiegs der Spurengase im Innenraum der geschlossenen Box ermittelt. Die Analyse beider Verbindungen erfolgte gaschromatographisch durch zwei verschiedene Gaschromatographen, die mit einem Flammen-Ionisations-Detektor (FID) für die CH_4-Messung bzw. einem Elektronen-Einfang-Detektor (ECD) für die N_2O-Messung ausgerüstet waren. Die Untersuchung dieser Spurengase erfolgte sowohl kontinuierlich durch direkte Probenzuführung als auch diskontinuierlich mit Hilfe von mobilen Sammelsystemen, die von der Analyse abgekoppelt waren. Bei diesen mobilen Sammelsystemen wurde in definierten Zeitabständen Probenluft aus dem Innenraum der Meßboxen gesogen und in abgeschlossenen "Behältnissen" luftdicht konserviert und zu einem späteren Zeitpunkt analysiert (Abb. 2).

Die Erfassung der reaktiven Schwefelverbindungen (H_2S, DMS, COS, CS_2 und CH_3SH) an der Grenzfläche Sediment/Atmopsphäre erfolgte mit einem vom Analysensystem abgekoppelten Anreicherungsverfahren, bei dem die Probenluft mit flüssigem Argon in Glasröhrchen ausgefroren wird. Die gesammelten und konservierten Luftproben wurden zu einem späteren Zeitpunkt durch ein mehrstufiges Desorptionsverfahren auf den im Bundeswehrturm installierten Gaschromatographen (ausgerüstet mit einem FPD (Flammen-photometrischen Detektor)) aufgegeben (Abb. 2).

Durch die Ausgasung von Wasserproben aus verschiedenen Wattgebieten wurden die Konzentrationen der einzelnen reduzierten Schwefelverbindungen im Wasserkörper ermittelt. Aus den gewonnenen Meerwasser-Schwefelgaskonzentrationen konnten mit Hilfe von Wassertemperaturen, Windgeschwindigkeiten, Viskositäten des Meerwassers und den jeweiligen Diffusionskoeffizienten die Transfer-Flußraten der einzelnen S-Gase an der Grenzfläche Seewasser/Atmosphäre berechnet werden. Eine Bodensäulen-Anlage zur Messung der NO_x/CO_2-Spurengasflüsse an Sedimentkernen diente neben weiterführenden Untersuchungen zum Gastransfers zwischen Sediment und Atmosphäre (direkte Parallelmessungen Schlickwatt - Sandwatt, kontinuierliche Messungen) auch der Erfassung des NO_x/CO_2-Austauschs an der Grenzfläche Wasser/Atmosphäre. Mit Hilfe von Sedimentsonden erfolgte die Bestimmung der Konzentrationsgradienten von CH_4 und reduzierten Schwefelverbindungen im Sediment.

ERGEBNISSE UND DISKUSSION

Transfer der gasförmigen Stickstoffverbindungen

Die mikrobiellen Prozesse der Denitrifikation und chemolithoautotrophen Nitrifikation werden als die prinzipiellen biogenen Quellen der gasförmigen Stickstoffverbindungen NO und N_2O angesehen (Williams et al., 1992). Allerdings können auch andere biogene oder chemische Umsetzungen, bei denen während der Oxidation oder Reduktion von N-Verbindungen die Oxidationsstufen "+1" oder/und "+2" des Stickstoffs durchlaufen werden, wie z. B. die heterotrophe Nitrifikation, die dissimilatorische Nitratreduktion zu Ammonium, die Chemodenitrifikation u.a., an der Bildung von NO bzw. N_2O beteiligt sein (Focht & Verstraete, 1977; Chalk & Smith, 1983; Knowles, 1985; Papen & Rennenberg, 1990).

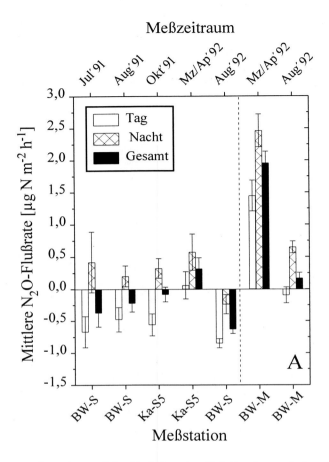

Abb. 3a. Saisonale und räumliche Variation des N_2O-Tranfers zwischen Sediment und Atmosphäre. Dargestellt sind die Untersuchungsergebnisse der Messungen in den Sandwattbereichen (BW-S, KA-S5) sowie der Schlickwattbeprobungen (BW-M) im März/April und August 1992.

Eine biogene Produktion von NO_2 wurde bisher nicht nachgewiesen (Remde, 1989). Dagegen kann NO_2 durch verschiedene chemische Bildungsmechanismen, z. B. durch den chemischen Zerfall von salpetriger Säure (Chemodenitrifikation) oder durch Oxidation von NO, entstehen (Chalk & Smith, 1983; Remde, 1989).
Die ausschließlich in Sandwattbereichen erfaßten NO- und NO_2-Flußraten zwischen Sediment und Atmosphäre waren meist sehr niedrig. Stickstoffmonoxid (NO) wurde im Mittel mit Flußraten zwischen 0,21 und 0,59 µg N m^{-2} h^{-1} aus dem Sediment in die Atmosphäre abgegeben, während Stickstoffdioxid (NO_2) generell vom Sediment mit Raten zwischen -0,42 und -1,2 µg N m^{-2} h^{-1} aufgenommen

wurde (Abb. 4). Bisher liegen nur von Williams & Fehsenfeld (1991) vergleichbare Messungen in einem vom Tidenzyklus beeinflußten Schlickwattgebiet in South Carolina (USA) vor. Die an diesem Standort im Sommer und Herbst 1988 ermittelten NO-Emissionsraten lagen noch um den Faktor 2 bis 6 unter den im Königshafen nachgewiesenen mittleren Transferraten. Eine weitaus breitere Datenbasis zum Austausch von NO mit der Atmosphäre liegt für terrestrische Ökosysteme vor.

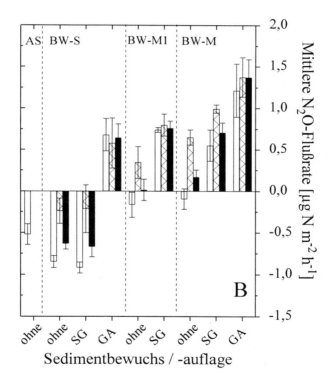

Abb. 3b. Räumliche Unterschiede des N_2O-Transfers im Meßzeitraum Juli/August 1992. Die Untersuchungen erfolgten auf den Außensänden Rauling- und Buttersand (AS) sowie an verschiedenen Meßflächen im Sandwatt, Schlickwatt und Sand-Schlick-Watt am Meßstandort Bundeswehrturm. Neben den freien Sedimentflächen (ohne) wurden auch Bereiche mit Seegrasbewuchs (SG) und Grünalgenbedeckung (GA) untersucht. Dargestellt sind die in den einzelnen Bereichen nachgewiesenen mittleren Tag-, Nacht- und Gesamtflußraten in $\mu g\ N\ m^{-2}\ h^{-1} \pm SE$

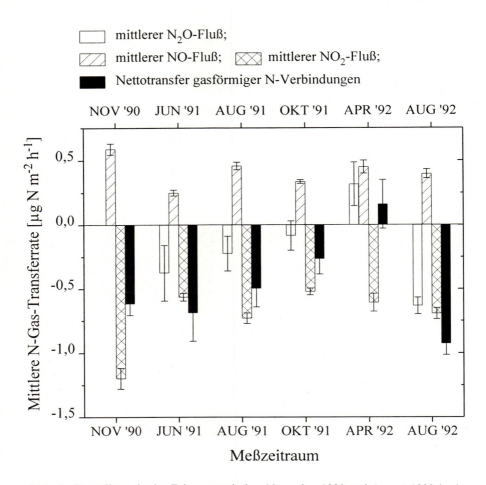

Abb. 4. Darstellung der im Zeitraum zwischen November 1990 und August 1992 in den Sandwattbereichen am Standort Kläranlage und Bundeswehrturm ermittelten durchschnittlichen Transferraten von N_2O, NO und NO_2 sowie der aus den untersuchten Einzelverbindungen berechneten Gesamt-N-Transferrate

In einer Zusammenstellung von Williams et al. (1992) liegen die mittleren NO-Emissionsraten meist weit über den im Königshafen beobachteten Werten und reichen aus landwirtschaftlich genutzten Flächen von 4,3 bis 338 µg N m^{-2} h^{-1}, aus Grasland und Savannengebieten von 1,8 bis 201,6 µg N m^{-2} h^{-1} sowie aus Waldökosystemen von 1,0 bis 36,7 µg N m^{-2}h^{-1}. In den untersuchten Sandwattbereichen konnte nur im März/April 1992 eine N_2O-Emission beobachtet werden, während in den Sommer- und Herbstmonaten N_2O mit bis zu -0,63 ± 0,24 µg N m^{-2} h^{-1} (August 1992) im Sandwatt deponiert wurde (Abb. 3a). Eine N_2O-Emission

3.1.4 Bedeutung gasförmiger Komponenten an den Grenzflächen 313

von im Mittel bis zu 1,96 ± 0,65 µg N m^{-2} h^{-1} (August 1992) konnte generell im Schlickwatt (BW-M) nachgewiesen werden. Grünalgenbedeckung bewirkte in allen untersuchten Wattbereichen, Seegrasbewuchs im Schlick- und Sand-Schlick-Bereich eine deutliche Steigerung der N_2O-Emission (Abb. 3b).

Die im Königshafen ermittelten N_2O-Austauschraten stimmten gut mit den von Mathieu (1994) in verschiedenen Schlickwattbereichen des Mühlenberger Lochs (Tiden-Elbe) nachgewiesenen mittleren N_2O-Emissionsrate von 1,2 µg N m^{-2} h^{-1} überein. Sowohl N_2O-Deposition (bis -1,05 µg N m^{-2} h^{-1}) als auch N_2O-Emission (max. 7,7 µg N m^{-2} h^{-1}) konnten Kieskamp et al. (1991) in einem sublitoralen *Arenicola*-Sandwattgebiet an der Ostküste der holländischen Nordseeinsel Texel nachweisen.

Der N_2O-Transfer wies überwiegend eine signifikante diurnale Variation, häufig verbunden mit einem Wechsel der Flußrichtung von Deposition am Tag zu Emission in der Nacht auf (Abb. 3a, 3b). Einen vergleichbaren von Jensen et al. (1984) in sublitoralen Schlickwattflächen im Limfjord (Dänemark) beobachteten Tagesgang des N_2O-Transfers führten die Autoren auf die von benthischen Mikroalgen induzierte diurnale Periodik der O_2-Konzentrationen im Sediment und die daraus resultierenden diurnal schwankenden Denitrifikationsbedingungen zurück.

Im Hinblick auf den saisonalen Verlauf zeigten die im Königshafen ermittelten N_2O-Flüsse eine gute Übereinstimmung zu den von Bruns & Meyer-Reil (dieser Band) und Jensen et al. (1994) an Sedimentkernen aus dem Königshafen ermittelten Dunkel-Denitrifikationsraten. So konnten im Frühjahr im Sand- (KA-S5) und Schlickwatt (BW-M) sowohl die im Mittel höchsten nächtlichen N_2O-Emissionsraten als auch die höchsten Dunkel-Denitrifikationsraten beobachtet werden. In Analogie wurden in den Monaten mit den niedrigsten nächtlichen N_2O-Emissionen im Juni und August auch die niedrigsten Dunkel-Denitrifikationsraten nachgewiesen. In guter Übereinstimmung zu den Messungen im Königshafen ergaben die von Kieskamp et al. (1991) in einem *Arenicola*-Sandwatt (Insel Texel, Holland) an der Grenzfläche Sediment/Wasser durchgeführten Messungen in den Monaten Mai bis Oktober nahezu ausnahmslos eine N_2O-Deposition im Sediment, während zwischen November und April überwiegend eine N_2O-Emission beobachtet werden konnte. Kieskamp et al. (1991) fanden dabei eine hohe Korrelation zwischen dem saisonalen Verlauf des N_2O-Transfers und dem saisonalen Verlauf der Denitrifikationsraten als Funktion der Nitrat-Konzentrationen im Meerwasser.

Auch die im Rahmen des SWAP-Projektes beobachtete räumliche Variation des N_2O-Austauschs mit bis um den Faktor 6,1 höheren N_2O-Freisetzungsraten aus dem Schlickwatt (BW-M) gegenüber den Werten im Sandwatt (BW-S und KA-S5) (Abb. 3a, 3b) spiegelt sich in den von Jensen et al. (1994) in den vergleichbaren Wattbereichen beobachteten räumlichen Variationen der Denitrifikationsraten wider. Die Gründe für die niedrigen Denitrifikationsraten im Sandwattbereich liegen nach Jensen et al. (1994) im generellen Stickstoffmangel bedingt durch den niedrigen Gehalt organischen Materials. Auch die in Seegras- und Grünalgenbereichen beobachteten erhöhten N_2O-Emissionsraten (Abb. 3b) stehen vermutlich in Zusammenhang mit einem erhöhten Eintrag organischen Materials in diesen

Bereichen. Untersuchungen des organischen Gehaltes in seegrasbewachsenen Schlick- (*Zostera marina*) und Sandwattbereichen (*Zostera noltii*) des Königshafens ergaben einen im Vergleich zu unbewachsenen Flächen deutlich höheren Gehalt an organischem Material im schlickigen Seegrasbereich (Asmus & Asmus, dieser Band). Insgesamt lag der Anteil des freigesetzten N_2O-Stickstoffs am denitrifizierten NO_3^-Stickstoff in Abhängigkeit von Untersuchungszeitraum und Wattsediment zwischen 0,7 und 2 %.

Im Gegensatz zum N_2O-Transfer, der offensichtlich in erster Linie vom Prozeß der Denitrifikation beeinflußt wird, zeigte der NO-Transfer keinen einheitlichen Zusammenhang zu den im Königshafen ermittelten Nitrifikations- und Denitrifikationsraten. Die ermittelten Unterschiede des NO- und N_2O-Transfers deuten auf Unterschiede in den zugrundeliegenden Bildungsprozessen hin. Über die Bildungsprozesse von NO in marinen Ökosystemen liegen im Gegensatz zu N_2O allerdings keine Literaturangaben vor.

Die aus den untersuchten Einzelverbindungen ermittelte Transferrate gasförmigen Stickstoffs an der Grenzfläche Sediment/Atmosphäre ergab in den untersuchten Sandwattbereichen des Königshafens, mit Ausnahme von März/April 1992, im Mittel eine Stickstoffdeposition von bis zu $-0,93 \pm 0,09$ µg N m^{-2} h^{-1} (Abb. 4). Der beobachtete Rückgang der Gesamt-N-Deposition ist auf die Abnahme der N_2O-Deposition, aber auch auf die Veränderungen des NO- und NO_2-Transfers im Verlauf der Saison zurückzuführen. Dagegen resultiert die im März/April 1992 nachgewiesene Gesamt-N-Emissionsrate in erster Linie aus dem Wechsel der N_2O-Flußrichtung von Deposition in den Sommer- und Herbstmonaten zu Emission im Frühjahr.

Austausch der Kohlenstoffverbindungen

Kohlendioxid (CO_2)

Die Messungen des CO_2-Transfers können zur Abschätzung der Umsetzung von organischem Material im Sediment herangezogen werden (Hargrave & Phillips, 1981). Produktionsprozesse von CO_2 oder HCO_3^- (Bicarbonat) sind sowohl die aerobe Respiration als auch verschiedene Formen der anaeroben Respiration, wie z. B die Nitrat- und Sulfatreduktion. Dagegen wird CO_2 oder Bicarbonat durch chemoautotrophe Bakterien (z. B. farblose Thiobazillen) sowie bei Lichteinwirkung durch Algen- und Bakterienphotosynthese (anoxigene photoautotrophe Bakterien und Cyanobakterien) konsumiert. Methanbakterien produzieren oder konsumieren in Abhängigkeit vom verwendeten Substrat CO_2 (Hargrave & Phillips, 1981). Neben den biogenen assimilatorischen und dissimilatorischen Prozessen haben auch die Präzipitation und die Lösung von Carbonaten in Abhängigkeit von pH und pCO_2 einen Einfluß auf den CO_2-Transfer an den Grenzflächen Sediment/-Atmosphäre bzw. Wasser/Atmosphäre (Skirrow, 1975).

3.1.4 Bedeutung gasförmiger Komponenten an den Grenzflächen   315

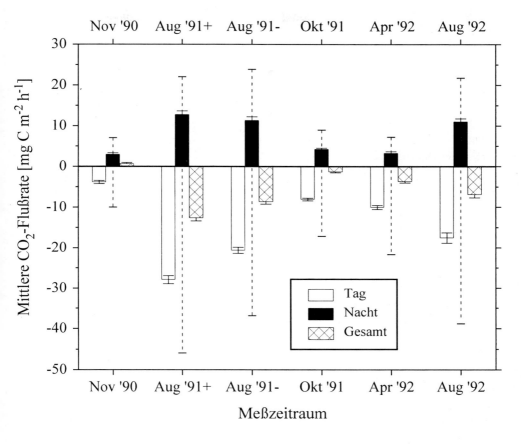

Abb. 5. Saisonale Unterschiede des CO_2-Transfers zwischen Sediment und Atmosphäre. Dargestellt sind die mittleren Tag-, Nacht- und Gesamtflußraten sowie die maximale Bandbreite der in den einzelnen Untersuchungszeiträumen ermittelten CO_2-Flußraten. Von den Untersuchungen im August 1991 sind die mittleren Flußraten und die beobachteten Extremwerte aus beiden Untersuchungsflächen, dem Seegraswatt (+) und dem unbewachsenen Sandwatt (-), dargestellt

Die CO_2-Flüsse zeigten generell einen ausgeprägten Tagesgang, der die diurnale Periodik der benthischen Primärproduktion widerspiegelte. Am Tag wurde CO_2 im Mittel im Sediment deponiert, während in der Nacht meist eine Freisetzung erfolgte. Die Depositionsraten zeigten eine ausgeprägte saisonale Variation mit den höchsten Werten von bis zu -45 mg C m^{-2} h^{-1} im Sommer und weit niedrigeren Werten in den Wintermonaten (Abb. 5).

In ähnlicher Weise unterlagen auch die CO_2-generierenden Prozesse einer saisonalen Veränderung mit höheren nächtlichen Emissionen von maximal 24,7 mg C m^{-2} h^{-1} im August und deutlich geringeren Emissionsraten zwischen Oktober und April. Die untersuchten Sandwattsedimente stellen im überwiegenden Teil des Jahres, mit Ausnahme des Monats November, eine CO_2-Senke mit einer Gesamtdeposition zwischen -1,3 $\pm$ 0,2 mg C m^{-2} h^{-1} (Oktober 1991) und -12,7 $\pm$ 7,5 mg C m^{-2} h^{-1} (August 1991) dar (Abb. 5). Ein Grund für die hohen sommerlichen CO_2-Depositionsraten liegt in der zu diesem Zeitraum besonders hohen Primärproduktion der benthischen Mikroalgen (Asmus & Asmus, dieser Band, Asmus et al., dieser Band). Andererseits haben die höheren Temperaturen im Sommer auch höhere Stoffumsetzungen und damit auch eine gesteigerte CO_2-Produktion zur Folge, was sich in den höheren CO_2-Freisetzungsraten in der Nacht äußert (Kristensen et al., dieser Band).

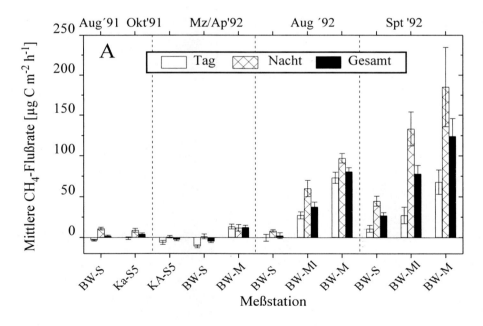

Abb. 6a. Saisonale Periodik des CH_4-Transfers. In die Darstellung wurden die Ergebnisse der Sandwattbeprobungen im Königshafen von August 1991 bis September 1992 sowie der Schlickwatt- und Sand-Schlick-Beprobungen im Untersuchungsjahr 1992 aufgenommen.

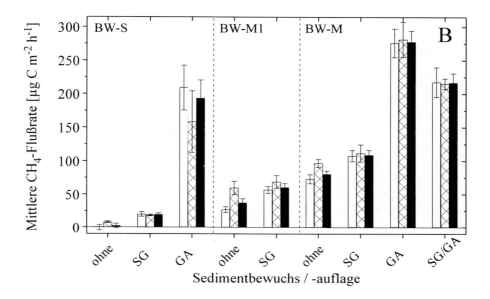

Abb. 6b. Räumliche Variation des CH_4-Transfers im Meßzeitraum Juli/August 1992. Die Untersuchungen erfolgten am Meßstandort Bundeswehrturm an verschiedenen Meßflächen im Sand-, Schlick- und Sand-Schlick-Watt. Neben den freien Sedimentflächen (ohne) wurden auch Bereiche mit Seegrasbewuchs (SG), Grünalgenbedeckung (GA) oder beidem (SGGA) untersucht. Dargestellt sind die in den einzelnen Bereichen nachgewiesenen mittleren Tag-, Nacht- und Gesamtflußraten in $\mu g\ C\ m^{-2}\ h^{-1} \pm SE$

Grundsätzlich muß bei der Interpretation der Emissions- und Depositionsraten die Einschränkung gemacht werden, daß chemische Lösungsvorgänge (Carbonat-Kohlensäure-Puffer) die absolute Höhe der Flußraten beträchtlich beeinflussen können (Johnson et al., 1979). Da jedoch ein Temperaturanstieg zu einer geringeren Löslichkeit von Gasen führt, kann die beobachtete diurnale Periodizität mit Deposition bei höheren Temperaturen am Tag und Emission bei niedrigeren Temperaturen während der Nacht nicht auf Lösungsvorgänge zurückgeführt werden. Lösungsvorgänge dürften im Gegenteil die diurnale Periodizität eher abgepuffert haben.

Zur Untersuchung des Einflusses der Sedimentstruktur auf den CO_2-Transfers wurden im März 1993 mit Hilfe einer Bodensäulenanlage auch Sedimentkerne aus dem Sand-Schlick- und Schlickwatt untersucht. Die Messungen der CO_2-Austauschraten zwischen Sediment und Atmosphäre ergaben die höchsten nächtlichen CO_2-Emissionen aus dem Schlickwatt und die höchsten Depositionen am Tag im Sandwatt. Die im Vergleich zu den Sandwattkernen signifikant höheren nächtlichen CO_2-Abgaberaten aus den Schlickkernen weisen auf eine höhere mikrobielle Umsetzung in diesem Bereich hin.

In marinen Sedimenten trägt die Sulfatreduktion mit bis zu 90 % zur Gesamtmineralisation bei (Canfield, 1993). Das aus der kompletten Oxidation von organischem Material durch Desulfurikanten zu erwartende Molverhältnis zwischen CO_2 und H_2S beträgt in Abhängigkeit von dem verwendeten Substrat etwa 2:1, d.h. je Mol produziertem H_2S werden zwei Mol CO_2 freigesetzt (Zaiss, 1984, 1985). Folglich stehen die im Rahmen dieses Teilprojektes beobachteten höheren nächtlichen CO_2-Freisetzungsraten aus den Schlickkernen wahrscheinlich in Zusammenhang mit den gegenüber Sedimentkernen aus dem Sandwattbereich um bis zu 7fach höheren Sulfatreduktionsraten im Schlickwatt (Kristensen et al., dieser Band). Für die am Tag beobachtete Differenz der CO_2-Aufnahmeraten zwischen den verschiedenen Sedimentkernen, mit höheren Werten im Sand- als im Schlickwatt, könnte eine weitere Erklärung in der unterschiedlichen Zusammensetzung und Dichte der auf bzw. nahe der Sedimentoberfläche angesiedelten photoautotrophen Organismen liegen. Aus der sedimentspezifischen Verteilung von CO_2-Konsumenten würden somit sedimentspezifische Aufnahmeraten von CO_2 resultieren. Asmus et al. (dieser Band) und Murphy (pers. Mitt.) konnten im Königshafen eine sedimentspezifische Verteilung von Diatomeen mit einer weit höheren Populationsdichte in sandigen Bereichen gegenüber Schlickwattflächen nachweisen. Grundsätzlich erlauben die Messungen der CO_2-Flüsse zwischen Sediment und Atmosphäre allein keine eindeutige Zuordnung der ermittelten Flußraten zu den einzelnen Produktions- und Konsumptionsprozessen. Vielmehr reflektieren die gemessenen Raten das Netto-Ergebnis aller metabolischen, d.h. sowohl aerober als auch anaerober Prozesse, sowie aller physikalisch-chemischen Umsetzungen im Sediment bzw. auf der Sedimentoberfläche.

Methan (CH_4)

Die methanogenen Bakterien stellen das Endglied einer Nahrungskette dar, an deren Anfang fakultativ anaerobe Bakterien stehen, die Cellulose, Stärke, Fette und Proteine zu verschiedenen organischen Säuren und Alkoholen oxidieren bzw. vergären. Neben Acetat, CO_2 und H_2 können von methanogenen Bakterien nur wenige weitere Verbindungen verwendet werden. Dazu gehören Kohlenmonoxid, Formiat, Methanol, Dimethylsulfid, Mono-, Di- und Trimethylamin sowie Ethylmethylamin (Oremland, 1988).

Die im Sylt-Rømø-Wattgebiet nachgewiesenen mittleren CH_4-Flußraten variierten in Abhängigkeit vom Untersuchungszeitraum und Wattbereich zwischen -4,9 $\pm$ 4,4 und 276,3 $\pm$ 21,4 µg C m^{-2} h^{-1} (Abb. 6a). Die Bandbreite der absolut erfaßten Werte reichte von -32,4 bis 1107,4 µg C m^{-2} h^{-1}. Zum CH_4-Transfer aus marinen Ökosystemen wurden bisher nur Untersuchungen an tidenbeeinflußten Salzmarschgebieten sowie freien Wasserflächen, nicht aber Messungen zwischen Wattflächen und Atmosphäre veröffentlicht.

3.1.4 Bedeutung gasförmiger Komponenten an den Grenzflächen 319

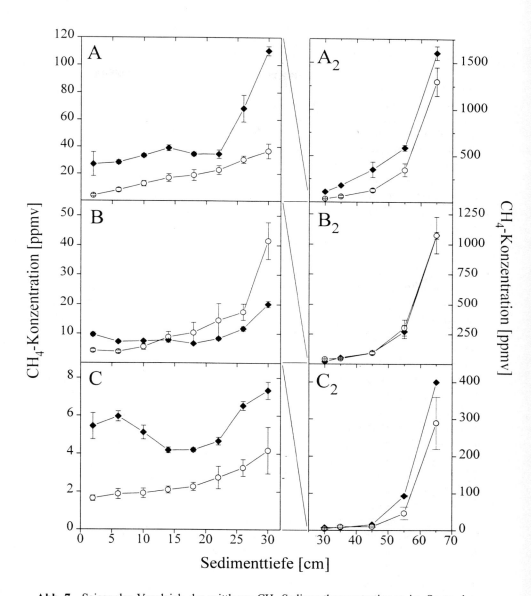

Abb. 7. Saisonaler Vergleich der mittleren CH_4-Sedimentkonzentrationen im September 1992 (♦) und Februar/März 1993 (○) an den drei Meßstationen, im Schlickwatt, BW-M (A, A_2), im Sand-Schlick-Watt, BW-M1 (B, B_2) und im Sandwatt, BW-S (C, C_2). Die Darstellung der Konzentrationsverläufe in den oberen (0-32 cm; Abb. A, B und C) und unteren (ab 32 cm; Abb. A_2, B_2 und C_2) Sedimentschichten erfolgte in unterschiedlichen Maßstäben. Als Maßstabsvergleich wurden die Mittelwerte der Sedimentkonzentrationen zwischen 28 und 32 cm Tiefe in beiden Teilabbildungen dargestellt. Angegeben sind die CH_4-Konzentrationen [ppmv] $\pm$ SE

In Zusammenstellungen von Kiene (1991) und Crill et al. (1991) über CH_4-Emissionen aus verschiedenen aquatischen Ökosystemen wird deutlich, daß in der Mehrzahl die CH_4-Flüsse aus terrestrischen Feuchtgebieten z. T. um mehrere Größenordnungen über den Werten aus marinen Bereichen liegen. Den Grund dafür stellen die hohen Sulfatkonzentrationen im Meerwasser dar, deren Einfluß auf die CH_4-Flußraten zwischen Sediment und Atmosphäre in verschiedenen Veröffentlichungen beschrieben wurde. So konnten z. B. von Bartlett et al. (1987) in Salzmarschflächen verschiedener Salinitäten (Queens's Creek, Virginia, USA) signifikante Unterschiede im CH_4-Transfer ermittelt werden. Im Bereich mit den höchsten Sediment-Sulfatkonzentrationen fanden die Autoren die niedrigsten Jahresmittel der CH_4-Emission von durchschnittlich 0,48 mg C m^{-2} h^{-1}, während aus den Bereichen mit geringerer Salinität mit 1,55 bzw. 1,92 mg C m^{-2} h^{-1} um etwa den Faktor 3 bis 4 höhere CH_4-Flüsse gemessen wurden.

Die Erfassung der CH_4-Konzentrationsprofile ergab generell niedrige CH_4-Konzentrationen im oberen Sedimentbereich und einen ausgeprägten Konzentrationsanstieg in tieferen Sedimentschichten. Sowohl die Höhe der ermittelten CH_4-Konzentrationen als auch die Steilheit des Konzentrationsgradienten wiesen deutliche räumliche und saisonale Unterschiede auf (Abb. 7). In einer Zusammenfassung werden von Reeburgh & Heggie (1977) CH_4-Konzentrationsprofile aus verschiedenen marinen Sedimenten dargestellt, die ebenfalls generell einen konkaven Verlauf mit niedrigen Konzentrationen ohne ausgeprägten Gradienten im oberen Sedimentbereich und einen deutlichen Anstieg der Werte in tieferen Schichten aufweisen.

In marinen Sedimenten sind Acetat und H_2/CO_2 die wichtigsten Substrate für die beiden terminalen Prozesse des anaeroben Abbaus, die Sulfatreduktion und die Methanogenese (Zaiss, 1984). Bei dem Wettbewerb um diese beiden Substrate haben Sulfatreduzierer in Gegenwart hoher Sulfatkonzentrationen sowohl thermodynamisch (höhere Energieausbeute) als auch kinetisch (höhere Substrataffinität) einen Konkurrenzvorteil gegenüber den methanogenen Bakterien (Lovley & Phillips, 1987; Bak & Pfennig, 1991). Aus der kompetitiven Hemmung durch die Desulfurikation resultieren niedrige Methanbildungsraten in den oberen Sedimentschichten, in denen Sulfat in hohen Konzentrationen vorliegt (Crill & Martens, 1983). Erst in tieferen Sedimentschichten bei niedrigeren Sulfatkonzentrationen ist ein Anstieg der Methanogenese möglich (Kuivila et al., 1990). Grundsätzlich kann die Methanogenese aber auch in Gegenwart von Sulfat ablaufen, wenn sogenannte nichtkompetitive Substrate, wie z. B. die methylierten Amine Mono-, Di- und Trimethylamin, verfügbar sind, die nur von Methanogenen, nicht aber von Desulfurikanten verwendet werden können (Crill & Martens, 1986; Kiene, 1991).

Kristensen et al. (dieser Band) konnten an den verschiedenen Meßstationen im Königshafen generell ein Maximum der Sulfatreduktion im obersten Sedimentbereich zwischen 0 und 3 cm Tiefe, gefolgt von einem ausgeprägten Rückgang der Raten auf zum Teil mehr als eine Größenordnung niedrigere Werte in 15 cm Sedimenttiefe nachweisen. Die niedrigen CH_4-Konzentrationen in den Sedimenthorizonten zwischen 0 und 15 cm Tiefe belegen, daß die Sulfatreduktion offen-

3.1.4 Bedeutung gasförmiger Komponenten an den Grenzflächen 321

sichtlich auch in 15 cm Tiefe noch groß genug ist, um die Methanproduktion aus kompetitiven Substraten effektiv zu unterdrücken. Andererseits ist aus den zwar niedrigen, aber relativ gleichmäßigen CH_4-Konzentrationsverläufen in diesem Bereich auf eine von der Höhe der Sulfatreduktionsraten weitgehend unabhängige Metabolisierung nichtkompetitiver Substrate durch methanogene Bakterien zu schließen. Die ansteigenden CH_4-Konzentrationen in den tieferen Sedimentschichten stehen wahrscheinlich in Zusammenhang mit den absinkenden Sulfatreduktionsraten. Insbesondere im Schlickwatt, aber auch im Sand-Schlick- und Sandwattbereich lagen die CH_4-Konzentrationen bereits 1 cm unter der Sedimentoberfläche um stellenweise mehr als eine Größenordnung über den direkt oberhalb der Sedimentoberfläche ermittelten Außenluftkonzentrationen. Der ausgeprägte Rückgang der CH_4-Konzentrationen im obersten Sedimenthorizont wird in erster Linie durch aerobe, Methan-oxidierende Bakterien verursacht (Heyer, 1990).

In Analogie zum N_2O-Transfer zeigten die CH_4-Flüsse in den unbewachsenen, freien Wattflächen eine signifikante diurnale Variation (Abb. 6b). In den untersuchten Sandwattbereichen des Königshafens konnte in der Regel ein Wechsel der Flußrichtung von CH_4-Deposition am Tag zu CH_4-Emission in der Nacht nachgewiesen werden. Im Sand-Schlick- und Schlickwattbereich wurde dagegen grundsätzlich im Mittel eine CH_4-Emission beobachtet, allerdings mit zum Teil bis zu ca. 5fach höheren Flußraten in der Nacht als am Tag (Abb. 6b). Vergleichbar den Beobachtungen im Königshafen konnten King (1990) und King et al. (1990) in limnischen Feuchtgebieten Dänemarks und Floridas eine Abhängigkeit der CH_4-Emissionsraten von der Sonneneinstrahlung nachweisen. Die beobachtete Periodik des CH_4-Transfers zwischen Sediment und Atmosphäre mit hohen Flüssen in der Nacht und niedrigeren am Tag führten die Autoren auf die im Tagesverlauf variierende benthische Photosynthese und damit auch auf die schwankende O_2-Verteilung in den oberflächennahen Sedimentschichten zurück. Durch die Sauerstoffproduktion am Tag wird die CH_4-Oxidation verstärkt und somit die CH_4-Freisetzung aus dem Sediment reduziert (Kiene, 1991). Umgekehrt hat die niedrigere nächtliche O_2-Eindringtiefe in das Sediment eine Verminderung der aeroben Methanoxidation und damit eine höhere CH_4-Freisetzung aus dem Sediment zur Folge.

Der CH_4-Transfers zwischen Sediment und Atmosphäre zeigte eine ausgeprägte saisonale Amplitude mit CH_4-Depositionsraten (Sandwatt) bzw. geringen -Emissionsraten (Schlickwatt) im Frühjahr und einem Maximum der CH_4-Emission im September (Abb. 6a). Aufgrund der guten Übereinstimmung zwischen dem saisonalen Verlauf des CH_4-Transfers und dem saisonalen Aktivitätsmuster der Sulfatreduzierer vermuten Bartlett et al. (1987) die Sulfatreduktion als einer der Haupteinflußfaktoren für die saisonalen Veränderungen im CH_4-Transfer zwischen Sediment und Atmosphäre. So haben die für den Königshafen von Kristensen et al. (dieser Band) beschriebenen saisonalen Änderungen der Sulfatreduktion mit einem sommerlichen Anstieg der Umsatzraten in Verbindung mit einer zur Sedimentoberfläche verschobenen Aktivität wahrscheinlich eine Aufwärts-Verschiebung der Methanogenese und daraus resultierend eine erleichterte CH_4-Freisetzung zur Folge (Crill & Martens, 1983). Die höheren Stoffumsetzungen im Sediment in den Sommer- und Herbstmonaten als Folge des erhöhten Eintrages an organischem Material und dem Anstieg der Sedimenttemperaturen haben auch eine höhere Bildungsrate der von methanogenen Bakterien verwertbaren Substrate zur Folge. Als weitere Konsequenz der intensiven Metabolisierung organischen Materials sinkt in den warmen Sommermonaten die Sauerstoffkonzentration im Sediment und somit die Schichtdicke des oberen oxischen Sedimenthorizontes (Kristensen et al., dieser Band; Bruns & Meyer-Reil, dieser Band). Da die Aktivität der metanothrophen Bakterien und somit die aerobe Oxidation von CH_4 auch entscheidend von der Sauerstoffverfügbarkeit beeinflußt wird (Heyer, 1990; Kiene, 1991), leitet sich aus einem saisonalen Rückgang der O_2-Sedimentkonzentrationen auch eine verminderte aerobe CH_4-Oxidation und somit eine erhöhte CH_4-Freisetzung in den Sommermonaten ab.

Im Schlickwattbereich wurden im Mittel signifikant höhere CH_4-Flußraten als im Sand-Schlick- und Sandwattbereich beobachtet. Die größten Unterschiede lagen im August 1992 vor, mit einer annähernd 32fach höheren mittleren CH_4-Freisetzung aus dem Schlickwatt als aus dem Sandwatt (Abb. 6b). Der Hauptgrund für die beobachteten räumlichen Unterschiede liegt sicherlich in dem im Vergleich zum Sandwatt weit höheren Gehalt an organischem Material in den schlickigen Bereichen. Ein erhöhter Gehalt an organischem Material hat in der Sulfatreduktionszone einen schnelleren Verbrauch von Sulfat zur Folge und ermöglicht damit in erhöhtem Maße Methanogenese (Iversen & Jørgensen, 1985). Infolge des höheren Gehalts an organischen Substraten ist im Schlickwatt auch eine höhere Produktion nichtkompetitiver methylierter Substrate zu erwarten, die eine Methanogenese auch in Gegenwart von Sulfat ermöglichen.

Seegrasbewuchs hatte in allen untersuchten Wattbereichen eine Erhöhung der CH_4-Emissionsraten zur Folge. Die relativ höchste Steigerung konnte im Sandwatt beobachtet werden. Die Flußraten lagen hier bei Seegrasbewuchs mit durchschnittlich $19,6 \pm 2,34$ µg C m^{-2} h^{-1} um annähernd das 10fache über den mittleren Flüssen von $2,32 \pm 3,58$ µg C m^{-2} h^{-1} der unbewachsenen Sandwattflächen (Abb. 6b). Ein Charakteristikum aller Seegräser ist das Vorhandensein eines ausgedehnten Aerenchymsystems, welches bei einigen Gattungen, wie z. B. *Zostera, Heterozostera* und *Thalassia*, besonders markant ausgeprägt ist (Kuo & McComb, 1992). So könnten die im Vergleich zu unbewachsenen Flächen hohen CH_4-Emissionen aus Bereichen mit Pflanzenbewuchs aus dem CH_4-Transport durch das Seegrasaerenchym von den anaeroben Produktionsbereichen direkt in die Atmosphäre unter Umgehung der aeroben Methanoxidation in den oberen Sedimentschichten resultieren (Sebacher et al., 1985). Im Hinblick auf einen Seegrasvermittelten CH_4-Transport konnten Oremland & Taylor (1978) erhöhte CH_4-Konzentrationen im Aerenchymsystem von *Thalassia testudinum* nachweisen, woraus die Autoren eine freie Diffusion der im Sediment gebildeten Gase durch die Seegraspflanze ableiteten. Aufgrund übereinstimmender Merkmale des "Luft-Kanal-Systems" von *Zostera* und *Thalassia* (Kuo & McComb, 1992) ist ein CH_4-Transport durch *Zostera* denkbar, auch wenn er bislang nicht nachgewiesen wurde.

Neben einem pflanzenvermittelten CH_4-Transport muß im Zusammenhang mit dem N-Gas-Transfer insbesondere auch der Einfluß des durch Seegrasbewuchs induzierten erhöhten Eintrages von organischem Material (Asmus & Asmus, dieser Band) als Ursache für die erhöhte Spurengasfreisetzung diskutiert werden. Barber & Carlson (1992) konnten an der Südküste Floridas (USA) in Sedimentbereichen mit intaktem Seegrasbewuchs (*Thalassia testudinum*) deutlich höhere CH_4-, CO_2- und H_2S-Sediment-Porenwasserkonzentrationen nachweisen als in Bereichen mit abgestorbenen Seegrasflächen oder unbewachsenen Wattflächen. Die Autoren führen die höheren Spurengas-Konzentrationen sowohl auf einen autochtonen Eintrag organischen Materials durch Rhizome, Wurzeln und Blätter der Seegraspflanzen selbst als auch auf eine höhere, durch Seegrasbewuchs induzierte Sedimentationsrate von partikulärem organischem Material zurück.

Noch stärker als durch Seegrasbewuchs wurden die CH_4-Flußraten durch Grünalgenbedeckung, in der Hauptsache *Enteromorpha* sp. und *Ulva lactuca*, beeinflußt. So lagen die mittleren CH_4-Emissionsraten im grünalgenüberlagerten Schlickwatt um den Faktor 3,4 und im grünalgenüberlagerten Sandwatt um den Faktor 90 über den entsprechenden Flußraten in den unbedeckten Wattbereichen (Abb. 6b). Eine Erklärung für diesen Effekt stellt die Verminderung der photosynthetischen O_2-Produktion durch benthische Mikroalgen infolge der Lichtabschirmung durch die Grünalgenmatten dar. Der stark reduzierte Sauerstoffeintrag in das Sediment bei gleichzeitig unverminderter anaerober Respiration könnte eine zunehmende Anaerobisierung der oberen, normalerweise oxischen Sedimentbereiche bewirken. Unter diesen Bedingungen ist von einer Reduktion der aeroben Methanoxidation auszugehen, woraus ein erhöhter CH_4-Transfer an der Grenzfläche Sediment/Atmosphäre resultiert.

Darüber hinaus stellen *Enteromorpha* sp. und auch *Ulva lactuca* bedeutende Produzenten von DMSP und DMS dar (Karsten et al., 1990), welche als teilkompetitive Substrate von methanogenen Bakterien zu CH_4 metabolisiert werden können (Kiene, 1988).

Transfer reduzierter Schwefelverbindungen

Schwefelwasserstoff (H_2S)

H_2S entsteht in marinen Sedimenten primär als Produkt der bakteriellen Sulfatreduktion (Jørgensen et al., 1977; Kiene & Taylor, 1988). Weitere biogene Prozesse, bei denen H_2S gebildet wird, sind der anaerobe Abbau schwefelhaltiger organischer Verbindungen (Bremner & Steele, 1978; Taylor & Kiene, 1989), die assimilatorische Sulfatreduktion (Rennenberg, 1989) sowie die Disproportionierung anorganischer Schwefelverbindungen (Jørgensen & Bak, 1991). Infolge der hohen Sulfatkonzentrationen ist die dissimilatorische Sulfatreduktion nach dem Verbrauch von Sauerstoff, Nitrat und den verschiedenen Metalloxiden der dominierende Modus der Atmung in marinen Sedimenten (Skyring, 1987; Capone & Kiene, 1988) und kann mit einem Anteil von bis zu 90 % zur Gesamtmineralisation beitragen (Sørensen & Jørgensen, 1987; Canfield, 1993).

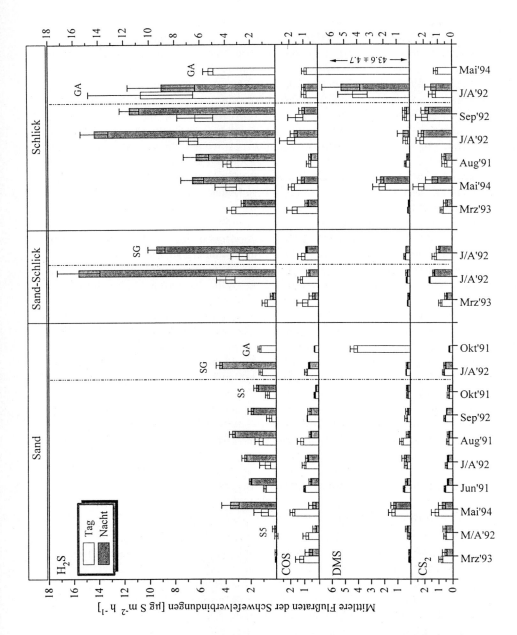

Abb. 8. Mittlere Tag- und Nachtflußraten der gasförmigen Schwefelverbindungen während der Untersuchungszeiträume zwischen August 1990 und Mai 1994 in µg S m^{-2} h^{-1} ± SE. Die Messungen erfolgten im Sand- (S), Sand-Schlick- (M1) und Schlickwatt (M) am Standort Bundeswehrturm sowie in Sandwattbereichen am Standort Kläranlage (S5). SG = Seegras; GA = Grünalgen

3.1.4 Bedeutung gasförmiger Komponenten an den Grenzflächen 325

Bezogen auf die Gesamtemission der untersuchten schwefelhaltigen Spurengase wies der H_2S-Transfer an der Grenzfläche Sediment/Atmosphäre mit einem Anteil von 3,3-76,7 % eine große Variationsbreite auf. Die quantifizierten mittleren H_2S-Flußraten reichten, in Abhängigkeit von Meßstandort und Untersuchungszeitraum, von $0,07 \pm 0,04$ bis $9,95 \pm 2,62$ µg H_2S-S m^{-2} h^{-1}. In quantitativ guter Übereinstimmung zu den Messungen im Sylt-Rømø-Wattgebiet konnten Harrison et al. (1992) in drei tidenbeeinflußten Küstenbereichen im Colne-Ästuar (England) mittlere jährliche H_2S-Emissionen zwischen 1,28 und 7,8 µg H_2S-S m^{-2} h^{-1} ermitteln. Annähernd die gleiche Bandbreite des H_2S-Transfers mit mittleren Flußraten zwischen 0 und 8,52 µg H_2S-S m^{-2} h^{-1} wiesen Jørgensen & Ockholm-Hansen (1985) in verschiedenen Ästuarbereichen des Norsminde Fjords (Dänemark) nach.

In Zusammenstellungen von S-Gas-Flußraten aus verschiedenen Küstenbiotopen, vorrangig allerdings aus nicht direkt mit den Sedimenten im Sylt-Rømø-Wattgebiet vergleichbaren Salzmarschgebieten, liegen die mittleren H_2S-Flußraten überwiegend zwischen 0,15 und 67,8 µg H_2S-S m^{-2} h^{-1} (Aneja, 1990).

In den Untersuchungsmonaten zwischen Mai und Oktober zeigte der H_2S-Transfer am Tag generell höhere mittlere Emissionsraten als in der Nacht (Abb. 8). Vermutlich trägt in den untersuchten Sedimenten des Königshafens eine enge Verzahnung von biogenen und abiogenen Mechanismen zu der beobachteten diurnalen Periodik bei. So kann während der Helligkeitsphase, aufgrund der hier höheren Verfügbarkeit von photosynthetisch gebildetem Sauerstoff (Bruns & Meyer-Reil, dieser Band; Asmus & Asmus, dieser Band) von einer erhöhten chemischen H_2S-Oxidation zu Polysulfiden, Thiosulfat und elementarem Schwefel ausgegangen werden. Diese Verbindungen können dann von verschiedenen Mikroorganismen wie aeroben chemolithoautotrophen und anoxigenen phototrophen Schwefelbakterien zu Sulfat weiteroxidiert werden.

Die in den Monaten Mai bis Oktober beobachteten diurnalen Verläufe der H_2S-Flußraten lassen sich gut mit den Aktivitätsspektren der verschiedenen H_2S-oxidierenden Bakteriengruppen erklären. So werden am Tag infolge des phytobenthischen O_2-Eintrages die Bedingungen zur H_2S-Oxidation für die aeroben chemolithoautotrophen Schwefelbakterien verbessert und zugleich aufgrund der erhöhten Sonneneinstrahlung auch die photosynthetische Aktivität der anoxigenen phototrophen Bakterien gefördert. Die Zunahme der biogenen H_2S-Oxidationsprozesse am Tag vermindert demzufolge den H_2S-Transfer an der Grenzfläche Sediment/Atmosphäre, während in der Nacht das Erliegen der anoxigenen bakteriellen Photosynthese und die verminderte O_2-Verfügbarkeit eine H_2S-Freisetzung aus dem Sediment erleichtern.

Im Gegensatz zu den beschriebenen Verläufen lagen in den Frühjahrs-Monaten März und April die H_2S-Flußraten am Tag entweder signifikant höher als in der Nacht (Schlick- und Sand-Schlick-Watt) oder zeigten keine signifikanten Unterschiede zwischen Tag- und Nachtwerten (Sandwatt). Die Ursache liegt hier vermutlich in den niedrigen nächtlichen Temperaturwerten, aus denen gegenüber den deutlich wärmeren Tagesstunden niedrigere Sulfatreduktions- und damit auch reduzierte H_2S-Produktionsraten resultieren. Der kausale Zusammenhang zwischen

Flußraten und physikalischen Parametern wird durch Korrelationsanalysen unterstützt, die für die Untersuchungszeiträume zwischen Mai und Oktober eine hohe negative Abhängigkeit des H_2S-Transfers von der Strahlungsintensität ergaben, während für die Monate März und April eine stärkere Abhängigkeit der H_2S-Flußraten vom Temperaturverlauf nachgewiesen werden konnte.

Im Hinblick auf die saisonale Variation wurden die höchsten mittleren H_2S-Emissionsraten in den Sommermonaten zwischen Juli und September, mit bis zu 30fach höheren Werten als in den vergleichbaren Wattbereichen in den Monaten März und April, beobachtet (Abb. 8). Darüber hinaus wies der H_2S-Transfer auch große räumlichen Unterschiede zwischen den verschiedenen Sedimenttypen auf. So wurden im Schlickwattbereich generell die höchsten H_2S-Emissionen nachgewiesen, die um das 1,2- bis 5fache über den entsprechenden Flüssen im Sand-Schlick-Watt und um das 6,5- bis 43fache über den im Sandwatt ermittelten Werten lagen (Abb. 8). Die beobachteten Charakteristiken des H_2S-Transfers zeigten Übereinstimmungen zu den von Kristensen et al. (dieser Band) an Sedimentkernen aus den Bereichen der S-Gas-Meßstationen bestimmten Sulfatreduktionsraten, die ebenfalls ausgeprägte saisonale und räumliche Variationen mit höheren Raten im Sommer und niedrigeren im Winter bzw. höheren Raten in den an organischem Material reichen Sand-Schlick- und Schlickwatten gegenüber den Sandwattbereichen aufwiesen.

Die Bandbreite der in den entsprechenden Meßzeiträumen zwischen 1991 und 1994 an den Stationen der Spurengasmessungen erfaßten tiefenintegrierten (0-15 cm) Sulfatreduktionsraten reichte von $2,8 \pm 0,67$ mg SO_4-S m^{-2} h^{-1} im März im Sandwattbereich bis zu $34,8 \pm 3,1$ mg SO_4-S m^{-2} h^{-1} im August im Schlickwatt (Kristensen et al., dieser Band). Im Vergleich zum H_2S-Austausch Sediment/-Atmosphäre wird somit im oberen Sedimentbereich (0-15cm), in Abhängigkeit vom Untersuchungszeitraum und -ort, die 1600- bis annähernd 26000fache Menge an Sulfat zu Sulfid durch den Prozeß der dissimilatorischen Sulfatreduktion umgewandelt als in Form von H_2S aus dem Sediment freigesetzt wird. Obwohl die Sulfatreduktions- und H_2S-Emissionsraten Gemeinsamkeiten hinsichtlich des saisonalen und räumlichen Verlaufs aufwiesen, konnte nur eine indirekt quantitative Beziehung zwischen den beiden Prozessen nachgewiesen werden. Daraus leitet sich eine saisonal und räumlich variierende Beeinflussung des H_2S-Transfers von den verschiedenen H_2S-produzierenden und H_2S-konsumierenden Prozessen ab.

In guter Übereinstimmung zu den Befunden im Königshafen konnten Jørgensen & Ockholm-Hansen (1985) in verschiedenen dänischen Ästuargebieten ebenfalls eine im Vergleich zur Sulfatreduktion sehr geringe H_2S-Emission nachweisen. Aus den ermittelten Flußraten zwischen 0 und 8,52 µg H_2S-S m^{-2} h^{-1} und den entsprechenden Sulfatreduktionsraten zwischen 21,7 und 59,5 mg S m^{-2} h^{-1} berechneten die Autoren einen Anteil des freigesetzten H_2S zwischen unterhalb des Detektionslimits (10^{-6}) und $2*10^{-4}$. Grundsätzlich verdeutlichen die im Vergleich zur Menge des im Sediment zu Sulfid reduzierten Sulfats nur sehr niedrigen H_2S-Emissionen die Effizienz der verschiedenen chemischen und biogenen H_2S-Konsumptionsmechanismen (Jørgensen et al., 1990; Thamdrup et al., 1994). In küstennahen marinen Sedimenten werden 68 bis 96 % des reduzierten Sulfids über eine Reihe von metastabilen Zwischenprodukten, mit Oxidationsstufen des Schwefels zwischen -2 und + 6, sowohl auf abiotischem als auch auf biotischem Wege zu Sulfat zurückoxidiert (Jørgensen, 1977), während nur ein geringer Teil als Pyrit (FeS_2) fest im Sediment gebunden verbleibt (Kristensen et al., dieser Band; Canfield, 1994). In neueren Untersuchungen wird eine Beteiligung von Manganoxiden und verschiedenen Eisenverbindungen an der bakteriellen und chemischen Oxidation von H_2S zu Sulfat beschrieben (Canfield et al., 1993). Thamdrup et al. (1994) konnten eine Kombination von chemischer Oxidation von H_2S zu S durch MnO_2 bzw. FeOOH und anschließender bakterieller Disproportionierung zu H_2S und SO_4^{2-} nachweisen. Das dabei gebildete H_2S wird erneut chemisch zu S^0 oxidiert und durch biogene Disproportionierung von S^0 wiederum zu SO_4^{2-} oxidiert.

Aus Wattflächen mit Seegrasbewuchs wurde signifikant mehr H_2S als aus den entsprechenden Flächen ohne Seegrasbewuchs in die Atmosphäre abgegeben. Die im Juli/August 1992 im Sand- und Sand-Schlick-Watt durchgeführten Messungen ergaben durchschnittlich um 1,7- bis 1,5fach höhere H_2S-Emissionen aus Seegrasbereichen gegenüber unbewachsenen Sedimentbereichen (Abb. 8). Nach Barber & Carlson (1992), die in *Thalassia testudinum*-Seegrasbereichen (Florida, USA) neben CH_4- auch erhöhte CO_2- und H_2S-Konzentrationen im Porenwasser des Sedimentes nachweisen konnten, führt der durch Seegras induzierte erhöhte Eintrag von organischem Material in das Sediment zu höheren Umsatzraten und damit auch zu einer gesteigerten Produktion der beschriebenen Spurengase. Pollard & Moriarty (1991) konnten in schlickigen Seegrasbereichen (Queensland, Australien) um den Faktor 6 höhere Sulfatreduktionsraten gegenüber unbewachsenen Schlickflächen nachweisen. Die Autoren führten diesen Befund ebenfalls auf den höheren organischen Gehalt der Seegrassedimente zurück (s.o.). In Grünalgenbereichen konnte ein differenziertes Bild des H_2S-Transfers beobachtet werden. Im Mittel lagen die H_2S-Emissionen hier nur wenig und nicht signifikant über den in unbedeckten Bereichen ermittelten Werten.

Im Hinblick auf die kleinräumige Variation des H_2S-Transfers sind insbesondere die Steuerparameter O_2-Sedimentkonzentration und der Eintrag von abbaubarem organischem Material eng mit den Abundanzen von Makroflora, Mikrophytobenthos sowie von Mikro-, Meio- und Makrofauna verbunden (Kristensen, 1988; Binnerup et al., 1992) (vgl. Abb. 1). Neben der Verteilung des Mikrophytobenthos trägt die variierende Abundanz der Makrofauna, hier insbesondere von *Arenicola marina*, zu den beobachteten Variationen der Sulfatreduktionsraten im Königshafen bei (Jensen et al., 1992). So konnten die Autoren in stark durch *Arenicola marina* umgelagerten Sedimentkernen (Bioturbation) aufgrund des Eintrages von Sauerstoff in das Sediment um bis zu 86 % niedrigere Sulfatreduktionsraten als in *Arenicola*-freien Kernen ermitteln. Die Beeinflussung des H_2S-Transfers hängt aber nicht nur von den räumlich variierenden Sulfatreduktionsraten ab. Durch Bioturbation und andere Umlagerungsmechanismen wird nämlich auch die Oxidation reduzierter Schwefelverbindungen gefördert (Thamdrup et al., 1994).

Dimethylsulfid (DMS)

DMS ist die dominierende lösliche S-Verbindung im freien Ozean (Turner et al., 1988; Aneja & Overton, 1990). Es entsteht im Meerwasser überwiegend aus der Vorläufersubstanz DMSP (3-Dimethylsulfoniumpropionat), die in verschiedenen marinen Makroalgen, in erster Linie Chlorophyceae (Karsten et al., 1990), und in einer Vielzahl von Phytoplankton-Spezies aus unterschiedlichen taxonomischen Gruppen (Keller et al., 1989), aber auch von Cyanobakterien und einigen heterotrophen Flagellaten gebildet wird (Kiene, 1993). Die Aufspaltung von DMSP in DMS und Acrylsäure erfolgt in erster Linie enzymatisch, während der chemische DMSP-Abbau durch Hydrolyse bei pH-Werten unterhalb von 10 nur eine vernachlässigbar geringe Rolle spielt (Visscher & van Gemerden, 1991). Im Sediment kann DMS durch den Metabolismus aus verschiedenen Vorläufersubstanzen wie DMSP, Methionin und Methioninderivaten sowie anderen methylierten bzw. methoxylierten Verbindungen wie z. B. S-Methylcystein, Syringat, Dimetylsulfoxid (DMSO), Methylmercaptan (CH_3SH) und Dimethyldisulfid (DMDS) gebildet werden (Finster et al., 1990; Kiene, 1993). Insbesondere Sulfatreduzierer scheinen eine wichtige Rolle in der Umsetzung von methylierten Verbindungen und bei der Produktion von DMS zu spielen (Kiene & Capone, 1988; Finster et al., 1990).

Die im Rahmen dieses Teilprojektes an der Grenzfläche Sediment/Atmosphäre ermittelten DMS-Flußraten aus nicht mit Grünalgen überlagerten Wattflächen waren meist sehr niedrig und reichten von -0,03 ± 0,05 bis 2,32 ± 0,76 µg DMS-S m^{-2} h^{-1} (Abb. 8). Bezogen auf die Gesamtemission der untersuchten schwefelhaltigen Gase lag der DMS-Anteil in diesen Wattbereichen zwischen 3,1 und 23 %. Im Vergleich mit den DMS-Emissionen aus anderen marinen Ökosystemen liegen die im Sylt-Rømø-Wattgebiet ermittelten Flußraten im unteren Bereich der Literaturwerte. Die Mehrzahl der in der Literatur beschriebenen DMS-Transfermessungen in Küstenbiotopen wurden allerdings in nicht direkt den Königshafensedimenten vergleichbaren *Spartina*-bewachsenen Salzmarschflächen durchgeführt, die meist nur sporadischen Überflutungen ausgesetzt sind. In einer Zusammenstellung von Aneja (1990) werden mittlere DMS-Emissionen aus Salzmarschgebieten im Bereich zwischen 2,28 und 213,4 µg DMS-S m^{-2} h^{-1} angegeben. Die hohen DMS-Flüsse in *Spartina*-Marschgebieten resultieren nach Dacey et al. (1987) aus den hohen DMSP-Konzentrationen innerhalb der Pflanzen, während die Sedimente aus Salzmarschgebieten sogar eher eine Senke als eine Quelle für DMS darstellen. Kiene (1988) konnte einen DMS-Transfer zwischen Sedimentkernen aus *Spartina*-Marschgebieten und der Atmosphäre nur bei Hemmung der bakteriellen DMS-Konsumenten durch Zugabe von biologischen Inhibitoren beobachten. Unbehandelte Sedimentkerne zeigten keine DMS-Freisetzung. Aus diesem Befund folgerte Kiene (1988), daß die biologische Konsumption die Hauptsenke für das in marinen Sedimenten gebildete DMS darstellt. DMS wird in marinen Sedimenten durch eine Vielzahl verschiedener Bakteriengruppen sowohl unter aeroben Bedingungen von chemolithoautotrophen Schwefelbakterien (Visscher et al., 1991) und methylotrophen Bakterien (Taylor & Kiene, 1989) als auch anaerob von anoxigenen phototrophen (Visscher et al., 1990), methanogenen

(Kiene et al., 1986) und sulfatreduzierenden Bakterien (Kiene & Visscher, 1987) metabolisiert.

Im Gegensatz zu dem in einer Reihe von Veröffentlichungen beschriebenen ausgeprägten Einfluß von *Spartina* sp. auf den DMS-Transfer (Decay et al., 1987; Cooper et al., 1987) wurde eine Beeinflussung der DMS-Flüsse durch Seegrasbewuchs nicht nachgewiesen (Abb. 8). Dagegen wiesen Wattflächen mit Grünalgenbedeckung, in erster Linie mit *Enteromorpha* sp., zum Teil aber auch mit *Chladophora* sp. und *Ulva lactuca*, im Vergleich zu unbedeckten Wattflächen deutlich höhere Flußraten auf. Die mittleren DMS-Emissionsraten aus Grünalgenmatten lagen zwischen dem Faktor 10,7 und 18,6 über den in entsprechenden unbedeckten Wattbereichen ermittelten Werten (Abb. 8).

Insbesondere *Enteromorpha* sp. und *Ulva* sp. sind durch einen hohen DMSP-Gehalt charakterisiert (Karsten et al., 1990). Die DMSP- bzw. in geringerem Maße auch DMS-Freisetzung von Algen erfolgt nach Andreae (1992) im allgemeinen kontinuierlich in relativ niedrigen Raten, steigt aber um das mehrfache an, wenn die Organismen externem Streß wie Schwankungen des Salzgehaltes, physikalisch-mechanischen Beanspruchungen, z. B. durch Wellenbewegung, oder einer direkten Exposition an der Luft durch Trockenfallen ausgesetzt sind. Die in den Grünalgenflächen beobachtete tidale Periodik mit meist einem Anstieg der DMS-Flüsse bei fortschreitender Abtrocknung der Grünalgenmatten im Ebbeverlauf deutet auf eine Streß-induzierte DMSP- bzw. DMS-Freisetzung hin. Neben der direkten DMS-Abgabe der Grünalgen steht der ermittelte Anstieg der DMS-Flüsse wahrscheinlich in Zusammenhang mit der zunehmenden Metabolisierung des durch die Grünalgen in das Sediment eingetragenen DMSP und in geringerem Maße auch mit anderen von Grünalgen produzierten DMS-Vorläufersubstanzen.

Im Gegensatz zum Transfer an der Grenzfläche Sediment/Atmosphäre war DMS während der Flutphase die quantitativ dominierende gasförmige Schwefelverbindung mit einem Beitrag zwischen 39,4 und 92,8 % zur Gesamtkonzentration der im Meerwasser gelösten S-Verbindungen. Die gelöste DMS-Menge zeigte eine deutlich ausgeprägte saisonale Variation mit einer Bandbreite der mittleren Konzentrationen von 126,8 bis 423,4 ng S-DMS l^{-1} in den Monaten zwischen Mai und September und um das 8,4- bis 20,8fache niedrigere Werte von durchschnittlich 20,4 bis 28,4 ng S-DMS l^{-1} im März und April.

In der Mehrzahl der Veröffentlichungen wird eine saisonale Periodik des DMS-Konzentrationsverlaufs im Meerwasser mit höheren Werten im Sommer und niedrigeren im Winter beschrieben. Nach Andreae (1985) und Turner et al. (1989) sind die saisonal wechselnden DMS-Konzentrationen im Meerwasser in erster Linie das Resultat der saisonal variierenden Abundanzen des marinen Phytoplanktons. Obwohl bei einer Vielzahl von Phytoplanktonspezies DMSP nachgewiesen wurde, tragen allerdings nur wenige Klassen, in erster Linie die Dinophyceen und Prymnesiophyceen, signifikant zur DMSP- und DMS-Freisetzung bei (Keller et al., 1989).

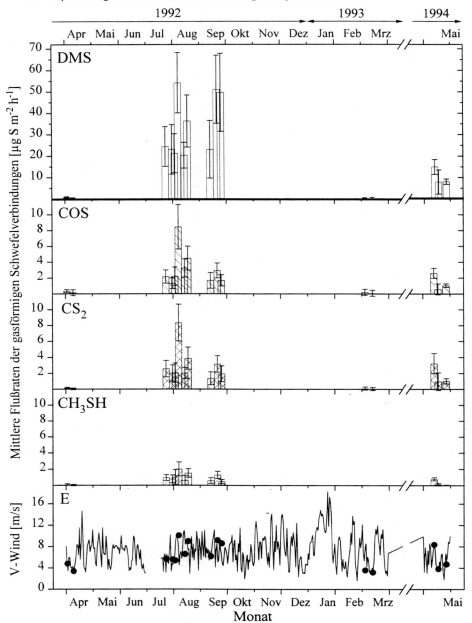

Abb. 9. Mittlere Transferraten der einzelnen gasförmigen S-Verbindungen zwischen Wasseroberfläche und Atmosphäre in µg S m^{-2} h^{-1} ± SD. Für die Berechnung der Flußraten wurden die mittleren S-Gas-Meerwasserkonzentrationen sowie die im Zeitraum der Meßintervalle vorherrschenden Windgeschwindigkeiten verwendet. E:Tagesmittel der Windgeschwindigkeiten (―――). Im Zeitraum der Meßintervalle vorherrschende Windgeschwindigkeiten (●)

3.1.4 Bedeutung gasförmiger Komponenten an den Grenzflächen 331

Im Nordsylter Wattenmeer wird ganzjährig in wöchentlichen Intervallen ein Phytoplankton-Monitoring durchgeführt, bei dem alle vorliegenden Spezies erfaßt und quantifiziert werden (Drebes & Halliger, BAH, List). Der Vergleich der Populationsdichten verschiedener Phytoplankton-Spezies mit den im Sylt-Rømø-Wattgebiete ermittelten S-Gas-Meerwasser-Konzentrationen ergab generell eine sehr gute Übereinstimmung zwischen dem saisonalen Verlauf der DMS-Meerwasser-Konzentrationen und dem saisonalen Verteilungsmuster der zur Klasse der Prymnesiophyceen gerechneten coccolithophoriden (Kalkflagellaten) Algenspezies *Phaeocystis globosa*.

Im Vergleich zu den Messungen innerhalb des Königshafens ergaben die Untersuchungen der S-Gas-Konzentrationen in den Tiefwasserrinnen und Außensandbereichen des südlichen und mittleren Sylt-Rømø-Wattgebietes eine weit höhere räumliche Variation. Die häufig, im Verlauf aufeinanderfolgender Tidenzyklen, periodisch wiederkehrenden Verteilungsmuster der DMS-Konzentrationen unterstreichen die Existenz verschiedener Wasserkompartimente im Sylt-Rømø-Wattgebiet, die als in sich relativ abgeschlossene Einheiten im Tidenwechsel mit der Nordsee ausgetauscht werden. Durch dieses Ergebnis werden, auf der Ebene der DMS-Meerwasser-Konzentrationen, Untersuchungen zur Hydrodynamik des Sylt-Rømø-Wattgebietes von Fanger et al. (dieser Band) bestätigt, nach denen ein Wasserkörper, der mit der Ebbe aus dem Sylt-Rømø-Wattgebiet ausströmt, bei unveränderten Windbedingungen zum größten Teil während der nächsten Flutphase wieder in das Wattgebiet eingetragen wird.

Aus den ermittelten DMS-Konzentrationen und den im Zeitraum der einzelnen Meßintervalle vorliegenden Wassertemperaturen und Windgeschwindigkeiten wurden für den Bereich des Königshafens mittlere Transferraten an der Grenzfläche Wasser/Atmosphäre zwischen $0,09 \pm 0,35$ µg S m^{-2} h^{-1} (März 1993) und $54,2 \pm 14,1$ µg S m^{-2} h^{-1} (August 1992) berechnet (Abb. 9). Von Staubes-Diederich (1992) wurde im August 1989 für die Nordsee und den Englischen Kanal in guter Übereinstimmung zu den sommerlichen Flüssen im Königshafen eine mittlere DMS-Transferrate zwischen Wasseroberfläche und Atmosphäre von 42 µg S m^{-2} h^{-1} ermittelt. Ebenfalls in der Nordsee und im Englischen Kanal konnten Turner et al. (1989) im Meßzeitraum August bis September eine mittlere DMS-Emissionsrate von 42,7 µg S m^{-2} h^{-1} berechnen.

Carbonylsulfid (COS) und Schwefelkohlenstoff (CS$_2$)

COS entsteht im Meerwasser durch photochemischen Abbau von biogen gebildeten organischen Schwefelverbindungen wie z. B. Cystein, Methionin, Glutathion und Dimethylsulfoniopropionat (DMSP) (Ferek & Andreae, 1984). Im Boden wird COS mikrobiell durch Proteinabbau gebildet (Bremner & Steele, 1978), während diese Verbindung in der Atmosphäre das Produkt der photochemischen CS$_2$-Spaltung darstellt (Kelly & Smith, 1990). Daneben scheint COS in marinen Sedimenten eine wichtige Rolle als Zwischenprodukt der biochemischen Oxidation von CS$_2$ zu spielen (Kelly & Baker, 1990; Kelly et al., 1993). Hinter DMS und H$_2$S, die aufgrund ihrer Vorläuferfunktion für die Bildung von Wolkenkondensationskeimen eine wichtige klimaregulatorische Wirkung in der marinen Troposphäre ausüben, spielt COS ebenfalls eine bedeutende klimawirksame Rolle, da diese S-Verbindung aufgrund ihrer Stabilität bis in die Stratosphäre aufsteigt und dort maßgeblich an der Ausprägung der stratosphärischen Sulfat-Aerosol-Schicht beteiligt ist. Diese Aerosol-Schicht trägt durch eine erhöhte Reflexion der Sonneneinstrahlung in der Stratosphäre zur Abkühlung der Troposphäre bei.

Der COS-Transfer zwischen Sediment und Atmosphäre zeigte in den fünf Untersuchungsjahren die niedrigste räumliche und zeitliche Schwankungsbreite aller erfaßten S-Spurengase. Die mittleren Flußraten reichten von $0,24 \pm 0,04$ µg COS-S m^{-2} h^{-1} bis $2,0 \pm 0,34$ µg COS-S m^{-2} h^{-1} und zeigten damit eine gute Übereinstimmung zu anderen Küstenbiotopen. Die im Rahmen dieser Arbeit erfaßten CS_2-Emissionen waren mit $0,30 \pm 0,06$ bis $2,23 \pm 0,17$ µg CS_2-S m^{-2} h^{-1} den COS-Flußraten quantitativ vergleichbar. Generell wurden die höchsten COS-Flußraten in den an organischem Material reichen Schlickwattbereichen beobachtet. In Abhängigkeit vom Untersuchungszeitraum lagen hier die mittleren Emissionen um das 1,2- bis 2,1fache über den entsprechenden Werten im Sand- und Sand-Schlickbereich. CS_2 wies im Zeitraum zwischen Mai und September sogar bis zu 5,4fach höhere Emissionsraten im Schlickwatt gegenüber den untersuchten Sandwattbereichen auf (Abb. 8). Es ist anzunehmen, daß die hohen COS- und CS_2-Emissionen im Schlickwatt aus dem höheren Gehalt an abbaubarem organischem Material, insbesondere schwefelhaltiger Proteine, resultieren. Sowohl Seegrasbewuchs als auch die Bedeckung des Sedimentes mit Grünalgen hatte eine leichte Reduktion der COS-Freisetzung zur Folge.

Im Vergleich zur im Meerwasser gelösten DMS-Menge zeigten die COS- und CS_2-Konzentrationen eine weit geringere Variationsbreite. Die ermittelten Werte lagen in den Flachwasserbereichen des Königshafen zwischen $4,6 \pm 2,0$ ng S l^{-1} und $52,1 \pm 1,9$ ng S l^{-1}, in den Tiefwasserrinnen häufig um mehr als den Faktor 2 niedriger. Vor dem Hintergrund der publizierten Literatur unterstreichen die Ergebnisse, daß tidenbeeinflußte Flachwasser-Küstenbereiche eine weit stärkere Quelle für atmosphärisches COS und CS_2 darstellen als Tiefwassergebiete. Der Vergleich der für den Bereich des Königshafens berechneten Transferraten an der Grenzfläche Wasser/Atmosphäre mit den gemessenen Flußraten zwischen Sediment und Atmosphäre zeigt, daß während der Meßzeiträume in den Monaten März und April der Transfer Sediment/Atmosphäre überwog, während in den Sommermonaten meist höhere COS- und CS_2-Emissionsraten während der Flutphase auftraten.

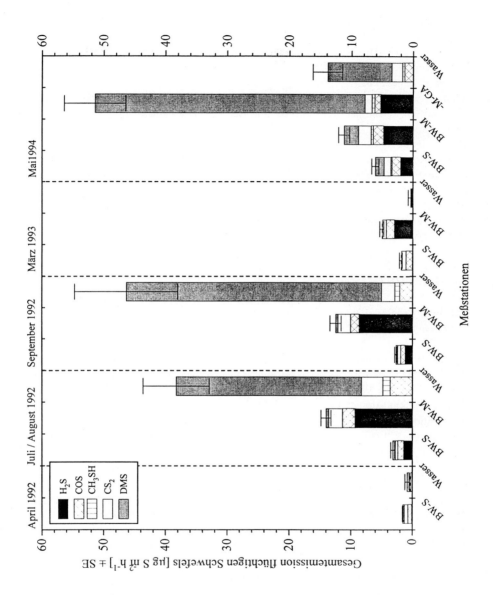

Abb. 10. Vergleich der mittleren Emissionsraten flüchtigen Schwefels an den Grenzflächen Sediment/Atmosphäre und Wasser/Atmosphäre. Die aufgeführten Mittelwerte wurden aus allen im entsprechenden Untersuchungszeitraum ermittelten Einzelwerten gebildet. Für die Berechnungen des S-Gas-Transfers zwischen Wasser und Atmosphäre wurden die im Zeitraum der Untersuchungen vorherrschenden Windgeschwindigkeiten und Wassertemperaturen verwendet

Gesamtemission gasförmigen Schwefels

Aufgrund der hohen Variabilität der eingehenden Parameter wies die Freisetzung gasförmigen Schwefels aus dem Wasserkörper eine hohe Streubreite auf, lag aber in der Regel in den Zeiträumen hoher Meerwasser-DMS-Konzentrationen deutlich, in Abhängigkeit insbesondere von der Windgeschwindigkeit, z. T. sogar um mehr als eine Zehnerpotenz, über den Transferraten zwischen Sediment und Atmosphäre. So lag in den Meßzeiträumen Juli/August und September die mittlere Gesamt-S-Emission im Zeitraum der Wasserbedeckungsphase mit 38,3 $\pm$ 5,4 bzw. 46,4 $\pm$ 8,4 µg S m^{-2} h^{-1} um das 3- bis 17fache über den entsprechenden mittleren Emissionsraten im trocken gefallenen Schlick- (BW-M) bzw. Sandwatt (BW-S) (Abb. 10). Im April und Mai waren die Verhältnisse zwischen Wasser/Atmosphäre und unbedecktem Sediment und Atmosphäre relativ ausgeglichen. Dagegen konnte im Mai im Schlickwattbereich mit Grünalgenbedeckung mit durchschnittlich 51,4 $\pm$ 5,0 µg S m^{-2} h^{-1} eine um annähernd 5fach höhere Gesamtfreisetzung gasförmigen Schwefels an der Grenzfläche Sediment/Atmosphäre als während der Wasserbedeckungsphase ermittelt werden (Abb. 10).

SCHLUSSBETRACHTUNG

Die hohe tidale, diurnale, saisonale und räumliche Schwankungsbreite der verschiedenen Spurengasflüsse illustriert die hohe Dynamik des Ökosystems Wattenmeer. Im Untersuchungszeitraum wurden eine große Anzahl von *in situ*-Messungen in verschiedenen Wattbereichen und Jahreszeiten durchgeführt, so daß trotz der Schwankungen insgesamt eine gute Abschätzung der Flußraten möglich war. Im Verbund mit verschiedenen Arbeitsgruppen des Projektes konnte in einigen Fällen eine kausale Rückführung der Flußraten auf die zugrundeliegenden Produktions- und Konsumptionsprozesse erreicht werden. Vor dem Hintergrund des zunehmenden Nährstoffeintrages in das Wattenmeer und der daraus resultierenden Ausdehnung anaerober Sedimentbereiche ist in Zukunft mit einer Zunahme der S-Gas-Emissionen, insbesondere von H_2S, COS und CS_2, aus dem Wattenmeer zu rechnen. Auch im Hinblick auf die Zunahme der Grünalgenmatten, die zeitweilig in bestimmten Bereichen des Sylt-Rømø-Wattgebietes große Sedimentflächen überdecken (Murphy, pers. Mitt.) und im Hinblick auf die Häufung von Algenblüten (*Phaeocystis globosa*) im freien Wasser, ist hier von einer stark zunehmenden DMS-Freisetzung aus dem Wattenmeer auszugehen. Da Wattenmeer-Gebiete im Vergleich zu den meisten terrestrischen Ökosystemen ohnehin durch eine höhere Freisetzung reduzierter S-Verbindungen charakterisiert sind, kann in Zukunft im Hinblick auf die zunehmenden H_2S- und DMS-Freisetzungsraten von einer gesteigerten regionalen Klimabeeinflussung durch diesen Naturgroßraum ausgegangen werden. Da die gerade auch auf globaler Ebene bedeutsamen COS- und CS_2-Emissionen eine positive Abhängigkeit zum Eintrag von Nährstoffen und organischem Material zeigen, muß allgemein aus der zunehmenden Nährstoffbelastung von Küstenregionen mit einer zunehmenden globalen Klimabeeinflussung durch diese Bereiche gerechnet werden.

DANKSAGUNG

Ein großer Dank an alle "HiWis", die während der verschiedenen Meßkampagnen unter häufig schwierigen Bedingungen sehr viel geleistet haben und auch in stressigen Situationen immer Ihre gute Laune behielten: Silke Müller, Dieter Büchsenschütz, Elke Schlüssel, Andreas Schramm, Stefan Bauer, Marion Paul, Susanne Maurer, Andreas Wolf, Michael Tölg, Jan Siemens, Bärbel Thoene, Susanne Kaplonek, Renate Vanzelow, Elisabeth Zumbusch. Herzlichen Dank auch an die Mitarbeiter des SWAP-Projektes und die Angestellten der BAH/List für die hervorragende Zusammenarbeit, die große Hilfsbereitschaft und das harmonische Arbeitsklima. Dank auch an die Bundeswehr, insbesondere an die Standortverwaltung List für die Bereitstellung des BW-Towers sowie an den Bundesminister für Bildung, Wissenschaft, Forschung und Technologie (BMBF) der die Arbeiten finanzierte.

LITERATUR

Andreae, M.O., 1985. The emission of sulfur to the remote atmosphere: background paper. In: The biogeochemical cycling of sulfur and nitrogen in the remote atmosphere. Ed by J. N. Galloway, 5-25.

Andreae, M.O., 1992. The global biogeochemical sulfur cycle - A review. In: Trace gases and the biosphere. Ed by D. S. Schimmel & B. Moore. UCAR/Office for Interdisziplinary Earth Studies. Boulder, Col., 87-128.

Aneja, V.P., 1990. Natural sulfur emissions into the atmosphere. - Journal of the Air and Waste Management Association 40, 469-476.

Aneja, V.P. & Overton, J.H., 1990. The emission rate of dimethyl sulfide at the atmospheric-oceanic interface. - Chemical Engineering Communications 98, 199-209.

Asmus, R. & Asmus, H., 1997. Bedeutung der Organismengemeinschaften für den bentho-pelagischen Stoffaustausch im Sylt-Rømø Wattenmeer. In: Gätje, C. & Reise, K. (Hrsg.): Ökosystem Wattenmeer - Austausch-, Transport- und Stoffumwandlungs-prozesse, Springer-Verlag, Heidelberg, Berlin, S. 257-302.

Asmus, R., Jensen, M.H., Murphy, D. & Doerffer, R., 1997. Primärproduktion von Mikrophytobenthos, Phytoplankton und jährlicher Biomasseertrag des Makrophyto-benthos im Sylt-Rømø Wattenmeer. - In: Gätje, C. & Reise, K. (Hrsg.): Ökosystem Wattenmeer - Austausch-, Transport- und Stoffumwandlungsprozesse, Springer-Verlag, Heidelberg, Berlin, S. 367-392.

Barber, T.R. & Carlson, Jr., P.R., 1992. Effects of seagrass die-off on benthic fluxes and porewater concentrations of ΣCO_2, ΣH_2S, and CH_4 in Florida Bay sediments, 530-549.

Bartlett, K.B., Bartlett, D.S., Harriss, R.C. & Sebacher, D.I., 1987. Methane emissions along a salt marsh salinity gradient. - Biogeochemistry *4*, 183-202.

Binnerup, S.J., Jensen, K., Revsbech, N.P., Jensen, M.H. & Sørensen, J., 1992. Denitrification, dissimilatory reduction of nitrate to ammonium, and nitrification in a bioturbated estuarine sediment as measured with ^{15}N and microsensor techniques. - Applied and Environmental Microbiology 58, No. 1, 303-313.

Bremner, J.M. & Steele, C.G., 1978. Role of microorganisms in the atmospheric sulfur cycle. In: Advances in Microbial Ecology. New York. Ed. by Alexander, M., Plenum, 155-201.

Bruns, R. & Meyer-Reil, L.-A., 1997. Benthische Stickstoffumsätze und ihre Bedeutung für die Bilanz gelöster anorganischer Stickstoffverbindungen im Sylt-Rømø Wattenmeer. - In: Gätje, C. & Reise, K. (Hrsg.): Ökosystem Wattenmeer - Austausch-, Transport- und Stoffumwandlungsprozesse, Springer-Verlag, Heidelberg, Berlin, S. 219-232.

Canfield, D.E., 1993. Organic matter oxidation in marine sediments. In: Interactions of C, N, P and S biogeochemical cycles and global change. Ed. by Wollast, R., Mackenzie, F.T. & Chou, L., NATO ASI Series I 4, 333-363.

Canfield, D.E., 1994. Factors influencing organic carbon preservation in marine sediments. - Chemical Geology 114, 315-329.

Canfield, D.E., Thamdrup, B. & Hansen, J.W., 1993. The anaerobic degradation of organic matter in Danish coastal sediments: Iron reduction, manganese reduction, and sulfate reduction. - Geochimica et Cosmochimica Acta 57, 3867-3883.

Capone, D.G. & Kiene, R.P. 1988: Comparison of microbial dynamics in marine and freshwater sediments: Contrasts in anaerobic carbon catabolism. - Limnol. Oceanogr. 33(4/2), 725-749.

Chalk, P.M. & Smith, C.J., 1983. Chemodenitrifikation. - Dev. Plant Soil Science 9, 65-89.

Conrad, R. & Rothfuss, F., 1991. Methane oxidation in the soil surface layer of a flooded rice field and the effect of ammonium. - Biology and Fertility of Soils 12, 28-32.

Cooper, W.J., Cooper, D.J., Saltzman, E.S., de Mello, W.Z., Savoie, D.L., Zika, R.G. & Prospero, J.M., 1987. Emissions of biogenic sulphur compounds from several wetland soils in Florida. - Atmospheric Environment 21, 1491-1495.

Crill, P.M., Harriss, R.C. & Bartlett, K.B. 1991: Methane fluxes from terrestrial wetland environments. In: Microbial production and consumption of greenhouse gases: methane, nitrogen oxides, and halomethanes. Ed by J. E. Rogers & W. B. Whitman. American Society for Microbiology, Washington D.C., 91-109.

Crill, P.M. & Martens, C.S., 1983. Spatial and temporal fluctuations of methane production in anoxic coastal marine sediments. - Limnol. Oceanogr. 28(6), 1117-1130.

Crill, P.M. & Martens, C.S., 1986. Methane production from bicarbonate and acetate in an anoxic marine sediment. - Geochimica et Cosmochimica Acta 50, 2089-2097.

Dacey, J.W.H., King, G.M. & Wakeham, S.G., 1987. Factors controlling emission of dimethylsulfide from salt marshes. - Nature 330, 643-645.

Dacey, J.W.H. & Wakeham, S.G., 1986. Oceanic dimethylsulfide: production during zooplankton grazing on phytoplankton. - Science 233, 1314-1316.

Drebes, G. & Halliger, H.: Phytoplankton-Monitoring, April 1992 bis Mai 1994 - Nordsylter Wattenmeer. Biologische Anstalt Helgoland, Wattenmeerstation List, List/Sylt.

Fanger, H.-U., Backhaus, J.O., Hartke, D., Hübner, U., Kappenberg, J. & Müller, A., 1996. Hydrodynamik im Lister Tidebecken: Messungen und Modellierung. - In: Gätje, C. & Reise, K. (Hrsg.): Ökosystem Wattenmeer - Austausch-, Transport- und Stoffumwandlungsprozesse, Springer-Verlag, Heidelberg, Berlin, S. 161-184.

Ferek, R.J. & Andreae, M.O., 1984. Photochemical production of carbonyl sulphide in marine surface waters. - Nature 307, 148-150.

Finster, K., King, G.M. & Bak, F., 1990. Formation of methylmercaptan and dimethylsulfide from methoxylated aromatic compounds in anoxic marine and fresh water sediments. - FEMS Microbiology Ecol. *74*, 295-302.
Focht, D.D. & Verstraete, W., 1977. Biochemical ecology of nitrification and denitrification. - Advances in Microbiological Ecology *1*, 135-214.
Hargrave, B.T. & Phillips, G.A., 1981. Annual *in situ* carbon dioxide and oxygen flux across a subtidal marine sediment. - Coastal and Shelf Science *12*, 725-737.
Harrison, R.M., Nedwell, D.B. & Shabbeer, M.T., 1992. Factors influencing the atmospheric flux of reduced sulphur compounds from North Sea intertidal areas. - Atmospheric Environment 26A, No. 13, 2381-2387.
Heyer, J., 1990. Der Kreislauf des Methans - Mikrobiologie / Ökologie / Nutzung. Akademie-Verlag Berlin.
Iversen, N. & Jørgensen, B.B., 1985. Anaerobic methane oxidation rates at the surface-methane transition in marine sediments from Kattegat and Skagerrak (Denmark). - Limnol. Oceanogr. *30(5)*, 944-955.
Jensen, H.B., Jørgensen, K.S. & Sørensen, J., 1984. Diurnal variation of nitrogen cycling in coastal, marine sediments, II. Nitrous oxide emission. - Marine Biology *83*, 177-183.
Jensen, M.H., Jensen, K.M. & Kristensen, E., 1992. Microbial ecology and biochemistry of sediments in Königshafen. Insitute of Biology, Odense Universty, Denmark. - SWAP - Sylter Wattenmeer Austauschprozesse, Zwischenberichte 1992.
Jensen, M.H., Jensen, K.M., Kristiansen, K.D. & Kristensen, E., 1994. Microbial ecology and biochemistry of sediments in Königshafen. Insitute of Biology, Odense University, Denmark. - SWAP - Sylter Wattenmeer Austauschprozesse, Zwischenberichte 1993.
Jørgensen, B.B., 1977. The sulfur cycle of a coastal marine sediment (Limfjorden, Denmark). - Limnol. Oceanogr. *22*, 814-832.
Jørgensen, B.B. & Bak, F., 1991. Pathways and microbiology of thiosulfate transformations and sulfate reduction in a marine sediment (Kategatt, Denmark). - Applied and Environmental Microbiol. 57, 847-856.
Jørgensen, B.B., Bang, M. & Blackburn, T.H., 1990. Anaerobic mineralization in marine sediments from the Baltic sea - North sea transition. - Marine Ecology Progress Series *59*, 39-54.
Jørgensen, B.B. & Okholm-Hansen, B., 1985. Emissions of biogenic sulfur gases from a danish estuary. - Atmospheric Environment *19*, No. 11, 1737-1749.
Jørgensen, K.S., Jensen, H.B. & Sørensen, J., 1984. Nitrous oxide production from nitrification and denitrification in marine sediment at low oxygen concentrations. - Canadian Journal of Microbiology *30*, 1073-1078.
Johnson, K.S., Pytkowicz, R.M. & Wong, C.S., 1979. Biological production and the exchange of oxygen and carbon dioxide across the sea surface in Stuart Channel, British Columbia. - Limnol. Oceanogr. *24(3)*, 474-482.
Karsten, U., Wiencke, C. & Kirst, G.O., 1990. The ß-dimethylsulphoniopropionate (DMSP) content of macroalgae from Antarctica and southern Chile. - Botanica Marina *33*, 143-146.
Keller, M.D., Bellows, W.K. & Guillard, R.R.L., 1989. Dimethyl sulfide production in marine phytoplankton. In: Biogenic sulfur in the environment. Ed. by E. S. Saltzman & W. J. Cooper. ACS Symposium Series 393, American Chemical Society. Washington D.C., 167-181.

Kelly, D.P., Malin, G. & Wood, A.P., 1993. Microbial transformations and biogeochemical cycling of one-carbon substrates containing sulphur, nitrogen or halogens. In: Microbial growth on C_1 compounds. Ed by J. C. Murrell & D. P. Kelly. Hampshire, 47-63.

Kelly, D.P. & Smith, N.A., 1990. Organic sulfur compounds in the environment: Biogeochemistry, microbiology, and ecological aspects. - Advances in Microbiological Ecology *11*, 345-385.

Kiene, R.P., 1988. Dimethyl sulfide metabolism in salt marsh sediments. - FEMS Microbiology Ecol. *53*, 71-78.

Kiene, R.P., 1991. Production and consumption of methane in aquatic systems. In: Rogers, J.E. & Whitman, W.B. (Hrsg.): Microbial production and consumption of greenhouse gases: methane, nitrogen oxides, and halomethanes. American Society for Microbiology, Washington D.C.: 111-146.

Kiene, R.P. (1993): Microbial sources and sinks for methylated sulfur compounds in the marine environment. In: Microbial growth on C_1 compounds. Ed by J. C. Murrell & D. P. Kelly.Hampshire, 15-33.

Kiene, R.P. & Capone, D.G., 1988. Microbial transformations of methylasted sulfur compounds in anoxic salt marsh sediments. - Microbial Ecology *15*, 275-291.

Kiene, R.P., Oremland, R.S., Catena, A., Miller, L.G. & Capone, D.G., 1986. Metabolism of reduced methylated sulfur compounds in anaerobic sediments and by a pure culture of an estuarine methanogen. - Applied and Environmental Microbiology *52*, No. 5, 1037-1045.

Kiene, R.P. & Taylor, B.F., 1988. Demethylation of dimethylsulfoniopropionate and production of thiols in anoxic marine sediments. - Applied and Environmental Microbiology *54*, 2208-2212.

Kiene, R.P. & Visscher, P.T., 1987. Production and fate of methylated sulfur compounds from methionine and dimethylsulfoniopropionate in anoxic salt marsh sediments. - Applied and Environmental Microbiology *53*, No. 10, 2426-2434.

Kieskamp, W.M., Lohse, L., Epping, E. & Helder, W., 1991. Seasonal variation in denitrification rates and nitrous oxide fluxes in intertidal sediments of the western Wadden Sea. - Marine Ecology Progress Series *72*, 145-151.

King, G.M., 1990. Dynamics and controls of methane in a Danish wetland sediment. - FEMS Microbiology Ecology *74*, 309-324.

King, G.M., Roslev, P. & Skovgaard, H., 1990. Distribution and rate of methane oxidation in sediments of the Florida Everglades. - Applied and Environmental Microbiology *56*, No. 9, 2902-2911.

Knowles, R., 1985. Microbial transformation as sources and sinks for nitrogen oxides. In: Plantary Ecology. Ed by J. A. Brierley. Van Nostraud Reinhold New York, 411-426.

Kristensen, E., 1988. Benthic fauna and biogeochemical processes in marine sediments: microbial activities and fluxes. In: Nitrogen cycling in coastal marine environments. Ed. by T. H. Blackburn & J. Sørensen. John Wiley & Sons Ltd., 275-299.

Kristensen, E. & Blackburn, T.H., 1987. The fate of organic carbon and nitrogen in experimental marine sediment systems: influence of bioturbation and anoxia. - Journal of Marine Research *45*, 231-257.

Kristensen E., Jensen M. H. & Jensen, K. M., 1997. Sulfur dynamics in sediments of Königshafen. - In: Gätje, C. & Reise, K. (Hrsg.): Ökosystem Wattenmeer - Austausch-, Transport- und Stoffumwandlungsprozesse, Springer-Verlag, Heidelberg, Berlin, S. 233-256.

Kuivila, K.M., Murray, J.W. & Devol, A.H., 1990. Methane production in the sulfate-depleted sediments of two marine basins. - Geochimica et Cosmochimica Acta 54, 403-411.
Kuo, J. & McComb, A.J., 1992. Seagrass taxonomy, stucture and development. In: Biology of seagrasses. Ed by A. W. D. Larkum, A. J. McComb & S. A. Shepherd. Aquatic Plant Studies 2, 20-35.
Lovley, D.R. & Phillips, E.J., 1987. Competitive mechanisms for inhibition of sulfate reduction and methane production in the zone of ferric iron reduction in sediments. - Applied and Environmental Microbiology 53: 2636-2641.
Mathieu, B., 1994. Freisetzung von Distickstoffoxid aus Wattsedimenten - untersucht am Beispiel der Tide-Elbe (Mühlenberger Loch) und eines küstennahen Wattgebietes (Königshafen/Sylt). Dissertation, Christian-Albrechts-Universität Kiel.
Murphy, D.: persönliche Mitteilung. SWAP - Sylter Wattenmeer Austauschprozesse, Arbeitsgruppe "Fernerkundung", GKSS-Forschungszentrum Geesthacht.
Oremland, R.S., 1988. Biogeochemistry of methanogenic bacteria. In: Biology of anaerobic microorganisms. Ed. by A. Zehnder. John Wiley & Sons Inc. New York, 641-705.
Oremland, R.S. & Taylor, B.F., 1978. Sulfate reduction and methanogenesis in marine sediments. - Geochimica et Cosmochimica Acta 42, 209-214.
Papen, H. & Rennenberg, H., 1990. Microbial processes involved in emissions of radiatively important trace gases. In: Transactions of the 14th international congress of soil science. - The International Society of Soil Science, Volume II, 232-237.
Pollard, P.C. & Moriarty, D.J.W., 1991. Organic carbon decomposition, primary and bacterial productivity, and sulphate reduction, in tropical seagrass beds of the Gulf of Carpentaria, Australia. - Marine Ecology Progress Series 69, 149-159.
Reeburgh, W.S. & Heggie, D.T., 1977. Microbial methane consumption reactions and their effect on methane distributions in freshwater and marine environments. - Limnol. Oceanogr. 22(1), 1-9.
Remde, A., 1989. Umsetzung von NO_x in Böden und Bodenmikroorganismen. Dissertation, Universität Konstanz: 1-171.
Rennenberg, H., 1989. Synthesis and emission of hydrogen sulfide by higher plants. In: Biogenic sulfur in the environment. Ed by E. S. Saltzman & W. J. Cooper. ACS Symposium Series 393, American Chemical Society. Washington D.C., 44-57.
Sebacher, D.I., Harriss, R.C. & Bartlett, K.B., 1985. Methane emissions to the atmosphere through aquatic plants. - Journal of Environmental Quality 14, No. 1, 40-46.
Skirrow, G., 1975. The disolved gas carbon dioxide. In: Chemical oceanography. Ed by J. P. Riley & G. Skirrow. Academic Press. London, 1-179.
Skyring, G.W., 1987. Sulfate reduction in coastal ecosystems. - Geomicrobiology Journal 5, No. 3/4, 355-374.
Sørensen, J. & Jørgensen, B.B., 1987. Early diagenesis in sediments from Danish costal waters: Microbial activity and Mn-Fe-S geochemistry. - Geochimica et Cosmochimica Acta 51, 1583-1590.
Staubes-Diederich, R., 1992. Verteilung von Dimethylsulfid, Carbonylsulfid und Schwefelkohlenstoff in Ozean und mariner Atmosphäre. Berichte des Instituts für Meteorologie und Geophysik der Universität Frankfurt/Main, 1-177.
Taylor, B.F. & Kiene, R.P., 1989. Microbial metabolism of dimethyl sulfide. In: Biogenic sulfur in the environment. Ed by E. S. Saltzman & W. J. Cooper. ACS Symposium Series 393, American Chemical Society. Washington D.C., 44-57.

Thamdrup, B., Fossing, H. & Jørgensen, B.B., 1994. Manganese, iron, and sulfur cycling in a coastal marine sediment (Aarhus Bay, Denmark). - Geochimica et Cosmochimica Acta *58*, No. 23, 1-15.

Turner, S.M., Malin, G., Liss, P.S., Harbour, D.S. & Holligan, P.M., 1988. The seasonal variation of dimethyl sulfide and dimethylsulfoniopropionate concentrations in nearshore waters. - Limnol. Oceanogr. *33(3)*, 364-375.

Turner, S.M., Malin, G. & Liss, P.S., 1989. Dimethyl sulfide and (dimethylsulfonio)propionate in European coastal and shelf waters. In: Biogenic sulfur in the environment. Ed by E. S. Saltzman & W. J. Cooper. ACS Symposium Series 393, American Chemical Society. Washington D.C.,183-200.

Visscher, P.T. & van Gemerden, H., 1991. Production and consumption of dimethylsulfoniopropionate in marine microbial mats. - Applied and Environmental Microbiology *57*, No. 11, 3237-3242.

Visscher, P.T., Quist, P. & van Gemerden, H., 1990. Photoautothrophic growth of *Thiocapsa roseopersicina* on dimethylsulfide. In: Microbial sulfur cycling in laminated marine ecosystems. Dissertation, Universität Groningen (Holland) 1992, 63-66.

Visscher, P.T., Quist, P. & van Gemerden, H., 1991. Methylated sulfur compounds in microbial mats: *in situ* concentrations and metabolism by a colorless sulfur bacterium. Applied and Environmental Microbiology *57*, No. 6, 1758-1763.

Williams, E.J. & Fehsenfeld, F.C.,1991. Measurement of soil nitrogen oxide emissions at three north american ecosystems. Journal of Geophysical Research *96*, No. D1, 1033-1042.

Williams, E.J., Hutchinson, G.L. & Fehsenfeld, F.C., 1992. NO_x and NO_2 emissions from soil. - Global Biogeochemical Cycles *6*, No. 4, 351-388.

Zaiss, U., 1984. Acetate, a key intermediate in the metabolism of anaerobic sediments containing sulfate. - Archiv für Hydrobiologie, Beiheft *19*, 215-221.

Zaiss, U., 1985. Schwefelwasserstoff- und Methanproduktion in den Watten vor Hooksiel (Innenjade). - Verhandlungen der Gesellschaft für Ökologie *13*, 55-64.

3.2
Lateraler Austausch von Nähr- und Schwebstoffen zwischen dem Nordsylter Wattgebiet und der Nordsee - ist das Watt Quelle oder Senke?

Lateral Exchange of Nutrients and Particulate Matter Between the Wadden Sea and the North Sea at the Island of Sylt

Gerald Schneider[1], Wolfgang Hickel[2] & Peter Martens[1]
[1]*Biologische Anstalt Helgoland, Wattenmeerstation Sylt, D-25992 List*
[2]*Biologische Anstalt Helgoland, Zentrale Hamburg, D-22607 Hamburg*

ABSTRACT

Between 1990 and 1994 a study was conducted to quantify the lateral exchange of nutrients and particulate matter between the Wadden Sea of Sylt and the adjacent North Sea. The ultimate goal was to decide whether or not the Wadden Sea acts as a sink or a source for the components studied. By comparing flood and ebb current median values obtained from some hundreds of measurements during the vegetation period (April-September) no net-release or -uptake could be found. For a small bay (the Königshafen), however, an uptake of phosphate and ammonia and a net-release of nitrite and silicate were observed during the summer months (June-August). Additionally, a couple of tides were studied intensively in late winter, summer and autumn. Lateral transport of components were calculated from hourly measurements multiplied by the actual volumes of water entering or leaving the area, and subsequent integration over the whole tidal cycle. The results imply that in late winter as well as during the autumn season a net-uptake of particles occurred whereas nutrients were in balance. During the summer, however, uptake of silicate, inorganic phosphate, total nitrogen and DOC were oberserved. The tidal exchange appears as a highly variable process and the results depend upon the time and space scales studied.

ZUSAMMENFASSUNG

Zwischen 1990 und 1994 wurde der laterale Austausch an Nährstoffen und partikulärem Material zwischen dem Sylt-Rømø Watt und der Nordsee untersucht. Das Ziel war die Beantwortung der Frage, ob das Watt als Quelle oder Senke für die jeweiligen Komponenten fungiert. Bei einem Vergleich der Mediane aus einigen Hundert Messungen während der "Vegetationsperiode" (April-September), konnte keine Netto-Aufnahme oder -Abgabe nachgewiesen werden. Dies gelang aber für das Untersystem des Königshafens für den Sommer (Juni-August), wobei eine Aufnahme von Phosphat und Ammonium, sowie die Abgabe von Nitrit und Silikat nachweisbar war. Zusätzlich wurden für den Spätwinter, den Sommer und den Herbst eine Reihe einzelner Tiden beprobt. In diesem Falle wurden stündlich erhaltene Meßwerte mit den zum Zeitpunkt der Probennahme fließenden Wassermassen multipliziert und die erhaltenen Werte anschließend linear integriert. Die Kalkulationen erbrachten sowohl für den Spätwinter als auch für den Herbst eine Aufnahme von partikulärem Material, während die Bilanzen für die gelösten Komponenten ausgeglichen waren. Im Sommer konnte dagegen ein Nettoimport von Phosphat, Silikat, Gesamtstickstoff und DOC festgestellt werden. Die Studie zeigte, daß der tidale Austausch höchst variabel ist und die betrachteten Raum-Zeit-Ebenen für die Ergebnisse eine große Rolle spielen.

EINLEITUNG

Für das Watt und die dort siedelnden Lebensgemeinschaften stellen die mit der Flut hereinfließenden Wassermassen die Lebensgrundlage dar. Sie führen den Organismen Nahrung in partikulärer und gelöster Form zu, dienen aber auch als Transportmittel für Abbauprodukte, Larven und bodenlebende Organismen. Diese allgemein akzeptierten Interaktionen führen zu Konzentrationsänderungen der Inhaltsstoffe des Meerwassers, so daß sich dessen Zusammensetzung während des Aufenthalts über dem Watt verändert. So konnten z. B. Prins & Smaal (1990) und Asmus et al. (1992) zeigen, daß Muschelbänke große Mengen an partikulärem Material aufnehmen, während im Gegenzug Exkretionsprodukte an den Wasserkörper abgegeben werden. Im Gegensatz zu dieser durch heterotrophe Organismen dominierten Gemeinschaft, nehmen z. B. Seegraswiesen Nährstoffe auf (Asmus, 1986, Asmus & Amus, dieser Band), wirken aber auch als Partikelfallen. Die besondere Bedeutung bohrender bzw. grabender Benthosorganismen für den Austausch an der Sediment - Wasser - Grenze ist allgemein anerkannt (Aller, 1988). Partikuläres Material wird weiterhin durch Flokkulation und Absinken während der Stillwasserphasen mit anschließender Festlegung durch epibenthische Diatomeen dem Wattboden zugeführt (Eisma, 1993) und dort vornehmlich durch Mikroorganismen remineralisiert (De Wilde und Beukema, 1984).

Durch die hier angedeuteten Prozesse können Wattgebiete, Ästuare und Salzmarschen für bestimmte Komponenten als Quelle oder als Senke in Erscheinung treten, wie dies, um nur einige Beispiele zu nennen, von Aller & Benninger (1981), Helder et al. (1983), Keizer et al. (1985) und Ande & Xisan (1989) festgestellt wurde.

Für die Deutschen Wattgebiete wurden bisher keine beckenweiten Stofftransport-Bilanzen vorgelegt, so daß über Quellen- bzw. Senkenfunktionen nur allgemeine Mutmaßungen möglich sind. Die Untersuchungen, auf die sich dieser Beitrag stützt, wurden vor dem Hintergrund der Arbeitshypothese durchgeführt, daß partikuläres Material im wesentlichen importiert, Nährstoffe dagegen aber exportiert werden (Postma, 1961, Lillelund et al., 1985). Explizit formuliert lauten die zu beantworteten Fragen:

1. Welche Mengen an Nährstoffen und partikulärem Material gelangen mit der Flut in eine Wattbucht, und wieviel fließt mit der Ebbe wieder hinaus?
2. Was lernen wir aus solchen Bilanzen für die Quellen-Senken-Frage?

MESSTRATEGIE UND METHODEN

Vor dem Hintergrund zu erwartender Variabilität der Massenflüsse wurden zwei Meßstrategien verfolgt, die drei unterschiedliche Zeit- und Raumebenen umfassen.

Konzentrationsvergleiche

Zwischen den Monaten April und September wurden in den Jahren 1990-1994 mit Hilfe der "Mya" an drei Stationen (Stationen 1-3, s. Abb. 1) wöchentlich zwei Beprobungen in 1 m Wassertiefe vorgenommen. Gemessen wurden die Parameter Nitrat, Nitrit, Ammonium, Phosphat, Silikat, sowie als Repräsentanten des partikulären Materials das Seston und das Chlorophyll a (Methoden s. u.). Die Proben wurden etwa immer zur gleichen Tageszeit genommen. Da sich der Tidenzyklus im Untersuchungsgebiet von Tag zu Tag um etwa eine dreiviertel Stunde verschiebt, ergibt sich aus den Daten ein Bild der mittleren Stoff-Konzentrationen im ein- bzw. ausströmenden Wasser des Nordsylter Wattenmeeres. Die Flut- und Ebbedaten wurden daher für den gesamten Untersuchungszeitraum zusammengefaßt betrachtet. Sollte das Wattgebiet auf längere Sicht als Quelle oder Senke für bestimmte Komponenten wirken, müssten sich, bei genügender Anhäufung von Beobachtungen, Konzentrationsunterschiede für die betroffenen Parameter herauskristallisieren. Es wurden daher Konzentrationsmediane für die einzelnen Parameter und Tidenlagen berechnet und anschließend mit dem Medianest auf Signifikanz geprüft. Die mit dieser Strategie untersuchte Raum-Zeit-Ebene ist großskalig und umfasst das gesamte Nordsylter Wattenmeer (etwa 400 km^2) und die "Vegetationsperiode" zwischen den oben genannten Monaten.

Mit einem zweiten Ansatz wurde versucht, Aussagen über eine kleinskaligere Integrationsebene zu erhalten. Dazu wurde an 22 Terminen in den Sommermonaten (Juni-August) 1990-1992 die "Mya" vor dem Ausgang des Königshafens verankert (Station K, Abb. 1) und im halbstündigen Rhythmus aus 1 m Wassertiefe über jeweils einen halben Tidenzyklus Proben gezogen. Quantifiziert wurden die oben genannten Nährstoffe, Seston, Chlorophyll a, POC, und partikulärer Stickstoff (PN). Auch für diesen Fall wurden die gesammelten Konzentrationsdaten auf Unterschiede zwischen Flut und Ebbe untersucht (Mediane, Medianest), was Aussagen über mögliche Quellen- oder Senkenfunktionen des Watts erlauben sollte. In diesem Fall umfaßt die Betrachtung lediglich einen Teil der "Vegetationsperiode" und bezieht sich auf ein räumlich viel kleineres Subsystem, das nur etwa 1 % des Sylt-Rømø Watts umfaßt.

344   Kapitel 3: Biogener Austausch und Stoffumwandlungen im Sylt-RømøWattenmeer

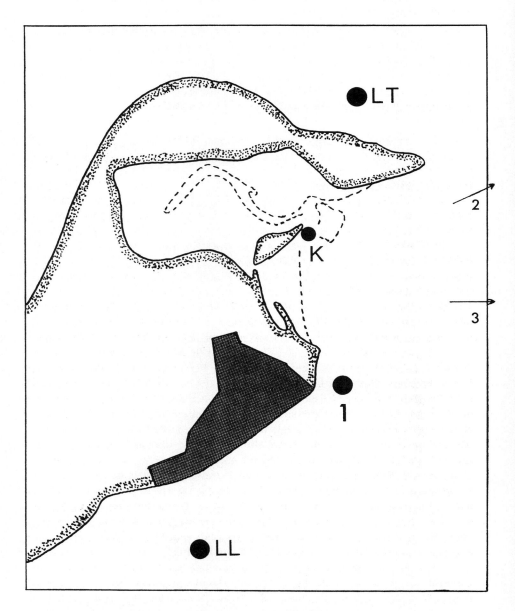

Abb. 1. Nordspitze der Insel Sylt mit den Stationen, die für die Untersuchung beprobt wurden. Die Stationen 2 und 3 liegen nordöstlich bzw. östlich des gezeigten Gebietes im Rømø Dyb und im Højer Dyb

Untersuchungen an Serien von Einzeltiden

Die Probennahme wurde hierbei mit Hilfe des Forschungsschiffes "Heincke" ausgeführt. Das Schiff wurde als schwimmende Meßplattform im August und Oktober 1993, sowie im März 1994 jeweils an einer Station im Lister Tief (LT) und in der Lister Ley (LL, Abb. 1) verankert. Beginnend bei Niedrig- oder Hochwasser wurden mit Hilfe eines Nansen-Kippschöpfers Wasserproben in stündlichen Intervallen aus 5 m Tiefe über mehrere sukzessive Tidenzyklen gewonnen. Die Meßtage und die Stations- bzw. Tidenverteilungen verhielten sich wie folgt: <u>Sommersituation:</u> 23./24.8.1993, Lister Tief (LT), Doppeltide; 28./29.8., Lister Ley (LL), Doppeltide. <u>Herbstsituation:</u> 13. bis 15.10. 1993, LL, vier Tidenzyklen; 17. bis 19.10., LT, vier Tidenzyklen. <u>Spätwinter:</u> 1. bis 3.3.1994, LL, vier Tidenzyklen; 5.-7.3., LT, vier Tidenzyklen.

Neben Temperatur und Salzgehalt wurden nach den gängigen wasseranalytischen Methoden (siehe Grasshoff et al., 1983, Hickel, 1984, Schneider & Martens, 1994) die bereits erwähnten Nährstoffe Nitrat, Nitrit, Ammonium, Phosphat und Silikat, sowie Gesamtstickstoff und DOC quantifiziert. Als Parameter für die Partikelfracht kamen hinzu: Seston-Trockengewicht, POC, PN und Chlorophyll <u>a</u>. Die relativen Fehler der Methoden lagen bei 5-7 %, für Seston aber bei 15 %.

Im Gegensatz zu den beiden anderen Ansätzen sollte es in diesem Fall aber nicht bei einer Betrachtung der über die untersuchten Tidenzyklen gemittelten Konzentrationen für Flut und Ebbe bleiben, sondern in Verbindung mit den Ergebnissen aus hydrographischen Beobachtungen versucht werden, Massenflüsse für konkrete Tiden zu berechnen. Als Grundlage dienten von der GKSS zur Verfügung gestellten Daten zum Wassertransport (in $10 m^3 s^{-1}$), die über eine spezielle mathematische Beziehung aus den Pegeldaten in List und Havneby errechnet wurden (Backhaus et al., dieser Band). Mit Hilfe dieser Volumendaten und den Meßwerten wurden durch Multiplikation für den Zeitpunkt der Pobennahme sogenannte momentane Flußraten (in $kg s^{-1}$) für die jeweiligen Parameter errechnet. Aus den für jede volle Stunde ermittelten Flußraten wurden anschließend mit Hilfe des bekannten Verfahrens der linearen Integration die Gesamttransportraten für die Flut- und Ebbphase errechnet, wobei sowohl die im Lister Tief als auch die in der Lister Ley gewonnen Daten für die Flußkalkulationen des Gesamtgebietes herangezogen wurden. Es fanden sich nämlich für die jeweiligen Tidenserien keine signifikant unterschiedlichen Meßwerte zwischen den beiden Stationen. Die Differenz zwischen den Gesamttransportraten bei Flut und Ebbe wird als Nettowert angegeben, der je nach Vorzeichen Nettoexport oder -import anzeigt. Allerdings wurden Nettowerte in der Ergebnispräsentation nur angegeben, wenn die Differenz 7 % (bei Seston 15 %) war. Diese Grenzen spiegeln die Ungenauigkeiten der Meßmethoden wider.

Die hier in der notwendigen Kürze dargestellte Berechnungsmethode ist in einer separaten Darstellung detaillierter erläutert. Da die Flußraten über die Aufintegration konkreter Zeitschritte von jeweils 1 Stunde Länge ermittelt wurden, sei dieses Verfahren der Kürze halber als "Zeitschrittverfahren" bezeichnet.

Dieser geschilderte Meßansatz umfasst das gesamte Sylt-Rømø Watt, ist also räumlich großskalig, aber durch die Betrachtung von Einzeltiden zeitlich engmaschig. Die vierte mögliche Raum-Zeit-Kombination, also räumlich wie zeitlich kleinskalig, konnte wegen technischer Probleme und aufgrund von Kapazitätsschwierigkeiten nicht durchgeführt werden.

ERGEBNISSE

Konzentrationsvergleiche

Die Resultate der Routinemessungen sind in Abb. 2 dargestellt. Es zeigten sich bei dem Vergleich zwischen den Flut- und Ebbewerten für keinen Parameter signifikante Unterschiede in den gemittelten Konzentrationen (Mediane). Daher scheint das Wattgebiet über den gesamten Betrachtungszeitraum im Massengleichgewicht zu stehen. Am ehesten kann noch für das Ammonium mit einem Nettoexport gerechnet werden, da der Ebbmedian - obwohl nicht signifikant - mit 0,74 µmol l^{-1} deutlich über dem Flutmedian lag (0,45 µmol l^{-1}). Dies entspräche einem mittleren tidalen Massenverlust von etwa 2 Tonne/Tide, ein durchaus realistischer Wert (s. u.). Kennzeichnend für diese Daten ist aber eine hohe Variabilität, die nur z. T. auf tidale Variation zurückzuführen sein dürfte. Bei einem derart langen Zeitfenster wirkt sich natürlich die saisonale - biologisch bedingte - Variation der Parameter störend aus, die mögliche Unterschiede zwischen dem einströmenden und ausströmenden Wasser überlagert und vielleicht verwischt.

Tabelle 1. Abgeschätzte mittlere tidale Massenflüsse zwischen der Lister Ley und dem Königshafen für den Sommer (in kg/Tide, Seston in Tonnen). Nettoexporte werden durch negative Zahlen angedeutet, Nettoimporte erscheinen ohne Vorzeichen

Parameter	Flut Import	Ebbe Export	Netto
Nitrat	43	49	0
Nitrit	14	20	-6
Ammonium	160	110	50
Phosphat	160	100	60
Silikat	300	410	-110
Seston	50	55	0
Chlorophyll a	14	13	0
POC	2500	2300	0
PN	250	290	0

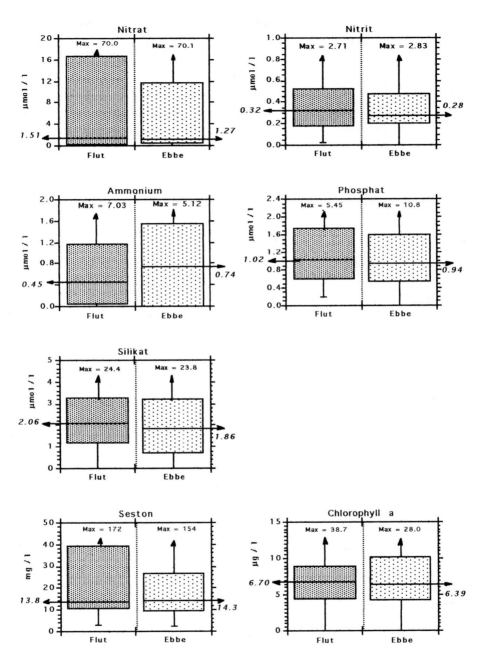

Abb. 2. Box-Whisker-Plots für den Vergleich von Konzentrationen der Mikronährstoffe, des Chlorophyll-a und des Seston im ab- und auflaufenden Wasser (Mittelwerte; Zeitraum 1990 bis 1994, jeweils April bis September)

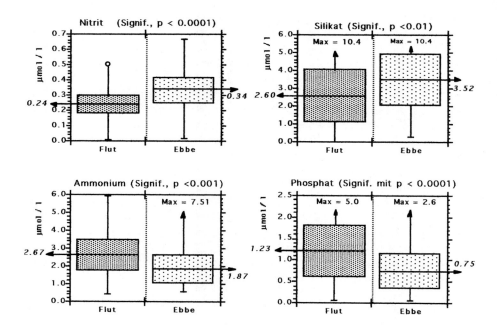

Abb. 3. Box-Whisker-Plots für den Vergleich von Konzentrationen der Mikronährstoffe Nitrit, Silikat, Ammonium und Phosphat im Königshafen. Mediane; Zeitraum 1990-1992, jeweils Juni bis August

Dies ändert sich aber, wenn man die Raum-Zeit-Skala verkleinert. Betrachtet man nur den Sommer - schaltet also somit die jahreszeitliche Variation im wesentlichen aus - so ergeben sich aus den Königshafenmessungen für einige Parameter durchaus signifikante Unterschiede (Abb. 3). Die Ebbewerte für Nitrit und Silikat sind signifikant höher, die für Ammonium und Phosphat signifikant niedriger als die Flutwerte.

Somit kann also für Nitrit und Silikat mit einem Nettoexport, für Ammonium und Phosphat mit einem Nettoimport gerechnet werden. Alle anderen gemessenen Parameter zeigten demhingegen keine signifikanten Untersschiede. Unterstellt man für den Königshafen ein tidales Austauschvolumen von $4,2 \times 10^6$ m^3 (Backhaus et al., dieser Band), so lassen sich die in der Tabelle 1 wiedergegebenen mittleren Massentransporte überschlägig kalkulieren.

Untersuchungen an Serien von Einzeltiden

Die Ergebnisse der Massenbilanzen aus den Messungen an Einzeltiden in der Lister Ley und dem Lister Tief sind in den Tabellen 3-5 niedergelegt. Die Berechnungen ergaben, daß während der meisten Tiden der Wasserzyklus nicht geschlossen war, d. h. es floß entweder mit der Flut mehr Wasser in das Gebiet hinein als mit dem Ebbstrom wieder ablief oder umgekehrt. Das hat zur Konsequenz, daß die zunächst berechneten Nettowerte für die Frage einer Quellen- oder Senkenfunktion nicht zu benutzen sind, da sie vor allem die Ungleichheit des Wasserhaushaltes widerspiegeln. Es wurden daher alle Transportraten auf ein einheitliches Wasservolumen von 500 Millionen m^3 bezogen (Normierung). Dieser Wert ergab sich als Median der berechneten Wassertransporte aller von uns untersuchten Tiden. Nur die dabei erhaltenen Nettowerte sind für die untersuchte Fragestellung aussagefähig. Um für die jeweiligen Jahreszeiten eine übersichtliche Darstellung zu schaffen, wurden die sich aus der Transportnormierung jeweils ergebenden Nettowerte über alle untersuchten Tiden gemittelt (Median ± Mediandeviation) und sind in Tabelle 2 aufgelistet. Zusätzlich errechneten wir für die Fälle, in denen Aufnahme oder Abgabe festzustellen waren, die relative Bedeutung dieser Nettoflüsse für den im Sylt-Rømø-Watt bei Niedrigwasser verbleibenden Bestand der jeweiligen Komponenten. Dieser Bestand wurde über die gemittelten Niedrigwasserkonzentrationen der Komponenten multipliziert mit der mittleren bei NW im Watt verbleibenden Wassermenge von 570 Millionen m^3 (Müller, pers. Mitt.) abgeschätzt.

Die Bilanzierungen ergaben für alle Parameter starke intertidale Variationen der Nettoflußrichtungen mit einem Wechsel von Import- und Exporttiden. In den wenigsten Fällen dominierte eine bestimmte Flußrichtung. Für den Spätwinter zeigten praktisch alle gelösten Komponenten insgesamt ausgeglichene Massenbilanzen, allerdings mit z. T. erheblicher Streuung um den Nullpunkt. Allein für Nitrit kann eine Quellenfunktion als nachweisbar angesehen werden, wobei der Massenverlust knapp 10 % der gesamten bei Niedrigwasser im Sylt-Rømø Watt vorhandenen Nitritmenge ausmachte. Klare Senkenfunktion konnte dagegen für das Seston und das Chlorophyll-a festgestellt werden, deren Beitrag in Höhe von 1/5 des Niedrigwasserbestandes ganz erheblich ist. Im Gegensatz dazu "verlor" das Watt POC und PN. Allerdings ist hier eine Aussage nur unter starken Vorbehalten möglich, da lediglich vier Tiden beprobt werden konnten, wovon sich lediglich zwei als klare Exporttiden erwiesen (LT-2 und LT-3, Tab. 3). Für diese beiden Tiden wurden aber auch Exporte für das Seston festgestellt. Es kann daher nicht ausgeschlossen werden, daß sich bei Beprobung aller acht Tiden auch für POC und PN eine Senkenfunktion ergeben hätte. Ein Hinweis auf die Mindestanzahl zu untersuchender Tiden, um repräsentative Aussagen zu erhalten?

Umgekehrt stellt sich die Situation für den Sommer dar. Nettobilanzen sind für das partikuläre Material nicht nachweisbar, POC tendiert zwar zu einer Aufnahme und Chlorophyll zur Abgabe, aber die Ergebnisse der Einzeltiden schwanken stark. Dagegen ergaben sich klare Situationen für einige gelöste Komponenten. Nitrat wurde während aller vier Tiden exportiert, wohingegen eine Senkenfunktion für Gesamt-N, Phosphat, Silikat, DOC und wahrscheinlich auch für DON beobachtet wurde. Der Vergleich mit den Niedrigwasserbeständen (NWB) zeigt, daß die Nettoraten ganz erhebliche Massenverschiebungen darstellen.

Tabelle 2. Zusammenstellung der gemittelten Nettoflüsse und Vergleich der Flüsse mit dem Bestand der einzelnen Komponenten, die bei NW im Sylt-Römö-Watt verbleiben (Median ± Mediandeviation, Tonnen/500*10^6 m^3 Wasseraustausch, Seston in Kilotonnen). Parameter, die keine positiven (Importe) oder negativen (Exporte) Nettoflüsse aufweisen, also im Massengleichgewicht stehen, sind weggelassen. NWB = Niedrigwasserbestand (Tonnen bzw Kilotonnen), % NWB = gemittelter Nettofluß ausgedrückt in % von NWB, n = Anzahl der untersuchten Tiden

Parameter	Bereich	Median ± MD	n	NWB	% NWB
Spätwinter - März 1994					
Nitrit	-5,0-0,0	-2,0 ± 0,0	8	22,0	-9
Seston	-6,0-13,0	4,2 ± 1,2	8	22,0	19
Chl. a	-1,3-0,6	0,4 ± 0,2	8	1,8	22
POC	-190,0-0,0	-65,0 ± 130,0	4	500,0	-13
PN	-15,0-0,0	-5,0 ± 10,0	4	60,0	-8
Sommer - August 1993					
Nitrat	-1,0-0,1	-0,7 ± 0,4	4	2,0	-33
DON	-10,0-18,0	7,0 ± 9,0	4	125,0	6
Gesamt-N	0,0-15,0	9,5 ± 3,0	4	160,0	6
Phosphat	-1,2-2,8	0,7 ± 1,1	4	8,0	9
Silikat	5,0-12,0	10,5 ± 1,5	4	40,0	26
DOC	-100,0-300,0	230,0 ± 50,0	4	1300,0	18
Chl.a	-0,4-0,3	-0,2 ± 0,2	4	2,1	-10
POC	0-140,0	13,0 ± 13,0	4	200,0	7
Herbst - Oktober 1993					
Nitrat	-14,0-8,0	-3,5 ± 3,0	8	45,0	-8
Seston	-1,5-5,5	0,9 ± 1,5	8	8,3	11
Chl. a	-0,7-0,9	0,6 ± 0,1	8	2,4	25
POC	-80,0-310,0	45,0 ± 65,0	8	500,0	9
PN	-9,0-12,0	6,5 ± 4,5	8	60,0	11

Tabelle 3. Die normierten Transportbilanzen für das Nordsylter Wattenmeer im März 1994 nach Messungen in der Lister Ley (LL) und dem Lister Tief (LT). Alle Angaben in Tonnen/500 Millionen m³ Wasseraustausch. Negative Werte in der Nettospalte = Nettoexport, Nettoimporte erscheinen ohne Vorzeichen

Parameter	1. Zyklus: LL-1			2. Zyklus: LL-2			3. Zyklus: LL-3			4. Zyklus: LL-4		
	Import	Export	Netto	Import	Export	Netto	Import	Export	Netto	Import	Export	Netto
Nitrat	520	500	0	600	615	0	640	680	0	590	660	-70
Nitrit	17	16	0	16	18	-2	16	17	0	16	18	-2
Ammonium	45	39	6	47	48	0	36	44	-6	45	40	5
DIN	580	550	0	660	680	0	700	750	-50	650	720	-70
DON												
Gesamt-N	800	780	0	780	760	0	750	740	0	720	730	0
Phosphat	21	23	-2	32	24	8	13	28	-15	24	25	0
Silikat	740	750	0	770	760	0	660	700	0	680	650	0
DOC	1500	1600	0	1500	1600	0	1900					
Seston	29000	16000	13000	22300	13000	9300	20400	15600	4800	18600	11200	7400
Chl.a	2,9	2,2	0,7	1,9	3,2	-1,3	2,4	1,8	0,6			
POC												
PN												

Parameter	5. Zyklus: LT-1			6. Zyklus: LT-2			7. Zyklus: LT-3			8. Zyklus: LT-4		
	Import	Export	Netto	Import	Export	Netto	Import	Export	Netto	Import	Export	Netto
Nitrat	680	670	0	680	620	60	610	660	-50	660	660	0
Nitrit	15	17	-2	15	16	0	13	18	-5	14	17	-3
Ammonium	27	32	-5	22	33	-11	26	27	0	27	29	-2
DIN	730	710	0	710	670	0	640	700	-60	700	710	0
DON	0	0	0	53	73	-20	70	0	70	0	0	0
Gesamt-N	720	700	0	770	740	0	710	710	0	740	730	0
Phosphat	32	26	6	28	29	0	26	47	-21	28	20	8
Silikat	600	610	0	550	620	-70	620	580	0	490	600	-110
DOC	1800	1500	300	2300	2200	0	1400	1900	-500	1500	2000	-500
Seston	19100	15500	3600	19600	25500	-5900	24500	27400	-2900	23600	23700	0
Chl.a	1,8	1,4	0,4	1,9	2,2	-0,3	2,1	2,0	0	2,5	1,9	0,6
POC	640	600	0	860	990	-130	880	1070	-190	990	930	0
PN	64	60	0	84	94	-10	95	110	-15	100	94	0

Tabelle 4. Die normierten Transportbilanzen für das Nordsylter Wattenmeer im August 1993 nach Messungen in der Lister Ley (LL) und dem Lister Tief (LT). Alle Angaben in Tonnen/500 Millionen m^3 Wasseraustausch. Negative Werte in der Nettospalte = Nettoexport, Nettoimporte erscheinen ohne Vorzeichen

Parameter	1. Zyklus: LT-1			2. Zyklus: LT-2			3. Zyklus: LL-1			4. Zyklus: LL-2		
	Import	Export	Netto	Import	Export	Netto	Import	Export	Netto	Import	Export	Netto
Nitrat	2,9	3,9	-1	1,1	2,1	-1	1,1	1,2	-0,1	0,6	0,9	-0,3
Nitrit	1,2	1,2	0	0,4	1,2	-0,8	0,7	0,4	0,3	0,1	0,4	-0,3
Ammonium	7,2	6,6	0,6	6,1	9,2	-3,1	8,8	6,0	2,8	6,8	7,4	-0,6
DIN	11	12	-1	7	13	-5	11	8	3	7,5	8,7	-1,2
DON	116	98	18	107	93	14	113	106	0	94	104	-10
Gesamt-N	145	135	10	135	126	9	150	135	15	140	140	0
Phosphat	5,4	6,6	-1,2	6,8	5,9	0,9	9,9	7,1	2,8	5,4	4,9	0,5
Silikat	45	33	12	33	28	5	40	28	12	38	29	9
DOC	1400	1100	300	1200	1300	-100	1100	850	250	1300	1100	200
Seston	4700	4900	0	5500	4100	1400	2200	2600	-400	2600	2600	0
Chl. a	2,3	2,4	0	2,2	1,9	0,3	1,5	1,9	-0,4	1,4	1,8	-0,4
POC	175	150	25	145	140	0	300	160	140	220	220	0
PN	18	25	-7	21	20	0	26	21	5	39	27	12

3.2 Lateraler Austausch von Nähr- und Schwebstoffen

Tabelle 5. Die normierten Transportbilanzen für das Nordsylter Wattenmeer im Oktober 1993 nach Messungen in der Lister Ley (LL) und dem Lister Tief (LT). Alle Angaben in Tonnen/500 Millionen m³ Wasseraustausch. Negative Werte in der Nettospalte = Nettoexport, Nettoimporte erscheinen ohne Vorzeichen

	1. Zyklus: LL-1			2. Zyklus: LL-2			3. Zyklus: LL-3			4. Zyklus: LL-4		
Parameter	Import	Export	Netto	Import	Export	Netto	Import	Export	Netto	Import	Export	Netto
Nitrat	26	28	-2	36	28	8	37	40	-3	40	30	0
Nitrit	2,8	3,3	-0,5	3,5	4,3	-0,8	4,3	4,1	0	4,3	4,4	0
Ammonium	28	32	-4	33	33	0	34	32	0	35	34	0
DIN	54	61	-7	74	67	7	78	75	0	82	76	6
DON	52	64	-12	26	36	-10	80	75	0	99	81	18
Gesamt-N	160	170	0	180	175	0	200	190	0	210	195	15
Phosphat	11	5	6	4,6	5,6	-1	8,3	7	1,3	12	9	3
Silikat	81	81	0	91	89	0	99	90	9	91	104	-13
DOC	1500	1500	0	1400	1200	200	1350	1500	-150	1400	1400	0
Seston	3900	4900	-1000	7000	8500	-1500	8600	6600	2000	13000	6500	5500
Chl. a	2,2	2,3	0	2,3	3	-0,7	3,2	2,8	0,4	2,9	2,3	0,6
POC	530	390	140	510	600	-80	380	420	-40	630	320	310
PN	54	45	9	80	72	8	42	40	0	29	38	-9

	5. Zyklus: LT-1			6. Zyklus: LT-2			7. Zyklus: LT-3			8. Zyklus: LT-4		
Parameter	Import	Export	Netto	Import	Export	Netto	Import	Export	Netto	Import	Export	Netto
Nitrat	32	38	-6	31	45	-14	34	38	-4	30	40	-10
Nitrit	3,8	3,5	0,3	3,6	3,5	0	4,0	3,4	0,6	3,5	2,9	0,6
Ammonium	34	29	5	32	30	0	28	29	0	31	27	4
DIN	71	71	0	67	68	0	67	71	0	64	70	-6
DON	87	88	0	90	87	0						
Gesamt-N	190	190	0	190	180	0						
Phosphat	8,8	8,6	0	5,3	9,6	-4,3	7,4	8,0	-0,6	6,5	8,2	-1,7
Silikat	98	99	0	100	92	8	92	86	6	74	93	-19
DOC	1600	1500	0	1400	1400	0						
Seston	6300	5300	1000	8000	4200	3800	4900	4100	800	4300	3700	600
Chl. a	2,3	1,7	0,6	2,7	1,8	0,9	2,7	2,1	0,6	3,0	2,4	0,6
POC	320	230	90	260	200	60	185	160	25	220	190	30
PN	32	31	0	33	25	12	35	25	10	36	31	5

Die Herbstsituation gleicht fast völlig den Märzergebnissen. Von den gelösten Komponenten ergab sich nur für Nitrat eine Quellenfunktion, alle anderen Parameter zeigten ausgeglichene Bilanzen. Für das partikuläre Material wurde wieder Senkenfunktion errechnet, wobei die Nettomassenflüsse wieder einen erheblichen Anteil im Vergleich zum Niedrigwasserbestand der jeweiligen Komponenten ausmachten.

Nimmt man die untersuchten Tiden als repräsentativ an, so erscheint die Sylt-Rømø-Bucht vornehmlich als Senke. Für Partikel im Frühjahr und Herbst, für gelöste Komponenten im Sommer.

Neben den bisher dargestellten Parametern wurden in gleicher Weise Bilanzen für bestimmte Phytoplanktonarten aufgestellt, die den gleichen Proben entstammten und nach der Utermöhl-Technik quantifiziert wurden. Die Daten wurden uns freundlicherweise von M. Elbrächter zur Verfügung gestellt. Allerdings haben wir nur jeweils die Arten berücksichtigt, die zusammen mehr als 80 % der aktuellen Zellzahlen ausmachten (Tab. 6).

Tabelle 6. Ergebnis der Bilanzierungen für dominante Phytoplanktonarten. Angegeben sind jeweils der Bereich und die gemittelten normierten Nettoraten in 10^{15} Zellen pro 500 Millionen m^3 Wasseraustausch.

Art	Bereich	Median ± MD	n
Spätwinter - März 1994			
Brockmanniella brockmanii	-2,3-6,5	1,1 ± 2,3	8
Skeletonema costatum	-4,1-3,3	-0,8 ± 1,6	8
Sommer - August 1993			
Rhizosolenia delicatula	-96-22	-14 ± 35	4
Rhizosolenia shrubsolei	-0,8-0,0	-0,5 ± 0,3	4
Herbst - Oktober 1993			
Brockmanniella brockmannii	-0,7-1,2	0,2 ± 0,4	8
Rhizosolenia delicatula	-1,3-0,7	0,0 ± 0,4	8
Rhizosolenia shrubsolei	-0,6-0,5	-0,3 ± 0,3	8
Thalassiosira mendiolana	-0,5-0,9	-0,2 ± 0,3	8

3.2 Lateraler Austausch von Nähr- und Schwebstoffen 355

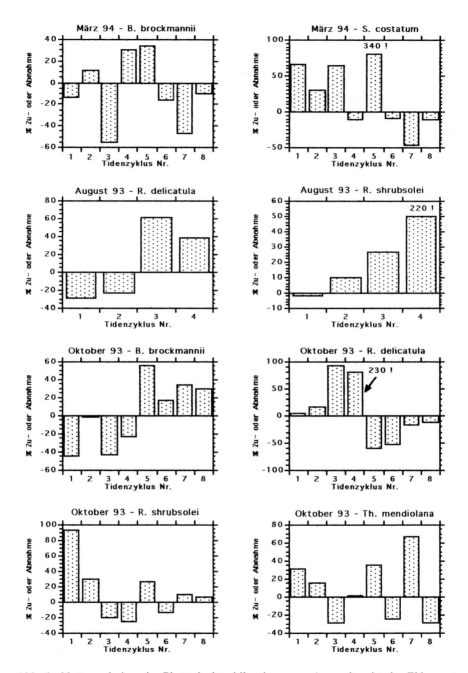

Abb. 4. Nettoergebnisse der Phytoplanktonbilanzierungen. Angegeben ist der Ebbexport in % des Flutimportes. Positive Werte zeigen an, daß die Produktion die "konsumierenden" Prozesse übertraf, negative das Gegenteil

Die Berechnungen zeigten für die einzelnen Arten unterschiedliche Ergebnisse. So wurde *Brockmanniella brockmanii* in den beiden Jahreszeiten, in denen sie dominant war, aufgenommen, während vor allem die *Rhizosolenia*-Arten abgegeben wurden. Auch *Thalassiosira* wurde exportiert. Für die *Rhizosolenia*-Arten ist bekannt, daß sie aus der Nordsee in das Watt eingetragen werden, wo sie sich gut entwickeln (Martens & Elbrächter, dieser Band). Daher ist ihr Export ein Spiegelbild guter Wachstumsbedingungen im Watt. Das läßt sich z. B. für die *Rh. delicatula* während der Augustmeßphasen nachvollziehen (Abb. 4). Die Tidenzyklen 1 und 2 zeichnen sich durch Konsumtion aus, wobei 30 bzw. 23 % der Zellen "verschwinden". Dem steht jedoch ein Bestandszuwachs von 40 und 60 % in den Tiden 3 und 4 gegenüber. Dabei wurden jedoch aufgrund höherer Ausgangskonzentrationen gleich viele bzw. mehr Zellen produziert als während der Tiden 1 bzw 2 überhaupt in der Sylt-Rømø-Bucht vorhanden waren. Auch *Skeletonema costatum* zeigte im März hohe Wachstumsraten. Von den 8 beprobten Tiden erwiesen sich zwar vier als Konsumtionstiden mit einer mittleren Bestandsverminderung von dreimal rund 10 % und einmal 50 %, dem aber vier Produktionstiden gegenüberstehen in denen der Bestand um 65-340 % zunahm. *Brockmanniella brockmannii* dagegen ist eine Art, die dem Wattenmeer angehört. Sie zeigte im März ein mehr oder weniger ausgewogenes Verhältnis zwischen Produktion und Verlust.

Im Oktober schien dagegen eine Tendenz zu einer zeitlichen Entwicklung vorhanden zu sein. *Rh. delicatula* entwickelte sich offenbar in den ersten vier Tiden sehr gut, wurde dann aber entweder heftig konsumiert oder konnte nicht mehr gut wachsen. Demgegenüber zeigte *B. brockmanii* während der letzten vier Tiden starke Exporte, die auf gute Produktionsverhältnisse schließen lassen. Dieses gegenteilige Verhalten der beiden Arten mag in ihrer Biologie begründet sein, da *Rh. delicatula* als holopelagische Art möglicherweise schneller von günstigen Bedingungen profitieren kann als die mit benthischen Zwischenstadien ausgestattete *B. brockmanii*. Die anderen beiden Arten zeigten keine zeitlich geordnete Entwicklung.

Der naheliegende Gedanke, die Chlorophyllex- oder -importe mit den bilanzierten Zellzahlen zu erklären, ergab kein positives Resultat. Lediglich für den August konnte eine schwache Abhängigkeit gefunden werden, ist aber nur durch die vier Tiden zu belegen und mit einer hohen Streuung behaftet. Der größte Teil des Chlorophyll dürfte somit nicht den gezählten Diatomeen, sondern wahrscheinlich kleinen Nanoplanktern entstammen. Allein die sehr hohen Zellzahlen von *Rh. delicatula* im August (75000-1000000 Zellen l^{-1}) wirkten sich im Chlorophyll-Fluß aus.

Abschließend sei noch erwähnt, daß es auch nicht gelang, irgendwelche Nährstoffflüsse mit den Diatomeentransporten zu erklären.

DISKUSSION

Erstellung und Vergleich von Massenbilanzen für ganze Buchten stellen vornehmlich ein methodisches Problem dar, wobei bezüglich der Messungen, der Meßdichte und der Bilanzerstellung kaum zwei Studien miteinander zu vergleichen sind. Methodische Erörterungen müssen daher am Anfang dieser Diskussion stehen. Tab. 7 gibt einen Überblick über die Vielfalt der Ansätze und den in den einzelnen Gebieten erzielten Ergebnissen. Die zeitliche Abdeckung ist sehr unterschiedlich, muß aber für die meisten Studien als gering angesehen werden, wenn es um Jahresbilanzen geht. Die zeitlich adäquate Abdeckung ist aber schon für die Erstellung von Massenbilanzen vergleichsweise kurzer Zeiträume kritisch, erbrachten doch unsere Messungen an den Einzeltidenserien erhebliche intertidale Variationen mit möglicher Umkehr der Netto-Flußrichtungen von einer zur nächsten Tide. In den meisten der aufgelisteten Studien wurden Einzel- oder Doppeltiden in mehr oder weniger weiten Abständen über das Jahr verteilt untersucht, was nach den hier vorgelegten Ergebnissen nicht ausreichend ist. Die Betrachtung der Variation weist nämlich darauf hin, daß eine deutlich höhere Zahl beprobter Tiden nötig ist, um ein für die Jahreszeit repräsentatives Bild zu erhalten, wobei vier bis fünf sukzessive Tidenzyklen wohl als Minimum angesehen werden müssen. Doppeltiden können nämlich unter Umständen zu fehlerhaften Aussagen führen, wobei in gewissen Grenzen der Zufall entscheidet, wie das Ergebnis ausfällt. Als Beispiel sei das Seston im Oktober in der Lister Ley genannt. Wäre in diesem Zeitraum eine Doppeltide beprobt worden, die unseren Tiden LL-1 und LL-2 entspräche, so hätte sich ein mittlerer Nettoexport von etwa 1250 Tonnen pro Tide ergeben (siehe Tab. 5), wäre die Studie zufällig zwei Tidenzyklen später gestartet (entsprechend LL-3 und LL-4), so wäre ein mittlerer Import von rund 3800 Tonnen pro Tide konstatiert worden, während die Kombination LL-2 + LL-3 eine ausgeglichene Bilanz ergeben hätte.

Ein weiterer Problemkreis ist die eigentliche Bilanzierung, d. h. die Berechnung von Massentransporten aus Konzentrationsmessungen und Volumentransporten. Hier hat bereits Boon (1980) darauf hingewiesen, daß eine Kalkulation über die Beziehung $M_c \times V_{ges.}$ zu gravierenden Fehlern führen kann, wobei M_c das aus allen Beobachtungen während der Ebbe oder der Flut berechnete Konzentrationsmittel, $V_{ges.}$ das in dieser Phase insgesamt geflossene Wasservolumen bedeuten.

Gangbar sei lediglich die Berechnung über $C_i \times V_i$, wobei C und V die aktuellen, in verschiedenen Zeitschritten i gemessenen Parameterkonzentrationen und Wasservolumina sind. Hintergrund ist die Überlegung, daß hohe Konzentrationen z. B. bei partikulärem Material häufig zu Beginn der Flut bzw. am Ende der Ebbe auftreten (Resuspension). Da zu diesen Zeitpunkten aber nur geringe Wasservolumina bewegt werden, ist der Beitrag zum gesamten Massenfluß gering. Konsequenterweise haben wir diesen Ansatz - in verfeinerter Form - berücksichtigt.

Tabelle 7. Darstellung methodischer Diversität bei der Erstellung lateraler Austauschraten anhand ausgewählter Beispiele aus der Literatur.
S = Sommer, W = Winter

Autoren	Gebiet	Meßmethodik	Meßfrequenz	Ergebnis
Asmus & Asmus (dieser Band)	Sylt-Rømø-Bucht	Strömungskanal,	häufig, April - September	Partikelimport, Nährstoffexport
Asmus (1986)	Königshafen	Bell-jars	monatlich 1 x	Jahr: Senke für DIN, Quelle für Si
Hendriksen et al. (1984)	Hobo Dyb (Dänem.)	Bell-jars + Konz. im Wasser	1-2 Tiden alle 2-3 Monate für 2 J.	Winter: Export von $NO_3 + NH_4$
Ruttgers v. d. Loeff et al. (1981)	Dollard	Bell-jars + Porenwasserprofile	5 x im Jahr mind. 1 Tide	Jahr: Import von $NH_4 + NO_x + Si$
Helder et al. (1983)	Ems-Dollard-Ästuar	Konz. im Wasser + Porenwasserprofile	monatlich (2 J) und 6 J zweiwöchige Meßphasen im S + W	Jahr: Import von NH_4, Abgabe von $NO_x + Si$
Correll (1981)	Rhode River Estuary	Konz. im Wasser	Integrierte Wochenproben (1 J) Proben fixiert !	Jahr: Senke für Närstoffe u. Partikel
Keizer et al. (1989)	Bay of Fundy	Konz. im Wasser + Bell-jar-Messungen	Monatlich April - November 79 + August 80	Import von NO_3 im Sommer, sonst Export, immer Export von Si
Valiela et al. (1978)	Great Sippewissett Marsh	Konz. im Wasser	20 Tiden über 1 Jahr	Jahr: Export von DIN, P, POC, PN
Lanza Espino & R. Medina (1993)	Mexikanische Lagune	Konz. im Wasser	Doppeltiden	Export von DIN, Import von TN, TP und POC
Ande & Xisan (1989)	Xiangshan Bay (China)	Konz. im Wasser	Mehrere Doppeltiden in unterschiedl. Jahreszeiten	Export von N, P, Si
Whitfield (1988)	Svartvlei-Ästuar (Afrika)	Seegrasdetritus Konz. im Wasser	20 Tidenzyklen übers Jahr	Jahr: Aufnahme im oberen Ästuar und Abgabe ins Meer

Die andersgeartete Form der Bilanzierung, nämlich die flächenbezogene Hochrechnung von Austauschraten zwischen Sediment oder bestimmten Gemeinschaften und dem freien Wasser findet auch bei Anwendung moderner Methoden (Strömungskanal) ihre Limitation in der Annahme, daß Raten, die zu verschiedenen Zeitpunkten an unterschiedlichen Gemeinschaften ermittelt wurden, sich nach Mittelung gegeneinander verrechnen lassen. Entscheidender ist aber, daß keine Aussagen erzielt werden, ob z. B. ein berechneter "Überschuß" an Material wirklich das Gebiet verläßt. Darüberhinaus werden die Prozesse im freien Wasser außer acht gelassen. Unsere Phytoplanktonbilanzierungen für den August legten den Schluß nahe, daß vor allem während der beiden Tiden LL-1 und LL-2 (3. und 4. Zyklus) ein starkes Wachstum von *Rhizosolenia delicatula* stattfand, was ja nur unter Bindung erheblicher Mengen an Nährstoffen stattfinden kann. Solche Ereignisse werden in dem flächenbezogenen Ansatz natürlich nicht berücksichtigt, der aber als grobe Abschätzung durchaus seinen Wert hat und darüberhinaus den Vorteil aufweist, Informationen über die Stoffflüsse im Gebiet zu erhalten.

Weitere kritische Punkte bei der Bilanzerstellung sind die Fragen nach der Anzahl der zu beprobenden Stationen und ob mehrere Tiefen innerhalb der Wassersäule untersucht werden sollen. Eine Frage, die im Prinzip mit "ja" beantwortet wird, die aber nur auf Kosten anderer Bedingungen durchzuführen ist. Während der Arbeiten für diese Studie wurde ja jeweils nur eine Station und eine Tiefe beprobt. Mehr war zeitlich bei elf Meßparametern und stündlicher Probennahme nicht durchzuführen. Mehr Stationen oder mehr Tiefen hätten entweder weniger Parameter oder - was wahrscheinlicher ist - eine geringere Probenfrequenz bedeutet. Hohe Probenfrequenz ist aber auf jeden Fall vorzuziehen. Vornehmlich aus diesem Grund weist auch die hier vorgelegte Budgetierung gewisse Unzulänglichkeiten auf, die sich aus organisatorischen Gründen auch nur auf drei Meßphasen konzentrieren konnte. Bilanzierungen wie diese oder den in der Tabelle 7 aufgeführten müssen "Löcher" enthalten, da eine befriedigende Berücksichtigung aller Variablen selbst in einem so gut koordinierten und unterstützten Projekt wie SWAP schlicht unmöglich ist. Dieses Problem tritt aber bei Instituten im "Normalbetrieb" verschärft in den Vordergrund.

Helfen da Mittelwertbetrachtungen weiter? Im ersten Teil der Ergebnisse waren ja nur Konzentrationsvergleiche, ohne nachfolgende Verrechnung mit den strömenden Wasservolumina, vorgestellt worden. Nach den Ausführungen im Zusammenhang mit der Literaturstelle von Boon (1980) mögen Zweifel an der Brauchbarkeit dieses Ansatzes nahe liegen. Aus diesem Grund haben wir für 10 Datensätze aus den Studien an Einzeltiden den Median berechnet, einen Mediantest durchgeführt und die Implikationen aus dem Medianvergleich für die Nettoflußrichtung und -höhe mit den Ergebnissen aus dem Zeitschrittverfahren verglichen (Tab. 8). Von den 10 Datensätzen für die mittels des Zeitschrittverfahrens Nettoex- oder -importe berechnet wurden, zeigten nur 5 signifikant unterschiedliche Mediankonzentrationen.

Tabelle 8. Vergleich der gemittelten Konzentrationen (Median ± Median-Standardfehler, MSF) für die untersuchten Datensätze. In der letzten Spalte werden die Nettoflußraten (Tonnen/500 Millionen m³) aus dem Medianvergleich (MV) mit denen über das Zeitschrittverfahren ermittelten Flußraten (ZV, Tab. 2) verglichen

Datensatz	Flutstrom		Ebbstrom		P	MV	ZV
	Median ± MSF	n	Median ± MSF	n			
Nitrit-März 94	2,16 ± 0,09	52	2,39 ± 0,00	48	< 0,01	-1,60	-2,00
Nitrat-August 93	0,13 ± 0,01	18	0,25 ± 0,10	25	< 0,05	-0,84	-0,65
Nitrat-Oktober 93	4,56 ± 0,25	51	5,08 ± 0,20	50	n. s.	0	-3,50
Silikat-August 93	2,53 ± 0,19	18	1,76 ± 0,30	22	< 0,10	10,8	10,50
Gesamt-N-August 93	20,7 ± 0,50	19	18,7 ± 0,40	22	n. s.	0	9,50
Seston-März 94	42,5 ± 2,60	52	36,5 ± 2,00	48	< 0,10	3000	4200
Chlorophyll-März 94	4,50 ± 0,20	46	3,90 ± 0,30	43	< 0,10	0,30	0,40
POC-März 94	1710 ± 169	26	1727 ± 124	25	n. s.	0	-65,00
POC-Oktober 93	663 ± 56	48	574 ± 59	49	n. s.	0	45,00
PN-März 94	174 ± 15	26	168 ± 11,00	25	n. s.	0	-5,00

Kalkuliert man aus den Mediandifferenzen für diese Daten die Nettoraten in Tonnen/500 Millionen m³ Wasseraustausch, so zeigt sich eine befriedigende Übereinstimmung mit den Ergebnissen aus dem Zeitschrittverfahren. Das heißt, der Medianvergleich erlaubt - sofern ein signifikantes Ergebnis erzielt wird - nicht nur Aussagen über die Nettoflußrichtung, sondern auch über die etwaige Höhe des Nettoflusses. Leider wird aber nicht für alle Datensätze ein signifikanter Unterschied berechnet, was an der geringen Trennschärfe (Effizienz) des Mediantestes liegt. Dies zeigen zwei Datensätze, die die Vorraussetzungen für den t-Test erfüllten. Für das Nitrat im Oktober wurde mit dem t-Test ein signifikanter Unterschied der Mittelwerte gefunden, obwohl der Mediantest kein positives Resultat erbrachte. Die aus den Mittelwertdifferenzen zu berechnende Nettorate beläuft sich auf -4,2 Tonnen im Vergleich zu -3,5 Tonnen nach dem Zeitschrittverfahren. Ähnlich sieht es für den Gesamtstickstoff im August aus. Der t-Test ergab signifikant verschiedene Mittelwerte, deren Differenz einen Nettoimport von 10,5 Tonnen ergeben, während nach dem Zeitschrittverfahren 9,5 Tonnen berechnet wurden. Es lassen sich also auch durch Mittelwertvergleiche Richtung und etwaige Höhe von Nettoflüssen angeben, nur sind die Bedingungen für den t-Test in den seltensten Fällen (zumindest bei den SWAP-Daten) erfüllt. Dasselbe galt für den U-Test.

Zusätzlich zu den bisher genannten 10 Datensätzen wurden Medianvergleiche auch für fünf Datensätze durchgeführt, bei denen das Zeitschrittverfahren eine ausgeglichene Bilanz, also keinen Nettoimport oder -export ergab. Ohne eine weitere Tabelle zu geben, sei mitgeteilt, daß für Phosphat-März, DOC-März, Ammonium-August, Ammonium-Oktober und Gesamt-N-Oktober keine signifikanten Unterschiede beobachtet wurden. In diesem Fall stimmen somit die Implikationen aus dem Medianvergleich mit den Ergebnissen aus dem Zeitschrittverfahren überein. Es kommt also nicht zu einer "Vortäuschung" von Nettoflüssen.

Versucht man eine abschließende Bewertung, so ergibt sich, daß das Instrument des Medianvergleichs ein nützliches und sinnvolles Hilfsmittel für die Beurteilung der Quellen- bzw. Senkenrolle des Wattenmeeres ist. Durch die geringe Effizienz des Testes kann aber Information verloren gehen. Nichtsignifikante Unterschiede können daher sowohl eine ausgeglichene Bilanz als auch gewisse Nettoflüsse widerspiegeln. So gesehen ist der Medianvergleich aber auch ein vorsichtiges Hilfsmittel: Es müssen schon ausgeprägte Unterschiede vohanden sein, bis Nettoflüsse statistisch nachweisbar sind. Aus diesem Grund dürfen wir auch den von uns weiter oben gegebenen Austauschraten für den Königshafen trauen.

Wie sieht es nun aber insgesamt mit der Senken- oder Quellenrolle des Sylt-Rømø Watts aus? Faßt man alle unsere Ergebnisse zusammen, so ist für die Vegetationsperiode von April bis Oktober mit keinem erheblichen Nettoaus- oder -eintrag zu rechnen. Allerdings konnten Senken- und Quellenfunktionen bei kurzzeitiger bzw. kleinräumiger Betrachtung nachgewiesen werden, wobei Senkenfunktionen generell dominierten. Basierend auf ihren Daten aus den Messungen mit dem Strömungskanal errechnen Asmus & Asmus (dieser Band) für das Eulitoral des Sylt-Rømø Watts auf der Zeitebene der "Vegetationsperiode" eine Senkenfunktion für POC und PN, sowie für den Gesamtstickstoff und den Gesamtphosphor. Bei Einbeziehung des Sublitorals ergab sich aber Quellenfunktion für alle Parameter. Dies bedeutet natürlich nicht, daß nicht andere Nettoflußrichtungen während spezieller Situationen angetroffen werden können. Solch eine Situation hat offensichtlich im August 1993 vorgelegen, wo deutliche Aufnahmen für verschiedene Nährstoffe festgestellt werden konnten. Die Massenentwicklung von *R. delicatula*, dürfte eine große Menge Nährstoffe gebunden haben, die dann zu den beobachteten Aufnahmen führten. Unklar bleibt indes die Rolle des anorganischen Stickstoffs während dieser Tiden, denn obwohl die Bilanzierungen für Phosphat, Silikat und TN Aufnahmen ergaben, mit dem vorgegebenen Szenario also vereinbar sind, wurde DIN eher exportiert. Besonders merkwürdig ist der durchgängig nachzuweisende Export von Nitrat, was eher im Zuge des Remineralisierungsgeschehens im Winterhalbjahr zu erwarten wäre. Es handelt sich hierbei aber nicht um ein artifizielles Ergebnis aus der Bilanzierung, da die signifikant verschiedenen Flut- und Ebbmediane die Abschätzungen bestätigen (Tab. 8). Das Problem muß an dieser Stelle offen bleiben. Das atomare N:P - Verhältnis war mit 3.5:1 im Ebbstrom tendenziell etwas höher als während der Flut mit 3.0:1, was möglicherweise als kombiniertes Resultat aus Phosphat-Aufnahme und DIN-Abgabe anzusehen ist. Letztendlich zeugt das atomare Verhältnis aber deutlich von einer sommerlichen N-Limitation des Gebietes, wie es auch von Asmus & Asmus (dieser Band) beschrieben ist. Unsere Messungen im Königshafen zeigten für die

Sommer 1990-1992 ein nur wenig anderes Bild. Sieht man von einem geringen Nitritexport ab, wurden sowohl Ammonium als auch Phosphat aufgenommen, während Silikat exportiert wurde. Auch in diesem Fall scheint Nährstoffmangel vorzuherrschen, wobei für das Silikat vor allem das Wachstum von epibenthischen bzw. planktischen Diatomeen eine entscheidende Rolle spielen dürfte. Vor allem die epibenthischen Diatomeen stellen einen wirksamen Filter für den Austausch Sediment-Wasser dar, die letztendlich zu Aufnahmen von Ammonium führen können (Bruns & Meyer-Reil, dieser Band). Nach diesen Ergebnissen muß im Hochsommer vornehmlich mit einer Aufnahme von Nährstoffen gerechnet werden. Diese Sichtweise widerspricht teilweise den Extrapolationen in Asmus & Asmus (dieser Band), wobei aber bedacht werden muß, daß diese Berechnungen für die Periode April-Oktober gelten, unsere dagegen nur für Juni-August.

Die Ergebnisse für das Frühjahr und den Herbst stimmen in auffälliger Weise überein und sind durch Partikelkonsumtion und ausgeglichene Nährstoffbilanzen gekennzeichnet, wobei für den Herbst die Partikelaufnahme sowohl durch die Seston- und Chlorophyll- als auch die POC- und die PN-Daten gesichert ist. Im Frühjahr ist das Bild etwas uneinheitlich und vor allem durch Sestonaufnahmen begründet, da aus technischen Gründen nur dieser Parameter durchgehend quantifiziert werden konnte. Erhält das Watt in diesen Jahreszeiten, in denen wahrscheinlich die heterotrophen, also vornehmlich konsumierenden, Lebensgemeinschaften den Stoffluß dominieren einen großen Materialzuschuß?

Wahrscheinlich nur in den flacheren Gebieten, dem Eulitoral. Die Kalkulationen von Asmus & Asmus (dieser Band) ergaben unter Einbeziehung von Eu- und Sublitoral Exporte an POC und PN, während Senkenfunktion für das Eulitoral berechnet wurde. Gerade in den flacheren Bereichen können die Partikel - noch beschleunigt durch Flockulation (Chen et al., 1994, Ten Brinke, 1994) - schon durch physikalisches Absinken den Boden erreichen, wo sie schnell durch epibenthische Diatomeen festgelegt werden (Eisma, 1993). Dazu kommt die aktive Filtration durch die Muscheln oder die Schaffung von strömungsgeschützten Bereichen durch Seegräser (Asmus & Asmus, dieser Band). In den tiefen Rinnen des Sylt-Rømø Watts dagegen treten im Vergleich zum flachen Eulitoral hohe Stromgeschwindigkeiten auf, was zu Resuspensionserscheinungen besonders an den Rändern und dem Rinnenboden führen kann. Genau die Bereiche, die wir nicht beproben konnten. Allerdings zeigten bei 6 Meßfahrten (25.-27. August 1992) tiefenabhängige Beprobungen keinen grundsätzlichen Gradienten im Sestongehalt. Der mittlere Sestongehalt (Median) betrug in 1 m Tiefe 7,9 ± 1,7, in 15 m Tiefe 8,9 ± 1,8 und in 27 m Tiefe 8,0 ± 2,2 mg l^{-1} (n jeweils 6). So dürfte zumindest bei einigermaßen ruhigen Wetterlagen kein wesentlicher Gradient vorhanden gewesen sein. Allerdings darf in diesem Zusammenhang nicht die Rolle des Wetters vergessen werden, da bei Sturmsituationen vor allem im Eulitoral große Materialmengen in Bewegung geraten können, die aufgelagerte Schichten einschließlich der sie bewohnenden Organismen wieder abtragen (Austen, 1994; Armonies, 1994). Sturmsituationen fördern nach den Berechnungen von Asmus & Asmus (dieser Band) die Quellenfunktion des Watts für alle Parameter.

3.2 Lateraler Austausch von Nähr- und Schwebstoffen

Bewerten wir die gesamten hier vorgelegten Daten, vor allem die Konzentrationsmessungen für die April-Oktober-Periode und berücksichtigen auch die Ergebnisse anderer Teilprojekte, so erscheint uns das Sylt-Rømø-Watt eher als Quelle oder im Gleichgewicht stehend denn als Senke. In den eulitoralen Bereichen, kleineren Subsystem und im eigentlichen Hochsommer kann dagegen Senkenfunktion angenommen werden. Letzteres lehrt auch die Wiederbesiedlung und Biomasseakkumulation im Königshafen nach heftigen Eiswintern Ende der siebziger, Anfang der achtziger Jahre (Schneider & Martens, 1994). Das Beispiel zeigt auch den Einfluß der Besiedlung auf den Nährstoffhaushalt: Nach der großen Zerstörung der oberirdischen Makrofauna und -flora durch das Eis verlor der Königshafen in jeder Tide der folgenden Sommer etwa 350 kg Silikat und 60 kg Ammonium und hatte eine ausgegliche Phosphatbilanz. Nach den Messungen der SWAP-Kampagnen ist der Export des Silikats bei inzwischen wieder dichter Besiedlung auf 110 kg/Tide geschrumpft. Ammonium und Phosphat werden nun mit 50 bzw. 60 kg/Tide importiert.

LITERATUR

Aller, R. C., 1988. Benthic fauna and biogeochemical processes in marine sediments: The role of burrow structures. - In: Nitrogen cycling in coastal marine environments. Ed.by T. H. Blackburn & Sørensen. SCOPE. John Wiley & Sons Ltd., 301-338

Aller, R. C. & Benninger, L. K., 1981. Spatial and temporal patterns of dissolved ammonium, manganese, and silica fluxes from bottom sediments of Long Island Sound, U. S. A. - J. Mar. Res. *39*, 295-314.

Ande, F. & Xisan, J., 1989. Tidal effect on nutrient exchange in Xiangshan Bay, China. . Mar. Chem. *27*, 259-281.

Armonies, W., 1994. Drifting meio- and macrobenthic invertebrates on tidal flats in Königshafen: A review. - Helgoländer Meeresunters. *48*, 299-320.

Asmus, R., 1986. Nutrient flux in short-term enclosures of intertidal sand communities. - Ophelia *26*, 1-18.

Asmus, H., Asmus, R. M., Prins, T. C., Dankers, N., Francés, G., Maaß, B. & Reise, K., 1992. Benthic-pelagic flux rates on mussel beds: Tunnel and tidal flume methodology compared. - Helgoländer Meeresunters. *46*, 341-361.

Asmus, R. & Asmus, H., 1997. Bedeutung der Organismengemeinschaften für den bentho-pelagischen Stoffaustausch im Sylt-Rømø Wattenmeer. - In: Gätje, C. & Reise, K. (Hrsg.): Ökosystem Wattenmeer - Austausch-, Transport- und Stoffumwandlungsprozesse, Springer-Verlag, Heidelberg, Berlin, S. 257-302.

Austen, G., 1994. Hydrodynamics and particulate matter budget of Königshafen, southeastern North Sea. - Helgoländer Meeresunters. *48*, 183-200.

Backhaus, J., Hartke, D., Hübner, U., Lohse, H. & Müller, A., 1997. Hydrographie und Klima im Lister Tidebecken. - In: Gätje, C. & Reise, K. (Hrsg.): Ökosystem Wattenmeer - Austausch-, Transport- und Stoffumwandlungsprozesse, Springer-Verlag, Heidelberg, Berlin, S. 39-54.

Boon, J. D. III, 1980. Comment on "Nutrient and particulate fluxes in a salt marsh ecosystem: Tidal exchanges and inputs by precipitation and groundwater" (Valiela et al.). - Limnol. Oceanogr. *25*, 182-183.

Bruns, R. & Meyer-Reil, L.-A., 1997. Benthische Stickstoffumsätze und ihre Bedeutung für die Bilanz gelöster anorganischer Stickstoffverbindungen im Sylt-Rømø Wattenmeer. - In: Gätje, C. & Reise, K. (Hrsg.): Ökosystem Wattenmeer - Austausch-, Transport- und Stoffumwandlungsprozesse, Springer-Verlag, Heidelberg, Berlin, S. 219-232.

Chen, S., Eisma, D. & Kalf, J., 1994. In situ size distribution of suspended matter during the tidal cycle in the Elbe estuary. - Neth. J. Sea Res. *32*, 37-48.

Correll, D. L., 1981. Nutrient mass balances for the water shed, headwaters intertidal zone, and basin of the Rhode River Estuary. - Limnol. Oceanogr. *26*, 1142-1149.

De Wilde, P. A. W. J. & Beukema, J. J., 1984. The role of zoobenthos in the consumption of organic matter in the Dutch Wadden Sea. - Neth. J. Sea Res. *10*, 145-159.

Eisma, D., 1993. Suspended matter in the aquatic environment. - Springer-Verlag, Berlin, 315 pp.

Grasshoff, K., Ehrhardt, M. & Kremling, K., 1983. Methods of seawater analysis. Verlag Chemie, Weinheim, 419 pp.

Helder, W., De Vries, R. T. P. & Ruttgers van der Loeff, M. M., 1983. Bahavior of nitrogen nutrients and dissolved silica in the Ems-Dollard estuary. - Can. J. Fish Aquat. Sci. *40*, (Suppl. 1), 188-200.

Henriksen, K., Jensen, A. & Rasmussen, M. B., 1984. Aspects of nitrogen and phosphorus mineralization and recycling in the northern part of the Danish Wadden Sea. - Neth. J. Sea Res. - Publication Series *10*, 51-69.

Hickel, W., 1984. Seston retention by Whatman GF/C glass-fiber filters. - Mar. Ecol. Prog. Ser. *16*, 185-191.

Keizer, P. D., Hardgrave, B. T. & Gordon, D. C. Jr., 1985. Sediment-water exchange of dissolved nutrients at an intertidal site in the upper reaches of the Bay of Fundy. - Estuaries *12*, 1-12.

Lanza Espino, G. de la & Rodríguez Medina, M. A., 1993. Nutrient exchange between subtropical lagoons and the marine environment. - Estuaries *16*, 273-279.

Lillelund, K., Berghahn, R. & Diercking, R., 1985. Veränderungen im Phosphatgehalt des Wassers nahe der Nordstrander Bucht (östliche Nordsee) im Verlauf einer Tide.- Int. Revue ges. Hydrobiol. *70*, 101-112.

Martens, P. & Elbrächter, M., 1997. Zeitliche und räumliche Variabilität der Mikronährstoffe und des Planktons im Sylt-Rømø Wattenmeer. - In: Gätje, C. & Reise, K. (Hrsg.): Ökosystem Wattenmeer - Austausch-, Transport- und Stoffumwandlungsprozesse, Springer-Verlag, Heidelberg, Berlin, S. 65-79.

Postma, H., 1961. Transport and accumulation of suspended matter in the Dutch Wadden Sea.- Neth. J. Sea Res. *1*, 148-190.

Prins, T. C. & Smaal, A. C., 1990. Benthic-pelagic coupling: The release of inorganic nutrients by an intertidal bed of Mytilus edulis. - In: Trophic relationships in the marine environment. Ed. by M. Barnes & R. N. Gibson. Aberdeen University Press, pp 89-103.

Rutgers van der Loeff, M. M., van Es, F. B., Helder, W. & De Vries, R. T. P., 1981. Sediment water exchanges of nutrients and oxygen on tidal flats in the Ems-Dollard Estuary. - Neth. J. Sea. Res. *15*, 113-129.

Schneider, G. & Martens, P., 1994. A comparison of summer nutrient data obtained in Königshafen Bay (North Sea, German Bight) during two investigation periods: 1979-1983 and 1990-1992. - Helgoländer Meeresunters. *48*, 173-182.

Ten Brinke, W. B. M., 1994. In situ aggregate size and settling velocity in the Oosterschelde tidal basin (The Netherlands). - Neth. J. Sea Res. *32*, 23-35.

Valiela, I., Teal, J. M., Volkmann, S., Shafer, D. & Carpenter, E. J., 1978. Nutrient and particulate fluxes in a salt marsh ecosystem: Tidal exchanges and inputs by precipitation and ground water. Limnol. Oceanogr. *23*, 798-812.

Whitfield, A. K., 1988. The role of tides in redistributing macrotidal aggregates within the Swartvlei Estuary. - Estuaries *11*, 152-159.

3.3
Energiefluß und trophischer Transfer im Sylt-Rømø Wattenmeer

Energy Flow and Trophic Transfer in the Sylt-Rømø Wadden Sea

3.3.1
Primärproduktion von Mikrophytobenthos, Phytoplankton und jährlicher Biomasseertrag des Makrophytobenthos im Sylt-Rømø Wattenmeer

Primary Production of Microphytobenthos, Phytoplankton and the Annual Yield of Macrophytic Biomass in the Sylt-Rømø Wadden Sea

R. Asmus[1], M. H. Jensen[2], D. Murphy[3] & R. Doerffer[3]
[1] *Biologische Anstalt Helgoland, Wattenmeerstation Sylt, Hafenstr. 43, D-25992 List*
[2] *Universität Odense, Campusvej 55, DK-5230 Odense*
[3] *GKSS-Forschungszentrum, Max-Planck-Str., D-21502 Geesthacht*

ABSTRACT

During the course of the SWAP-project primary production by microphytobenthos and phytoplankton as well as the biomass yield of the macrophytes were measured in Königshafen. Production of microphytobenthos was measured at 2 sandy and one muddy station by *in vitro* incubations of sediment cores from 1992 to 1994. The highest primary production was measured at the high sandy flat in spring. In the *Arenicola* flat and in the muddy area, production was highest in summer and autumn. At both sandy stations, microbenthic primary production was higher than sediment respiration all year round. The muddy sediment changed rapidly from autotrophy to heterotrophy in summer and was permanently heterotrophic in winter. The annual balance of primary production by microphytobenthos revealed a strong dominance of production over sediment respiration. Gross primary production by microphytobenthos was higher than 300 g C m^{-2} a^{-1} at all 3 stations. A comparison with rates measured at the same sandy stations some 15 years ago revealed that the rates in the nineties were twice as high as in 1980. Primary production of phytoplankton in Königshafen measured from April 1994 till October 1995 was twice as high as 10 years ago and three times higher as 15 years ago. The same methods for measurements (O_2) and calculations were applied. In 1980 the phytoplankton alga *Phaeocystis globosa* was not abundant while this alga was ecologically important with intense plankton blooms in 1984/5 as well as in the nineties. Primary production by microphytobenthos and phytoplankton can vary strongly from year to year. The measurements presented here were only done in a few years over a long period. However, the actual rates are so high that a possible increase in primary production can not be excluded for the Sylt-Rømø area as it was found in the western Dutch Wadden Sea. The results are discussed in the light of a hypothesis of a delayed eutrophication of the northern Wadden Sea (Hickel, 1989) compared to the western Wadden Sea. The distribution and standing-stock of the macrophytes on the sediment surface in Königshafen and selected areas in the Sylt-Rømø basin were determined. For this purpose aerial photographs together with ground-based samples were used to respectively map the areal cover of species and existent biomass. Over a period of 6 years biomass measurements were obtained during the growth season from the Königshafen area. Furthermore, the development of seagrass stands in selected areas of the Sylt-Rømø basin was also investigated. The maximum growth of seagrass species occurred between the months July to September, whereas the maxima for the macroalgae were observed to occur anytime from May onwards. Between-year variations in the period of maximum biomass density (g C m^{-2}) were observed, as well as a 1:3 variation in the total biomass present. At the end of the vegetation period the seagrasses, in particular, are an important food resource for both brent geese and widgeon, both of which remove a large portion of the standing stock present. The yearly maximum biomass was interpreted as being the maximum yield present. For the entire Sylt-Rømø area an annual yield for seagrass of between 200-400 tonnes carbon has been estimated. Total gross primary production of the Sylt-Rømø area is estimated at 309 g C m^{-2} a^{-1} with shares of phytoplankton of 52 %, microphytobenthos 45 % and seagrass 3 %.

ZUSAMMENFASSUNG

Im Rahmen des SWAP-Projektes wurden die Primärproduktion von Mikrophytobenthos und Phytoplankton sowie der jährliche Biomasseertrag des Makrophytobenthos im Königshafen gemessen. Die Primärproduktion des Mikrophytobenthos wurde an 2 sandigen und einer schlickigen Station mittels Sauerstoffraten an *in vitro* inkubierten Sedimentkernen zwischen 1992 und 1994 gemessen. Die höchsten Produktionsraten wurden im Hohen Sandwatt im Frühling, im *Arenicola* Watt im Sommer/Herbst und im Schlickwatt im Sommer gemessen. An den beiden sandigen Stationen war das ganze Jahr hindurch die benthische Primärproduktion höher als die Sedimentrespiration. Das schlickige Sediment war im Winter leicht heterotroph und im Sommer waren sowohl autotrophe als auch heterotrophe Situationen vorhanden. Die Jahresbilanz der mikrobenthischen Primärproduktion zeigte insgesamt ein starkes Überwiegen der Produktion gegenüber der Sedimentrespiration. Die Bruttoprimärproduktion lag an allen 3 Stationen über 300 g C m^{-2} a^{-1}. Diese Werte sind ungefähr doppelt so hoch wie diejenigen, die 1980 an den gleichen sandigen Stationen mit ähnlicher Methodik gemessen wurden. Auch die im Königshafen von April 1994 bis Oktober 1995 gemessene Brutto-Phytoplanktonprimärproduktion war doppelt so hoch wie die vor 10 Jahren und drei mal so hoch wie die vor 15 Jahren ermittelte. Die Meßmethode (O_2) und das Auswertungsverfahren waren hier jeweils gleich. Während *Phaeocystis globosa* 1980 keine ökologische Bedeutung hatte, bildete diese Alge sowohl 1984/5 als auch in den folgenden Jahren regelmäßig Massenvorkommen. Die Primärproduktion kann sehr stark von Jahr zu Jahr schwanken. Die hier vorliegenden Messungen wurden nur während einzelner Jahre über einen längeren Zeitraum hinweg durchgeführt. Die aktuellen Raten sind jedoch so hoch, daß ein Anstieg der Primärproduktion für das Sylt-Rømø Gebiet ähnlich wie im niederländischen Wattenmeer nicht auszuschließen ist. Die Ergebnisse werden vor dem Hintergrund der Hypothese einer verzögerten Eutrophierung im nördlichen Wattenmeer gegenüber dem niederländischen westlichen Wattenmeer diskutiert (Hickel, 1989). Verteilung und Bestand der oberirdischen Biomasse des Makrophytobenthos wurden im Königshafen und anderen ausgewählten Gebieten des Sylt-Rømø Watts bestimmt. Hierzu wurden die Ausbreitungsflächen mit Luftaufnahmen kartiert und die Biomassedichte an verschiedenen Stellen der Phytobenthoswiesen durch Proben ermittelt (Trockengewicht und Kohlenstoffgehalt). Im Königshafen wurde die Biomasseentwicklung während der Vegetationszeit über 6 Jahre gemessen. Zusätzlich wurde die Biomasse von Seegraswiesen im gesamten Sylt-Rømø Watt bestimmt. Das Maximum der Seegrasentwicklung liegt im Zeitraum Juli bis September. Die Makroalgen können bereits im Mai ihr Maximum haben. Von Jahr zu Jahr wurden Schwankungen der Biomassedichte (g C m^{-2}) zum Zeitpunkt des jährlichen Maximums und der Gesamtbiomasse im Verhältnis 1:3 beobachtet. Vor allem das Seegras stellt am Ende der Vegetationsperiode eine wichtige Nahrungsgrundlage für Ringelgänse und Pfeifenten dar. Die maximale Biomasse wird als erntefähiger Ertrag interpretiert. Für das gesamte Sylt-Rømø Watt ergibt sich ein jährlicher Seegras-Ertrag von etwa 200-400 t Kohlenstoff. Die Brutto-Primärproduktion des gesamten Sylt-Rømø Wattenmeeres wird auf 309 g C m^{-2} a^{-1} geschätzt, hiervon bilden Phytoplankton 52 %, Mikrophytobenthos 45 % und Seegras 3 %.

EINLEITUNG

Die Primärproduktion von Phytoplankton und Mikrophytobenthos sowie der Jahresertrag des Makrophytobenthos wurden im Rahmen des SWAP-Projektes einerseits als wichtiger Teil des Energieflusses des Ökosystems gemessen (Asmus, H. et al., dieser Band). Andererseits war die Kenntnis der Höhe der Primärproduktion entscheidend für die Abschätzung der Bedeutung der Mikro- und Makrophyten im Stoffkreislauf, hier insbesondere des Stickstoffkreislaufes (Bruns & Meyer-Reil, dieser Band; Asmus, R. & Asmus H., dieser Band). Jahresgänge der Primärproduktion von Phytoplankton und Mikrophytobenthos wurden im Königshafen zuvor im Jahr 1980 (Asmus & Asmus, 1985) und in einer Muschelbank 1984/85 (Asmus & Asmus, 1990) gemessen. Dadurch ergibt sich ein zeitlicher, wenn auch sehr punktueller, Vergleich über die letzten 15 Jahre. Langfristige Meßreihen der Primärproduktion wurden im niederländischen westlichen Wattenmeer seit Beginn der 60er Jahre erstellt. Hierbei wurde sowohl für die Phytoplankton- als auch die Mikrophytobenthosprimärproduktion eine Erhöhung gemessen, die auf die Eutrophierung der Küstengewässer zurückgeführt wird (Cadée, 1984; 1986). Gleichzeitig hat sich im niederländischen Wattenmeer und in den angrenzenden Ästuaren die ökologische Situation durch bauliche Maßnahmen sehr stark verändert. Dammbauten, Veränderungen der Einleitung von Abwässern, Fahrrinnenvertiefungen verändern sowohl das Nährstoffregime, das Lichtklima als auch die hydrodynamischen Bedingungen. Durch das Wechselspiel der gleichzeitig wirkenden Faktoren hat sich dabei die Primärpoduktion als relativ robuster Prozeß erwiesen (Nienhuis, 1993). Trotzdem konnte für bestimmte Wattenmeerbereiche eine Erhöhung der Primärproduktion durch erhöhte Nährstoffeinträge nachgewiesen werden (de Jonge, 1990; de Jonge & Essink, 1991). Im Sylt-Rømø Wattenmeer und in seinem Einzugsgebiet sind in den letzten Jahrzehnten demgegenüber nur wenige Veränderungen durch den Menschen vorgenommen worden. So wurde eine Wattfläche von ca. 17 km^2 1981 eingedeicht. Hinsichtlich einer möglichen Auswirkung der Eutrophierung stellten Hickel (1989) und Martens & Elbrächter (dieser Band) nach Langzeitmeßreihen die Hypothese auf, daß sich die Eutrophierung der Küstengewässer der Nordsee im Sylt-Rømø Gebiet mit einer starken zeitlichen Verzögerung von bis zu 20 Jahren gegenüber dem niederländischen westlichen Wattenmeer auswirkt. Es stellt sich also die Frage, auf welchem Niveau sich heute die Primärproduktion im Sylt-Rømø Gebiet gegenüber der Zeit vor 15 Jahren und gegenüber den niederländischen Gebieten bewegt.

Ein weiterer wichtiger Pfad der Produktion läuft über das Makrophytobenthos, das im Königshafen aus den beiden Seegrasarten *Zostera marina* und *Z. noltii* sowie den Makroalgen *Fucus vesiculosus*, *Enteromorpha* sp. und *Cladophora* sp. sowie *Chaetomorpha* sp. besteht. Das Phytobenthos hat vielfältige Funktionen, es trägt zur Stabilisierung der Sedimente bei, ist Substrat und Lebensraum für viele Organismen und bildet am Ende der Vegetationsperiode eine Hauptnahrungsquelle für herbivore Vögel, vor allem für Ringelgänse und Pfeifenten (Jacobs et al., 1981; Asmus H. et al., dieser Band). Ferner ist das Phytobenthos wichtig für den Stoffaustausch zwischen Sediment und Wassersäule (Asmus & Asmus, dieser Band) und den Gasaustausch mit der Atmosphäre (Bodenbender & Papen, dieser Band). Um den Bestand als Träger dieser Funktionen abschätzen zu können, wurde die Biomasseentwicklung während der Vegetationsperiode von Mai bis Oktober bezüglich Ausbreitung und Flächendichte beobachtet.

3.3.1 Primärproduktion von Mikrophytobenthos, Phytoplankton und jährlicher Biomasseertrag

Bisherige Untersuchungen zum Makrophytobenthos im Eulitoral des Watts beziehen sich vorwiegend auf die Verteilung von Arten (Nienburg, 1927; Wohlenberg, 1937; Kornmann, 1952). Ein Vergleich dieser historischen Beobachtungen mit heutigen Verteilungsdaten haben Reise et al. (1989) und Reise & Lackschewitz (dieser Band) unternommen. Aus früherer Zeit liegen nach Hoek et al. (1979) mit wenigen Ausnahmen (z. B. van Goor, 1919) für die meisten Teile des Watts keine Abschätzungen der Produktion der Makrophyten vor. In jüngerer Zeit wurden einige umfangreiche Untersuchungen zur Verbreitung und Produktion der Makroalgen im Wattenmeer (Schories, 1991; Reise & Siebert, 1994; Kolbe et al., 1995) sowie des Seegrases (Philippart et al., 1992; Philippart, 1994; de Jonge & de Jong, 1992) durchgeführt. Diese Untersuchungen beziehen sich auf die Produktionsleistungen einzelner Arten und nicht auf den Ertrag von Gebieten. Interessant sind vor allem die Schwankungen des Seegrases und die Frage, ob eine sich erhöhende Nährstoffkonzentration im Nordseewasser zu einem Rückgang der Seegräser und einem allmählichen Anstieg bei Makroalgen führt. Für zukünftige Monitoringstrategien war es daher wichtig, den günstigsten Zeitpunkt für Kartierungen zu bestimmen. Die Länge der Zeitreihe von 6 Jahren läßt allerdings noch keine Aussagen zu, ob sich eine Eutrophierung auf den Bestand auswirkt.

MATERIAL UND METHODEN

Mikrophytobenthos

Die 3 Untersuchungsgebiete lagen im Hohen Sandwatt, im *Arenicola* Watt und im Schlickwatt des inneren Königshafen. Von 1992 bis 94 wurden während 14 übers Jahr verteilter Meßkampagnen (von 8-17 Tagen Dauer) Produktionsmessungen an Sedimentkernen durchgeführt. Jeweils 4-9 Sedimentkerne von 8 cm Durchmesser und 10 cm Tiefe wurden wasserbedeckt (10 cm) im Hellen (200 µmol m^{-2} s^{-1}) und Dunkeln unter simulierten *in situ* Bedingungen inkubiert (Jensen et al., 1995). Die O_2 Produktion bzw. Respiration wurde aus Anfangs- und Endwerten berechnet, die mit der Winklermethode gemessen worden waren.

Umrechnung der Photosynthesewerte des Mikrophytobenthos von mmol O_2 in mg C: *Bruttoprimärproduktion (mg C m^{-2} h^{-1}) = BPP (mmol O_2 m^{-2} h^{-1}) x 12 / 0,8*

Faktor 12 zum Umrechnen von mmol CO_2 in in mg C, PQ (Photosynthesequotient O_2/ CO_2)= 0,8 in dieser Studie ermittelt. Umrechnung der Sedimentrespiration von mmol O_2 in mg C:

Respiration (mg C m^{-2} h^{-1}) = Respiration (mmol O_2 m^{-2} h^{-1}) x 12 x 1,3

RQ (CO_2/ O_2)= 1,3 für Mikrophytobenthos hier empirisch ermittelt.

Die Tagesraten für die Primärproduktion wurden wie folgt berechnet:

Tages Bruttoprimärproduktion (TBPP) = Bruttoprimärproduktion x Tageslänge
Tages Respiration der Sedimentgemeinschaft (TRSP) = Respiration x 24 Std.
Tages Nettoprimärproduktion = TBPP - TRSP

Es wird vorausgesetzt, daß die O_2 Flüsse während Überflutung ähnlich hoch sind wie während des Trockenfallens der Sedimente. Es wird weiterhin angenommen, daß während der Überflutung der eulitoralen Flächen keine Lichtlimitierung des Mikrophytobenthos eintritt. Diese Annahme ist nach den Lichtmessungen von Asmus et al. (1995) gerechtfertigt.

Phytoplankton

Die Phytoplanktonprimärproduktion wurde von April 1994 an fortlaufend 2 x pro Monat während der Wachstumssaison und 1 x pro Monat im Winter gemessen. Die Sauerstoffänderung (Präzisionelektrode, WTW, Oxi 2000) in je 7 Hell-und 4 Dunkelflaschen wurde während ca. 6,5 Std. *in situ* Inkubationszeit gemessen. Hochwasser war an den Meßtagen mittags mit einem Wasserstand von ca. 1,5 m. Zur Umrechnung von mg O_2 in mg C wurde ein PQ von 1,2 und ein RQ von 0,85 zugrunde gelegt.

Bruttoprimärproduktion mg C = BPP (mg O_2) x 0,375 / 1,2
Respiration mg C = R (mg O_2) x 0,375 x 0,85

Die Hochrechnung auf den gesamten Königshafen wurde wie folgt durchgeführt: Der Bruttoprimärproduktionswert (in mg C l^{-1} h^{-1}) wurde mit der Tageslänge (Sonnenaufgang-Sonnenuntergang) multipliziert, zur Berücksichtigung der Gezeiten mit der Hälfte des Königshafen-Wasservolumen bei HW (Kompartiment I: Gesamtvol. 7,25 x 10 Mill. m^3, Th. Fast, GKSS, Ökosystemmodellierung) multipliziert, auf die Gesamtfläche bezogen (5,55 x 10 Mill. m^2) und pro Monat berechnet. Diese Monatswerte wurden pro Jahr summiert. Dieses einfache Verfahren ist nur möglich, da die gesamte Wassersäule des Königshafen zur euphotischen Zone des Phytoplanktons gehört. Zum Vergleich der heutigen Phytoplanktonproduktion mit der vor 10 bzw. 15 Jahren, wurden die älteren Meßwerte genauso auf den Königshafen hochgerechnet wie die neuen, um hier einen systematischen Fehler zu vermeiden. Für das gesamte Sylt-Rømø Gebiet ist zu berücksichtigen, daß die euphotische Zone ca. 5 m beträgt. Zur Berücksichtigung der Gezeiten gilt das Wasservolumen im Sylt-Rømø Gebiet bei NN als Mittelwert zwischen HW und NW. Damit ergibt sich als Volumen zur Grundlage der Berechnung der Primärproduktion im Sylt-Rømø Gebiet: Gesamtvol. NN - Gesamtvol. (NN -5 m) = 857 Mill. m^3 - 194 Mill. m^3 = 663 Mill. m^3. Hiermit wurde zunächst eine grobe Abschätzung der Phytoplanktonprimärproduktion des Gesamtgebietes durchgeführt. Eine verfeinerte Kalkulation wird im Rahmen der von der GKSS durchgeführten Modellierung des Ökosystems des Sylt-Rømø Gebietes möglich.

Die Lichtintensität (μmol m^{-2} s^{-1}) wurde sowohl über den eulitoralen Wattflächen im Gezeitengang (im Rahmen der Messungen mit dem Strömungskanal), an 3 festen Stationen im Sylt-Rømø Gebiet (November 1990 bis Ende Juli 1991), als auch auf 5 Schnittfahrten (Juni bis November 1993) zwischen List und Højer gemessen (Asmus et al., 1995). Hieraus wurden Attenuationskoeffizienten be-

3.3.1 Primärproduktion von Mikrophytobenthos, Phytoplankton und jährlicher Biomasseertrag

rechnet. Lichtmessungen waren aus technischen Gründen nur bis Windstärke 7 Beaufort durchführbar.

Makrophyten

Die räumliche Verteilung der Makrophyten wurde mit Hilfe von Echtfarbenluftaufnahmen kartiert. Die Aufnahmen wurden während der Vegetationsperiode von April bis Oktober im meist monatlichen Abstand im Maßstab zwischen 1:10000 und 1:25000 aufgenommen. Von 1988 bis 1994 wurden von den Untersuchungsgebieten bei 27 Flügen 1800 Aufnahmen angefertigt. Die Phytobenthos-Arten wurden im Bild visuell identifiziert und die Verbreitungsflächen nach Entzerrung der Aufnahmen mit einem Planimeter ausgemessen. Die fraktalen Strukturen wurden in ihren Umrissen flächenscharf erfaßt, nicht sichtbare Lücken innerhalb der Flecken konnten jedoch nicht berücksichtigt werden.

Gleichzeitig zu den Aufnahmen wurden Proben von homogen besiedelten Flächen von jeweils 0,25 m^2 genommen. Hieran wurde das Trockengewicht sowie der Kohlenstoffgehalt der oberirdischen Pflanzenteile von folgenden Arten bestimmt: *Zostera marina, Z. noltii, Fucus vesiculosus, Enteromorpha* sp. und *Cladophora* sp. sowie *Chaetomorpha* sp.. Pro Fläche wurden 4-5 Proben genommen.

Die Auswahl der Untersuchungsflächen außerhalb des Königshafens erfolgte gemäß der Einteilung des Sylt-Rømø Beckens für das Ökomodell ECOWASP. In den Gebieten Keitum wurde von 1992 bis 1994 die Biomasseentwicklung von *Z. noltii, Fucus* und *Enteromorpha* bestimmt. 1993 und 1994 wurden zusätzlich die Seegrasbestände bei Ballum und Koldby (Dänemark) und entlang eines Streifens von Vogelkoje bis südlich Munkmarsch untersucht.

ERGEBNISSE

Mikrophytobenthos

In allen benthischen Gemeinschaften des Eulitorals, seien es Seegraswiesen, Sand- oder Schlickwatten, überschritt die Lichtintensität auch während der Überflutungsphase 200 µmol m^{-2} s^{-1}, die für die Photosynthese des Mikrophytobenthos als sättigend gelten (Rasmussen et al., 1983). Nur in den Wintermonaten und bei extrem hoher Trübung durch Stürme wurde dieser Wert auf den Wattflächen unterschritten.

In sandigen Sedimenten war im Hellen stets eine O$_2$-Nettoproduktion zu messen, während im Schlick die O$_2$-Nettoproduktion jedoch generell niedriger als im Sand war. Die Nettoprimärproduktion im Hohen Sandwatt war 1993 relativ gering, entsprechend einer nur dünnen Diatomeenbesiedlung. Ein klares Frühjahrsmaximum war im April 1994 ausgeprägt, als auch eine dichte Besiedlung mit Diatomeen zu finden war. Schon im Februar war eine große Diatomeenbiomasse vorhanden und die Produktion zeigte hohe Werte.

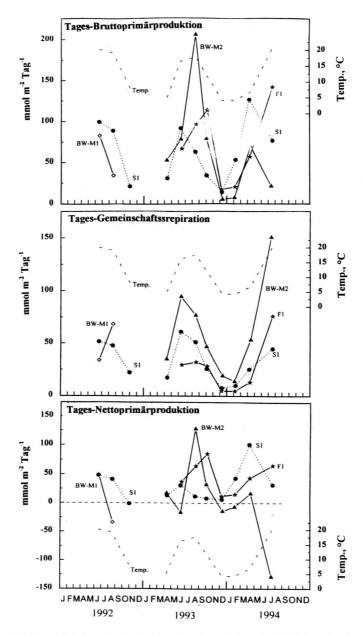

Abb. 1. Primärproduktion des Mikrophytobenthos: Saisonale Variation der Sauerstoffraten der täglichen Bruttoprimärproduktion, der Tages-Sedimentrespiration und der Tages-Nettoprimärproduktion im Hohen Sandwatt (S1, Punkte), *Arenicola* Watt (F1, Sterne), und im Schlickwatt (BW-M1, BW-M2, Rhomben bzw. Dreiecke). Die Inkubationstemperaturen sind zusätzlich eingezeichnet

Im *Arenicola* Watt waren dagegen die Raten im Sommer/Herbst am höchsten. Das Maximum wurde im Oktober 1993 gefunden. Im Schlickwatt variierte die Nettoprimärproduktion wesentlich stärker zwischen Respiration im Juli 1994 und Produktion im August 1993. Die Gründe für diese hier so unterschiedlichen Raten sind unklar. Im Winter waren Produktion und Respiration im Schlickwatt ungefähr gleich groß, so daß die Nettoprimärproduktion nahe Null lag. Die höchsten Produktionswerte wurden meist in dichten Diatomeenrasen gemessen, aber es gab auch Ausnahmen, wenn zeitweise sehr hohe Produktionswerte in Sedimenten ohne dichte Diatomeenbesiedlung gefunden wurden. Die Sedimentrespiration war erwartungsgemäß im Schlickwatt höher als im Sandwatt und sie war stark abhängig von der Temperatur.

Durch die Umrechnung der stündlichen Mikrophytobenthos (MPB)-Primärproduktionsraten auf Tagesraten blieb der Gesamttrend erhalten. Im Hohen Sandwatt war die MPB-Nettoproduktion pro Tag 1993 sehr viel niedriger als 1994, und in diesem Jahr war die Nettoproduktion im Hohen Sandwatt höher als im *Arenicola* Watt. Insgesamt waren aber beide Sandstationen das ganze Jahr hindurch autotroph. Das Schlickwattsediment zeigte dagegen sowohl starke Heterotrophie als auch Autotrophie. Im Winter überwog hier deutlich die Sedimentrespiration.

Die Jahreswerte der 1993-94 gemessenen Brutto-Primärproduktionswerte waren für alle 3 Gebiete ähnlich hoch. Hierin unterschieden sich die sandigen Sedimente nicht von den schlickigen des Königshafen. Dagegen war die Respiration im schlickigen Sediment ungefähr doppelt so hoch wie im Sand. Dadurch betrug die Netto-MPB-Produktion am schlickigen Standort nur noch höchstens die Hälfte derjenigen in den sandigen Gebieten. Insgesamt zeigte sich aber auch in der Jahresbilanz ein Überwiegen der Primärproduktion gegenüber der Sedimentrespiration. Diese starke Tendenz zur Autotrophie wurde auch für die schlickigen Gebiete festgestellt.

Phytoplankton

Die Lichtmessungen zwischen der Insel Sylt und der Wiedaumündung am Festland bei Højer ergaben einen Meßbereich des Attenuationskoeffizienten zwischen 0,35 m^{-1} in klarem Wasser und 7,31 m^{-1} in der trüben Mündung der Wiedau. Zwischen Juni und November 1993 ergaben Schnittfahrten im Mittel einen Attenuationskoeffizienten von 0,88 m^{-1} in den Regionen außerhalb der Flußmündung und 1,47 m^{-1} unter Einbeziehung der Flußmündung. Für das gesamte Sylt-Rømø Gebiet wurde im Jahresmittel ein Attenuationskoeffizient von ca. 1 m^{-1} ermittelt. Das entspricht einer euphotischen Zone für das Phytoplankton von ca. 5 m. Dieser Wert kann jedoch durch Resuspension während Stürmen stark unterschritten werden.

Die Phytoplanktonprimärproduktion wurde 1994 von der Massenentwicklung der Schaumalge *Phaeocystis globosa* im Juli geprägt, daran schloß sich Anfang August eine Diatomeenblüte an. 1995 begann die Frühjahrsblüte mit Diatomeen im April und setzte sich mit einer starken Entwicklung von *Phaeocystis* im Mai fort. Den Sommer über wurden recht hohe Produktionsraten gemessen (Abb. 2), bei wechselnden Anteilen von *Phaeocystis*, Diatomeen und Dinoflagellaten am Phytoplankton. Selbst im Oktober war noch eine aktive Photosynthese von Diatomeen, insbesondere *Odontella sinensis*, zu messen. Der auf den Königshafen hochgerechnete Jahresproduktionswert beträgt unter Betrachtung des Zeitraumes April 94-April 95: 101 g C m^{-2} a^{-1}, wenn von Oktober 94 bis Oktober 95 gerechnet wird: 141 g C m^{-2} a^{-1}. Als Mittelwert ergibt sich hieraus: 121 g C m^{-2} a^{-1}.

Unter Berücksichtigung der tieferen Wassersäule im inneren Sylt-Rømø Gebiet ergibt sich ein Bruttowert von 160 g C m^{-2} a^{-1} der Phytoplanktonprimärproduktion für das Gesamtgebiet.

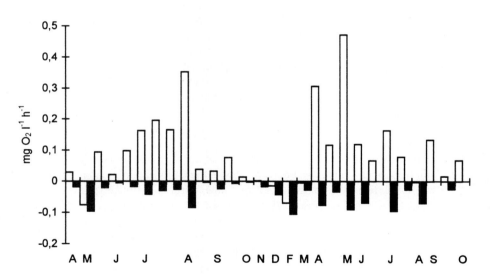

Abb. 2. *In situ* gemessene Sauerstoffraten der Netto-Phytoplanktonprimärproduktion (helle Säulen) und Planktonrespiration (schwarze Säulen) in der Zeit von April 1994 bis Oktober 1995

3.3.1 Primärproduktion von Mikrophytobenthos, Phytoplankton und jährlicher Biomasseertrag

Tabelle. 1. Jahresprimärproduktion des Mikrophytobenthos, Sedimentrespiration und Nettoprimärproduktion im Hohen Sandwatt, Arenicola Watt und Schlickwatt in der Zeit von 1993-94; im Vergleich zu einer ähnlichen Untersuchung im Jahr 1980, wo nur Messungen in Sandwattbereichen vorgenommen wurde. Die Berechnung basiert auf integrierten täglichen O_2-Raten, umgerechnet in Kohlenstoffeinheiten

Mikrophytobenthos	Hohes Sandwatt		*Arenicola* Watt		Schlickwatt
Kohlenstoff: $g\ C\ m^{-2}\ a^{-1}$	1993-4	1980	1993-4	1980	1993-4
Brutto-Primärproduktion Jahreswert	329	152	362	115	355
Sedimentrespiration Jahreswert	155	32	124	16	293
Netto-Primärproduktion Jahreswert	174	120	238	99	62

Makrophytobenthos

Die für den Bestand wichtigen Variablen sind die Größe der besiedelten Flächen, begrenzt durch die Vegetationsdichte, die in Luftaufnahmen noch erkennbar ist, sowie die Biomassedichte auf diesen Flächen. Beide Größen wurden für die Makrophytenwiesen getrennt bestimmt. Aus der Tab. 2 ist der mittlere Kohlenstoffgehalt der oberirdischen Pflanzenteile pro Biomasse Trockengewicht aufgeführt. Man sieht, daß die Unterschiede zwischen den Arten nur gering sind.

Tabelle 2. Mittlerer Prozentsatz des Kohlenstoffgehaltes (mit Standardfehler) der oberirdischen Pflanzenteile von Seegras und Makroalgen im Königshafen bezogen auf das Trockengewicht

Art	Mittelwert % Kohlenstoff
Zostera marina (Blätter)	37,9 ± 1,54
Zostera noltii (Blätter)	38,7 ± 1,19
Enteromorpha+Cladophora	34,1 ± 1,73
Fucus vesiculosus	36,1 ± 0,31
Chaetomorpha sp.	32,4 ± 2,62
Gesamt-Mittelwert	35,9 ± 1,48

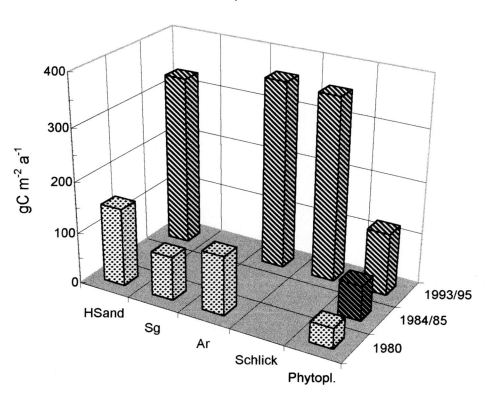

Abb. 3. Vergleich der Brutto-Primärproduktion des Mikrophytobenthos (MPB) im Eulitoral, gemessen 1980 und 1993 bis 95 (HSand = Hohes Sandwatt, Sg = Seegraswatt, Ar = *Arenicola* Watt und Schlickwatt) und des Phytoplanktons, dessen Produktion zusätzlich 1984/85 gemessen wurde.

3.3.1 Primärproduktion von Mikrophytobenthos, Phytoplankton und jährlicher Biomasseertrag

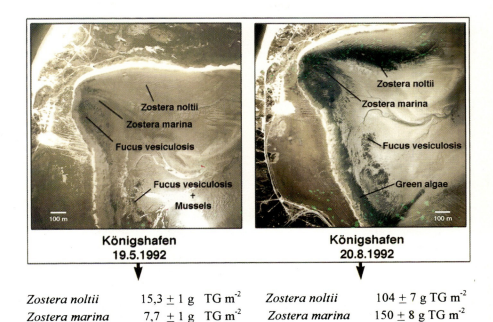

Abb. 4. Verteilung von Seegras- und Makroalgenwiesen im westlichen Königshafen im Mai und August 1992 sowie die dazu gehörigen Biomassendichten

In den beiden Luftaufnahmen der Abb. 4 sieht man die Verteilung und Dichte von *Zostera noltii, Z. marina* und *Fucus vesiculosus* am Anfang und zum Maximum der Vegetationsentwicklung im westlichen Teil des Königshafen. Die jahreszeitliche Entwicklung der Biomassedichte der Seegraswiese "Ostfeuer" ist in Abb. 5 zu sehen. Die Entwicklung begann in der Regel im Mai und hatte ihr Maximum im August. Von Jahr zu Jahr ergaben sich allerdings erhebliche Unterschiede, das Maximum kann von Juli bis September auftreten. In Abb. 5 ist im Vergleich der epiphytische Diatomeenbewuchs des Seegrases eingezeichnet, der im Frühjahr die Masse des Seegrases um Größenordnungen überstieg. Der Zusammenbruch der Seegrasbestände im Oktober wurde durch den Fraß durch Ringelgänse und Pfeifenten verursacht.

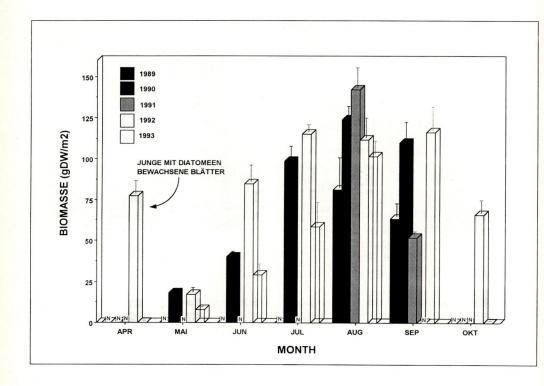

Abb. 5. Jahreszeitliche Entwicklung der Biomasse der *Zostera noltii* Wiesen im Ostfeuerwatt des Königshafens von 1989-1993. Der linke Balken stellt die Biomasse der epiphytischen Diatomeen dar

Biomassedichte und -bestand waren in den einzelnen Seegraswiesen von Jahr zu Jahr sehr unterschiedlich. In der Abb. 6 sind die Ergebnisse getrennt für die drei *Z. noltii* Wiesen und die einzige *Z. marina* Wiese im Königshafen dargestellt. Ferner sind die Daten für eine *Fucus* Wiese, eine *Enteromorpha-Cladophora* und eine *Chaetomorpha* Wiese in der Abb. 7 enthalten. Es gab keinen Trend, der für alle Wiesen gleich gewesen wäre.

3.3.1 Primärproduktion von Mikrophytobenthos, Phytoplankton und jährlicher Biomasseertrag   381

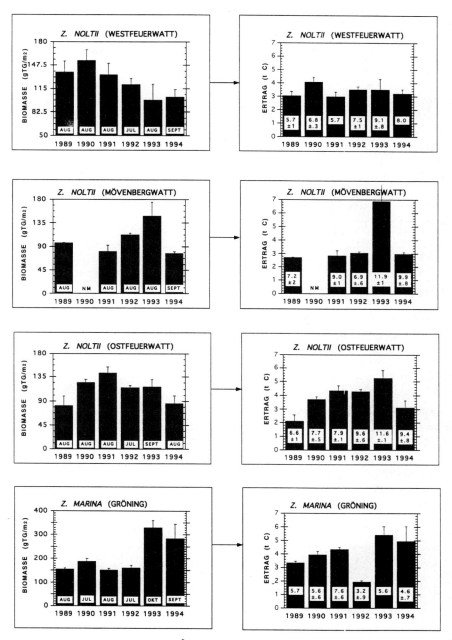

Abb. 6. Die Biomassedichte pro m² (links) und der Biomassebestand in der Gesamtfläche (rechts) der Seegraswiesen im Königshafen zum Zeitpunkt ihres Bestandsmaximums von 1989 bis 1994. Angegeben sind in den Kästen die Monate der Bestandsmaxima sowie die Flächen der Wiesen in Hektar. Die Fehlerbalken geben die Standardabweichung der Proben an

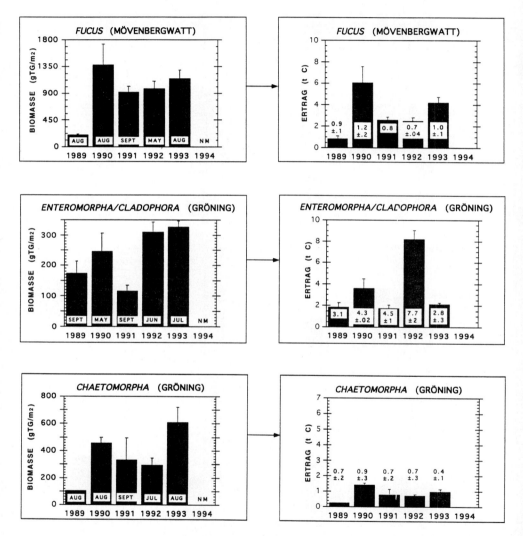

Abb. 7. Die Biomassedichte pro m² (links) und der Biomassebestand pro Gesamtfläche (rechts) der Makroalgenwiesen im Königshafen zum Zeitpunkt ihres Bestandsmaximums von 1989 bis 1994. Angegeben sind in den Kästen die Monate der Bestandsmaxima sowie die Flächen der Wiesen in Hektar. Die Grünalgen *Enteromorpha* sp., *Cladophora* sp. und *Chaetomorpha* sp. wurden im Gröningwatt untersucht. Die Fehlerbalken geben die Standardabweichung der Proben an

Ebenso unterschiedlich waren die Flächengröße und der gesamte Biomassebestand der Wiesen. Es ergab sich eine Spannweite im Maximalbestand von 2 Tonnen (Ostfeuerwatt, 1989) bis 7 Tonnen (Mövenberg, 1993). Die Variation der Proben innerhalb einer durch das Luftbild festgestellten Wiese, die zur Bestimmung der mittleren Biomassedichte genommen wurden, war im Vergleich zu den Schwankungen von Jahr zu Jahr gering. Die Biomassedichte der Makroalgen war um den Faktor 2-4 höher als die des Seegrases, allerdings waren die Besiedlungsflächen kleiner, so daß der gesamte, maximale Biomassebestand geringer war als der des Seegrases. Die Variabilität war ebenfalls höher. Das Maximum der Entwicklung wurde für *Fucus* und *Enteromorpha* 1992 bzw. 1990 bereits im Mai beobachtet.

Die Biomasse des Seegrases wurde auch in anderen Gebieten des Sylt-Rømø Watts untersucht. In Keitum wurden Messungen 1992-1994, in den anderen Gebieten Vogelkoje, Koldby und Ballum 1993 und 1994 vorgenommen. Hier zeigen sich ähnliche Biomassedichten wie im Königshafen.

DISKUSSION

Vom Trübungsgrad her nimmt das Wasser des Sylt-Rømø Gebietes mit einem Attenuationskoeffizienten von 1 m^{-1} eine mittlere Stellung ein gegenüber vergleichbaren Gebieten in den Niederlanden. Das Wasser ist hier wesentlich klarer als das des Ems-Dollard Gebietes (Colijn, 1982). In der Westerschelde werden auch sehr hohe Trübungsgrade erreicht (bis 7 m^{-1}) (Nienhuis, 1993). Für das holländische Wattenmeer wurden 0,5 bis 3 m^{-1} ermittelt. Veerse Meer und Oosterschelde liegen in einem ähnlichen Bereich wie das Sylt-Rømø Gebiet. Das klarste Wasser im Wattenmeer und in den angrenzenden Ästuaren ist im Grevelingenmeer zu finden (Attenuationskoeffizient 0,2 bis 0,5 m^{-1}) (Nienhuis, 1993). Die Lichtbedingungen im Sylt-Rømø Gebiet sind also für das Mikrophytobenthos und Phytoplankton als gut anzusehen, während Seegräser und Makroalgen hier schon von den Lichtbedingungen her hauptsächlich aufs Eulitoral beschränkt sind.

Sowohl die Primärproduktion von Phytoplankton als auch die des Mikrophytobenthos schwanken sehr stark von Jahr zu Jahr. Daher ist es nur durch langfristige Meßreihen möglich, einen Trend festzustellen. Im westlichen Wattenmeer wurde von Cadée seit Beginn der 60er Jahre die Primärproduktion von Phytoplankton und Mikrophytobenthos gemessen. Dabei wurde für beide Algengruppen ein starker Anstieg der jährlichen Produktion festgestellt (Tab. 3). Die Phytoplanktonprimärproduktion lag im westlichen Wattenmeer in den 60-/70er Jahren bei 150-200 g C m^{-2} a^{-1}, sie stieg in den 80er Jahren auf ungefähr das Doppelte an und ist auch in den 90er Jahren bisher auf diesem hohen Niveau geblieben (Cadée & Hegeman, 1993). Im äußeren Gebiet des Ems-Ästuars verdoppelte sich ebenfalls die Phytoplanktonproduktion zwischen 1972/73 und 1976/80 (Cadée & Hegeman, 1974; 1979; Colijn & Ludden, 1983) (Tab. 3). Die Primärproduktion des Mikrophytobenthos stieg im westlichen Wattenmeer kontinuierlich seit 1968 an (Cadée, 1984) (Tab. 3) und liegt jetzt bei ca. 200 g C m^{-2} a^{-1}.

Tabelle 3. Literaturvergleich von Werten der Primärproduktion von Phytoplankton und Mikrophytobenthos, wobei durch langfristige Messungen ein ansteigender Trend im westlichen Wattenmeer und im äußeren Ems-Dollard Gebiet gefunden wurde

Primärproduktion Phytoplankton

Gebiet	Methode	Jahr	g C m^{-2} a^{-1}	Jahr	g C m^{-2} a^{-1}	Autor
westl. Wattenmeer	^{14}C	1960-70er	150-200	1980-90er	375/385	Cadée & Hegeman, 1993
Ems-Dollard	^{14}C	1972/73	240	1976/80	400/500	Cadée & Hegeman, 1974/9; Colijn & Ludden, 1983
westl. Westerschelde	^{14}C	1991	150-300			Kromkamp & Peene, 1995
östl. Westerschelde	^{14}C	1991	100			Kromkamp & Peene, 1995

Primärproduktion Mikrophytobenthos

Gebiet	Methode	Jahr	g C m^{-2} a^{-1}	Jahr	g C m^{-2} a^{-1}	Autor
westl. Wattenmeer	^{14}C	1968	ca. 100	1981	ca. 200	Cadée, 1984
Ems-Dollard	^{14}C	1976-78	136			Colijn & de Jonge, 1984
Elbe	Mikroelek.	1987-90	164			Gätje, 1992
Insel Fünen, Lagune	CO_2	1987-90	175			Kristensen, 1993
Westerschelde	P/B Berech.	1991-92	136			de Jong & de Jonge, 1995

Diese Verdoppelung der Primärproduktion wird in einer eingehenden Betrachtung auf die Zunahme der Nährstofffracht von Rhein und Ijsselmeer und damit auf die Eutrophierung des westlichen Wattenmeeres zurückgeführt (Cadée, 1986). Darüberhinaus konnte de Jonge (1990) statistisch signifikante Korrelationen aufstellen, sowohl für die Beziehung zwischen ansteigender Phosphatfracht des Ijsselmeeres und zunehmender Produktion des Phytoplanktons als auch zwischen Phosphat und ansteigender Produktion des Mikrophytobenthos im westlichen Wattenmeer (de Jonge & Essink, 1991).

Die aktuellen Produktionswerte des Mikrophytobenthos im Königshafen (1993-94) sind ungefähr doppelt so hoch, wie die 1980 im Jahresgang gemessenen Werte (Asmus & Asmus, 1985). Die jeweils angewandte Methodik war sehr ähnlich, wenn auch nicht völlig identisch. In beiden Untersuchungen wurden Sedimente in Kammern eingeschlossen und die Sauerstoffänderung mittels Winkler-Titrationen zu Anfang und am Ende der Inkubation gemessen. Während 1980 *in situ* inkubiert wurde, wurde jetzt unter Lichtsättigung bei nahe *in situ* Temperaturen inkubiert. Da im Eulitoral auch während der Überflutung der Flächen die Lichtwerte noch sättigend sind, erscheint dieses Vorgehen gerechtfertigt zu sein. Die Meßstationen im Hohen Sandwatt und im *Arenicola* Watt waren fast die gleichen Positionen, an denen 1980 gemessen wurde. Auch die Umrechnung der stündlichen Photosyntheseraten auf Tages- und Jahresraten wurde übereinstimmend vorgenommen. Ein Unterschied liegt darin, daß für die Meßwerte von 1980 ein PQ von 1,2 angewendet wurde, während Jensen et al. (1995) in der neuen Untersuchung einen PQ von 0,8 ermittelt haben. Unter Anwendung des älteren PQ-Wertes wird der Unterschied zwischen den Primärproduktionswerten 1980 gegenüber 1993-94 zwar geringer, aber die Erhöhung ist trotzdem sehr deutlich: Meßwerte aus den 90er Jahren mit PQ aus den 80er Jahren berechnet werden um 33 % niedriger (Brutto-Primärproduktion *Arenicola* Watt: 241 g C m^{-2} a^{-1}, Hohes Sandwatt: 219 g C m^{-2} a^{-1}).

Die Phytoplanktonprimärproduktion im Königshafen hat sich von 1980 bis 1995 verdreifacht (Abb. 3, 1980: 39 g C m^{-2} a^{-1}, 1984/85: 68 g C m^{-2} a^{-1}, 1994/95: 121 g C m^{-2} a^{-1}). Die Phytoplanktonprimärproduktion von 1980 war wahrscheinlich nicht sehr hoch, da in diesem Jahr die Schaumalge *Phaeocystis* fehlte. In Jahren zuvor (70er Jahre) hatte diese Alge aber auch schon intensive Blüten im Gebiet gebildet. Im Meßjahr 1984/85 war *Phaeocystis* mit einer Blütenbildung auf die Zeit von Anfang Mai bis Mitte Juni beschränkt. In der übrigen Zeit dominierten 1984/85 Diatomeen das Phytoplankton. In den letzten beiden Jahren 1994 und '95 war *Phaeocystis* über lange Zeit im Sommer vorhanden und bildete Massenvorkommen. Im langfristigen Monitoringprogramm hat sich gezeigt, daß es im Sylt-Rømø Gebiet in den letzten Jahrzehnten stets *Phaeocystis*-Blüten gegeben hat (Elbrächter et al., 1994). Diese treten typischerweise einige Wochen nach der ersten Diatomeenfrühjahrsblüte auf. Nach dem Abklingen der *Phaeocystis*-Blüte zu Beginn des Sommers dominierten dann wieder Diatomeen. In den letzten Jahren hat sich nicht unbedingt die Höhe der *Phaeocystis*-Blüte verstärkt, aber die Dauer des Vorkommens von *Phaeocystis* hat sich verlängert (Elbrächter et al., 1994). Den ganzen Sommer über, wann immer die Wachstumsbedingungen für *Phaeocystis* günstig sind, bilden sich wiederholt größere Vorkommen. Diese Beobachtungen stimmen mit denen von Cadée & Hegeman (1991) für das niederländische Wattenmeer überein. Als Ursache wird sowohl für die Erhöhung der Primärproduktion als auch für das verstärkte Auftreten von *Phaeocystis* die Eutrophierung der Küstengewässer angenommen (Cadée & Hegeman, 1991). Ist es nun gerechtfertigt, in ähnlicher Weise auch für das Sylt-Rømø Gebiet anzunehmen, daß eine Erhöhung der Primärproduktion und eine zeitliche Ausdehnung des

Phaeocystis-Vorkommens auf die Eutrophierung zurückzuführen sind ? In Langzeitmessungen haben Martens & Elbrächter (dieser Band) eine Erhöhung der Nährstoffkonzentrationen auch während des Sommers feststellen können. Diese Erhöhung ist im Sylt-Rømø Gebiet später eingetreten als im westlichen Wattenmeer. Hickel (1989) hat dafür eine Erklärungsmöglichkeit gegeben. Zunächst beträgt die Wasser- und Nährstofffracht der Elbe nur ein Drittel gegenüber der des Rheins, der das westliche Wattenmeer beeinflußt. Durch die hydrographischen Bedingungen fließt das Rheinwasser nahe der Küste nach Norden und strömt zu einem größeren Teil ins Wattenmeer, als das Elbwasser ins Sylt-Rømø Gebiet. Die Elbwasserfahne erstreckt sich meist weit in die Deutsche Bucht. Darüberhinaus sedimentiert ein großer Teil der Partikelfracht der Elbe, besonders in der Helgolandrinne, bevor das Wasser das Sylt-Rømø Gebiet erreicht. Vermutlich gelangt daher die Nährstofffracht der Elbe nur zum Teil und nach mehreren Remineralisationszyklen ins Sylt-Rømø Gebiet (Hickel, 1989). Die Eutrophierungseffekte scheinen unser Gebiet mit einer erheblichen Verzögerung von bis zu 20 Jahren gegenüber dem westlichen Wattenmeer zu erreichen. Nach den Ergebnisse der Primärproduktionsmessungen im SWAP-Projekt kann nicht ausgeschlossen werden, daß sich nun auch im Sylt-Rømø Gebiet die Eutrophierung durch eine Erhöhung der Primärproduktion auf das Ökosystem auswirkt. Es wäre empfehlenswert, die weitere Entwicklung durch eine Fortsetzung der Produktionsmessungen zu verfolgen.

Die im SWAP-Projekt gemessenen Werte der Primärproduktion von Mikrophytobenthos und Phytoplankton liegen zur Zeit im mittleren bis oberen Bereich der Werte, die im niederländischen Wattenmeer und den angrenzenden Ästuaren ermittelt werden (Tab. 3).

Makrophytobenthos

Die Hauptfrage hinsichtlich des Makrophytobenthos ist, ob sich aus der Bestandsentwicklung die Primärproduktion ableiten läßt. Die Bestimmung der Jahresproduktion in Form des gesamten, durch die Photosynthese fixierten Kohlenstoffs ist methodisch auf diesem Weg sehr schwierig, da ein unbekannter Teil des aufgenommenen Kohlenstoffs im Tages- bzw. Jahresgang wieder veratmet und exudiert wird. Weitere Photosyntheseprodukte werden in Rhizomen und Wurzeln eingelagert. Darüberhinaus geht ein Teil in die Blüten- und Samenbildung der Seegräser ein. Ältere Blätter oder Blatteile fallen während der Vegetationsperiode ab. Es wird daher nur der Teil der Produktion erfaßt, der sich in der Pflanze zum Zeitpunkt des Maximum der Vegetationsperiode akkumuliert hat. Dieser Teil wird hier als Biomasse-Ertrag eines Jahres entsprechend der Produktion oder des Ernteertrages in der Landwirtschaft definiert. In dieser Definition folgen wir der Auffassung von Lobban und Harrison (1994).

Wir interpretieren daher die Biomasse zum Zeitpunkt des Maximums als Produktion im Sinnes des erntefähigen Ertrages. Der Königshafen wurde mit Luftaufnahmen und Proben vollständig erfaßt. Es ist daher möglich, den Ertrag und seine Schwankungen über die Beobachtungsdauer von 6 Jahren anzugeben.

Primärproduktion im Sylt-Römö Wattenmeer

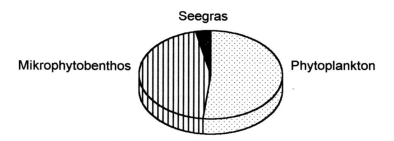

Abb. 8. Hochrechnung der Bruttoprimärproduktionsraten (Summe 309 g C m^{-2} a^{-1}) auf das Gesamtgebiet. Das Phytoplankton überwiegt leicht (52 %), bedingt durch die großen Wasserflächen und -volumina. Das Mikrophytobenthos erreicht trotz der relativ geringen Ausdehnung des Eulitorals ($^1/_3$ des Gebietes) durch hohe Produktionsraten einen großen Anteil an der Gesamtproduktion (45 %). Die Seegrasproduktion ist demgegenüber gering (3 %)

Der Ertrag des Seegrases beträgt im Mittel 15 Tonnen Kohlenstoff mit einer Standardabweichung von 2 t C. Die Sylt-Rømø Bucht wurde mit den Luftaufnahmen nicht vollständig kartiert, es fehlen die nördlichen Bereiche in Dänemark. Eine einfache Hochrechnung auf den Jahresertrag der gesamten Sylt-Rømø Bucht würde mit den vorhandenen Daten einen zu geringen Ertrag ergeben. Wir haben daher zusätzlich die Biotopkartierung von Reise & Lackschewitz (dieser Band) herangezogen, in der die Flächen der Seegrasbiotope in der Sylt-Rømø Bucht abgeschätzt wurden. Hierbei wurde allerdings das Vorkommen kartiert; eine Hochrechnung mit den von uns ermittelten Biomassedichten würde vermutlich einen zu hohen Wert ergeben.

Wir schätzen daher den Gesamtertrag wie folgt: Das gesamte von Reise & Lackschewitz ermittelte Areal des Seegraswattes beträgt 15,6 km^2. Anhand der Seegraswiesen, die durch beide Methoden kartiert wurden, ist zu ersehen, daß die Flächen mit dichtem Seegrasbewuchs, wie sie durch die Luftaufnahmen erfaßt wurden, mindestens um den Faktor 2 kleiner sind, als die am Boden ermittelten Flächen der Seegraswiesen. Die von uns gemessenen Seegras-Biomassedichten können daher nicht auf die Seegraswiesenflächen angewandt werden. Legt man den Faktor 2-3 als Unterschied zwischen beiden Flächenbestimmungsverfahren zugrunde, so ergibt sich eine Seegrasbiomasse von etwa 200-400 Tonnen Kohlenstoff zum Zeitpunkt des Vegetationsmaximums, die wir als Ernteertrag interpretieren (Abb. 9).

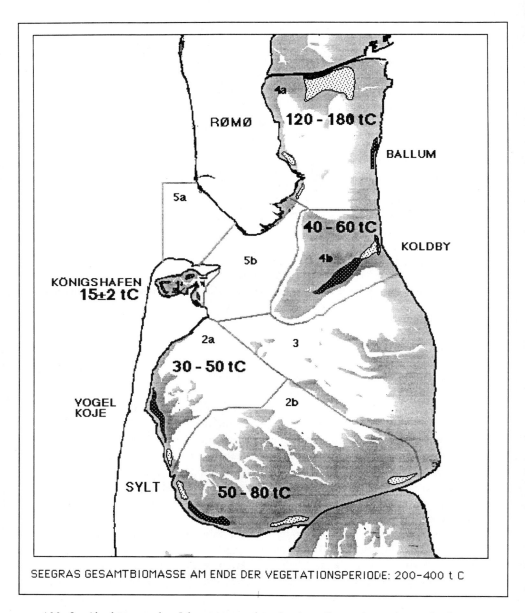

Abb. 9. Abschätzung des Jahresertrages der einzelnen Seegrasbestände sowie des gesamten Ernteertrages des Seegrases im Sylt-Rømø Watt. Dunklere Flächen: Fernerkundung (mit Luftaufnahmen kartiert) und Bodenkartierung von Reise & Lackschewitz (dieser Band), hellere Flächen: Kartierung Reise & Lackschewitz. Im Königshafen ergibt sich aufgrund der sechsjährigen Zeitreihe ein Wert von 15 ± 2 t C Seegrasbiomasse am Ende der Vegetationsperiode, während für die anderen Flächen nur eine Spannbreite angegeben wird

Diese Biomasse steht den herbivoren Zugvögeln im Herbst zur Verfügung. Die Brutto-Primärproduktion des Seegrases *Zostera noltii* steht im Verhältnis zur maximalen Seegrasbiomasse von 10:1 (Asmus & Asmus, 1985). Daher läßt sich aus dem hier ermittelten Ernteertrag eine Brutto-Seegrasproduktion von 2000-4000 t C a^{-1} für das Sylt-Rømø Gebiet abschätzen. Die gesamte Brutto-Primärproduktion des Sylt-Rømø Wattenmeeres wird auf 309 g C m^{-2} a^{-1} geschätzt. Hiervon werden vom Phytoplankton 52 %, vom Mikrophytobenthos 45 % und vom Seegras 3 % gebildet (Abb. 8). Sowohl die Produktionshöhe als auch diese Relationen sind denen im niederländischen Wattenmeer sehr ähnlich (Nienhuis, 1993). In den letzten Jahren allerdings ist das Seegras im niederländischen Wattenmeer bis auf minimale Bestände zurückgegangen. Die Seegraswiesen im Sylt-Rømø Gebiet gehören zu den wenigen, letzten Restbeständen im Wattenmeer der Nordsee.

LITERATUR

Asmus, H. & Asmus, R., 1985. The importance of grazing food chain for energy flow and production in three intertidal sand bottom communities of the northern Wadden Sea. - Helgoländer Meeresunters. *39*, 273-301.

Asmus, H. &. Asmus, R., 1990. Trophic relationships in tidal flat area: to what extent are tidal flats dependent on imported food ? - Neth. J. Sea Res. *27* (1), 93-99.

Asmus, H., Asmus, R., Berger, J., Schubert, F. & Wille, A., 1995. Bentho-pelagischer Stoffaustausch und Produktionsbedingungen dominanter Lebensgemeinschaften des Sylt-Rømø-Wattes. - SWAP-Bericht, 111 S.

Asmus, H., Lackschewitz, D., Asmus, R., Scheiffarth, G., Nehls, G. & Hermann, J.-P., 1997. Transporte im Nahrungsnetz eulitoraler Wattflächen der Sylt-Rømø Bucht. - In: Gätje, C. & Reise, K. (Hrsg.): Ökosystem Wattenmeer - Austausch-, Transport- und Stoffumwandlungsprozesse, Springer-Verlag, Heidelberg, Berlin, S. 393-420.

Asmus, R. & Asmus, H., 1997. Bedeutung der Organismengemeinschaften für den bentho-pelagischen Stoffaustausch im Sylt-Rømø Wattenmeer. - In: Gätje, C. & Reise, K. (Hrsg.): Ökosystem Wattenmeer - Austausch-, Transport- und Stoffumwandlungsprozesse, Springer-Verlag, Heidelberg, Berlin, S. 257-302.

Bodenbender, J. & Papen, H., 1997. Bedeutung gasförmiger Komponenten an den Grenzflächen Sediment/Atmosphäre und Wasser/Atmosphäre. - In: Gätje, C. & Reise, K. (Hrsg.): Ökosystem Wattenmeer - Austausch-, Transport- und Stoffumwandlungsprozesse, Springer-Verlag, Heidelberg, Berlin, S. 303-340.

Bruns, R. & Meyer-Reil, L.-A., 1997. Benthische Stickstoffumsätze und ihre Bedeutung für die Bilanz gelöster anorganischer Stickstoffverbindungen im Sylt-Rømø Wattenmeer. - In: Gätje, C. & Reise, K. (Hrsg.): Ökosystem Wattenmeer - Austausch-, Transport- und Stoffumwandlungsprozesse, Springer-Verlag, Heidelberg, Berlin, S. 219-232.

Cadée, G. C., 1984. Has input of organic matter into the western part of the Dutch Wadden Sea increased during the last decades ? - Neth. Inst. Sea Res. *10*, 71-82.

Cadée, G. C., 1986. Increased phytoplankton primary production in the Marsdiep area (western Dutch Wadden Sea). - Neth. J. Sea Res. *20*(2/3), 285-290.

Cadée, G. C. & Hegeman, J., 1974. Primary production of phytoplankton in the Dutch Wadden Sea. - Neth. J. Sea Res. *8*(2), 240-259.

Cadée, G. C. & Hegeman, J., 1979. Phytoplankton primary production, chlorophyll and composition in an inlet of the western Wadden Sea (Marsdiep). - Neth. J. Sea Res. *13*(2), 224-241.

Cadée, G. C., & Hegeman, J., 1991. Historical phytoplankton data of the Marsdiep. - Hydrobiol. Bull. *24*(2), 111-118.

Cadée, G. C. & Hegeman, J., 1993. Persisting high levels of primary production at declining phosphate concentrations in the Dutch coastal area (Marsdiep). - Neth. J. Sea Res. *31*(2), 147-152.

Colijn, F., 1982. Light absorption in the waters of the Ems-Dollard estuary and its consequences for the growth of phytoplankton and microphytobenthos. - Neth. J. Sea Res. *15*(2), 196-216.

Colijn, F. & Ludden, 1983. Primary production of phytoplankton in the Ems-Dollard estuary. In: F. Colijn. Primary production in the Ems-Dollard Estuary, Dissertation, Groningen, 38-99.

Colijn, F. & Jonge, V. N. de, 1984. Primary production of microphytobenthos in the Ems-Dollard estuary. - Mar. Ecol. Prog. Ser. *14*, 185-196.

Elbrächter, M., Rahmel, J. & Hanslik, M., 1994. *Phaeocystis* im Wattenmeer. In: J. L. Lozán et al., Warnsignale aus dem Wattenmeer, Blackwell, Berlin, S. 87-90.

Gätje, C., 1992. Artenzusammensetzung, Biomasse und Primärproduktion des Mikrophytobenthos des Elbe-Ästuars. Dissertation, Universität Hamburg, 210 S.

Goor, A. C. J. van, 1919. Het zeegras (*Zostera marina* L.) en zijn beteekenis voor het leven der visschen. - Rap. Verh. Rijksinst. Viss. Onderz. *1*, 415-498.

Hickel, W., 1989. Inorganic micronutrients and the eutrophication in the Wadden Sea of Sylt (German Bight, North Sea). - Proc. 21st EMBS, Gdansk, 309-318.

Hoek, C. van den, Admiraal, W., Colijn, F. & de Jonge, V. N., 1979. The role of algae and seagrasses in the ecosystem of the Wadden Sea. In: W.J. Wolff (ed.), Flora and vegetation of the Wadden Sea. Balkema, Rotterdam, 9-118.

Jacobs, R. P. W. M., den Hartog, C., Braster, B. F. & Carriere, F. C., 1981. Grazing of the seagrass *Zostera noltii* by birds at Terschelling (Dutch Wadden Sea). -Aquat. Bot. *10*, 241-259.

Jensen, M. H., Jensen, K. M. & Kristensen, E., 1995. Benthic metabolism and C-, O-, S-, N-cycling in Königshafen. - SWAP-Bericht, 128 S.

Jong, D. J. de & Jonge, V. N. de, 1995. Dynamics and distribution of microbenthic chlorophyll-a in the Western Scheldt estuary (SW Netherlands). -Hydrobiologia *311*, 21-30.

Jonge, V. N. de, 1990. Response of the Dutch Wadden Sea ecosystem to phosphorus discharges from the River Rhine. - Hydrobiologia *195*, 39-47.

Jonge, V. N. de & Essink, K., 1991. Long-term changes in nutrient loads and primary and secondary production in the Dutch Wadden Sea. In: M. Elliott and J.-P. Ducrotoy (eds.). Estuaries and coasts: spatial and temporal intercomparisons. Olsen & Olsen, Int. Symp. Ser., Fredensborg, S. 307-316.

Jonge, V. N. de & De Jong, D. J., 1992. Role of tide, light and fisheries in the decline of *Zostera marina* L. in the Dutch Wadden Sea. - Neth.Inst. Sea Res. Publ. Ser. *20*, 161-176.

Kolbe, I., Kaminski, E., Michaelis, H., Obert, B. & Rahmel, J., 1995. Macroalgal mass development in the Wadden Sea: first experiences with a monitoring system. - Helgoländer Meeresunters. *49*, 519-528.

Kornmann, P., 1952. Die Algenvegetation von List auf Sylt. - Helgoländer wiss. Meeresunters. *4*, 55-61.

Kristensen, E., 1993. Seasonal variations in benthic community metabolism and nitrogen dynamics in a shallow, organic-poor Danish lagoon. - Estuar. coast. Shelf Sci. *36*, 565-586.

Kromkamp, J. & Peene, J, 1995. Possibility of net phytoplankton primary production in the turbid Schelde Estuary (SW Netherlands). - Mar. Ecol. Prog. Ser. *121*, 249-259.

Lobban, C. S. & Harrison, P. J., 1994. Seaweed Ecology and Physiology. Cambridge University Press, 366 S.

Martens, P. & Elbrächter, M., 1997. Zeitliche und räumliche Variabilität der Mikronährstoffe und des Planktons im Sylt-Rømø Wattenmeer. - In: Gätje, C. & Reise, K. (Hrsg.): Ökosystem Wattenmeer - Austausch-, Transport- und Stoffumwandlungsprozesse, Springer-Verlag, Heidelberg, Berlin, S. 65-79.

Nienburg, W., 1927. Zur Ökologie der Flora des Wattenmeeres. I. Teil. Der Königshafen bei List auf Sylt. - Wiss. Meeresunters. (Abt. Kiel) *20*, 146-196.

Nienhuis, P. H., 1993. Nutrient cycling and foodwebs in Dutch estuaries. - Hydrobiologia *265*, 15-44.

Philippart, C. J. M., 1994. Eutrophication as a possible cause of decline in the seagrass *Zostera noltii* of the Dutch Wadden Sea. - Dissertation, Wageningen, 157 S.

Philippart, C. J. M., Dijkema, K. S. & Meer, J. van der, 1992. Wadden Sea seagrasses: where and why. - Neth. Inst. Sea Res. Publ. Ser. *20*, 177-191.

Rasmussen, M. B., Henriksen, K. & Jensen, A., 1983. Possible causes of temporal fluctuations in primary production of the microphytobenthos in the Danish Wadden Sea. - Mar. Biol. *73*, 109-114.

Reise, K., Herre, E. & Sturm, M., 1989. Historical changes in the benthos of the Wadden Sea around the island of Sylt in the North Sea. - Helgoländer Meeresunters. *43*, 417-433.

Reise, K. & Siebert, I., 1994. Mass occurrence of green macroalgae in the German Wadden Sea. - Dt. hydrogr. Z., Suppl. *1*, 171-180.

Reise, K. & Lackschewitz, D., 1997. Benthos des Wattenmeeres zwischen Sylt and Rømø. - In: Gätje, C. & Reise, K. (Hrsg.): Ökosystem Wattenmeer - Austausch-, Transport- und Stoffumwandlungsprozesse, Springer-Verlag, Heidelberg, Berlin, S. 55-64.

Schories, D., 1991. Wechselwirkung zwischen Grünalgen und Bodenfauna im Wattenmeer. - Diplom-Arbeit, Mathematisch-Naturwissenschaftliche Fakultät der Christian-Albrechts-Universität Kiel, 95 S.

Wohlenberg, E., 1937. Die Wattenmeer-Lebensgemeinschaften im Königshafen von Sylt. - Helgoländer wiss. Meeresunters. *1*, 1-92.

3.3.2
Transporte im Nahrungsnetz eulitoraler Wattflächen des Sylt-Rømø Wattenmeeres

Carbon Flow in the Food Web of Tidal Flats in the Sylt-Rømø Wadden Sea

H. Asmus[1], D. Lackschewitz[1], R. Asmus[1], G. Scheiffarth[2,3], G. Nehls[3] & J.-P. Herrmann[4]

[1] *Biologische Anstalt Helgoland, Wattenmeerstation Sylt; Hafenstraße 43, D-25992 List*
[2] *Institut für Vogelforschung, An der Vogelwarte 21, D-26386 Wilhelmshaven*
[3] *Forschungs- und Technologiezentrum Westküste der Universität Kiel, Hafentörn, D-25761 Büsum*
[4] *Institut für Hydrobiologie und Fischereiwissenschaften, Universität Hamburg, Olbersweg 24, D-22767 Hamburg*

ABSTRACT

Biomass and abundance of macrofauna was determined in dominant intertidal benthic communities of the Sylt-Rømø Wadden Sea and Königshafen. From these data secondary production was estimated for each species using P/B-ratios of earlier investigations and summed up for each community. R/B-ratios allowed an estimation of animal respiration and with this the net energy flow or carbon assimilation of the animal community. The share of the special food chains to the total trophic transfer was assessed by partitioning the energy flow at each trophic level including predators due to the primary food source as microphytobenthos, detritus or phytoplankton. The share of microphytobenthic grazing food chain was highest in sheltered areas such as seagrass beds, mud flats and muddy sand flats, where it surpassed other branches of energy flow. The detritus based food chain had a high percentage in all investigated communities and was dominant in sand bars exposed to high currents and turbulence. Phytoplankton based food chains were high in most communities, but showed a distinct lower share in total energy flow in extremely sheltered as well as extremely exposed areas. Secondary production as well as assimilation of different macrofaunal communities were compared to primary production of phytoplankton, microphytobenthos and detritus input to the tidal flats as well as to the consumption by invertebrate predators, fishes and birds. The role of microbial biomass, production and turnover and of the small food web is discussed. Changes in food webs especially due to the increase in primary productivity in the last years are discussed.

ZUSAMMENFASSUNG

In den dominanten, eulitoralen Benthosgemeinschaften des Königshafens und des Sylt-Rømø Wattenmeeres wurde die Biomasse der Makrofauna bestimmt. Mit Hilfe von P/B -Verhältnissen aus früheren Untersuchungen wurde aus diesem Datenmaterial die Produktion für jede Tierart berechnet und für die einzelnen Gemeinschaften summiert. R/B-Werte ließen die Berechnung der Respiration und als Summe aus Respiration und Produktion den Nettoenergiefluß bzw. die Assimilation von organischer Substanz durch die Tiergemeinschaft zu. Eine Zuordnung dieser Grunddaten des trophischen Transfers zu den einzelnen Nahrungsketten, die entweder auf Mikrophytobenthos, Detritus oder Phytoplankton basieren, wurde vorgenommen. Auch der trophische Transfer räuberischer Invertebraten wurde in dieser Weise geschätzt. Der Anteil der Nahrungskette, die auf Mikrophytobenthos basiert, war in den strömungsgeschützten Lebensgemeinschaften wie Seegraswiesen, Schlick und Mischwatten am höchsten und überwog hier teilweise andere Energieflußwege. Detritusfresser hatten in allen Gemeinschaften einen relativ hohen prozentualen Anteil, der jedoch in den stark strömungsexponierten Stromsänden besonders groß war, obwohl Biomasse und Produktion der Makrofauna hier nur gering waren. Auf Phytoplankton basierende Nahrungsketten waren in allen Gemeinschaften stark vertreten, hatten jedoch in den strömungsschwachen und den stark strömungsexponierten Standorten einen deutlich niedrigeren Anteil am Gesamtenergiefluß. Produktion und Assimilation der verschiedenen Makrofaunagemeinschaften wurde sowohl mit der Primärproduktion des Mikrophytobenthos, des Phytoplankton und des Detrituseintrags als auch mit der Konsumtion durch räuberische Invertebraten, Vögel und Fische verglichen. Die Rolle der bakteriellen Sekundärproduktion und des small food webs werden diskutiert. Veränderungen im Nahrungsnetz, insbesondere durch die Erhöhung der Primärproduktion in den letzten Jahren werden diskutiert.

EINLEITUNG

Der Energiefluß entlang des Nahrungsnetzes bildet das funktionelle Gerüst für den belebten Teil eines Ökosystems (Odum, 1967). Der Energiefluß von Gezeitenflächen ist charakterisiert durch einen effizienten Austausch von Material zwischen dem Bodensystem und der niedrigen Wassersäule, so daß das Phytoplankton in ständigem Kontakt zur Lebensgemeinschaft am Boden steht. Außerdem erreicht das Licht in den meisten dieser Gebiete den Boden und ermöglicht dort noch eine hohe Primärproduktion. Als Folge dieser günstigen Produktionsbedingungen sind Gezeitenökosysteme durch einen besonderen Reichtum an benthischen Organismen charakterisiert (Beukema, 1976; Beukema et al., 1978). Diese wiederum ziehen Räuber an, die wie die Vögel bei Niedrigwasser oder Krebse und Fische bei Hochwasser die Wattflächen zur Nahrungssuche aufsuchen. Die besondere Bedeutung der Wattgebiete, unter anderem als Rast- und Nahrungsgebiete für einen großen Anteil der Populationen eurosibirischer Wat- und Wasservögel haben bereits in den 70er Jahren dazu geführt, Energieflußbudgets für größere Teile dieser Ökosysteme zu berechnen (Kuipers et al., 1981; de Wilde & Beukema, 1984). Trotz des hohen Angebots an Primärenergie im Wattenmeer ergaben diese Untersuchungen einen vergleichsweise geringen Anteil an Sekundärproduktion, so daß dadurch eine hohe Bedeutung dem sogenannten „small food web", insbesondere der Meiofauna und den postlarvalen Stadien der Makrofauna, zukam (Kuipers et al., 1981). Makrofauna galt als eher durch physikalische Faktoren begrenzt als durch das Nahrungsangebot (Beukema, 1976; 1979). Spätere Zusammenstellungen zeigten, daß das „small food web" ungefähr die Hälfte des Kohlenstoffangebots verarbeitet, wobei nur 4 % auf das Meiobenthos entfällt (de Wilde & Beukema, 1984). Auch im Königshafen wurde 1980 der Energiefluß der Gezeitenflächen beschrieben, wobei auf die besondere Bedeutung der „grazing food chain" hingewiesen wurde (Asmus & Asmus, 1985). Im niederländischen Wattenmeer konzentrierten sich spätere Untersuchungen und Bilanzierungen hauptsächlich auf die Rolle der Eutrophierung im Energiefluß des Wattenmeeres. So wurde aus dem Balgzandgebiet sowohl ein langfristiger Anstieg der Primär- als auch der Sekundärproduktion dokumentiert (Beukema & Cadee, 1986; Cadée, 1986; de Jonge & Essink, 1991). Außerdem konnte ein Anstieg in der Konzentration von suspendiertem, organischen Material sowie ein Anstieg der Sedimentation im westlichen Wattenmeer festgestellt werden (Nienhuis, 1993). Zu Beginn der 90er Jahre wurde versucht, die Auswirkungen der Veränderungen in den küstennahen Gezeitengebieten auf den Energiefluß zu beschreiben. Insbesondere umfangreiche Küstenschutzbauten und Abdämmungen im Bereich der niederländischen Ästuare lieferten den Ansatzpunkt dazu (Nienhuis, 1993).

In der vorliegenden Arbeit werden die energieflußrelevanten Daten für das Eulitoral des Sylt-Rømø Wattenmeeres und des Königshafens aus dem SWAP-Projekt zusammengestellt und mit denen früherer Untersuchungszeiträume im Königshafen verglichen, mit dem Ziel, Besonderheiten und Unterschiede in der Funktion zu ähnlichen Gebieten und die Bedeutung einzelner Ökosystemstrukturen für das Gesamtgebiet darzustellen.

MATERIAL UND METHODEN

Primärproduktion und Detritusinput

Die hier dargestellten Ergebnisse beziehen sich auf Untersuchungen aus dem Jahr 1980 (Asmus, R., 1984; Asmus & Asmus, 1990) und auf die in den SWAP-Untersuchungen 1990-1995 erarbeiteten Daten (Asmus, R. et al., dieser Band). Die Phytoplanktonprimärproduktion wurde nach der Sauerstoffmethode bestimmt. Die Primärproduktion des Mikrophytobenthos wurde nach Feld- und Laboruntersuchungen erarbeitet (zu Konversionsfaktoren siehe Asmus, R. et al., dieser Band). Die Messungen zur Primärproduktion des Seegrases wurden von der Arbeitsgruppe Fernerkundung durchgeführt (Asmus R. et al., dieser Band). Der Detritusinput in das Eulitoral wurde nach Untersuchungen mit dem Strömungskanal bestimmt (Asmus & Asmus, dieser Band). Die Kohlenstoffanalyse erfolgte mit Hilfe eines CHN-Analysers.

Stoffumsatz: small food web

Berechnungen zum aeroben Stoffumsatz beziehen sich auf die Untersuchungen in verschiedenen Sedimenttypen des Königshafens (Kristensen et al., dieser Band). Der anaerobe Stoffumsatz wurde nach der Höhe der Sulfatreduktion berechnet (Kristensen et al., dieser Band). Biomasse und Sekundärproduktion der Bakterien wurde nach den Untersuchungen von Bruns et al. (1995) angegeben.

Biomasse, Konsumtion und Produktion des Makrobenthos

Den hier dargestellten Ergebnissen liegen Biomassedaten aus dem Königshafen für 1980 (Asmus & Asmus 1985; 1990) und 1990 (Reise et al., 1994) zugrunde. Für das gesamte Sylt-Rømø Wattenmeer wurden die Biomassedaten aus den Untersuchungen der Sommer 1992 bis 1994 verwendet (Lackschewitz, 1995; Reise & Lackschewitz, dieser Band). Die Flächenausdehnung der Biotope wurde nach Lackschewitz (1995) und Murphy (GKSS, Fernerkundung) übernommen, und auf die Ergebnisse von Backhaus et al. (dieser Band) übertragen. Produktionsraten wurden mit Hilfe von P/B-Werten aus dem Königshafen für jede Tierart berechnet (Asmus, H., 1984; 1987). Respirationsraten wurden mit Hilfe von R/B-Werten nach Asmus, H. (1984) ebenfalls für jede Tierart bestimmt, wobei die Bedeckungszeit der einzelnen Habitate berücksichtigt wurde. Konsumtionswerte wurden als Summe der Respiration und der Produktion bestimmt. Gewichtsangaben zur Biomasse erfolgten als aschefreies Trockengewicht (AFDW) (Differenz des Trockengewichtes nach Trocknung bei 80 °C und des Aschegewichtes nach Veraschung bei 520 °C). Angaben in g C wurden nach Umrechnung des aschefreien Trockengewichtes mit dem Faktor 0,58 erhalten.

Konsumtion durch Fische und Garnelen

Die Berechnung der Konsumtion durch Fische und Garnelen wurde von Herrmann et al. (dieser Band) beschrieben. Als Berechnungsgrundlage dienten Biomassedaten aus monatlichen Fängen mit dem Schiebehamen im Königshafen und im Keitumer Watt im Jahre 1993 bei Hochwasser in 0,6 bis 1m Tiefe. Die Angaben erfolgten in g AFDW und wurden mit dem Faktor 0,58 auf g C umgerechnet.

Konsumtion durch Vögel

Die Konsumtion durch Vögel wurde den Untersuchungen von Scheiffahrth & Nehls (im Druck) entnommen. Die Methodik ist in Scheiffahrt & Nehls (im Druck) ausführlich beschrieben. Für herbivore Vögel wurden die Herbstbestandsdaten aus Nehls et al. (1995) für die Monate September bis Dezember betrachtet und mit den individuellen Konsumtionsdaten von 135 g AFDW für Ringelgänse und 65 g AFDW für Pfeifenten multipliziert (Madsen, 1988). Die so berechnete Konsumtion gibt in etwa den Wegfraß an eulitoralen Makrophyten (vor allem Seegräser)

3.3.2 Transporte im Nahrungsnetz eulitoraler Wattflächen der Sylt-Rømø Bucht

wieder.Bei der Berechnung in g C wurde ein Aschegehalt von 14,3 % und eine Umrechnung von Trockengewicht in Kohlenstoff von 0,58 zugrunde gelegt.

ERGEBNISSE

Seegraswiesen

Die Biomasse der ständig in Seegraswiesen sich aufhaltenden Makrobenthosarten betrug im Sylt-Rømø Watt in *Zostera noltii* Wiesen auf Sandgrund 36 g C m^{-2} (Tab. 2) (nach Lackschewitz, 1995). Der größte Anteil entfiel auf Weidegänger wie *Hydrobia ulvae* und *Littorina littorea*, die sich hauptsächlich von epiphytischen und bodenlebenden Diatomeen ernähren. In *Zostera* Wiesen auf Schlicksand bis Schlick war die Biomasse ähnlich wie in sandigen Seegraswiesen (Tab. 2). Die Seegraswiesen des Königshafens wichen in ihrer Biomasse kaum von denen des Gesamtgebietes ab (nach Reise et al., 1994) (Tab. 1). Auch die jährliche Produktion an Makrofaunabiomasse war in den untersuchten Seeegraswiesen kaum unterschiedlich (Tab. 1 und 2). Die Konsumtion an organischer Substanz durch die Tiergemeinschaft erreichte 114 bis 130 g C m^{-2} a^{-1}. Dies ist als Minimumwert anzusehen, da davon ausgegangen werden kann, daß durch das Zuwandern beweglicher Epifauna während der Bedeckungsphase zusätzliche Energie in dieser Gemeinschaft verbraucht wird. Den Hauptanteil am Energiefluß in Seegraswiesen bildete die Nahrungskette, die das Mikrophytobenthos mit den Weidegängern *Hydrobia ulvae* und *Littorina littorea* verbindet. Im Königshafen flossen 46 % des Gesamtenergieflusses durch die Makrofauna der Seegraswiesen durch Weidegänger, 27 % durch Detritusfresser, 25 % durch Filtrierer und 3 % durch Organismen mit verschiedener trophischer Einnischung (vergl. Tab. 1 und 2).

Tabelle 1. Anteile einzelner Nahrungsketten an Biomasse, Produktion und Konsumtion der Makrofauna in der Seegraswiese im Königshafen

Biomasse	Suspension	Weidegänger	Detritus	Verschieden	Räuber	Gesamt
g C m^{-2} a^{-1}	14,37	15,38	6,69	0,79	0	37,23
%	38,60	41,30	17,96	2,13	0,00	100,00
Produktion						
g C m^{-2} a^{-1}	21,91	17,89	14,71	1,63	0	56,14
%	39,03	31,87	26,20	2,90	0,00	100,00
Konsumtion						
g C m^{-2} a^{-1}	30,47	56,47	33,49	3,37	0,00	123,79
%	24,61	45,61	27,06	2,72	0,00	100,00

Tabelle 2. Anteile einzelner Nahrungsketten an Biomasse, Produktion und Konsumtion der Makrofauna in Seegraswiesen im Sylt-Rømø Watt. Oben: *Zostera noltii*-Watten, unten: Seegraswiesen auf Schlick

Biomasse	Suspension	Weidegänger	Detritus	Verschieden	Räuber	Gesamt
g C m^{-2} a^{-1}	6,73	17,94	10,19	1,19	0,08	36,13
%	18,62	49,65	28,21	3,31	0,22	100,00
Produktion						
g C m^{-2} a^{-1}	10,72	29,02	17,95	1,07	0,13	58,89
%	18,21	49,28	30,49	1,81	0,22	100,01
Konsumtion						
g C m^{-2} a^{-1}	14,15	56,08	41,56	1,52	0,74	114,05
%	12,41	49,17	36,44	1,33	0,65	100,00

Biomasse	Suspension	Weidegänger	Detritus	Verschieden	Räuber	Gesamt
g C m^{-2} a^{-1}	8,70	7,17	13,07	4,98	0,64	34,56
%	25,17	20,76	37,81	14,40	1,85	99,99
Produktion						
g C m^{-2} a^{-1}	13,93	11,62	24,30	5,75	2,33	58,05
%	23,99	20,02	41,87	9,91	4,01	99,80
Konsumtion						
g C m^{-2} a^{-1}	21,46	27,98	63,50	11,48	5,45	129,99
%	16,51	21,53	48,85	8,83	4,19	99,91

Tabelle 3a. Anteile einzelner Nahrungsketten an Biomasse, Produktion und Konsumtion der Makrofauna in *Arenicola*-Sandwatten in g C m^{-2} a^{-1} (Ar. oben = oberhalb NN; Ar. unten = unterhalb NN)
a) Königshafen

Biomasse	Suspension	Weidegänger	Detritus	Verschieden	Räuber	Gesamt
Ar. oben	3,95	7,01	14,34	1,43	0,09	26,83
%	14,72	26,13	53,45	5,33	0,34	100,00
Ar unten	7,24	0,68	12,74	2,06	0,88	23,61
%	30,68	2,90	53,97	8,72	3,73	100,01
Produktion						
Ar. oben	6,69	7,97	38,01	2,94	0,35	55,98
%	11,95	14,24	67,90	5,25	0,63	99,99
Ar unten	7,34	1,07	34,17	4,27	1,59	48,45
%	15,14	2,20	70,53	8,81	3,28	100,00
Konsumtion						
Ar. oben	9,75	26,25	73,80	6,22	0,68	116,65
%	8,36	22,50	63,27	5,33	0,58	100,00
Ar unten	10,80	1,82	65,69	9,21	4,95	92,47
%	11,68	1,97	71,03	9,97	5,36	100,00

3.3.2 Transporte im Nahrungsnetz eulitoraler Wattflächen der Sylt-Rømø Bucht

Tabelle 3b. Sylt-Rømø Watt

Biomasse	Suspension	Weidegänger	Detritus	Verschieden	Räuber	Gesamt
Ar-watt	16,56	0,04	6,30	3,09	0,70	26,64
%	62,16	0,15	23,67	11,60	2,63	100,00
Produktion						
Ar-watt	29,52	0,04	15,64	9,66	2,58	57,54
%	51,30	0,17	58,72	36,26	9,67	100,00
Konsumtion						
Ar-watt	38,87	0,16	32,26	12,25	5,03	88,66
%	43,85	0,58	121,09	45,98	18,87	100,00

Tabelle 4. Anteile einzelner Nahrungsketten an Biomasse, Produktion und Konsumtion der Makrofauna in verschiedenen Sandwattypen des Sylt-Rømø Wattenmeeres in g C m^{-2} a^{-1}

Biomasse	Suspension	Weidegänger	Detritus	Verschieden	Räuber	Gesamt
Stromsände	2,24	0,00	4,18	1,32	0,33	8,06
%	27,78	0,00	51,81	16,33	4,10	100,00
Hohes Sandwatt	1,52	0,05	0,08	1,17	0,00	2,81
%	54,08	1,78	2,68	41,47	0,00	100,00
Mischwatt	14,77	4,52	9,32	10,42	0,10	38,95
%	37,91	11,61	23,93	26,76	0,25	100,00
Produktion						
Stromsände	4,17	0,00	9,86	2,90	1,32	19,11
%	21,84	0,00	51,58	15,16	6,92	100,00
Hohes Sandwatt	1,52	0,00	0,08	1,17	0,00	2,77
%	54,86	0,00	2,86	42,19	0,00	100,00
Mischwatt	11,71	4,96	25,24	22,91	0,07	64,65
%	18,12	7,67	39,04	35,44	0,11	100,00
Konsumtion						
Stromsände	6,66	0,00	21,28	3,06	2,58	35,21
%	18,92	0,00	60,43	8,68	7,33	100,00
Hohes Sandwatt	13,10	0,00	0,18	3,71	0,00	16,98
%	77,13	0,00	1,03	21,85	0,00	100,00
Mischwatt	16,86	17,29	50,62	53,30	0,10	138,17
%	12,21	12,51	36,64	38,58	0,07	100,00

Tabelle 5. Anteile einzelner Nahrungsketten an Biomasse, Produktion und Konsumtion der Makrofauna im Schlickwatt in g C m^{-2} a^{-1}

Biomasse	Suspension	Weidegänger	Detritus	Verschieden	Räuber	Gesamt
a) Königshafen						
Schlickwatt	47,15	3,57	5,17	8,52	1,58	65,99
%	71,45	5,41	7,83	12,91	2,40	99,99
Produktion						
Schlickwatt	45,75	5,64	14,6	20,33	6,33	92,65
%	49,38	6,09	15,76	21,94	6,83	100,00
Konsumtion						
Schlickwatt	60,30	9,42	26,86	35,21	12,37	144,16
%	41,83	6,53	18,64	24,43	8,58	100,00
b) Sylt-Rømø-Wattenmeer						
Biomasse						
Schlickwatt	1,18	8,00	4,09	7,78	0,09	21,47
%	5,48	37,28	19,05	36,25	0,41	100,00
Produktion						
Schlickwatt	2,10	8,78	8,61	19,54	0,16	39,71
%	5,29	22,10	21,69	49,21	0,40	100,00
Konsumtion						
Schlickwatt	0,21	30,59	27,12	34,39	0,21	97,06
%	0,22	31,52	27,94	35,43	0,22	100,00

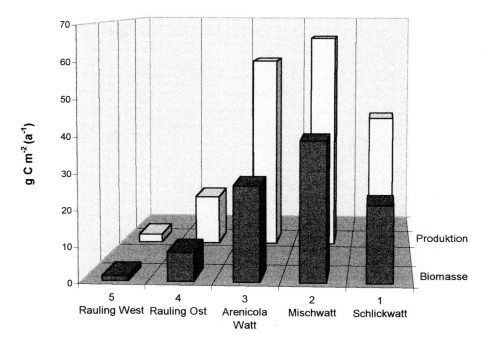

Abb. 1. Biomasse und Sekundärproduktion der Makrofauna in verschiedenen Wattypen des Sylt-Rømø Wattenmeeres in Abhängigkeit von der Wasserturbulenz (5: hohe, 1: niedrige Turbulenz)

Arenicola Watt

In Sandwatten des Sylt-Rømø Wattes wurden 62 % der Biomasse von Filtrierern, hauptsächlich *Cerastoderma edule*, eingenommen, während auf Detritusfresser, durch *Arenicola marina* dominierend, nur 24 % der Biomasse entfielen. Andere Gruppen waren in diesen Bereichen unterrepräsentiert. Im Sylt-Rømø Watt wurde auch der Hauptteil an Energie im *Arenicola* Watt durch Filtrierer aufgenommen, gefolgt von Detritusfressern. Andere trophische Gruppen waren am Energiefluß nur geringfügig beteiligt. Offenbar bestanden zeitliche Unterschiede in der Struktur des Nahrungsnetzes zwischen einzelnen Untersuchungsjahren. Der hohe Anteil an Filtrierern war in diesem Lebensraum an das Auftreten von *Cerastoderma edule* gebunden, deren Bestand im Untersuchungsgebiet starken Schwankungen unterlag. So fehlt diese Art und damit ein ganzer Energieflußzweig nach harten Wintern völlig, während nach milden Wintern, wenn sich ein hoher Herzmuschel-Bestand hat ausbilden können, Filtrierer im Nahrungsnetz dominieren. Auch räumliche Unterschiede traten auf. So zeigten im Königshafen *Arenicola* Watten unterhalb der NN-Linie eine ganz unterschiedliche Struktur des Nahrungsnetzes gegenüber solchen oberhalb der NN-Linie (Tab. 3) (Reise et al., 1994). In den oberen, geschützten Bereichen erreichten Wattschnecken (*Hydrobia ulvae*) sehr große Biomassen (Weidegänger: 26 % der Gesamtbiomasse). In den Gebieten unter NN fehlte dieser Energieflußzweig nahezu vollständig. Dies wirkte sich sehr stark auf die Produktion und den Energiefluß aus. Während der Untersuchungen im Königshafen überwogen Detritusfresser an Biomasse, Produktion und im Energiefluß in beiden Bereichen des Sandwattes über NN bzw. unter NN. Filtrierer nahmen dagegen nur 14,7 % und 30,7 % der Biomasse, bzw. 11,9 % und 15,1 % der Produktion und 8,4 % bzw. 11,7 % der Gesamtkonsumtion im Bereich über NN bzw. unter NN ein.

Stromsände

Stromsände sind dünner besiedelt als *Arenicola* Watten, obwohl auch hier starke räumliche Unterschiede in der Verteilung der Biomasse je nach Strömungsexponiertheit auftreten können. Ein Vergleich zwischen der mittleren, jährlichen Biomasse und der Produktion von verschieden stark zur Wasserbewegung exponierten Standorten zeigt Abb. 1. Die Makrofaunabiomassewerte für Stromsände (nach Lackschewitz, 1995), die in dieser Arbeit verwendet wurden, lagen höher als die in der Abbildung dargestellten stark exponierten Standorte im Westen des Raulingsand, sie waren jedoch deutlich niedriger als die Biomasse an den geschützten Untersuchungsstellen im Osten des Raulingsand. Auch die Artenzusammensetzung hatte Gemeinsamkeiten mit beiden Standorten. Stromsände fehlen in größerer Fläche dem Königshafen. Den höchsten Anteil an der Biomasse, der Produktion und an der Konsumtion in den Stromsänden des Sylt-Rømø Gebietes hatten die Detritusfresser, gefolgt von Filtrierern bzw. Tentakelfängern, die den freien Wasserraum als Nahrung nutzen (Tab. 4). Die Absolutwerte von Biomasse, Sekundärproduktion und Energiefluß waren jedoch nur gering (Tab. 4).

Hochgelegene Sände

Hochgelegene Sandwatten sind noch ärmer an Makrofauna als Stromsände. Die Biomasse in diesem Lebensraum betrug nur 2,81 g C m^{-2} und wurde hauptsächlich durch den Spioniden *Pygospio elegans* gebildet (Tab. 4). Im Königshafen tritt diese Gemeinschaft in veränderter Ausprägung als schmaler Gürtel in der Nähe der mittleren Hochwasserlinie oberhalb des *Arenicola* Brutwattes auf. Hier war die Biomasse durch die Dominanz von *Hydrobia ulvae* und *Nereis diversicolor* höher, sie wurde jedoch in der Biomasseerfassung 1990 nicht berücksichtigt (Reise et. al., 1994). Den höchsten Anteil an der Biomasse hatten die Tentakelfänger mit dem Polychaeten *Pygospio elegans*, der Partikel aus der Wassersäule fängt und frißt. Sie wurden in dieser Zusammenfassung als Suspensionsfresser im weitesten Sinne betrachtet. Die Werte für Sekundärproduktion und Energiefluß waren noch geringer als die im Stromsand gemessenen (Tab.4).

Mischwatten

Die Besiedlung des Mischwattes zeigte alle Übergänge von einem reinen Sandwatt bis hin zum Schlickwatt. Im Königshafen entsprachen Mischwattgebiete diesen Übergangsbereichen und wurden daher teilweise zum Sandwatt und teilweise zum Schlickwatt gerechnet. Im Sylt-Rømø Watt nahmen sie dagegen relativ große Flächen mit recht einheitlichem Charakter ein. Neben Muschelbänken waren Mischwatten im Sylt-Rømø Watt die an Biomasse reichsten Lebensräume des Eulitorals (Biomasse: 39 g C m^{-2}, Produktion: 65 g C m^{-2} a^{-1}) (Tab.4). Daher müßten 138 g C m^{-2} a^{-1} konsumiert werden, um diese Biomasse und Produktion aufrecht zu erhalten (Tab. 4). Dominiert wurde die Produktion und der Energiefluß der Mischwatten durch Detritusfresser, die vor allem durch den Wattwurm *Arenicola marina* repräsentiert wurden. An zweiter Stelle standen in diesem Habitat Organismen, die sehr unterschiedliche Nahrungsquellen nutzen. Ein Beispiel ist die Muschel *Macoma balthica*, die sowohl als Pipettierer Energie aus dem Mikrophytobenthos und dem Detritus der Sedimentoberfläche aufnimmt, als auch als Filtrierer Phytoplankton aus dem Pelagial aufnimmt. Durch die große Dichte der Sandklaffmuschel *Mya arenaria* in diesen Wattbereichen (dominante Form in Bezug auf die Biomasse), nahm die Filtriererernahrungskette nach den Detritusfressern und nach den mixotrophen Formen die drittwichtigste Stelle ein.

Schlickwatten

Die Biomasse der Makrofauna und die Produktionsleistung wiesen große Unterschiede zwischen den räumlich isolierten Schlickwatten auf. Im Königshafen dominierte in Schlickgebieten die Herzmuschel, so daß in diesem Bereich der größte Teil der Energie aus dem Pelagial gewonnen wurde (Tab. 5). Zusammen mit den anderen trophischen Gruppen zeigte das Schlickwatt die höchste Biomasse und die höchste Produktionsleistung im Königshafen außerhalb von Muschelbänken. Die mittlere jährliche Produktionsleistung pro m² der Schlickwatten im Gesamtgebiet war sehr viel geringer. Den Stoffluß bestimmten hier Organismen mit verschiedener Art der Nahrungsaufnahme, doch durch das häufige Auftreten von *Hydrobia ulvae* wurde auch ein großer Teil der Energie über die Weidegänger-Nahrungskette weitergegeben (Tab. 5).

Muschelbänke

Muschelbänke zeigten im Verhältnis zu den übrigen eulitoralen Gemeinschaften zwar eine geringe Ausdehnung, besaßen aber die höchsten Biomassewerte, die im Gebiet gefunden wurden. Im Königshafen betrug die mittlere Biomasse 761 g C m^{-2} (Reise et al., 1994) (Tab. 6). Im Sylt-Rømø Watt war die Biomasse hierzu fast identisch (793 g C m^{-2}, Lackschewitz, 1995) (Tab. 7). Im Königshafen wurde daher die mittlere Biomasse der Makrofauna bei Berücksichtigung der Muschelbänke nahezu verdoppelt (Tab. 6). Aufgrund der hohen Biomasse sind Muschelbänke flächenbezogen die produktivsten Gemeinschaften im Untersuchungsgebiet.

Tabelle 6. Biomasse, Sekundärproduktion und Konsumtion im Königshafen in g C m^{-2} a^{-1} und t C a^{-1}

Gemeinschaft	Fläche Mio m^{-2}		Biomasse	Produktion	Konsumtion
oberes *Arenicola*Watt	1,01	g C m^{-2} (a^{-1})	26,83	55,98	116,65
		t C(a-1)	27,10	56,54	117,82
unteres *Arenicola*Watt	1,99	g C m^{-2} (a^{-1})	23,61	48,45	92,47
		t C(a-1)	46,99	96,42	184,01
*Zostera*Wiese	0,31	g C m^{-2} (a^{-1})	37,23	56,14	123,79
		t C(a-1)	11,54	17,40	38,38
Schlick	0,35	g C m^{-2} (a^{-1})	65,99	92,65	144,16
		t C(a-1)	23,10	32,43	50,46
Muschelbank	0,14	g C m^{-2} (a^{-1})	761,29	286,86	1838,87
		t C(a-1)	106,58	40,16	257,44
mit Muschelbänken	4,14	g C m^{-2} (a^{-1})	52,00	58,10	156,55
	Summe	t C(a-1)	215,29	240,52	648,11
ohne Muschelbänke	4	g C m^{-2} (a^{-1})	27,18	50,70	97,67
	Summe	t C(a-1)	108,72	202,78	390,67

Dennoch wurde im Königshafen insgesamt nur eine Steigerung der Produktivität pro m^{-2} der Makrofauna von 15 % durch Muschelbänke hervorgerufen. Die Menge an organischer Substanz, die durch die Makrofauna konsumiert wurde, steigt durch Einbeziehung der Miesmuschelbänke dagegen um 60 %. Der Energiefluß einer Muschelbank erfolgt zu 95 % über Filtrierer.

Hochrechnung auf den Königshafen

Im Königshafen betrug die mittlere Biomasse der Makrofauna ohne Muschelbänke 27 g C m^{-2} (Tab. 6). Durch den relativ hohen Flächenanteil der Muschelbänke im Königshafen und der hohen Biomasse dieser Gemeinschaft war die Gesamtbiomasse nach Berücksichtigung dieser Gemeinschaft fast doppelt so hoch (52 g C m^{-2}), so daß 215 t C in tierischer Biomasse festgelegt war. Zur Biomasse der Muschelbänke siehe Nehls et al. (dieser Band). Ohne Muschelbänke waren nur 109 t C in tierischer Biomasse festgelegt.

Die Makrofaunabiomasse in den Seegraswiesen des Königshafens betrug 12 t C (*Zostera noltii* Wiesen: 10 t C, *Zostera marina* Wiesen oder Mischbestände: 2 t) (Tab. 6). Die Biomasse der Makrofauna des Sandwattes nahm im Königshafen 68 % der gesamten, eulitoralen Makrofaunabiomasse (ohne Muschelbänke) ein. Im

Eulitoral des Königshafen bildete die Makrofauna der Schlickwatten 23 t C oder 21 % der Gesamtbiomasse dieser Bucht.

Die Sekundärproduktion der Makrofauna betrug im Königshafen 203 t C pro Jahr. Bei Berücksichtigung der Muschelbänke steigt dieser Wert auf 241 t C pro Jahr an (Tab. 6). In beiden Seegraswiesentypen erreichte sie zusammen 17 t C pro Jahr. Pro Jahr wurden 153 t C durch die Makrofauna des Sandwattes im Königshafen produziert (Tab. 6), dies entspricht 75 % der Gesamtmakrofaunaproduktion (ohne Muschelbänke). Das Schlickwatt trug mit einem hohen Anteil (16 %) zu der Produktionsleistung der Fauna des gesamten Königshafen bei (Tab. 6).

Um den Produktionsbedarf der Makrofauna im Königshafen zu decken und die Energieverluste durch die Respiration auszugleichen, ist eine Konsumtion an organischer Substanz von 648 t C erforderlich (Tab. 6). Von den Muschelbänken wurden 40 % der durch Makrofauna aufgenommenen Nahrungsmenge verbraucht. Von den verbleibenden 391 t C wurden von der Makrofauna der Seegraswiesen 38 t C oder 9,8 % aufgenommen. Für die Makrofauna der Sandwatten ist eine jährliche Aufnahme an Kohlenstoff von 302 t C erforderlich, was einem Anteil von 77 % am Gesamtenergiefluß des Eulitorals des Königshafens (ohne Muschelbänke) entspricht. Im Königshafen nahm die Konsumtion der Makrofauna des Schlickwattes einen hohen Anteil (13 %) an der Gesamtkonsumtion ein.

Hochrechnung auf das Sylt-Rømø Watt

Im Eulitoral des Sylt-Rømø Wattenmeeres waren 3624 t C in der Biomasse der Makrofauna gespeichert. Im Sylt-Rømø Watt haben Sandwatten die größte Ausdehnung aller Lebensgemeinschaften. Schlickwatten ohne Seegrasbewuchs zeigten im Untersuchungsgebiet nur eine geringfügige Ausdehnung. Der Einfluß der eulitoralen Muschelbänke auf Biomasse, Produktion und Konsumtion der Makrofauna ist nur sehr gering. Rechnet man Muschelbänke hinzu, dann steigt die Biomasse der Makrofauna des Gesamtgebietes auf 3909 t C. Rund 1/7 der gesamten Makrofaunabiomasse des Eulitorals ohne Muschelbänke waren hier in Seegraswiesen konzentriert (Tab. 7, 8). Der Hauptteil (62 % entsprechend 2429 t C) der gesamten Makrofaunabiomasse des Sylt-Rømø Wattes befanden sich im Sandwatt. Die Makrofauna der Stromsände hatte einen vernachlässigbar kleinen Anteil von nur 1 % an der Biomasse, obwohl 2,7 % der Eulitoralfläche diesem Lebensraum zuzuordnen sind (Lackschewitz, 1995). Auch auf den hohen Sandwatten war die Biomasse der Makrofauna nur gering und hatte daher ebenfalls einen Anteil an der Makrofaunabiomasse von weniger als 1 %. Mit 519 t C machte die Makrofauna der Mischwattgebiete 13 % der Biomasse der Fauna des Gesamtgebietes aus.

Tabelle 7. Anteile einzelner Lebensgemeinschaften an Biomasse, Produktion und Konsumtion im Sylt-Rømø Watt in g C m^{-2} a^{-1} (Fläche in Mio m²)

Gemeinschaft	Fläche	Biomasse	Produktion	Konsumtion
Zostera noltii Watt	4,76	36,13	58,89	114,05
Seegraswiese auf Schlick	10,77	34,56	58,05	129,99
Arenicola-Watt	90,99	26,64	57,54	88,56
Stromsände	3,7	8,06	19,11	35,21
Hohes Sandwatt	7,32	2,81	2,77	16,98
Mischwatt	13,25	38,95	64,65	138,17
Schlickwatt	3,85	21,47	39,71	97,06
Muschelbank	0,36	792,99	309,27	1926,43
Summe mit Muschelbänken	135	28,96	54,37	97,25
Summe ohne Muschelbänke	134,64	26,91	53,69	92,36

Tabelle 8. Anteile einzelner Lebensgemeinschaften an Biomasse, Produktion und Konsumtion im Sylt-Rømø Watt in t C a^{-1} (Fläche in Mio m²)

Gemeinschaft	Fläche	Biomasse	Produktion	Konsumtion
Zostera noltii Watt	4,76	172,00	280,34	542,86
Seegraswiese auf Schlick	10,77	372,17	623,94	1398,72
Arenicola-Watt	90,99	2429,20	5226,44	8058,23
Stromsände	3,7	29,83	67,53	124,24
Hohes Sandwatt	7,32	20,57	20,26	124,31
Mischwatt	13,25	518,51	859,95	1830,82
Schlickwatt	3,85	81,39	150,89	356,21
Muschelbank	0,36	285,48	111,26	693,43
Summe mit Muschelbänken	135	3909,15	7340,60	13128,82
Summe ohne Muschelbänke	134,64	3623,67	7229,34	12435,39

Die Sekundärproduktion der Makrofauna erreichte im Sylt-Rømø Watt 7229 t C pro Jahr. Auch bei Berücksichtigung der Sekundärproduktion der Muschelbänke wird dieser Wert nur unbedeutend erhöht. Von der Gesamtmakrofaunaproduktion (ohne Muschelbänke) wurden 12 % in Seegraswiesen ereicht (Tab. 7, 8). Durch die Sandwattenfauna wurden 71 % (5226 t C) produziert. Die Makrofauna der

Stromsände und des hohen Sandwattes bzw. der Schlickwatten hatten nur einen sehr kleinen Anteil (unter 1 % bzw. 2 %) an der Sekundärproduktion. Mischwattgebiete trugen mit 12 % zur Sekundärproduktion des Gesamtgebietes bei.

Die Konsumtion der Makrofauna des Sylt-Rømø Wattenmeeres erreichte 13129 t C. Auch ohne Berücksichtigung der Muschelbänke verbrauchte die Makrofauna noch 12435 t C im Jahr. Davon wurden 1942 t C (16 %) durch die Makrofauna von Seegraswiesen akkumuliert (Tab. 7, 8). Der größte Teil der Nahrungsmenge zum Erhalt der Biomasse und der Produktion (8058 t C bzw. 61 %) wurde im Sandwatt assimiliert. Die Makrofauna der Stromsände und der hohen Sandwatten hatte wiederum nur einen vernachlässigbar kleinen Anteil (< 1 %) am Energiefluß der Makrofauna des Gesamtgebietes.

Nach dem *Arenicola* Sandwatt trugen Mischwattgebiete am stärksten zum Energietransfer über die Nahrungskette bei (14 % der durch die Makrofauna assimilierten Menge an Kohlenstoff). Im Gesamtgebiet betrug der Anteil der Makrofauna der Schlickwatten am gesamten Energiefluß nur 3 % (Tab.7, 8).

DISKUSSION

Primärproduktion und Detritusinput

Die hohe Mikrophytobenthosprimärproduktion auf den Wattflächen des Sylt-Rømø Gebietes (Asmus et al., dieser Band) zeigt, daß für die Nahrungskette von Mikrophytobenthos zu benthischen Weidegängern sehr viel Energie verfügbar ist (Tab 9, 10). Die Produktion durch Seegräser ist mit 30 g C m^{-2} a^{-1} relativ gering. Wesentlich erweitert wird das primäre Nahrungsangebot noch durch den Eintrag an Detritus, der mit 218 bis 226 g C m^{-2} a^{-1} in ähnlicher Größenordnung liegt wie für das westliche Wattenmeer beschrieben (de Jonge & Postma, 1974: 250 g C m^{-2} a^{-1}) (Tab. 9, 10). Insgesamt war das primäre Nahrungsangebot nach den Untersuchungen 1990-1995 im Sylt-Rømø Gebiet mit 619 bis 626 g C m^{-2} a^{-1} fast doppelt so hoch wie das für das westliche Wattenmeer in den Jahren 1975-1980 (350-385 g C m^{-2} a^{-1}, (Kuipers et al., 1981; de Wilde & Beukema, 1984)). Wahrscheinlich handelt es sich dabei um einen zeitlichen Effekt, wie die Daten aus dem Königshafen vermuten lassen, wo 1980 noch eine Primärproduktion ohne Seegras von 142 g C m^{-2} a^{-1} gemessen wurde, während dieser Wert im Untersuchungszeitraum zwischen 1990 und 1995 auf 470 g C m^{-2} a^{-1} angestiegen ist. Im Vergleich dazu fanden Cadée & Hegeman (1974) in den 70er Jahren im westlichen Wattenmeer eine Primärproduktion von Phytoplankton und Mikrophytobenthos von zusammen 150 g C m^{-2} a^{-1}. de Wilde und Beukema (1984) geben 10 Jahre später für das gleiche Gebiet eine Gesamtprimärproduktion (pelagisch und benthisch) von 300 g C m^{-2} a^{-1} an.

Tabelle 9. Biomasse, Produktion und Konsumtion (g C m^{-2} a^{-1}) auf verschiedenen trophischen Ebenen im Eulitoral des Königshafens

	1980		1990-1995 ohne	1990-1995 mit Muschelbänken	
Primärproduktion und Detritus Input					
Primärproduktion:					
Phytoplankton	39	Asmus & Asmus 1990	121	121	Asmus et al., dieser Band
Mikrophytobenthos	103	Asmus & Asmus 1990	349	349	Asmus et al., dieser Band
Seegras	18	Asmus & Asmus 1990	37,5	36,2	Asmus et al., dieser Band
Biomasse Seegras	1,9		3,8	3,6	Asmus et al., dieser Band
Detritus-Input	keine Angabe		131	236	Asmus & Asmus, dieser Band
Gesamt (ohne Seegras):	142		601	706	
Small food web und mikrobieller Umsatz					
Mikrobielle Biomasse	keine Angabe		0,24	0,24	Bruns et al., 1995
Mikrobielle Sekundärproduktion	keine Angabe		3	3	Bruns et al., 1995
Aerober mikrobieller Umsatz	keine Angabe		38	39	Kristensen et al., dieser Band
Anaerober mikrobieller Umsatz	keine Angabe		84	86	Kristensen et al., dieser Band
Makrobenthos (Sekundärproduktion)					
Konsumtion (Netto)	125	Asmus & Asmus 1990	98	157	Asmus et al., dieser Band
Biomasse	38	Asmus & Asmus 1990	27	52	Reise et al. 1994
Produktion	33	Asmus, 1984	51	59	Asmus et al., dieser Band
Räuberisches Makrobenthos (Konsumtion)					
Garnelen	keine Angabe		0,1	0,1	Herrmann et al., dieser Band
Strandkrabben	keine Angabe		1	2	Asmus nach Reise et al., 1994
Sonstige:	keine Angabe		0,84	0,98	Asmus et al., dieser Band
Fische (Konsumtion)					
Grundeln	keine Angabe		0,02	0,02	Herrmann et al., dieser Band
Andere:	keine Angabe		keine Rolle	-	
Vögel (Konsumtion)					
Karnivor	keine Angabe		5,8	10,2	Scheiffahrt & Nehls, in press
Herbivor	keine Angabe		2,7	2,6	nach Madsen, 1988

3.3.2 Transporte im Nahrungsnetz eulitoraler Wattflächen der Sylt-Rømø Bucht

Tabelle 10. Biomasse, Produktion und Konsumtion (g C m^{-2} a^{-1}) auf verschiedenen trophischen Ebenen im Eulitoral des Sylt-Rømø Wattes 1990-1995

	ohne	mit Muschelbänken	
Primärproduktion und Detritus Input			
Primärproduktion Phytoplankton (Brutto)	43	43	Asmus et al., dieser Band
Primärproduktion Mikrophytobenthos (Brutto)	358	357	Asmus et al., dieser Band
Seegras (Brutto-Primärproduktion)	30	30	Asmus et al., dieser Band
Seegras (Biomasse)	3	3	Asmus et al., dieser Band
Detritus-Input	218	226	Asmus & Asmus, dieser Band
Gesamt (ohne Seegras):	619	626	
Small food web und mikrobieller Umsatz			
Mikrobielle Biomasse	0,3	0,3	Bruns et al., 1995
Mikrobielle Sekundärproduktion	3	3	Bruns et al., 1995
Aerober mikrobieller Umsatz	40	40	Kristensen et al., dieser Band
Anaerober mikrobieller Umsatz	94	94	Kristensen et al., dieser Band
Makrobenthos (Sekundärproduktion)			
Konsumtion (Netto)	93	98	
Biomasse	27	29	Lackschewitz, 1995
Produktion	54	54	
Räuberisches Makrobenthos (Konsumtion)			
Garnelen	0,7	0,7	Herrmann et al., dieser Band
Strandkrabben	0,3	0,4	
Sonstige:	4	4	
Fische (Konsumtion)			
Grundeln	0,3	0,3	Herrmann et al., dieser Band
Andere:	0	0	Herrmann et al., dieser Band
Vögel (Konsumtion)			
karnivor	3,9	5,05	Scheiffarth & Nehls, in press
herbivor	1,8	1,8	nach Madsen, 1988

Mikrobieller Umsatz und small food web

Von dem primären Nahrungsangebot von 706 g C m^{-2} a^{-1} für den gesamten Königshafen werden 39 g C m^{-2} a^{-1} für aerobe, mikrobielle Abbauprozesse verbraucht (Kristensen et al., dieser Band). Durch anaeroben Abbau werden zusätzlich 86 g C m^{-2} a^{-1} verbraucht, wie nach den Untersuchungen zur Sulfatreduktion berechnet wurde (Kristensen et al., dieser Band) (Tab 9, 10). Insgesamt werden daher 125 g C m^{-2} a^{-1} oder 18 % vom Gesamtnahrungsangebot für mikrobielle Umsetzungen benötigt, wovon nur 6 % auf aeroben Abbau und 12 % auf anaeroben Abbau entfallen. Bezieht man diesen Wert ausschließlich auf den importierten Detritus, so werden 53 % vom Detritusinput von Mikroorganismen verwertet. Schließt man Muschelbänke aus der Bilanz aus, so wird der Gesamtumsatz durch Bakterien im Königshafen geringfügig kleiner. In den Sedimenten des Sylt-Rømø Wattenmeeres werden jährlich 134 g C m^{-2} durch mikrobielle Umsatzprozesse verbraucht, davon werden 40 g C auf aeroben, 94 g C auf anaeroben Wegen umgesetzt.

Für das Eulitoral des westlichen Wattenmeeres wird ein aerober, mikrobieller Abbau von 165 g C m^{-2} a^{-1} angegeben, während der anaerobe Abbau auf 80 g C geschätzt wird (de Wilde & Beukema, 1984). Daher wird nach diesen Untersuchungen für das westliche Wattenmeer von einem doppelt so hohen Anteil des mikrobiellen Abbaus (250 g C) ausgegangen wie für das Sylt-Rømø Wattenmeer, der vor allem durch einen höheren aeroben Abbau, verglichen mit dem Sylt-Rømø Watt verursacht ist. Für das gleiche Gebiet geben Kuipers et al. 260 g C m^{-2} a^{-1} an. In diesem Wert ist die geschätzte Konsumtion der Mikrofauna und der Meiofauna enthalten. Quantitative Messungen zur bakteriellen Mineralisierung lagen zum Zeitpunkt dieser Untersuchungen für das westliche Wattenmeer nicht vor. Nach den Energieflußmodellen für das westliche Wattenmeer (Kuipers et al., 1981; de Wilde & Beukema, 1984) wird das gesamte, primäre Nahrungsangebot vollständig durch die Nahrungsketten verwertet. Wäre dies der Fall, dürfte es in den Wattsedimenten keine Reste von organischen Substanzen mehr geben, da diese Modelle keinen Raum für schwer abbaubare Substanzen lassen, die im Wattboden vergraben bleiben und dort eine Art organischen Stoffpool bilden. Im Gegensatz zum Stoffumsatz ist die Biomasse und die Sekundärproduktion durch Bakterien im Königshafen nur gering (Bruns et al., 1995). Zum Stoffumsatz und zur Produktion der Meio- und Mikrofauna liegen keine Untersuchungen aus dem Königshafen und dem Sylt-Rømø Watt vor.

Konsumtion durch Makrobenthos

Von den 706 g C m^{-2} a^{-1} als primärem Nahrungsangebot im Eulitoral des Königshafen bleiben nach Abzug des Kohlenstoffumsatzes durch Bakterien noch 581 g C m^{-2} a^{-1} für Primärkonsumenten übrig. Die Kohlenstoffassimilation durch das Makrozoobenthos beträgt im Königshafen 157 g C m^{-2} a^{-1} (Tab. 9). In der vorliegenden Untersuchung handelt es sich um eine Nettokonsumtion, also die Menge Kohlenstoff, die wirklich durch die Makrofauna assimiliert wurde, sowohl für den Gewebezuwachs als auch für den Stoffwechsel. Zur Bestimmung der

Bruttokonsumtion müßte dieser Wert noch um die Kohlenstoffmenge erweitert werden, die durch Exkretion von der Makrofauna ausgeschieden wird. Diese Menge wird nicht an höhere trophische Stufen weitergegeben, sondern fließt in den Detrituspool zurück. Die Nettokonsumtion durch die Makrofauna sinkt im Königshafen um 38 %, wenn die Muschelbänke rechnerisch aus dem System ausgeschlossen werden. Dies zeigt deutlich die hohe Bedeutung der Miesmuschelbänke für den Stoffluß bestimmter Wattbereiche. Die Makrofaunakonsumtion ist im Königshafen gegenüber der vom Jahr 1980 um 26-69 % erhöht (Tab. 9).

Im Eulitoral des Sylt-Rømø Wattenmeeres werden insgesamt nur 98 g C m^{-2} a^{-1} durch das Makrozoobenthos verbraucht (Tab. 10). Eulitorale Muschelbänke sind im Gesamtgebiet prozentual schwächer vertreten als im Königshafen, so daß ihr Ausschluß dort den Konsumtionswert nur um 5 % verringert. Dieser Wert stimmt zwar mit Untersuchungen aus den 80er Jahren im westlichen Wattenmeer überein, nach den niederländischen Untersuchungen wird jedoch von einer Bruttokonsumtion ausgegangen, die die Exkretion der Makrofauna mit einschließt, sie ist daher wesentlich niedriger als die heute im Sylt-Rømø Watt gemessene Konsumtion.

De Wilde & Beukema (1984) berechneten für die frühen 80er Jahre im westlichen Wattenmeer einen Kohlenstoffbedarf für die Makrofauna von 80 bis 100 g C m^{-2} a^{-1}. Bei Berechnung nach der „standing crop"-Methode wird für den gleichen Zeitraum der Kohlenstoffbedarf der Makrofauna auf nur 63 g C m^{-2} a^{-1} geschätzt, ein Wert der gut mit dem für die Makrofaunakonsumtion ohne Muschelbänke im Königshafen 1980 übereinstimmt. Kuipers et al. (1981) verwendeten für ihre Energieflußbetrachtungen Werte nach de Jonge & Postma (1974) von 90 g C m^{-2} a^{-1}.

Im Königshafen verteilt sich die Gesamtkonsumtion durch die eulitorale Fauna auf Filtrierer, Weidegänger, Detritusfresser und Arten mit Nutzung verschiedener Stoffquellen im Verhältnis von 8 : 1,5 : 5,8 : 1, mit einer deutlichen Dominanz von Filtrierern. Das Nahrungsangebot verteilt sich dagegen auf Phytoplankton, Mikrophytobenthos und Detritusinput wie 1 : 2,9 : 2, wobei das Mikrophytobenthos den größten Anteil am Nahrungsangebot hat. Durch die Unterschiede in den genannten Relationen, ergeben sich unterschiedliche Ausnutzungsgrade der verschiedenen Nahrungsquellen. So wird das Phytoplankton im Königshafen zu 67 % von den dort vorhandenen Filtrierern ausgenutzt, während das Mikrophytobenthos nur zu 4,3 % und der Detritusinput zu 8,4 % durch die Makrofauna genutzt wird. Der hohe Ausnutzungsgrad durch filtrierende Organismen ist wohl dadurch zu erklären, daß nur die Phytoplanktonprimärproduktion als Nahrungsquelle zugrundegelegt wurde und nicht der Phytoplanktoneintrag, der für die Versorgung vor allem der Muschelbänke eine große Rolle spielt. Vermutlich ist der Anteil des Mikrophytobenthos an der Nahrungskonsumtion in dieser Bilanz unterschätzt und die Detrituskonsumtion überschätzt, da der Hauptdetrituskonsument der Makrofauna im Königshafen, der Wattwurm *Arenicola marina*, wahrscheinlich zu einem nicht geringen Teil Mikrophytobenthos als Nahrung verwertet, was in dieser Bilanz jedoch nicht berücksichtigt wurde. In früheren Untersuchungen aus dem Jahr 1980 wurde die Nahrungsausnutzung der Makrofauna im Königshafen feiner nach der

Verfügbarkeit im genutzten Nahrungsraum aufgeschlossen (Asmus & Asmus, 1985; 1990), danach ergibt sich für *Arenicola marina* eine Nahrungsausnutzung von 70 % Mikrophytobenthos und 27 % Detritus. Übertragen auf die heutigen Verhältnisse im Königshafen wären die Relationen in der Nahrungsausnutzung der Makrofauna in Richtung grazing-Nahrungskette verschoben (Phytoplankton 60 %, Mikrophytobenthos 31 %, Detritus 7 % von der Nahrungskonsumtion), wie es auch 1980 bei geringerer Biomasse von *Arenicola marina* gefunden wurde. Über die heutigen Verhältnisse zwischen Mikrophytobenthosbiomasse und Gehalt an verwertbarem Detritus im Sediment des Königshafens liegen keine Angaben vor, wahrscheinlich muß man jedoch von einem geänderten Verhältnis zwischen beiden Komponenten gegenüber 1980 ausgehen.

Sekundärproduktion Makrobenthos

Die Sekundärproduktion des Makrozoobenthos des Königshafens und des Sylt-Rømø Gebietes beträgt 59 g C m^{-2} a^{-1} und 54 g C m^{-2} a^{-1} (Tab. 9, 10) Diese Werte übertreffen die Produktionswerte aus den 80er Jahren, wo im Königshafen durchschnittlich 33 g C m^{-2} a^{-1} (ohne Muschelbänke 25 g C) an Makrofaunaproduktion gefunden wurde (Asmus & Asmus, 1990). Auch im westlichen Wattenmeer war die Sekundärproduktion der Makrofauna in den 70er Jahren mit 15-17 g C m^{-2} a^{-1} (25-30 g AFDW, C-Konversion: 0,58) geringer bzw. in den frühen 80er Jahren mit 23-29 g C m^{-2} a^{-1} (40-50 g AFDW, C-Konversion: 0,58) nahezu gleich (de Wilde & Beukema, 1984). Der Produktionswert im Königshafen in den 80er Jahren ist durch die dominante Rolle von *Hydrobia ulvae* im Königshafen bedingt, wodurch der jährliche P/B-Wert der Makrofauna (1,8) gegenüber dem in niederländischen Gebieten (1,1) erhöht ist. Ein im Vergleich zum übrigen Wattenmeer hoher Anteil an Muschelbänken im Königshafen wirkt sich ebenfalls auf die Sekundärproduktion durch die Erhöhung der mittleren Biomasse der Makrofauna aus (Sekundärproduktion 1980 ohne Muschelbänke 25 g Cm^{-2} a^{-1}, mit Muschelbänken: 33 g C m^{-2} a^{-1}). Demgegenüber hat sich die Sekundärproduktion nach den Untersuchungen 1990 bis 1995 im Königshafen verdoppelt (ohne Muschelbänke: 51 g C m^{-2} a^{-1}, mit Muschelbänken: 58 g C m^{-2} a^{-1}). Dies wurde vor allem durch ein reicheres Vorkommen von *Arenicola marina* gegenüber den 80er Jahren verursacht. Außerdem hielten Herzmuscheln *Cerastoderma edule* einen relativ großen Anteil an der Gesamtbiomasse und Produktion, die 1980 im Gebiet aufgrund des vorausgehenden strengen Winters fast völlig fehlten. Hinzu kommt, daß die Produktionswerte für 1990-1995 dadurch überschätzt sein könnten, daß mit den gleichen P/B-Werten gerechnet wurde, die für den Königshafen 1980 experimentell ermittelt wurden, als nach einem sehr strengen Winter der Anteil an jüngeren Organismen vergleichsweise hoch war, weil sich die Makrofauna des Wattes in einer Art Erholungsphase befand. Diese P/B-Werte wurden zwar nach Arten getrennt angewandt, sind aber unter Umständen für den Zustand eines Wattes nach einem milden Winter mit einem relativ hohen Anteil an adulten Tieren an der Biomasse zu hoch.

Konsumtion durch räuberische Invertebraten

Räuberische Invertebraten wie Garnelen, Strandkrabben und räuberische Endofauna, vor allem *Nephthys*-Arten und *Nereis virens*, bilden das nächst höhere trophische Niveau des Nahrungsnetzes des Sylt-Rømø Wattenmeeres. Der Konsumtionswert für Garnelen ist im Königshafen überraschend gering mit nur 0,1 g C m^{-2} a^{-1} (Tab. 9). Im Sylt-Rømø Watt liegt er mit 0,7 g C m^{-2} a^{-1} wesentlich höher (Tab. 10). Letzterer entspricht dem Wert, der für die 80er Jahre für das niederländische Wattenmeer angegeben wird (Kuipers et al., 1981). Strandkrabben haben dagegen im Königshafen einen höheren Anteil an der räuberischen Konsumtion mit 1 g C m^{-2} a^{-1} (Tab. 9) gegenüber 0,3 g C m^{-2} a^{-1} im gesamten Sylt-Rømø Wattenmeer (Tab. 10). Bei Einschluß der Muschelbänke steigt der Konsumtionswert der Strandkrabben auf 2 g C m^{-2} a^{-1} im Königshafen und 0,4 g C m^{-2} a^{-1} im Sylt-Rømø Wattenmeer. Nach älteren niederländischen Untersuchungen ist die Konsumtion durch *Carcinus maenas* mit 0,6 g C m^{-2} a^{-1} geringer als im Königshafen, aber höher als im Gesamtgebiet (Klein Breteler, 1976; Kuipers et al., 1981). Der Konsumtionswert für räuberische Endofauna liegt bei 0,98 g C m^{-2} a^{-1} im Königshafen (Tab. 9) und ist im gesamten Sylt-Rømø Wattenmeer mit 4 g C m^{-2} a^{-1} (Tab. 10) besonders hoch. Hier macht sich die relativ hohe Biomasse des Polychaeten *Nephthys hombergii* bemerkbar. Dieser Polychaet zeigte besonders in den von der Fläche her dominierenden Sandwatten sehr hohe Dichten. Für räuberische Endofauna liegen keine quantitativen Untersuchungen zur Konsumtion aus anderen Gebieten vor. Insgesamt beträgt der Wegfraß durch räuberische Invertebraten im Königshafen 3 g C m^{-2} a^{-1}, im Sylt-Rømø Wattenmeer dagegen 5 g C. Im Eulitoral des Gesamtgebietes ist daher der Wegfraß durch räuberische Invertebraten ähnlich hoch wie der Konsumtionswert durch Vögel und höher als der durch Fische.

Konsumtion durch Fische

Von den zahlreichen Fischarten des Wattenmeeres spielen im Eulitoral nur die beiden Gobiidenarten *Pomatoschistus microps* und *Pomatoschistus minutus* eine quantitativ meßbare Rolle. Durch die gezeitenbedingten Wanderungen tragen sie regelmäßig Biomasse vom Eulitoral ins Sublitoral, die dort räuberischen Fischen und Seehunden als Nahrung zur Verfügung steht. Verglichen mit anderen Größen des Energieflusses im Eulitoral ist der Wegfraß durch die Grundeln im Königshafen mit 0,02 g C m^{-2} a^{-1} nur gering (Tab. 9) (Herrmann et al., dieser Band). Im Gesamtgebiet ist der Einfluß der räuberischen Fische sehr viel größer (0,3 g C m^{-2} a^{-1}) (Tab. 10) und ist vergleichbar mit dem Konsumtionswert für Grundeln aus früheren niederländischen Untersuchungen (0,5 g C m^{-2} a^{-1}) (Kuipers et al., 1981). Andere Fischarten spielen keine Rolle im Eulitoral des Sylt-Rømø Wattenmeeres. Nach niederländischen Untersuchungen tragen auch Schollen (*Pleuronectes platessa*) und Flundern (*Pleuronectes flesus*) mit zusammen 2,5 g C m^{-2} a^{-1} wesentlich zum Wegfraß im Eulitoral bei (Kuipers et al., 1981). Plattfische sind in der Sylt-Rømø Bucht jedoch nur in geringen Abundanzen vorhanden (Herrmann et al., dieser Band).

Konsumtion durch Vögel

Die Gesamtkonsumtion der karnivoren Vögel im Sylter Wattenmeer erreicht 1490 t AFDW a^{-1}. Schließt man die Muschelbänke aus, dann reduziert sich der Wegfraß durch die Vögel auf 3,9 g C m^{-2} a^{-1}. Hohe Anteile an der gesamten karnivoren Konsumtion durch Vögel weisen die Eiderente (*Somateria molissima*) (37 %) und die Brandente auf (*Tadorna tadorna*) (14 %). Alle anderen Arten sind mit kleineren Anteilen vertreten. Auf Limikolen, die zahlenmäßig stärkste Gruppe der Vögel, entfällt nur ein Viertel der jährlichen Konsumtion. Der größte Teil der Vögel nimmt seine Nahrung auf den eulitoralen Wattflächen auf. Eine Ausnahme bildet die Eiderente, die auch im Sublitoral tauchend nach Nahrung sucht. Für die Eiderente wurde angenommen, daß sie zu gleichen Teilen im Eulitoral und im Sublitoral Nahrung sucht. Möwen ernähren sich ebenfalls teilweise auf freien Wasserflächen. Nahrungsuntersuchungen im Königshafen ergaben jedoch einen überwiegenden Teil benthischer Nahrung (Dernedde, 1993). Daher wurde angenommen, daß sie sich im Gebiet vorwiegend auf eulitoralen Flächen ernähren. Für das Eulitoral errechnet sich damit eine jährliche Konsumtion von 8,7 g AFDW m^{-2} a^{-1} (bzw. 5 g C). Dies ist mehr als das Doppelte des bislang angenommenen Wertes (s. Drenckhahn, 1980; Smit, 1983). Auch nach niederländischen Untersuchungen beträgt die Konsumtion durch Vögel in den 70er Jahren nur 2 g C (Hulscher, 1975; Swennen, 1975; Kuipers et al., 1981). Dabei ist schwer zu bewerten, ob es sich hierbei um einen tatsächlichen Anstieg, eine bessere Erfassung der Vogelbestände oder lediglich um eine kurzfristige Erscheinung in der relativ kurzen Erfassungsperiode handelt. Alle genannten Ursachen sind möglich. Eine Reihe von Wattenmeervögeln nimmt seit langem zu, was vermutlich eine Folge von Schutzmaßnahmen ist (Meltofte et al., 1994). Zugleich sind die Erfassung der Vogelbestände mit hochwertiger Optik sowie Zählungen vom Flugzeug aus sicherlich effektiver als in den 70er Jahren. Die mittleren Eiderentenzahlen haben sich von 23 000 in den 70er Jahren (Drenckhahn, 1980) auf 78 000 in den 80er und 90er Jahren (Nehls et al., 1995) erhöht. Langfristige, kontinuierliche Zählungen einzelner Arten, wie zum Beispiel der Eiderente, deuten an, daß es sich bei dieser Entwicklung eher um einen ansteigenden Trend handelt, der durch Eiswinter allerdings hin und wieder unterbrochen sein kann. Es ist somit anzunehmen, daß die hohe Konsumtion durch Vögel im Sylt-Rømø Wattenmeer kein kurzfristiges Ereignis darstellt. Vermutlich wird eine entsprechende Konsumtion heute auch in den anderen Teilen des Wattenmeeres erreicht.

Auch wenn herbivore Vögel nicht im Zentrum der ornithologischen Untersuchungen standen, so wurden doch Daten zur Phänologie von Ringelgänsen und Pfeifenten erhoben (Nehls et al., 1995), die mit den individuellen Konsumtionsraten für diese Arten aus früheren Arbeiten verrechnet werden konnten (Jacobs et al., 1974; Madsen, 1988). Geht man von einem mittleren, monatlichen Herbstbestand für das Gesamtgebiet von 3405 Ringelgänsen und 31824 Pfeifenten für die Zeit von September bis Dezember aus, dann werden von diesem Bestand 239 t C Seegras pro Jahr abgeweidet. Umgerechnet auf das Sylt-Rømø Wattenmeer ergibt sich daraus eine Wegfraß von 1,8 g C m^{-2} a^{-1}. Dies entspricht ungefähr 60 % der maximalen Seegrasblattbiomasse, während der Untersuchungsjahre (Tab. 10). Der Herbstbestand im Königshafen zeigte einen höheren flächenmäßigen Wegfraß von 2,6 g C m^{-2} a^{-1}, was 69 % der maximalen Seegrasbiomasse entspricht (Tab. 9).

Vergleicht man die Herkunft des primären Nahrungsangebotes des Sylt-Rømø Wattenmeeres nach Phytoplankton, Mikrophytobenthos und Detritus (1 : 8,3 : 5,3) mit der Herkunft der Nahrungsquellen der Hauptkonsumenten unter den Vögeln am Ende der Nahrungskette, so zeigt sich, daß die Nahrungskette, die beim Phytoplankton ihren Ausgangspunkt hat, die Energie am effektivsten entlang der Nahrungskette bis hin zu den Vögeln transportiert. Es handelt sich um die Nahrungskette Phytoplankton (43 g C) - Miesmuschel (24 g C) - Eiderente (1,17 g C) bzw. Austernfischer (0,7 g C). Von den direkt einer Quelle zuzuordnenden Nahrungsketten ist die Mikrobenthoskette die nächst wichtigste. Sie führt vom Mikrophytobenthos (357 g C) über die Wattschnecke (2,74 g C) zur Brandente (0,9 g C). Der eingetragene Detritus wird im unteren Bereich der Nahrungskette gut, im oberen Teil nur geringfügig trophisch verwertet. Er führt vom Detritus (226 g C) über den Wattwurm (16,14 g C) zu großem Brachvogel bzw. zur Pfuhlschnepfe (zusammen: 0,2 g C). Die beiden zuletzt genannten Arten sind dabei weniger auf Detritusfresser spezialisiert. So nimmt der große Brachvogel im Gebiet vorwiegend *Carcinus maenas* auf, während die Pfuhlschnepfe, wie die meisten übrigen Vogelarten zu verschiedenen Anteilen an allen drei Nahrungsketten beteiligt sind.

Veränderungen im eulitoralen Nahrungsnetz

Vergleicht man die aus dem Zeitraum 1990-1995 gefundenen Primär- und Sekundärproduktionsraten im Königshafen mit denen aus dem Jahr 1980, dann zeigt sich eine deutliche Zunahme an Produktivität in allen Elementen des trophischen Gefüges, soweit sie dokumentiert sind. So hat sich die Primärproduktion des Phytoplankton und des Mikrophytobenthos gegenüber den Werten aus dem Jahr 1980 verdreifacht (Vergleiche Asmus, R. et al., dieser Band). Auch das nächsthöhere trophische Niveau, das Makrobenthos, liegt im Königshafen der 90er Jahre fast doppel so hoch wie 1980. Von dem Vergleich dieser beiden Zeitpunkte kann weder auf einen kontinuierlichen Trend geschlossen werden, noch kann ausgeschlossen werden, daß sich dieser Anstieg im Rahmen der natürlichen Schwankungsbreite der Produktivität der Wattflächen zwischen verschiedenen Jahren bewegt. Hinzu kommt, daß sich die beiden Untersuchungszeiträume klimatisch unterscheiden. So fand die Untersuchungsphase 1980 direkt nach einem harten Winter statt, während die Untersuchungen in den 90er Jahren ausschließlich in einer Phase sehr milder Winter durchgeführt wurden. Primärproduktionsmessungen aus dem Jahre 1984 ergaben Werte zwischen denen der beiden Meßperioden 1980 und 1990-95, und widerlegen daher einen möglichen, ansteigenden Trend nicht. Ein Anstieg der Primärproduktion (Cadée, 1986) ebenso wie ein Anstieg der Sekundärproduktion wird aus dem westlichen Wattenmeer dokumentiert (Beukema, 1989).

Tabelle 11. Energiefluß verschiedener Teilregionen des Wattenmeeres in g C m^{-2} a^{-1}. Autoren: Kuipers et al., 1981 (1), de Wilde und Beukema, 1984 (2), Beukema & Nienhuis, 1985 (3), Baretta & Ruardij, 1988 (4), Rijkswaterstaat, 1985 (5), de Vries et al., 1988 (6), Coosen et al., 1990 (7). Primärproduktion mit **: nur Eulitoral, mit *: nur Seegras

Gebiet Untersuchungsjahr Autor	West. Wattenmeer 1974-1984 1		Frühe 80er Jahre 2 3	Ems- Dollard 80er Jahre 4+5	Grevelingen 80er Jahre 6	Veerse Meer 80er Jahre 7	Sylt-Rømø Watt 1990-1995 dieser Band
Primärproduktion und Detritus Input							
Primärproduktion Phytoplankton	-	-	200	100	190	240	43**
Primärproduktion Mikrophytobenthos	100	-	100	50	75	80	357**
Makrophytenproduktion (*Seegras)	-	-	< 5	< 5	50	120	30*
Makrophytenbiomasse (*Seegras)							3*
Detritus-Input	250	-	-	-	-	-	226
Gesamt ohne Seegras	350	385	-	-	-	-	626
Small food web und mikrobieller Umsatz							
Mikrobielle Biomasse	-	-	-	-	-	-	0,3
Mikrobielle Sekundärproduktion	-	-	-	-	-	-	3
Aerober mikrobieller Umsatz	65	165	-	-	-	-	40
Anaerober mikrobieller Umsatz	-	80	-	-	-	-	94
Makrobenthos (Sekundärproduktion)							
Konsumtion (Netto)	90	60 - 100	200	30	118	120	98
Biomasse	10,8	11 - 16					29
Produktion	10,8	20	20	3	14	12	54
Räuberisches Makrobenthos (Konsumtion)							
Garnelen	0,7	-					0,7
Strandkrabben	0,6	-					0,4
Sonstige:	-	-					4
Fische (Konsumtion)							
Grundeln	0,5	-					0,3
Andere:	2,5	-					0
Summe Fische und räuberisches Makrobenthos	4,3		4	4	3	3	5,4
Vögel (Konsumtion)							
carnivor	2	-	2	1,7	1	2	5,05
herbivor	-	-	-	-	2	5	1,8

Als eine mögliche Ursache wird hierbei die Eutrophierung angesehen. Da Eutrophierungserscheinungen mit einer zeitlichen Verzögerung vom westlichen Wattenmeer zum nördlichen Wattenmeer sichtbar werden (Hickel, 1989), dürften die Unterschiede der Ergebnisse zwischen dem Sylt-Rømø Watt 1990-95 und den niederländischen Wattenmeer in den 80er Jahren weit geringer als die Unterschiede am gleichen Ort sein, dies ist auch tatsächlich der Fall. Eine Erhöhung der Primärproduktion und Sekundärproduktion wirkt sich auch auf das Ende der Nahrungskette aus. So zeigt ein Vergleich der Konsumtion durch Vögel zwischen dem Sylt-Rømø Wattenmeer 1990-1995 und dem niederländischen Wattenmeer in den 70er Jahren eine Erhöhung von 34 % (Scheiffarth & Nehls, im Druck). Obwohl die klimatischen Bedingungen im Sylt-Rømø Watt rauher sind als im niederländischen Wattenmeer und daher vor allem kleinere Vogelarten im Winter dieses Gebiet verlassen, scheint die damit verbundene Verlagerung des Maximums der Konsumtion vom Herbst in nördlichen Bereichen auf den Spätwinter im Süden wenig Einfluß auf die Gesamthöhe der Konsumtion zu haben. Wesentlich scheinen dagegen das Vorhandensein bestimmter Ökosystemstrukturen wie Muschelbänke die Gesamtkonsumtion zu beeinflussen. Schließt man daher die Eiderente als Konsumenten rechnerisch aus, so ist die Gesamtkonsumtion im Sylt-Rømø Watt (6,7 g AFDW m^{-2} a^{-1}) etwas höher als die im niederländischen Wattenmeer in den 70er Jahren gemessene Konsumtion (5 g AFDW m^{-2} a^{-1}). Leider fehlen Untersuchungen der Vogelkonsumtion aus früherer Zeit als den 90er Jahren im Sylt-Rømø Wattenmeer, um einen Anstieg abzusichern.

Der direkte Vergleich verschiedener Wattgebiete wird dadurch erschwert, daß der Anstieg des Energiebudgets in den letzten 10 bis 15 Jahren sich in einzelnen Bereichen des Wattenmeeres zeitlich und räumlich unterscheidet, indem er in den südwestlichen Gebieten des Wattenmeeres früher zu beobachten war als in den nördlichen. Außerdem wurden die Untersuchungen nicht synchron durchgeführt. Das zeitliche und räumliche Muster der Veränderungen im Energiefluß stimmt gut mit der Ausbreitung der Eutrophierungserscheinungen im Wattenmeer überein. Eine Übersicht über den Energiefluß verschiedener Wattenmeergebiete und solcher, die dem Wattenmeer ähnlich sind, gibt daher Tabelle 11.

DANKSAGUNG

Allen SWAP-Mitarbeitern, die zum Gelingen dieser zusammenfassenden Darstellung beigetragen haben, sei herzlich gedankt.

LITERATUR

Asmus, H., 1984. Freilanduntersuchungen zur Sekundärproduktion und Respiration benthischer Gemeinschaften im Wattenmeer der Nordsee. - Ber. Inst. Meeresk. Kiel *122*, 1-171.

Asmus, H., 1987. Secondary production of an intertidal mussel bed community related to its storage and turnover compartments. - Mar. Ecol. Prog. Ser. *39*, 251-266.

Asmus, H. & Asmus, R., 1985. The importance of grazing food chain for energy flow and production in three intertidal sand bottom communities of the northern Wadden Sea. - Helgoländer Meeresunters. *39*, 273-301.

Asmus, H. & Asmus, R., 1990. Trophic relationsships in tidal flat areas: to what extent are tidal flats dependent on imported food?. - Neth. J. Sea Res. *27* (1), 93-99.

Asmus, R., 1984. Benthische und pelagische Primärproduktion und Nährsalzbilanz - Eine Freilanduntersuchung im Watt der Nordsee. - Ber. Inst. Meeresk. *131*, 1-148.

Asmus, R., Jensen, M. H., Murphy, D. & Doerffer, R., 1997. Primärproduktion von Mikrophytobenthos, Phytoplankton und jährlicher Biomasseertrag des Makrophytobenthos. - In: Gätje, C. & Reise, K. (Hrsg.): Ökosystem Wattenmeer - Austausch-, Transport- und Stoffumwandlungsprozesse, Springer-Verlag, Heidelberg, Berlin, S. 367-392.

Asmus, R. & Asmus, H., 1997. Bedeutung der Organismengemeinschaften für den bentho-pelagischen Stoffaustausch. - In: Gätje, C. & Reise, K. (Hrsg.): Ökosystem Wattenmeer - Austausch-, Transport- und Stoffumwandlungsprozesse, Springer-Verlag, Heidelberg, Berlin, S. 257-302.

Backhaus, J., Hartke, D. Hübner, U., Lohse, H. & Müller, A., 1997. Hydrographie und Klima im Lister Tidebecken. - In: Gätje, C. & Reise, K. (Hrsg.): Ökosystem Wattenmeer - Austausch-, Transport- und Stoffumwandlungsprozesse, Springer-Verlag, Heidelberg, Berlin, S. 39-54.

Baretta, J. W. & Ruardy, P. (eds.), 1988. Tidal flat estuaries. Springer-Verlag, Berlin, 353 S.

Beukema, J. J., 1976. Biomass and species richness of the macrobenthic animals living on the tidal flats of the Dutch Wadden Sea. - Neth. J. Sea Res. *10*, 236-261.

Beukema, J. J., 1979. Biomass and species richness of the macrobenthic animals living on the tidal flats of the Dutch Wadden Sea: effects of a severe winter. - Neth. J. Sea Res. *13*, 203-223.

Beukema, J. J., 1989. Long-term changes in macrozoobenthic abundance on the tidal flats of the western part of the Dutch Wadden Sea. - Helgoländer Meeresunters. *43*, 405-415.

Beukema, J. J., Bruin, W. de & Jansen, J. J. M., 1978. Biomass and species richness of the macrobenthic animals living on the tidal flats of the Dutch Wadden Sea: long term changes during a period with mild winters. - Neth. J. Sea Res. *12*, 58-77.

Beukema, J. J. & Nienhuis, P. H., 1985. Processen in oecosystemen. - In: Inleiding tot de oecologie. Ed. by K. Bakker et al., (eds.). Bohn, Scheltema & Holkema, Utrecht, 323-348.

Beukema, J. J. & Cadée, G. C., 1986. Zoobenthos responses to eutrophication of the Dutch Wadden Sea. - Ophelia *26*, 55-64.

Bruns, R., Hollinde, M. & Meyer Reil, L.-A., 1995. Untersuchungen zu mikrobiellen Nährstoffumsetzungen. SWAP-Bericht im Forschungsvorhaben Sylter Wattenmeer Austauschprozesse, List. 124 S.

Cadée, G. C., 1986. Increased phytoplankton primary production in the Marsdiep area (western Dutch Wadden Sea).- Neth. J. Sea Res. *20*, 285-290.

Cadée, G. C. & Hegeman, J., 1974. Primary production of the benthic microflora living on tidal flats in the Dutch Wadden Sea. - Neth. J. Sea Res. *8*, 260-291.

Coosen, J., Meire, P., Stuart, J. J. & Seys, J., 1990. Trophic relationships in brackish Lake Veere: the role of macrophytes. - In: Trophic relationships in the marine environment. Ed. by M. Barnes & R. Gibson. Proceed. 24th Europ. Mar. Biol. Symp., Aberdeen, Univ. Press, 404-423.

Dernedde, T., 1993. Vergleichende Untersuchungen zur Nahrungszusammensetzung von Silbermöwe (*Larus argentatus*), Sturmmöwe (*Larus canus*) und Lachmöwe (*Larus ridibundus*) im Königshafen/Sylt. - Corax *15*, 222-240.

Drenckhahn, D., 1980. Bedeutung des Wattenmeeres als Lebensraum für Vögel. - In: Busche, G.: Vogelbestände des Wattenmeeres von Schleswig Holstein. Kilda Verlag.

Herrmann, J.-P., Jansen, S. & Temming, A., 1997. Konsumtion durch Fische und dekapode Krebse, sowie deren Bedeutung für die trophischen Beziehungen in der Sylt-Rømø Bucht. - In: Gätje, C. & Reise, K. (Hrsg.): Ökosystem Wattenmeer - Austausch-, Transport- und Stoffumwandlungsprozesse, Springer-Verlag, Heidelberg, Berlin, S. 437-462.

Hickel, W, 1989. Inorganic micronutrients and the eutrophication in the Wadden Sea of Sylt (German Bight, North Sea). - Proc. 21st EMBS, Gdansk, 309-318.

Hulscher, J. B., 1975. Het wad, een overfloeding of schaars gedekte tafel voor vogels? - Meded. Werkgr. Waddengebied *1*, 57-82.

Jacobs, R. P. W. M., den Hartog, C., Braster, B. F. & Carriere, F. C., 1981. Grazing of the seagrass *Zostera noltii* by birds at Terschelling (Dutch Wadden Sea). - Aquat. Bot. *10*, 241-259.

Jonge, V. N. de & Essink, K., 1991. Long-term changes in nutrient loads and primary and secondary producers in the Dutch Wadden Sea. - In: M. Elliott and J.-P. Ducrotoy (eds.): Estuaries and coasts: spatial and temporal intercomparisons. Olsen & Olsen, Int. Symp. Ser., Fredensborg, S. 307-316.

Jonge, V. N. de & Postma, H., 1974. Phosphorus compounds in the Wadden Sea. - Neth. J. Sea Res. *8*, 139-153.

Klein Breteler, W. M. C., 1976. Settlement, growth and production of the shore crab, *Carcinus maenas*, on tidal flats in the Dutch Wadden Sea. - Neth. J. Sea Res. *10*, 354-376.

Kuipers, B. R., Wilde, P. A. W. J. de & Creutzberg, F., 1981. Energy flow in a tidal flat ecosystem. - Mar. Ecol. Prog. Ser. *5*, 215-221.

Lackschewitz, D, 1995. Besiedlungsmuster des Makrobenthos im Sylt-Rømø-Wattenmeer.- SWAP-Bericht im Forschungsvorhaben Sylter Wattenmeer Austauschprozesse, List. 52 S.

Madsen, J., 1988. Autumn feeding ecology of herbivorous wildfowl in the Danish Wadden Sea, and impact of food supplies and shooting on movements.- Dan. Rev. Game Biol. *13(4)*, 1-32.

Meltofte, H., Blew, J., Frikke, J., Rösner, H. U. & Smit, C. J., 1994. Numbers and distribution of waterbirds in the Wadden Sea. Results and evaluation of 36 simultaneous counts in the Dutch-German-Danish Wadden Sea 1980-1991. - IWRB Publication *34*, Wader Study Group Bulletin *74*, Special Issue. 192 S.

Nienhuis, P., H., 1993. Nutrient cycling and food webs in Dutch estuaries. -Hydrobiologia *265*, 15-44.

Nehls, G., Scheiffarth, G. & Tiedemann, R., 1995. Trophischer und regulierender Stellenwert der Vögel im Ökosystem Wattenmeer. - SWAP-Bericht im Forschungsvorhaben Sylter Wattenmeer Austauschprozesse, List. 52 S.

Nehls, G., Hertzler, I., Ketzenberg, C. & Scheiffarth, G., 1997. Die Nutzung stabiler Miesmuschelbänke durch Vögel. - In: Gätje, C. & Reise, K. (Hrsg.): Ökosystem Wattenmeer - Austausch-, Transport- und Stoffumwandlungsprozesse, Springer-Verlag, Heidelberg, Berlin, S. 421-436.

Odum, E. P., 1967. Ökologie. Moderne Biologie. BLV München.

Reise, K., Herre, E. & Sturm, M., 1994. Biomass and abundance of macrofauna in intertidal sediments of Königshafen in the northern Wadden Sea. - Helgoländer Meeresunters 48, 201-215.

Reise, K. & Lackschewitz, D., 1997. Benthos des Wattenmeeres zwischen Sylt und Rømø. - In: Gätje, C. & Reise, K. (Hrsg.): Ökosystem Wattenmeer - Austausch-, Transport- und Stoffumwandlungsprozesse, Springer-Verlag, Heidelberg, Berlin, S. 55-64.

Rijkswaterstaat, 1985. Biological research Ems-Dollard estuary. - RWS Commun. The Hague 40, 1-182.

Scheiffarth, G. & Nehls, G. 1997. Consumption of benthic fauna by carnivorous birds in the Wadden Sea. - Helgoländer Meeresunters. 51, in press.

Smit, C., 1983. Production of biomass by invertebrates and consumption by birds in the Dutch Wadden Sea area. - In: Ecology of the Wadden Sea. Ed. by W. J. Wolff. Balkema, Rotterdam.

Swennen, C., 1975. Aspecten van de voedselproduktie in de Waddenzee en aangrenzende zeegebieden in relatie met de vogelrijkdom. - Vogeljaar 23, 141-156.

Vries, I. de, Hopstaken, F., Gossens, H., Vries, M. de & Heringa, J., 1988. GREWAQ: an ecological model for Lake Grevelingen. - Report T-0215-03, Rijkswaterstaat DGW, The Hague, Delft Hydraulics, Delft, 242 S.

Wilde, P. A. W. J. de & Beukema J. J., 1984. The role of organic matter in the Wadden Sea. - Neth. J. Sea Res. 10, 145-148.

3.3.3
Die Nutzung stabiler Miesmuschelbänke durch Vögel

Stable Mussel Beds as a Resource for Birds

Georg Nehls[1], Ingerlil Hertzler[1], Christiane Ketzenberg[1,2] & Gregor Scheiffarth[1,2]
[1]*Forschungs- und Technologiezentrum Westküste der Universität Kiel; Hafentörn, D-25761 Büsum*
[2]*Institut für Vogelforschung; An der Vogelwarte 21, D-26386 Wilhelmshaven*

ABSTRACT

Predation by eiders, oystercatchers and herring gulls on natural mussel beds was studied from 1990 to 1993 in the Königshafen, a sheltered bay in the Wadden Sea. In 1993, about 15 ha (2.5 %) of the Königshafen were covered with mussel patches of a biomass of about 1200 g AFDW m^{-2}. The biomass on the mussel beds was dominated by old mussels. Birds annually removed 32 % of the standing stock. Eiders were by far the most important predators and consumed 346 g AFDW m^{-2}, followed by oysteratchers with 28 g AFDW m^{-2} and herring gulls with 3.6 g AFDW m^{-2}. Birds consumed a substantial proportion of the annual production of the mussel beds which was estimated from literature data at 500 to 600 g AFDW m^{-2}. Other predators being absent, the production of the mussels was sufficient to sustain the high biomass. Stable mussel beds form a short and efficient link between primary production and bird predation which is unsual for the Wadden Sea, where the main part of primary food supply is thought not to be available for higher trophic levels.

ZUSAMMENFASSUNG

Die Prädation von Eiderenten, Austernfischern und Silbermöwen auf Miesmuschelbänken wurde 1990 bis 1993 im Königshafen, einer geschützten Bucht im Wattenmeer, untersucht. 1993 waren etwa 15 ha (2,5 %) des Königshafens mit Miesmuschelbänken bedeckt, deren Biomasse etwa 1200 g AFTG m^{-2} betrug. Die Biomasse der Muschelbänke wurde von alten Muscheln dominiert. Vögel konsumierten jährlich etwa 32 % der Muschelbiomasse. Die wichtigsten Prädatoren waren Eiderenten mit einer jährlichen Konsumtion von 346 g AFTG m^{-2}, gefolgt von Austernfischern mit 28 g AFTG m^{-2} und Silbermöwen mit 3,6 g AFTG m^{-2}. Vögel konsumieren somit einen hohen Anteil der jährlichen Produktion, die auf

500 bis 600 g AFTG m^{-2} geschätzt wurde. Bei Abwesenheit anderer Prädatoren genügte die Produktion, um die Biomasse konstant zu halten. Stabile Muschelbänke bilden eine effektive Kopplung zwischen Primärproduktion und Vogelprädation, die einen Sonderfall im Wattenmeer darstellt, in dem allgemein nur ein geringer Teil der Primärproduktion höhere trophische Ebenen erreicht.

EINLEITUNG

Miesmuscheln (*Mytilus edulis*) spielen in vielen Ökosystemen flacher Küsten eine zentrale Rolle, indem sie die Biomasse und den Energiefluß dominieren (Gosling, 1992; Dame, 1993). Im Wattenmeer sind Miesmuschelbänke die produktivste Lebensgemeinschaft. Ihre Biomasse ist bis zu 25mal höher als auf umliegenden Wattflächen (Asmus, 1987) und Miesmuscheln erreichen einen hohen Anteil an der Gesamtbiomasse der Wattenfauna, auch wenn sie nur einen kleinen Teil der Watten bedecken (Beukema, 1983). Die Populationsdynamik der Miesmuschel im Wattenmeer wird durch unregelmäßigen Brutfall und hohe Sterblichkeit durch Stürme und Eiswinter gekennzeichnet (Dankers & Koelemaij, 1989; Beukema et al., 1993; Nehls & Thiel, 1993). Der hohen zeitlichen Variabilität steht jedoch eine gewisse Konstanz in der Verbreitung gegenüber, da sich Miesmuschelbänke gewöhnlich an den gleichen Standorten wiederbilden (Dankers & Koelemaij, 1989; Obert & Michaelis, 1991; Nehls & Thiel, 1993). Im Wattenmeer sind zwei Typen von Miesmuschelbänken zu unterscheiden: Dynamische Bänke an sturm- und eisgefährdeten Standorten, die nur zeitweise besiedelt werden, und stabile Bänke an geschützten Standorten, die ständig besiedelt sind. Stabile Bänke können über lange Zeit hinweg bestehen. Sie erreichen oft besonders hohe Biomassen und beherbergen eine reiche Begleitfauna. Es wird angenommen, daß Prädation stabilisierend auf diese Bänke wirkt, da die Ausdünnung alter Muscheln die Neuansiedlung erleichtert (Dankers, 1993). Bei stabilen Miesmuschelbänken im Königshafen genügte eine niedrige Produktion (P/B Verhältnis von 0,36), um die Biomasse konstant zu halten.

Wir untersuchten die Biomasse von Muschelbänken im Königshafen und die Prädation auf diesen Bänken von Eiderenten (*Somateria mollissima*), Austernfischern (*Haematopus ostralegus*) und Silbermöwen (*Larus argentatus*). Diese Vogelarten ernähren sich im Wattenmeer zu wichtigen Teilen von Miesmuscheln (Smit & Wolff, 1983). Ziel der Untersuchung war es, die Prädation durch Vögel zu quantifizieren und die Bedeutung dieser Nahrungskette für den Energiefluß im Wattenmeer zu bilanzieren.

MATERIAL UND METHODEN

Muschelbestände
Die äußere Ausdehnung der eulitoralen Muschelbänke wurde auf vergrößerten Luftbildern im Maßstab 1:25000 aus dem August 1993 ausgemessen. Der Be-

deckungsgrad mit Miesmuscheln wurde entlang Transekten auf den Luftbildern bestimmt.

Die Miesmuschelbänke wurden von 1990 bis 1993 mit einem 500 cm^2 Stechkasten beprobt. Die Proben wurden durch ein Sieb mit 0,5 mm oder 1mm gewaschen und sortiert. Der organische Anteil der Muscheln und der Begleitfauna wurde bestimmt, indem diese drei Tage bei 80 °C getrocknet, gewogen und dann 12 Stunden bei 510 °C verascht und wieder gewogen wurden. Die Differenz zwischen Trockengewicht und Aschegewicht, das Aschefreie-Trockengewicht (AFTG), ergibt den Anteil organischer Trockensubstanz. Die Biomasse von Miesmuscheln wurde in einer Unterprobe bestimmt und die Längen-Gewichts-Beziehung

$$\ln \text{AFTG} = 2{,}761 \text{Länge} - 4{,}8741,\ r^2 = 0{,}86,\ p = 0{,}001,\ n = 112,$$

wurde verwendet, um die Biomasse aus der Längenhäufigkeitsverteilung zu berechnen.

Prädation durch Vögel
Von 1990 bis 1994 wurden die Vogelbestände im Königshafen in 15tägigen Abständen von Deich und Dünen aus mit Hilfe von Ferngläsern und Spektiven gezählt (s. Nehls & Scheiffarth, dieser Band). Die Nahrungsökologie von Eiderenten war Inhalt einer detaillierten Studie, in deren Rahmen Nahrungswahl, Größenselektion, Nahrungsbedarf und Verteilung der Eiderenten über die einzelnen Muschelbänke untersucht wurde (s. Nehls, 1995). Zur Bestimmung der Dichten nahrungssuchender Limikolen und Möwen wurden 1993 auf zwei Muschelbänken je 5 Probeflächen markiert. Die Zahl der anwesenden Vögel wurde in zehnminütigem Anstand über ganze Niedrigwasserperioden hinweg erfaßt (s.a. Scheiffarth & Nehls, dieser Band). Das Nahrungsspektrum der Vögel wurde überwiegend durch Direktbeobachtung von den Türmen bestimmt. Zusätzlich wurden Kot- und Speiballenuntersuchungen durchgeführt.

ERGEBNISSE

Struktur der Miesmuschelbänke
Ausgedehnte Miesmuschelbänke befinden sich im Eulitoral am Ausgang des Königshafens nahe der Niedrigwasserlinie, kleinere im inneren Königshafen (Abb. 1). Die Bänke setzen sich teilweise noch weit in das Sublitoral fort. Mit Luftbildern der GKSS aus dem August 1993 wurde die mit Muscheln bedeckte Fläche im äußeren Königshafen auf 12 ha bestimmt, die gesamte mit Miesmuscheln bedeckte Fläche des Königshafens wird somit etwa 15 ha betragen, was 2,5 % der Gesamtfläche (600 ha) entspricht. Eine planimetrische Berechnung der Muschelbankfläche von D. Murphy (briefl. Mitt.) mit den gleichen Bildern bestätigte diesen Wert.

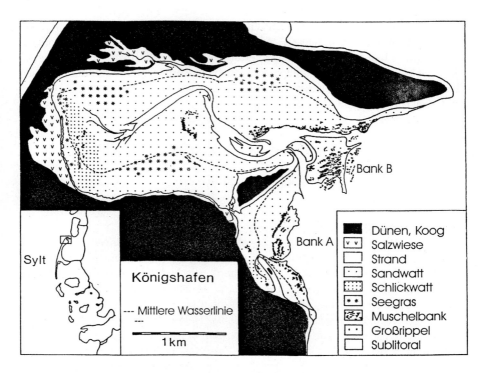

Abb. 1. Verbreitung der benthischen Lebensgemeinschaften des Königshafens (nach Reise et al., 1994)

Tabelle 1. Biomasse von Miesmuscheln und Begleitfauna auf unterschiedlichen Strukturen der Muschelbank A im Königshafen. Alle Angaben in g AFTG m^{-2}

	Miesmuschel	Strandkrabbe	Polychaeten	andere	Gesamt
Juni					
ohne *Fucus*	1349 ± 319	3 ± 1	3 ± 2	54 ± 27	1406 ± 532
mit *Fucus*	900 ± 521	27 ± 19	2 ± 1	51 ± 18	980 ± 285
Rand	195 ± 190	6 ± 7	4 ± 3	43 ± 30	249 ± 174
Pfütze	20 ± 34	0	17 ± 10	14 ± 7	50 ± 29
Watt	0	0	7 ± 5	1 ± 1	8 ± 5
August					
ohne *Fucus*	1827 ± 739	4 ± 1	7 ± 5	6 ± 2	1844 ± 530
mit *Fucus*	691 ± 110	5 ± 1	8 ± 5	39 ± 7	743 ± 167
Rand	237 ± 193	15 ± 8	3 ± 1	47 ± 17	302 ± 117
Pfütze	1 ± 1	0	2 ± 2	6 ± 7	8 ± 8

3.3.3 Die Nutzung stabiler Miesmuschelbänke durch Vögel 425

Die Untersuchungen von 1993 zeigten, daß die Biomasse der Muscheln in den unterschiedlichen Strukturen der Muschelbänke stark voneinander abweicht. Auffallend ist die deutlich niedrigere Biomasse der Miesmuscheln in den mit Fucus besetzten Bereichen einer Muschelbank. Die Biomasse der Begleitfauna der Muschelbänke beträgt nur 4-9 % der Gesamtbiomasse (Tab. 1). Die Besiedlung mit *Fucus* kann die Dichte der Muscheln beträchtlich reduzieren (Albrecht & Reise, 1994). Dies Problem wurde in den ersten Jahren der Untersuchung nicht berücksichtigt, die Proben wurden in Bereichen mit unterschiedlicher *Fucus*-Bedeckung genommen. 1993 war die *Fucus*-Bedeckung der untersuchten Muschelbank vermutlich deutlich höher als in den vorausgegangenen Jahren.

Gesamtbiomasse der Miesmuschel im Königshafen

Die Gesamtbiomasse der Miesmuscheln läßt sich anhand der Daten zur Ausdehnung der Muschelbänke und der mittleren Biomasse abschätzen. Dazu wird von einer mittleren Biomasse von 1200 g AFTG m^{-2} ausgegangen. Dieser, im Vergleich zu den gewonnenen Daten, niedrige Wert wird aus mehreren Gründen verwendet: Auf Bank A fand Asmus (1987) eine mittlere Biomasse von 1242 g AFTG m^{-2}, Reise et al. (1994) geben eine mittlere Biomasse der Muschelbänke des Königshafens mit 1264 g AFTG m^{-2} an. Weite Bereiche der Muschelbänke waren wenigstens zeitweise mit *Fucus* bedeckt und Teile der Miesmuschelbänke liegen im Sublitoral, wo keine Proben genommen wurden. Bei Begehungen der sublitoralen Flächen an Tagen mit sehr niedrigen Wasserständen wurde festgestellt, daß diese Teile der Muschelbänke weniger dicht besiedelt waren. Ausgehend von 15 ha mit Muscheln bedeckter Fläche errechnet sich die Gesamtbiomasse der Miesmuschel auf 180 t AFTG, was etwa 3600 t Lebendnaßgewicht entspricht.

Entwicklung der Muschelbänke

Die Struktur der Muschelbänke wies mit einer breiten Längenhäufigkeitsverteilung darauf hin, daß diese von mehr als einer Altersklasse aufgebaut wurden. Während des Untersuchungszeitraums traten Veränderungen in der Struktur der Muschelbänke als Folge von drei Faktoren auf:

1. neuer Brutfall ergänzte den Bestand,
2. durch das Wachstum der Muscheln verschob sich die Längenhäufigkeitsverteilung nach rechts und
3. Prädation - vor allem durch Eiderenten - verursachte Mortalität in bestimmten Größenklassen.

Die Dichte der Muscheln nahm von 1989 bis zum Frühjahr 1992 ab. Die Verluste beschränkten sich jedoch weitgehend auf die Größen unterhalb 55 mm und im April 1992 wurde der Muschelbestand von großen, alten Muscheln dominiert (Abb. 2). Die Biomasse folgte einer gegenläufigen Entwicklung. Sie stieg im ersten Jahr um etwa 50 % an und blieb dann bei etwa 1,8 kg AFTG m^{-2} konstant.

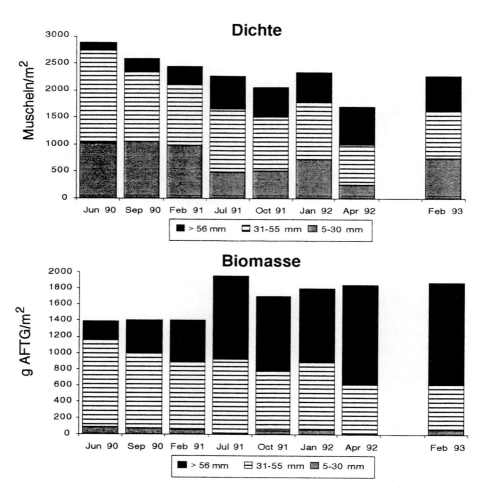

Abb. 2. Entwicklung von Dichte und Biomasse der Miesmuscheln auf Bank B

Vogelbestände und Prädation auf den Muschelbänken

Eiderenten, Austernfischer und Silbermöwen waren ganzjährig im Königshafen anwesend (Abb. 3). Eiderenten und Austernfischer erreichten ihre höchsten Bestände im Herbst und die niedrigsten Bestände während der Brutzeit. Silbermöwen waren im Frühjahr und im Spätsommer am häufigsten, die Zahlen waren jedoch relativ niedrig, da sich keine größere Brutkolonie in der Nähe befand.

3.3.3 Die Nutzung stabiler Miesmuschelbänke durch Vögel 427

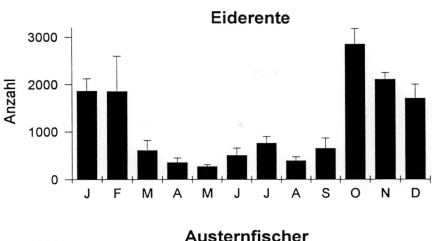

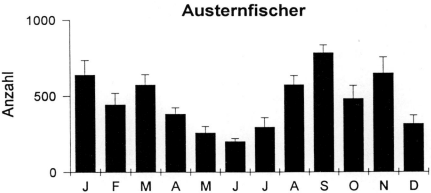

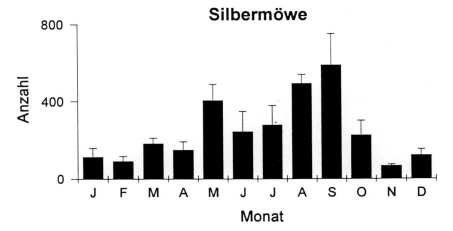

Abb. 3. Bestandsverlauf von Eiderente, Austernfischer und Silbermöwe im Königshafen. Mittelwerte nach 15tägigen Zählungen 1990-94

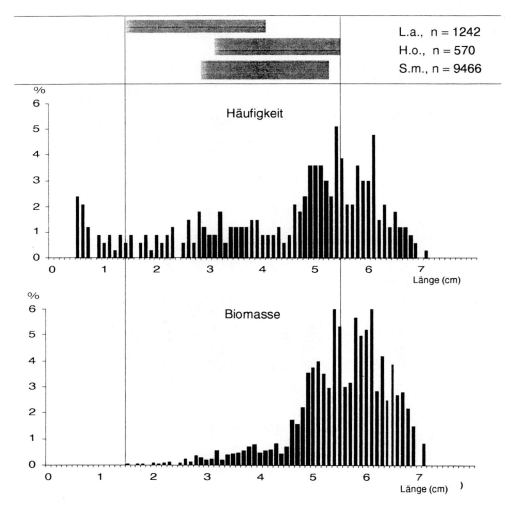

Abb. 4. Längenhäufigkeitsverteilung von Muschelhäufigkeit und -biomasse auf Muschelbank B im August 1993. Die Balken über der Abbildung markieren die von Eiderenten (S.m.), Austernfischern (H.o.) und Silbermöwe (L.a.) ausgewählten Muschelgrößen (80 %-Quantile)

Eiderenten ernährten sich im Königshafen überwiegend von Miesmuscheln, deren Anteil an der Nahrung der Eiderenten in den meisten Monaten oberhalb von 80 % lag. Die mittlere Länge der gefressenen Muscheln schwankte zwischen 30 und 55mm (Abb. 4, Nehls, 1995). Zur Nahrungssuche nutzten die meisten Enten die Miesmuschelbänke am Ausgang des Königshafens. Wenn die Bestände im Königshafen niedrig waren, konzentrierte sich der größte Teil der Eiderenten auf Bank B. Im Juli hielten sich bis zu 90 % der anwesenden Eiderenten zur Nahrungssuche auf dieser Muschelbank auf. Der Anteil Eiderenten, der auf Bank B Nahrung suchte, war durch eine negative Beziehung zum Gesamtbestand gekennzeichnet. Mit ansteigenden Eiderentenzahlen im Herbst verteilten sich die Eiderenten im Königshafen und auf Bank B blieben die Zahlen konstant. Während des Bestandsmaximums suchte ein bedeutender Teil der Eiderenten abseits der Muschelbänke auf den Wattflächen nach Nahrung, wo überwiegend Herzmuscheln (*Cardium edule*) gefressen wurden (Nehls, 1995).

Der mittlere Eiderentenbestand im Königshafen beträgt 1200 Exemplare. Nahrungsbedarf, räumliche Verteilung und Nahrungswahl ändern sich im Jahresverlauf. Für die Berechnung der Konsumtion von Miesmuscheln wurde davon ausgegangen, daß sich nicht mehr als 2000 Eiderenten gleichzeitig im Bereich der Miesmuschelbänke des Königshafen ernähren (Tab. 2). Mit diesen Daten errechnet sich eine jährliche Konsumtion von 65 t AFTG. Es wird angenommen, daß 80 % oder 52 t AFTG der Konsumtion auf Miesmuscheln von den genannten Muschelbänken entfällt, der Rest auf Herzmuscheln, Strandkrabben (*Carcinus maenas*) und verstreute Miesmuscheln außerhalb der Muschelbänke. Die jährliche Konsumtion an Miesmuscheln, bezogen auf die Fläche der Miesmuschelbänke, entspricht 346 g AFTG m^{-2}. Möwen und Limikolen nutzten die Miesmuschelbänke bei Niedrigwasser. Auf den Miesmuschelbänken des Königshafens wurden 1993 insgesamt 33 Vogelarten angetroffen (Hertzler, 1995).

Tabelle 2. Mittlerer Bestand und Konsumtion von Eiderenten auf den Muschelbänken im Königshafen

Monat	Anzahl Eiderenten	Anzahl Eiderenten auf Muschelbänken	Nahrungsbedarf (g AFTG Tag^{-1})	Konsumtion (t AFTG Monat^{-1})
Januar	1862	1862	180	10,4
Februar	1853	1853	180	9,3
März	613	613	180	3,4
April	358	358	170	1,8
Mai	272	272	170	1,4
Juni	506	506	150	2,3
Juli	763	763	130	3,1
August	394	394	130	1,6
September	654	654	130	2,6
Oktober	2849	2000	150	9,3
November	2105	2000	170	10,2
Dezember	1705	1705	180	9,5
Gesamt : 64,9 t AFTG/Jahr				

Tabelle 3. Rangfolge der häufigsten Vogelarten auf eulitoralen Miesmuschelbänken und ihre Hauptbeutetiere

Vogelart	Hauptbeute
Austernfischer	*Mytilus*
Silbermöwe	*Carcinus*
Lachmöwe	*Carcinus*/Polychaeten
Sturmmöwe	Polychaeten/*Carcinus*
Rotschenkel	Crustaceen
Regenbrachvogel	*Carcinus*
Pfuhlschnepfe	Polychaeten
Stockente	Oligochaeten

Auf die häufigsten 8 Arten entfielen 97 % der gezählten Individuen, auf Austernfischer und Silbermöwe allein etwa die Hälfte der beobachteten Individuen. Lediglich Austernfischer ernährten sich überwiegend von Miesmuscheln, während die anderen Arten überwiegend die Begleitfauna nutzten (Tab. 3).

Entsprechend der Trockenfalldauer konnten die Bänke im Mittel für 4 Stunden pro Tide von den Vögeln aufgesucht werden. Bei Niedrigwasser hielten sich 7-10 Austernfischer ha^{-1} auf den Muschelbänken auf (Abb. 5). Aufgrund der Phänologie der Austernfischer im Königshafen (Abb. 3) wird angenommen, daß dieser Wert dem Jahresmittel entspricht. Da die Probeflächen nur zu 60 % mit Muschelbeeten bedeckt waren, ist die Austernfischerdichte auf der Muschelbank selbst entsprechend höher. Austernfischer ernährten sich auf den Muschelbänken fast ausschließlich von Miesmuscheln. Die mittleren Gößen lagen zwischen 35 und 50 mm (Abb. 4). Aufgrund der mittleren Dichten wird geschätzt, daß dort 16 Austernfischer ha^{-1} Muschelbank ihren täglichen Nahrungsbedarf von je 48 g AFTG decken. Die jährliche Konsumtion entspricht dann 28 g AFTG m^{-2}.

Silbermöwen ernähren sich nur zu einem Teil von Miesmuscheln. 30 bis 60 % der Speiballen im Königshafen enthielten Miesmuschelschalen (Dernedde, 1992). Hartschalige Nahrung ist in den Speiballen gegenüber weicher Nahrung jedoch überrepräsentiert. Auf den Muschelbänken betrug der Anteil von Muscheln in der Nahrung weniger als 10 % (Dernedde, 1992; Hertzler, 1995). Da die von den Silbermöwen aufgenommenen Miesmuscheln im Vergleich zu anderer Nahrung relativ groß waren (mittlere Größen 23 bis 36 mm) wird angenommen, daß Miesmuscheln 20 % der Nahrung der Silbermöwe im Königshafen bilden. Bei Niedrigwasser befanden sich im Untersuchungszeitraum 6-8 Silbermöwen ha^{-1} auf den Probeflächen (Abb. 5), entsprechend der Phänologie dieser Art wird davon ausgegangen, daß sich im Jahresmittel 10 Silbermöwen ha^{-1} auf den Muschelbänken ernähren, und, daß diese Möwen pro Tag je 10 g AFTG Miesmuscheln (20 % des Tagesbedarfs von 53 g AFTG) aufnehmen. Die jährliche Miesmuschelkonsumtion durch Silbermöwen erreicht dann 3,6 g AFTG m^{-2}.

3.3.3 Die Nutzung stabiler Miesmuschelbänke durch Vögel 431

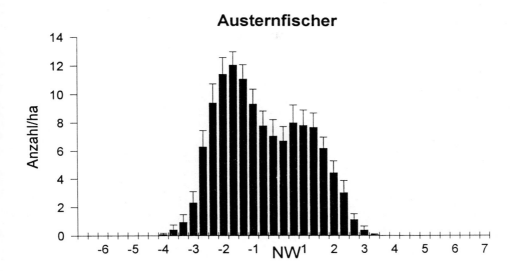

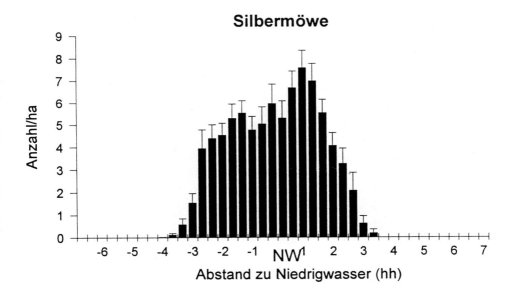

Abb. 5. Mittlerer Tidenverlauf der Anwesenheit von Austernfischer und Silbermöwe (Anzahl ha^{-1}) auf den Muschelbänken nach Probeflächenzählungen an 33 Tagen

DISKUSSION

Die jährliche Miesmuschelkonsumtion durch Vögel im Königshafen erreicht einen Gesamtwert von 378 g AFTG m^{-2}, was 32 % der mittleren Biomasse der Miesmuschelbänke in diesem Gebiet entspricht. Asmus (1987) ermittelte für die Miesmuschelbank im Oddewatt ein relativ niedriges P/B (Produktion/Biomasse) Verhältnis von 0,36. Die jährliche Produktion der Miesmuschelbänke würde damit 432 g AFTG m^{-2} betragen. Es ist zudem anzunehmen, daß die Produktion auf den direkt am Einstrom in den Königshafen gelegenen Muschelbänken etwas höher ist. Auf einer direkt an der Mündung eines Wattstroms gelegenen Miesmuschelbank im Dänischen Wattenmeer wurde eine jährliche Produktion von 675 g AFTG m^{-2} gemessen (Faldborg et al., 1994). Eine jährliche Produktion von 500 bis 600 g AFTG m^{-2} erscheint daher auch für den Königshafen realistisch zu sein. Da auf den Muschelbänken des Königshafens keine weiteren Prädatoren in nennenswerten Mengen anwesend waren, sind Vögel die fast einzigen Nutznießer der hohen Muschelproduktion. Sie beeinflussen die Dynamik der Muschelbänke jedoch nur wenig. Ein bedeutender Anteil der Miesmuscheln auf Bank B ist im Untersuchungszeitraum aus dem durch Vögel verzehrbaren Größenbereich gewachsen und so der möglichen Prädation entkommen. Zu Beginn der Untersuchung im Juni 1990 waren über 90 % der Individuen und 80 % der Biomasse in der Reichweite von Eiderenten (< 55 mm), im April 1992 dagegen nur noch 50 % der Individuen und 27 % der Biomasse. Eine erneute Probennahme im Februar 1993 zeigte, daß diese Situation fortbestand und die Muschelbank eine stabile Phase erreicht hat, in der etwas Brutfall den Bestand erneuert und der größte Teil der Biomasse von großen, alten Miesmuscheln gebildet wird (Abb. 2).

Die enge Balance zwischen Produktion und Konsumtion ist für Muschelbänke insgesamt ungewöhnlich. In anderen Gebieten liegt die Prädation auch auf stabilen Muschelbänken meist deutlich niedriger. Im südenglischen Exe-Ästuar ist die Dichte nahrungssuchender Austernfischer zwar deutlich höher als im Königshafen (Goss-Custard et al., 1982), die Vögel konsumieren aber nur etwa 25 % der größeren Muscheln im Laufe eines Winters und die höchste Mortalität tritt hier im Sommer nach dem Laichen der Muscheln auf (McGrorty et al., 1990). In der Ostsee ist der Einfluß der Prädation teilweise zu vernachlässigen und die Miesmuschel kann hier ein "dead end" in der Nahrungskette bilden (Kautsky, 1981). Ähnliche Verhältnisse wie im Königshafen wurden im Ythan-Ästuar gefunden, wo Vögel 73 % der jährlichen Produktion konsumieren (Baird & Milne, 1981). Auch hier waren Eiderente, Austernfischer und Silbermöwe die entscheidenden Konsumenten.

Im Wattenmeer ist eine enge Blance zwischen Produktion und Konsumtion durch Vögel vermutlich die Ausnahme. Eiderenten konsumieren im Mittel nur etwa 10 bis 20 % der jährlichen Produktion von Herz- und Miesmuscheln im Wattenmeer (Swennen et al., 1989; Nehls, 1989, 1991).

3.3.3 Die Nutzung stabiler Miesmuschelbänke durch Vögel 433

Die Prädation durch Vögel wird im wesentlichen durch zwei Faktoren begrenzt:

1. Die hohe Mortalität von Miesmuscheln durch Stürme und Eiswinter bewirkt hohe Schwankungen der Muschelbestände (Dankers & Koelemaij, 1989; Obert & Michaelis, 1991; Beukema et al., 1993; Nehls & Thiel, 1993). Vogelpopulationen können diesen Schwankungen nicht folgen, wodurch die Konsumtion die mittlere Produktion deutlich unterschreitet (Nehls, 1989; Wolff, 1991).
2. Ein Teil der Muschelbänke ist für Vögel vermutlich nicht attraktiv, da der Fleischgehalt der Muscheln zu niedrig und die Schalen zu dick sind. Die Wachstumsbedingungen für Miesmuscheln werden entscheidend durch das Tidenniveau der Bänke und die Lage innerhalb eines Wattstromgebietes bestimmt (Goss-Custard et al., 1993; Faldborg et al., 1994; Ruth, 1994; Pulfrich, 1995). Generell verbessern sich die Wachstumsbedingungen mit zunehmender Überflutungsdauer der Bank und zunehmender Nähe zur Wattstrommündung. Schalendicke und Fleischgehalt sind negativ korreliert, so daß Unterschiede in den Wachstumsbedingungen der Muscheln starke Auswirkungen auf die Attraktivität der Muscheln für Vögel haben können. Dies gilt insbesondere für Eiderenten, die Muscheln intakt verschlucken und auf eine hohe Muschelqualität angewiesen sind (Nehls, 1995).

Der Energiefluß durch stabile Muschelbänke bildet somit einen Sonderfall im Wattenmeerökosystem in dem allgemein nur ein kleiner Teil des Energieflusses höhere trophische Ebenen erreicht (s. Kuipers et al., 1981). Muschelbänke bewirken dagegen eine enge Kopplung zwischen der Primärproduktion durch Algen und der Prädation durch Vögel, die Endglieder einer kurzen Nahrungskette sind. Miesmuscheln filtrieren einen hohen Anteil des Planktons aus den sie überströmenden Wassermassen (Asmus & Asmus, 1993; Butman et al., 1994). Im Wattenmeer können Miesmuscheln Bestände ereichen, die in der Lage sind, den gesamten Wasserkörper innerhalb weniger Tage durchzufiltrieren (Dankers & Koelemaij, 1989). Die Größe der Miesmuschelbestände kann daher den gesamten Energiefluß durch das Ökosystem beeinflussen. Im Königshafen, in dem Miesmuschelbänke nur 2,5 % der Gesamtfläche bedecken, erreichen sie einen Anteil an der Gesamtbiomasse von 40 %, denn die Biomasse der Wattfläche beträgt im Mittel nur etwa 40 g AFTG m^{-2} (Asmus & Asmus, 1990; Reise et al., 1994). Unter stabilen Bedingungen können Miesmuscheln daher das Ökosystem energetisch dominieren und einen höheren Aneil der Primärproduktion als bislang vermutet für höhere trophische Ebenen verfügbar machen.

LITERATUR

Albrecht, A. & Reise, K., 1994. Effects of *Fucus vesiculosus* covering intertidal mussel beds in the Wadden Sea. - Helgoländer Meeresunters. *48*, 243-256.

Asmus, H., 1987. Secondary production of an intertidal mussel bed community related to its storage and turnover compartments. - Mar. Ecol. Progr. Ser. *39*, 251-266.

Asmus, H. & Asmus. R., 1990. Trophic relationships in tidal flat areas: To what extent are tidal flats dependent on imported food ? - Neth. J. Sea Res. *27*, 93-99.

Asmus, H. & Asmus, R., 1993. Phytoplankton-mussel bed interactions in intertidal ecosystems. - In: Dame, R. F. (Ed.). Bivalve filter feeders in estuarine and ecosystem processes. NATO ASI Series, G 33. Springer, Berlin.

Baird, D. & Milne, H., 1981. Energy flow in the Ythan estuary, Aberdeenshire, Scotland. - Estuar. Coastal and Shelf Science *13*, 455-472.

Beukema, J.J., 1983. Quantitative data on the benthos of the Wadden Sea proper. - In: Dankers, W., H. Kühl & W.J. Wolff (eds.): Invertebrates of the Wadden Sea. Balkema, Rotterdam.

Beukema, J. J., Essink, K., Michaelis, H. & Zwarts, L., 1993. Year-to-year variability in the biomass of macrobenthic animals on tidal flats of the Wadden Sea: how predictable is this food resource for birds ? - Neth. J. Sea Res. *31*, 319-330.

Butman, C.A., Frechette, M., Geyer, W.R. & Starczak, V.R., 1994. Flume experiments of food supply to the blue mussel *Mytilus edulis* L. as a function of boundary-layer flow. - Limnol. Oceanogr. *39*, 1755-1768.

Dame, R. F., 1993. The role of bivalve filter feeder material fluxes in estuarine ecosystems. - In: Dame, R. F. (Ed.). Bivalve filter feeders in estuarine and ecosystem processes. NATO ASI Series, G 33. Springer, Berlin.

Dankers, N., 1993. Integrated estuarine management - obtaining a sustainable yield of bivalve resources while maintaining environmental quality. - In: Dame, R. F. (Ed.). Bivalve filter feeders in estuarine and ecosystem processes. NATO ASI Series, G 33. Springer, Berlin.

Dankers, N. & Koelemaij, K., 1989. Variations in the mussel population of the Dutch Wadden Sea to monitoring of other ecological parameters. - Helgoländer Meeresunters. *43*, 529-535.

Dernedde, T., 1993. Vergleichende Untersuchungen zur Nahrungszusammensetzung von Silbermöwe (*Larus argentatus*), Sturmmöwe (*Larus canus*) und Lachmöwe (*Larus ridibundus*) im Königshafen/Sylt. - Corax *15*, 222-240.

Faldborg, K., Jensen, K. T. & Maagaard, L., 1994. Dynamics, growth, secondary production and elimination by waterfowl of an intertidal population of *Mytilus edulis* L. - Ophelia Suppl. *6*, 187-200.

Gosling, E. 1992: The mussel *Mytilus*: Ecology, physiology, genetics and culture. - Elsevier, Amsterdam.

Goss-Custard, J.D., Durell, S. E. A. le V. dit, McGrorty, S., & Reading, C. J., 1982. Use of Mussel *Mytilus edulis* beds by Oystercatcher *Haematopus ostralegus* according to age and population size. J. Anim. Ecol. *51*, 543-554.

Goss-Custard, J. D., West, A. D. & Durell, S. E. A. Le. v. dit, 1993. The availability and quality of the mussel prey (*Mytilus edulis*) of oystercatchers (*Haematopus ostralegus*). - Neth. J. Sea Res. *31*, 419-439.

Hertzler, I., 1995. Nahrungsökologische Bedeutung von Miesmuschelbänken für Vögel (Laro-Limikolen) im Nordfriesischen Wattenmeer. - Diplomarbeit, Universität Göttingen.

Kautsky, N., 1981. On the trophic role of the blue mussel (*Mytilus edulis* L.) in a Baltic coastal ecosystem and the fate of the organic matter produced by the mussels. - Kieler Meeresforsch. Sonderheft *5*, 454-461.

Kuipers, B.R., Wilde, P.A.W.J. de & Creutzberg, F., 1981. Energy flow in a tidal flat ecosystem. - Mar. Ecol. Prog. Ser. *5*, 215-221.

McGrorty, S., Clarke, R.T., Reading, C. J. & Goss-Custard, J.D., 1990. Population dynamics of the mussel *Mytilus edulis*: density changes and regulation of the population in the Exe estuary, Devon. - Mar. Ecol. Prog. Ser. *67*, 157-169.

Nehls, G., 1989. Occurrence and food consumption of the Common Eider *Somateria mollissima* in the Wadden Sea of Schleswig-Holstein. - Helgoländer Meeresunters. *43*, 385-393.

Nehls, G., 1991. Bestand, Jahresrhythmus und Nahrungsökologie der Eiderente (*Somateria mollissima* L. 1758) im schleswig-holsteinischen Wattenmeer. - Corax *14*, 146-209.

Nehls, G., 1995. Strategien der Ernährung und ihre Bedeutung für Energiehaushalt und Ökologie der Eiderente (*Somateria mollissima* (L., 1758)). - Dissertation, University of Kiel. FTZ-Report Nr. 10, 176 pp.

Nehls, G. & Thiel, M., 1993. Large-scale distribution patterns of the mussel *Mytilus edulis* in the Wadden Sea of Schleswig-Holstein: do storms structure the ecosystem ? - Neth. J. Sea Res. *31*, 181-187.

Nehls, G. & Scheiffarth, G., 1997. Rastvogelbestände im Sylt-Rømø Wattenmeer. - In: Gätje, C. & Reise, K. (Hrsg.): Ökosystem Wattenmeer - Austausch-, Transport- und Stoffumwandlungsprozesse, Springer-Verlag, Heidelberg, Berlin, S. 89-94.

Obert, B. & Michaelis, H., 1991. History and ecology of the mussel beds *(Mytilus edulis* L.) in the catchment area of a Wadden Sea tidal inlet. - In: Elliott, M. & Ducrotoy, J.-P., Estuaries and coasts: Spatial and Temporal Intercomparisons. Olsen & Olsen.

Pulfrich, A., 1995. Reproduction and recruitment in Schleswig-Holstein Wadden Sea edible mussel (*Mytilus edulis* L.) populations. - Dissertation, Universität Kiel.

Reise, K., Herre, E. & Sturm, M., 1994. Biomass and abundance of macrofauna in intertidal sediments of Königshafen in the northern Wadden Sea. - Helgoländer Meeresunters. *48*, 201-215.

Ruth, M., 1994. Untersuchungen zur Biologie und Fischerei von Miesmuscheln im Nationalpark "Schleswig-Holsteinisches Wattenmeer". - Unveröff. Bericht Ökosystemforschung Schleswig-Holsteinisches Wattenmeer, Kiel.

Scheiffarth, G. & Nehls, G., 1997. Saisonale und tidale Wanderungen von Watvögeln im Sylt-Rømø Wattenmeer. - In: Gätje, C. & Reise, K. (Hrsg.): Ökosystem Wattenmeer - Austausch-, Transport- und Stoffumwandlungsprozesse, Springer-Verlag, Heidelberg, Berlin, S. 515-528.

Smit, C. & Wolff, W. J., 1983. Birds of the Wadden Sea. - In: Wolff, W. J. (ed.): Ecology of the Wadden Sea. Balkema, Rotterdam.

Swennen, C., Nehls, G. & Laursen, K., 1989. Numbers and distribution of Eiders *Somateria mollissima* in the Wadden Sea. - Neth. J. Sea Res. *24*, 83-92.

Wolff, W. J., 1991. The interaction of benthic macrofauna and birds in tidal flat estuaries: a comparison of the Banc D'Arguin, Mauritania, and some estuaries in the Netherlands. - In: M. Elliott & J.-P. Ducrotoy. Estuaries and coasts: spatial and temporal intercomparisons, 299-306. Olsen & Olsen.

3.3.4
Konsumtion durch Fische und dekapode Krebse sowie deren Bedeutung für die trophischen Beziehungen in der Sylt-Rømø Bucht

Consumption of Fish and Decapod Crustaceans and their Role in the Trophic Relations of the Sylt-Rømø Bight

J.-P. Herrmann, S. Jansen & A. Temming
Institut für Hydrobiologie und Fischereiwissenschaft, Universität Hamburg, Olbersweg 24;
D-22767 Hamburg

ABSTRACT

The seasonal abundance of the important fish species and Brown Shrimp were assessed for the intertidal as well as for two subtidal depth-strata of the Sylt-Rømø Bight. By means of the Length/Weight Relationships abundances were converted into biomasses. According to their size and the preferred food organisms, species were divided into three groups:

a) mobile epibenthos mainly feeding on benthic prey,
b) predators mainly feeding on mobile epibenthos and
c) fish species mainly feeding on plankton.

Using different methods, the consumption for each group was calculated for each depth stratum and compared to the production of the relative prey estimated by P/B-ratios given. The relative importance of the three groups is discussed with regard to the flux of biomass and energy inside the bight's different depth strata.

ZUSAMMENFASSUNG

Für die Sylt-Rømø Bucht wurden für die wichtigsten Fischarten sowie für die Sandgarnele der saisonale Verlauf der Abundanzen bestimmt, sowohl für das Eulitoral als auch für verschiedene Bereiche des Sublitorals. Mit Hilfe von Längengewichtsbeziehungen wurden diese in Biomassen umgewandelt. Die einzelnen Arten wurden entsprechend ihrer Größe und bevorzugten Nahrungsorganismen in drei Kategorien eingeteilt:

a) mobiles Epibenthos mit überwiegend benthivorer Ernährung.
b) Räuber, die sich überwiegend von mobilem Epibenthos ernähren.
c) Fische, die sich überwiegend planktivor ernähren.

Mit unterschiedlichen Methoden wurde die Konsumtion der einzelnen Gruppen für die verschiedenen Tiefenstrata berechnet und mit den Produktionen ihrer Beuten verglichen, die mit Hilfe von P/B Raten abgeschätzt wurden. Die Bedeutung der einzelnen Gruppen für den Energiefluß bzw. Massetransport innerhalb der Sylt-Rømø Bucht wird für verschiedene Tiefenstrata diskutiert.

EINLEITUNG

Für die synökologische Betrachtung eines Ökosystems sind die quantitativen Wechselwirkungen zwischen den einzelnen Bewohnern bzw. den einzelnen Trophiestufen im Sinn einer Beschreibung der Funktionalität von besonderem Interesse. Über den Vergleich der Produktion eines Organismus bzw. Trophiestufe mit der Konsumtion an dieser Produktion können Aussagen über die Kontrollmechanismen gemacht werden, die in einem Ökosystem vorherrschen. Solche Untersuchungen in vergleichbaren Gebieten wurden bisher im westlichen Wattenmeer (Kuipers et al., 1981) und an der Westküste Schwedens, einem tidenunabhängigen, flachen Küstenbereich (Evans, 1984), durchgeführt. Für beide Gebiete konnte gezeigt werden, daß das mobile Epibenthos, z. B. *Crangon crangon*, *Carcinus maenas*, *Pomatoschistus microps*, *P. minutus* sowie junge Plattfische, eine bedeutende Rolle als Konsumenten des Benthos darstellen. Das mobile Epibenthos unterliegt seinerseits der Prädation durch Räuber, zu denen unter anderem Fische gehören, die das Wattenmeer als Aufwuchsgebiet nutzen (Zijlstra, 1972; Boddeke, 1978; Tiews, 1978). Phil (1982) untersuchte die Futteraufnahme des epibenthivoren Kabeljau, *Gadus morhua,* im Flachwasser an der schwedischen Westküste und fand, daß solche flachen Bereiche eine wichtige Rolle als Nahrungsgebiet für küstennahe Fischpopulationen darstellen können. Über die quantitative Bedeutung dieser Prädatoren für das Wattenmeer liegen bisher keine Informationen vor. Mit der vorliegenden Untersuchung wurde versucht diese Lücke zu schließen, wobei jedoch nur die dominanten Fischarten, Wittling, *Merlangius merlangus*, Kabeljau, *G. morhua*, Seeskorpion, *Myoxocephalus scorpius*, betrachtet werden. Außerdem werden Abundanz, Biomasse und Konsumtion der wichtigen benthivoren Vertreter des mobilen Epibenthos sowie des planktivoren Herings, *Clupea harengus*, in verschiedenen Tiefenstrata diskutiert.

MATERIAL UND METHODEN

Die fischereibiologischen Untersuchungen beschränkten sich aus fischereirechtlichen Gründen auf den deutschen Teil der Sylt-Rømø Bucht, also dem Einzugsgebiet des südlichen Teils des Lister Tiefs und dem Prielsystem das in die Lister Ley entwässert.

Abundanz

In 1993 wurden monatliche Beprobungen von April bis November auf drei Tiefenhorizonten mit drei unterschiedlichen Fanggeräten durchgeführt. Bei Hochwasser wurden drei Stationen im oberen Eulitoral mit einem Schiebehamen und 7 Stationen im Bereich des unteren Eulitorals sowie des flachen Sublitorals mit einer 2 m-Baumkurre befischt. Die Beprobung des tieferen Sublitorals wurde auf 6 Stationen der Priele und Rinnen bei Niedrigwasser mit einem Scherbrettnetz durchgeführt. Die Details dieser Befischungen sind bei Herrmann et al. (dieser Band) beschrieben. Die gefangenen Fische eines Hols wurden an Bord bzw. im Labor nach Arten sortiert und zu jeder Art wurde die Längenhäufigkeitsverteilung erstellt, wobei die Sandgarnele, *C. crangon*, Sandgrundel, *P. minutus*, und Strandgrundel, *P. microps*, auf den unteren mm, Hering, *C. harengus*, und Sprott, *Sprattus sprattus*, auf den unteren halben cm und alle anderen auf den unteren cm genau gemessen wurden.

Biomasse

Zur Bestimmung der Biomassen wurden die ermittelten Längenhäufigkeiten mit Hilfe von Längengewichtsbeziehungen in Naßgewichte umgewandelt. Für diese Umrechnung wurden zum einen Funktionen benutzt, die auf eigenen Daten beruhen, und zum anderen Funktionen aus der Literatur übernommen (Tab. 1).

Tabelle 1. Parameter der Längengewichtsfunktionen für die Berechnung der Biomassen aus den Längenhäufigkeiten, sowie deren Quellen. Gewicht [g WW] = a * Länge ^{b} ; (1) = eigene Daten; (2) = Coull et al. (1989)

Species	Einheit	a	b	Quelle
Crangon crangon	[mm]	0,00000880	2,998	(1)
Pomatoschistus minutus	[mm]	0,00000225	3,316	(1)
Pomatoschistus microps	[mm]	0,00000225	3,316	(1)
Clupea harengus	[5mm]	0,00060	3,099	(1)
Gadus morhua	[cm]	0,03056	2,590	(1)
Merlangius merlangus	[cm]	0,01628	2,765	(1)
Myoxocephalus scorpius	[cm]	0,00685	3,337	(2)
Platichthys flesus	[cm]	0,00870	3,098	(2)
Pleuronectes platessa	[cm]	0,02300	2,790	(2)
Zoarces viviparus	[cm]	0,04170	2,253	(2)

Die Naßgewichte (WW) wurden mit Hilfe von mittleren Trockengewichtsfaktoren (Sandgarnele 0,188 [g AFDW/g WW]; Fisch 0,174 [g AFDW/g WW]) zunächst in aschefreies Trockengewicht (AFDW) und dann in Kohlenstoff umgerechnet (1 g AFDW = 0,58 g C).

Zusammen mit den durch GPS-Navigator bestimmten Schlepplängen der einzelnen Hols und entsprechenden Öffnungsweiten der einzelnen Geräte wurden die beprobten Flächen bestimmt, so daß zu Abundanz und Biomasse flächenbezogene Angaben gemacht werden können. Für die einzelnen Probenserien in den verschiedenen Tiefenstrata wurde unter der Annahme, daß die Fläche jedes einzelnen Hols einen repräsentativen Anteil an der Gesamtfläche dieses Stratums darstellt, eine mittlere Abundanz bzw. Biomasse berechnet, indem die Längenhäufigkeiten der einzelnen Hols zusammengefaßt und der Gesamtfläche der Hols einer Serie zugeordnet wurden. Für die Berechnung der Gesamtbiomassen in der Sylt-Rømø Bucht wurden folgende Annahmen zu Grunde gelegt.

1. Die Schiebehamenbeprobung ist repräsentativ für das obere Eulitoral und dieses entspricht einem Drittel der gesamten Eulitoralfläche.
2. Die Probennahme mit der 2m-Kurre ist repräsentativ für das untere Eulitoral (entsprechend den übrigen zwei Drittel des Eulitorals) sowie für das flache Sublitoral.
3. Die Schleppnetzserie wird als repräsentativ für das tiefe Sublitoral angesehen. Den Hochrechnungen wurden die Flächenangaben nach Backhaus et al. (1995) zu Grunde gelegt.

Konsumtion

Die Konsumtionsberechnung wurde entsprechend der zur Verfügung stehenden Informationen für die einzelnen Arten mit drei unterschiedlichen Verfahren durchgeführt:

Winberg Methode

Für die Arten Sandgarnele, Sandgrundel, Strandgrundel, Aalmutter und Seeskorpion wurde die Konsumtion mit Hilfe der bioenergetischen Methode nach Winberg (1960) berechnet:

$$C = 1{,}25\,(G + R)$$

wobei C = Konsumtion; G = Zuwachs und R = Respiration entspricht.

3.3.4 Konsumtion durch Fische und dekapode Krebse

Die Berechnung wurde folgendermaßen durchgeführt:

1. für jede Längenklasse einer Art eines Hols wurde zunächst der tägliche Zuwachs und die Respirationsrate eines Individuums bestimmt.
2. anhand dieser Werte wurde die Konsumtion jeder Längenklasse entsprechend der vorliegenden Häufigkeit errechnet.
3. die Konsumtionswerte der einzelnen Längenklassen wurden aufsummiert und durch die entsprechende Fläche des Hols geteilt.
4. aus diesen flächenbezogenen Konsumtionswerten einer Art, wurde für die einzelnen Probenserien die mittlere tägliche Konsumtion berechnet.
5. unter der Annahme, daß sich die Häufigkeit einer Art innerhalb des Probenmonats nicht veränderte und daß die Temperatur konstant bei dem gemessenen Wert während der Probennahme blieb, wurde die tägliche Konsumtion mit der Anzahl Tage des jeweiligen Monats multipliziert, um zu einer Abschätzung der Monatskonsumtion zu gelangen.
6. die monatlichen Konsumtionswerte von April bis November wurden summiert und als Jahreskonsumtionswerte angegeben.

In Tabelle 2 sind die Parameter zusammengefaßt, die für die einzelnen Arten angewandt wurden.

Tabelle 2. Standardstoffwechselraten (SMR) und Wachstum der Sandgarnele und verschiedener Fischarten, die für die Konsumtionsberechnungen nach Winberg (1960) für das Sylt-Rømø Watt benutzt wurden. SMR = a [ml O_2 g^{-1} h^{-1}] Gewicht ^{b}, [1] del Norte-Campos (1995), [2] Panten (1995), [3] Fonds et al. (1989)

Species	SMR		Wachstum
	a	b	
Crangon crangon	0,218 [1]	0,79 [1]	[mm d^{-1}] = 0.1395 + 0.008578 * T − 0.00179 * Länge [1]
Pomatoschistus minutus	1,094 [1]	0,80 [1]	[mm d^{-1}] = 0,22 [1]
Pomatoschistus microps	1,314 [1]	0,84 [1]	[mm d^{-1}] = 0,25 [1]
Myoxocephalus scorpius	0,201 [2]	0,599 [2]	[mm d^{-1}] = −0.01 + 0.019*T + 0.0023*T^2 − 0.00016*T^3 [3]
Zoarces viviparus	0,243 [3]	0,80 [3]	[mm d^{-1}] = 0.05 + 0.013*T + 0.0051*T^2 − 0.00025*T^3 [3]

Magenleerungs Methode

Im April 1992 sowie von Juni bis Oktober 1993 wurden mit dem Scherbrettnetz im Bereich der tieferen Priele und Rinnen monatlich 24 h-Fischereien mit annähernd stündlicher Probennahme durchgeführt. Hierbei ergab sich, daß nur die Arten Wittling, Kabeljau und mit Einschränkung der Hering in den 24 h-Fischereien ausreichend vertreten waren. Daher wurden Konsumtionsberechnungen nach dieser Methode nur für diese Arten vorgenommen.

In Übereinstimmung mit anderen Autoren ergab sich für den Hering aus dem zeitlichen Verlauf der Magenfüllung eine exponentielle Magenleerung, so daß das Konsumtionsmodell von Eggers (1977) angewendet werden konnte (Details in Schmanns, 1994). Die Berechnung der Konsumtion von Wittling und Kabeljau wurde nach dem Verfahren von Temming & Andersen (1994) durchgeführt. Die Parameter der Magenleerungsfunktion wurden in umfangreichen Laborexperimenten mit einzeln gehaltenen Fischen bestimmt (Temming, 1995). Die Mageninhaltsanalysen der einzelnen 24 h-Fischereien für diese Arten zeigen eine Verschiebung von schnell entleerendem Futter bei den im Sommer in das Gebiet einwandernden Jungfischen zu langsam entleerendem Futter (Garnelen und Grundeln) im Verlauf des weiteren Jahres. Um diesen Trend in die Berechnung mit einzubeziehen, wurden für die einzelnen Monate die Konsumtion entsprechend dem prozentualen Anteil der Futtersorten berechnet.

Konversions Methode

Für die Arten Scholle und Flunder wurde die Konsumtion nach Fonds et al. (1985) berechnet. Diese Methode beruht auf der Tatsache, daß Schollen und Flundern im Labor nur bei maximaler Futteraufnahme ein Wachstum zeigen, wie es im Feld zu beobachten ist. Die maximale Futteraufnahme in Abhängigkeit von der Temperatur ist wie folgt berechnet worden.

1. Scholle: Konsumtion [mg AFDW d^{-1}] = 0.045 * Temp^1.0 * L^2.4
2. Flunder: Konsumtion [mg AFDW d^{-1}] = 0.016 * Temp^1.5 * L^2.4

Die Berechnung der Konsumtion für das Sylt-Rømø Watt erfolgte analog zum Verfahren der Hochrechnung der Biomassen.

ERGEBNISSE

Die Fischarten und die Sandgarnele wurden entsprechend ihrem Nahrungsspektrum in drei Kategorien (benthivor, planktivor und epibenthivor) eingeteilt und die Ergebnisse werden im folgenden entsprechend dieser Einteilung dargestellt.

Konsumenten des Benthos

Benthivore Konsumenten, die regelmäßig in nennenswerten Anzahlen in den Probenserien vorkamen, waren die Sandgarnele, Strandgrundel, Sandgrundel, Scholle, Flunder und Aalmutter. Diese Arten verteilten sich jedoch sehr ungleich über die einzelnen Tiefenstrata und es werden deshalb die Verhältnisse, wie sie sich aus den einzelnen Probenserien entsprechend ihrer verschiedenen Bezugsflächen ergaben, getrennt dargestellt.

Tabelle 3. Monatliche mittlere Abundanz, Biomasse und Konsumtion der benthivoren Fische sowie der Sandgarnele im flachen Eulitoral (0,5 m bis 0,6 m Wassertiefe bei Hochwasser) der Sylt-Rømø Bucht von April bis November 1993 auf der Basis der Schiebehamen Befischung

Monat	Art	Abundanz [Ind 10^{-4} m^{-2}]	Biomasse [g C m^{-2}]	Konsumtion [g C m^{-2}]
Apr.	C. crangon	7177,2	0,00289	0,0044
	P. microps	210	0,00086	0,0038
	P. minutus	0	0	0
Summe		**7387**	**0,004**	**0,008**
Mai	C. crangon	26577	0,04633	0,0814
	P. microps	0	0	0
	P. minutus	30	0,00012	0,0010
Summe		**26607**	**0,046**	**0,082**
Jun	C. crangon	330661	0,09744	0,3974
	P. microps	240	0,00002	0,0005
	P. minutus	12192	0,00211	0,0552
Summe		**343093**	**0,100**	**0,453**
Jul	C. crangon	98529	0,03938	0,1149
	P. microps	7598	0,00190	0,0329
	P. minutus	270	0,00009	0,0018
Summe		**106397**	**0,041**	**0,150**
Aug	C. crangon	42072	0,02568	0,0616
	P. microps	5255	0,00304	0,0426
	P. minutus	120	0,00016	0,0018
Summe		**47447**	**0,029**	**0,106**
Sep	C. crangon	61351	0,02483	0,0595
	P. microps	13664	0,01854	0,1920
	P. minutus	240	0,00137	0,0085
Summe		**75255**	**0,045**	**0,260**
Okt	C. crangon	4384	0,01160	0,0115
	P. microps	960	0,00094	0,0083
	P. minutus	0	0	0
Summe		**5344**	**0,013**	**0,020**
Nov	C. crangon	6186	0,00500	0,0038
	P. microps	931	0,00087	0,0045
	P. minutus	0	0	0
Summe		**7117**	**0,006**	**0,008**
		Jahreskonsumtion:	**1,09 [g C m^{-2}]**	

Tabelle 4. Monatliche mittlere Abundanz, Biomasse und Konsumtion der benthivoren Fische sowie der Sandgarnele im tieferen Eulitoral und flachem Sublitoral (1,0 m bis 2,0 m Wassertiefe bei Hochwasser) in der Sylt-Rømø Bucht von April bis November 1993 auf der Basis der 2 m-Kurren Befischung

Monat	Art	Abundanz [Ind 10^{-4} m^{-2}]	Biomasse [g C m^{-2}]	Konsumtion [g C m^{-2}]
April	C. crangon	4088	0,02413	0,0152
	P. microps	1,3	0,00001	0,0001
	P. minutus	60,6	0,00088	0,0019
	P. platessa	4	0,00027	0,0002
	P. flesus	2,6	0,00027	0,0003
	Z. viviparus	4	0,00005	0,0001
Summe		**4161**	**0,026**	**0,018**
Mai	C. crangon	2304	0,00601	0,0089
	P. microps	7,2	0,00005	0,0005
	P. minutus	95,4	0,00144	0,0090
	P. platessa	37,8	0,00550	0,0111
	P. flesus	0	0	0
	Z. viviparus	14,4	0,00080	0,0034
Summe		**2459**	**0,014**	**0,033**
Juni	C. crangon	13135	0,01487	0,0390
	P. microps	0	0	0
	P. minutus	50,5	0,00052	0,0043
	P. platessa	22,6	0,00180	0,0045
	P. flesus	1,3	0,00076	0,0035
	Z. viviparus	4	0,00020	0,0006
Summe		**13213**	**0,018**	**0,052**
Juli	C. crangon	8271	0,01016	0,0237
	P. microps	134	0,00006	0,0010
	P. minutus	60,3	0,00026	0,0023
	P. platessa	5,2	0,00024	0,0007
	P. flesus	0	0	0
	Z. viviparus	2,6	0,00020	0,0007
Summe		**8473**	**0,011**	**0,028**
August	C. crangon	1101	0,00281	0,0044
	P. microps	14,8	0,00002	0,0002
	P. minutus	34,1	0,00035	0,0026
	P. platessa	0	0	0
	P. flesus	3	0,00007	0,0004
	Z. viviparus	0	0	0
Summe		**1153**	**0,003**	**0,008**
	C. crangon	4664	0,01090	0,0131
	P. microps	40,7	0,00009	0,0010

3.3.4 Konsumtion durch Fische und dekapode Krebse

Tabelle 4. (Fortsetzung)

Monat	Art	Abundanz	Biomasse	Konsumtion
September	P. minutus	45,5	0,00044	0,0023
	P. platessa	0	0	0
	P. flesus	0	0	0
	Z. viviparus	0	0	0
Summe		**4750**	**0,011**	**0,016**
	C. crangon	1501	0,00404	0,0046
	P. microps	27,1	0,00008	0,0005
Oktober	P. minutus	8,3	0,00011	0,0004
	P. platessa	0	0	0
	P. flesus	0	0	0
	Z. viviparus	0	0	0
Summe		**1536**	**0,004**	**0,005**
	C. crangon	753	0,00076	0,0006
	P. microps	29,4	0,00009	0,0002
November	P. minutus	1,1	0,00005	0,0001
	P. platessa	0	0	0
	P. flesus	0	0	0
	Z. viviparus	0	0	0
Summe		**784**	**0,001**	**0,001**
		Jahreskonsumtion:	**0,161**	**[g C m^{-2}]**

Tabelle 5. Monatliche, mittlere Abundanz, Biomasse und Konsumtion der benthivoren Fische sowie der Sandgarnele im tiefen Sublitoral (3 m bis 13 m Wassertiefe bei Niedrigwasser) in der Sylt-Rømø Bucht von April bis November 1993 auf der Basis der Schleppnetz Befischung

Monat	Art	Abundanz [Ind 10^{-4} m^{-2}]	Biomasse [g C m^{-2}]	Konsumtion [g C m^{-2}]
	C. crangon	356	0,00446	0,0018
	P. minutus	33,1	0,00056	0,0016
Apr.	P. platessa	1,6	0,00010	0,0001
	P. flesus	0,2	0,00012	0,0001
	Z. viviparus	0	0	0
Summe		**391,2**	**0,005**	**0,004**
	C. crangon	924	0,00841	0,0094
	P. minutus	6	0,00013	0,0008
Mai	P. platessa	1,4	0,00026	0,0005
	P. flesus	3,1	0,00073	0,0025
	Z. viviparus	1,4	0,00022	0,0008
Summe		**935,8**	**0,010**	**0,014**

Tabelle 5. (Fortsetzung)

Monat	Art	Abundanz [Ind 10^{-4} m^{-2}]	Biomasse [g C m^{-2}]	Konsumtion [g C m^{-2}]
	C. crangon	616	0,00503	0,0087
	P. minutus	2,1	0,00003	0,0003
Jun	P. platessa	2,1	0,00026	0,0009
	P. flesus	0,4	0,00006	0,0004
	Z. viviparus	1	0,00007	0,0003
Summe		**621,9**	**0,005**	**0,011**
	C. crangon	146	0,00147	0,0019
	P. minutus	2,6	0,00006	0,0005
Jul	P. platessa	1,6	0,00006	0,0002
	P. flesus	0	0	0
	Z. viviparus	0,6	0,00004	0,0001
Summe		**150,5**	**0,002**	**0,003**
	C. crangon	51,6	0,00062	0,0006
	P. minutus	3,1	0,00011	0,0007
Aug	P. platessa	0	0	0
	P. flesus	0	0	0
	Z. viviparus	0	0	0
Summe		**54,7**	**0,001**	**0,001**
	C. crangon	260	0,00314	0,0026
	P. minutus	16,9	0,00071	0,0033
Sep	P. platessa	10,5	0,00190	0,0032
	P. flesus	0	0	0
	Z. viviparus	0,9	0,00021	0,0008
Summe		**288,3**	**0,006**	**0,010**
	C. crangon	871	0,01072	0,0047
	P. minutus	146	0,00491	0,0113
Okt	P. platessa	0,7	0,00010	0,0001
	P. flesus	3,3	0,00167	0,0010
	Z. viviparus	2,1	0,00039	0,0006
Summe		**1023**	**0,018**	**0,018**
	C. crangon	199	0,00216	0,0008
	P. minutus	4,5	0,00014	0,0003
Nov	P. platessa	0,6	0,00007	0,0000
	P. flesus	0,6	0,00053	0,0002
	Z. viviparus	0,8	0,00017	0,0001
Summe		**205,2**	**0,003**	**0,001**

Jahreskonsumtion: 0,061 [g C m^{-2}]

3.3.4 Konsumtion durch Fische und dekapode Krebse 447

Oberes Eulitoral, Schiebehamen

Die Sandgarnele und die beiden Grundelarten machten zusammen in den Schiebehamenfängen im Bereich des oberen Eulitorals (0,5-0,8 m Wassertiefe bei Hochwasser) im Mittel über die drei Stationen in allen Monaten über 99 % des Gesamtfanges auf der Basis von Häufigkeit und Biomasse aus. Die Strandkrabbe, *Carcinus maenas*, blieb jedoch bei den Fangauswertungen unberücksichtigt, da die angewandte Fangmethode für diese Art nicht quantitativ zuverlässig ist. In Tabelle 3 sind die Monatsmittelwerte von Abundanz, Biomasse und Konsumtion aus dieser Probenserie zusammengefaßt. *C. crangon* war in allen Monaten die häufigste Art (81,5 %-99,9 %), was auch stets zu dem höchsten Anteil an der Gesamtbiomasse führte (55,5 %-99,7 %). Mit Ausnahme der Monate Mai und Juni ist die Strandgrundel die zweihäufigste Art. Bei Betrachtung der Konsumtion ergibt sich, daß diese Dominanz von *C. crangon* im Vorkommen zwar zu dem höchsten Anteil an der Jahreskonsumtion (67,5 %) führte, jedoch war die Sandgarnele nicht in allen Monaten der bedeutendste Konsument auf dieser Wattfläche. So hatte *C. crangon* im September zwar einen Anteil von 81,5 % an der Gesamtabundanz, was einen Anteil von 55,5 % an der Biomasse ergab. Jedoch waren diese mit nur 22,9 % an der Konsumtion beteiligt.

In dieser Probenserie zeigten sich im Vergleich zu den anderen Serien die größten Unterschiede zwischen den einzelnen Stationen. Außerdem ergab sich stets die gleiche Reihenfolge, wenn die einzelnen Stationen entsprechend ihrer Abundanz sortiert wurden. Im Königshafen war die Abundanz stets am niedrigsten, Munkmarsch ergab mittlere Dichten und vor Morsum waren die Fänge am höchsten. Besonders ausgeprägt ist der Unterschied im Juni und Juli, wenn die Abundanz durch neu angesiedelte junge Sandgarnelen dominiert wird. Im Königshafen konnte im Gegensatz zu den anderen Stationen keine nennenswerte Neubesiedlung festgestellt werden.

Unteres Eulitoral und flaches Sublitoral, 2 m-Kurre

In dieser Probenserie, die bei 1,0 m bis 2,0 m Wassertiefe durchgeführt wurde, traten neben der Sandgarnele und den Grundeln auch regelmäßig die Plattfische Scholle und Flunder sowie die Aalmutter als Konsumenten des Benthos auf. Die Monatsmittelwerte von Abundanz, Biomasse und Konsumtion sind in Tabelle 4 zusammengestellt. Die relative Verteilung innerhalb der einzelnen Monate ergab das gleiche Bild wie bei der Schiebehamenserie. *C. crangon* war in allen Monaten stets die häufigste Art (93,7 % im Mai-99,4 % im Juni) und stellte auch den größten Anteil an der Biomasse (43,6 % im Mai-95,7 % im Oktober). Für die anderen Arten ergab sich keine einheitliche Reihenfolge, jedoch war die Sandgrundel, *P. minutus* in fünf Monaten die zweihäufigste Art. Bei Betrachtung der Konsumtion fällt wiederum auf, daß *C. crangon*, obwohl stets die wichtigste Art (nach Häufigkeit und Biomasse) auch in dieser Serie nicht in allen Monaten der größte Konsument war. So war im Mai die Sandgarnele mit 93,7 % die mit Abstand häufigste Art und stellte immerhin noch 43,6 % der Biomasse, aber nur 27,1 % der Konsumtion entfielen auf diese Art. Der Anteil von *C. crangon* an der

Jahreskonsumtion war mit 67,9 % annähernd gleich groß wie im flachen Eulitoral. Die Gesamtkonsumtion von April bis November war auf diesen Flächen mit 0,161 g C m^{-2} a^{-1} gegenüber 1,09 g C m^{-2} a^{-1} jedoch deutlich geringer, was ein Ergebnis der wesentlich geringeren Abundanzen ist.

Tiefes Sublitoral, Scherbrettnetz

Die mittleren, monatlichen Abundanzen, Biomassen sowie Konsumtion der benthivoren Fische sowie der Sandgarnele dieser Probenserie sind in Tabelle 5 zusammengefaßt. Wie für die anderen Serien bereits dargestellt, war die Sandgarnele auch im tiefen Sublitoral (3m bis 13m Wassertiefe bei Niedrigwasser), sowohl in Bezug auf Abundanz (von 99,1 % im Juni bis 85,1 % im Oktober) als auch Biomasse (von 92,3 % im Juni bis 52,8 % im September), stets die dominante Art. Im Gegensatz zu den anderen Serien zeigte sich hier jedoch, daß die Sandgrundel in allen Monaten die zweitwichtigste Art in Bezug auf die Abundanz war. Aufgrund der geringen Individualgewichte der Sandgrundeln ergab sich jedoch eine andere Reihenfolge bei Betrachtung der Biomasse. Die Zusammensetzung der Konsumtion in dieser Wassertiefe stellte sich variabler dar als in den flacheren Bereichen. Zwar entfielen auch hier in den Monaten April bis Juli sowie November über 50 % auf die Sandgarnele, in den übrigen Monaten (August bis Oktober) ist *P. minutus* jedoch der bedeutendere Räuber und im September fiel die Konsumtion der Sandgarnele noch hinter die der Scholle zurück. Die Jahreskonsumtion ist in dieser Wassertiefe mit 0,061 g C m^{-2} a^{-1} die geringste im Vergleich der drei Probenserien.

Konsumenten des Plankton

Von den als planktivor eingestuften Fischen (Hering, Sprotte, Stöcker und Seenadel) konnten Konsumtionsberechnungen nur für den Hering durchgeführt werden, da nur für diesen ausreichende Informationen vorlagen bzw. nur diese in größeren Anzahlen regelmäßig auftraten. In Tabelle 6 (a + b) sind die Abundanz, Biomasse, Konsumtion des Herings für die beiden Probenserien, in denen diese regelmäßig auftraten, dargestellt. Die zeitliche Entwicklung der Häufigkeit und der Biomasse war in den beiden Serien sehr unterschiedlich. Im tiefen Sublitoral waren Heringe mit Ausnahme im Mai stets relativ häufig anzutreffen, wobei in den Monaten Juni bis September die höchsten Dichten beobachtet wurden. Dagegen wurden im flachen Sublitoral nennenswerte Dichten nur in den Monaten April und Mai und in geringerem Maße noch im September beobachtet. Im April und Mai handelt es sich auf den beiden Stationsnetzen um unterschiedliche Jahrgänge des Herings, was bei Betrachtung des mittleren Individualgewichts zum Ausdruck kommt. Im tiefen Sublitoral wurden mit 6,2 g Naßgewicht im April bzw. mit 5,1 g im Mai überwiegend 1jährige Tiere gefangen, im flachen Sublitoral handelte es sich aber bei Naßgewichten von 0,48 g im April bzw. 0,72 g im Mai um Heringe der Altersgruppe 0. Im September ergab sich dagegen zwischen den beiden Probenserien kein solcher Unterschied in Bezug auf das mittleren Naßgewicht (6,2 g im tiefen Sublitoral, 7,6 g im flachen Sublitoral). Die niedrigen Biomassen im flachen Sublitoral führen auch zu entsprechend niedrigen Konsumtionsraten, die sich auf eine Jahreskonsumtion von nur 0,003 g C m^{-2} a^{-1} summieren. Im tiefen Sublitoral folgt der Jahresgang der Konsumtion dem der Abundanz und entsprechend ergibt sich, daß in den Monaten Juni bis September 91 % der Jahreskonsumtion von 0,133 g C m^{-2} a^{-1} erfolgen.

Tabelle 6. Monatliche, mittlere Abundanz, Biomasse und Konsumtion sowie die Tagesration des Herings in der Sylt-Rømø Bucht von April bis November 1993 a) im tiefen Sublitoral (3 m bis 13 m Wassertiefe bei Hochwasser) auf der Basis der Schleppnetz Befischung; b) im flachen Sublitoral (1,0 m bis 2,0 m Wassertiefe bei Hochwasser) auf der Basis der 2 m-Kurren Befischung

a) Monat	Abundanz [Ind 10^{-4} m^{-2}]	Biomasse [g C m^{-2}]	Tagesration [%BW]	Konsumtion [g C m^{-2}]
Apr.	30,9	0,00195	2,2	0,0013
Mai	2,5	0,00013	4,3	0,0002
Jun	160	0,00352	22,8	0,0241
Jul	146	0,00405	15,0	0,0188
Aug	153	0,00864	10,5	0,0281
Sep	617	0,03867	4,3	0,0499
Okt	95,0	0,00771	3,2	0,0076
Nov	46,9	0,00409	2,2	0,0027

Jahreskonsumtion: 0,133 [g C m^{-2}]

b) Monat	Abundanz [Ind 10^{-4} m^{-2}]	Biomasse [g C m^{-2}]	Tagesration [%BW]	Konsumtion [g C m^{-2}]
Apr.	35,6	0,00017	2,2	0,0001
Mai	72	0,00053	4,3	0,0007
Jun	1,3	0,00001	22,8	0,0001
Jul	0	0	15,0	0
Aug	1,5	0,00011	10,5	0,0004
Sep	14,6	0,00112	4,3	0,0014
Okt	0	0	3,2	0
Nov	0	0	2,2	0

Jahreskonsumtion: 0,003 [g C m^{-2}]

Tabelle 7. Monatliche, mittlere Abundanz, Biomasse und Konsumtion der epibenthivoren Fische im tiefen Sublitoral (3 m bis 13 m Wassertiefe bei Hochwasser) der Sylt-Rømø Bucht von April bis November 1993 auf der Basis der Schleppnetz Befischung

Monat	Art	Abundanz [Ind 10^{-4} m^{-2}]	Biomasse [g C m^{-2}]	Konsumtion [g C m^{-2}]
Apr.	M. merlangus	0	0	0
	G. morhua	0,2	0,00010	0,0001
	M. scorpio	0,61	0,00036	0,0003
Summe		**0,81**	**0,0005**	**0,0003**
Mai	M. merlangus	0	0	0
	G. morhua	0	0	0
	M. scorpio	0,58	0,00011	0,0003
Summe		**0,58**	**0,0001**	**0,0003**
Jun	M. merlangus	2,3	0,00004	0,0005
	G. morhua	0	0	0
	M. scorpio	0,2	0,00000	0,00000
Summe		**2,5**	**0,0000**	**0,0005**
Jul	M. merlangus	17,9	0,00162	0,0122
	G. morhua	0,2	0,00001	0,0001
	M. scorpio	0,2	0,00005	0,0001
Summe		**18,3**	**0,0017**	**0,0124**
Aug	M. merlangus	183,9	0,04118	0,1330
	G. morhua	2,9	0,00046	0,0013
	M. scorpio	0	0	0
Summe		**186,8**	**0,0416**	**0,1343**
Sep	M. merlangus	205,2	0,06047	0,1094
	G. morhua	10,0	0,00281	0,0039
	M. scorpio	4,5	0,00049	0,0018
Summe		**219,7**	**0,0638**	**0,1151**
Okt	M. merlangus	117,5	0,03608	0,0421
	G. morhua	6,0	0,00118	0,0016
	M. scorpio	15,3	0,00382	0,0038
Summe		**138,8**	**0,0411**	**0,0475**
Nov	M. merlangus	1,3	0,00045	0,0005
	G. morhua	0,6	0,00006	0,0001
	M. scorpio	1,3	0,00018	0,0002
Summe		**3,2**	**0,0007**	**0,0007**

Jahreskonsumtion: 0,311 [g C m^{-2}]

3.3.4 Konsumtion durch Fische und dekapode Krebse

Tabelle 8. Ergebnisse der Mageninhaltsanalysen sowie der Konsumtionsberechnungen für den Wittling aus den 24 Stundenfischereien, April 1992 sowie Juni bis Oktober 1993

Datum	Temp. [°C]	Anzahl Mägen [n]	Mittl. Gewicht [g]	Mittl. Mageninhalt [% BW]	Mittl. tägl. Konsumtion [% BW d^{-1}]	Anteile am Mageninhalt		
						Garnelen [%]	Grundeln [%]	Rest [%]
Apr. 1992	8,5	406	20,6	2,54	5,5	57,9	27,4	14,7
Jun. 1993	16,5	329	3,1	2,76	20,9	3,8	1,4	94,8
Jul. 1993	18,7	147	11,6	3,67	18,7	67,9	0,1	32,0
Aug. 1993	16,7	484	21,63	2,57	10,6	49,4	9,4	41,2
Sep. 1993	12,2	469	25,9	2,11	6,6	27,9	6,0	66,1
Okt. 1993	7,2	238	28,2	1,74	4,0	36,9	7,7	55,4

Konsumenten des Epibenthos

In diese Gruppe der Konsumenten wurden Fischarten eingeteilt, bei denen als Ergebnis der Mageninhaltsanalysen wenigstens zeitweise mehr als 50 % des Mageninhalts aus Epibenthos bestand. Dieses Kriterium traf für die Gadiden Wittling (vergl. Tab. 8) und Kabeljau als auch für den Seeskorpion zu. Diese drei Arten traten in 1993 regelmäßig nur in den Schleppnetzfängen auf, die im tiefen Sublitoral durchgeführt wurden. Die mittleren, monatlichen Abundanzen, Biomassen und Konsumtionen sind in Tabelle 7 zusammengefaßt. Von den drei Arten war der Wittling im Jahresverlauf der mit Abstand bedeutendste Konsument und war mit 0,298 g C m^{-2} a^{-1} für 95,2 % der gesamten Jahreskonsumtion dieser Gruppe verantwortlich. Beim Wittling handelte es sich in 1993 ausschließlich um Individuen der Altersgruppe 0, die ab Juni in das Untersuchungsgebiet einwanderten, im September ihr Bestandsmaximum erreichten und dann bis zum November fast vollständig wieder aus dem Gebiet verschwanden. Entsprechend diesem Bestandsverlauf entwickelte sich auch die Konsumtion, und von August bis Oktober waren 95 % der Jahreskonsumtion zu verzeichnen.

Nahrungsaufnahme des Wittlings

Wie bereits dargestellt war der Wittling 1993 der wichtigste Konsument des mobilen Epibenthos. Der zeitliche Verlauf der Magenfüllung aus den 24 h-Fischereien ist in Abbildung 1 dargestellt. Es zeigte sich bei fünf Befischungen, April 1992 sowie Juni bis August 1993, ein deutlich ausgeprägter Tagesgang der Magenfüllung. Über die Nachtstunden hinweg war ein starker Anstieg der Magenfüllung zu erkennen und entsprechend eine Abnahme über den Tag.

Tabelle 9. a) Biomasse und b) Konsumtion verschiedener Fischarten und der Sandgarnele in 1993 in der Sylt-Rømø Bucht. FT = Freßtyp (P = planktivor; B = benthivor; E = epibenthivor). Alle Angaben in kg C

a) Spezies	FT	Apr.	Mai	Jun.	Jul.	Aug.	Sep.	Okt.	Nov.	Mittl. Biom
C. harengus	P	137	173	137	154	365	1830	293	156	406
C. crangon	B	8065	4344	9372	5100	2087	4747	2234	552	4563
P. flesus	B	90	28	245	0	52	0	63	20	62
P. microps	B	41	15	1	105	142	861	66	68	162
P. minutus	B	302	472	263	89	124	228	220	21	215
P. platessa	B	194	1770	586	78	0	72	4	3	338
Z. viviparus	B	17	264	69	66	0	225	15	7	95
G. morhua	E	4	0	0	0	18	107	45	2	22
M. merlangus	E	0	0	2	57	1457	2140	1277	16	619
M. scorpius	E	14	4	1	2	0	19	145	7	24
planktivor		137	173	137	154	365	1830	293	156	406
benthivor		8710	6894	10536	5438	2406	6134	2602	671	5424
epibenthivor		17	4	3	60	1475	2265	1467	25	665

b) Spezies	FT	Apr.	Mai	Jun.	Jul.	Aug.	Sep.	Okt.	Nov.	Summe
C. harengus	P	82	232	951	717	1200	2352	290	103	5926
C. crangon	B	5145	6876	30722	12846	4206	6979	2173	394	69341
P. flesus	B	100	95	1.139	0	128	0	38	8	1508
P. microps	B	174	160	22	1801	1980	8956	534	267	13895
P. minutus	B	671	2964	874	838	942	1246	559	44	11138
P. platessa	B	68	3581	1479	232	0	122	4	0	5486
Z. viviparus	B	32	1122	204	228	0	31	23	4	1643
G. morhua	E	4	0	0	4	50	149	61	4	271
M. merlangus	E	0	0	19	465	5071	4171	1605	19	11351
M. scorpius	E	11	11	0	4	0	69	145	8	248
planktivor		82	232	951	717	1200	2352	290	103	5926
benthivor		6190	14799	37440	15946	7256	17335	3331	716	103011
epibenthivor		15	11	19	473	5121	4389	1811	31	11870

3.3.4 Konsumtion durch Fische und dekapode Krebse 453

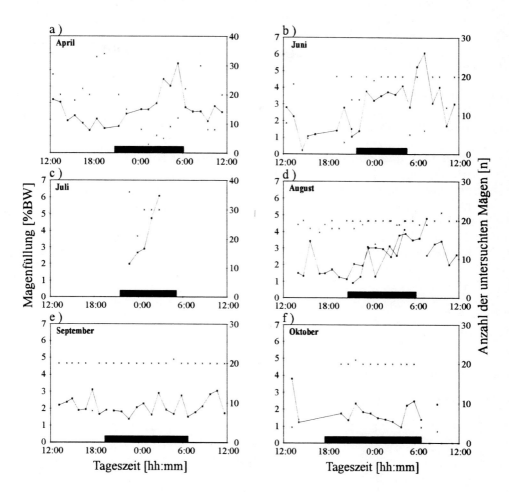

Abb. 1. Zeitlicher Verlauf der Magenfüllung beim Wittling in Relation zum Körpergewicht (durchgezogene Linie) aus sieben 24 h-Fischereien, die im April 1992 sowie von Juni bis Oktober 1993 in der Sylt-Rømø Bucht durchgeführt wurden. Die Kreuze geben die Anzahl der Mägen an, auf denen die einzelnen Mittelwerte beruhen. Die schwarzen Balken kennzeichnen die Zeit zwischen Sonnenunter- und Sonnenaufgang

Die Nahrungsaufnahme erfolgte also überwiegend in den Dämmerungsphasen sowie in der Dunkelheit. Im September war kein Tagesgang zu erkennen. Im Oktober schien sich die Situation umgekehrt zu haben, da über die Nachtstunden (22:00 Uhr bis 5:00 Uhr) eine Halbierung des Mageninhalts beobachtet wurde. In Tabelle 8 sind die Ergebnisse der Mageninhaltsanalysen sowie der Berechnungen der täglichen Nahrungsaufnahmeraten aus den 24 h-Fischereien zusammengefaßt. Im Juni, als die Wittlinge mit einem mittleren Gewicht von nur 3,1 g in die Sylt-Rømø Bucht einwanderten, bestand der Mageninhalt nur zu einem geringen Teil aus mobilen Epibenthos. Dieser Anteil stieg danach sehr schnell an (68 % im Juli), zeigte aber erhebliche Schwankungen im weiteren Verlauf des Jahres. Die Wittlinge zeigten zunächst von Juni bis August eine deutliche Zunahme des mittleren Gewichts, danach stieg das Gewicht nur noch langsam. Die relative, tägliche Nahrungsaufnahme pro Individuum nahm im Verlauf des Jahres 1993 kontinuierlich ab.

Biomasse und Konsumtion in der Sylt-Rømø Bucht

Die Ergebnisse der Biomasse- und Konsumtionsberechnungen für die gesamte Sylt-Rømø Bucht auf der Grundlage der in den Tabellen 3 bis 7 dargestellten monatlichen Mittelwerte und der Anteile der einzelnen Teilgebiete nach Backhaus et al. (1995) sind in Tabelle 9 zusammengefaßt.

Aus den Werten der einzelnen Arten wurden Summen entsprechend ihrer Zuordnung zu den verschiedenen Freßtypen gebildet. Der saisonale Verlauf von Biomasse und Konsumtion dieser unterschiedlichen Gruppen ist in Abbildung 2 dargestellt.

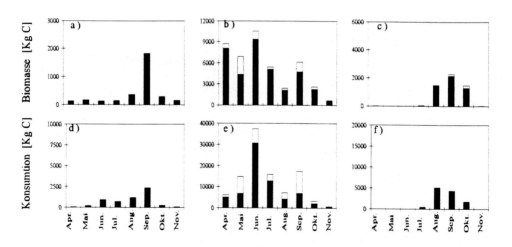

Abb. 2. Biomasse und Konsumtion verschiedener Freßtypen in 1993 in der Sylt-Rømø Bucht. a, d = planktivor; b, e = benthivor; c, f = epibenthivor. Der schwarze Teil der Säule gibt den Anteil des wichtigsten Konsumenten (a, d = Hering; b, e = Sandgarnele; c, f = Wittling)

Bei allen Gruppen waren sowohl bei der Biomasse als auch bei der Konsumtion ausgeprägte saisonale Schwankungen zu erkennen, die sich jedoch im einzelnen unterschieden. Die benthivore Gruppe, die von *C. crangon* dominiert wird, erreicht im Juni ihren höchsten Bestand, der zeitgleich zu einem deutlichen Maximum der Konsumtion führt. Die epibenthivore Gruppe, vom Wittling geprägt, zeigte im September die höchste Biomasse, dagegen lag das Maximum der Konsumtion bereits im August. Bei dem planktivoren Hering zeigte sich ebenfalls ein Bestandsmaximum im September, das bei dieser Art dann auch die höchste Konsumtion hervorrief.

DISKUSSION

Abundanz und Biomasse

Die Abundanz- und Biomasseangaben dieser Untersuchung müssen als Minimalabschätzungen angesehen werden, da weder Selektions- noch Effizienzkorrekturen vorgenommen wurden. Sowohl die Netzselektion der einzelnen Geräte als auch ihre Fangeffizienz ist sowohl geräte- als auch artspezifisch (z. B. Kuipers, 1975) und verändert sich zudem noch innerhalb einer Art mit der Größe der Individuen. Untersuchungen, wie sie z. B. von Kuipers (1975) oder Kjelson & Johnson (1978) hierzu durchgeführt wurden, waren für die insgesamt 19 Kombinationen aus Fanggerät und Spezies, die hier dargestellt sind, wegen des damit verbundenen hohen Arbeitsaufwands im Rahmen dieses Projekts nicht durchführbar. Für einzelne Fanggeräte, die hier eingesetzt wurden, liegen aus der Literatur Effizienzuntersuchungen für einige Arten vor (z. B. Kuipers, 1975, 2 m-Kurre, Scholle). Jedoch würde eine Korrektur der Ergebnisse einzelner Arten das Verhältnis zwischen den Arten bzw. Freßtypen verschieben, ohne daß dadurch eine bessere Aussagefähigkeit für die Interaktionen zwischen den Arten bzw. Trophiestufen erzielt würde. Deshalb sind alle Ergebnisse unkorrigiert dargestellt, um zumindest eine relative Vergleichbarkeit zu bewahren. Allgemein läßt sich jedoch anmerken, daß die Unterschätzung für die kleinen Epibenthosarten (Sandgarnele, Grundeln) mit zunehmender Wassertiefe wegen der damit verbundenen Zunahme der Maschenweite in den Fanggeräten ansteigt und für das Scherbrettnetz mit seinen relativ großen Maschen in den Flügeln besonders hoch sein dürfte. Andererseits stellt das tiefe Sublitoral einen geringen Anteil an der Gesamtfläche des Gebiets, wodurch die Auswirkung bei der Hochrechnung auf die Sylt-Rømø Bucht wieder verringert wird.

Der Vergleich der Abundanzen bzw. Biomassen dieser Arbeit mit anderen Untersuchungen, die mit ähnlicher Methodik durchgeführt wurden, liefert je nach Spezies und betrachtetem Tiefenhorizont unterschiedliche Ergebnisse. So erreicht die höchste Abundanz der Sandgarnele, der wichtigsten benthivoren Art, im oberen Eulitoral (Schiebehamen) im Juni mit 33 Ind m^{-2} einen Maximalwert, wie er auch für andere Gebiete beschrieben wurde (21-28 Ind m^{-2}, südl. Schleswig-Holsteinisches Wattenmeer (Del Norte-Campos, 1995); 30-50 Ind m^{-2}, Niva-Bucht

(DK) (Muus, 1967); 15 Ind m^{-2}, Balgzand (NL) (Janssen & Kuipers, 1980) (alle nicht korrigiert)). Pihl & Rosenberg (1982) bestimmten für eine Bucht an der Westküste Schwedens (Gullmarsvik, ca. 0,5 m Wassertiefe) eine höhere, maximale Abundanz von 55-90 Ind m^{-2}, benutzten jedoch eine Kastenfalle, die nahezu 100 % Fangeffizienz besitzt. Da die maximale Abundanz der Sandgarnele in den flachen Bereichen (< 0,5 m Wassertiefe), sowohl im Wattenmeers als auch an den tidenunabhängigen Küsten Schwedens, durch Individuen (< 10 mm) geprägt ist, die gerade zum Bodenleben übergegangen sind, kann geschlossen werden, daß die Sylt-Rømø Bucht ein zu den anderen Gebieten vergleichbares Rekrutierungsaufkommen dieser Art aufweist. Bei den Grundeln, in dieser Untersuchung die einzigen Fische mit nennenswertem Vorkommen in diesem Tiefenbereich, ergibt sich bei solcher Gegenüberstellung dagegen ein geringeres Rekrutierungsaufkommen. Mit maximal 0,01 Ind m^{-2} im Juli gegenüber 0,2 Ind m^{-2} im Juni bei del Norte-Campos (1995) (südl. Schleswig-Holsteinisches Wattenmeer) war z. B. die Strandgrundel in der Sylt-Rømø Bucht um mehr als eine Zehnerpotenz seltener vertreten.

Auf den tiefer gelegenen Flächen (unteres Eulitoral und flaches Sublitoral, 2m-Kurre sowie tiefes Sublitoral, Scherbrettnetz) wurden allgemein, sowohl für die Sandgarnele als auch für die Fischarten, für die vergleichbare Untersuchungen vorliegen (van Lissa, 1977; Berghahn, 1984; Berghahn, 1986), erheblich geringere Dichten und entsprechende Biomassen bestimmt. Zwei Beispiele sollen diesen Befund verdeutlichen.

Für die Sandgarnele wurde im unteren Eulitoral und flachen Sublitoral bei 1-2 m Wassertiefe mit der 2m-Kurre eine maximale Abundanz von 1,3 Ind m^{-2} im Juni (Tab. 4) und von Mai bis September eine mittlere Biomasse von 14,8 mg m^{-2} (aschefreies Trockengewicht) bestimmt. Für das Amsteldiep (NL) ermittelte van Lissa (1976) eine maximale Abundanz von 60-70 Ind m^{-2} und eine mittlere Biomasse von 664 mg AFDW m^{-2} für ein vergleichbares Gebiet mit einer 1,9 m-Kurre. Die Ergebnisse aus dem Amsteldiep sind zwar Effizienz korrigiert (ca. 50 %), trotzdem zeigt dieser Vergleich, daß die tieferen Flächen der Sylt-Rømø Bucht um ein bis zwei Zehnerpotenzen dünner besiedelt sind.

Ein wesentlicher Unterschied zu anderen Bereichen des Wattenmeers stellt das sehr niedrige Vorkommen von jungen Plattfischen in der Sylt-Rømø Bucht dar. Insbesondere für die Scholle gilt das Watt als bedeutendes Aufwuchsgebiet. Schollen der Altersklasse 0 (AK0) siedeln sich nach der Metamorphose im oberen Eulitoral an, wachsen dort heran, zeigen ab einer bestimmten Größe tidale Wanderungen zwischen Priel und Plate und wandern zuletzt mit zunehmender Größe in die tieferen Prielen und Rinnen (tiefes Sublitoral) ab (Berghahn, 1984). Auf den Stationen im oberen Eulitoral (Schiebehamen) konnte 1993 keine Besiedlung mit Schollen der AK0 beobachtet werden. Im unteren Eulitoral und flachem Sublitoral wurde eine maximale Dichte von Schollen AK0 mit 1,6 Ind je 1000 m^{-2} im Juni beobachtet. Im tiefen Sublitoral betrug die maximale Abundanz im September 1,1 Ind 1000 m^{-2}. Diesen Werten stehen Angaben von 16 Ind je 1000 m^{-2} (Mittelw. für Apr.-Nov.) für den Balgzand (NL) (Plate, 2 m-Kurre) von Kuipers (1977) und

3.3.4 Konsumtion durch Fische und dekapode Krebse 457

maximal 95 Ind je 1000 m^{-2} im Juli für das Butterloch (Schleswig-Holsteinisches Wattenmeer, Husumer Bereich, tiefe Rinne, 2 m-Kurre) gegenüber (Berghahn, 1986). Das Ausbleiben der jungen Schollen im oberen Eulitoral sowie die geringen Dichten in den tieferen Bereichen als auch die Verschiebung der größten zu beobachtenden Abundanz im tiefen Sublitoral in den Herbst deuten darauf hin, daß entweder keine nennenswerten Mengen an Schollenlarven das Gebiet erreichen oder diese keine geeigneten Besiedlungsräume vorfinden. Bei den Schollen im tiefen Sublitoral dürfte es sich deshalb um Zuwanderungen aus anderen Gebieten handeln. Für Flunder und Seezunge ergeben sich ähnliche Verhältnisse. Die geringe Abundanz von Flundern der AK0 erklärt sich vermutlich aus dem relativ geringen ästuarinen Einfluß der Bucht (Breckling et al., 1994). Seezungen der AK0 zeigen eine höhere Präferenz für Schlickwatt, das in dem deutschen Teil der Sylt-Rømø Bucht jedoch nur in geringem Umfang zur Verfügung steht.

Die Sylt-Rømø Bucht weist im Unterschied zu anderen Wattgebieten einen relativ geringen Anteil an Eulitoralflächen (ca. 33 %) auf, die zudem im deutschen Teil der Bucht überwiegend aus Sand- und Mischwatt bestehen. Entsprechend hoch ist der Anteil an flachem Sublitoral (ca. 57 %). Diese Verhältnisse bieten eine Erklärung für die geringen Abundanzen in den tieferen Bereichen. Die Besiedlung des oberen Eulitorals durch die jüngsten Stadien der Sandgarnele zeigte keine Unterschiede zu anderen Gebieten. Indem die Garnelen mit zunehmender Größe in tiefere Bereiche abwandern, kommt es in der Sylt-Rømø Bucht, wegen des größeren Flächenanteils tieferer Bereiche, jedoch im Gegensatz zu den anderen Bereichen zu einer erheblichen Ausdünnung des Bestandes. Ob dieser Unterschied ausreicht die geringen Dichten zu erklären, oder ob noch andere Faktoren (z. B. Sedimentverteilung) eine Rolle spielen kann jedoch wegen der oben bereits besprochenen nur bedingten Vergleichbarkeit zwischen den einzelnen Fanggeräten nicht entschieden werden.

Zur Beurteilung der Ergebnisse der Befischungen der tieferen Priele und Rinnen mit dem Scherbrettnetz stehen keine direkt vergleichbaren Untersuchungen zur Verfügung. Im Rahmen des „Demersal Young Fish and Brown Shrimp Survey" (DYFS) werden jedoch seit den 60er Jahren regelmäßige Beprobungen der tiefen Rinnen des Wattenmeers von Den Helder bis südlich Sylt mit einer 3m-Kurre im Frühjahr und Herbst jeden Jahres durchgeführt. In einem Überblick über die Jahre 1971-1975 geben Dankers & de Veen (1978) Mittelwerte der Häufigkeit verschiedener Fischarten. Auch bei diesem Vergleich ergibt sich wiederum eine in der Sylt-Rømø Bucht um 1 bis 2 Zehnerpotenzen geringere Abundanz bei den Plattfischen. Die Arten Hering, Wittling und Kabeljau waren danach im Sylt-Rømø Watt jedoch um 1 bis 2 Zehnerpotenzen häufiger vertreten. Dieser Unterschied ist jedoch wohl zum größten Teil auf die deutlich bessere Fängigkeit des Scherbrettnetzes zurückzuführen. Das Scherbrettnetz befischt wegen der höheren Netzöffnung (ca. 1 m) einen wesentlich größeren Teil der Wassersäule und erfaßt damit die Fische, die nicht so stark an den Boden gebunden sind, deutlich besser.

Konsumtion

Die Dominanz der Sandgarnele als benthivorer Konsument innerhalb der Gruppe des mobilen Epibenthos (Tab. 3-5) in flachen Küstenbereichen wurde bereits mehrfach beschrieben (del Norte-Campos, 1995; Pihl, 1985; Kuipers & Dapper, 1981; Evans, 1984). Mit der Strandkrabbe, *Carcinus maenas*, fehlt in dieser Untersuchung jedoch ein für andere Gebiete nachgewiesener, bedeutender Vertreter dieser Gruppe (Pihl, 1985; Kuipers et al., 1981). Aktive Fanggeräte, wie sie in dieser Untersuchung benutzt wurden, vermögen die Strandkrabbe nicht zuverlässig zu sammeln, da sich diese bei Annäherung des Netzes sehr schnell in das Sediment eingraben oder sich mit ihren kräftigen Scheren an Muschelschalen, Makrophyten etc. festhalten (eigene Beobachtungen). Eine zusätzliche Beprobung mit einem weiteren Fanggerät war jedoch nicht durchführbar. Nach Bestandsuntersuchungen im Eulitoral betrug die Konsumtion von *Carcinus maenas* 2 g C m^{-2} a^{-1} im Königshafen und 0,4 g C m^{-2} a^{-1} in der Sylt-Rømø Bucht (Asmus et al., dieser Band). Danach wäre die Konsumtion der Strandkrabbe im Eulitoral des Königshafens deutlich größer als die Summe aller übrigen mobilen Epibenthos Organismen (1,09 g C m^{-2} a^{-1}, Tab. 3), die sich im Mittel für das. Eulitoral der Sylt-Rømø Bucht ergab. Die Sonderstellung des Königshafens wird noch deutlicher, wenn berücksichtigt wird, daß sich dort im Vergleich der drei Eulitoralstationen die mit Abstand niedrigsten Konsumtionsraten berechneten. Mit den 0,4 g C m^{-2} a^{-1} für das gesamte Eulitoral der Sylt-Rømø Bucht ergeben sich für die Konsumtion durch die Strandkrabbe im Verhältnis zu der des übrigen mobilen Epibenthos (ohne Plattfische) ähnliche Verhältnisse, wie sie von Kuipers et al. (1981) für das Niederländischem Wattenmeer angegeben wurden (*Carcinus maenas* 0,6 g C m^{-2} a^{-1}; *C. crangon* und Grundeln 1,3 g C m^{-2} a^{-1}). Unter Berücksichtigung der Strandkrabbe erhöht sich die Jahreskonsumtion durch das gesamte mobile Epibenthos im Eulitoral auf 1,49 g C m^{-2} a^{-1}. Kuipers et al. (1981) schätzen die Gesamtkonsumtion dieser Gruppe für den Balgzand mit 4,3 g C m^{-2} a^{-1}, wobei der Hauptunterschied in dem hohen Anteil der Plattfische (2,5 g C m^{-2} a^{-1}) in deren Gebiet liegt. Die gute Übereinstimmung der Konsumtionswerte (ohne Plattfische) steht zunächst im Widerspruch zu dem Befund der niedrigeren Abundanzen bzw. Biomassen in der Sylt-Rømø Bucht. Die Ursache hierfür liegt in der schnelleren Wachstumsannahme für die Sandgarnele nach del Norte-Campos (1995) gegenüber Kuipers & Dapper (1981). Bei Anwendung der revidierten Wachstumsfunktion würde sich die Konsumtionsschätzung für den Balgzand entsprechend erhöhen. An der schwedischen Westküste beträgt die Konsumtion durch das mobile Epibenthos nach Pihl (1985) insgesamt 15,1 g C m^{-2} a^{-1} (26 g AFDW m^{-2} a^{-1}). Dieser vergleichsweise hohe Wert resultiert vor allem aus den wesentlich höheren Abundanzen und Biomassen in seinem Untersuchungsgebiet.

Die Untersuchungen von Pihl (1985), Evans (1984), und del Norte-Campos (1995) konnten zeigen, daß es innerhalb des mobilen Epibenthos (vor allem *C. crangon*) durch Kannibalismus zu internen Rückkopplungen kommt, die wesentlichen Einfluß auf die Beurteilung des Fraßdrucks dieser Gruppe auf ihre Beuten bzw. des Nahrungsangebots haben. Zwischen 23 % (Pihl, 1985) und 47 %

3.3.4 Konsumtion durch Fische und dekapode Krebse

(Evans, 1984) der jährlichen *C. crangon* Produktion wird von *C. crangon* selbst gefressen. Der tatsächliche Anteil an der Jahreskonsumtion des mobilen Epibenthos, der sich z. B. auf das Makrobenthos bezieht, dürfte danach erheblich geringer ausfallen.

Asmus & Asmus (1990) schätzten für die 80er Jahre für den Königshafen die jährliche Produktion des Makrobenthos auf 18 g AFDW m^{-2} (10,4 g C m^{-2} a^{-1}) für die *Nereis/Corophium*-Gemeinschaft des oberen Eulitoral, 48 g AFDW m^{-2} (27,8 g C m^{-2} a^{-1}) für eulitorale Seegraswiesen und 50 g AFDW m^{-2} (29,0 g C m^{-2} a^{-1}) für Arenicola Gemeinschaften. Nach Asmus et al. (dieser Band) betrug die Sekundärproduktion für den Untersuchungszeitraum im Königshafen 59 g C m^{-2} a^{-1} und in der Sylt-Rømø Bucht 54 g C m^{-2} a^{-1}. Bei einer Jahreskonsumtion des Epibenthos von 1,7 g C m^{-2} a^{-1}, die nur zu einem Teil an dieser Produktion zehrt, erscheint es wenig wahrscheinlich, daß Nahrungslimitation ein Problem für diese Gruppe darstellt, auch wenn ein erheblicher Teil der Macrobenthosproduktion (Muscheln) nicht konsumiert werden kann.

Die Konsumtionsschätzungen für das mobile Epibenthos in den tiefer gelegenen Gebieten des flachen und tiefen Sublitorals (Tab. 4, 5) fallen mit 0,161 g C m^{-2} a^{-1} und 0,061 g C m^{-2} a^{-1} deutlich niedriger aus, was in der bereits diskutierten Abnahme der Dichten der Organismen begründet liegt. Vergleichsdaten hierzu liegen in der Literatur nicht vor. Auch über die Verhältnisse von Produktion der Beuteorganismen zur Konsumtion des mobilen Epibenthos können keine Angaben gemacht werden. Da die meisten mobilen Epibenthos Organismen zudem tidale Wanderungen in das Eulitoral vollziehen, bleibt offen welchen Flächen die errechnete Konsumtion zuzurechnen ist.

Die Jahreskonsumtion der epibenthivoren Gemeinschaft aus Wittling, Kabeljau und Seeskorpion summiert sich auf 0,311 g C m^{-2} a^{-1} und bezogen auf das gesamte tiefe Sublitoral auf 11870 kg C. Auf den Wittling entfallen hiervon in 1993 insgesamt 95,2 %. Die wichtigste Beute des Wittlings stellt im Verlauf des Jahres die Sandgarnele dar. Unter Berücksichtigung der Zusammensetzung des Mageninhalts ergibt sich eine Konsumtion von 0,120 g C m^{-2} a^{-1} die auf diese Beute entfällt. Bei einer P/B Rate von 5 (del Norte-Campos, 1995) bezogen auf die Monate März bis Oktober und der mittleren Biomasse von 0,0045 g C m^{-2} a^{-1} für *C. crangon* im tiefen Sublitoral errechnet sich eine Crangon Produktion von lediglich 0,0225 g C m^{-2} a^{-1}. Diese Verhältnisse machen es wenig sinnvoll eine detaillierte Bilanzierung des Sublitorals für dieses Teilsystem vorzunehmen. Die epibenthivore Gemeinschaft ist demnach auf den Transport von Energie aus anderen Teilsystemen des Wattenmeeres angewiesen. Wie sich aus den bereits dargestellten Verhältnissen des mobilen Epibenthos zeigt, bietet sich ein Vergleich mit den Produktionsverhältnisse im Eulitoral bzw. der gesamten Bucht an. Unter Anwendung der P/B Rate von 5 auf die vorgefundenen *C. crangon* Biomassen im Eulitoral bzw. der gesamten Bucht errechnen sich Produktionen von 0,158 g C m^{-2} a^{-1} bzw. 20098 kg C. Daraus kann geschlossen werden, daß zum einen die Sandgarnelen Produktion im Eulitoral knapp ausreicht um den Nahrungsbedarf der epibenthivoren Gemeinschaft zu decken. Bezogen auf die gesamte Bucht ergibt sich eine Zehrung an der Crangonproduktion allein durch den Wittling von 22,7 %. Dieser Wert ist damit zu den 7 % Zehrung durch Kabeljau an der gesamten Produktion des mobilen Epibenthos, die von Pihl (1982) für eine nicht tidal beeinflußte flache Bucht an der Westküste Schwedens berechnet wurde, vergleichsweise hoch. Da sich die Crangon Produktion und die Konsumtion durch Wittling nicht synchron entwickeln (Abb. 2) kann für 1993 nicht ausgeschlossen werden, daß die starke Abnahme der *C. crangon* Biomasse über den Sommer durch den Fraßdruck der epibenthivoren Gemeinschaft hervorgerufen wurde. Diese Schlußfolgerungen müssen jedoch vor dem Hintergrund der hohen Unsicherheit in Bezug auf die Biomassebestimmung gesehen werden. Weiterhin ist zu berücksichtigen, daß die hier dargestellten Verhältnisse nur für das Jahr 1993 zutreffen, das durch eine relativ starke Wittlingsinvasion geprägt war. Bei Berücksichtigung der enormen interannuellen Bestandsschwankungen, vor allem bei den Gadiden, können sich von Jahr zu Jahr sehr unterschiedliche Verhältnisse ergeben. Die hier dargestellten Ergebnisse legen jedoch den Schluß nahe, daß eine extreme Invasion von epibenthivoren Räubern, wie sie z. B. 1990 durch den Wittling zu beobachten war, durchaus einen totalen Zusammenbruch der Bestände des mobilen Epibenthos herbeiführen können.

Neben den bereits abgehandelten Gemeinschaften halten sich in der Sylt-Rømø Bucht auch Fische mit überwiegend planktivorer Ernährungsweise auf. Hierzu gehören Hering, Sprott, Stöcker und Seenadeln, von denen der Hering der wichtigste Vertreter ist. Aus dem vorliegenden Datenmaterial ergab sich nur für den Hering die Möglichkeit Konsumtionsberechnungen durchzuführen. Die Konsumtion summiert sich auf 0,133 g C m^{-2} a^{-1} für das tiefe Sublitoral und 0,003 g C m^{-2} a^{-1} für das flache Sublitoral. Die Primärproduktion des Phytoplankton beträgt 43-240 g C m^{-2} a^{-1} (Asmus et al., dieser Band), die allerdings zu einem beträchtlichen Teil vom filtrierenden Makrobenthos konsumiert wird. Da für das Untersuchungsgebiet keine Sekundärproduktionsdaten für das Zooplankton vorliegen kann für diese „pelagische" Nahrungskette keine Bilanzierung vorgenommen werden. Bei Annahme einer mittleren Konversion von 0,2 für den Hering errechnet sich eine Produktion für die Sylt-Rømø Bucht von 1,2 t C. Der Vergleich mit den Produktionen anderer Gruppen aus dem Gebiet, die sich auf vergleichbarer trophischer Ebene befinden (Tabelle 10 in Asmus et al., dieser Band) legt den Schluß nahe, daß es sich bei den planktivoren Fischen nur um einen kleineren Seitenzweig im trophischen Gefüge handelt.

Die gesamte Jahreskonsumtion der Fische und der Sandgarnele in der Sylt-Rømø Bucht wurde auf 121 t C geschätzt, wovon allein 85 % auf die benthivore Gruppe entfällt. Der Anteil der epibenthivoren Räuber beträgt 10 % und mit 5 % ist der planktivore Hering daran beteiligt. Im Vergleich zu der Jahreskonsumtion von 810 t C (1400t AFTG) durch Vögel (Nehls et al., 1995) fällt die Konsumtion deutlich geringer aus. Ein weiterer Unterschied zwischen diesen beiden Gruppen von Top-Prädatoren besteht in der gegensätzlichen saisonalen Dynamik. Während Vögel als homoiotherme Tiere das Maximum der Konsumtion in den Wintermonaten zeigen, fällt die höchste Konsumtion der poikilothermen Fische und dekapoden Krebse in die Sommermonate.

3.3.4 Konsumtion durch Fische und dekapode Krebse

LITERATUR

Asmus, H. & Asmus, R. M., 1990. Trophic relationships in tidal flat areas: To what extent are tidal flats dependent on imported food? - Neth. J. Sea Res. *27*, 93-99.

Asmus, H., Lackschewitz, D., Asmus, R., Scheiffarth, G., Nehls, G. & Herrmann, J.-P., 1997. Transporte im Nahrungsnetz eulitoraler Wattflächen der Sylt-Rømø Bucht. - In: Gätje, C. & Reise, K. (Hrsg.): Ökosystem Wattenmeer - Austausch-, Transport- und Stoffumwandlungsprozesse, Springer-Verlag, Heidelberg, Berlin, S. 393-420.

Backhaus, J., Hartke,D. & Hübner, U., 1995. Hydrodynamisches und thermodynamisches Modell des Sylter Wattenmeeres. - SWAP-Abschlußbericht TP 4.1a

Berghahn, R., 1984. Zeitliche und räumliche Koexistenz ausgewählter Fisch- und Krebsarten im Wattenmeer unter Berücksichtigung von Räuber-Beute-Beziehungen und Nahrungskonkurrenz. - Dissertation, Universität Hamburg, 207pp.

Berghahn, R., 1986. Determing abundance, distribution and mortality of 0-group plaice *(Pleuronectes platessa* L.) in the Wadden Sea. - J. appl. Ichthyol. *2*, 11-22.

Boddeke, R., 1978. Changes in the Stock of brown shrimp *(Crangon crangon L.)* in the coastal area of the Netherlands. - Rapp. P.-v. Réun. Cons. int. Explor. Mer, *172*: 239-249

Breckling, P., Beermann-Schleif, S., Achenbach, I., Opitz, S. & Walthemath, M., 1994. Fische und Krebse im Wattenmeer. Forschungsbericht UBA 10802085/01, 223 pp.

Coull, K. A, Jermyn, A. S., Newton, A. W., Henderson, G. I. & Hall, W. B., 1989 Length/Weight relationships for 88 species of fish encountered in the North East Atlantic. - Scottish Fisheries Research Report *43*, 81 pp.

Dankers, N. M. J. A. & Veen, J. F. de, 1978. Variations in relative abundance in a number of fish species in the Wadden Sea and the North Sea coastal areas. - In: Dankers, N., Wolff, W.J. & Zijlstra, J.J., Fishes and fisheries of the Wadden Sea. Report 5 of the Wadden Sea Working Group, Leiden, pp. 77-105.

Eggers, D. M., 1977. Factors in interpreting data obtained by diel sampling of fish stomachs. - J. Fish. Res. Bd. Can. *34*, 290-294.

Evans, S., 1983. Production, predation and food niche segregation in a marine shallow softbottom community. - Mar. Ecol. Prog. Ser. *10*, 147-157.

Evans, S., 1984. Energy budgets and predation impact of dominant epibenthic carnivores on a shallow soft bottom community at the Swedish west coast. - Estuar. Coast. Shelf Sci. *18*, 651-672.

Fonds, M., Cronie, R., Vethaak, D. & Van Der Puyl, P., 1985. Laboratory measurements of maximum daily food consumption, growth and oxygen consumption of plaice *(P. platessa)* and flounder *(P. flesus)*, in relation to water temperature and the size of the fish. I.C.E.S., Dem. Fish Comm., C.M. 1985 / G:54, 7pp.

Fonds, M., Jaworski, A., Idema, A. & Van Der Puyl, P., 1989. Metabolism, food consumption, growth and food conversion of Shorthorn Sculpin (*Myoxocephalus scorpius*) and Eelpout (*Zoarces viviparus*). I.C.E.S., Dem. Fish Comm., C.M. 1989 / G:31, 10 pp.

Herrmann, J.-P., Jansen, S. & Temming, A., 1997. Fische und dekapode Krebse in der Sylt-Rømø Bucht. - In: Gätje, C. & Reise, K. (Hrsg.): Ökosystem Wattenmeer - Austausch-, Transport- und Stoffumwandlungsprozesse, Springer-Verlag, Heidelberg, Berlin, S. 81-88.

Janssen, G. & Kuipers, B., 1980. On tidal migration of the shrimp *Crangon crangon.* - Neth. J. Sea Res. *14*: 339-348

Kjelson, M.A. & Johnson, G. N., 1978. Catch efficiency of a 6.1 metre otter trawl for estuarine fish populations. - Trans. Am. Fish. Soc. *197*: 246-254

Kuipers, B.R., 1975. On the efficiency of a two-metre beam trawl for juvenile plaice *(Pleuronectes platessa)*. - Neth. J. Sea Res. *9*: 69-85

Kuipers, B.R., 1977. On the ecology of juvenile plaice on a tidal flat in the Wadden Sea. - Neth. J. Sea Tes. *11*: 56-91

Kuipers, B. R. & Dapper, R., 1981. Production of *Crangon crangon* in the tidal zone of the Dutch Wadden Sea. - Neth. J. Sea Res. *15*, 33-53.

Kuipers, B. R., De Wilde, P. A. W. J. & Creutzberg, F., 1981. Energy flow in a tidal flat ecosystem. - Mar. Ecol. Prog. Ser. *5*, 215-221.

Lissa, J. H. L. van, 1977. Aantallen, voedselopname, groei en produktie van de garnaal (*Crangon crangon* L.) in en getijdengebied, alsmede de voedslopname en groei onder laboratorium-omstandigheden. - Neth. Inst. Sea Res., Interne Verslagen, 1977-10, 101pp.

Nehls, G., Scheiffarth, G. & Tiedemann, R., 1995. Trophischer und regulierender Stellenwert der Vögel im Ökosystem Wattenmeer. - SWAP-Abschlußbericht TP 1.7a, 2.5a, 4.5b, Büsum, 227pp.

Norte-Campos, A. G. C. del, 1995. Ecological studies on the coexistence of the Brown Shrimp, *Crangon crangon* L. and the Gobies *Pomatoschistus microps* Kröyer and *P. minutus* Pallas in the shallow areas of the German Wadden Sea. - Dissertation, Universität Hamburg, 265pp.

Panten, K., 1995. Vergleichende Messungen zum Standard- und Aktivitätsstoffwechsel mariner Bodenfische. - Diplomarbeit, Universität Hamburg, 71pp.

Pihl, L., 1982. Food intake of young cod and flounder in a shallow bay on the Swedish west coast. - Neth. J. Sea Res. *15*, 419-432.

Pihl, L., 1985. Food selection and consumption of mobile ebibenthic fauna in shallow marine areas. - Mar. Ecol. Prog. Ser. *22*, 169-179.

Pihl, L. & Rosenberg, R., 1982. Production, abundance and biomass of mobile epibenthic marine fauna in shallow waters, western Sweden. - J. Exp. Mar. Biol. Ecol. *57*: 273-301

Scherer, B. & Reise, K., 1981. Significant predation on micro- and macrobenthos by the crab *Carcinus maenas* L. in the Wadden Sea. - Kieler Meeresforsch. Sonderh. *5*, 490-500.

Schmanns, M., 1994. Zur Biologie - insbesondere Nahrungsbiologie - der im Sylter Wattenmeer auftretenden Heringe (*Clupea harengus* L.). - Diplomarbeit, Universität Hamburg, 74pp.

Temming A., 1995. Die quantitative Bestimmung der Konsumtion von Fischen. Experimentelle, methodische und theoretische Aspekte. - Habilitationsschrift, Universität Hamburg, 235pp.

Temming, A. & Andersen, N. G., 1994. Modelling gastric evacuation without meal size as a variable. A model applicable for the estimation of daily ration of cod in the field. - ICES J. mar. Sci. *51*, 429-438.

Tiews, K., 1978. Non-Commercial fish species in the German Bight: records of by-catches of the brown shrimp fishery. - Rapp. P.-v. Réun. Cons. int. Explor. Mer. *172*: 259-265

Winberg, G. G., 1960. Rate of metabolism and food requirements of fishes. Fish. Res. Bd. Can., Translation Series *194*, 239pp.

Zijlstra, J.J., 1972. On the importance of the Wadden Sea as a nursery area in relation to the conservation of the southern North Sea. - Symp. Zool. Soc. London *29*: 233-258

Kapitel 4

Drift und Wanderungen der Wattorganismen: Ein Überblick

Drift and Migrations of Wadden Sea Organisms: An Overview

W. Armonies
Biologische Anstalt Helgoland, Wattenmeerstation Sylt, D-25992 List

Das Sylt-Rømø Wattenmeer beherbergt weit über 2000 Tier- und Pflanzenarten. Diesem Artenreichtum entspricht eine kaum überschaubare Vielfalt an spezifischen Anpassungen an diesen physikalisch sehr wechselhaften Lebensraum. Hydrodynamische Prozesse führen zu Veränderungen der Habitate auf unterschiedlichen zeitlichen und räumlichen Ebenen, vom täglichen Wechsel des Wasserstandes bis hin zum historischen Wandel der Morphologie der Wattenbucht. Auf langfristige und großräumige Veränderungen antwortet die Organismengemeinschaft mit einem allmählichen Wechsel der Artenzusammensetzung. Kurzfristige und kleinräumige Veränderungen müssen von den Populationen oder Individuen aufgefangen werden. Das kann über weite physiologische Toleranzbereiche gegenüber ungünstigen abiotischen Bedingungen erreicht werden, durch Wanderungen in günstigere Habitate, oder durch das zeitliche Meiden ungünstiger Bedingungen, z. B. durch Ruhestadien.

Im Rahmen des SWAP-Projektes war der Austausch durch aktive Wanderungen von besonderem Interesse. Verschiedene Vogel- und Fischarten nutzen das Wattenmeer nur saisonal. Bei Watvögeln sind tidenspezifische Wanderungen zur Nahrungsaufnahme verbreitet, bei Fischen gibt es darüber hinaus diurnale Wanderungen, die als Feindvermeidungsstrategie interpretiert werden (Kap. 4.3). Auch benthische Organismen wie die Plattmuschel *Macoma balthica* können aktiv zwischen verschiedenen Habitaten wechseln. Ihre Populationen werden dadurch stabilisiert (Kap. 4.2).

Durch starke Strömungen können bodenlebende Organismen daneben aber auch passiv aus dem Boden ausgewaschen und verdriftet werden (Kap. 4.2). Planktische Organismen mit geringer Eigenbeweglichkeit unterliegen der Dynamik der Wassermassen. Durch tidenspezifische Vertikalwanderungen in strömungsärmere Wasserschichten können sie sich aber teilweise vom hydrographischen Geschehen entkoppeln. Dadurch gelingt es beispielsweise der Rippenqualle *Pleurobrachia pileus* dauerhaft in der Wattenmeerbucht zu verbleiben (Kap. 4.1). Ein ähnlicher

Mechanismus ermöglicht kleinen Fischen weite Wanderungen zwischen den Prielen und eulitoralen Wattflächen (Kap. 4.3.1).

Diese Entkoppelung von Organismentransporten und hydrographischem Geschehen führt dazu, daß eine hydrographische Modellierung den Austausch von Organismen nicht adäquat abbilden kann. Als Folge ist keine exakte Quantifizierung der Organismentransporte möglich. Als hinreichend abgesichert kann nur gelten, daß Holoplankton aus der Nordsee in das Wattenmeer importiert und Meroplankton exportiert wird. Das driftende Benthos erfährt im wesentlichen eine Umverteilung innerhalb der Bucht. Größere Fische sind als gute Schwimmer, Vögel als Flieger ohnehin weitgehend unabhängig vom hydrographischen Geschehen. Ihre Habitatwahl wird durch andere Faktoren wie Nahrungsverfügbarkeit oder die Temperatur gesteuert und kann sich entsprechend kurzfristig ändern.

4.1 Planktondrift zwischen der Nordsee und dem Sylt-Rømø Wattenmeer

Drift of Plankton between the North Sea and the Sylt-Rømø Wadden Sea

Peter Martens
Biologische Anstalt Helgoland, Wattenmeerstation Sylt, D-25992 List

ABSTRACT

The inflowing zooplankton populations show changes in their species composition during their time of residence in the Sylt-Rømø Bight. Neritic species like *Acartia* spp. show an increase in population density, in contrast to species of the open waters such as *Pseudocalanus elongatus*. Gelatinuous forms can actively influence the process of inflow and outflow by vertical migration. Meroplanktonic larvae are exported by the Wadden Sea.

ZUSAMMENFASSUNG

Die in das Sylt-Rømø Watt eingeschwemmten Zooplankton-Populationen erfahren auf ihrem Weg durch die Sylt-Rømø Bucht Veränderungen. Neritische Arten (z. B. *Acartia* spp.) vermehren sich, Arten der offenen Nordsee (z. B. *Pseudocalanus elongatus*) nehmen in ihrer Bestandsdichte ab. Einzelne Zooplanktongruppen, wie das gelatinöse Zooplankton können aktiv durch vertikale Wanderungen den Einschwemmungsprozeß beeinflussen. Meroplanktische Larven werden durch das Wattenmeer exportiert.

EINLEITUNG

Die Sylt-Rømø Bucht ist von den benachbarten Wattengebieten im Norden durch den Rømø-Damm und im Süden durch den Hindenburg-Damm abgeschlossen. Wasseraustausch findet lediglich durch eine ca. 3 km breite Verbindung zur Nordsee zwischen den Inseln Sylt und Rømø statt. Dies prädestiniert das Nordsylter Wattenmeer für qualitative und quantitative Untersuchungen zur Struktur und Funktion des Systems Wattenmeer-Nordsee und seiner wechselseitigen Beeinflussungen. Im Weiteren wird das Augenmerk auf das Zooplankton gelegt, dem trophischen Verbindungsglied zwischen Primärproduzenten und den höheren Gliedern des Nahrungsnetzes, wie Jungfischen und letztlich auch marinen Säugern.

MATERIAL UND METHODE

Seit 1972 werden im Nordsylter Wattenmeer je nach Wetterlage auf bis zu vier Stationen (Martens & Elbrächter, dieser Band) bis zu zweimal wöchentlich Vorkommen und Artenzusammensetzung des Mesozooplanktons untersucht. Zur Methodik siehe Hickel (1975) und Martens (1980, 1981). Hinzu kamen in unregelmäßigen Abständen Untersuchungen im Vorfeld der Wattenmeergebiete, der Deutschen Bucht (Martens, 1992; Martens & Brockmann, 1993) sowie der gesamten Nordsee (Krause & Martens, 1990) zur Einordnung des Wattenmeers und seiner Zooplanktonpopulation in das geographische Umfeld.

ERGEBNISSE UND DISKUSSION

Da die im Untersuchungsgebiet hauptsächlich vorkommenden Mesozooplanktonorganismen den im Wattgebiet auftretenden starken Stromgeschwindigkeiten keine entsprechende Eigenbeweglichkeit entgegensetzen können, unterliegen auch sie dem Schicksal der unbelebten Wasserinhaltsstoffe. Mit auflaufendem Wasser werden sie in das Nordsylter Wattenmeer eingeschwemmt und werden als Population durch die im Vergleich zum vorgelagerten Wasser der Deutschen Bucht extremen Umweltbedingungen stark verändert, bevor ein Teil wieder ins Küstenwasser ausgeschwemmt wird.

Sind die Plankter einmal durch das Lister Tief ins Nordsylter Watt eingetreten, verlassen sie nicht mit der nächsten Tide bereits vollständig wieder das Gebiet. Die Untersuchungen im Rahmen des Teilprojektes „Planktondrift zwischen Nordsee und Wattenmeer" zeigen, daß das einströmende Wasser (und mit ihm das Plankton) einen Weg durch das Nordsylter Watt entgegen dem Uhrzeigersinn beschreibt, wie auch bereits von Hickel (1989) vermutet. Dabei wird keineswegs eine homogene „Nordseepopulation" in das Wattgebiet importiert. Das Lister Tief ist ein Durchgangsgebiet in dem sich je nach Strömungslage die verschiedenen Zooplanktonpopulationen der Deutschen Bucht wiederfinden, wie sie von Martens & Brockmann (1993) beschrieben wurden. So ist eine durch eine Clusteranalyse eingegrenzte „Wassermasse" (Martens et al., 1995) mit ihrem höheren Gehalt an Tieren der Art *Oikopleura dioica* typisch für den sog. „mixing water body" der östlichen Deutschen Bucht (Martens & Brockmann, 1993). Eine andere Wassermasse mit einem Maximum an Turbellarien (*Alaurina composita*) ist typisch für das westlich anschließende „German Bight water". Bei längeren Nordwindlagen finden sich im auflaufenden Wasser regelmäßig Tiere der Gattung *Calanus*, die ihr Maximum in der nördlichen Nordsee haben (Krause & Martens, 1990).

4.1 Planktondrift zwischen der Nordsee und dem Sylt-Rømø Wattenmeer 467

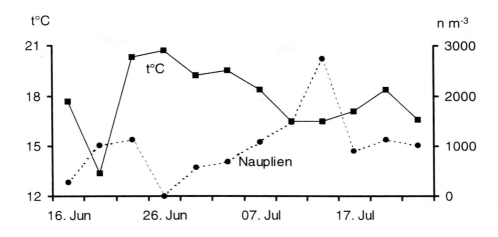

Abb. 1. Wassertemperatur (°C; Oberflächenwerte) und Anzahl der Nauplien der Kopedenart *Centropages hamatus* auf der Station Lister Ley während der Hauptvorkommenszeit im Sommer 1986

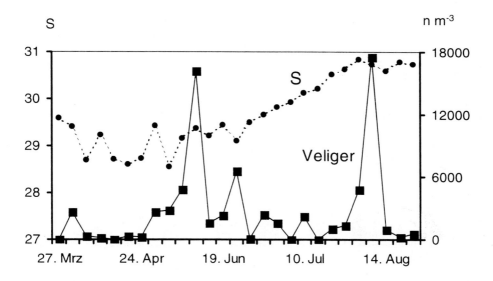

Abb. 2. Salzgehalt (S; Oberflächenwerte) und Anzahl der Veliger-Larven der Bivalvia auf der Station Lister Ley während der Hauptvorkommenszeit im Frühjahr / Sommer 1986

Während das Auftreten der Nauplien der holoplanktischen Kopepodenart *Centropages hamatus* deutlich mit einer Änderung der Wassermassen korreliert ist (Abb. 1) (Spearman´s Rangkorrelationskoeffizient R = -0,28; α < 0,05), ist dies bei den meroplanktischen Veligerlarven der Bivalvia nicht der Fall (Abb. 2) (R = -0,02; α = 0,92), ihr Auftreten ist durch das lokale Vorkommen der benthischen Elterntiere bestimmt.

Auch die Änderungen, die die Populationen der verschiedenen Zooplankter auf ihrem Weg durch das Nordsylter Watt erfahren, sind je nach Art bzw. Gattung verschieden. Die neritische Gattung *Acartia* (siehe Martens & Elbrächter, dieser Band), zeigt ihr Hauptvorkommen während der Sommermonate auf der wattinneren Station Rømø Dyb (Abb. 3). Die Art *Pseudocalanus elongatus,* die eher eine Form der offenen Nordsee darstellt (Krause & Martens, 1990), nimmt hingegen während ihrer Hauptverbreitungszeit im Frühjahr deutlich auf diesen Untersuchungsstationen ab (Abb. 4).

Der Grund hierfür kann aus den vorliegenden Freilanduntersuchungen nur vermutet werden. Eine Möglichkeit mag sein, daß *Acartia* spp. als neritische Gattung in der Lage ist, ihre Nahrung chemisch zu erkennen (chemo sensory grazing) (Poulet & Marsot, 1978; Friedmann & Strickler, 1975). Für *Pseudocalanus elongatus* ist dies nicht bekannt.

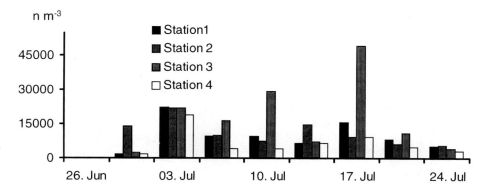

Abb. 3. Anzahl der adulten Kopepoden der Gattung *Acartia* während der Hauptvorkommenszeit im Frühjahr 1986 im Sylt-Rømø Watt (Station 1 = Lister Ley; Station 2 = Højer Dyb; Station 3 = Rømø Dyb; Station 4 = Königshafen)

4.1 Planktondrift zwischen der Nordsee und dem Sylt-Rømø Wattenmeer 469

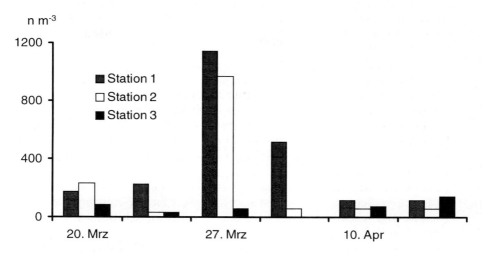

Abb. 4. Anzahl der adulten Kopepoden der Art Pseudocalanus elongatus während der Hauptvorkommenszeit im Frühjahr 1986 im Sylt-Rømø Watt (Station 1 = Lister Ley; Station 2 = Højer Dyb; Station 3 = Rømø Dyb)

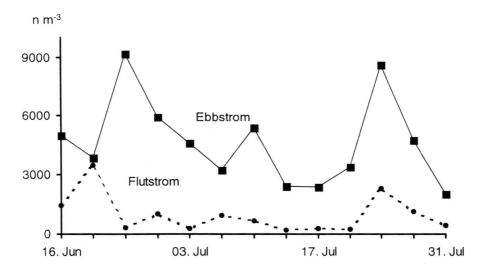

Abb. 5. Anzahl der Larven der spioniden Polychaeten auf der Station Lister Ley während der Hauptvorkommenszeit im Sommer 1986 während der Ebb- und Flutphase

Der Anteil des anorganischen Materials am Seston ist jedoch im Wattgebiet bedeutend höher als in der offenen See, sei es durch äolischen Eintrag oder durch Resuspension von Bodenmaterial aufgrund der geringen Wassertiefe. Bei der Nahrungsaufnahme wird also ein Tier, daß nicht zu „chemosensory grazing" fähig ist, seinen Verdauungstrakt mit unverdaulichem Material belasten. Mikroskopische Analysen der beiden oben genannten Kopepodengattungen im Jahr 1976 (Martens, unpubliziert) zeigten, daß bei *Pseudocalanus elongatus* im Gegensatz zu *Acartia clausi* der Darm überwiegend mit kleinen Sandkörnern gefüllt war.

Nicht alle Zooplanktongruppen sind in ihrem Verhalten der Strömung gegenüber passiv. Kopacz (1994) konnte nachweisen, daß das gelatinöse Makrozooplankton durch vertikale Wanderungen in der Lage ist, Flut- und Ebbstrom zur Ortsveränderung auszunutzen, was zu einer Anreicherung dieser Tiergruppe im inneren Wattenmeer führt.

Haben nun die Plankter mit dem einströmenden Wasser ihren Weg durch das Nordsylter Wattenmeer abgeschlossen, ist die Struktur der Ausgangspopulation verändert. Die Anzahl der meroplanktischen Larven im ablaufenden Wasser ist deutlich höher (Abb. 5).

Diese starken Gradienten führen trotzdem nicht zu einem ständigen Export von meroplanktischen Larven in die Deutsche Bucht. Wie von Dippner (1993a, b) gezeigt, ist der Austausch von Wassermassen und damit auch der Inhaltsstoffe meteorologischen Einflüssen unterworfen. Bei starken westlichen Winden, der vorherrschenden Windrichtung im Untersuchungsgebiet, kommt es im Küstenvorfeld zu Wirbelbildungen, die den Austausch Wattenmeer-Deutsche Bucht zum Erliegen bringen können. Dieser Frage des Strömungseinflusses soll in einem geplanten Projekt weiter nachgegangen werden.

LITERATUR

Dippner, J.W., 1993a. Larvae survival due to eddy activity and related phenomena in the German Bight. - J. Mar. Systems 4, 303-313.

Dippner, J.W., 1993b. Ökologische Bedeutung von Wirbeln im Nordfriesischen Küstenvorfeld. - In: SDN-Kolloquium „Geht es der Nordsee besser?", Ed. by W. Lenz, E. Rachor & B. Waterman, Schriftreihe SDN e.V., Heft 1, 1993.

Friedmann, M M. & J. R. Strickler, 1975. Chemorezeptors and feeding in calanoid copepods (Arthropoda: Crustacea). - Proc. Nat. Acad. Sci. USA, 72, 4185-4188.

Hickel, W., 1975. The mesozooplankton in the Wadden Sea of Sylt (North Sea). - Helgoländer Meeresunters. 27, 254-262

Hickel, W., 1989. Inorganic micronutrients and the eutrophication in the Wadden Sea of Sylt (German Bight, North Sea). In: Proceedings of the 21st European Marine Biology Symposium, Gdansk, 14.-19.9.1986. Ed. by Z. Klekowski et al., Polish Academy of Sciences, Wroclaw, 309-318.

Kopacz, U., 1994. Gelatinöses Zooplankton (Scyphomedusae, Hydromedusae, Ctenophora) und Chaetognatha im Sylter Seegebiet. - Diss. Univ. Göttingen, 1994, 146 pp.

Krause, M. & P. Martens, 1990. Distribution patterns of mesozooplankton biomass in the North Sea. - Helgoländer Meeresunters. 44, 295-327.

Martens, P., 1980. Beiträge zum Mesozooplankton des Nordsylter Wattenmeers. - Helgoländer Meeresunters. 34, 41-53.

Martens, P., 1981. On the Acartia species of the northern wadden sea of Sylt. - Kieler Meeresforsch., Sonderh. 5, 153-163.

Martens, P., 1992. Inorganic phytoplankton nutrients in the Wadden Sea areas off Schleswig-Holstein. II. Dissolved ortho-phosphate and reactive silicate with comments on the zooplankton. - Helgoländer Meeresunters. 46, 103-115.

Martens, P. & U. Brockmann, 1993. Different zooplankton structures in the German Bight. - Helgoländer Meeresunters. 47, 193-212.

Martens, P., Schneider, G. & W. Hickel, 1995. Das Mesozooplankton als Unterscheidungsmerkmal für Wassermassen verschiedener Herkunft im Verbindungsgebiet des Nordsylter Wattenmeers mit dem vorgelagerten Küstenwasser (Lister Tief). - Abschlußbericht BMFT-Projekt „Sylter Wattenmeer Austauschprozesse".

Martens, P. & M. Elbrächter, 1997. Zeitliche und räumliche Variabilität der Mikronährstoffe und des Planktons im Sylt-Rømø Wattenmeer. - In : Gätje, C. & Reise, K. (Hrsg.): Ökosystem Wattenmeer - Austausch-, Transport- und Stoffumwandlungsprozesse, Springer-Verlag, Heidelberg, Berlin, S. 65-79.

Poulet, S.A. & P. Marsot, 1978. Chemosensory grazing by marine calanoid copepods (Arthropoda: Crustacea). - Science 200, 1403-1405.

4.2
Driftendes Benthos im Wattenmeer: Spielball der Gezeitenströmungen?

Drifting Benthos in the Wadden Sea: At the Mercy of the Tidal Currents ?

Werner Armonies
Biologische Anstalt Helgoland, Wattenmeerstation Sylt, D-25992 List

ABSTRACT

Development of many macrobenthic animals includes a planktonic larva which is often regarded as a classical means of dispersal. However, many juvenile and adult benthic specimens have also been found drifting in the water column. They either actively left the sediment or were passively lifted off the sediment by currents or wave action. In any case, the direction of transport depends on the direction of the currents; and the current velocity influences the potential for re-entering the sediment. In the Sylt-Rømø Wadden Sea, specimens re-entering the sediment were collected using traps sunk into the sediment. Correlations between species abundance and the amount of sediment simultaneously resuspended were used to indicate the species-specific susceptibility to passive resuspension. At the same time, the distribution in a 1 km² tidal flat area was repeatedly mapped to study the effects of drifting on the distributional patterns. Both studies combined show that the distributional patterns of the species, which were mainly passively resuspended from the sediment, were indeed largely determined by the incidental hydrographic pattern while drifting. However, this was not the case for species entering the water column actively. They often showed recurrent distributional patterns over two years. In these species, hydrography only determined transportation on a temporal scale of days; this was overshadowed by behaviour over longer time periods.

ZUSAMMENFASSUNG

Viele makrobenthische Tiere entwickeln sich über eine planktische Larve die häufig als klassisches Verbreitungsstadium angesehen wird. Aber auch nach der Larvalentwicklung wurden viele Arten in der Wassersäule treibend beobachtet. Entweder verließen sie das Sediment aktiv, oder sie wurden passiv durch Strömungen oder Wellen vom Sediment abgehoben. In beiden Fällen bestimmt die Strömungsrichtung ihre Transportrichtung und die Strömungsgeschwindigkeit die Möglichkeit zur Rückkehr ins Sediment. Im Sylt-Rømø Wattenmeer wurden driftende Organismen bei ihrer Rückkehr zum Boden in Fallen gesammelt. Korrelationsrechnungen zwischen ihrer Häufigkeit und der Menge gleichzeitig sedimentierter Sandpartikel liefern einen Kennwert für die Erosionsempfindlichkeit der einzelnen Arten. Um die Auswirkungen der Drift auf die Verteilungsmuster zu analysieren, wurde gleichzeitig die Verteilung der Arten in einer 1 km² großen Wattenbucht kartiert. Die Kombination beider Ansätze zeigt, daß die Verteilung der passiv verdrifteten Arten weitgehend durch die hydrographischen Bedingungen zur Zeit des Transportes bestimmt werden. Dies war jedoch nicht der Fall bei aktiv wandernden Arten. Während der zweijährigen Studie zeigten sie häufig wiederkehrende Muster. Bei diesen Arten bestimmt die Hydrographie nur die kurzfristigen Transporte während längerfristig verhaltensbedingte Wanderungen dominieren.

EINLEITUNG

Häufig wird die aquatische Fauna in bodenlebende (Benthos), schwimmende (Nekton) und im Wasser treibende (Plankton) Organismen unterteilt. Während ihrer Lebensspanne wechseln viele Tiere zwischen diesen Lebensräumen. So entwickeln sich Arten mit benthischen Adulti häufig über planktische Larven. Sie können als klassisches Verbreitungsstadium angesehen werden. Häufig wurden jedoch auch spätere Entwicklungsstadien der gleichen Arten im Wasser treibend beobachtet (Butman, 1987). Entweder verließen sie das Sediment aktiv oder sie wurden passiv durch Wellenschlag oder Strömungen aus dem Boden ausgewaschen. Im Sylt-Rømø Wattenmeer waren postlarvale Jungtiere die quantitativ bedeutsamste Komponente der benthischen Driftfauna (Armonies 1994b). Viele von ihnen verließen das Sediment aktiv. Weil solche Jungtiere aber meist in den obersten Millimetern des Sedimentes leben, sind sie gleichzeitig auch empfindlich für passive Resuspension infolge von Sedimentumlagerungen. Hinsichtlich der Individuenzahlen dominierten Mollusken die benthische Driftfauna während Polychäten die höchste Artenzahl stellten (Armonies, 1994b).

Junge Mollusken zeigen artspezifische Wanderrhythmen. Muscheln bevorzugen die Nächte um Springtiden und Schlickschnecken (*Hydrobia ulvae*) sonnige Tage. Bei allen Arten war die Anzahl aktiv driftender Organismen bei ruhigem Wetter am höchsten. Mit zunehmender Windstärke (und dadurch zunehmender Strömungsgeschwindigkeit des Gezeitenwassers) sank die Dichte der wandernden Bodentiere (Armonies, 1992). Quantitativ bedeutsam waren aktive Wanderungen nur bei Windgeschwindigkeiten < 10 m s^{-1}. Ab 20 m s^{-1} stieg die Anzahl driftender Organismen infolge passiver Resuspension vom Boden wieder an (Armonies, 1994b). Durch beide Effekte waren die Jungtierpopulationen der Mollusken während ihres ersten Sommers hochgradig mobil. In Abhängigkeit von der Art, der Position im Gezeitengradienten und der Jahreszeit verbrachte ein Jungtier im

Mittel nur zwischen 14 Tagen und wenigen Minuten an derselben Stelle (Armonies, 1994a; Armonies & Hartke, 1995).

MATERIAL UND METHODEN

Untersuchungsgebiet

Nach früheren Untersuchungen (Armonies, 1992; Armonies & Hellwig-Armonies, 1992) sind wenigstens monatliche Kartierungen notwendig, um Änderungen der Verteilungsmuster durch Driftvorgänge erkennen zu können. Dies beschränkte sowohl die räumliche Ausdehnung des Untersuchungsgebietes als auch die räumliche Auflösung des Probenrasters. Daher wurde das Oddewatt im Königshafen als relativ kleine (etwa 1 km^2) Wattenbucht ausgewählt (Abb. 1). Eine allgemeine Beschreibung des Gebietes und seiner Biota geben Kap. 1 und Reise (1985). Die Insel „Uthörn" im Norden und der Deich im Westen und Süden schützen die Bucht vor starker Strömung. Nur östliche Winde führen zu merklichen Sedimentumlagerungen. Wegen der geschützten Position und der geringen Größe ist die Hydrographie relativ einfach (Abb. 2) und wurde durch das hydrodynamische Modell des Königshafens (Backhaus et al., dieser Band) hinreichend beschrieben.

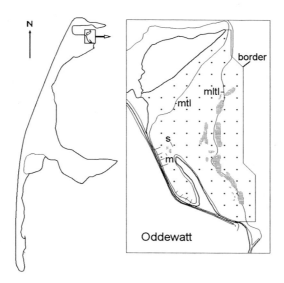

Abb. 1. Lage des Untersuchungsgebietes am Nordrand der Insel Sylt. mtl mittleres Gezeitenniveau, mltl mittlere Niedrigwasserlinie; border kennzeichnet die seewärtige Grenze des Untersuchungsgebietes. s, m Fallenpositionen in sandigem bzw. schlickigem Sediment. Punkte kennzeichnen die Probepositionen (Proberaster 1994) und schraffierte Flächen die Miesmuschelbänke

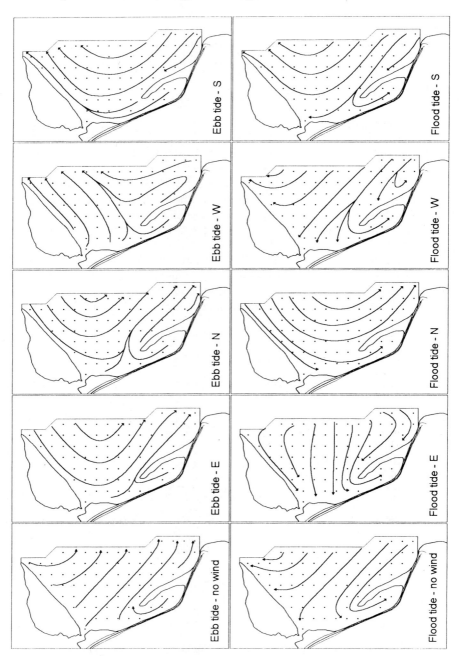

Abb. 2. Richtung der Gezeitenströmungen im Oddewatt bei verschiedenen Windrichtungen (E, N, W, S; 9 m s^{-1}) jeweils 1-2 Stunden vor (flood tide) bzw. nach Hochwasser (ebb tide). Nach Berechnungen des hydrodynamischen Modells (Backhaus et al., dieser Band)

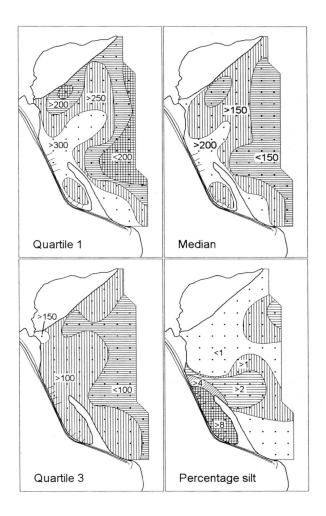

Abb. 3. Oberflächensediment im Oddewatt. Median und Quartile 1 und 3 in μm bei einer Klassenbreite von 50 μm. Schluffgehalt (silt) als Prozentwert vom Trockengewicht, geometrische Klasseneinteilung

Ein Nehrungshaken von etwa 0,5 km Länge unterteilt den südlichen Teil des Oddewatts in ein vergleichsweise exponiertes Sandwatt im Osten und eine schlickige Bucht im Westen. Allgemein wird das oberflächliche Sediment in landwärtiger Richtung gröber (Abb. 3). Das deckt sich nicht mit den Strömungsgeschwindigkeiten und dürfte teils auf eingewehten Dünensand und teils auf historische Baumaßnahmen zurückgehen. Den heutigen hydrographischen Bedingungen entsprechend ist der Schluffgehalt des Sedimentes in den geschützten Bereichen am höchsten. Die Sedimentoberfläche wird durch die Freßtrichter und Auswurfhaufen von *Arenicola marina* strukturiert. Muschelbänke (*Mytilus edulis*) erstrecken sich entlang der Niedrigwasserlinie und bieten etwas Schutz vor östlichen Strömungen (Abb. 1).

Kartierung
Zur Kartierung wurde das Oddewatt in Quadrate von 100 m Seitenlänge unterteilt. 1993 wurden 20 Bodenproben aus dem Zentrum jedes zweiten Quadrates entnommen (n = 46 Probeflächen), 1994 waren es 10 Proben aus jedem der 80 Quadrate. Da einige Probeflächen seewärts der mittleren Niedrigwasserlinie liegen erfolgte die Probenahme jeweils während Springtiden. 1993 gab es 6 Probenahmetermine (9. und 23. Mai, 5. und 21. Juni, 20. Juli und 17. August), 1994 waren es 5 Termine (25. April, 26. Mai, 25. Juni, 24. Juli und 23. August). Die Bodenproben wurden mit zylindrischen Stechrohren von 5 cm² Öffnungsfläche bis zu einer Tiefe von 3 cm entnommen. Wegen der großen Probenzahl wurden die Einzelproben jedes Quadrates gepoolt. Daher gibt es keine Angabe der Variabilität innerhalb der Quadrate. Die zu erwartende Präzision der Häufigkeitsangaben wurde durch eine Pilotstudie abgeschätzt, in der 100 Einzelproben aus einem einzelnen Quadrat untersucht wurden. Die mittlere Abweichung der aus 10 bzw. 20 zufällig ausgewählten Einzelproben errechneten Abundanz vom Gesamtmittel lag bei 16 bzw. 11 %.

Im Labor wurden die Bodenproben in 5 % Formol-Seewasser fixiert. Durch Schütteln und Dekantieren (Armonies & Hellwig, 1986) wurden die Jungtiere aus dem Sediment extrahiert und durch Siebe der Maschenweiten 1000, 500, 250 und 125 µm in 4 Größenklassen unterteilt. Die Artbestimmung und das Auszählen der Individuen erfolgte unter dem Binokular.

Für jede Art und jeden Termin wurde eine Häufigkeitskarte erstellt. In diesen Karten erscheinen lokale Besonderheiten wie ein Kläranlagenausfluß oder durch nahrungssuchende Vögel gestörte Flächen als irreguläre Abweichungen von den umgebenden Quadraten. Eine Glättung der Häufigkeitsdaten über die Fläche eliminiert lokale Besonderheiten und liefert damit ein verallgemeinertes Verteilungsbild. Zur Glättung wurde jeder Zählwert durch ein gewichtetes Mittel der umgebenden Quadrate ersetzt. 1994 war die Gewichtung des Zählwertes = 2, der angrenzenden Quadrate = 1 und der diagonal angrenzenden Quadrate = 0,5. Im 1993er Probenraster hatten die Quadrate nur diagonale Nachbarzellen. In diesem Fall war die Gewichtung des Zählwertes 2 und der Nachbarzellen 1.

Für die kartographische Darstellung der Verteilungsmuster wurden die Abundanzen in drei Klassen eingeteilt. Flächen mit einer Abundanzabweichung < 50 % vom Gesamtmittel der Bucht werden in mittlerer Schattierung dargestellt. Dunklere Flächen weisen eine Abundanz > 1,5 × Gesamtmittel und hellere Flächen < 0,5 × Gesamtmittel auf. Das zugrundeliegende Gesamtmittel wurde für jede Art und jeden Probetermin einzeln errechnet. Die Grenzlinien zwischen den Häufigkeitsklassen wurden nach linearer Interpolation zwischen benachbarten Datenpunkten gezogen. Bei der ersten Probenahme jedes Jahres wurde das Sediment jeder Probestelle auf seine granulometrische Zusammensetzung untersucht (nach Buchanan, 1984). Mit diese Daten wurden Korrelationen zwischen der Sedimentzusammensetzung und der Häufigkeit von Jungtieren gesucht.

Abschätzung der Empfindlichkeit gegenüber passiver Resuspension

Jedes im Sediment lebende Tier kann passiv resuspendiert werden, sobald die Strömung stark genug wird, um die individuellen Abwehrmechanismen zu überwinden. Die Resuspensionsanfälligkeit variiert mit der Siedlungstiefe im Sediment, mit Körpereigenschaften wie Größe und Gewicht und mit der Sedimentstabilität. Wenn die Tiere dann im Gezeitenwasser umherdriften entscheiden die individuellen Verhaltensmuster, Körpereigenschaften und die Hydrographie über ihre Möglichkeiten der Rückkehr zum Boden.

Um zum Boden zurückkehrende Tiere zu registrieren wurden Bodenfallen eingesetzt (Beschreibung in Armonies und Hartke, 1995). Am 16 Mai 1994 wurden im oberen Gezeitenbereich des Oddewatts jeweils eine Falle in sandigem und eine in schlickigem Sediment vergraben (Abb. 1). Bis zum 15. Juli 1994 wurden beide Fallen während jeden Niedrigwassers geleert, die gefangenen Tiere im Labor bestimmt und gezählt. Zusätzlich wurde die jeweils sedimentierte Sandmenge bestimmt.

Diese Sandmenge dient als Indikator für die Intensität der Sedimentumlagerungen. Die Häufigkeit erosionsempfindlicher Arten sollte daher positiv mit der Sedimentmenge korrelieren. Andererseits gestattet die relativ einfache Hydrographie im Oddewatt eine Modellierung der Sedimentumlagerungen aus meteorologischen Daten. Benutzt wurde das Modell

$$y = c + \exp(b0 + b1* v + b2* d)$$

mit y = Sedimentmenge (g Trockengewicht), v = Windgeschwindigkeit (m s^{-1}), d = Windrichtung (sin-transformiert) und den durch iterative Modellierung bestimmten Parametern c, b0, b1 und b2. Stündliche Winddaten wurden von der Wetterwarte List des Deutschen Wetterdienstes zur Verfügung gestellt. Bei Arten, die hauptsächlich durch passive Erosion vom Boden in die Wassersäule gelangen, sollte das gleiche Modell zu einer hohen Anpassungsgüte zwischen Wind- und Fallendaten führen. Da aktive Wanderungen andererseits weitgehend auf ruhige Wetterlagen beschränkt waren, sollte ein Vorherrschen dieses Driftmodus zu negativen Korrelationen zwischen der Windstärke und der Anzahl in Bodenfallen sedimentierter Tiere führen. Dann wird das Modell eine geringe Anpassungsgüte aufweisen. Damit kann die Anpassungsgüte an das Modell zur Abschätzung der relativen Bedeutung von passiver Resuspension gegenüber aktiven Wanderungen herangezogen werden.

ERGEBNISSE

Artspezifische Empfindlichkeit gegenüber passiver Resuspension

Meteorologische Daten erklären den größten Anteil der Variation der in den Bodenfallen akkumulierten Sedimentmenge (Tab. 1). Die schlechtere Anpassung an der schlickigen Position ist vermutlich auf deren geschütztere Lage zurückzuführen, die lokale Erosion reduziert und die Sedimentation von Feinpartikeln begünstigt. Entsprechend war auch der Sedimentumsatz an der sandigen Position höher (Abb. 4) während mehr Feinpartikel an der schlickigen Position sedimentierten (Tab. 1).

Entsprechende Unterschiede zwischen den beiden Positionen zeigten sich auch in der relativen Bedeutung der passiven Resuspension von Benthos (Tab. 2) und in der Gesamtzahl driftender Benthos-Organismen in den Fallen (Tab. 3). Bei einigen Arten erklärte das Regressionsmodell an der sandigen Position einen höheren Anteil der zeitlichen Variabilität als an der schlickigen Position. Dies kann entweder auf Unterschiede der Umlagerungstiefe zurückzuführen sein oder auf verstärkte Sedimentation von entfernt resuspendierten Tieren im schlickigen Gebiet (siehe Abb. 4).

Passive Resuspension war besonders bei oberflächennah lebenden Polychaeten bedeutend. Dies gilt jedoch nur für den Untersuchungszeitraum. Juvenile *Arenicola marina* führen während anderer Jahreszeiten auch aktive Wanderungen durch (siehe unten) und bei *Scoloplos armiger* sank die Häufigkeit der driftenden Tiere stark ab, als sie eine mittlere Länge von 1 cm erreichten. Andererseits war passive Resuspension bei Arten wie *Hydrobia ulvae* und *Phyllodoce mucosa* quantitativ unbedeutend (Tab. 2). Die als aktive Wanderer bekannten juvenilen Mollusken sind irregulär über die Rangfolge der Empfindlichkeit gegenüber passiver Resuspension verteilt. Offenbar gibt es keine Korrelation zwischen der Intensität aktiver Wanderungen und der Empfindlichkeit gegenüber passiver Resuspension.

Tabelle 1. Sedimentation im Oddewatt (16. Mai bis 15. Juli 1994) und Anpassungsgüte zwischen Sedimentation und meteorologischen Daten durch das exponentielle Regressionsmodell. R = Regressionskoeffizient, R^2 = durch das Modell erklärte Varianz

Fallen-position	Korngröße	Sedimentmenge [Kg m^{-2}·tide^{-1}]		Anpassungsgüte	
		Mittel	Maximum	R	R^2
schlickig	> 0.063 mm	0.58	21.1	0,9030	81,5 %
schlickig	> 0.25 mm	0.25	9.8	0,9219	85,0 %
schlickig	< 0.25 mm	0.34	11.3	0,8779	77,1 %
sandig	> 0.063 mm	1.34	59.3	0,9760	95,2 %
sandig	> 0.25 mm	1.10	47.0	0,9766	95,4 %
sandig	< 0.25 mm	0.24	12.2	0,9691	93,9 %

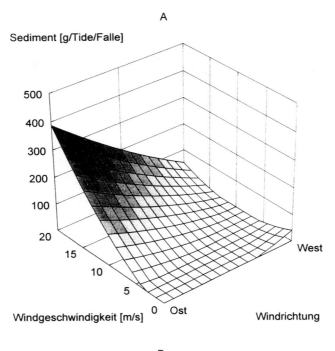
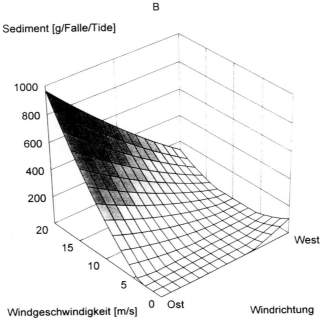

Abb. 4. Sedimentation im Oddewatt in Abhängigkeit von der Windrichtung (sin-transformiert) und der Windgeschwindigkeit. A schlickige, B sandige Fallenposition

Tabelle 2. Regressionskoeffizient zwischen der Dichte des driftenden Benthos und Winddaten (Windrichtung und -geschwindigkeit; exponentielles Modell). Durch * gekennzeichnete Arten schließen auch Adulttiere ein

Art	sandig	schlickig	Mittel
Scoloplos armiger	0,94	0,98	0,96
Arenicola marina	0,98	0,90	0,94
Macoma balthica 0-group	0,89	0,69	0,79
Tubificoides benedii *	0,67	0,86	0,76
Pygospio elegans *	0,49	0,58	0,53
Microphthalmus spp. *	0,47	0,57	0,52
Nereis diversicolor	0,48	0,28	0,38
Mya arenaria	0,66	0,09	0,37
Macoma balthica 1-group	0,71	0,02	0,36
Mytilus edulis	0,24	0,40	0,33
Carcinus maenas	0,36	0,27	0,31
Eteone longa*	-	0,17	0,17
Cerastoderma edule	0,19	0,11	0,15
Tharyx kilariensis *	-	0,15	0,15
Jaera albifrons *	0,04	0,24	0,14
Gammarus spp. *	0,12	0,13	0,12
Ensis americanus	0,07	0,07	0,07
Hydrobia ulvae 1+ -group	0,09	0,04	0,06
Hydrobia ulvae 0-group	0,01	0,06	0,03
Phyllodoce mucosa *	0,02	0,04	0,03

Die Häufigkeit driftender *Scoloplos armiger* korrelierte besonders eng mit den Winddaten. Das zeigt ein Vorherrschen passiver Resuspension an, die hauptsächlich während östlicher Stürme erfolgte (Abb. 5). Im schlickigen Gebiet wurden mehr *S. armiger* gefangen als an der sandigen Position, obwohl die Dichten im umgebenden Sediment sich genau umgekehrt verhalten (Tab. 3). Ähnlich war es bei *Microphthalmus* spp. Offenbar stimmen die lokalen Sedimentationsbedingungen hier gut mit der Anzahl gefangener Tiere überein.

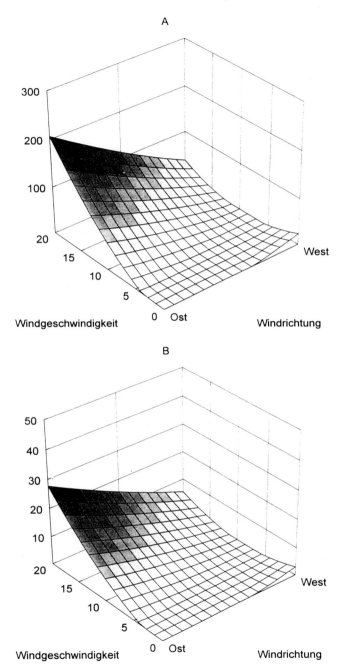

Abb. 5. *Scoloplos armiger*, Fallenfänge im Oddewatt in Abhängigkeit von der Windrichtung (sin-transformiert) und der Windgeschwindigkeit.
A schlickige, B sandige Probeposition

Tabelle 3. Quantitative Bedeutung der Drift für häufige Benthosarten im Oddewatt. Bei den meisten Arten übertraf die Dichte von Jungtieren in den Bodenfallen (Falle, n/m²/2 Monate) die Dichte im umgebenden Sediment. (Sediment, n m^{-2}; Maximalwert zwischen Mai und Juli). Umsatz ist das Verhältnis Falle:Sediment

Art	Schlickige Position			Sandige Position		
	Falle	Sediment	Umsatz	Falle	Sediment	Umsatz
Macoma balthica	165.900	21.600	7,7	77.300	7.000	11,0
Cerastoderma edule	4.250	4.400	1,0	5.200	1.800	2,9
Mya arenaria	700	3.000	0,2	1.500	400	3,7
Ensis americanus	55.000	4.000	13,7	29.100	2.000	14,5
Mytilus edulis	55.700	1.000	55,7	35.000	600	58,3
Hydrobia ulvae	537.000	11.600	46,3	1.147.000	77.200	14,8
Scoloplos armiger	16.950	6.800	2,5	3.000	3.200	0,9
Nereis diversicolor	1.200	2.000	0,6	1.800	400	4,5

4.2 Driftendes Benthos im Wattenmeer: Spielball der Gezeitenströmungen?

Bei vielen Arten wurden die meisten Individuen während weniger Tiden der zweimonatigen Untersuchung registriert (Tab. 4). Das war jedoch sowohl bei passiv resuspendierten Tieren der Fall als auch bei aktiv wandernden Arten. Damit liefert der prozentuale Anteil des Maximums zur insgesamt festgestellten Driftaktivität keinen Hinweis auf den Driftmodus.

Tabelle 4. Abundanz (n m^{-2}) des driftenden Benthos im Oddewatt nach Fallenfängen. Gesamt: Summe über 2 Monate, Mittel und Maximum jeweils Abundanz je Tide

Art	Schlickige Position			Sandige Position		
	Gesamt	Mittel	Maximum	Gesamt	Mittel	Maximum
Ensis americanus	55.000	488	46.000	29.100	258	24.500
Arenicola marina	3.800	33	2.500	1.700	15	1.300
Scoloplos armiger	16.950	150	12.000	3.000	26	1.500
Macoma balthica 1+ Gr	1.300	11	800	850	8	400
Eteone longa	350	3	150	0	0	0
Macoma balthica 0-Gr	164.600	1.456	48.000	76.000	677	39.000
Pygospio elegans	2.200	20	800	6.800	60	2.200
Mya arenaria	700	6	200	1.500	13	550
Phyllodoce mucosa 0-Gr	600	5	300	400	3	50
Microphthalmus spp.	3.300	30	900	1.500	13	500
Tharyx kilariensis	350	3	100	0	0	0
Nereis diversicolor	1.200	10	400	1.800	15	350
Carcinus maenas 0-Gr	3.700	33	1.100	5.300	46	1.200
Tubificoides benedii	44.500	394	13.500	19.100	170	4.100
Hydrobia ulvae 0-Gr.	532.700	4.714	70.000	1.141.500	10.100	400.000
Mytilus edulis	55.700	493	11.500	35.000	310	8.300
Cerastoderma edule	4.250	37	400	5.200	46	1.600
Jaera albifrons	1.000	8	200	500	5	50
Hydrobia ulvae 1+ Gr	4.250	41	800	5.300	47	500
Gammarus spp.	54.600	483	2.500	43.800	386	3.100

486   Kapitel 4: Drift und Wanderungen der Wattorganismen

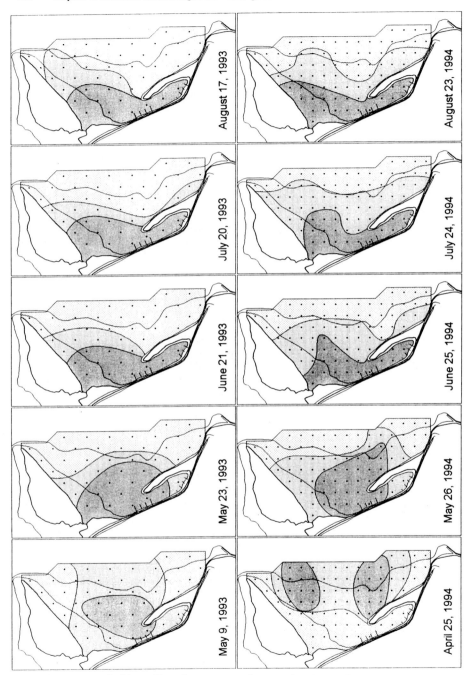

Abb. 6. *Macoma balthica.* Verteilungsmuster der Jungtiere im Oddewatt 1993 und 1994. Punkte kennzeichnen die Probepositionen, die Schraffur die Dichteklasse: hell, Dichte < 50 % des Flächenmittels; dunkel, Dichte > 150 % des Flächenmittels

Kartierung der Verteilungsmuster

Bei *Macoma balthica* erfolgte der Larvenfall im unteren Gezeitenbereich. Im Mai wanderten die Jungtiere dann rasch ins obere Eulitoral, wo sie bis August verblieben. Nach der Größenverteilung der Individuen erfolgte die Besiedlung des oberen Eulitorals durch driftende Jungtiere (Armonies & Hellwig-Armonies, 1992). Obwohl juvenile *M. balthica* empfindlich für passive Resuspension sind (Tab. 2) war die Verteilung in beiden Untersuchungsjahren sehr ähnlich (Abb. 6). Vermutlich stabilisierte der hohe Umsatz an Byssus-driftenden Jungtieren (Tab. 3) die Verteilungsmuster gegen die sporadische Resuspension durch starke Strömungen. 1994 konzentrierte sich der Larvenfall anfänglich auf die Bereiche des unteren Eulitorals mit dem feinsten Sediment (Median < 150 µm), was relativ geringe Strömungsgeschwindigkeit der bodennahen Wasserschicht anzeigt. Gleichzeitig ist der Nachschub an kompetenten Larven im unteren Eulitoral besser als in hochgelegenen Watten. Geringe Strömung unterstützt die passive Sedimentation von Larven und stetiger Nachschub an kompetenten Larven erhöht die Ansiedlungsdichte. Damit stimmt die Verteilung der kleinsten Jungtiere mit dem Muster überein, das für die passive Sedimentation zu erwarten war.

Der Larvenfall bei Herzmuscheln *Cerastoderma edule* erfolgte 1993 im zentralen Teil des Oddewatts und 1994 im sandigen Bereich des unteren Eulitorals. Während des Sommers verschoben sich die Regionen hoher Jungtierdichte unregelmäßig. Tendenziell näherte sich die Verteilung dabei einer räumlichen Gleichverteilung an. Bis August waren in beiden Jahren nur noch wenige Flecken mit höherer Tierdichte verblieben. Juvenile *Mytilus edulis* traten in beiden Jahren nur um die Muschelbänke herum in höherer Dichte auf. Obwohl driftende Jungtiere häufig waren (Tab. 3, 4), änderte sich die Verteilung im Sediment kaum.

Die Verteilung juveniler *Mya arenaria* zeigt starke Unterschiede zwischen den Jahren (Abb. 7). 1994 blieben die Tiere im Gebiet des ursprünglichen Larvenfalls während sie 1993 in landwärtiger Richtung umverteilt wurden. Anscheinend ist Byssus-Drift bei *Mya arenaria* quantitativ unbedeutsam. Die geringen saisonalen Änderungen der Verteilung lassen sich durch passive Resuspension (Tab. 2, 3) oder lokale Mortalitätsunterschiede erklären.

Der Larvenfall bei *Ensis americanus* erfolgte in beiden Jahren zwischen der mittleren und der Springtiden-Niedrigwasserlinie. Obwohl driftende Jungtiere häufig über den Wattflächen waren (Tab. 2, 3), besiedelten sie die Wattflächen nirgendwo in höherer Dichte. Statt dessen emigrierten die meisten Tiere, vermutlich ins Sublitoral (Armonies, unpubl.).

Adulte Schlickschnecken *Hydrobia ulvae* besiedeln das schlickige Sediment westlich des Nehrungshakens im südlichen Teil des Oddewatts, in geringerer Dichte auch die nordwestliche Ecke der Bucht. Während das Driften der Adulten quantitativ unbedeutend war, erwiesen sich die Jungtiere als hochgradig mobile Wanderer. Ausgehend von den Adultpopulationen verbreiteten sie sich über die gesamte Bucht. Ihre Ausbreitungsroute folgte dabei der aktuellen Strömungsrichtung. Im August kehrten sie dann in die Adultpopulationen zurück.

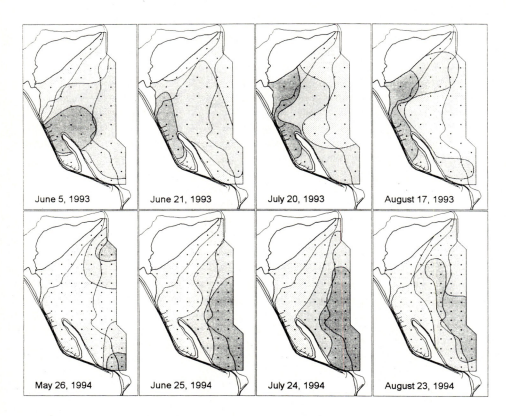

Abb. 7. *Mya arenaria* Verteilungsmuster der Jungtiere im Oddewatt 1993 und 1994

Im Jahr 1994 wurden auch die Jungtiere von *Scoloplos armiger* und *Nereis diversicolor* ausgezählt. Während junge *S. armiger* anfänglich in gleichmäßiger Dichte über die gesamte Bucht vorkamen (mit Ausnahme der Schlicksedimente) wurde ihr Verteilungsmuster während des Sommers heterogener. Ihre hohe Empfindlichkeit gegenüber passiver Resuspension zeigt, daß das vermutlich eine Folge von Sedimentumlagerungen bei Ostwind war. Dennoch blieben die schlickigen Gebiete der Wattenbucht ohne nennenswerte Besiedlung durch *S. armiger*. Entweder wurden driftende Organismen nur über sehr kurze Distanzen verfrachtet, oder sie haben die Fähigkeit, Schlickgebiete aktiv zu verlassen. Juvenile *Nereis diversicolor* zeigten nur geringe saisonale Variationen des Verteilungsmusters. Kurzfristige lokale Abundanzzunahmen traten nicht auf (bzw. waren innerhalb der geschätzten Vertrauensbereiche für den Mittelwert). Daher können die saisonalen Abundanzänderungen durch lokale Mortalitätsunterschiede erklärt werden und die quantitative Bedeutung der Drift bei *N. diversicolor* bleibt unklar.

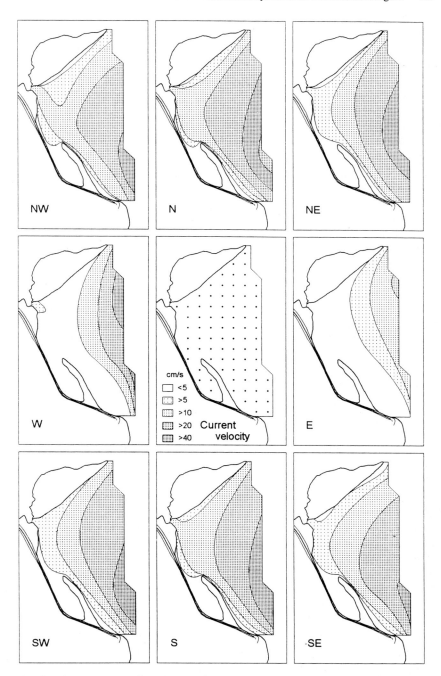

Abb. 8. Gezeitenströmung über dem Oddewatt bei Hochwasser. Windgeschwindigkeit 9 m s^{-1} aus unterschiedlichen Richtungen (periphere Abbildungen) und ohne Windeinfluß (Zentrum). Nach Berechnungen des hydrodynamischen Modells

Korrelationen mit Sedimenteigenschaften

1994 erfolgte der Larvenfall der Muscheln vornehmlich im unteren Eulitoral. Entsprechend korrelierte die Abundanz der kleinsten Jungtiere negativ mit dem Gezeitenniveau (Tab. 5). Bei *Macoma balthica* veränderte die Drift von Jungtieren das Verteilungsmuster im Mai und von Juni an gab es positive Korrelationen zwischen der Abundanz und der Höhe im Gezeitengradienten. Alle anderen Muschelarten blieben im unteren Eulitoral häufiger als im oberen (Tab. 5). Für junge Schlickschnecken *Hydrobia ulvae* gilt das umgekehrte. Ausgehend von den Adultpopulationen im oberen Eulitoral verbreiteten sich die Jungtiere im Juni seewärts (negative Korrelationen mit der Höhe) bis sie im August ins obere Eulitoral zurückkehrten. Bei den meisten Arten geht eine positive Korrelation mit der Höhe im Gezeitengradienten mit einer negativen Korrelation zwischen Abundanz und dem Anteil sehr grober Sedimentpartikel einher. Das kommt daher, daß im Untersuchungsgebiet sehr grobe Partikel überwiegend Fragmente von Molluskenschalen sind, die im Bereich der Muschelbänke im unteren Eulitoral häufiger sind als im oberen Eulitoral.

Die Vorzeichen der Spearman Rangkorrelationskoeffizienten zeigten immer die Tendenz, daß kürzlich zum Bodenleben übergegangene Jungtiere negativ mit grobem Sediment und positiv mit den Feinpartikelfraktionen korrelieren. Die Regressionskoeffizienten variieren jedoch über die Arten. Die stärksten Korrelationen traten bei *M. balthica* und *Mya arenaria* auf, während es bei *Cerastoderma edule* nur eine schwache Tendenz gab (Tab. 5). Dabei ist jedoch zu berücksichtigen, daß bei monatlicher Probenahme die „kürzlich zum Bodenleben übergegangenen Jungtiere" bei einer Art erst seit wenigen Stunden im Boden leben können und bei anderen Arten seit nahezu einem Monat. Da die Jungtiere vermutlich vom Beginn ihres Bodenlebens an in der Wassersäule umherdriften können, ist nicht auszuschließen, daß die nur schwachen Korrelationen bei *C. edule* auf eine zeitliche Diskrepanz zwischen Larvenfall und Probetermin zurückgehen.

Während des Sommers änderten sich die Korrelationen zwischen der Abundanz der Jungtiere und der Sedimentzusammensetzung am stärksten bei *M. balthica*, was auf die nahezu vollständige Umverteilung der Individuen in der Wattenmeerbucht zurückgeht. Die geringsten Änderungen traten bei *M. edulis* und *M. arenaria* auf, deren Verteilungsmuster auch am stabilsten waren. Bei *C. edule* gab es nur eine temporäre Präferenz für Feinsand im Juni. Schlickschnecken zeigten im Mai keine Sedimentpräferenz, bevorzugten im Juni Feinsand und im Juli gröberen Sand. Freilanduntersuchungen der Sedimentpräferenzen bei Mollusken können damit sowohl jahreszeitlich als auch interannuell zu unterschiedlichen Ergebnissen führen.

Juvenile *Scoloplos armiger* und *Nereis diversicolor* waren im Mai gleichmäßig über die gesamte Bucht verteilt und ihre Abundanz korrelierte nicht signifikant mit Sedimenteigenschaften (Tab. 5). Später wurde *S. armiger* in gröberem Sand häufiger als in feinem Sand, während dies bei *N. diversicolor* nur eine vorübergehende Tendenz war.

4.2 Driftendes Benthos im Wattenmeer: Spielball der Gezeitenströmungen?

Tabelle 5. Spearman Rangkorrelationen zwischen der Dichte von 0-Gruppen Individuen und Eigenschaften der Probeflächen (Daten aus 1994)

Art	Monat	Höhe	> 1000	Gewichtsanteil der Sedimentfraktionen [µm]				
				500-1000	250-500	125-250	63-125	< 63
M. balthica	April	−0.55***	+0.41***	−0.53***	−0.58***	+0.54***	+0.69***	+0.53***
M. balthica	Mai	+0.13	−0.24*	+0.04	+0.09	−0.12	+0.21	+0.37**
M. balthica	Juni	+0.54***	−0.26*	+0.47***	+0.32**	−0.49***	−0.28*	+0.00
M. balthica	Juli	+0.56***	−0.17	+0.53***	+0.48***	−0.59***	−0.41***	−0.13
M. edulis	Mai	−0.57***	+0.33*	−0.22	−0.35**	+0.27*	+0.44***	+0.35**
M. edulis	Juni	−0.71***	+0.57***	−0.37***	−0.44***	+0.40***	+0.50***	+0.39***
M. edulis	Juli	−0.68***	+0.45***	−0.36***	−0.51***	+0.43***	+0.47***	−0.31**
C. edule	Mai	−0.24*	+0.14	−0.29*	−0.16	+0.24	+0.29*	+0.07
C. edule	Juni	−0.72***	+0.36**	−0.38***	−0.33**	+0.43***	+0.31**	+0.18
C. edule	Juli	−0.38***	+0.32**	+0.04	+0.11	+0.02	−0.06	−0.13
E. americanus	Mai	−0.40***	+0.31*	−0.34**	−0.08	+0.22	+0.28*	+0.17
E. americanus	Juni	−0.71***	+0.44***	−0.37***	−0.40***	+0.42***	+0.52***	+0.45***
E. americanus	Juli	−0.62***	+0.32**	−0.39***	−0.26*	+0.35**	+0.44***	+0.33**
M. arenaria	Juni	−0.76***	+0.39***	−0.36**	−0.46***	+0.46***	+0.48***	+0.40***
M. arenaria	Juli	−0.77***	+0.32**	−0.36**	−0.39***	+0.44***	+0.45***	+0.30**
H. ulvae	Mai	+0.43***	−0.34**	+0.14	+0.00	−0.18	−0.06	+0.04
H. ulvae	Juni	−0.35**	+0.14	−0.42***	−0.37***	+0.48***	+0.18	+0.00
H. ulvae	Juli	+0.57***	−0.35**	+0.37***	+0.28*	−0.29**	−0.51***	−0.45***
N. diversicolor	Mai	+0.13	−0.20	+0.07	+0.00	−0.06	+0.03	+0.09
N. diversicolor	Juni	+0.49***	−0.38***	+0.25*	+0.24*	−0.25*	−0.24*	−0.18
N. diversicolor	Juli	+0.20	−0.23*	+0.12	+0.00	−0.12	+0.00	+0.16
S. armiger	Mai	−0.17	+0.01	−0.04	+0.00	+0.17	+0.00	−0.16
S. armiger	Juni	+0.26*	−0.02	+0.19	+0.21	−0.13	−0.33**	−0.42***
S. armiger	Juli	+0.39***	−0.19	+0.26*	+0.37***	−0.22*	−0.48***	−0.59***

Alle diese Korrelationen zwischen der Jungtierdichte und Sedimenteigenschaften gelten nur bei Betrachtung der gesamten Bucht. Nur ausnahmsweise bleiben die Korrelationen bei Betrachtung einzelner Höhenzonen erhalten. Eine dieser Ausnahmen ist das Meiden von Schlick bei *S. armiger*, eine andere die Vorliebe juveniler *Ensis americanus* für schlickiges Sediment. Da die jungen *E. americanus* das Eulitoral aber schnell verlassen, kann diese „Vorliebe" auf vermehrtes Absinken driftender Individuen in Schlick zurückzuführen sein.

DISKUSSION

Larvenfall und postlarvale Umverteilung

Bei den meisten Arten erfolgte der Larvenfall in beiden Jahren im unteren Eulitoral. Kleinräumig (auf einer Skala von Hunderten von Metern) gab es dabei keine signifikanten Präferenzen hinsichtlich der Korngröße des Sedimentes. Andere Studien über den Larvenfall von Mollusken im Wattenmeer zeigten maximale Abundanzen in vergleichbarem Gezeitenniveau (z. B. Beukema, 1973; Günther, 1991, 1992a). Der Larvenfall dürfte vornehmlich während der Perioden mit der schwächsten Wasserströmung um Hoch- und Niedrigwasser erfolgen (Gross et al., 1992). Während dieser Perioden ist die Versorgung mit ansiedlungsbereiten Larven im unteren Eulitoral wegen des höheren Wasserstandes immer besser als im oberen Eulitoral. Falls die Larven also zunächst passiv zu Boden sinken, sind genau die tatsächlich beobachteten Verteilungsmuster zu erwarten.

In Abhängigkeit von der Windrichtung kommt es zu regionalen Variationen der Strömungsgeschwindigkeiten an einer Höhenlinie (Abb. 8). Damit variieren auch die Intensität des Larvennachschubs und die Möglichkeit, auf den Boden zu gelangen. Da der Wind sich kurzfristig ändern kann lassen sich so die Verteilungsunterschiede der jüngsten bodenlebenden Stadien unterschiedlicher Arten bzw. verschiedener Jahre erklären. Aktive Sedimentwahl durch die Larven sollte andererseits von Jahr zu Jahr zu gleichen Mustern führen. Diese Untersuchung liefert damit keine Belege für aktive Sedimentwahl bei den sich ansiedelnden Moluskenlarven. Alle Ergebnisse deuten vielmehr darauf hin, daß die Larven wie passive Partikel zu Boden sinken, zumindest auf großer räumlicher Skala. Kleinräumig mag aktive Sedimentwahl dennoch von Bedeutung sein (Butman, 1987), obwohl auch Unterschiede der Hydrographie noch auf der Skala von wenigen Zentimetern wirken können (Snelgrove et al., 1993; Snelgrove, 1994).

Sobald die Jungtiere im Sediment leben, ändert sich die lokale Abundanz infolge aktiver Wanderungen, passiver Verdriftung und Mortalität. Die Mortalität, z. B. durch Räuber wie Strandkrabben, Garnelen, Jungfische oder Vögel wird in ihrer Intensität über die Wattenmeerbucht variieren. Das wird erwartet, weil die Räuber einerseits nicht gleichmäßig über die Bucht verteilt sind und weil ihr Erfolg beim Suchen und Überwältigen der Beute vielfach vom Sediment und der Beutegröße abhängen. Deshalb ist der Anteil der Räuber am saisonalen Rückgang der Abundanzen junger Mollusken unbekannt. Wegen des hohen räumlichen Austausches von Individuen durch aktive Wanderungen und passive Verdriftung (Armonies, 1994a; Armonies & Hartke, 1995) ist die lokale Mortalität auch kaum zu ermitteln, weil sie kurzfristig durch Zuwanderung ausgeglichen werden kann. Andererseits können auch die Kartierungen der Verteilung einzelner Arten nur den Gesamteffekt aus Immigration, Emigration und Mortalität erfassen. Hohe lokale Mortalität kann dabei hohe Immigrationsraten maskieren. Eine Abschätzung des Austausches von driftenden Mollusken zwischen dem Oddewatt und dem angrenzen Wattenmeer zeigte schließlich bei allen Arten einen Nettoexport aus der Bucht heraus (Armonies, unveröff.). Das zeigt, daß Mortalität keineswegs der einzige Grund für die saisonale Dichteabnahme junger Mollusken im Oddewatt ist.

Die vorliegenden Daten stützen die Hypothese, daß der Larvenfall bei Mollusken weitgehend durch die lokale Hydrographie gesteuert wird („passive deposition hypothesis"). Dies gilt jedoch nicht für die folgende Drift der Jungtiere (ansonsten müßten alle Arten im gleichen Gebiet akkumulieren). Die Verteilung der postlarvalen Jungtiere wird artspezifisch beeinflußt durch die Wanderaktivität, die Empfindlichkeit gegenüber passiver Resuspension und durch unterschiedliche Mortalität. Je nach granulometrischer Zusammensetzung, der Besiedlung durch Mikroorganismen und Mikrophytobenthos, Bioturbation und anderen Faktoren variiert die lokale Erosionsanfälligkeit des Sedimentes (Tab. 3). Andererseits variiert auch die Wanderaktivität über die Wattenbucht, möglicherweise durch Faktoren wie Nahrungsversorgung, Störungen, Räuber, die Dichte von Tieren der eigenen Art, Hydrographie oder Sedimentzusammensetzung reguliert. Vermutlich findet aktive Habitatwahl bei den hier untersuchten Muscheln des Wattenmeeres erst während der postlarvalen Wanderungen statt. Diese Hypothese kann auch erklären, warum die Dichten im Sediment des oberen Eulitorals bei einigen Arten sehr gering waren obwohl gleichzeitig hohe Dichten an driftenden Individuen in den Bodenfallen akkumulierten (Tab. 4). Wahrscheinlich erfolgt die Habitatwahl nach dem Prinzip von Versuch und Irrtum, wobei sowohl positive wie negative Habitateigenschaften ausschlaggebend sein können (Woodin, 1991). Die „active habitat selection"-Hypothese und die „passive deposition"-Hypothese bilden somit keine Gegensätze, sondern beide Effekte treten zeitversetzt auf. Bisher ist die Datenbasis allerdings noch zu schwach, um aus hydrographischen Daten (d.h. aus einem hydrographischen Modell und den aktuellen Winddaten) auf die spezifischen Orte des Larvenfalls zu schließen. Dies wäre aber für die Modellierung der zu erwartenden Verteilung der Jungtiere notwendig. Weitergehende Forschungen sollten deshalb an dieser Nahtstelle zwischen Biologie und Hydrographie ansetzen.

Vor- und Nachteile von Migrationen

Hinsichtlich der Ursachen für den Eintritt in die Wassersäule läßt sich die Driftfauna unterteilen in Bodentiere, die infolge Sedimentumlagerungen passiv erodiert wurden und aktiv wandernde Organismen. Bei passiv erodierten Organismen erübrigt sich die Frage nach dem Zweck. Die aktiven Wanderungen können dagegen nach ihrer zeitlichen Skala und ihren Ursachen in einer Serie angeordnet werden, die von einem „Sprung" eines Einzeltieres in die Wassersäule als Antwort auf die Attacke eines Freßfeindes bis zu hochgradig adaptiven Wanderungen ganzer Altersklassen im Zuge ihrer Individualentwicklung reichen.

Im Falle der individuellen Flucht sind die „Wanderungen" eine Reaktion auf eine plötzliche Bedrohung wie z. B. dem Angriff eines Freßfeindes. Ein solcher Angriff erfordert eine unverzügliche Antwort und kann ungeachtet der Randbedingungen wie Tageszeit oder Strömungsverhältnisse erfolgreich sein. Wanderungen als Fluchtreaktionen können auch dann erfolgreich sein, wenn sie nur wenige

Sekunden andauern und die Tiere nur wenige Zentimeter von ihrem Ausgangspunkt entfernen.

Fluchtreaktionen als Feindvermeidungsstrategie wurden mehrfach demonstriert (z. B. Ambrose, 1984). Obwohl ein einzelnes Ereignis (d. h. bei Betrachtung eines einzelnen Tieres) kaum vorherzusagen ist, so kann doch die Summe aller Fluchtreaktionen einer lokalen Population zu einer negativen Korrelation zwischen den potentiellen Beutetieren und ihren Freßfeinden führen und damit die kleinräumige Verteilung verändern. Falls die Beutetiere jedoch die Nähe ihrer Freßfeinde wahrnehmen können, so wäre ein Ortswechsel noch vor einem Angriff vorteilhaft. Als adaptive Feindvermeidungsstrategie führt dies zu einer zeitlichen Entkoppelung der Ursache für die Wanderung von der Wanderung selbst. Ohne unmittelbaren Handlungsdruck wird es den Tieren dann auch möglich, die Wanderung in Zeiten mit günstigen Bedingungen (hinsichtlich Tageszeit, Tide, Strömungsgeschwindigkeit) zu legen. Die entsprechende adaptive Anpassung des Räubers sollte dann darin liegen, seine Beute zu einem Zeitpunkt anzugreifen, an dem sie keine Chance auf Flucht in die Wassersäule hat, d. h. während Niedrigwasser. Beide Strategien wurden zwischen räuberischen Nemertinen und ihrer Beute in den Watten des Königshafens demonstriert (Thiel & Reise, 1993).

Das Meiden von Orten mit hoher Feinddichte leitet zu einem anderen Ursachenkomplex für aktive Wanderungen über. Auch die allmähliche Verschlechterung der unmittelbaren Umgebung, entweder hinsichtlich abiotischer (Temperatur, Sauerstoffversorgung, Salinität) oder biotischer Faktoren (Konkurrenz um Raum oder Nahrung, Störungen) ist eine mögliche Ursache für einen Ortswechsel in „naher Zukunft" ohne einen sofortigen Aufbruch zu erfordern. Die daraus resultierenden Wanderungen betreffen eine größere Gruppe von Individuen und erfordern eine größere räumliche Skala, um zum Erfolg zu führen.

Durch solche Vermeidungswanderungen bekommen die Tiere die Chance, ein besseres Habitat zu finden. Als adaptive Strategie müssen die Individuen dabei abwägen zwischen den Risiken während der Wanderung, den Risiken beim Verbleib an ihrer ursprünglichen Position und der Chance, ein besseres Habitat zu finden. Das Resultat dieser Abwägung hängt von den individuellen Ansprüchen an die Qualität des Habitats ab und wird damit artspezifisch ausfallen. Im Königshafen wandern die meisten Arten bei Dunkelheit und vermeiden Sturmwetterlagen. Das wird als ein Versuch der Risikominimierung während der Wanderungen interpretiert (nächtliche Wanderungen zur Vermeidung visuell jagender Räuber bzw. Meiden starker Strömungen, die die wandernden Organismen schnell über den für sie günstigen Bereich des Wattenmeeres hinausgeraten könnten). Für die Existenz solcher Vermeidungswanderungen gibt es Beispiele aus verschiedenen Tiergruppen und Habitaten, z. B. das Abwandern von Plathelminthen aus eulitoralen Wattflächen, die durch Algenbedeckung sauerstoffarm wurden (Reise, 1983), dichteabhängiges Auswandern bei sublitoralen Amphipoden (Ambrose, 1986), oder das Auswandern des Schlickkrebses *Corophium volutator* nach experimenteller Erhöhung der Dichte des Sedimentstörers *Arenicola marina* (Flach, 1992a, b).

Verändert sich nicht die Habitatqualität, sondern die individuellen Ansprüche an das Habitat, so leiten die Vermeidungswanderungen über zum altersspezifischen Habitatwechsel. Diese Wanderungen betreffen ganze Populationen oder Altersklassen, sie laufen auf einer zeitlichen Skala von Stunden (bei Meiofauna, Armonies, 1994b) bis Monaten ab und umfassen räumliche Skalen bis zu vielen Kilometern. Da Wanderungen zum Habitatwechsel nicht oder nicht notwendigerweise durch externe Faktoren angetrieben werden (obwohl solche Faktoren als Zeitgeber fungieren können) haben sie den höchsten adaptiven Wert im Kontinuum der Wanderungen. Die bekannten Beispiele spannen sich von nächtlichen Wanderungen von Harpacticiden zum Fressen in der Wassersäule (Decho, 1986) bis zu saisonalen Wanderungen über den Gezeitengradienten beim Pierwurm *Arenicola marina* (Beukema & de Vlas, 1979, Reise, 1985) oder der Plattmuschel *Macoma balthica* (Beukema & de Vlas, 1989, Armonies & Hellwig-Armonies, 1992, Beukema, 1993).

Da der saisonale Habitatwechsel ganze Populationen oder Altersklassen betrifft, sind seine quantitativen Effekte vermutlich am stärksten. Wahrscheinlich sind auch die artspezifischen Vorteile des saisonalem Habitatwechsels am vielfältigsten. Dies wird deshalb erwartet, weil alle Faktoren die Flucht- oder Vermeidungswanderungen hervorrufen auch zum adaptiven Habitatwechsel führen können, wenn sie hinreichend häufig und zeitlich regelmäßig auftreten. Die Plattmuschel *Macoma balthica* ist im gesamten Wattenmeer weit verbreitet und häufig und ihre Populationen zeigen vergleichsweise geringe Fluktuationen von Jahr zu Jahr. Beukema (1993) vermutet, daß der rechtzeitige Habitatwechsel der Jungtiere in eine Region, die für die weitere Entwicklung geeigneter ist, maßgeblich zur Stabilität der Population beiträgt. Allgemeine Vorteile speziell der postlarvalen Wanderungen können sein:

1. auf der Suche nach einem geeigneten Habitat sind postlarvale Stadien weniger zeitlimitiert als die Larven;
2. Wanderungen von postlarvalen Stadien können lokale Verluste von Brut z. B. infolge Feinddrucks oder Sedimentstörungen ausgleichen;
3. die Jungtiere können andere Ressourcen als die adulten Tiere nutzen und so intraspezifische Konkurrenz vermeiden.

Jeder einzelne dieser Punkte kann langfristig zu einer Stabilisierung der Populationen führen.

SCHLUSSFOLGERUNGEN

Die vorliegenden Untersuchungen zeigen, daß in allen benthischen Tiergruppen mit Wanderungen auf verschiedenen zeitlichen und räumlichen Skalen gerechnet werden muß. Wanderungen können die Abundanzen und lokalen Größen- (Alters-) verteilung verändern. Damit beeinflussen sie alle Freilanduntersuchungen an Populationen (z. B. Wachstums-, Produktions- oder Mortalitätsuntersuchungen) falls nicht ein Versuchsansatz gewählt wird, der Wanderungen verhindert (und damit *per se* zu Artefakten führt). Unglücklicherweise ist das Wanderpotential einzelner Arten nicht leicht abzuschätzen, weil es sich saisonal und im Laufe der Individualentwicklung ändert. Weiter erschwert wird eine solche Abschätzung durch diurnale oder lunare Wanderrhythmen und durch die passive Umverteilung der Organismen infolge Sedimentumlagerungen.

In Einzelfällen mag es daher günstiger erscheinen, die durch Wanderungen oder passive Verdriftung hervorgerufenen Unwägbarkeiten an Freiland-Populationsstudien durch Laborstudien mit ihren leichter kontrollierbaren Artefakten zu ersetzen. Ein progressiver Weg aus diesen Schwierigkeiten scheint aber allein die Entwicklung neuer Konzepte und Strategien der Freilanduntersuchungen zu sein. Einige der quantitativ bedeutsamsten benthischen Tierarten im Wattenmeer wie z. B. Pierwürmer *Arenicola marina*, Schlickschnecken *Hydrobia ulvae* und die Muscheln *Macoma balthica*, *Cerastoderma edule*, und *Ensis americanus* nutzen während ihrer Entwicklung mehrere Positionen oder sogar den gesamten Gezeitenbereich. Da die Transporte zwischen den Positionen über die Gezeitenströme erfolgt, sind ganze Wattstrom-Einzugsgebiete als ihr Habitat anzusehen, nicht nur die Region mit den meisten Adulti. Populationsveränderungen können daher ihre Ursachen in einem anderen Teil des Wattenmeeres haben, als in dem, in dem sie zufällig bemerkt wurden. Anstelle der Beprobung einzelner Stationen sollten daher größere Areale kartiert werden, zumindest aber sind Basisinformationen zur räumlichen und zeitlichen Variabilität der gemessenen Parameter notwendig. Das betrifft insbesondere Langzeitforschungen wie Monitoring-Programme. Andernfalls kann nicht zwischen räumlichen und zeitlichen Variationen unterschieden werden und Zeitreihenuntersuchungen werden beliebig interpretierbar.

LITERATUR

Ambrose, W. G., 1984. Increased emigration of the amphipod *Rheopoxynius abronius* (Barnard) and the polychaete *Nephtys caeca* (Fabricius) in the presence of invertebrate predators. - J. exp. mar. Biol. Ecol. *80*, 67-75.

Ambrose, W. G., 1986. Experimental analysis of density dependent emigration of the amphipod *Rheopoxynius abronius*. - Mar. Behav. Physiol. *12*, 209-216.

Armonies, W., 1992. Migratory rhythms of drifting juvenile molluscs in tidal waters of the Wadden Sea. - Mar. Ecol. Prog. Ser. *83*, 197-206.

Armonies, W., 1994a. Turnover of postlarval bivalves in sediments of tidal flats in Königshafen (German Wadden Sea). - Helgoländer Meeresunters. *48*, 291-297.

Armonies, W., 1994b. Drifting meio- and macrobenthic invertebrates on tidal flats in Königshafen: a review. - Helgoländer Meeresunters. *48*, 299-320.

Armonies, W. & D. Hartke, 1995. Floating of mud snails (*Hydrobia ulvae*) in tidal waters of the Wadden Sea, and its implications on distribution patterns. - Helgoländer Meeresunters. *49*, 529-538.

Armonies, W. & M. Hellwig, 1986. Quantitative extraction of living meiofauna from marine and brackish muddy sediments. - Mar. Ecol. Prog. Ser. *29*, 37-43.

Armonies, W. & M. Hellwig-Armonies, 1992. Passive settlement of *Macoma balthica* spat on tidal flats of the Wadden Sea and subsequent migration of juveniles. - Neth. J. Sea Res. *29*, 371-378.

Backhaus, J., Hartke, D., Hübner, U., Lohse, H. & Müller, A., 1997. Hydrographie und Klima im Lister Tidebecken. - In: Gätje, C. & Reise, K. (Hrsg.): Ökosystem Wattenmeer - Austausch-, Transport- und Stoffumwandlungsprozesse, Springer-Verlag, Heidelberg, Berlin, S. 39-54.

Beukema, J.J., 1973. Migration and secondary spatfall of *Macoma balthica* (L.) in the western part of the Wadden Sea. - Neth. J. Zool. *23*, 356-357.

Beukema, J.J., 1993. Successive changes in distribution patterns as an adaptive strategy in the bivalve *Macoma balthica* (L.) in the Wadden Sea. - Helgoländer Meeresunters. *47*, 287-304.

Beukema, J.J. & J. de Vlas, 1979. Population parameters of the lugworm, *Arenicola marina*, living on tidal flats in the Dutch Wadden Sea. - Neth. J. Sea Res. *13*, 331-353.

Beukema, J.J. & J. de Vlas, 1989. Tidal current transport of thread-drifting postlarval juveniles of the bivalve *Macoma balthica* from the Wadden Sea to the North Sea. - Mar. Ecol. Prog. Ser. *52*, 193-200.

Buchanan, J. B., 1984. Sediment analysis. In: Holme, N. A. & A. D. McIntyre, Methods for the study of marine benthos. Blackwell, Oxford.

Butman, C.A., 1987. Larval settlement of soft-sediment invertebrates: the spatial scales of pattern explained by active habitat selection and the emerging role of hydrodynamical processes. - Oceanogr. Mar. Biol. Ann. Rev. *25*, 113-165.

Decho, A.W., 1986. Water-cover influences on diatom ingestion rates by meiobenthic copepods. - Mar. Ecol. Prog. Ser. *33*, 139-146.

Flach, E. C., 1992a. The influence of four macrozoobenthic species on the abundance of the amphipod *Corophium volutator* on tidal flats of the Wadden Sea. - Neth. J. Sea Res. *29*, 379-394.

Flach, E. C., 1992b. Disturbance of benthic infauna by sediment-reworking activities of the lugworm *Arenicola marina*. - Neth. J. Sea Res. *30*, 81-89.

Günther, C.-P., 1991. Settlement of *Macoma balthica* on an intertidal sandflat in the Wadden Sea. - Mar. Ecol. Prog. Ser. 76, 73-79.
Günther, C.-P., 1992a. Settlement and recruitment of *Mya arenaria* L. in the Wadden Sea. - J. Exp. Mar. Biol. Ecol. 159, 203-215.
Günther, C.-P., 1992b. Dispersal of intertidal invertebrates: a strategy to react to disturbances of different scales? - Neth. J. Sea Res. *30*, 45-56.
Gross, T. F., F. E. Werner & J. E. Eckman, 1992. Numerical modeling of larval settlement in turbulent bottom boundary layers. - J. Mar. Res. *50*, 611-642.
Reise, K., 1983. Sewage, green algal mats anchored by lugworms, and the effects on Turbellaria and small Polychaeta. - Helgoländer Meeresunters. *36,* 151-162.
Reise, K., 1985. Tidal flat ecology. Springer, Berlin, 191pp.
Snelgrove, P. V. R., 1994. Hydrodynamic enhancement of invertebrate larval settlement in microdepositional environments: colonization tray experiments in a muddy habitat. - J. Exp. Mar. Biol. Ecol. *176*: 149-166.
Snelgrove, P. V. R., C. A. Butman & J. P. Grassle, 1993. Hydrodynamic enhancement of larval settlement in the bivalve *Mulinia lateralis* (Say) and the polychaete *Capitella* sp. in microdepositional environments. - J. Exp. Mar. Biol. Ecol. *168*: 71-109.
Thiel, M. & K. Reise, 1993. Interaction of nemertines and their prey on tidal flats. - Neth. J. Sea Res. *31*, 163-172.
Woodin, S. A., 1991. Recruitment of infauna: positive or negative cues? - Amer. Zool. *31*: 797-807.

4.3
Anreiz und Notwendigkeit für tidale, diurnale und saisonale Wanderungen

Incentive and Necessity for Tidal, Diurnal and Seasonal Migrations

4.3.1
Saisonale, diurnale und tidale Wanderungen von Fischen und der Sandgarnele (*Crangon crangon*) im Wattenmeer bei Sylt

Seasonal, Diurnal and Tidal Migrations of Fish and Brown Shrimp (Crangon crangon) in the Wadden Sea of Sylt

J.-P. Herrmann, S. Jansen & A. Temming
Institut für Hydrobiologie und Fischereiwissenschaft, Universität Hamburg, Olbersweg 24; D-22767 Hamburg

ABSTRACT

From 1990 to 1994 the migration of fish and Brown Shrimp (*Crangon crangon*) of the Sylt-Rømø Bight was investigated by several methods. Monthly samples from three different depth-strata (0-1 m, 1-2,5 m, 3-13 m) showed the majority of species to perform seasonal migrations between the deeper North Sea in winter and the shallower Wadden Sea in summer. By means of echo-surveys, the distribution of fish in the deep tidal streams was documented at different times of day and tidal situations. Additionally, the distribution of the species was investigated by depth stratified sampling of these tidal streams. The occurrence of the species in the pelagic regime was analysed with a stow net. Diel migrations are exemplified by the whiting (*Merlangius merlangus*), using the change of the abundance of this predator of the mobile epibenthos in a 24-hour-fishery. The results are discussed with regard to the feeding (-patterns) of these species.

ZUSAMMENFASSUNG

Die Wanderung von Fischen sowie der Sandgarnele (*Crangon crangon*) in verschiedenen Zeitskalen (saisonal, diurnal, tidal) wurden von 1990-1994 mit unterschiedlichen Methoden untersucht. Die monatliche Befischung von drei unterschiedlichen Wassertiefen (0-1 m; 1-2,5 m; 3-13 m) konnte zeigen, daß die Mehrzahl der Arten saisonale Wanderungen zwischen tieferen Bereichen im Winter (Nordsee) und flacheren Bereichen im Sommer (Wattenmeer) durchführen. Mit Hilfe von Echolotaufzeichnungen wurde die Verteilung von Fischen in den tiefen Rinnen zu verschiedenen Tageszeiten und Tidenständen untersucht. Die Verteilung der einzelnen Fischarten und der Sandgarnele innerhalb der Rinnen wurde mit Befischungen in unterschiedlichen Tiefen ermittelt. Das Auftreten der einzelnen Fischarten und der Sandgarnele im „Pelagial" der Rinnen wurde mit Hamenfischereien untersucht. Am Beispiel des Wittlings (*Merlangius merlangus*) wurde die zeitliche Entwicklung der Häufigkeit einer Art auf einer Station im Verlauf einer 24 h-Fischerei benutzt um Schlußfolgerungen über die Wanderung dieses Räubers des mobilen Epibenthos zu erhalten. Die Ergebnisse der verschiedenen Befischungen werden für die einzelnen Arten in Zusammenhang mit ihrer Ernährungsweise und ihrem Freßrhythmus diskutiert.

EINLEITUNG

Wanderungen zwischen der Nordsee und dem Wattenmeer wurden für Fische und dekapode Krebse auf der Grundlage von Bestandsentwicklungen bereits mehrmals beschrieben (Fonds, 1978; Meyer-Waarden & Tiews, 1965). Für die größeren Fische kann dabei eine direkte Wanderung durch aktives Schwimmen vorausgesetzt werden. Für die zum Teil nur wenige Millimeter großen Individuen des mobilen Epibenthos und Postlarven der Plattfische wurden selektive Transportmechanismen unter Ausnutzung des Tidenstroms beschrieben, die das Überbrücken der in Relation zur Körpergröße erheblichen Distanzen ermöglichen (Creutzberg, 1958; Creutzberg, 1978; Creutzberg et al., 1978). Neben diesen saisonalen Wanderungen zwischen dem Wattenmeer und angrenzenden Gebieten wurden auch tägliche Wanderungen innerhalb des Wattenmeers für mobile Epibenthosorganismen identifiziert. Für die größeren Individuen des mobilen Epibenthos, die sich überwiegend bei Hochwasser auf den Eulitoralflächen von Makrobenthos ernähren, wurden Tidenwanderungen zwischen den Prielen bei Niedrigwasser und den Platen bei Hochwasser beschrieben (Berghahn, 1987; Kuipers, 1973). Diese Untersuchungen beziehen sich aber einerseits nur auf Flächen, die wenige hundert Meter voneinander entfernt sind, und andererseits wurden diese Untersuchungen nur bei Tag durchgeführt.

4.3.1 Saisonale, diurnale und tidale Wanderungen von Fischen und der Sandgarnele

Bei Betrachtung der zum Teil großen Distanzen, die überbrückt werden müssen, wenn alle Flächen des Eulitorals genutzt werden, erscheinen aktive Wanderungen im Sinne eines direkten gezielten Schwimmens vom Ausgangsort, Priel bei Niedrigwasser, zum Zielort, gesamtes Eulitoral, aus mehreren Gründen unwahrscheinlich:

1. Im Verhältnis zur Körpergröße dieser Organismen erscheinen die Wege zu weit.
2. Die Wanderungsgeschwindigkeit aquatischer Organismen ist auf Grund der hohen Dichte, und des damit verbundenen Widerstands, eingeschränkt.
3. Die physiologische Leistungsfähigkeit aquatischer, poikilothermer Tiere vor dem Hintergrund der bekannten Restriktionen der Sauerstoffverfügbarkeit im wässerigen Milieu unterliegt erheblichen Einschränkungen.

Im Gegensatz zum mobilen Epibenthos ist über die täglichen Wanderungsmuster der größeren Fische, von denen sich einige zu einem großen Teil von dem zuvor beschriebenen Epibenthos ernähren, relativ wenig bekannt. In nicht tidal beeinflußten, flachen Küstengewässern wurden tägliche Wanderungen solcher Räuber zwischen tieferen Bereichen am Tag und flachen Bereichen in der Nacht nachgewiesen (Pihl, 1982). Vor dem Hintergrund der tidalen Wanderungen der Beuten im Wattenmeer stellt sich insbesondere die Frage, ob diese Räuber ihren Beuteorganismen bei deren täglichen Wanderungen folgen, oder ob die zeitliche und räumliche Überlappung bei Niedrigwasser in den Prielen für die tägliche Nahrungsaufnahme ausreicht.

In der vorliegenden Untersuchung wurde durch monatliche Probennahmen der zeitliche Verlauf der Fisch und Krebsbestände in der Sylt-Rømø Bucht untersucht. Echolotsurveys wurden benutzt, um die Verteilung in den tieferen Prielen und Rinnen zu erfassen. Durch Befischung unterschiedlicher Tiefen an den Kanten der Rinnen wurde versucht, die Aufenthaltstiefe der einzelnen Arten zu verschiedenen Tages- und Tidensituationen zu beschreiben. Mit Hamenfischereien im Lister Tief und der Lister Ley wurde die Besiedlung des „Pelagials" durch Fische und Krebse untersucht. Der zeitliche Verlauf der Häufigkeit auf Stationen der tieferen Rinnen in zur gleichen Zeit im Untersuchungsgebiet durchgeführten 24 h-Fischereien werden zur Interpretation herangezogen.

MATERIAL UND METHODEN

Die fischereibiologischen Untersuchungen wurden aus fischereirechtlichen Gründen ausschließlich im deutschen Teil der Sylt-Rømø Bucht durchgeführt und betreffen somit nur den Einzugsbereich des südlichen Teils des Lister Tiefs, der Lister Ley und des Pandertiefs.

Probennahmen

Monatliche Befischung

In 1993 wurden drei Stationsnetze in unterschiedlichen Tiefenstrata von April bis November monatlich befischt, um die saisonale Verteilung und Bestandsentwicklung der Fische und der Sandgarnele (*Crangon crangon*) zu untersuchen. Im oberen Eulitoral wurden drei Stationen mit einem Schiebehamen, im unteren Eulitoral und flachen Sublitoral 7 Stationen mit einer 2 m-Kurre sowie im tiefen Sublitoral 6 Stationen mit einem Scherbrettnetz befischt. Die Details zu diesen Probennahmen sind bei Herrmann et al. (dieser Band) beschrieben.

Tiefenstratifizierte Befischung

Zur Beschreibung der Verteilung der verschiedenen Fischarten über die Tiefe in Abhängigkeit vom Tidenstand wurden an den Kanten des Pandertiefs und des Lister Tiefs mehrfach mit dem Scherbrettnetz Befischungen durchgeführt, bei denen in schneller Abfolge innerhalb eines Strömungsregimes (Ebbe oder Flut) in verschiedenen Wassertiefen Probennahmen erfolgten. Die Auswahl der beprobten Tiefenhorizonte wurde zum Teil anhand zuvor aufgezeichneter Echoschnitte vorgenommen, die einen Überblick über die aktuelle Verteilung ergaben. Um einen systematischen Fehler bei dieser Art der Probennahme zu vermeiden, wurde die Abfolge der Hols so gewählt, daß immer alternierend im Flachen und im Tiefen gefischt wurde (z. B. 14 m/2 m/12 m/4 m etc.).

24 Stunden Fischerei

Im Pandertief und im Lister Tief (zwischen List und Ellenbogen) wurden im April 1992 sowie monatlich von Juni bis Oktober 1993 jeweils, mit Ausnahme im Juli, auf einer Station stündliche Befischungen über einen Zeitraum von 25 Stunden hinweg mit dem Scherbrettnetz durchgeführt. Bei den einzelnen Hols wurde jeweils ein Tiefenbereich von ca. 2 m-13 m Wassertiefe befischt, um einerseits möglichst viele Fischarten in ausreichender Zahl zu fangen und andererseits möglichst zu jedem Zeitpunkt von jeder Fischart genügend Individuen zu bekommen, da sich bei Voruntersuchungen tageszeitliche Unterschiede in der Vorzugstiefe einzelner Arten gezeigt hatten. Diese Probennahmen dienten in erster Linie der Ermittlung der Nahrungszusammensetzung und der Bestimmung des mittleren Magenhalts als Grundlage für Konsumtionsberechnungen (Herrmann et al., dieser Band). Der zeitliche Verlauf der Fischdichten auf den Stationen kann jedoch auch Auskunft darüber geben, ob eine Art sich den ganzen Tag in dem befischten Bereich aufhält oder diesen zeitweise verläßt.

Hamenfischerei

Im März, August und Oktober 1993 sowie im März 1994 wurde von Bord des verankerten FS „HEINCKE" Hamenfischerei im Bereich des Lister Tiefs und der Lister Ley betrieben. Eingesetzt wurden die Hamennetze (2x3 m, 3x7 m nur im

4.3.1 Saisonale, diurnale und tidale Wanderungen von Fischen und der Sandgarnele

März 1994, 10 mm Maschenweite) über Wassertiefen von 15-20 m. Die Holdauer betrug im Mittel 3,75 Stunden, wobei die Fangtiefe innerhalb einer Tide bedingt durch die Strömungsgeschwindigkeit variierte. Es wurden jeweils mindestens 10 Tiden befischt.

Echolotaufzeichnungen
Zur qualitativen Beschreibung der Verteilung auftretender Echos im Bereich der tieferen Priele wurden wiederholt Echolotschnitte mit einem Schreiberlot (FURUNO, FE 4300; 200kHz) im Längs- und Querprofil verschiedener Rinnenbereiche durchgeführt. Dabei wurde eine zuvor festgelegte Strecke mit einer Schiffsgeschwindigkeit von ca. 1 m s^{-1} abgefahren. Alle 2 Minuten wurde auf dem Echoschrieb eine Marke gesetzt und gleichzeitig die Schiffsposition protokolliert. Im Anschluß an die Aufzeichnung der Querprofile wurden wiederholt Befischungen mit dem Scherbrettnetz in solchen Wassertiefen durchgeführt, in denen sich signifikante Echohäufigkeiten ergeben hatten.

Probenbearbeitung
Bei allen Befischungen wurde der Fang nach Arten sortiert, die Individuen jeder Art gezählt, und deren Totallänge gemessen. Da die Bearbeitung zumeist sofort an Bord durchgeführt wurde, liegen Gewichte nur von solchen Proben vor, die später an Land aufgearbeitet wurden. Bei allen von Bord eines Schiffes durchgeführten Probennahmen wurde mit Hilfe eines GPS-Empfängers die Aussetz- und Hievpositionen bestimmt, so daß die Fangergebnisse unter Berücksichtigung der Breite des eingesetzten Gerätes als flächenbezogene Daten dargestellt werden können.

ERGEBNISSE

Saisonaler Bestandsverlauf
Wanderungen zwischen der Nordsee und der Sylt-Rømø Bucht führen zum vollständigen Verschwinden einzelner Arten zu bestimmten Jahreszeiten (Herrmann et al., dieser Band). Aber auch bei den Fischen (Strandgrundel, Sandgrundel, Scholle) und der Sandgarnele, die ganzjährig im Wattenmeer vorkommen, waren ausgeprägte saisonale Wanderungen zu beobachten. Diese zeigten sich bei Betrachtung des Verlauf der Abundanzen in den einzelnen Stationsnetzen über die Monate April bis November 1993 (Abb. 1). Arten mit ähnlicher Nutzung des Wattenmeers bzw. ähnlicher Ernährungsweise zeigten Parallelitäten der saisonalen Bestandsentwicklung. Die beiden Grundelarten und die Sandgarnele ließen im tiefen Sublitoral zwei Maxima erkennen (Frühjahr und Herbst). In den flacheren Bereichen (Eulitoral und flaches Sublitoral) war dagegen nur ein Maximum zu beobachten, daß zeitlich zwischen denen der zuerst genannten lag.

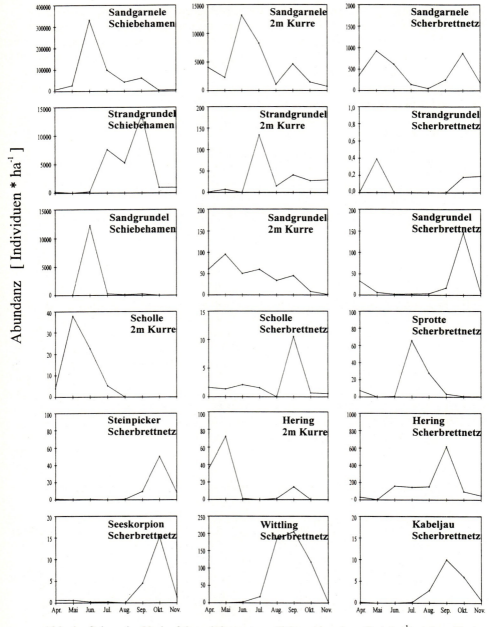

Abb. 1. Saisonaler Verlauf der mittleren monatlichen Abundanz (Ind. ha^{-1}) einiger Fische und der Sandgarnele innerhalb der einzelnen Stationsserien in 1993 in der Sylt-Rømø Bucht. Schiebehamen im oberen Eulitoral (0,5-0,8 m); 2 m-Kurre im unteren Eulitoral sowie flachen Sublitoral (1-2,5 m); Scherbrettnetz im tiefen Sublitoral (3-13 m).

4.3.1 Saisonale, diurnale und tidale Wanderungen von Fischen und der Sandgarnele

Bei Scholle und Hering war in den unterschiedlichen Tiefen jeweils nur ein Maximum zu erkennen, wobei dieses im Flachen deutlich früher erreicht wurde. Sprotte, Steinpicker, Seeskorpion, Wittling und Kabeljau konnten in nennenswerten Mengen nur mit dem Scherbrettnetz gefangen werden, wobei jeweils ein eingipfeliger Verlauf zu beobachten war.

Diurnale und tidale Wanderungen

Echolot-Aufzeichnung

In Abbildung 2 sind typische Bilder der Fischverteilung in einer tieferen Rinne für eine Tages- und Nachtsituation dargestellt, wie sie bei insgesamt 34 solcher Echosurveys dokumentiert wurden und wie sie sich aus einer großen Anzahl von Beobachtungen beim Befahren des Untersuchungsgebietes gezeigt haben. Unterschiede in der Verteilung in Abhängigkeit vom Tidenstand konnten nicht festgestellt werden.

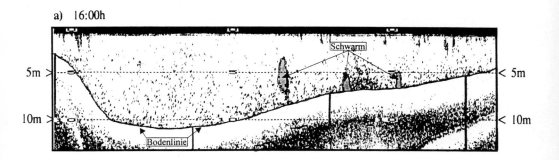

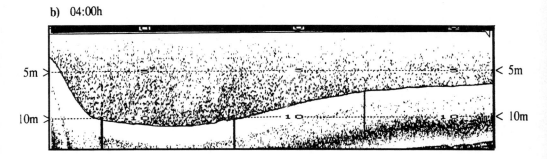

Abb. 2: Echolotaufzeichnungen über das Querprofil des Pander Tiefs von Nord (links) nach Süd (rechts) bei annähernd gleichem Tidenstand (HW). a) Aufzeichnung vom 13. August 1993 am Tag, b) Aufzeichnung vom 14. August 1993 in der Nacht.

Bei Tag (Abb. 2a) waren zwei unterschiedliche Konzentratseffekte erkennbar. Es zeigte sich zum einen eine bodennahe Häufung von Einzelechos, die durch den Vergleich mit Schleppnetzfängen überwiegend als Wittling und Kabeljau angesprochen werden konnten. Zum anderen waren dichte Fischschwärme erkennbar, die durch Vergleichsfänge eindeutig jungen Heringen und Sprotten zugeordnet werden konnten. In der darauf folgenden Nacht (Abb. 2b) zeigte sich insgesamt eine gleichmäßigere Verteilung der Echos über die Wassersäule, wobei keine Schwärme mehr erkennbar waren, aber die Zahl der Einzelechos deutlich zugenommen hatte. Die scheinbar geringere Dichte in der obersten Wasserschicht ist ein Artefakt und resultiert aus der elektronischen Unterdrückung von Echos aus diesem Bereich, die bei dem eingesetzten Gerät nicht abschaltbar war. Eine gleichzeitige Befischung mit dem Schleppnetz ergab, daß es sich bei den nächtlichen Einzelechos wiederum überwiegend um junge Gadiden und einige Stinte handelte. Heringe und Sprotten waren in den Nachtfängen nicht mehr vertreten.

Tiefenstratifizierte Befischung

Im direkten Vergleich zwischen Tag- und Nachtsituationen zeigen die Ergebnisse der Befischung verschiedener Tiefen an den Kanten der Rinnen mit dem Scherbrettnetz und der 2 m-Kurre bei den meisten Arten eine Verschiebung der Verteilung zu geringeren Wassertiefen (Abb. 3). Jedoch ist dieser Trend bei den einzelnen Arten unterschiedlich stark ausgeprägt. In Tiefen von mehr als 5 m wurden die zum mobilen Epibenthos gerechneten Arten (Sandgarnele, Sandgrundel und Scholle) fast ausschließlich am Tage gefangen. Das Verschwinden dieser Arten aus den tiefen Bereichen in der Nacht führte jedoch zu keiner wesentliche Zunahme in den Fängen, die in geringerer Wassertiefe durchgeführt wurden. Hering und Sprott, die sich am Tag zu Schwärmen zusammenschließen, zeigten die stärksten Unterschiede im Tag-Nacht Vergleich. Bei Tageslicht wurden diese in erheblichen Dichten in Tiefen unterhalb 5 m gefangen. In der Nacht gingen von diesen die meisten in der obersten Wasserschicht ins Netz, jedoch blieben die Dichten weit hinter den Tagwerten zurück. Die geringsten Unterschiede wurden beim Wittling beobachtet. Sowohl am Tag als auch in der Nacht wurden die größten Konzentrationen im Tiefen festgestellt. Eine gewisse Aufwärtsbewegung deutet sich aber auch hier an, da die Häufigkeit in der Tiefe im Dunkeln zurückging und im Gegenzug dann Wittlinge auch in Wassertiefe von weniger als 2 m gefangen wurden.

4.3.1 Saisonale, diurnale und tidale Wanderungen von Fischen und der Sandgarnele

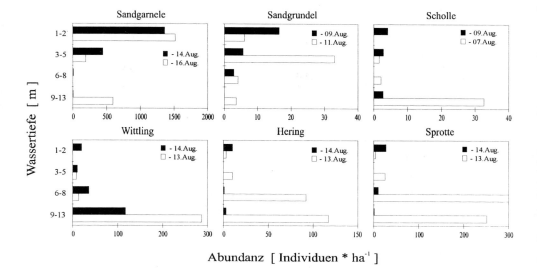

Abb. 3: Abundanz (n ha^{-1}) einiger Fischarten und der Sandgarnele in Abhängigkeit von der Wassertiefe an den Kanten tiefer Rinnen in der Sylt-Rømø Bucht. Dunkle Balken = Nacht; Weiße Balken = Tag. Die Daten für Sandgarnele und Sandgrundel beruhen auf 2 m-Kurrenfängen, die der übrigen auf Scherbrettnetzfängen.

Hamenfischerei

In Abbildung 4 sind die Fangergebnisse aus zwei Serien der Hamenfischerei für einige Fischarten sowie die Sandgarnele dargestellt. Die einzelnen Hols einer Serie wurden zunächst unterschieden nach Tag und Nacht bzw. Ebbe und Flut. Aus den Fangergebnissen der einzelnen Hols jeder Kombination aus Tageszeit und Tide wurde für jede Art die mittlere Häufigkeit pro Hol ermittelt. Diese Einheitsfänge sind dargestellt als relativer Anteil an der Summe über die vier Kombinationen. Sowohl im Lister Tief (Abb. 4a) als auch in der Lister Ley (Abb. 4b) verteilten sich die Fänge der einzelnen Arten sehr unterschiedlich auf die verschiedenen Situationen. So waren die Fänge, mit Ausnahme des Sandaals, in der Nacht (schwarzer Teil der Säulen) größer als am Tag (heller Teil der Säulen) bzw. einzelne Arten wurden ausschließlich nachts gefangen. Aber auch die Verteilung auf Ebbe- und Fluthols ist bei einigen Arten sehr asymmetrisch, wobei dieser Unterschied im Lister Tief stärker ausgeprägt war als in der Lister Ley.

Unter den Arten mit deutlich höherem Anteil an den Nachtfängen befinden sich solche, die zum mobilen Epibenthos gerechnet werden (Sandgarnele, Sandgrundel), erstaunlicherweise aber auch solche, die als Fische mit ausgesprochen bodengebundener Lebensweise angesehen werden, wie z. B. Scholle, Aalmutter und Seeskorpion. Auch in den Hamenfischereien vom März 1992 und März 1993 im Lister Tief ergaben sich im Hinblick auf die Tag-/ Nachtverteilung ähnliche Verteilungsmuster.

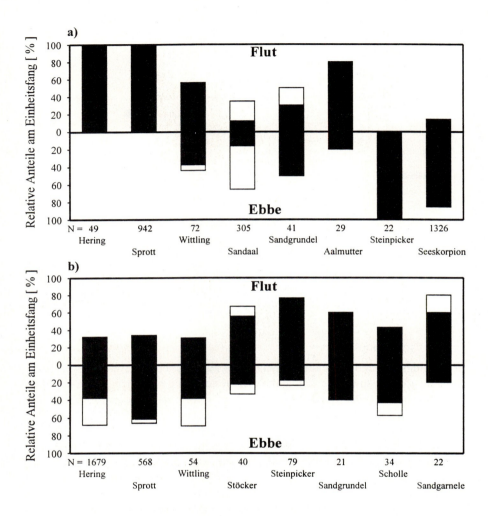

Abb. 4. Verteilung des Gesamtfangs verschiedener Fischarten und der Sandgarnele (*C. crangon*) auf Tag-, Nacht-, Ebbe- und Fluthols zweier Hamenfischereiserien in der Sylt-Rømø Bucht. a) Lister Tief, nördlich des Ellenbogens, 22 Hols vom 17.-23. Aug. 1993; b) Lister Ley, südlich von List, 17 Hols vom 12.-17. Okt. 1993. Dargestellt sind die Anteile (%) an der Summe der Einheitsfänge über die vier möglichen Kombinationen. Die schwarzen Bereiche der Säulen repräsentieren die Nachtfänge, die hellen Bereiche geben den Anteil der Tagfänge an. Die Zahlen unter den Säulen geben die Anzahl der gefangenen Tiere in der gesamten Fischerei an.

4.3.1 Saisonale, diurnale und tidale Wanderungen von Fischen und der Sandgarnele

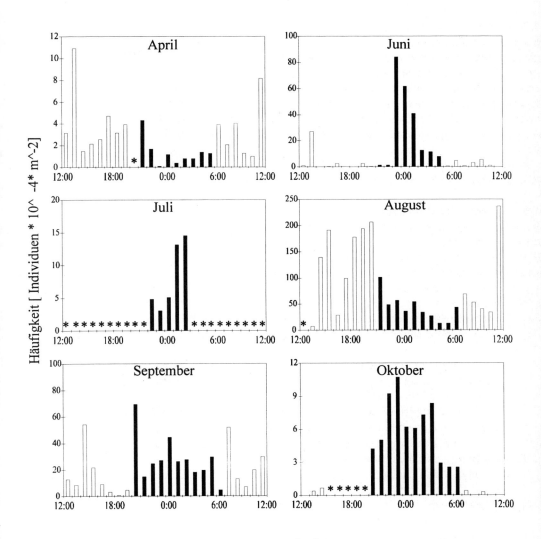

Abb. 5. Zeitlicher Verlauf der Häufigkeit (Ind 10^4 m^{-2}) des Wittlings über mehrere 24 h-Fischereien, die 1992 (April) und 1993 (übrige) in der Sylt Rømø Bucht durchgeführt wurden. Schwarze Säulen = Nachtfänge; Weiße Säulen = Tagfänge; * keine Probennahme.

24 h-Fischereien

Am Beispiel des Wittlings ist in Abbildung 5 die zeitliche Entwicklung der Häufigkeit, wie sie sich bei mehreren Befischungen über eine Doppeltide mit stündlicher Probennahme ergab, dargestellt. Obwohl sich für einzelne Monate Unterschiede zwischen den Nacht- und Tagfängen andeuten (Juni, Oktober), ergibt sich aus der Summe der Verläufe eher eine gleichbleibende Häufigkeit innerhalb der einzelnen 24 h-Fischereien auf diesen Stationen des tieferen Sublitorals, wenn die enorme Variabilität aufeinander folgender Hols, sogar innerhalb eines Lichtregimes, berücksichtigt wird. Für den Kabeljau ergaben sich ähnliche Verläufe.

DISKUSSION

Saisonale Wanderungen

In Übereinstimmung mit den Untersuchungen von Fonds (1978) zeigten die meisten Fische, die in der Sylt-Rømø Bucht vorkommen, sowie die Sandgarnele die Tendenz das Wattenmeer zum Winter zu verlassen. Auch wenn für die Monate Januar bis März und Dezember keine Daten vorliegen, kann angenommen werden, daß die starken Bestandsrückgänge in den Herbstmonaten (Abb. 1) mit weiter abnehmender Temperatur im Winter zum vollständigen Verschwinden vieler Arten führen. Nach Fonds (1978) ist die Temperatur für die meisten Arten der limitierende Faktor und bei Werten < 2° C verlassen sogar die als resident eingestuften Sandgarnele, Sandgrundel und Strandgrundel das Wattenmeer, um Zuflucht in Wassertiefen zu suchen, in denen die kritische Temperatur nicht mehr unterschritten wird. Im Gegensatz zum holländischen Wattenmeer traten bei vielen Fischarten in der Sylt-Rømø Bucht nur die Altersklasse 0 (AK0) mit nennenswerten Anzahlen in Erscheinung (Wittling, Kabeljau, Sprotte, Kliesche, Scholle). Die kontinuierliche Zunahme der Abundanz über mehrere Monate bis zu einem Maximum (z. B. Wittling Juni bis August) zeigt an, daß es sich um kontinuierliche Zuwanderung handelt, und nicht etwa um ein einmaliges Einwanderungsereignis. Ein weiterer Hinweis auf ständigen Austausch mit der Nordsee ergibt sich aus der Tatsache, daß beim Wittling ab August das mittlere Gewicht nur geringfügig ansteigt (Herrmann et al., dieser Band), obwohl die Tiere als Ergebnis der quantitativen Mageninhaltsanalysen mit maximaler Rate fressen und entsprechend experimentell bestimmter Konversion deutliche Zuwächse zeigen sollten.

Auch innerhalb der Sylt-Rømø Bucht ergaben sich saisonale Wanderungen, wenn die zeitliche Entwicklung der Häufigkeit solcher Arten betrachtet wird, die alle Bereiche des Wattenmeers besiedeln (Sandgarnele, Sandgrundel, Strandgrundel). Wie bereits beschrieben, verlassen auch diese das Wattenmeer im Winter. Im Frühjahr kam es zunächst zu einer Besiedlung der Sublitoralbereiche durch adulte Tiere. Diese zeigten in den tieferen Bereichen in den folgenden Monaten jedoch wieder abnehmende Tendenz. Ab Juni (Sandgarnele, Sandgrundel) bzw. Juli (Strandgrundel) wanderten junge Tiere in großer Zahl in die flachen Bereiche des Eulitorals ein. Mit zunehmender Größe kam es dann im Verlauf des Jahres

4.3.1 Saisonale, diurnale und tidale Wanderungen von Fischen und der Sandgarnele

zum Abwandern in tiefere Bereiche, wo diese dann zu einem Anstieg der Fangzahlen im Herbst führten. Der zweigipfelige Verlauf im tiefen Sublitoral ist danach die Folge von externer Wanderung im Frühjahr und interner Wanderung im Herbst.

Diurnale und tidale Wanderungen

Im Gegensatz zu den eher durch Veränderungen der abiotischen Umwelt gesteuerten saisonalen Wanderungen bietet sich in Zusammenhang mit den innerhalb sehr viel kürzerer Zeiträume sich abspielenden diurnalen und tidalen Wanderungen die Betrachtung in Abhängigkeit der täglichen Nahrungsaufnahme an. Ein weiterer wichtiger Aspekt, der tägliche Verhaltensänderungen herbeiführen kann, ergibt sich aus dem Risiko selbst zur Beute zu werden. Entsprechend dieser Betrachtungsweise werden im Folgenden die Arten anhand ihrer Ernährungsweise zusammengefaßt und gemeinsam abgehandelt.

Mobiles Epibenthos

Die Arten, die dem mobilen Epibenthos zugerechnet werden (Sandgarnele, Sandgrundel, Strandgrundel, junge Plattfische), zeigen Gemeinsamkeiten in Bezug auf ihren Lebenszyklus (s. o.). Ab einer bestimmten Größe ernähren sie sich überwiegend von Makrobenthos, deren Hauptvorkommen im Eulitoral liegt. Im Gegensatz zu den kleineren Stadien verharren sie bei Niedrigwasser aber nicht an dem Ort, wo sich ihre Beute aufhält, sondern ziehen sich bei abnehmendem Wasserstand in die Priele zurück. Für prielnahe Bereiche des Eulitorals wurden solche tidalen Wanderungen beschrieben (Kuipers, 1973; Berghahn, 1984; Berghahn, 1987). Vor dem Hintergrund der geringen Körpergröße von wenigen cm stellt sich jedoch die Frage, auf welche Weise die relativ großen Entfernungen von mehreren hundert Metern zu den weiter von den Prielen entfernten Gebieten gemeistert werden, da die Annahme eines aktiven, gerichteten Schwimmens unwahrscheinlich erscheint. Ein Erklärungsansatz hierzu bietet die zunächst überraschende Beobachtung, daß solche Tiere in stark erhöhter Häufigkeit in den Nachtfängen der Hamenfischerei auftraten. Breckling & Neudecker (1994) haben bei deren Hamenfischerei in der Meldorfer Bucht ähnliche Beobachtungen gemacht. Eine selektive Vertikalwanderung bei Flut in der Nacht würde für diese Tiere bedeuten, daß sie mit erhöhter Wahrscheinlichkeit mit der Strömung in flache Bereiche verdriftet werden, hätten dafür aber lediglich die geringe Strecke vom Boden in die Wassersäule zurückgelegt. Auf dem gleichen Weg könnten sie auch wieder in tiefere Bereiche zurückkehren. Nächtliche Vertikalwanderungen wurden für Grundeln und Sandgarnele bereits für nicht tidal beeinflußte Küstengewässer beschrieben (Rumohr, 1979; Gibson & Hesthagen, 1981). Außerdem zeigt der nachgewiesene „Selective Tidal Transport" für Schollen- und Flunderlarven (Creutzberg et al., 1978), daß diese Tiere die Fähigkeit zur Ausnutzung dieses recht effizienten Transports bereits auf einem früheren onthogenetischem Entwicklungsstand besitzen. Das fast ausschließliche Auftreten in den Nachtfängen würde allerdings bedeuten, daß dieser Transportweg nur in der Dunkelheit genutzt wird. Da sich in den tieferen Bereichen jedoch auch eine größere Anzahl von Räubern aufhält, die ihre Beute überwiegend mit Hilfe der Augen jagen, kann das Ausbleiben am Tage als Vermeidungsstrategie interpretiert werden.

Epibenthivore Räuber

Ausgehend von den Echolotaufzeichnungen und den durch Vergleichsfänge identifizierten Echos der jungen Gadiden (Wittling und Kabeljau), die die bedeutendsten Arten dieser Gruppe in 1993 darstellten (Herrmann et al., dieser Band), ergibt sich folgendes Bild. Bei den monatlichen Befischungen, die ausschließlich am Tage durchgeführt wurden, traten diese Tiere nur in den Schleppnetzfängen in den tieferen Prielen und Rinnen auf. Die Echobilder (Abb. 2a) und die tiefenstratifizierten Befischungen (Abb. 3) zeigten am Tage bodennahe Konzentrationen dieser Fische in Wassertiefen unterhalb von 8 m. In der Nacht verteilten sie sich gleichmäßiger über den Wasserkörper der tieferen Priele und Rinnen (Abb. 2b). Als Folge dieser Vertikalwanderung zeigte sich eine Verschiebung der Verteilung zu geringeren Wassertiefen in den tiefenstratifizierten Befischungen (Abb. 3) und der Anteil in den Hamenfängen stieg in den Nachtfängen an (Abb. 4). Die Verläufe der Abundanzen in den 24 h-Fischereien (Abb. 5) legen aber den Schluß nahe, daß Wittlinge den Bereich der Rinnen in der Nacht nicht in nennenswerten Anzahlen verließen, da insgesamt keine deutliche Abnahme zu verzeichnen war. Diese Aussage wird weiterhin dadurch gestützt, daß bei nächtlichen, prielfernen Befischungen mit dem Scherbrettnetz Wittlinge nur in Ausnahme mit einzelnen Individuen in Wassertiefen zwischen 1-2 m bei Hochwasser auftraten (hier nicht dargestellt). Bei Voruntersuchungen im August 1990 wurden in der Nacht jedoch größere Mengen Wittlinge in solchen Wassertiefen im Königshafen mit einer 5000 m² umschließenden Einschließungsanlage (Ruth, 1991) gefangen. Das Wittlingsaufkommen im Schleswig-Holsteinischem Wattenmeer kann in 1990 aber als Extrem eingestuft werden, so daß ein Sonderfall zu diesem Zeitpunkt nicht ausgeschlossen werden kann, der bei den Fischen vielleicht auf Grund von Nahrungslimitation Verhaltensänderungen bewirkte.

Die Mehrzahl der 24 h-Fischereien ergab für den Wittling eine verstärkte Nahrungsaufnahme während der Nachtstunden (Herrmann et al., dieser Band) und zwar unabhängig vom Tidenzyklus. Daraus kann geschlossen werden, daß diese über die gesamte Dunkelphase uneingeschränkten Zugriff auf ihre bevorzugte Beute (Sandgarnele, Grundel) hatten, obwohl einerseits die Beute, entsprechend dem Tidenwanderungskonzept (s. o.), zumindest zeitweise den Bereich der Rinnen verlassen sollte und andererseits die Wittlinge aber nicht in die flachen Bereiche folgten. Da die Hamenfischerei, wie bereits diskutiert, aber zeigen konnte, daß die Beute in der Nacht auch den Wasserkörper der Rinnen besiedelte, löst sich der scheinbare Widerspruch auf.

Aus diesen Befunden ergibt sich ein interessanter Unterschied im Verhalten der jungen Gadiden zu anderen, nicht tidal beeinflußten Küstengewässern. Pihl (1982) zeigte, daß junge Kabeljau nachts an der Westküste Schwedens Vertikalwanderungen machen und dabei gezielt flache Bereiche < 1 m aufsuchen. Auch bei seinen

4.3.1 Saisonale, diurnale und tidale Wanderungen von Fischen und der Sandgarnele 513

Untersuchungen hatten sich die Fische überwiegend von mobilem Epibenthos ernährt. Da in diesen Gebieten aber keine tidale Wanderung des Epibenthos stattfindet, sondern sich diese kontinuierlich in den flachen Bereichen aufhalten können, besteht für deren Räuber die Notwendigkeit Freßwanderungen dorthin auszuführen.

Planktivore Fische

Die beiden wichtigsten Vertreter dieser Gruppe sind Hering und Sprotte. Wie die Echoaufzeichnungen zeigen konnten, schließen diese sich am Tage zu dichten Schwärmen zusammen. Die Aufenthaltstiefe dieser Schwärme variierte jedoch in Abhängigkeit von den örtlichen Gegebenheiten zwischen 4 und 5 m in flacheren Prielen sowie an Prielkanten (Abb. 2a) und bis zu 12 m in den tieferen Rinnen (Abb. 3). Nachts lösen sich diese Schwärme auf und diese Fische waren dann nur noch in der obersten Wasserschicht zu finden (Abb. 3), jedoch nur in geringen Stückzahlen. Solche lichtgesteuerten Vertikalwanderungen von Heringen sind in der Literatur mehrfach belegt (z. B. Westin & Aneer, 1987). Der geringe Erfolg nächtlicher Befischungen der obersten Wasserschicht tiefer Rinnen mit einem pelagischen Schleppnetz und das Auftreten junger Heringe in den Nachtfängen der Einschließungsanlage im Königshafen 1990 läßt vermuten, daß sich diese in der Nacht entweder in der obersten Wasserschicht über das gesamte Gebiet verteilen oder sogar gezielt die flachen Bereiche aufsuchen. Gleichzeitig im Untersuchungsgebiet durchgeführte 24 h-Fischereien ergaben, daß Heringe nur am Tage Nahrung aufnehmen (Schmanns, 1994). Die beobachteten Vertikalwanderungen stehen danach nicht im Zusammenhang mit der täglichen Ernährung und dieses Beispiel verdeutlicht, daß durchaus auch andere Faktoren die Motivation zu täglichen Verhaltensänderungen steuern können.

LITERATUR

Berghahn, R., 1984. Zeitliche und räumliche Koexistenz ausgewählter Fisch- und Krebsarten im Wattenmeer unter Berücksichtigung von Räuber-Beute-Beziehungen und Nahrungskonkurrenz. Dissertation, Universität Hamburg, 207pp.

Berghahn, R. 1987. Effects of tidal migration on growth of 0-group plaice (*Pleuronectes platessa* L.) in the North Frisian Wadden Sea. - Ber. Dt. Wiss. Komm. Meeresforsch. *31*, 209-226.

Breckling, P. & Neudecker, T., 1994. Monitoring the fish fauna of the Wadden Sea with stow nets (Part 1): A comparison of demersal and pelagic fish in a deep tidal channel. - Arch. Fish. Mar. Res. *42*, 3-15.

Creutzberg, F., 1958. Use of tidal streams by migrating elvers (*Anguilla vulgaris* Turt.). - Nature *181*, 857-858.

Creutzberg, F., 1978. Transport of marine organisms by tidal currents. - In: Dankers, N., Wolff, W.J. & Zijlstra, J.J., Fishes and fisheries of the Wadden Sea. Report 5 of the Wadden Sea Working Group, Leiden, pp. 26-32.

Creutzberg, F., Elting, A. T. G. W. & Noort, G. J. v., 1978. The migration of plaice larvae *Pleuronectes platessa* into the western Wadden Sea. - In: McLuscy, D. S. & Berry, A. J., Physiology and behavior of marine organisms. Pergamon Press, Oxford, pp. 243-251.

Fonds, M., 1973. Sand gobies in the Dutch Wadden Sea (*Pomatoschistus*, Gobiidae, Pisces). - Neth. J. Sea Res. *6*, 417-478.

Fonds, M., 1978. The seasonal distribution of some fish species in the western Dutch Wadden Sea. - In: Dankers, N., Wolff, W.J. & Zijlstra, J.J., Fishes and fisheries of the Wadden Sea. Report 5 of the Wadden Sea Working Group, Leiden, pp. 42-77.

Gibson, R. N. & Hesthagen, I. H., 1981.A comparison of activity patternsof the sand goby *Pomatoschistus minutus* (Pallas) from areas of different tidal range. - J. Fish. Biol. *18*, 669-684.

Herrmann, J.-P., Jansen, S. & Temming, A., 1997. Konsumtion durch Fische und dekapode Krebse sowie deren Bedeutung für die trophischen Beziehungen in der Sylt-Rømø Bucht. - In: Gätje, C. & Reise, K. (Hrsg.): Ökosystem Wattenmeer - Austausch-, Transport- und Stoffumwandlungsprozesse, Springer-Verlag, Heidelberg, Berlin, S. 437-462.

Kuipers, B., 1973. On the tidal migration of young plaice (*Pleuronectes platessa*) in the Wadden Sea. - Neth. J. Sea Res. *6*, 376-388.

Meyer-Waarden, P. F. & Tiews, K., 1965. Der Beifang der deutschen Garnelenfischerei 1954-1960. - Ber. Dt. Wiss. Komm. Meeresforsch. *18*, 13-78.

Pihl, L., 1982. Food intake of young cod and flounder in a shallow bay on the Swedish west coast. - Neth. J. Sea Res. *15*, 419-432.

Rumohr, H., 1979. Automatic camera observations on common demersal fish in the western Baltic. - Ber. Dt. Wiss. Komm. Meeresforsch. *27*, 198-202.

Ruth, M., 1991. Einschließungsexperimente im Wattenmeer. Final Report on the DFG-Project „Einschließungsexperimente" (Ne99/77), Kiel, 122pp.

Schmanns, M., 1994. Zur Biologie - insbesondere Nahrungsbiologie - der im Sylter Wattenmeer auftretenden Heringe (*Clupea harengus* L.). Diplomarbeit, Universität Hamburg, 74pp.

Westin, L. & Aneer, G., 1987. Locomotor activity patterns of nineteen fish and five crustacean species from the Baltic Sea. - Env. Biol. Fish. *20*, 49-65.

4.3.2
Saisonale und tidale Wanderungen von Watvögeln im Sylt-Rømø Wattenmeer

Seasonal and Tidal Movements of Shorebirds in the Sylt-Rømø Wadden Sea

Gregor Scheiffarth[1,2] & Georg Nehls[1]

[1] *Forschungs- und Technologiezentrum Westküste der Universität Kiel; Hafentörn, D-25761 Büsum*
[2] *Institut für Vogelforschung; An der Vogelwarte 21, D-26386 Wilhelmshaven*

ABSTRACT

Seasonal and tidal movements of birds in the Sylt-Rømø Wadden Sea were analysed for Dunlins (*Calidris alpina*) and Bar-tailed Godwits (*Limosa lapponica*). Due to the seasonal phenologies of both species in different parts of the Sylt-Rømø Wadden Sea, two different utilization patterns were distinguished:

1. areas, which were only used for a short period of time on migration between breeding and wintering grounds,
2. areas, which were additionally used for overwintering.

Phenologies in the second type of areas are strongly influenced by the climatic conditions in the Wadden Sea. Measurements of thermostatic costs conducted for Bar-tailed Godwits with heated taxidermic mounts showed, that in winter these costs can rise metabolism to a level, which cannot be supported for longer periods of time. Additionally, quality and quantity of the harvestable prey are reduced in winter. At this time of year, Bar-tailed Godwits leave the Sylt-Rømø Wadden Sea when the raised energy requirements cannot be sustained or the limit of energy metabolism would be exceeded in the long-term. Tidal movements over tidal flats was studied in Dunlins. Therefore tidal utilization patterns on plots with different tidal elevations were studied. In spring, movements of Dunlins over tidal flats were restricted to the tide-line. Only the lowest lying plots were used during low tide. In contrast to that, in autumn also plots with intermediate elevation were used during low tide. Movements were restricted to the tide-line only at the highest lying plots. The change in tidal utilization pattern between spring and autumn is explained by a change in prey choice. In all, on large scale as well as on small scale movements of birds are driven by prey availability. On large scale, physiological limitations of the energy metabolism play an additional role, where small species are more susceptible to climatic influences than large ones.

ZUSAMMENFASSUNG

Am Beispiel von Alpenstrandläufer (*Calidris alpina*) und Pfuhlschnepfe (*Limosa lapponica*) wurden die saisonalen und tidalen Wanderungsbewegungen von Vögeln im Sylt-Rømø Wattenmeer untersucht. Aufgrund der jahreszeitlichen Phänologien beider Arten in verschiedenen Teilgebieten des Sylt-Rømø Wattenmeeres ließen sich zwei unterschiedliche Nutzungsmuster erkennen:
1. Gebiete, die nur kurzzeitig auf dem Zug zwischen Brut- und Überwinterungsgebieten genutzt werden,
2. Gebiete, die neben dem Zug auch zur Überwinterung genutzt werden.

Das Anwesenheitsmuster in den zweiten Gebieten ist stark von den klimatischen Verhältnissen im Wattenmeer abhängig. Messungen thermostatischer Kosten mit 'heated taxidermic mounts' an der Pfuhlschnepfe zeigten, daß im Winter Kosten erreicht werden können, die an die Leistungsgrenze des Stoffwechsels heranreichen. Hinzu kommt eine qualitative und quantitative Verschlechterung des erreichbaren Nahrungsangebotes. Pfuhlschnepfen wandern aus dem Sylt-Rømø Wattenmeer im Winter ab, wenn der zu dieser Jahreszeit erhöhte Energiebedarf nicht mehr gedeckt werden kann, oder die physiologische Leistungsgrenze des Stoffwechsels langfristig überschritten wird. Die tidalen Bewegungen auf den Wattflächen wurden am Beispiel des Alpenstrandläufers untersucht. Dazu wurde das tidale Nutzungsmuster auf Probeflächen mit verschiedenen Höhenniveaus aufgenommen. Im Frühjahr war die Bewegung der Alpenstrandläufer über die Wattflächen stark an die Wasserlinie gebunden. Nur die am tiefsten gelegenen Flächen wurden um Niedrigwasser genutzt. Im Herbst wurden dagegen auch Flächen auf mittlerem Höhenniveau um Niedrigwasser genutzt, eine Bindung an die Wasserlinie trat nur noch kurz nach und vor Hochwasser auf. Die Änderung im tidalen Bewegungsmuster über die Wattflächen wird mit einer Änderung in der Nahrungswahl erklärt. Sowohl großräumig als auch kleinräumig werden Bewegungen von Vögeln durch die Nahrungsverfügbarkeit geprägt. Die großräumige Verteilung im Winter kann zusätzlich durch die physiologische Leistungsgrenze des Stoffwechsels bestimmt werden, wobei der klimatische Einfluß auf kleine Vogelarten stärker ist als auf große.

EINLEITUNG

Eines der auffälligsten Phänomene im Wattenmeer ist die jahreszeitliche Veränderung der Vogelgemeinschaften (z. B. Droste-Hülshoff, 1869; Meltofte et al., 1994; Nehls & Scheiffarth, dieser Band). Sie wird bedingt durch die Wanderungsbewegungen der Vögel zwischen ihren Brut- und Überwinterungsgebieten (z. B. Smit & Wolff, 1981; Ens et al., 1990). Dabei können bis zu 12.000 km weite Wanderungen über mehrere Klimazonen von der Arktis bis nach Südafrika vorkommen (z. B. Piersma, 1994). Bei den verschiedenen populationsspezifischen

Zugstrategien (s. Piersma, 1987) dient das Wattenmeer als Zwischenrastgebiet oder als Überwinterungsgebiet, in dem genügend Energie für den Zug oder das Überleben im Winter aufgenommen werden muß. Die variablen Bedingungen im Wattenmeer selbst sind besonders für solche Vogelarten von Bedeutung, die in unseren Breiten überwintern, aber bei Bedarf in mildere Küstenregionen ausweichen. Das Verhalten dieser Arten kann uns verdeutlichen, welche Faktoren das Vorkommen von Vögeln im Wattenmeer steuern.

Im Wattenmeer ist der Zugang zu den Nahrungsressourcen durch die Tide zeitlich begrenzt. Viele Vogelarten zeigen daher ein tidales Aktivitätsmuster (Daan & Koene, 1981; Ketzenberg & Exo, 1994; Hötker, 1995; Nehls, 1995) sowie ein tidal geprägtes Flächennutzungsmuster (Zwarts, 1981; Nehls & Tiedemann, 1993). Folglich müssen auch die Bewegungen der Vögel auf den Wattflächen tidal geprägt sein, bedingt durch den Gradienten in der zeitlichen Verfügbarkeit der Wattflächen von der Hoch- zur Niedrigwasserlinie.

In dieser Arbeit sollen die Wechselwirkungen zwischen klimatischen Wirkungen auf den Energiehaushalt der Vögel und dem Bestand am Beispiel des Alpenstrandläufers (*Calidris alpina*) und der Pfuhlschnepfe (*Limosa lapponica*) untersucht werden. Dabei wird zum einen der Frage nachgegangen, wie diese Faktoren das saisonale Anwesenheitsmuster der Vögel beeinflussen können, zum anderen, wie die Bewegungen der Vögel im Tidenverlauf aussehen und welche Faktoren das tidale Flächennutzungsmuster sowie dessen saisonale Änderung bedingen.

MATERIAL UND METHODEN

Saisonale Phänologien von Wat- und Wasservögeln

Der Vogelbestand wurde in den Jahren 1990-1995 alle 15 Tage (um Springtide) in 10 Teilgebieten des Sylt-Rømø Wattenmeeres über Hochwasser mit Ferngläsern und Spektiven erfaßt (s. Scheiffarth & Nehls, im Druck; Beschreibung der Springtidenzählungen in Rösner & Prokosch, 1992). Für jede Art und jedes Zählgebiet wurde zunächst für jeden Monat und jedes Jahr ein Mittelwert, danach das Mittel über alle Jahre berechnet.

Messung thermostatischer Kosten von Pfuhlschnepfen

Der Energieaufwand zur Thermoregulation variiert mit der Witterung. Zur Messung wurden heizbare Vogelpräparate ('heated taxidermic mounts') eingesetzt, die sich thermisch wie ein lebender Vogel verhalten (Bakken et al., 1981). Die Präparate wurden im Watt elektrisch auf die Körpertemperatur lebender Pfuhlschnepfen (41 °C) aufgeheizt und der Stromverbrauch zur Konstanthaltung dieser Temperatur unter verschiedenen Witterungsbedingungen gemessen. Der Stromverbrauch der Präparate wurde mit einer respirometrischen Stoffwechselmeßanlage (Hill, 1972) auf den Stoffwechsel lebender Pfuhlschnepfen geeicht. Während der Messungen im Watt wurden die 'heated taxidermic mounts' einzeln, in einem Abstand von 1,5 m mit dem Kopf in Windrichtung aufgestellt. Insgesamt wurde unter verschiedenen Witterungsbedingungen über 64 h gemessen. Parallel zu den Freilandmessungen wurden Lufttemperatur (T_a), Windgeschwindigkeit (u) und Globalstrahlung (R_g) mit einer Wetterstation der GKSS aufgezeichnet (Lohse et al., 1993). Sämtliche Parameter wurden in einem Modell integriert (Wiersma & Piersma, 1994):

$$H_{sm} = (K_{es} + K_u \, u^{exp}) \, (T_m - T_a) - K_r \, R_g$$

wobei: H_{sm} = Wärmeverlust des 'heated taxidermic mounts' (thermostatische Kosten), K_{es} = Wärmeleitfähigkeit der Pfuhlschnepfe, T_m = Innentemperatur des 'heated taxidermic mounts'.

Die Parameter K_u, exp und K_r wurden mit einem iterativen Regressionsverfahren geschätzt. Nach Anpassung der Modellparameter ließen sich 68 % (Weibchen) bzw. 83 % (Männchen) der Variation in den thermostatischen Kosten mit Hilfe des gewählten Modells erklären. Mit diesem Modell und den langfristigen 10minütigen Aufzeichnungen der Wetterstation wurde ein Jahresgang des Erhaltungsstoffwechsels (thermostatische Kosten) berechnet. Falls $H_{sm} \leq$ BMR (Grundstoffwechsel) war, wurde für die entsprechenden Zeiträume BMR als Erhaltungsstoffwechsel eingesetzt.

Erfassung der Verteilung von Vögeln auf Wattflächen

Im Königshafen wurden 33 Probeflächen von je 50 x 50 m Größe mit Pfählen markiert. Die Höhenlage dieser Probeflächen wurde anhand der Koordinaten aus der Isolinienkarte des ALW Husum (1:5000, Vermessung 1991) ermittelt. Vögel auf den Flächen wurden in 10minütigen Abständen über ganze Tidezyklen gezählt. Der Vogelbestand wurde auf allen Flächen im Frühjahr (25.3. bis 25.4.92) und im September (31.8. bis 4.9.92) jeweils an 5 Tagen synchron erfaßt. Für jede Vogelart wurde die mittlere Dichte pro ha für jedes 20-Minuten Intervall eines Tidezyklus aus allen Erfassungen der jeweiligen Saison berechnet. Zur Kategorisierung der tidalen Nutzungsmuster auf den 33 Probeflächen wurde eine Ähnlichkeitsmatrix auf der Grundlage des Cosinusmaßes berechnet (Backhaus et al., 1990). Anschließend wurden eine Clusteranalyse (Average Linkage) sowie eine Multidimensionale Skalierung (MDS) zur Bestimmung der Ähnlichkeit der einzelnen Muster durchgeführt (Field et al., 1982).

ERGEBNISSE

Saisonale Phänologien

Das Anwesenheitsmuster von Vögeln im Wattenmeer weist eine ausgesprochene saisonale Variation auf (Nehls & Scheiffarth, dieser Band). Zusätzlich zeigen einzelne Vogelarten an verschiedenen Rastplätzen unterschiedliche Phänologien.

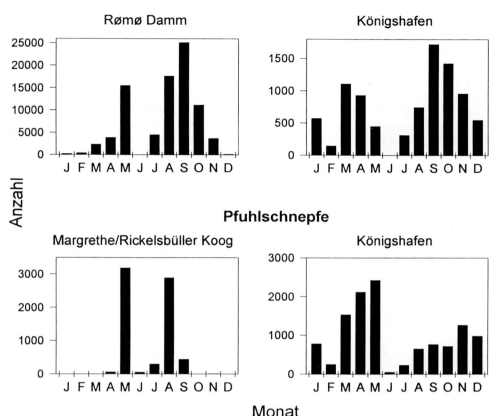

Abb. 1. Phänologien von Alpenstrandläufer und Pfuhlschnepfe in jeweils zwei Rastgebieten des Sylt-Rømø Wattenmeeres; Monatsmittelwerte aus 2-5 Jahren

Wie in Abb. 1 am Beispiel von Alpenstrandläufer und Pfuhlschnepfe dargestellt ist, lassen sich zwei Nutzungsmuster unterscheiden:

1. Gebiete, die hauptsächlich für kurze Zeit während des Durchzuges auf den Wanderungen zwischen südeuropäischen oder afrikanischen Überwinterungsgebieten und arktischen Brutgebieten genutzt werden,
2. Gebiete, die sowohl für eine längere Zeit während des Zuges, als auch im Winter genutzt werden, wobei hier gegen Ende des Winters noch eine Abwanderung in mildere Gebiete stattfinden kann.

Im weiteren sollen die Regulationsmechanismen, die das Anwesenheitsmuster an Rastplätzen wie dem Königshafen steuern am Beispiel der Pfuhlschnepfe näher untersucht werden.

Thermostatische Kosten

Bei der Betrachtung der thermostatischen Kosten wurden beide Geschlechter getrennt behandelt, da Pfuhlschnepfenweibchen größer sind als die Männchen (Prokosch, 1988). Im Jahresverlauf hatten die Männchen fast immer höhere thermostatische Kosten als die Weibchen, wobei der saisonale Verlauf ähnlich war (Abb. 2). In den Sommermonaten (Juni, Juli, August) mußten die Tiere nur wenig zusätzliche Energie zum Grundstoffwechsel für die Erhaltung der Körpertemperatur aufwenden (1,5 * BMR). Ab September stiegen die thermostatischen Kosten bis auf maximal das 4,4fache des Grundumsatzes im Februar an. Im Mittel lagen die thermostatischen Kosten im Winter doppelt so hoch wie im Sommer (s. a. Scheiffarth, 1996).

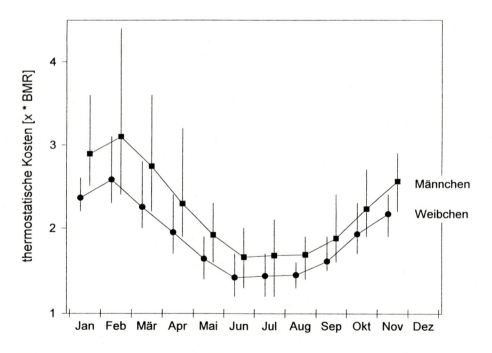

Abb. 2. Jahresgang des Erhaltungsstoffwechsels (Mittelwert und Spannweite pro Monat) eines einzeln auf den Wattflächen des Königshafens stehenden Pfuhlschnepfenmännchens und -weibchens im Bezug zum Grundstoffwechsel (BMR: basal metabolic rate; 2,76 W für Weibchen, 2,27 W für Männchen, eigene Messungen)

4.3.2 Saisonale und tidale Wanderungen von Wattvögeln

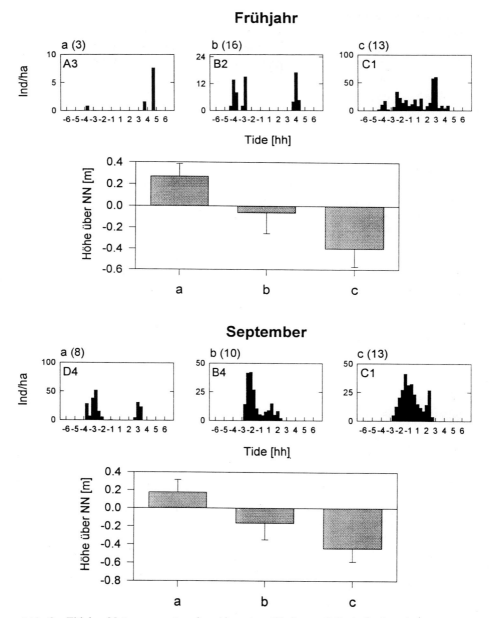

Abb. 3. Tidales Nutzungsmuster des Alpenstrandläufers auf Probeflächen im Königshafen; dargestellt ist jeweils exemplarisch das Muster einer Fläche pro Nutzungstyp (s. Text), sowie in Klammern die Anzahl der Flächen, die diesem Typ entsprechen (nicht berücksichtigt sind Flächen, die keinem der dargestellten Muster zugeordnet werden konnten). Zusätzlich ist das mittlere Höhenniveau über NN (+ bzw. - SD) für die Flächen des jeweiligen Tidenmusters dargestellt

Tidale Wanderungen des Alpenstrandläufers

Auf der Grundlage der Clusteranalyse und der Multidimensionalen Skalierung ergaben sich für das Frühjahr drei verschiedene tidale Nutzungsmuster (Abb. 3):

1. Flächen im oberen Eulitoral, die ausschließlich nur kurz vor Hochwasser (HW) genutzt wurden,
2. Flächen, die bei ab- und auflaufendem Wasser genutzt wurden,
3. Flächen im unteren Eulitoral, die während der gesamten Trockenfallperiode genutzt wurden.

Für den September ergaben sich wiederum drei tidale Nutzungsmuster:

1. Flächen, die bei ab- und auflaufendem Wasser genutzt wurden,
2. Flächen mit hauptsächlicher Nutzung bei ablaufendem Wasser und weiterer Nutzung mit geringerer Intensität über die restliche Trockenfallperiode,
3. Flächen, die über die gesamte Trockenfallperiode genutzt wurden.

Zu beiden Beobachtungsperioden unterschieden sich die Flächengruppen in ihrer Höhenlage (Kruskal-Wallis, jeweils $p < 0,001$). Sowohl im Frühjahr, als auch im September wurden um NW bevorzugt die am niedrigsten gelegenen Flächen genutzt. Im Gegensatz zum Frühjahr nahm im September die Anzahl der Flächen, die überhaupt um NW genutzt wurden von 13 auf 23 zu. Es wurden also im September auch Flächen auf mittlerem Tidenniveau um NW genutzt. Zu dieser Zeit wurden nur die 8 am höchsten gelegen Flächen mit ab- und auflaufender Tide genutzt.

DISKUSSION

Saisonale Wanderungen

Die unterschiedlichen Phänologien an den verschiedenen Rastplätzen im Sylt-Rømø Wattenmeer deuten bei einigen Arten darauf hin, daß dieses Gebiet jeweils von mindestens zwei verschiedenen Populationen genutzt wird. So gibt es für den Knutt (*Calidris canutus*; Prokosch, 1988), den Alpenstrandläufer (Goede et al., 1990) und die Pfuhlschnepfe (Prokosch, 1988; Drent & Piersma, 1990) mindestens zwei Populationen mit unterschiedlichen Zugstrategien, die das Wattenmeer nutzen.

Zum einen handelt es sich um Weitstreckenzieher mit Überwinterungsgebieten in Afrika, die sich nur kurzzeitig im Wattenmeer aufhalten. Ihre Zugstrategie setzt einen engen zeitlichen Rahmen (Piersma, 1987) und für die Ausprägung der Phänologien dieser Populationen sind die Bedingungen im Wattenmeer kaum bestimmend. Es findet allenfalls eine Veränderung der Rastdauer um wenige Tage statt, um die günstigsten Zugzeitpunkte abzupassen (Piersma et al., 1990). Allerdings können die Bedingungen im Wattenmeer die Fitneß der Vögel, wie z. B. den Bruterfolg, beeinflussen (Piersma, 1987; Ebbinge & Spaans, 1995).

Dagegen wird das Anwesenheitsmuster der zweiten Gruppe stark von den jeweiligen lokalen Verhältnissen im Wattenmeer beeinflußt. Es handelt sich hierbei um Vögel, deren Überwinterungsgebiete in Europa liegen. Auf diese Individuen wirkt die Saisonalität des Klimas sowohl direkt, über die thermostatischen Kosten, wie auch indirekt über die Nahrungsverfügbarkeit (Nehls et al., 1993).

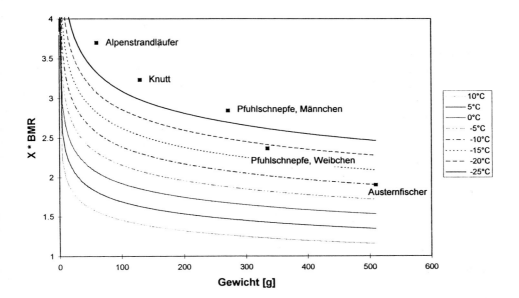

Abb. 4. Gewichtsabhängige Erhöhung des Stoffwechsels in Bezug zum Grundstoffwechsels (BMR) bei verschiedenen Temperaturen für Limikolen unter konvektionsfreien Bedingungen; BMR berechnet nach Kersten & Piersma (1987), Wärmeleitfähigkeit nach Kendeigh et al. (1977), multipliziert mit 1,31 (mittlere Abweichung für Limikolen nach Kersten & Piersma, 1987). Zusätzlich dargestellt ist die Erhöhung des Stoffwechsels für vier Limikolenarten an einem durchschnittlichen Wintertag (Dez.-Feb.) auf den Wattflächen des Königshafens (Temperatur = 3,6 °C; Wind = 7,8 m s^{-1}; Globalstrahlung = 27 W m^{-2}) berechnet nach Wiersma & Piersma (1994; für Pfuhlschnepfen eigene Meßwerte verwendet).

Das Zusammenspiel der beiden Wirkungsweisen ist bei den einzelnen Vogelarten unterschiedlich. Wie am Beispiel der Pfuhlschnepfe gezeigt, nehmen mit fortschreitender Jahreszeit die thermostatischen Kosten zu, und in der Zeit mit dem höchsten Energiebedarf für die Thermoregulation findet eine Abwanderung in mildere Gebiete statt. Insgesamt ist die Stärke dieser direkten klimatischen Wirkung körpergrößenabhängig. Je kleiner die Tiere sind, desto höher wird der Einfluß der Thermoregulation auf das Energiebudget (Abb. 4). So können für den Alpenstrandläufer leicht thermostatische Kosten erreicht werden, die den Gesamtenergieumsatz auf das 4-5fache des Grundstoffwechsels steigern, ein Niveau, das der Stoffwechsel nicht dauerhaft leisten kann (Kirkwood, 1983). Dagegen führen die thermostatischen Kosten des Austernfischers (*Haematopus ostralegus*) nur zu einer geringen Erhöhung des Stoffwechsels bei durchschnittlichen Winterbedingungen im Sylt-Rømø Wattenmeer.

Die Nahrungsverfügbarkeit wird über verschiedene Mechanismen gesteuert. Mit fallenden Temperaturen nimmt die Oberflächenaktivität der Nahrungsorganismen ab (Evans, 1979; Evans, 1987), sie graben sich tiefer ein (z. B. Zwarts & Wanink, 1993), womit die Entdeck- und Erreichbarkeit sinkt, oder einige Arten, wie *Carcinus maenas* oder *Crangon crangon* wandern in sublitorale Bereiche ab (Boddeke, 1976; Evans, 1979; Beukema, 1991; 1992; Herrmann et al., dieser Band). Zusätzlich sinkt im Winter der Energiegehalt der meisten Benthosrganismen (Zwarts & Wanink, 1993).

Vögel sind somit im Wattenmeer zum Winter hin zwei gegenläufigen Trends ausgesetzt. Zum einen steigt der Energiebedarf aufgrund der sich verschlechternden klimatischen Bedingungen, zum anderen sinkt die Nahrungsverfügbarkeit. Pfuhlschnepfen reagierten zunächst mit der Nahrungswahl auf die veränderten Bedingungen, indem sie leichter erreichbare, aber auch kleinere Beutetiere aufnahmen (Scheiffarth, 1995; s. a. Evans, 1979) und die Nahrungssuche zeitlich ausdehnten (Scheiffarth, 1995). Bei Möwen nahm zum Winter hin außerdem der Anteil des Kleptoparasitismus zu (Dernedde, 1994; Nehls et al., 1993) und bei territorialen Vögeln wurde eine Vergrößerung der Nahrungsterritorien beobachtet (Evans, 1979). Wenn sämtliche Kompensationsmechanismen zur Deckung des täglichen Nahrungsbedarfs nicht mehr ausreichen, müssen die Vögel abwandern. Dies geschieht spätestens, wenn a) der Stoffwechsel über mehrere Tage das 4-5 fache der Grundumsatzes übersteigt oder b) die energetischen Kosten durch das erreichbare Nahrungsangebot nicht mehr gedeckt werden können. Da kleinere Vögel stärker von den saisonalen Fluktuationen der klimatischen Bedingungen betroffen sind, sollten sie früher in mildere Gebiete mit geringerer Vereisungswahrscheinlichkeit abwandern als größere Vögel, wie der Austernfischer und der Große Brachvogel (*Numenius arquata*). Dies deutet sich z. B. in dem erhöhten mittleren Gewicht der im Untersuchungsgebiet anwesenden Vögel im Winter an (Nehls & Scheiffarth, dieser Band).

Tidale Wanderungen

Für den Alpenstrandläufer im Königshafen ergibt sich für das tidale Flächennutzungsmuster folgendes Bild: Im Frühjahr bewegen sich die Vögel hauptsächlich mit der Wasserlinie über die Wattflächen. Sie fliegen kurz nach Hochwasser (HW) vom Rastplatz an die Wasserlinie, wo sie vor allem Polychaeten fressen (Nehls & Tiedemann, 1993) und folgen ihr über Niedrigwasser (NW) bis kurz vor HW. Auch im September fangen die Vögel kurz nach HW an, entlang der Wasserlinie nach Nahrung zu suchen, lösen sich allerdings dann von der Wasserlinie und bleiben z. T. auf Wattflächen mit mittlerem Höhenniveau zurück, wo Crustaceen erbeutet werden (Nehls & Tiedemann, 1993). Bei auflaufendem Wasser, kurz bevor sie auf den HW-Rastplatz gehen, bewegen sie sich wieder entlang der Wasserlinie.

Die Bedeutung der Wasserlinie als genutzte Habitatstruktur ist somit saisonal unterschiedlich. Hier herrscht zu bestimmten Zeiten (Winter, zeitiges Frühjahr) ein erhöhtes Nahrungsangebot gegenüber den um NW austrocknenden Wattflächen, wo die Benthosorganismen sich tiefer eingraben (Evans, 1979). Im Gegensatz dazu bieten im Spätsommer die Wattflächen auf mittlerem Höhenniveau aufgrund der erhöhten Benthosaktivität (s. o.) sowie der Wanderungsstrategien mobiler Benthosorganismen (Armonies, dieser Band) auch um NW ein gut erreichbares Nahrungsangebot.

Jede Vogelart nutzt bevorzugt solche Flächentypen, die ihren Nahrungspräferenzen und Nahrungssuchestrategien entsprechen (z. B. Wolff, 1969; Yates et al., 1993). Durch ein saisonal variierendes Nahrungsangebot ändert sich somit auch die Flächennutzung (Nehls & Tiedemann, 1993). Zu der saisonalen Änderung der Flächen- und Nahrungswahl kommt eine Änderung des tidalen Flächennutzungsmusters hinzu (Nehls & Tiedemann, 1993). Die Bewegungen zwischen den jeweiligen Strukturen, die zur Nahrungssuche genutzt werden, und den HW-Rastplätzen bestimmen die tidalen Wanderungsbewegungen der Vögel, wobei diese Strukturen, wie im Falle der Wasserlinie selbst beweglich sein können.

Allgemein scheinen sowohl saisonale, als auch tidale Wanderungsbewegungen von der Nahrungsverfügbarkeit bestimmt zu werden. Sowohl großräumig, als auch kleinräumig werden solche Strukturen aufgesucht, wo das vorhandene Nahrungsangebot profitabel genutzt werden kann. Zusätzlich können physiologische Leistungsgrenzen des Stoffwechsels die großräumige Verteilung der Vögel im Winter bestimmen.

DANKSAGUNG

An erster Stelle bedanken wir uns bei Iver Gram, Lars Maltha Rassmussen, Ralph Tiedemann und allen studentischen Hilfskräften für die Überlassung bzw. Aufnahme von Vogelzählungen. Für die kritische Durchsicht des Manuskriptes sei Werner Armonies, Franz Bairlein und Christiane Ketzenberg gedankt.

LITERATUR

Armonies, W., 1997. Driftendes Benthos im Wattenmeer: Spielball der Gezeitenströmungen? - In: Gätje, C. & Reise, K. (Hrsg.): Ökosystem Wattenmeer - Austausch-, Transport- und Stoffumwandlungsprozesse, Springer-Verlag, Heidelberg, Berlin, S. 463-471.

Backhaus, K., Erichson, B., Plinke, W. & Weiber, R., 1990. Multivariate Analysemethoden. - Springer-Verlag, Berlin, Heidelberg, New York, 416 pp.

Bakken, G. S., Buttemer, W. A., Dawson, W. R. & Gates, D. M., 1981. Heated taxidermic mounts: a means of measuring the standard operative temperature affecting small animals. - Ecology 62, 311-318.

Beukema, J. J., 1991. The abundance of Shore Crabs *Carcinus maenas* (L.) on a tidal flat in the Wadden Sea after cold and mild winters. - J. exp. mar. Biol. Ecol. 153, 97-113.

Beukema, J. J., 1992. Dynamics of juvenile shrimp *Crangon crangon* in a tidal-flat nursery of the Wadden Sea after mild and cold winters. - Mar. Ecol. Prog. Ser. 83, 157-165.

Boddeke, R., 1976. The seasonal migration of the Brown Shrimp *Crangon crangon*. - Neth. J. Sea Res. 10, 103-130.

Daan, S. & Koene, P., 1981. On the timing of foraging flights by Oystercatchers, *Haematopus ostralegus*, on tidal mudflats. - Neth. J. Sea Res. 15, 1-22.

Dernedde, T., 1994. Foraging overlap of three gull species (*Larus* spp.) on tidal flats in the Wadden Sea. - Ophelia Suppl. 6, 225-238.

Drent, R. & Piersma, T., 1990. An exploration of the energetics of Leap-Frog migration in arctic breeding waders. - In: Gwinner, E. (ed.) Bird migration, physiology and ecophysiology. Springer-Verlag, Berlin, Heidelberg, pp. 399-412.

Droste-Hülshoff, F., 1869. Die Vogelwelt der Nordseeinsel Borkum. - Selbstverlag des Verfassers, Münster, 389 pp.

Ebbinge, B. & Spaans, B., 1995. The importance of body reserves accumulated in spring staging areas in the temperate zone for breeding in Dark-bellied Brent Geese *Branta b. bernicla* in the high Arctic. - J. Avian Biol. 26, 105-113.

Ens, B. J., Piersma, T., Wolff, W. J. & Zwarts, L., 1990. Homeward bound: problems waders face when migrating from the Banc d'Arguin, Mauretania, to their northern breeding grounds in spring. - Ardea 78, 1-16.

Evans, A., 1987. Relative availability of the prey of wading birds by day and by night. - Mar. Ecol. Prog. Ser. 37, 103-107.

Evans, P. R., 1979. Adaptations shown by foraging shorebirds to cyclical variations in the activity and availability of their intertidal invertebrate prey. - In: Naylor, E. & Hartnoll, R. G. (eds.): Cyclic phenomena in marine plants and animals. Pergamon Press, Oxford, New York, pp. 357-366.

Field, J. G., Clarke, K. R. & Warwick, R. M., 1982. A practical strategy for analysing multispecies distribution patterns. - Mar. Ecol. Prog. Ser. 8, 37-52.

Goede, A. A., Nieboer, E. & Zegers, P. M., 1990. Body mass increase, migration pattern and breeding grounds of Dunlins, *Calidris alpina*, staging in the Dutch Wadden Sea in spring. - Ardea 78, 135-144.

Herrmann, J.-P., Jansen, S. & Temming, A., 1997. Saisonale, diurnale und tidale Wanderungen von Fischen und der Sandgarnele (*Crangon crangon*) im Wattenmeer bei Sylt. - In: Gätje, C. & Reise, K. (Hrsg.): Ökosystem Wattenmeer - Austausch-, Transport- und Stoffumwandlungsprozesse, Springer-Verlag, Heidelberg, Berlin, S. 499-515.

Hill, R. W., 1972. Determination of oxygen consumption by use of the paramagnetic oxygen analyzer. - J. Appl. Physiol. 33, 261-263.

Hötker, H., 1995. Aktivitätsrhythmus von Brandgänsen (*Tadorna tadorna*) und Watvögeln (Charadrii) an der Nordseeküste. - J. Orn. *136,* 105-126.
Kendeigh, S. C., Dol'nik, V. R. & Gravilov, V. M., 1977. Avian energetics. - In: Pinowski, J. & Kendeigh, S. C. (eds.): Granivorous birds in ecosystems. Their evolution, populations, energetics, adaptations, impact and control. Cambridge University Press, Cambridge, pp. 127-204.
Kersten, M. & Piersma, T., 1987. High levels of energy expenditure in shorebirds; metabolic adaptations to an energetically expensive way of life. - Ardea *75,* 175-187.
Ketzenberg, C. & Exo, K.-M., 1994. Time budgets of migrating waders in the Wadden Sea: Results of the interdisciplinary project Ecosystem Research Lower Saxonian Wadden Sea. - Ophelia Suppl. *6,* 315-321.
Kirkwood, J. K., 1983. A limit to metabolizable energy intake in mammals and birds. - Comp. Biochem. Physiol. *75A,* 1-3
Lohse, H., Müller, A. & Siewers, H., 1993. Mikrometeorologische Messungen im Wattenmeer. - Annalen der Meteorologie *27,* 143.
Meltofte, H., Blew, J., Frikke, J., Rösner, H.-U. & Smit, C. J., 1994. Numbers and distribution of waterbirds in the Wadden Sea. Results and evaluation of 36 simultaneous counts in the Dutch-German-Danish Wadden Sea 1980-1991. - IWRB Publication 34/Wader Study Group Bull. *74,* Special issue, 192 pp.
Nehls, G., 1995. Strategien der Ernährung und ihre Bedeutung für Energiehaushalt und Ökologie der Eiderente (*Somateria mollissima* (L., 1758)). - Berichte, Forsch.- u. Technologiezentrum Westküste d. Univ. Kiel, Nr. 10, 177 pp.
Nehls, G. & Tiedemann, R., 1993. What determines the densities of feeding birds on tidal flats? A case study on Dunlin, *Calidris alpina*, in the Wadden Sea. - Neth. J. Sea Res. *31,* 375-384.
Nehls, G., Scheiffarth, G., Dernedde, T. & Ketzenberg, C., 1993. Seasonal aspects of the consumption by birds in the Wadden Sea. - Verh. Dtsch. Zool. Ges. *86.1,* 286.
Nehls, G. & Scheiffarth, G., 1997. Rastvogelbestände im Sylt-Rømø Wattenmeer. - In: Gätje, C. & Reise, K. (Hrsg.): Ökosystem Wattenmeer - Austausch-, Transport- und Stoffumwandlungsprozesse, Springer-Verlag, Heidelberg, Berlin, S. 89-94.
Piersma, T., 1987. Hink, stap of sprong? Reisbeperkingen van arctische steltlopers door voedselzoeken, vetopbouw en vliegsnelheid. - Limosa *60,* 185-194.
Piersma, T., 1994. Close to the edge: energetic bottlenecks and the evolution of migratory pathways in Knots. - Uitgeverij Het Open Boek, Den Burg, Texel, 366 pp.
Piersma, T., Klaassen, M., Bruggemann, J. H., Blomert, A.-M., Gueye, A., Nitamoa-Baidu, Y. & Brederode, N. E., 1990. Seasonal timing of the spring departure of waders from the Banc d'Arguin, Mauretania. - Ardea *78,* 123-134.
Prokosch, P., 1988. Das Schleswig-Holsteinische Wattenmeer als Frühjahrs-Aufenthaltsgebiet arktischer Watvogelpopulationen am Beispiel von Kiebitzregenpfeifer (*Pluvialis squatarola*, L. 1758), Knutt (*Calidris canutus*, L. 1758) und Pfuhlschnepfe (*Limosa lapponica*, L. 1758). - Corax *12,* 273-442.
Rösner, H.-U. & Prokosch, P., 1992. Coastal birds counted in a spring-tide rhythm - a project to determine seasonal and long-term trends of numbers in the Wadden Sea. - Neth. Inst. Sea Res. Publ. Ser. *20,* 275-279.
Scheiffarth, G., 1995. Warum verlassen Pfuhlschnepfen (*Limosa lapponica*) im Herbst das Wattenmeer? Saisonale Aspekte der Nahrungsökologie. - J. Orn. *136,* 336-337.

Scheiffarth, G., 1996. How expensive is wintering in the Wadden Sea? Thermostatic costs of Bar-tailed Godwits (*Limosa lapponica*) in the northern part of the Wadden Sea. - Verh. Dtsch. Zool. Ges. *89.1*, 178.

Scheiffarth, G. & Nehls, G., 1997. Consumption of benthic fauna by carnivorous birds in the Wadden Sea. - Helgoländer Meeresunters. *51*, (in press).

Smit, C. J. & Wolff, W. J., 1981. Birds of the Wadden Sea, Report No. 6 of the Wadden Sea Working Group. - A. A. Balkema, Rotterdam, 308 pp.

Wiersma, P. & Piersma, T., 1994. Effects of microhabitat, flocking, climate and migratory goal on energy expenditure in the annual cycle of Red Knots. - Condor *96*, 257-279.

Wolff, W. J., 1969. Distribution of non-breeding waders in an estuarine area in relation to the distribution of their food organisms. - Ardea *57*, 1-28.

Yates, M. G., Goss-Custard, J. D., McGrorty, S., Lakhani, K. H., dit Durell, S. E. A. le V., Clarke, R. T. & Frost, A. J., 1993. Sediment characteristics, invertebrate densities and shorebird densities on the inner banks of the Wash. - J. Appl. Ecol. *30*, 599-614.

Zwarts, L., 1981. Habitat selection and competition in wading birds. - In: Smit, C. J. & Wolff, W. J. (eds.): Birds of the Wadden Sea, Report No. 6 of the Wadden Sea Working Group. A. A. Balkema, Rotterdam, pp. 271-279.

Zwarts, L. & Wanink, J. H., 1993. How the food supply harvestable by waders in the Wadden Sea depends on the variation in energy density, body weight, biomass, burying depth and behaviour of tidal-flat invertebrates. - Neth. J. Sea Res. *31*, 441-476.

Kapitel 5

Austauschprozesse im Sylt-Rømø Wattenmeer: Zusammenschau und Ausblick

Exchange Processes in the Sylt-Rømø Wadden Sea: A Summary and Implications

K. Reise[1], R. Köster[3], A. Müller[4], W. Armonies[1], H. Asmus[1], R. Asmus[1], W. Hickel[2] & R. Riethmüller[4]

[1] *Biologische Anstalt Helgoland, Wattenmeerstation Sylt; D-25992 List*
[2] *Biologische Anstalt Helgoland; Notkestr. 31, D-22607 Hamburg*
[3] *Forschungs- und Technologiezentrum Westküste, Univ. Kiel; D-25761 Büsum*
[4] *GKSS-Forschungszentrum, Institut für Gewässerphysik; D-21494 Geesthacht*

ABSTRACT

An integrated view on the morphodynamics and biodynamics of a tidal backbarrier lagoon is presented, together with some implications for coastal zone management in the Wadden Sea. The present size and shape of the List tidal basin is primarily determined by the local position of glacial deposits, the history of hydrodynamic forces, and finally the embankments along the mainland coast and two causeways to the islands. In this century, the areal share of the intertidal zone decreased from roughly two to one third of the basin. In addition, the accumulation of fine-grained deposits is very low by comparison. It is assumed that this state is mainly a consequence of progressive embankments and of the two causeways, causing the input of hydrodynamic energy to increase per unit area. Biological exchange processes are considered at three scales. At a microscale within the sediment, there is a tight coupling of high production and remineralisation with little export, performed by a highly diverse and stable assemblage of small organisms. At a macroscale between the sediment and the tidal waters, coupling between populations is lax, rates of import and export vary with the activity of a few dominant organisms and with hydrodynamic forces. At a megascale over large horizontal distances, i.e. between the Wadden Sea and the North Sea, variability and unpredictability increase further, and in the long-term, medians of import and export rates are not significantly different. The List tidal basin fluctuates between sink and source relative to the North Sea. With regard to effects of increasing coastal eutrophication, the List tidal basin shows a time lag of approximately 15 years compared to southern parts of the Wadden Sea with more direct riverine inflows. Furthermore, erosion and enhanced hydrodynamic forces counteract bioaccumulation in this lagoon cramped by dikes and causeways. In the long-run, these physical processes will diminish the biota of the intertidal zone, and the saltmarsh transition to the land in particular. These losses may be mitigated by disempoldering part of the former Vidå estuary.

ZUSAMMENFASSUNG

Die Engführung der Wattenmeerbucht durch die sukzessiven Eindeichungen und durch die beiden Dämme zu den Inseln könnten die Ursache für eine in diesem Jahrhundert verstärkt aufgetretene Erosionstendenz sein. Der Flächenanteil der Gezeitenwatten ist von rund zwei auf ein Drittel zurückgegangen. Auch die Deposition der feinkörnigen Partikel ist vergleichsweise gering. Die biologischen Austauschprozesse werden auf drei Skalen betrachtet. Im Mikrobereich ist im Sediment die Kopplung der Funktionen eng, die Leistung hoch und der Export niedrig. Die Organismen sind klein und die Biodiversität ist groß. Der Makroaustausch zwischen Sediment und Gezeitenwasser variiert mit der Dominanz einiger weniger Organismenarten und mit den hydrodynamischen Kräften. Die Kopplungen sind locker. Der Megaaustausch zwischen Wattenmeer und Nordsee ist noch variabler und unbestimmter. Medianwerte von Import- und Exportraten sind langfristig nicht signifikant verschieden. Einer biogenen Akkumulation wirken die Erosion und die verstärkten hydrodynamischen Kräfte in dieser durch Deiche und Dämme eingeengten Bucht entgegen. Im Übergangsbereich zwischen Land und Meer drängen die physikalischen Prozesse daher allmählich die biologische Komponente zurück. Diese Entwicklung könnte durch neue Überflutungsgebiete im eingedeichten, früheren Vidå Ästuar etwas aufgefangen werden.

EINLEITUNG

Worin besteht der Wert einer Fallstudie, die einen ausgewählten Küstenabschnitt in seiner spezifischen Ausprägung minutiös beschreibt und analysiert? René Descartes bemerkte abfällig, daß Fallbeispiele unser Wissen zwar erweitern, es aber nicht vertiefen. Die Wissenschaften sollten nach umfassenden, allgemeinen Naturgesetzen suchen, deren Kenntnis dann auch im Speziellen zu richtigen Einschätzungen führt. Diese Auffassung setzt allerdings voraus, daß alle Vorgänge in der Natur hinreichend von abstrakten Axiomen ableitbar sind.

Die moderne Ökosystemforschung hat sich von diesem Ideal verabschiedet und die zeitgebundene, von örtlichen Bedingungen geprägte Vielfalt als Forschungsfeld hinzugenommen. Gerade im Umgang mit konkreten Landschaften bedarf es der Erforschung ihrer geschichtlichen Entwicklung, ihrer regionalen und lokalen

Besonderheiten und der zufälligen Umstände, die auf die allgemeinen Prozesse modifizierend einwirken, sie verstärken oder auch aufheben. Erkenntnisse aus Fallbeispielen können auf ähnliche Fälle übertragen werden, wenn die jeweiligen Besonderheiten kritisch in vergleichenden Untersuchungen gewichtet werden. Eine Fallstudie zu einem ausgewählten Ökosystem kann Orientierungswissen für künftiges, umsichtiges und abwägendes Handeln mit Rücksicht auf alle Folgen und Nebenfolgen in einem entsprechenden Landschaftsraum liefern.

Grundsätzlich kann nie alles in Erfahrung gebracht werden, so daß Ungewißheit und Vieldeutigkeit sich nicht ganz ausschließen lassen. Die leuchtende Klarheit allgemeingültiger Gesetzmäßigkeiten bleibt im konkreten Anwendungsfall ein Traum und Bescheidenheit ist nach der Vorlage der Ergebnisse selbst eines so umfangreichen Projektes wie SWAP geboten. Forschung erschöpft sich außerdem nicht in Antworten, sondern führt auch zu neuen Fragen. Ein realistisches Maß und Vorsicht ist besonders auch dann geboten, wenn es um ganz praktische Empfehlungen für ein künftiges Küstenmanagement geht, weil hier neben den objektiven Sachverhalten auch Wertentscheidungen ins Gewicht fallen.

SWAP unternimmt auch den Versuch, ausgehend von einem Beispiel, unser Verständnis der generellen Abläufe im Wattenmeer zu verbessern. Für die Frage nach den ökosystemaren Austauschprozessen und möglichen Prognosen für die weitere Entwicklung, wurde das Einzugsgebiet eines Wattstromes, ein Tidebecken, als angemessene Landschaftseinheit gewählt. Solch ein Teilgebiet des Wattenmeeres strebt ein Gleichgewicht zwischen den hydrodynamischen Kräften und der Küstenmorphologie mit Salzwiesen, freifallenden Watten, verzweigten Wattstromrinnen und seewärtigen Düneninseln oder Sandbänken an. Ökologisch gesehen birgt ein Tidebecken die gesamte Biotopsequenz und das Artenspektrum der Küste, stellt also ein Wattenmeer im Kleinen dar.

MORPHODYNAMIK

Besonders die Ergebnisse zur Morphodynamik des Lister Tidebeckens werfen Fragen auf und sind reich an Implikationen für den Küsten- und Naturschutz. Die Vergangenheit war sehr wechselhaft. Unter dem Wattboden liegende Kleihorizonte zeugen von ausgedehnten Marschenbildungen vor 5000 und 3000 Jahren bei niedrigerem Meeresspiegel. Vor etwa 2900 Jahren war der Meeresspiegel in dieser Küstenregion dann vermutlich schon einmal so hoch wie heute und das Watt reichte viel weiter landeinwärts (Bartholdy & Pejrup, 1994). Nach vorübergehender Regression stieg der Meeresspiegel unter weiteren Schwankungen wieder an (Jacobsen, 1993; Lassen, 1995).

Eiszeitliches Erbe, Hydrodynamik und moderne Küstenarchitektur

Zunächst aber zu den Besonderheiten des Untersuchungsgebietes. Größe und Form der Sylt-Rømø Wattenmeerbucht werden in ihrer Entstehungsgeschichte von den saaleeiszeitlichen, bis ans Ufer reichenden Moränenkuppen geprägt. Gäbe es den glazial entstandenen Kern der Insel Sylt nicht, so hätte sich vermutlich weiter landeinwärts, etwa auf einer Linie mit Rømø, eine Barriereinsel gebildet (Abb. 1). Die Wattenmeerbucht hätte dann zwischen Inseln und Festland in ihrer Ost-West-Ausdehnung nur eine Tiefenerstreckung von 8 km statt jetzt 20 km gehabt. Entsprechend wäre auch das Lister Tief mit seinen abzweigenden Rinnen flacher, die Wellen würden in dieser schmalen Bucht schwächer bleiben und mehr Feinmaterial könnte zur Ablagerung kommen und Schlickwatten bilden.

Größe und Form des Lister Tidebeckens sind also nicht nur das Produkt der Hydrodynamik in der östlichen Nordsee, sondern auch eine Folge von Gletscherbewegungen während der vorletzten Eiszeit. Dies steht im Gegensatz zu weiten Teilen der ost- und westfriesischen Küste, wo die Lage der Inseln und damit die Gestalt der leeseitigen Wattenbuchten mehr im Einklang mit den herrschenden Meereskräften steht (Oost & de Boer, 1994; Flemming & Davis, 1994).

Für die Barriereinseln im nördlichen Wattenmeer sind die nach Westen vorragenden, saaleeiszeitlichen Aufragungen und Untiefen am Nordseeboden von Blåvands Huk im Norden und Sylt im Süden die Hauptliefergebiete für Sedimente (Abb.1). Die daran unmittelbar anschließenden Sandhaken (Skallingen und das Listland von Sylt) haben Dünenkliffs ausgebildet und weichen 1 bis 2 m pro Jahr zurück (Ahrendt, 1993; Bartholdy & Pejrup, 1994; Kelletat, 1992). Auf Sylt wird dies allerdings durch künstliche Sandvorspülungen seit 1972 weitgehend kompensiert. Die dazwischen liegenden Barriereinseln Fanø und Rømø haben dagegen eine positive Sedimentbilanz mit weiten flachen Stränden und neu entstehenden Dünenwällen. Südlich vom Lister Tief befindet sich also eine Abtrags- und nördlich eine Anlandungsküste.

Ökosystem Wattenmeer 533

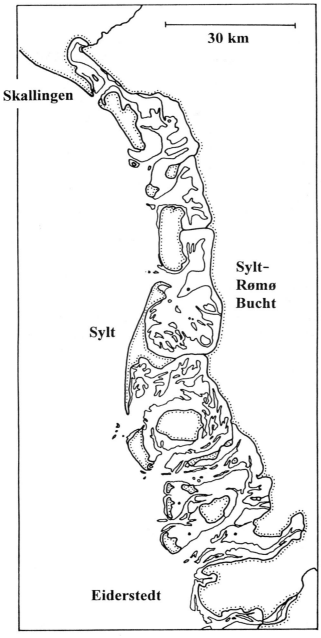

Abb. 1. Nördliches Wattenmeer zwischen Blåvands Huk und Eiderstedt

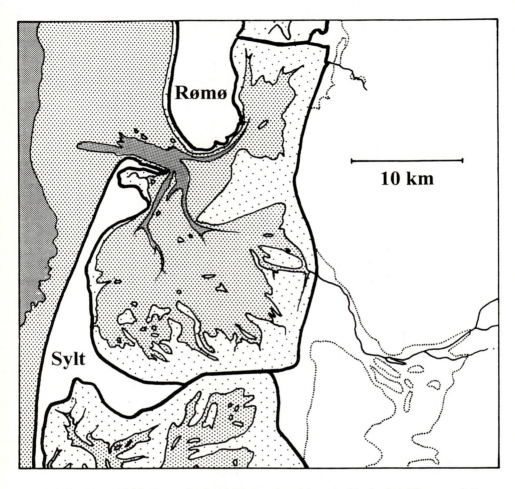

Abb. 2. Lister Tidebecken mit einem Seegat, das sich wattseitig in drei Rinnen aufteilt (dunkle Schattierung, > 10 tief), flachem Sublitoral (mittlere Schattierung), Gezeitenwatt (helle Schattierung), Dämmen zu den Inseln und punktiert eingetragenem Küstenverlauf um 1550

Zusätzlich zu dem eiszeitlichen Erbe hat die Küstengestaltung durch den Menschen zu Abweichungen von dem geführt, was Meeresspiegeländerungen, Strömungen, Wellen und natürliche Verlandungsvorgänge bewirkt hätten. Dabei entsprechen die Eindeichungen entlang der Festlandküste weitgehend dem, was auch im übrigen Wattenmeer in den vergangenen Jahrhunderten erfolgte (Abb. 2).

Etwa ein Drittel der ursprünglichen Fläche wurde eingedeicht. In der Tonderner Marsch und der Wiedingharde im Südosten des Lister Tidebeckens begannen die Eindeichungen 1436 und die letzten fanden 1979-81 statt. Dabei wurden nicht nur Salzwiesen, sondern auch flache Watten eingedeicht. Die zwei einmündenden Flüsse wurden mit Schleusen und Sieltoren versehen, die Vidå schon 1556. Dadurch verlor die Bucht ein ausgedehntes Ästuar mit Brackwasserbiotopen. Eine Besonderheit sind die beiden Dämme vom Festland zu den Inseln. Sie wurden 1927 bzw. 1949 fertiggestellt und verlaufen annähernd auf den früheren Wattwasserscheiden, die das Lister Tidebecken im Süden vom Einzugsbereich des Hörnumer Tiefs und im Norden von dem des Juvre Dyb trennten. Dies war aber nur eine partielle Trennung, denn im Süden führten zwei größere Priele, Sylter Osterley und Westerley, und im Norden die Rømø Ley über die Wattwasserscheiden hinweg. Durch diese Rinnen floß ein Teil des von Süden kommenden Flutstromes nach Norden ab (Pfeiffer, 1969; Drebes, 1969; Jespersen & Rasmussen, 1984).

Den Anstoß zu den Dammbauten gaben militärische Interessen (Voigt, 1992), erwartet wurden aber auch Anlandungen beiderseits der Dämme. Dies erfolgte jedoch nur, wo die Dämme ans Festland stoßen und dort im wesentlichen nur auf der Südseite (Wohlenberg, 1953; Hansen, 1956). Durch die beiden Dämme wurde das Rückseitenwatt zwischen Rømø und Sylt zur Lagune, ohne direkte Verbindung zu den benachbarten Watten. Die einzige Verbindung zur Nordsee erfolgt durch das enge Lister Tief. Eine solche Abgeschlossenheit eines Tidebeckens findet sich entlang der gesamten Wattenmeerküste an keiner weiteren Stelle.

Wattveränderungen
Ein Vergleich der seit 1650 vorliegenden Karten des Gebietes mit der heutigen Topographie belegt neben den Küstenveränderungen durch den Menschen einen erst langsamen dann schneller werdenden Abtrag der Insel Jordsand. Sie könnte der Rest einer Barriereinsel sein, die zu einer Zeit entstand, als das heutige Listland noch nicht ausgebildet war. Voraussichtlich wird in etwa 20 Jahren an der Stelle dieser Insel (um 1807 etwa 40 ha) nur noch eine flache Sandbank liegen (Jespersen & Rasmussen, 1989).

Noch augenfälliger ist die zunehmende Ausweitung der großen Wattströme Lister Ley, Højer Dyb und Rømø Dyb. Dieser Prozeß beschleunigte sich offenbar in diesem Jahrhundert. Dabei wurden die Rinnen kaum tiefer, wurden aber in ihrem oberen Bereich (oberhalb 5 m Tiefe) breiter. Dies hatte zur Folge, daß sich in rund hundert Jahren der Wattflächenanteil von zwei auf ein Drittel der Fläche des Tidebeckens verringerte (Abb. 3). Da das Wattgefälle gerade im Bereich der Tidenniedrigwasserlinie sehr flach verläuft, kann diese Aussage nach den vorliegenden Karten nicht sehr präzise gefaßt werden, aber allein die Tendenz ist bemerkenswert. Die meisten Tidebecken des Wattenmeeres verfügen über einen Wattflächenanteil zwischen 62 und 83 % (Ferk, 1995; Oost & de Boer, 1994).

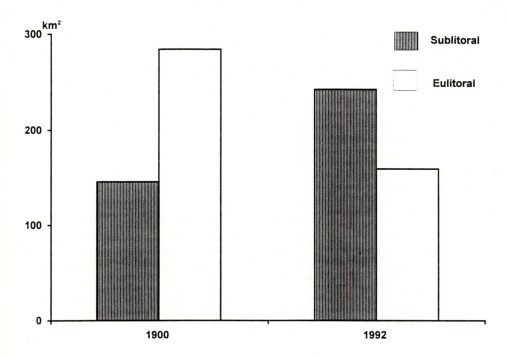

Abb. 3. Flächenveränderungen von Sublitoral und Eulitoral im Lister Tidebecken nach Seekarten von 1900 und 1992

Mit seinem geringen Wattflächenanteil von heute 33 % ähnelt das Lister Tidebecken am meisten dem Einzugsgebiet des Texelstroms, das 1932 durch einen Damm von der Zuiderzee getrennt wurde.

Der Tidenhub stieg in diesem Jahrhundert am Pegel List um 35 cm (20 %), bei einem Anheben der mittleren Hochwasserlinie um 25 cm und einem Abfallen der Niedrigwasserlinie um 10 cm (Lassen, 1995). Bei unveränderter Watthöhe hätte dies eher zu einer Ausdehnung der Fläche des Gezeitenbereiches führen müssen, sowohl seewärts als auch durch Strand- oder Salzwiesenerosion landwärts. Weiterhin wäre zu erwarten, daß durch die sukzessive Verkleinerung des Wasserraumes durch Eindeichungen am Festland und die Begrenzung des Tidebeckens durch die Dämme, die ein- und ausströmende Wassermasse geringer würde und daher nach empirisch ermittelten Beziehungen die Rinnen flacher und schmäler werden sollten (Dieckmann et al., 1988; Ferk, 1995; Misdorp et al., 1990; Niemeyer et al., 1995). Im Lister Tidebecken wurden dagegen weder die Wattflächen größer noch die Rinnen flacher. Stattdessen wurde der Wattsaum deutlich schmäler und der sublitorale Teil des Tidebeckens verlor in den vergangenen hundert Jahren eine Sedimentschicht von fast einem Meter Mächtigkeit. Ungenauigkeiten in den älteren Karten erlauben keine exakten Angaben, aber der Trend ist nicht zu bezweifeln.

Mögliche Ursachen für die Sedimentverluste

Was mag die Ursache für diesen nur bei langfristiger Betrachtung erkennbaren Sedimentverlust sein? Zu diesem unerwarteten Ergebnis des Forschungsprojektes konnte noch keine Antwort gefunden werden. Drei Hypothesen wären künftig zu prüfen:

1. versiegender Sedimentimport,
2. künstlicher Küstenvorschub und steigender Energieeintrag,
3. Verlust erosionshemmender Biostrukturen.

Diese drei Möglichkeiten schließen sich nicht aus, sondern können sich auch ergänzen.

Zunächst kurz zur ersten Hypothese. Die insgesamt negative Sedimentbilanz des Lister Tidebeckens könnte auch durch eine verringerte Rate des Sedimenteintrages und nicht durch einen vermehrten Sedimentaustrag von der Bucht in die Nordsee zustande gekommen sein. Diese Möglichkeit erfordert einerseits Untersuchungen zur Sedimentdynamik im Ebbstromdelta des Lister Tiefs, also seewärts von der untersuchten Wattenmeerbucht, andererseits könnte auch eine frühere Sedimentzufuhr von Süden durch den Bau des Hindenburgdammes unterbrochen worden sein. Das Anwachsen des Havsandes an der Südostseite von Rømø könnte gut mit einem verstärkten Sedimenttransport aus dem Lister Tidebecken erklärt werden, was dann eher die zweite Hypothese stützt.

Sie lautet, daß der Küstenvorschub durch Eindeichungen und Dämme die Wattverluste verursacht oder gesteigert hat, weil es im heutigen Tidebecken an Retentionsräumen für die bei Sturmfluten bewegten Sedimente fehlt. Diese Hypothese postuliert, daß

1. weniger die mittlere Hydrodynamik, sondern mehr die episodischen Sturmfluten Einfluß auf die Morphodynamik des Lister Tidebeckens nehmen,
2. der hydrodynamische Energieeintrag pro Flächeneinheit durch den höheren Tidenhub und durch die küstenbauliche Einengung zugenommen hat und
3. geschützte Bereiche im oberen Eulitoral und im Supralitoral für eine dauerhafte Deposition von Feinpartikeln notwendig sind.

Das erste Postulat ist völlig spekulativ, weil bisher keine entsprechenden Messungen bei Sturmfluten durchgeführt werden konnten. Da dies auch in Zukunft schwierig sein wird, müßte versucht werden mit einer Kombination von kleinräumigen Feldexperimenten und großräumigen Modellierungen eine Abschätzung der Sturmflutwirkungen zu erlangen. Das Postulat basiert aber auf der plausiblen Überlegung, daß die bei Sturmflut zusätzlich in die Bucht geschobenen Wassermassen dort kaum noch flache Überflutungsbereiche finden, wo die Bewegungsenergie kontinuierlich abgegeben werden könnte. Stattdessen werden die Wellen an den Deichen und Dämmen bei Sturmflutwasserständen reflektiert und die Turbulenz nimmt zu, so daß der Ebbstrom die aufgewirbelten Sedimente hinaus in die Nordsee tragen kann.

Diese Überlegung leitet zum zweiten Postulat über. Die am Pegel List gemessene Zunahme des mittleren Tidenhubs verstärkt die Strömungen, die wiederum mehr Sediment in Bewegung halten und über weitere Strecken transportieren können. Die Ursache des erhöhten Tidenhubs ist ungeklärt. Da er aus allen Pegelaufzeichnungen einschließlich der Sturmfluten errechnet wurde, könnte sich hier ein bei auflandigen Winden einstellender Staueffekt in der durch Dämme geschlossenen Bucht bemerkbar machen und ein stärkeres Abfließen bei ablandigen Winden, weil wegen der Dämme von der Seite kein Wasser nachdrängen kann. Auch in dieser Frage könnte eine Modellierung weiterhelfen.

Zu prüfen ist weiter, ob das tiefer gewordene Lister Tief im Sinne einer positiven Rückkopplung den Wasseraustausch verstärkt und damit den Tidenhub erhöht. Modellberechnungen zeigten, daß der mit der Tiefe abnehmende Einfluß der Bodenreibung maßgeblich die mögliche Durchflußmenge einer Rinne pro Zeiteinheit beeinflußt. Dies zeigt sich im Lister Tief am unterschiedlichen Wasserdurchsatz vom Flut- und Ebbstrom. Der Sylt-seitig orientierte Flutstrom verläuft im flacheren Teil der Rinne als der um 10 % höhere Wasserdurchsatz des Rømøseitigen, im tieferen Teil verlaufende Ebbstrom. Weil sich im Verlauf dieses Jahrhunderts in der Bucht das Flächenverhältnis von tieferen zu flacheren Bereichen umgekehrt hat, trifft mehr Wellenenergie auf eine kleiner gewordene (Watt-)Fläche und führt dort zusammen mit der Gezeitenströmung zu stärkerer Erosion. Zusätzlich haben die Hochwasserstände über dem Eulitoral zugenommen, so daß auch daraus eine verstärkte Erosionswirkung der Wellen resultiert, die in diesem Bereich gegenüber der Gezeitenströmung überwiegt.

Eine weitere Möglichkeit ist, daß sich generell die Windwirkung auf die Wasserstände verstärkt hat und so mehr Energie die Wattsedimente in Bewegung hält (Führböter et al., 1988). Dieser Vorgang würde verstärkend auf die oben beschriebenen Prozesse wirken oder im Extrem auch als alleiniger Faktor die negative Sedimentbilanz erklären können.

Eine erhöhte Erosion in diesem Jahrhundert trifft nicht nur mit dem Bau der beiden Dämme und dem deutlichen Anstieg des Tidenhubs zusammen, sondern auch mit dem Verlust von drei Lebensgemeinschaften mit erosionshemmenden Eigenschaften, die alle drei im flachen Sublitoral und an den oberen Hängen der größeren Wattströme vorkamen:

1. Der Raubbau an den Austernbänken zeigte sich erstmals um 1877 und führte bis 1920 zu deren völligen Verschwinden. Heute zeugen nur noch einzelne Schalen von dieser epibenthischen Lebensgemeinschaft.
2. Die sublitoralen Seegraswiesen wurden 1934 von einer im gesamten Nordatlantik grassierenden Epidemie befallen. Im Lister Tidebecken wuchsen sie von der Niedrigwasserlinie bis in 2-3 m Tiefe, siedelten sich hier aber nie wieder an.
3. Vermutlich durch gezielte Zerstörung in den 50er Jahren verschwanden die *Sabellaria*-Riffe. Diese bis zu einem Meter hohen, stabilen Sandriffe aus aneinanderklebenden Wurmröhren behinderten die Garnelenfischerei.

Nur zur Verbreitung der Austernbänke im Lister Tidebecken existieren Karten, der Umfang des Seegrasvorkommens und der *Sabellaria*-Riffe läßt sich nicht mehr rekonstruieren. Zusammengenommen können diese epibenthischen Biostrukturen Erosionsvorgänge erheblich gebremst und durch ihr etwa zeitgleiches Verschwinden eine Erosionsbeschleunigung ausgelöst haben.

Tabelle 1. Flächenanteile (%) im gesamten Wattenmeer (8935 km^2; CWSS, 1991) und in der Sylt-Rømø Wattenmeerbucht (411 km^2) einschließlich der Salzwiesen

	Wattenmeer insgesamt	Sylt-Rømø Bucht
Eu- und Supralitoral	52	35
davon entfallen auf		
Salzwiesen	8	5
Schlickwatt	6	3
Mischwatt	16	17
Sandwatt	70	75

Im Vergleich zum übrigen Wattenmeer ist im Lister Tidebecken der Flächenanteil schlickiger Watten im oberen Gezeitenbereich (< 3 % des Eulitorals) und der supralitorale Salzwiesenbereich (< 3 % der Gesamtfläche) auffallend gering (Tab.1). Damit im Einklang stehen die gemessenen, sehr niedrigen Sedimentationsraten feinkörniger Partikel (nur 0,2 g Kohlenstoff sedimentieren aus einem m^3 Wasser des Lister Tidebeckens, gegenüber 1,5 g im Grådyb), die im Schlickwatt und den meisten Salzwiesen den größten Anteil am Sediment haben. Zum Teil liegt deren geringer Flächenanteil an der Form des Tidebeckens und den niedrigen Flußeinträgen, zum Teil auch an den Eindeichungen, die besonders diese beiden Habitate reduzierten. Im Königshafen ist das Schlickwatt im Vergleich zu den 30er Jahren fester geworden bei nur sehr geringer Erhöhungstendenz. Vermutlich wird viel von der ohnehin schwachen, sommerlichen Deposition in Herbst und Winter bei erhöhter Hydrodynamik wieder abgetragen. Solche Schlickwatten fungieren also weniger als dauerhafte Senken sondern mehr als Zwischenlager für Sinkstoffe.

Salzwiesen mit ihrer aufragenden Vegetation sind besonders effektive Senken für Feinmaterial. In der Ho Bugt bei Esbjerg mit ausgedehnten Salzwiesen, erfolgt 50 % der Deposition in diesem Bereich, im Vergleich zu höchstens 9 % im Sylt-Rømø Wattenmeer (Bartholdy & Pfeiffer Madsen, 1985).

Daraus kann gefolgert werden, daß durch eine Erhöhung des Flächenanteils potentieller Retentionsräume für Feinpartikel deren Nettodepositionsrate ansteigen würde. Langfristig kontraproduktiv wäre aber der Versuch, dies durch Baumaßnahmen (z. B. Lahnungen) im vorhandenen Eulitoral zu erreichen, weil sich dadurch insgesamt das Gefälle zwischen Hoch- und Niedrigwasserlinie aufsteilt und somit der Erosion verstärkt Angriffsflächen geboten würden. Eine bleibende Schlickdeposition kann nur erzielt werden, wenn landseitig dem Sturmflutwasser neue Retentionsräume geöffnet werden, wo sich das Wasser unter langsamer Energieabgabe auslaufen kann.

Eine negative Sedimentbilanz für ein Tidebecken ist im nördlichen Wattenmeer keine Ausnahme (Bartholdy & Pejrup, 1994; Higelke, 1978). Für ostfriesische Watten wurde ein Defizit feinster Sedimentpartikel festgestellt, weil durch die vorgeschobenen Deiche am Festland die adaequaten Sedimentationsräume verschwanden (Flemming & Nyandwi, 1994). Im verbliebenen Watt ist die hydrodynamische Energie zu hoch, um diese leichten Partikel dauerhaft zur Ruhe kommen zu lassen. Dies mag auch der Grund sein, warum es im Lister Tidebecken kaum noch zur Bildung neuer Salzwiesen kommt. Besonders auf der Ostseite der Inseln beginnen die Salzwiesen meist mit einer Abbruchkante und die davor liegenden Watten liegen zu tief für einen Bewuchs mit Salzwiesenpflanzen.

Das Lister Tidebecken ist also keine ausgeprägte Partikelfalle und kann damit auch nicht oder nur geringfügig jene ökologischen Eigenschaften ausbilden, die einer Kläranlage analog sind. Wie weit dies für andere Wattenmeerbuchten noch gilt, dürfte von einem hohen Flächenanteil an Salzwiesen und hochliegenden Schlickwatten abhängen. Zusätzlich können lokale Flußeinträge bedeutsam sein oder wie tief eine Bucht ins Land reicht (z. B. Jadebusen und Dollard), was dann einen Falleneffekt für Sinkstoffe verstärken kann.

BIODYNAMIK

Langfristig ändert sich das Artenspektrum und verschieben sich die Proportionen der Biotope zueinander. Kurzfristig verändern sich durch Tidenaustausch, Verdriftung und Wanderungen, Wetter, Jahreszeit und Jahresunterschiede die Mengen an biologisch relevanten Substanzen und Organismen. Je nach betrachteten Zeit- und Raumskalen zeigt sich eine andere Biodynamik, die hier nachfolgend diskutiert wird.

Langfristiger Wandel
Seit der Entstehung des Lister Tidebeckens veränderte das wechselnde Klima und die Küstengestalt die Lebensbedingungen für Flora und Fauna, so daß die

biologische Dynamik bis heute nie zur Ruhe kam. Allein in diesem Jahrhundert gab es zahlreiche Veränderungen (Reise, 1994 a). Das Verschwinden der Austernbänke, der sublitoralen Seegraswiesen und der *Sabellaria*-Riffe wurde schon genannt. Neu hinzugekommen sind die ausgedehnten Miesmuschelkulturen im Bereich der Lister Ley, im wesentlichen erst in den 80er Jahren. Im eulitoralen Wattbereich dehnten sich gegenüber der ersten Hälfte des Jahrhunderts die natürlichen Muschelbänke aus. Vermutlich ist auch die Besiedlung der im Boden lebenden Tiere im Mittel dichter geworden. Deutlich zugenommen hat der Grünalgenbewuchs auf den Watten. Eingeschleppte Arten haben sich ausgebreitet, z. B. im Plankton die Kieselalge *Coscinodiscus wailesii*, im obersten Gezeitenbereich das Schlickgras *Spartina anglica*, in schlickhaltigen Wattböden die Würmer *Tharyx killariensis* und *Nereis virens*, im Sublitoral die Schwertmuschel *Ensis americanus*. Deutlich verringert hat sich das Vorkommen der Muschel *Scrobicularia plana* und des Schlickkrebses *Corophium volutator*. Während bei den größeren Fischen qualitative Angaben auf eine Abnahme hinweisen, überwiegen bei den Vögeln die Zunahmen.

All diese Veränderungen sind nicht auf das Lister Tidebecken beschränkt, sondern sind in ähnlicher Form auch in den anderen Teilen des Wattenmeeres registriert worden (Beukema, 1991; Jensen, 1992; Michaelis & Reise, 1994; Lozán et al., 1994; Meltofte et al., 1994). Insgesamt weist die Zusammensetzung der Lebensgemeinschaften des Lister Tidebeckens im Vergleich zum übrigen Wattenmeer keine wesentlichen Besonderheiten auf. Allerdings ist im Vergleich zu Wattgebieten im Mündungsbereich der großen Flüsse die Biodiversität (ohne Bakterien über 2000 Arten im Lister Tidebecken, Tab. 2) und die Biomasse deutlich höher.

Tabelle 2. Artenvielfalt aquatischer Organismengruppen im Lister Tidebecken

Makroalgen (Grün- 35, Braun- 15, Rotalgen 12)	62
Seegräser	2
Benthische Mikroalgen (Diatomeen)	ca. 200
Pelagische Mikroalgen (Diatomeen 150, Flagellaten 195)	345
Benthische Mikrofauna (Plathelminthes 435)	ca. 1200
Benthische Makrofauna (Polychaeta 65, Crustacea 51, Mollusca 35)	200
Zooplankton	ca. 200
Fische	50
Vögel	60
Meeressäuger	3

Eutrophierung

Eine alle Bereiche des Ökosystems berührende Veränderung ist der anthropogene Eintrag von Nährstoffen in das Küstenwasser. Ein Anstieg der Konzentrationen in der östlichen Nordsee über die letzten Jahrzehnte ist gut dokumentiert (Hickel et al., 1993). Innerhalb des Wattenmeeres wurden im niederländischen Bereich bereits 15 Jahre früher erhöhte Nährstoffkonzentrationen festgestellt, bevor sie seit Mitte der 80er Jahre auch im Wasser der Sylt-Rømø Wattenmeerbucht gemessen wurden. Ursachen für diese zeitliche Diskrepanz sind die geringen lokalen Einträge ins Lister Tidebecken und die relative Ferne zu einer großen Flußmündung (Martens, 1989).

Die gegenwärtige Nährstofferhöhung im Gezeitenwasser ist überaus deutlich. Phosphat erlangte 1991 maximale Konzentrationen und nimmt seitdem im Lister Tidebecken wieder ab. Stickstoffsalze erreichen heute im Sommer Konzentrationen, wie sie in den 70er Jahren noch nicht einmal im Winter gemessen wurden. Für das Algenwachstum sind gegenüber früher Phosphate meist nicht mehr der limitierende Faktor, sondern bei Diatomeen oft das Silikat und beim übrigen Phytoplankton und Phytobenthos der Stickstoff.

Welche Auswirkungen hat die bisherige Eutrophierung auf das ökologische Gefüge im Lister Tidebecken?

Der Austausch von Nährstoffen, organischer Substanz und Organismen im Wattboden, zwischen verschiedenen Wattböden und dem Gezeitenwasser, zwischen der Wattenmeerbucht und der Nordsee ist überaus komplex. Zum besseren Verständnis und zur künftigen Modellierung der Austauschprozesse bietet sich eine Betrachtung auf drei Skalen an (Abb. 4): einem eng gekoppelten Mikroaustausch innerhalb des Wattbodens, einem vertikalen Makroaustausch zwischen Wattboden und Gezeitenwasser bzw. Atmosphäre und ein Megaaustausch im Wasser bzw. über die Luft, der vorwiegend horizontal und über weite Distanzen verläuft, insbesondere zwischen Wattenmeer und Nordsee.

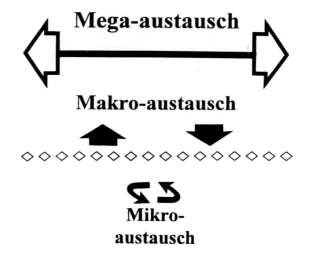

Abb. 4. Die drei biologischen Skalen und Modellkompartimente im Tidebecken. Die Rhombenkette symbolisiert die Oberfläche des Wattbodens

Mikroaustausch im Wattboden

Der Stoffaustausch innerhalb des Wattbodens ist äußerst vielfältig, eng gekoppelt und nahezu geschlossen. Sehr hoch ist die Diversität der beteiligten Organismen: Im Bereich der Prokaryoten (Bakterien) des Wattbodens sind zahlreiche, funktionelle Gruppen vertreten. Die einen bewirken den aeroben Abbau organischer Substanz über Oxidation und Hydrolyse, andere deren Fermentation im anaeroben Bereich. Weitere sind die Bakterien der Sulfatreduktion und der chemoautotrophen Sulfidoxidation, der Methanogenese sowie der anaeroben und aeroben Methanoxidation, die chemoautotrophen Nitrifizierer und der Komplex der Denitrifizierer, Grüne, Purpur- und Schwefelbakterien der anoxygenen Photosynthese und Cyanobakterien der oxygenen Photosynthese. Entlang der vertikalen Chemokline im Wattboden treten all diese Organismengruppen sehr fein zoniert auf. Das gilt auch für die folgenden Eukaryoten.

Im Sandwatt des Königshafens wurden 109 Diatomeenarten festgestellt (Asmus & Bauerfeind, 1994), von denen einige auch fakultativ heterotroph und einige zeitweise im Pelagial leben. Durch Bearbeitung weiterer Wattbodenhabitate würde sich die Artenzahl vermutlich mehr als verdoppeln. Eng mit den Bodenbakterien und Diatomeen verknüpft sind die Arten der Mikro- und Meiofauna. Zu diesen Gruppen liegen zahlreiche Bearbeitungen vor, aber nur die freilebenden Plathelminthen wurden in den meisten Habitaten systematisch erfaßt. Ihre Artenzahl liegt im Sylter Bereich bei 435 (Reise, 1988). Ähnlich hoch dürfte die Artenzahl der Nematoden sein (Blome,1982). Insgesamt umfaßt diese Meiofauna in den Sedimenten des Lister Tidebeckens mindestens 1000 Arten. Viele bleiben zeitlebens in Mikronischen des Wattbodens, andere verlassen zeitweise oder regelmäßig den Wattboden, um dann an anderer Stelle wieder zum Bodenleben zurückzukehren (Armonies, 1994).

Der Wattboden beherbergt also in und auf den Sedimentpartikeln sowie im Lückengefüge zwischen diesen Partikeln eine extrem hohe Biodiversität in funktioneller, taxonomischer und kleinräumiger Hinsicht. Substanzimporte und die hier erfolgende Stoffproduktion durchlaufen eine stufenreiche Abbaukaskade mit zahlreichen Schleifen und Verzweigungen. Teils sind funktionelle Gruppen synergistisch aufeinander angewiesen, teils konkurrieren sie um Substrate oder schaffen Milieubedingungen, die andere Gruppen ausschließen. Entsprechend dieser Vielfalt ist es nicht verwunderlich, daß Importe lange im Wattboden zirkulieren, dabei umgewandelt und gebunden werden und ein dem Import direkt proportionaler Export nicht zu beobachten ist.

Der Stickstoffaustausch pendelt im Wattboden vornehmlich zwischen der Remineralisation aus organischer Substanz und der Aufnahme durch das Mikrophytobenthos hin und her. Eine bedeutende Rolle spielen dabei anscheinend auch die organischen, stickstoffhaltigen Exudate der Mikroalgen. Der größte Teil des Ammoniums bleibt an Partikel adsorbiert und kann als Reservepool wirken. Nur wenig freies Ammonium verläßt das Sediment, es sei denn, es erfolgt eine Störung durch physikalische Kräfte oder durch Bioturbation. Bei dichter Diatomeendecke auf der Bodenoberfläche wird auch Ammonium direkt aus dem Gezeitenwasser aufgenommen.

Die Nitratbildung und eine weitere Denitrifikation zu gasförmigen Stickstoffverbindungen bleibt im allgemeinen gering. Erfolgt eine vermehrte Deposition organischer Partikel, dann verursacht die aerobe Mineralisation schnell einen Sauerstoffmangel. Dadurch wird weniger Ammonium von chemoautotrophen Mikroorganismen zu Nitrat oxidiert und entsprechend weniger Nitrat kann bei der anschließenden Denitrifikation zu gasförmigem N_2, N_2O und NO umgewandelt und damit vom Wattboden eliminiert werden. Ein erhöhter Stickstoffeintrag, in partikulärer oder gelöster Form, wird also nicht durch entsprechend erhöhten Austrag ausgeglichen, sondern steigert die Stoffproduktion und die Speicherkapazität im Wattboden.

In den 90er Jahren hat die Produktion des Mikrophytobenthos in einigen Wattböden das dreifache dessen erreicht, was noch 1980 dort gemessen wurde. Für sich betrachtet wirkt das Mikro-Kompartment des Wattbodens wie eine Senke für Stickstoff. Das Optimum der Stoffumsetzungen scheint in den Mischwatten zu liegen. Im Schlick kann zwar die Speicherkapazität sehr hoch sein, die Stoffumwandlungen erfolgen aber wegen der beschränkten Sauerstoffverfügbarkeit überwiegend anaerob und damit langsamer. In den rein sandigen Wattböden wirken hydrodynamisch bedingte Umwälzungen einer Anreicherung mit organischen Substanzen und Nährstoffen entgegen. Jahreszeitlich betrachtet gewinnen solche physikalischen Störungen in Herbst und Winter gegenüber der biologischen Aktivität an Gewicht und können die Frühjahrs- und Sommersenke in eine Stickstoffquelle verwandeln.

Was hier für den Stickstoffaustausch im Detail ausgeführt wurde, gilt in ähnlicher Form auch für das ebenfalls am Eutrophierungsgeschehen beteiligte Phosphat. Hier spielt die anorganische Bindung, vor allem an Eisenionen des Sediments, eine wesentliche Rolle. Von herausragender Bedeutung für die Stoffumwandlungen im Wattboden ist außerdem der Schwefelzyklus. Wegen der auf die obersten Millimeter des Wattbodens beschränkten Verfügbarkeit von freiem Sauerstoff wird der Abbau organischer Substanz von Schwefelbakterien mit Hilfe des Sulfats fortgesetzt. Im Mittel werden in den Sylter Wattböden 70 % der organischen Substanz auf anaerobem Weg umgesetzt. Die dabei entstehenden Sulfide werden überwiegend gleich wieder im Sediment oxidiert. Daraus resultiert ein hoher Sauerstoffbedarf der Wattböden, der vom Sand- zum Schlickboden hin zunimmt. Nur etwa 1 % des produzierten Sulfids wird über die Atmosphäre eliminiert. Der Schwefelzyklus des Wattbodens ist also weitgehend geschlossen.

Zusammenfassend betrachtet, zeichnet sich der Mikroaustausch des Wattbodens durch hohe Umwandlungsraten bei geringem Export aus. Dieser Stoffumsatz wird von einer funktionell und strukturell äußerst diversen Lebensgemeinschaft aus Bakterien, Mikroalgen und Mikro-/Meiofauna geleistet. Untersuchungen an der Meiofauna zeigten über längere Zeiträume eine gleichbleibende Zusammensetzung (Reise, 1987). Der Wattboden gibt also auf der Mikroskala ein Beispiel für eine positive Korrelation von hoher biologischer Diversität und Stabilität, hoher

Primärproduktion und geringen Nährstoffverlusten durch räumlich enge Kopplung von Produktion, Konsumtion und Remineralisation.

Makroaustausch zwischen Wattboden und Wasser

Das oben beschriebene Mikro-Kompartment des Wattbodens, dominiert von internen Prozessen, erscheint in etwas anderem Bild, wenn die Verbindungen zu größeren, im und auf dem Wattboden lebenden Organismen betrachtet werden. Methodisch gesehen befindet sich dieses Makrobenthos oft auf einer anderen räumlichen und zeitlichen Skala, um in die Messungen zum Mikroaustausch einbezogen zu werden. Das Makro-Kompartment setzt sich aus den im Wattboden wurzelnden Seegräsern, den auf Muschelbänken wachsenden Algen sowie den ephemeren, leicht verdriftbaren Grünalgen zusammen. Von der Fauna gehören dazu die Depositionsfresser, die sich vom Mikrophytobenthos, organischen Sinkstoffen und Bodenbakterien ernähren und als zweite Gilde die Suspensionsfresser. Eine kleine Gruppe lebt als Räuber im und auf dem Sediment. Die Artendiversität ist viel geringer als im Mikrobereich des Wattbodens, sie liegt im Lister Tidebecken bei rund 60 Makroalgen und 200 aus der Bodenfauna, wobei eine ausgeprägte Dominanz durch wenige Arten vorliegt.

Von Ende Juni bis Oktober waren etwa 12 % der eulitoralen Wattfläche des Lister Tidebeckens dicht mit Seegräsern bewachsen. An ruhigen Tagen ohne Wellen waren die Seegraswiesen meistens ausgeprägte Senken für Partikel und gelöste Nährsalze, während an stürmischen Tagen gelöste Nährstoffe wieder ausgewaschen wurden, die Senkenfunktion für Partikel aber erhalten blieb. Die Spurengasabgabe (N_2O, CH_4, H_2S und bei Anwesenheit von Grünalgen auch DMS) ist in dichten Seegrasbeständen höher als im umgebenden Sandwatt. Etwa die Hälfte der sommerlichen Konsumtion durch die Bodenfauna entfällt hier auf Schnecken, die vorwiegend Diatomeen fressen. Sie schützen damit auch die Seegrasblätter vor zu starkem Aufwuchs durch diese Algen. Das Seegras selber wird erst im Herbst von Pfeifenten und Ringelgänsen gefressen. Den Winter über sind die Seegraswatten kahl, aber vom Zwergseegras *Zostera noltii* bleibt ein ausdauerndes Rhizom im Boden, während *Z. marina* meist aus Samen neu auskeimt.

Im südlichen Wattenmeer verschwinden die Seegraswiesen nach und nach und im Lister Tidebecken gibt es Anzeichen, daß auch hier eine Abnahme beginnt. Als Ursache wird im Zusammenhang mit der Eutrophierung vor allem ein übermäßiger Aufwuchs diskutiert (Philippart, 1994). Ohne Seegraswiesen würde die Senkenfunktion für partikulären Kohlenstoff im Eulitoral des Lister Tidebeckens um 75 % geringer ausfallen. Diese Berechnung läßt vermuten, daß seit dem Absterben der sublitoralen Seegraswiesen in den 30er Jahren das gesamte Tidebecken erheblich in seiner Senkenfunktion für organischen Detritus geschwächt wurde.

Drei Viertel des Eulitorals werden von sandigem Watt und Mischwatt eingenommen, das durch den Wattwurm *Arenicola marina* geprägt wird. Wenn nicht gerade Herzmuscheln in dichten Flecken auftreten, dominiert dieser Wurm die Biomasse. Die *Arenicola*-Population stellt ein stabiles Element der Wattbodenfauna dar. In der Rekrutierung wird diese Stabilität durch einen mehrfachen Habitatwechsel der Jungwürmer innerhalb des Tidebeckens erreicht (Simon, in Vorbereitung). Durch eine Kombination von aktiver Wanderung und passiver, tidengesteuerter Drift gelingt es den heranwachsenden Würmern, jeweils die ihrer Entwicklung gemäßen Biotope aufzufinden. Der Erfolg einer späteren Einnischung in den Siedlungsraum der Altwürmer ist von deren Wohndichte abhängig.

Die Ernährung des *Arenicola* hat eine doppelte Basis. Einerseits rutscht im Freßtrichter Oberflächensediment mit dem darin befindlichen Mikrophytobenthos in die Tiefe des Wohngangs, wo der Wurm es in einer für seine potentiellen Räuber unerreichbaren Tiefe konsumieren kann. Andererseits findet im Wohngang ein 'bacterial gardening' statt (Hylleberg, 1975). Der Wurm ventiliert seinen Bau mit sauerstoffhaltigem Gezeitenwasser, das mit seinen Stoffwechselprodukten angereichert ins umgebende Sediment diffundiert. Dadurch werden gedüngte, mikrooxische Zonen geschaffen, in denen sich Organismen des Mikro-Kompartments konzentrieren und vom Wurm als alternative Nahrungsquelle geerntet werden.

Arenicola fördert den Stoffaustausch mit dem Gezeitenwasser. Messungen im zweispurigen Strömungskanal, bei denen in einer Spur *Arenicola* experimentell ausgeschaltet wurde, während in der anderen die Siedlungsdichte erhalten blieb, zeigten:

1. Eine leichte Senkenfunktion für Partikel, bedingt durch die rauhe Sedimentoberfläche mit Fraßtrichtern und Kothaufen des *Arenicola*. Bei glatter Oberfläche ohne *Arenicola* trat ein Nettoexport von Partikeln auf.
2. Stickstoffhaltige Partikel werden besonders angereichert und offenbar wird auch gelöster, organisch gebundener Stickstoff aufgenommen.
3. Die Abgabe gelösten Ammoniums durch eine *Arenicola*-Siedlung ist wesentlich höher als von einem Sandwatt ohne *Arenicola*, gleicht aber den Gesamtimport an Stickstoff nicht aus.
4. Auch beim Phosphor wurde insgesamt mehr aufgenommen, als gelöstes Phosphat wieder abgegeben wurde.
5. Für gelöstes Silikat ist das *Arenicola*-Watt eine Quelle.

Diese Austauschraten sind alle nicht besonders hoch und variieren mit der Wasserturbulenz, doch da *Arenicola* fast überall im Eulitoral vorkommt, ist die Gesamtwirkung groß. Umgekehrt verhält es sich mit den Bänken der Miesmuschel *Mytilus edulis*: obwohl sie weniger als 1 % der Fläche des Lister Tidebeckens bedecken, haben sie wegen ihrer hohen Stoffwechselleistung einen bedeutenden Einfluß auf den Gesamtaustausch zwischen Wattboden und Wasser. Messungen wurden an Bänken des Eulitorals mit und ohne Bedeckung durch den Tang *Fucus vesiculosus* durchgeführt. Miesmuscheln ernähren sich überwiegend von Phytoplankton, das sie selektiv aufnehmen. In dem 20 m langen Strömungskanal verringerten die Miesmuscheln die Phytoplanktonkonzentration um etwa ein Drittel (Asmus & Asmus, 1993). Diese starke Ausnutzung erklärt vermutlich auch, warum die meisten Muschelbankkomplexe ein quer zur Strömung liegendes, schmales

Band bilden. Wäre eine dicht besetzte Bank mehr als 60 m lang, würde die Nahrung nicht für alle reichen.

Muschelbänke sind generell Senken für organische Partikel. Neben der Konsumtion an Phytoplankton wird auch Fäzesmaterial zwischen den Muscheln abgelagert. Bei stürmischen Bedingungen wird ein Teil davon wieder resuspendiert. Muscheln geben aus ihrem Stoffwechsel direkt Ammonium an das Wasser ab, aber ein meist noch größerer Teil des Ammoniums kommt aus der bakteriellen Remineralisierung des Fäzesmaterials. Ist eine Muschelbank mit dem *Fucus*-Tang überwachsen und das ist im Eulitoral auf der Hälfte der Muschelbankfläche der Fall, dann wird das abgegebene Ammonium gleich von dieser Alge wieder aufgenommen und die Muschelbank wird zur Stickstoffsenke. Der Bewuchs mit anderen Algen wird durch Schneckenbeweidung kurz gehalten (Albrecht, 1995).

Das Vorkommen der Miesmuscheln im Eulitoral wurde nach Luftbildauswertung auf 0,4 km² bestimmt. Ohne diese Muschelbänke würde die Aufnahmerate für organische Feststoffe im Eulitoral um 11 % geringer ausfallen. Für das Sublitoral kann nur grob nach Fangmengen der Muschelfischerei geschätzt werden, daß mindestens 0,6 km² natürliche Bestände und besetzte Muschelkulturflächen, entsprechend 2,1 km² eulitoraler Muschelbankäquivalente, vorhanden sind. Werden für diese Vorkommen die Austauschraten eulitoraler Muschelbänke ohne Tangbewuchs zu Grunde gelegt, dann bewirken sie eine erhebliche Akkumulation von organischen Partikeln und eine um 17 % höhere Abgabe von Ammonium durch das Benthos des gesamten Lister Tidebeckens. Diese überschlägigen Berechnungen zeigen die Bedeutung der Miesmuschelbänke und der Miesmuschelfischerei für die ökosystemaren Austauschprozesse. Allerdings ist zu berücksichtigen, daß es in Muschelkulturen meist nicht zu einer dauerhaften Akkumulation von Faezesmaterial kommt und daß Winterstürme auch aus natürlichen Muschelbänken viel der Biodeposite wieder auswaschen. Muschelbänke sind Zentren hoher Remineralisation, aber keine Endlager für organische Substanzen und Nährstoffe.

Die Biomasse einer Muschelbank beträgt das 30fache von der im umgebenden Wattboden. Bänke, die gut in der Strömung liegen und einen hohen Anteil von Muscheln zwischen 3 und 5 cm Länge haben, werden von Eiderenten bevorzugt aufgesucht. An einer solchen Bank im Königshafen wurde gezeigt, daß zusammen mit Austernfischern und Möwen jährlich ein Drittel der Muschelmasse und zwei Drittel des Muschelzuwachses von Vögeln konsumiert wird. Dennoch konnte die Bank ihren Muschelbesatz halten. Dies ist ein Beispiel für eine sehr effiziente Kopplung zwischen Phytoplankton, Muscheln und Vögeln. Bei gleichzeitiger Nutzung durch die Muschelfischerei käme es zur Vertreibung der Enten bzw. einem Raubbau an dieser Muschelbank.

Eine Hochrechnung aller Austauschprozesse zwischen Sediment und Gezeitenwasser für das gesamte Eulitoral des Lister Tidebeckens, erweist dieses als sommerliche Senke für organische Partikel, Gesamtstickstoff und Gesamtphosphor. Die gelösten Nährsalze werden dagegen als Produkt der aktiven Remineralisierung ans Pelagial abgegeben. In den Wintermonaten wurden keine Austauschprozesse bestimmt. Zu dieser Jahreszeit verlangsamen sich alle biologischen

Prozesse, während der physikalische Austausch durch stärkere Wasserbewegung zunimmt. Zusammen mit stürmischen Episoden wird dies der Senkenfunktion des Eulitorals entgegen wirken, so daß die Frage nach der Jahresbilanz offen bleiben muß.

Für die große Fläche des Sublitorals liegen keine direkten Austauschmessungen vor. Abgesehen vom sublitoralen Miesmuschelvorkommen, treten meist nur schwach und von kleinen Bodentieren besiedelte, reine Sände auf. Für diesen Bereich wurden drei Scenarien gerechnet:

0. Kein Nettoaustausch, weil die Raten in Sandböden mit wenig Organismen zu vernachlässigen sind,
1. Austauschraten, wie sie in einem strömungsexponierten *Arenicola*-Watt mit experimentell vertriebenen *Arenicola* gemessen wurden,
2. ebenso, aber gemittelt aus dem strömungsexponierten Gebiet und einem mit schwachen Strömungen.

Die experimentell gefundenen Exportraten sind möglicherweise zu hoch, weil vom umgebenden Importgebiet (unverändertes *Arenicola*-Watt) durch Sedimentdrift der Stoffvorrat immer wieder aufgefüllt wird und so einen fortgesetzten Export ohne Abnahme der Raten erlaubt. Wegen der großen Fläche des Sublitorals haben kleine Differenzen große Wirkung.

Szenario 0 gleicht der Berechnung für das Eulitoral mit etwas höheren Raten wegen der großen Miesmuschelvorkommen im Sublitoral. Scenario 1 führt zu deutlichem Export ins Pelagial für fast alle partikulären und gelösten Substanzen, der in Scenario 2 eine weitere Steigerung erfährt. Dies zeigt sich insbesondere für Kohlenstoff und Stickstoff in organischen Partikeln, dagegen kaum für gelöstes Ammonium. Da in dem strömungsreichen Sublitoral kaum zuverlässige Messungen durchführbar sind, kann nur ein Modell weiterhelfen. Dafür fehlt aber noch eine umfassende Strukturanalyse und Benthoskartierung zum Sublitoral. Die bisherigen Rechnungen zeigen jedoch, daß die Senkenfunktion des Tidebeckens für organische Partikel und Nährstoffe durch das sich ausdehnende Sublitoral schnell zu einer Quellenfunktion werden kann. Zusammen mit den Winter- und Sturmeffekten ist daher für die biologisch relevanten Substanzen eher von einer langfristig ausgeglichenen Stoffbilanz oder sogar einem Austrag auszugehen.

Zusammenfassend betrachtet, sind am Makroaustausch einerseits die hydrodynamischen Turbulenzen durch Strömung und Wellen beteiligt, die in den Wattboden eindringen, ihn umschichten oder aufwirbeln können und andererseits eine von wenigen Arten dominierte Benthosgemeinschaft. Einigen gelingt es durch ausgleichende Wanderungen im Tidebecken (*Arenicola, Hydrobia*) oder durch Schaffung ausdauernder Strukturen (Seegras, Muschelbänke) Stabilität zu erreichen, andere unterliegen sehr starken Schwankungen (Grünalgen, Herzmuscheln). Sie alle verändern die Randbedingungen des weitgehend in sich geschlossenen Mikroaustausch des Wattbodens. Abgabe- und Aufnahmeraten liegen dicht beieinander und das Makrobenthos kann schnell auf Umweltveränderungen mit einer

Umkehr der Nettobilanz reagieren. Durch eine große Zahl von Messungen ließ sich für das Eulitoral eine Senkenfunktion für organische Partikel und eine Quellenfunktion für gelöste anorganische Nährstoffe ermitteln. Je mehr Makrobenthos im Wattboden, desto deutlicher zeigt sich dieses Muster des Stoffaustausches. Dennoch neigt sich in der Gesamtbilanz der Makroaustausch im Lister Tidebecken eher zu einer Quelle als zu einer Senke für organische Substanz und Nährstoffe, wenn Winterstürme und das ausgedehnte Sublitoral einbezogen werden. Hohe Remineralisierungsraten, besonders in den Muschelbänken, geben dem sommerlichen Pelagial Nährstoffimpulse.

Megaaustausch in Wasser und Luft

Während der Mikroaustausch innerhalb des Wattbodens und der Makroaustausch zwischen Wattboden und Gezeitenwasser bzw. Atmosphäre im wesentlichen vertikal verläuft, werden beim Megaaustausch die horizontalen Transporte mit dem Gezeitenstrom und die Wanderungen der Garnelen, Fische und Vögel betrachtet. Mit zu diesen Transporten gehören die Flußeinträge, Umverteilungen innerhalb des Tidebeckens und zwischen Supra-, Eu- und Sublitoral sowie der Austausch zwischen Wattenmeerbucht und Nordsee. Zu einem großen Teil besorgen die Strömungen diese Transporte, doch sind auch Organismen aktiv beteiligt.

Für das Phytoplankton wurden 345 Arten nachgewiesen, von denen die meisten nur als kurzfristige Gäste aus der Nordsee in das Lister Tidebecken gelangen. Nur wenige, wie *Brockmanniella brockmannii*, haben ihr Vermehrungszentrum in der Sylt-Rømø Bucht und durchlaufen dort einen benthopelagischen Lebenszyklus, andere werden aus der Nordsee importiert und vermehren sich dann zeitweise im Gebiet (z. B. *Rhizosolenia* spp., *Coscinodiscus wailesii*, *Noctiluca scintillans*, *Phaeocystis globosa*). Insgesamt erfolgt ein holoplanktischer Import in die Wattenmeerbucht und ein meroplanktischer Export in die Nordsee.

Für das Zooplankton wurden keine Artenzahlen ermittelt, sie dürften aber in ähnlicher Höhe liegen. Auch hier wurde ein Nettoeintrag holoplanktischer Formen aus der Nordsee beobachtet. Nur wenige Arten sind beständige Elemente des Wattenmeeres, haben Dauereier im Wattboden (z. B. *Acartia* spp.) und vermehren sich in der Bucht. Die meroplanktischen Larven aus dem Benthos des Lister Tidebeckens dominieren das Frühjahrsplankton und werden zum Teil in die Nordsee ausgetragen. Medusen können durch Vertikalwanderungen die horizontalen Tideströmungen so ausnutzen, daß sie zwar in den Wattstromrinnen hin und her driften, aber die Bucht dabei nicht verlassen (Kopacz, 1994). Auf gleiche Weise gelingt es Garnelen und Grundeln durch kleine Vertikalwanderungen große horizontale Distanzen bei ihren Tidenwanderungen zwischen Eu- und Sublitoral zu überwinden.

Ebenfalls im Gezeitenstrom befinden sich driftende Arten der benthischen Meiofauna und postlarvale Jugendstadien der Makrofauna. Armonies (1994) nennt 52 Arten aus der Makrofauna. Dominiert wird diese Driftfauna von jungen Muscheln und Schnecken. Bei den üblicherweise vorherrschenden Windstärken unter 10 m s^{-1} finden aktive Wanderungen statt, die zu spezifischer Habitatwahl führen.

Nur bei höheren Windstärken überwiegt passive Resuspension und entsprechend zufällige Umverteilung. Der aktive Übergang zur Drift stabilisiert die Populationen durch Ressourcenaufteilung und durch Vermeidung intraspezifischer Konkurrenz, Predation oder lokale Unbilden.

Aktive Wanderungen, auch gegen den Strom, werden von Krebsen, Fischen, Seehunden und Vögeln zwischen Eu- und Sublitoral, Nahrungs- und Rastplätzen, zwischen der Wattenmeerbucht und der Nordsee sowie entfernteren Regionen unternommen. Zu ihnen gehören etwa 120 Arten in der Sylt-Rømø Wattenmeerbucht. Während Vögel Muschelbänke intensiv und kontinuierlich als Nahrungsquelle nutzen können, ist ihr Aufenthalt auf den übrigen Watten meist kurzfristig. Gefressen wird oft entlang der auf- und ablaufenden Wasserlinie, aber besondere Nahrungsangebote im Benthos können dieses leicht ändern. Die Wanderungen von Garnelen und Fischen sind sehr variabel. In dieser Gruppe ist die interne Predation bedeutend, wie sich bei einem Massenauftreten junger Wittlinge zeigte.

Die Komponenten des Megaaustausches haben eine sehr stark ausgeprägte Saisonalität. Die Nährstoffkonzentrationen und das Phytoplankton schwanken um zwei bis drei Größenordnungen zwischen Winter und Sommer. Organismenarten können zeitweise vollständig fehlen und dann plötzlich in großer Zahl eintreffen. Zeit und Maxima von Massenauftreten variieren zwischen den Jahren. Da die driftenden Organismen den oft windabhängigen Strömungen ausgesetzt sind, kommt zur zeitlichen auch noch eine hohe räumliche Variabilität hinzu. Dies macht den Megaaustausch weniger berechenbar als den Makro- und besonders den Mikroaustausch.

Messungen und Modellberechnungen zum Schwebstofftransport ergaben für mittlere Wetterbedingungen eine annähernd ausgeglichene Bilanz. Schwebstoffverteilung und die Verteilung feinkörniger Sedimente im Lister Tidebecken entsprechen sich: Die höchsten Konzentrationen feinen Materials finden sich im Innersten der Bucht, entfernt vom Seegat. Stimmen auch die Messungen zu biologisch relevanten Substanzen damit überein?

Zur Klärung dieser Frage wurden Konzentrationsmessungen zu Nährstoffen und partikulärem Material im Flut- und Ebbstrom des Lister Tiefs auf die durchströmenden Wassermassen bezogen, letztere berechnet nach Pegelständen nördlich und südlich des Lister Tiefs. Durch Windeinfluß war fast keine Tide in ihrer Wasserbilanz ausgeglichen, entweder strömte mehr Wasser ein oder mehr Wasser aus. Im konkreten Fall entschied die Wasserbilanz häufig, ob ein Import oder ein Export der Inhaltsstoffe stattfand. Um aus einzelnen Tidezyklen auf die generelle Situation zu schließen, wurden die Transporte auf ein einheitliches Tidenvolumen bezogen. Dennoch blieb die Variation zwischen einzelnen Tiden sehr hoch. Von einer zur nächsten konnte sich sogar die Richtung eines Nettotransports ändern. Im Mittel zeigte sich dennoch im Frühjahr und im Herbst für das Seston einschließlich des Phytoplanktons ein deutlicher Import. Für die gelösten Nährstoffe war die Bilanz relativ ausgeglichen. Im Sommer galt dies auch für das Seston. Ein Nettoimport wurde dagegen für gelöste organische Substanz, Gesamtstickstoff, Phosphat und Silikat festgestellt und ein Export für Nitrat.

Ein Überwiegen des Partikelimports entspricht den Hochrechnungen zum Makroaustausch im Eulitoral. Auch der Import von gelöster organischer Substanz und von Gesamtstickstoff deckt sich mit einer Nettoaufnahme im Benthos. Wird das Sublitoral wie ein künstlich von *Arenicola* befreites Sandwatt einbezogen, gibt es Widersprüche, da dann für alle Substanzen die Austräge dominieren. Andererseits ist der im Megaaustausch gemessene Eintrag von Phosphat und Silikat trotz einer Abgabe aus dem Benthos durch eine starke Aufnahme seitens des Phytoplanktons innerhalb der Bucht zu erklären. Dies zeigt die Bedeutung der Prozesse im freien Wasser für die Import/Export-Bilanz des Tidebeckens. So könnte im August 1993 eine Massenentwicklung der Diatomee *Rhizosolenia delicatula* sowohl das freigesetzte Silikat aus dem Benthos, als auch das aus der Nordsee importierte Silikat verbraucht haben.

Die Situationsmessungen zum Megaaustausch sind geeignet die biologischen Prozesse aufzudecken. Langfristige Trends sind aus ihnen aber nicht abzuleiten. So deutlich auch die Import- und Exportraten einzelner Tiden sein mögen, gemittelte Konzentrationsangaben für Flut- und Ebbstrom aus Beprobungen in den drei großen Wattströmen, zweimal wöchentlich von 1990 bis 1994 und betrachtet für die gesamte 'Vegetationszeit' von April bis September, zeigen eine sehr hohe Streuung, aber keine signifikanten Unterschiede in den Medianwerten. Räumliche, saisonale und zwischenjährliche Variationen maskieren die auf engerer Raum- oder Zeitskala erkannten Prozesse. Bezogen auf den gesamten Meßzeitraum, ist das Lister Tidebecken weder eine deutliche Senke noch eine deutliche Quelle für die betrachteten Substanzen ist. Die Gesamtbilanz ist äußerst sensibel gegenüber jeweils herrschenden Randbedingungen, sowohl der Wetterbedingungen, der aus der Nordsee importierten Schwankungen als auch der in Pelagial und Benthos ablaufenden biologischen Prozesse. Unbedeutend für das Lister Tidebecken sind die lokalen Flußeinträge und der Nährstoffaustausch mit der Atmosphäre.

PROGNOSEN UND EMPFEHLUNGEN

Die Möglichkeit, Prozesse zu messen und Prognosen zu erstellen nimmt vom Mikro- über den Makro- zum Megaaustausch hin ab. In gleicher Richtung werden die Kopplungen zwischen den Komponenten lockerer, wird das System offener, erhöht sich die Variabilität, während Stabilität und Diversität sinken. Aufgrund dieser ökosystemaren Eigenschaften stieß ein Projekt wie SWAP, das vorwiegend versuchte, die Austauschraten experimentell und mit Messungen im Freien zu bestimmen, bei der Megaebene an seine Grenzen. Abgesehen von der Notwendigkeit, noch vorhandene Lücken zu schließen (Austauschraten im Sublitoral, im Winter und bei Stürmen), wird eine weitere Konkretisierung wohl nur über Modellierungen erreichbar sein. Dafür hat das Projekt eine solide Grundlage geschaffen. Es wird darüber hinaus empfohlen, wegen der breiten und weit zurückreichenden Datengrundlage das Lister Tidebecken zu einem Umweltbeobachtungsgebiet zu erklären, in dem auch künftig Veränderungen im Ökosystem Wattenmeer registriert und analysiert werden.

Morphodynamik siegt über Biodynamik

An den Schnittstellen zwischen Morphodynamik und Biodynamik können Modelluntersuchungen weiterhelfen und Prognosen präzisieren. Die Biodynamik wird unmittelbar von der langfristigen Tendenz der Sedimentverluste im flachen Sublitoral und der Verkleinerung des Eulitorals, von dem relativen Mangel an Retentionsräumen für Sinkstoffe und von der Zunahme des hydrodynamischen Energieeintrages beeinflußt. Wo im flachen Sublitoral die Erosion vorherrscht, können nur biosedimentäre Prozesse die Stoffbilanz ändern. Früher erfolgte dies wahrscheinlich durch die sublitoralen Seegraswiesen, Austernbänke und *Sabellaria*-Riffe. Heute sind es die Miesmuschelbänke und die künstlich angelegten Muschelkulturen. Diese Miesmuschelvorkommen können die Bilanz aber nur kurzfristig umkehren. Dies ist abhängig von der Muschelfischerei und von Stürmen, durch die die Biodeposite und Muscheln wieder entfernt oder verlagert werden. Die Rolle der Miesmuscheln ist daher höchst instabil, aber quantitativ für das Ökosystem sehr bedeutend.

Für das Ziel des Nationalparkes, den natürlichen Entwicklungen Vorrang zu geben, ist die Muschelfischerei unter den von innen her wirkenden Störungen am gravierendsten. Wie sich die sublitoralen Muschelbestände ohne die Fischerei entwickeln würden, muß offen bleiben. Durch den Schutz der Inseln sind im Lister Tidebecken auch die sublitoralen Muschelbänke den Stürmen nicht direkt ausgesetzt und könnten daher relativ beständig sein (Nehls & Thiel, 1993). Am Beispiel der Eingriffe durch die Muschelfischerei wird deutlich, daß im Nationalpark Wattenmeer Schutzzonen notwendig sind, die sich an den naturgegebenen Raumeinheiten orientieren. Das sind die Einzugsgebiete der Wattströme, die Tidebecken. Kleinere, durch Interessenkompromisse zugeschnittene, geometrische Zonen durchschneiden ökosystemare Austauschprozesse und sind daher weit weniger wirkungsvoll (Reise, 1994 b; Simon & Reise, 1994).

In den diversen Habitaten des Gezeitenbereichs wechseln Erosion und Sedimentation kleinräumig und kurzfristig. In dem Teilgebiet Königshafen überwiegt langfristig die Erosion, wenn die prielnahen Watten einbezogen werden. Für das Gesamtgebiet wird erst eine Quantifizierung möglich sein, wenn die 1994 erfolgte Neuvermessung auf Karten übertragen ist. Für biologisch relevante Substanzen erwies sich das Eulitoral insgesamt als Senke. Da der Winteraustausch nicht gemessen werden konnte, gilt diese Senkenfunktion zwar für die biologisch aktive Jahreszeit, kann aber nicht auf lange Zeiträume übertragen werden. Vermutlich ist das Eulitoral im Lister Tidebecken langfristig keine Materialsenke, denn sonst müßte sich dies in der Zunahme von Schlickgebieten, einer Ausdehnung von Seegraswiesen und einem Vorwachsen von Salzwiesen zeigen. Das Gegenteil ist der Fall. Der biologischen Senkenfunktion wirken die hydrodynamischen Kräfte, die Erosion und die Flächenabnahme des Eulitorals entgegen.

Wird allein die Biodynamik betrachtet, ist die Eutrophierung der Schlüsselprozeß für die weitere Entwicklung. Bisher führte sie zu längeren *Phaeocystis*-Massenentwicklungen im Plankton, zu höherer Primärproduktion im Phytoplankton, Mikrophytobenthos und von Grünalgen, zu einer Ausdehnung der Muschelbänke und wahrscheinlich auch zu einer insgesamt erhöhten Sekundärproduktion der Makrofauna bis hin zu höherer Konsumtion bei Vögeln. Eine frühere Phosphorlimitierung des Algenwachstums ist durch eine Stickstoff- bzw. Silikatlimitierung abgelöst worden. Ein Absterben von Bodenfauna durch Sauerstoffmangel im Sediment, hervorgerufen durch erhöhte Sulfidentwicklung, trat im Lister Tidebecken großflächig bisher nur unter Grünalgenmatten in Erscheinung (Schories, 1995).

Im Lister Tidebecken relativieren die Auswirkungen der hydro- und morphodynamischen Kräfte die langfristige Bedeutung der Eutrophierung für die Biodynamik. Biologische Anreicherungen führen nicht zu dauerhaften Speichern für organische Substanz und Nährstoffe, denn die Tendenz zur Erosion und zu höheren Energieeinträgen verkürzt sie zu mittel- bis kurzfristigen Zwischenlagern. Organismen, die zunächst vom höheren Nährstoffangebot und mehr Nahrung profitieren, sehen sich langfristig ungünstigeren Lebensbedingungen ausgesetzt. Dichte Diatomeendecken werden von stärkeren Strömungen und Wellen aufgelöst. Erosion im oberen Eulitoral, wie im Königshafen, verhindert dichte Besiedlungen durch die hier kleinwüchsige Bodenfauna. Das Verschwinden der dichten *Corophium*-Siedlungen aus dem Königshafen ist dafür ein Indiz (Reise et al., 1989). Auch Seegraswiesen sind empfindlich gegen Erosion, weil das Rhizom freigespült werden kann.

Der Mangel an flachen Schlickwatten im Lister Tidebecken ist vermutlich die Erklärung für die geringe Rolle der Bucht als Kinderstube für die Plattfische der Nordsee und auch für die geringe Zahl junger Garnelen. Bei zunehmenden hydrodynamischen Kräften werden diese Schlickwatten weiter schrumpfen. Dies wird auch negative Folgen für das Nahrungsangebot der kleineren Watvögel haben, die in diesem Bereich fressen. Der in tiefen Gängen des Sandwatts lebende *Arenicola* und kleine, aber sehr mobile Arten der bewegten Stromsände werden von der Erosion und einer stärkeren Hydrodynamik voraussichtlich nicht beeinträchtigt. Das gilt wohl auch für die größeren Muscheln, zumal mit einer Abnahme bei ihrer Nahrungsquelle, dem Phytoplankton, nicht zu rechnen ist. Nährstoffe wie Ammonium werden bei turbulentem Wasser vermehrt vom Benthos ins Pelagial abgegeben.

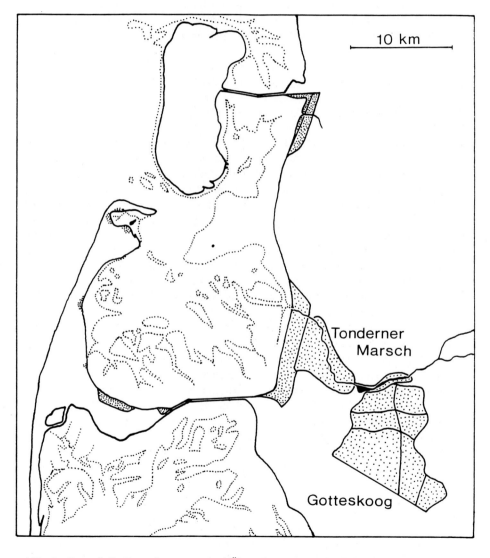

Abb. 5. Potentielle Retentionsräume und Überschwemmungslandschaften (punktiert) zum Ausgleich der Sedimentbilanz im Lister Tidebecken.

Welche Übertragbarkeit haben die Schlußfolgerungen aus dem SWAP-Projekt?

Das Wattenmeer verdankt seine Existenz dem Meeresspiegelanstieg und der Sedimentation. Traktierte die Nordsee die Küste mit mehr Wasser, so half sie ihr auch wieder mit verstärkter Sedimentzufuhr. Ein morphodynamisches Gleichgewicht pendelte sich deswegen immer wieder ein. Bei aller Veränderlichkeit im Kleinen konnte das Wattenmeer so seine Grundform über 5000 Jahre beibehalten. Durch Eindeichungen und andere starre Bauwerke wurde dieses freie Spiel der Meereskräfte mit der Küste mehr und mehr eingeengt. Eine wirkliche Dynamik der Küstenmorphologie ist auf den naturbelassenen Teil des Wattenmeeres zwischen Deichen, Dämmen und Uferdeckwerken begrenzt. Bei weiterem Anstieg des Meeresspiegels können wir daher nicht damit rechnen, daß die schon in der Vergangenheit wirksamen Prozesse heute noch zu gleichen Resultaten führen.

Fließender Übergang zwischen Meer und Land

Durch die besondere Einengung, die die Morphodynamik in der Sylt-Rømø Wattenmeerbucht erfuhr, dürfte sich hier eine generelle Entwicklung früher und deutlicher abzeichnen als im übrigen Wattenmeer. Umgekehrt verhält es sich mit den Eutrophierungsfolgen. Da das Lister Tidebecken von den Hauptbelastungsquellen entfernter liegt als die meisten anderen Wattenmeerbuchten, sind die im Sylt-Rømø Wattenmeer aufgezeigten Veränderungen anderswo im Wattenmeer schon früher und auch deutlicher in Erscheinung getreten. Wenn aus den SWAP-Untersuchungen geschlossen wird, daß langfristig die negative Sedimentbilanz und die verstärkten hydrodynamischen Kräfte die Eutrophierungsfolgen an den Rand drängen, so kann eben dies in vielen anderen Wattgebieten noch umgekehrt sein. Grundsätzlich müssen wir aber diese gegensätzlichen Entwicklungen überall im Wattenmeer im Blick haben und gegeneinander abwägen. Im Rahmen der SWAP-Forschung ist dies erstmals geschehen.

Unabhängig davon, was im einzelnen die Ursachen der Erosionstendenz im Lister Tidebecken sein mögen, könnten die nachteiligen Folgen auf das ökologische System durch eine Wiederherstellung von verlorenen Retentionsräumen teilweise kompensiert werden. Ob dies umgesetzt wird, ist nicht eine Frage der Forschung, sondern eine Wertentscheidung, die gesellschaftlich zu diskutieren ist (siehe auch Probst, 1994). Im Lister Tidebecken käme eine Renaturierung des Vidå-Ästuars und in Abstufungen Bereiche der Tonderner Marsch bis in das Gebiet des früheren Gotteskoogsees in Frage (Abb. 5).

Hier könnte versucht werden, durch einen fließenden Übergang zwischen Meer und Land Retentionsräume für Sedimente und organische Substanz zu gewinnen. Unter der Voraussetzung, daß den Bewohnern ausreichende Sicherheit vor Sturmfluten bleibt, wären Möglichkeiten für das Einschwappen der Normaltiden und im unbewohnten, äußeren Bereich ein Überschwappen der Sturmtiden zu schaffen.

Das Ziel sollte sein, tief liegende Marschen durch Sedimenteintrag vom Meer aus zu erhöhen und durch partielles Einstellen der Entwässerung ein Mosaik von brackigen Übergangsbiotopen zwischen Meer, Land und Süßwasser zu erreichen.

Insbesondere durch die Vegetation würde langfristig ein Speicher für organische Substanz und Nährstoffe heranwachsen, der auch eine Filterfunktion gegenüber landwirtschaftlich genutzten Gebieten der Umgebung wahrnehmen kann.

Solch eine Umwidmung geeigneter Marschenköge würde die landwirtschaftliche Nutzung in der Tonderner Marsch einschränken, dafür deren Anziehungskraft als Erholungsgebiet steigern. Der Maler Emil Nolde bedauerte vor 70 Jahren die rigorose Entwässerung in diesem Marschgebiet und schrieb: 'Der Zukunft bleiben wohl nur noch kleine Wasserlöcher, gleich Gottestränen, geweint um eine in Alltäglichkeit verwandelte Urschönheit'. Statt der Tränen könnte mit Ebbe und Flut eine vielfältige Überschwemmungslandschaft geschaffen werden, die ökologisch wie ökonomisch dieser Grenzregion eine nachhaltige Entwicklung bescheren kann.

LITERATUR

Ahrendt, K., 1993. Sedimentdynamik an der Westküste Sylts (Deutsche Bucht/Nordsee). - Meyniana *45*, 161-179.

Albrecht, A., 1995. Gemeinschaftsökologie von Makroalgen auf Miesmuschelbänken (*Mytilus edulis* L.) im Wattenmeer. - Verlag Dr. Kovac, Hamburg, 1-134.

Armonies, W., 1994. Drifting meio- and macrobenthic invertebrates on tidal flats in Königshafen: a review. - Helgoländer Meeresunters. *48*, 299-320.

Asmus, H. & Asmus, R., 1993. Phytoplankton-mussel bed interactions in intertidal ecosystems. - In: Bivalve filter feeders in estuarine and coastal ecosystem processes. Ed. R.F. Dame, Springer, New York, 57-84.

Asmus, R.M. & Bauerfeind, E., 1994. The microphytobenthos of Königshafen - spatial and seasonal distribution on a sandy tidal flat. - Helgoländer Meeresunters. *48*, 257-276.

Bartholdy, J. & Pfeiffer Madsen, P., 1985. Accumulation of fine-grained material in a danish tidal area. - Mar. Geol. *67*, 121-137.

Bartholdy, J. & M. Pejrup, 1994. Holocene evolution of the Danish Wadden Sea. - Senckenbergiana marit. *24*, 187-209.

Beukema, J.J., 1991. Changes in the composition of bottom fauna of a tidal-flat area during a period of eutrophication. - Mar. Biol. *111*, 293-301.

Blome, D., 1982. Systematik der Nematoda eines Sandstrandes der Nordseeinsel Sylt. - Mikrofauna Meeresboden *86*, 271-462.

CWSS, 1991. The Wadden Sea status and developments in an international perspective. Rep. 6th trilateral gov. conf. protect. Wadden Sea, Esbjerg. Common Wadden Sea Secretariat, Wilhelmshaven, 200 S.

Drebes, H., 1969. Untersuchungen über den Einfluß des Hindenburgdammes auf die Tidehochwasserstände im Wattenmeer. - Die Küste *17*, 34-50.

Dieckmann, R., Osterthun, M. & Partenscky, H.W., 1988. A comparison between German and North American tidal inlets. - Proc. 21st Coast. Engng. Conf., ASCE 3,*199*, 2681-2691.

Ferk, U., 1995. Folgen eines beschleunigten Meeresspiegelanstiegs für die Wattgebiete der niedersächsischen Nordseeküste. - Die Küste *57*, 135-156.

Flemming, B.W. & R.A. Davis, 1994. Holocene evolution, morphodynamics and sedimentology of the Spiekeroog barrier island system (southern North Sea). - Senckenbergiana marit. *24*, 117-156.
Flemming, B.W. & Nyandwi, N., 1994. Land reclamation as a cause of fine-grained sediment depletion in backbarrier tidal flats (southern North Sea). - Neth. J. aquat. Ecol. *28*, 299-307.
Führböter, A., Jensen, J., Schulze, M. & Töppe, A., 1988. Sturmflutwahrscheinlichkeiten an der deutschen Nordseeküste nach verschiedenen Anpassungsfunktionen und Zeitreihen. - Die Küste *47*, 164-186
Hansen, K., 1956. The Sedimentation along the Rømødam. - Medd. Dansk. Geol. Foren. *13*, 112-117.
Hickel, W.P., Mangelsdorf, P. & Berg, J., 1993. The human impact in the German Bight: eutrophication during three decades (1962-1991). - Helgoländer Meeresunters. *47*, 243-263.
Higelke, B., 1978. Morphodynamik und Materialbilanz im Küstenvorfeld zwischen Hever und Elbe. Ergebnisse quantitativer Kartenanalysen für die Zeit von 1936 bis 1969. Regensburger Geogr. Schriften *11*.
Hylleberg, J., 1975. Selective feeding by *Abarenicola pacifica* with notes on *Abarenicola vagabunda* and a concept of gardening in lugworms. - Ophelia *14*, 113-137.
Jacobsen, N.K., 1993. Shoreline development and sea-level rise in the Danish Wadden Sea. - J. coast. res. *9*, 721-729.
Jensen, K.T., 1992. Macrozoobenthos on an intertidal mudflat in the Danish Wadden Sea: comparisons of surveys made in the 1930s, 1940s and 1980s. - Helgoländer Meeresunters. *47*, 243-263.
Jespersen, M. & Rasmussen, E., 1984. Geomorphological effects of the Rømø Dam: development of a tidal channel and collapse of a dike. - Geografisk Tidsskrift *84*, 17-24.
Jespersen, M. & E. Rasmussen, 1989. Jordsand - ein Bericht über die Vernichtung einer Hallig im dänischen Wattenmeer. - Seevögel *10* (2), 17-25.
Kelletat, D., 1992. Coastal erosion and protection measures at the German North Sea Coast. - J. coast. Res. *8*, 699-711.
Kopacz, U., 1994. Gelatinöses Zooplankton (Scyphomedusae, Hydromedusae, Ctenophora) und Chaetognatha im Sylter Seegebiet. - Cuvillier Verlag, Göttingen, 146 S.
Lassen, H., 1995. Interpretation von Wasserstandsänderungen in der Deutschen Bucht auf der Basis der Ergebnisse eines KFKI-Projektes. - Die Küste *57*, 121-134.
Lozán, J., Breckling, P., Fonds, M., Krog, C., Veer, H.W.van de & Witte, J.IJ., 1994. Über die Bedeutung des Wattenmeeres für die Fischfauna und deren regionale Veränderung. In: Warnsignale aus dem Wattenmeer. Lozán, J.L. et al.. Hrsg., Blackwell, Berlin, 226-233.
Martens, P., 1989. On trends in nutrient concentration in the northern Wadden Sea of Sylt. - Helgoländer Meeresunters. *43*, 489-499.
Meltofte, H., Blew, J., Frikke, J., Rösner, H-U. & Smit, C.J., 1994. Numbers and distribution of waterbirds in the Wadden Sea. - IWRB publication 34/ Wader study group bulletin 74, special issue, 192 S.
Michaelis, H. & Reise, K., 1994. Langfristige Veränderungen des Zoobenthos im Wattenmeer. In: Warnsignale aus dem Wattenmeer. Lozán, J.L. et al., Hrsg. Blackwell, Berlin, 106-116.

Misdorp, R., Steyaert, F., Hallie, F. & Ronde, J. de, 1990. Climate change, sea level rise and morphological developments in the Dutch Wadden Sea, a marine wetland. - In: Beukema; J.J. & Wolff, W.J. (Eds.): Expected effects of climate change on marine coastal ecosystems. Kluwer, Dordrecht, 123-131.

Nehls, G. & Thiel, M., 1993. Large-scale distribution patterns of the mussel *Mytilus edulis* in the Wadden Sea of Schleswig-Holstein: do storms structure the ecosystem? - Neth. J. Sea Res. *31*, 181-187.

Niemeyer, H.D., Goldenbogen, R., Schroeder, E. & Kunz, H., 1995. Untersuchungen zur Morphodynamik des Wattenmeeres im Forschungsvorhaben WADE. - Die Küste *57*, 65-94.

Oost, A.P. & Boer, P.L.de, 1994. Sedimentology and development of barrier islands, ebb-tidal deltas, inlets and backbarrier areas of the Dutch Wadden Sea. - Senckenbergiana marit. *24*, 65-116.

Pfeiffer, H., (1920)1969. Untersuchungen über den Einfluß des geplanten Dammbaues zwischen dem Festlande und der Insel Sylt auf die Wasserverhältnisse am Damm und der anschließenden Festlandküste. - Die Küste *17*, 1-33.

Philippart, C.J.M., 1994. Eutrophication as a possible cause of decline in the seagrass *Zostera noltii* of the Dutch Wadden Sea. - Proefschrift, Konn. Bibl., Den Haag, 155 S.

Probst, B., 1994. Küstenschutz 2000 - neue Küstenschutzstrategien erforderlich? - Wasser und Boden *11*, 54-59.

Reise, K., 1987. Spatial niches and long-term performance in meiobenthic Plathelminthes of an intertidal lugworm flat. - Mar. Ecol. Prog. Ser. *38*, 1-11.

Reise, K., 1988. Plathelminth diversity in littoral sediments around the island of Sylt in the North Sea. - Fortschr. Zool. *36*, 469-480.

Reise, K., 1994 a. Changing life under the tides of the Wadden Sea during the 20th century. - Ophelia Suppl. *6*, 117-125.

Reise, K., 1994 b. The Wadden Sea: Museum or cradle for nature? - Wadden Sea Newsletter 1994-1, 5-8.

Reise, K., Herre, E. & Sturm, M., 1989. Historical changes in the benthos of the Wadden Sea around the island of Sylt in the North Sea. - Helgoländer Meeresunters. *43*, 417-433.

Schories, D., 1995. Populationsökologie und Massenentwicklung von *Enteromorpha* spp. (Chlorophyta) im Sylter Wattenmeer. - Ber. Inst. Meereskunde Kiel 271, 1-145.

Simon, M. & Reise, K., 1994. Naturschutz im Wattenmeer kleinkariert? - Nationalpark 85 (4), 10-12.

Voigt, H., 1992. Die Festung Sylt. Verlag Nordfriisk Instituut, Bredstedt, 254 pp.

Wohlenberg, E., 1953. Sinkstoff, Sediment und Anwachs am Hindenburgdamm. - Die Küste *2*(2), 33-94.

Kapitel 6

Ausgewählte Publikationen zur Sylt-Rømø Wattenmeerbucht

Selected Publications on the Sylt-Rømø Wadden Sea

Albrecht, A., 1995. Gemeinschaftsökologie von Makroalgen auf Miesmuschelbänken (*Mytilus edulis* L.) im Wattenmeer. - Verlag Dr. Kovac, Hamburg, 134 pp.

Albrecht, A. & Reise, K., 1994. Effects of *Fucus vesiculosus* covering intertidal mussel beds in the Wadden Sea. - Helgoländer Meeresunters. *48*, 243-256.

Armonies, W., 1987. Freilebende Plathelminthen in supralitoralen Salzwiesen der Nordsee: Ökologie einer borealen Brackwasser-Lebensgemeinschaft. - Microfauna Marina *3*, 81-156.

Armonies, W., 1992. Migratory rhythms of drifting juvenile molluscs in tidal waters of the Wadden Sea. - Mar. Ecol. Progr. Ser. *83*, 197-206.

Armonies, W., 1994. Drifting meio- and macrobenthic invertebrates on tidal flats in Königshafen: a review. - Helgoländer Meeresunters. *48*, 299-320.

Armonies, W., 1994. Turnover of postlarval bivalves in sediments of tidal flats in Königshafen (German Wadden Sea). - Helgoländer Meeresunters. *48*, 291-297.

Armonies, W., 1997. Changes in distribution patterns of 0-group bivalves in the Wadden Sea: Byssus-drifting releases juveniles from the constraints of hydrography. - J. Sea Res. *35*, (in Vorb.).

Armonies, W. & Hartke, D., 1995. Floating of mud snails, *Hydrobia ulvae*, in tidal waters of the Wadden Sea, and its implications on distribution patterns. - Helgoländer Meeresunters. *49*, 529-538.

Armonies, W. & Hellwig-Armonies, M., 1987. Synoptic patterns of meiofaunal and macrofaunal abundances and specific composition in littoral sediments. - Helgoländer Meeresunters. *41*, 83-111.

Armonies, W. & Hellwig-Armonies, M., 1992. Passive settlement of *Macoma balthica* spat on tidal flats of the Wadden Sea and subsequent migration of juveniles. - Neth. J. Sea Res. *29*(4), 371-378.

Asmus, H., 1987. Secondary production of an intertidal mussel bed community related to its storage and turnover compartments. - Mar. Ecol. Prog. Ser. *39*, 251-266.

Asmus, H., 1994. Benthic grazers and suspension feeders: which one assumes the energetic dominance in Königshafen? - Helgoländer Meeresunters. *48*, 217-231.

Asmus, H., 1994. Bedeutung der Muscheln und Austern für das Ökosystem Wattenmeer. - In: Warnsignale aus dem Wattenmeer. Hrsg. von J.L. Lozán, E. Rachor, K. Reise, H. von Westernhagen & W. Lenz. Blackwell, Berlin, 127-132.

Asmus, H. & Asmus, R.M., 1985. The importance of grazing food chain for energy flow and production in three intertidal sand bottom communities of the northern Wadden Sea. - Helgoländer Meeresunters. *39*, 273-301.

Asmus, H. & Asmus, R.M., 1993. Phytoplankton-mussel bed interactions in intertidal ecosystems. - In: Bivalve Filter Feeders in Estuarine and Coastal Ecosystem Processes. Ed. by R. Dame. Springer, Berlin, 57-84.

Asmus, H., Asmus, R.M., Prins, T.C., Dankers, N., Frances, G., Maaß, B. & Reise, K., 1992. Benthic-pelagic flux rates on mussel beds: tunnel and tidal flume methodology compared. - Helgoländer Meeresunters. *46*, 341-361.

Asmus, R.M., Asmus, H., Wille, A., Francés Zubillaga & Reise, K., 1994. Complementary oxygen and nutrient fluxes in seagras beds and mussel banks? In: Changes in fluxes in estuarines: Implications from science to management. Ed. by K. Dyer & R.J. Orth. Olsen & Olsen, International Symposium Series, Fredensborg, 227-237.

Asmus, R.M.& Bauerfeind, E., 1994. The microphytobenthos of Königshafen - spatial and seasonal distribution on a sandy tidal flat. - Helgoländer Meeresunters. *48*, 257-276.

Asmus, R.M., Gätje, C. & de Jonge, V.N., 1994. Microphytobenthos - lebende Oberflächenhaut des Wattbodens. - In: Warnsignale aus dem Wattenmeer. Hrsg. von J.L. Lozán, E. Rachor, K. Reise, H. von Westernhagen & W. Lenz. Blackwell, Berlin, 75-81.

Austen, G., 1994. Hydrodynamics and particulate matter budget of Königshafen, southeastern North Sea. - Helgoländer Meeresunters. *48*: 183-200.

Austen, I., 1992. Geologisch-sedimentologische Kartierung des Königshafens (List/Sylt). - Meyniana *44*, 45-52.

Austen, I., 1994. The surficial sediments of Königshafen - variations over the past 50 years. - Helgoländer Meeresunters. *48*, 163-171.

Austen, I., 1995. Die Bedeutung der Fecal Pellets mariner Invertebraten für den Sedimenthaushalt im Sylt-Rømø Wattengebiet. - Berichte des FTZ-Westküste Nr. *7*, Büsum, 107 pp.

Austen, I., 1997. Temporal and spatial variations of biodeposits - a preliminary investigation of the role of fecal pellets in the Sylt-Rømø tidal area. - Helgoländer Meeresunters. *51*, (in press).

Ax, P., 1969. Populationsdynamik, Lebenszyklen und Fortpflanzungsbiologie der Mikrofauna des Meeressandes. - Verh. Dtsch. Zool. Ges. Innsbruck 1968: 66-113.

Backhaus, J.O., 1976. Zur Hydrodynamik in Flachwassergebieten. - Dt. Hydrogr. Z. *29*, 222-238.

Backhaus, J.O., 1983. A semi-implicit scheme for the shallow water equations for applications to shelf sea modelling. - Cont. Shelf Res. Vol. *2*, No. 4, 243-254.

Bayerl, K.-A., 1992. Zur jahreszeitlichen Variabilität der Oberflächensedimente im Sylter Watt nördlich des Hindenburgdammes. - Berichte des FTZ-Westküste Nr. *2*, Büsum, 134 pp.

Bayerl, K.-A. & Austen, I., 1994.Vergleich zweier Facien im nördlichen Sylter Wattenmeer (Deutsche Bucht) - unter besonderer Berücksichtigung biodepositärer Prozesse. - Meyniana *46*, 37-57.

Bayerl, K.A. & Higelke, B., 1994. The development of northern Sylt during the Latest Holocene. - Helgoländer Meeresunters. *48*, 145-162.

Bernem, K.-H. van, Krasemann, H. L, Lisken, A, Müller, A, Patzig, S. & Riethmüller, R., 1990. Das Wattenmeerinformationssystem WATiS. - In: Ökosystemforschung Wattenmeer - Konzepte und Zwischenergebnisse des Ökosystemforschungsprogramms des Bundesministers für Umwelt, Naturschutz und Reaktorsicherheit und des Umweltbundesamtes. Hrsg. vom Umweltbundesamt. Selbstverlag, UBA-Texte 7/90, 113-137.

Bruns, R., 1995. Benthische Primärproduktion, Remineralisation und Nitrifikation und der Austausch anorganischer Stickstoffverbindungen zwischen Sediment und Wasser im Nordsylter Wattenmeer. - Forschungsbericht Nr. *9* des FTZ-Westküste, Büsum, 132 pp.

Buhs, F. & Reise, K., 1997. Epibenthic fauna dredged from the tidal channels in the Wadden Sea of Schleswig-Holstein: spatial patterns and a long-term decline. - Helgoländer Meeresunters. *51*, (in press).

Burchard, H., 1995. Turbulenzmodellierung mit Anwendungen auf thermische Deckschichten im Meer und Strömungen in Wattengebieten. Dissertation. Selbstverlag des GKSS-Forschungszentrums, Geesthacht, GKSS 95/E/30.

Dernedde, T., 1993. Vergleichende Untersuchungen zur Nahrungszusammensetzung von Silbermöve (*Larus argentus*), Sturmmöve (*L. canus*) und Lachmöve (*L. ridibundus*) im Königshafen/Sylt. Corax *15* (3), 222-240.

Dernedde, T., 1994. Foraging overlap of three gull species (*Larus* spp.) on tidal flats in the Wadden Sea. - Ophelia, Suppl. *6*, 225-238.

Doerffer, R. & Murphy, D., 1989. Factor analysis and classification of remotely sensed data for monitoring tidal flats. - Helgoländer Meeresunters. *43*, 275-293.

Drebes, G. & Elbrächter, M., 1976. A checklist of planktonic diatoms and dinoflagellates from Helgoland and List (Sylt), German Bight. - Botanica Marina *19*, 75-83.

Duwe, K. & Hewer, R., 1982. Ein semi-impliziertes Gezeitenmodell für Wattengebiete. - DHZ 35, 223-238.

Edelvang, K., 1997. Tidal variation of settling particle diameters on a tidal flat. Helgoländer Meeresunters. *51*, (in press).

Elbrächter, M., Rahmel, J. & Hanslik, M. 1994. *Phaeocystis* im Wattenmeer. - In: Warnsignale aus dem Wattenmeer. Hrsg. von J.L. Lozàn, E. Rachor, K. Reise, H. von Westernhagen & W. Lenz. Blackwell, Berlin, 87-90.

Fanger, H.-U., Kappenberg, J., Kuhn, H., Maixner, U. & Milferstädt, D., 1990. The Hydrographic Measuring System HYDRA. - In: Estuarine Water Quality Management, Ser. Coastal and Estuarine Studies. Ed. by W. Michaelis. Springer, Berlin, Heidelberg, New York, 211-216.

Fanger, H.-U., & Kolb, M., 1992. Hydrographische Meßtechnik zur Untersuchung Transportvorgängen in der Elbe. - Kongreß „Umweltmeßtechnik" an der Universität Leipzig, 26. - 28. 02.1992. VDI-Tagungsberichte Ste., 125-145.

Fanger, H.-U., Kappenberg, J., Kolb, M. & Müller, A., 1996. Wasser- und Schwebstofftransport im Sylt-Rømø Wattenmeer. Selbstverlag des GKSS-Forschungszentrums, Geesthacht, GKSS 95/E/- (in Vorb.).

Figge, K., Köster, R., Thiel, H. & Wieland, P., 1980. Schlickuntersuchungen im Wattenmeer der Deutschen Bucht. - Die Küste *35*, 187-204.

Gätje, C., 1994. Ökosystemforschung im schleswig-holsteinischen Wattenmeer. - Arb. Dt. Fisch. Heft 61, 1-11.

Gripp, K. & Simon, W.G., 1940. Untersuchungen über den Aufbau und die Entstehung der Insel Sylt. - I. Nord-Sylt. Westküste *2* (2/3), 24-70.

Hagmeier, A., 1941. Die intensive Nutzung des nordfriesischen Wattenmeeres durch Austern und Muschelkultur. - Z. Fisch. 39, 105-165.

Hagmeier, A. & Kändler, R., 1927. Neue Untersuchungen im nordfriesischen Wattenmeer und auf den fiskalischen Austernbänken. - Wiss. Meeresunters. (Abt. Helgoland) *16*, 1-90.

Hellwig, M., 1987. Ökologie freilebender Plathelminthes im Grenzraum Watt - Salzwiese lenitischer Gezeitenküsten. - Microfauna Marina *3*, 197-248.

Hellwig-Armonies, M., 1988. Mobil epifauna on *Zostera marina*, and infauna of ist inflorescences. - Helgoländer Meeresunters. *42*, 329-337.

Hickel, W., 1975. The mesozooplankton in the wadden sea of Sylt (North Sea). - Helgoländer Meeresunters. *27*, 254-262.
Hickel, W., 1980. The influence of Elbe River water on the Wadden Sea of Sylt (German Bight, North Sea).- Dt. Hydrogr. Z. *33*, 43-52.
Hickel, W., 1984. Seston in the Wadden Sea of Sylt (German Bight, North Sea). - Neth. Inst. Sea Res. Publ. Ser. *10*, 113-131.
Hickel, W., 1989. Inorganic micronutrients and the eutrophication in the Wadden Sea of Sylt (German Bight, North Sea). In: Proceedings of the 21st European Marine Biology Symposium, Gdansk, 14.-19.9.1986. Ed. by Zlekowski. Polish Academy of Sciences, Wroclaw. 309-318.
Higelke, B., 1986. Geländeuntersuchungen im nordfriesischen Wattenmeer. Zur Korrektur einer historischen Karte von Johannes Mejer aus dem Jahr 1949. - Offa *43*, 337-341.
Hollinde, M., 1995. Untersuchungen in Sedimenten des Nordsylter Wattenmeeres: Mikrobielle Produktion und Austauschraten an der Sediment/Wasser-Grenzfläche. - Forschungsbericht Nr. 12 des FTZ-Westküste, Büsum, 158 pp.
Holmer, M. & Kristensen, E., 1994. Coexistence of sulfate reduction and methane produktion in an organic-rich sediment. - Mar. Ecol. Progr. Ser. *107*, 177-184.
Hüttel, M., 1988. Zur Bedeutung der Makrofauna für die Nährsalzprofile im Wattsediment. - Ber. Inst. f. Meereskunde 182, Kiel, 203 pp.
Jespersen, M. & Rasmussen, E., 1981. Margrethe-Koog - Landgewinnung und Küstenschutz im südlichen Teil des dänischen Wattenmeeres. - Die Küste *50*, 97-154.
Kellermann, A., Gätje, C. & Schrey, E,. 1995. Ökosystemforschung im Schleswig-Holsteinischen Wattenmeer. In: Handbuch der Ökosystemforschung. Hrsg. von F. Müller & W. Windhorst., (in Vorb.).
Ketzenberg, C., 1994. Auswirkung von Störungen auf nahrungssuchende Eiderenten (*Somateria mollissima*) im Königshafen Sylt. - Corax *15* (3), 241-244.
Kolb, M., Rudolph, E. & Schiller, H., 1994. ADCP-measured fluxes through channels of the North Sea and modelling results. - In: Proceedings of the 2nd European Conference on Underwater Acoustics. Ed. by Bjønø. Copenhagen, 04.-08.07.1994, Vol I, 369-374.
Kolb, M., 1995. Experiences with vessel borne ADCPs in shallow waters. - In: Proceedings of the IEEE Fifth Working Conference on Current Measurements. St. Petersburg, 07.-09.02.1995. Ed. by Anderson, S., Appel, S. & Williams, A. St. Petersburg, 79-82.
Kolumbe, E., 1938. Ein Beitrag zur Entwicklungsgeschichte des Königshafens bei List auf Sylt. - Wiss. Meeresunters. N.F. Abt. Kiel *21* (2), 116-130.
Kopacz, U., 1994. Gelatinöses Zooplankton (Scyphomedusae, Hydromedusae, Ctenophora) und Chaetognatha im Sylter Seegebiet. - Cuvellier Verlag, Göttingen, 146 pp.
Kopacz, U., 1994. Evidence for tidally-induced vertical migration of some gelatinous zooplankton in the Wadden Sea area near Sylt. - Helgoländer Meeresunters. *48*, 333-342.
Kornmann, P., 1952. Die Algenvegetation von List auf Sylt. - Helgoländer wiss. Meeresunters. *4*, 55-61.
Krause, M. & Martens, P., 1990. Distribution patterns of mesozooplankton biomass in the North Sea. -Helgoländer Meeresunters. *44*, 295-327.
Kristensen, E., 1988. Benthic fauna and biochemical processes in marine sediments: microbial activities and fluxes. - In: Nitrogen cycling in coastal marine environments. Ed. by T.H. Blackburn & J. Sørensen. John Wiley & sons Ltd., New York, 275-299.

Kristensen, E., Jensen, M.H. & Jensen, K.M., 1997. Temporal and spatial variations of benthic metabolism and inorganic nitrogen fluxes in the tidally dominated bay, Königshafen, on the island of Sylt, Northern Wadden Sea. - Helgoländer Meeresunters. *51*, (in press).
Künne, C., 1952 Untersuchungen über das Großplankton in der Deutschen Bucht und im Nordsylter Wattenmeer. - Helgoländer Meeresunters. *4*, 1-54.
Law, E. & Owens, N.J.P., 1990. Denitrification and nitrous oxid in the North Sea. - Neth. J. Sea Res. *25*, 65-74.
Lohse, H., Appel, U, Claussen, M., Müller, A. & Sievers, H., 1990. Ein Meßsystem für turbulente Flüsse in der bodennahen Grenzschicht. - Selbstverlag des GKSS Forschungszentrums, Geesthacht, 90/E/37.
Lohse, H., Müller, A. & Sievers, H., 1992. Mikrometeorologische Messungen im Wattenmeer. - Annalen der Meteorologie 27,143.
Lohse, H., Müller, A. & Sievers, H., 1995. Mikrometeorologische Messungen im Wattenmeer. - Selbstverlag des GKSS-Forschungszentrums, Geesthacht, 90/E/40.
Lohse, L., Malschaert, J.F.P., Slomp, C.P., Helder, W. & van Raphorst, W., 1993. Nitrogen cycling in North Sea sediments: interaction of denitrification and nitrification in offshore and coastal areas. - Mar. Ecol. Prog. Ser. *101*, 283-296.
Martens, P., 1980. Beiträge zum Mesozooplankton des Nordsylter Wattenmeers. - Helgoländer Meeresunters. *34*, 41-53.
Martens, P., 1981. On the *Acartia* species of the northern wadden sea of Sylt. - Kieler Meeresforsch., Sonderh. *5*, 153-163.
Martens, P., 1989. Inorganic phytoplankton nutrients in the Wadden Sea areas off Schleswig Holstein. I. Dissolved inorganic nitrogen. - Helgoländer Meeresunters. *43*, 77-85.
Martens, P., 1989. On trends in nutrient concentration in the Northern Wadden Sea of Sylt. - Helgoländer Meeresunters. *43*, 489-499.
Martens, P., 1992. Inorganic phytoplankton nutrients in the Wadden Sea areas off Schleswig Holstein. II. Dissolved ortho-phosphate and reactive silicate with comments on the zooplankton. - Helgoländer Meeresunters. *46*, 103-115.
Martens, P. & Brockmann, U., 1993. Different zooplankton structures in the German Bight. -Helgoländer Meeresunters. *47*, 193-212.
Metzmacher, K.A. & Reise, K., 1994. Experimental effects of tidal flat epistructures on foraging birds in the Wadden Sea. - Ophelia, Suppl. *6*, 217-224.
Meyer-Reil, L.-A., 1993. Mikrobielle Besiedlung und Produktion. In: Mikrobiologie des Meeresbodens. Hrsg. von L.-A. Meyer-Reil & M. Köster.Gustav Fischer Verlag, Jena, 38-76.
Michaelis, H. & Reise, K., 1994. Langfristige Veränderungen des Zoobenthos im Wattenmeer. - In: Warnsignale aus dem Wattenmeer. Hrsg. von J.L. Lozàn. Blackwell, Berlin, 106-116.
Möbius, K., 1877. Die Auster und die Austernwirthschaft. Wiegandt, Hempel & Parey, Berlin. 126 pp.
Möbius, K., 1893. Über die Tiere der schleswig-holsteinischen Austernbänke, ihre physikalischen und biologischen Lebensverhältnisse. - Sber. preuss. Akad. Wiss. *7*, 33-58.
Nehls, G., 1993. Metabolic response to salt intake in Eider Ducks (*Somateria mollissima*). - Verh. Dtsch. Zool. Ges. *86*(1), 103.

Nehls, G., 1995. Strategien der Ernährung und ihre Bedeutung für Energiehaushalt und Ökologie der Eiderente *Somateria mollissima* (L., 1758). - Forschungsbericht Nr. 10 des FTZ-Westküste, Büsum, 177 pp.

Nehls, G. & Ruth, M., 1994. Eiders, mussels and fisheries - continuous conflicts or relaxed relations? -Ophelia, Suppl. *6*, 263-278.

Nehls, G. & Ruth, M., 1994 Eiderenten und Muschelfischerei im Wattenmeer - ist eine friedliche Koexistenz möglich? - Arb. Dt. Fisch. *60*: 82-112.

Nehls, G. & Thiel, M., 1993. Large-scale distribution pattern of the mussel *Mytilus edulis* in the Wadden Sea of Schleswig-Holstein - Do storms structure the ecosystem? - Neth. J. Sea Res., *31* (2), 181-187.

Nehls, G. & Tiedemann. R., 1994. What determines the densities of feeding birds on tidal flats? A case study on dunlin *Calidris alpina* in the Wadden Sea. - Neth. J. Sea Res. 31 (4), 375-384.

Nehls, G., Kempf, N. & Thiel, M., 1992. Bestand und Verteilung mausernder Brandenten (*Tadorna tadorna*) im deutschen Wattenmeer. - Vogelwarte 36 (3),221-232.

Nehls, G., Scheiffarth, G., Dernedde, T. & Ketzenberg, C., 1993. Seasonal aspects of the consumption by birds in the Wadden Sea. - Verh. Dtsch. Zool. Ges. *86* (1), 286.

Nehls, G. & Ketzenberg, C., 1997. Do eiders (*Somateria mollissima*) exhaust their food resources? A study on natural mussel beds in the Wadden Sea. - Dan. Rev. Game Biol., (im Druck).

Nehls, G., Hertzler, I. & Scheiffarth, G., 1997. Stable mussel *Mytilus edulis* beds in the Wadden Sea - they're just for the birds. - Helgoländer Meeresunters. *51*, (in press).

Neuhaus, R., 1994. Mobile dunes and eroding salt marshes. - Helgoländer Meeresunters. *48*, 343-358.

Newig, J., 1980. Zur Entwicklung des Listlandes auf Sylt in den letzten drei Jahrhunderten - ein historisch-kartographischer Vergleich. - Nordfr. Jahrb. *16*, 69-74.

Nienburg, W., 1927. Zur Ökologie der Flora des Wattenmeeres. I. Teil. Der Königshafen bei List auf Sylt. - Wiss. Meeresunters. (Abt. Kiel) 20, 146-196.

Pejrup, M., Larsen, M. & Edelvang, K., 1997. A fine-grained sediment budget for the Sylt-Rømø tidal basin. - Helgoländer Meeresunters. *51*, (in press).

Pohlmann, T., 1991. Untersuchung hydro- und thermodynamischer Prozesse in der Nordsee mit einem drei-dimensionalen numerischen Modell. ZMK-Report *23*, 116 pp.

Reinboldt, T., 1893. Bericht über die im Juni 1892 ausgeführte botanische Untersuchung einiger Distrikte der Schleswig-Holsteinischen Nordseeküste. - Komm. wiss. Unters. dtsch. Meeres *6* (3), 251-252.

Reise, K., 1985. Tidal flat ecology. Springer-Verlag, Berlin, 191 pp.

Reise, K., 1988. Plathelminth diversity in littoral sediments around the island of Sylt in the North Sea. -Fortschr. Zool. *36*, 469-480.

Reise, K., 1990. Historische Veränderungen in der Ökologie des Wattenmeeres. - Rheinisch-Westfälische Akad. Wiss. N. 382, 35-50.

Reise, K., 1990. Karl Möbius: Dredging the first community concept from the bottom of the sea. - Dt. hydrogr. Z Erg.-H. B. *22*, 149-152.

Reise, K., 1990. Grundgedanken zur ökologischen Wattforschung. - Umweltbundesamt Texte *7*, 138-145.

Reise, K., 1991. Mosaic Cycles in the Marine Benthos. In: The Mosaic-Cycle Concept of Ecosystems. Ed. by H. Remmert. Ecological Studies Vol. 85, Springer-Verlag, Berlin, Heidelberg, New York, Tokio, 61-82.

Reise, K., 1991. Ökologische Erforschung des Wattenmeeres. - Spektrum der Wissenschaft, 5/91, 52-63.
Reise, K., 1991. Dauerbeobachtungen und historische Vergleiche zu Veränderungen in der Bodenfaua des Wattenmeeres. - Laufener Seminarbeiträge 1991 (7), 55-60.
Reise, K., 1992. The Wadden Sea as a pristine nature reserve. - Neth. J. Sea Res. 20, 49-53.
Reise, K., 1993. Welchen Naturschutz braucht das Wattenmeer? - Wattenmeer International 1993 (4).
Reise, K., 1993. Forschung satt im Nationalparkwatt? - Wattenmeer International 1993 (2), 4-6.
Reise, K., 1993. Ausländer durch Austern im Wattenmeer. - Wattenmeer International 1993 (3), 16-17.
Reise, K., 1993. Die verschwommmene Zukunft der Nordseewatten. In: Klimaänderung und Küste. Hrsg. von H.-J. Schellnhuber & H. Sterr. Springer-Verlag, Berlin, Heidelberg, New York, 223-229.
Reise, K., 1994. The Waddensea: Museum or cradle for nature? - WSNL *1994--1*, 5-8.
Reise, K., 1994. Changing life under the tides of the Wadden Sea. - Ophelia, Suppl. 6, 117-126.
Reise, K., 1995. Natur im Wandel beim Übergang vom Land zum Meer. - Umwelt- und Naturschutz am Ende des 20. Jahrhunderts. Hrsg. von K.-H. Erdmann & H.G. Kastenholz. Springer-Verlag, Stuttgart, 27-40.
Reise, K., 1995. Predictive ecosystem research in the Wadden Sea. - Helgoländer Meeresunters. *49*, 495-505.
Reise, K., 1996. Das Ökosystem Wattenmeer im Wandel. - Geogr. Rdschau *48*, 442-449.
Reise, K., 1997. Coastal change in a tidal backbarrier basin of the Northern Wadden Sea: are tidal flats fading away? - Senckenbergiana marit. (in press)
Reise, K., 1997. Pacific oysters invade mussel beds in the European Wadden Sea. - Senckenbergiana marit. (in press)
Reise, K. & Ahrendt, K., 1996. Küstenschutz und Naturschutz - diametrale Gegensätze?- SDN-Magazin *1/1996*, 31-33.
Reise, K., Asmus, R.M. & Asmus, H., 1993. Ökosystem Wattenmeer - Das Wechselspiel von Algen und Tieren beim Stoffumsatz. - Biologie in unserer Zeit *23* (5). 301-307.
Reise, K. & Bartsch, I., 1990. Inshore and offshore diversity of epibenthos dredged in the North Sea. -Neth. J. Sea Res. *25*, 175-179.
Reise, K. & Gätje, C., 1994. Königshafen: the natural history of an intertidal bay in the Wadden Sea - an introduction. - Helgoländer Meeresunters. *48*, 141-143.
Reise, K., Herre, E. & Sturm, M., 1989. Historical changes in the benthos of the Wadden Sea around the island of Sylt in the North Sea. - Helgoländer Meeresunters. *43*, 417-433.
Reise, K., Herre, E. & Sturm, M., 1994. Biomass and abundance of macrofauna in intertidal sediments of Königshafen in the northern Wadden Sea. - Helgoländer Meeresunters. *48*, 201-215.
Reise, K., Lozàn, J.L., Rachor, E., Westernhagen; H.V. & Lenz, W., 1994. Ausblick: Wohin entwickelt sich das Wattenmeer? In: Warnsignale aus dem Wattenmeer. Hrsg. von K. Reise, J.L. Lozàn, E. Rachor, H. von Westernhagen & W. Lenz Blackwell, Berlin, 343-347.
Reise, K. & Siebert, I., 1994. Mass occurrence of green algae in the German Wadden Sea. - Dt. hydrogr. Z. Suppl. *1*, 171-180.

Reise, K. & Gätje, C., 1997. The List tidal basin: A reference area for scientific research in the northern Wadden Sea. - Helgoländer Meeresunters. *51*, (in press).
Riesen, W. & Reise, K., 1982. Macrobenthos of the subtidal Wadden Sea: revisited after 55 years. -Helgoländer wiss. Meeresunters. *35*, 409-423.
Riethmüller, R., Lisken, A., Bernem, K.-H. van, Krasemann, H. L., Müller, A. & Patzig, S., 1990. WATiS - An information System for Wadden Sea Research and Management. - In: Informatik für den Umweltschutz - 5. Symposium, Wien, Österreich. Hrsg. von W. Pillmann & A. Jaeschke. Springer, Informatik-Fachberichte 256, Berlin, 73-81.
Ross, J., 1995. Modellierung der Schwebstoffdynamik in einer Wattenmeerbucht (Königshafen/Sylt). - GKSS 95/E/56 (Dissertation), Selbstverlag des GKSS-Forschungszentrums, Geesthacht, 93 pp.
Ross, J. & Krohn, J., 1996. Computation of Suspended Matter in a Wadden Sea Bight (Königshafen, Sylt) Archiv für Hydrobiologie *47*, 439-447.
Scheiffarth, G. & Nehls, G., 1997. Consumption of benthic fauna by carnivorous birds in the Wadden Sea. - Helgoländer Meeresunters. *51*, (in press).
Scheiffahrt, G., Ketzenberg, C. & Exo, K.-M., 1993. Utilization of the Wadden Sea by waders: differences in time budgets between two populations of Bartailed Godwits (*Limosa lapponica*) on spring migration. - Verh. Dtsch. Zool. Ges., *86* (1), 287.
Schmidt, P., 1968. Die quantitative Verteilung und Populationsdynamik des Mesopsammons am Gezeitenstrand der Nordseeinsel Sylt. I. Faktorengefüge und biologische Gliederung des Lebensraumes. -Int. Rev. ges. Hydrobiol. *53*, 723-779.
Schneider, G. & Martens, P., 1994. A comparison of summer nutrient data obtained in Königshafen Bay (North Sea, German Bight) during two investigation periods: 1979-1983 and 1990-1992. - Helgoländer Meeresunters. *48*, 173-182.
Schories, D., 1995. Populationsökologie und Massenentwicklung von *Enteromorpha* spp. (Chlorophyta) im Sylter Wattenmeer. - Bericht Nr. 271 IfM Kiel, Kiel, 167 pp.
Schories, D., 1996. Sporulation of *Enteromorpha* spp. (Chlorophyta) and overwintering of spores in sediments of the Wadden Sea, Island Sylt, North Sea. - Neth. J. Aquat. Ecol., (im Druck).
Schories, D., Albrecht, A. & Lotze, H.K., 1997. Historical changes and inventory of macroalgae from Königshafen Bay in the northern Wadden Sea. - Helgoländer Meeresunters. *51*, (in press).
Schories, D. & Albrecht, A., 1995. *Sargassum muticum*, der japanische Beerentang im deutschen Wattenmeer. - Natur und Museum *125*, 92-98.
Schories, D. & Reise, K., 1993. Germination and anchorage of *Enteromorpha* spp. in sediments of the Wadden Sea. - Helgoländer Meeresunters. *47*, 275-285.
Schünemann, M. & Kühl, H., 1991. A device from erosion measurements on naturally formed, muddy sediments: the EROMES-system. - GKSS 91/E/18, Selbstverlag des GKSS-Forschungszentrums, Geesthacht, 1-28.
Schünemann, M. & Kühl, H., 1993. Experimental investigations of the erosional behaviour of naturally formed mud from the Elbe-estuary and the adjacent Wadden Sea. - Coastal and Estuarine Studies Series, Vol. *42*, AGU, Washington, 314-330.
Simon, M. & Reise, K., 1994. Naturschutz im Wattenmeer kleinkariert? Ein Plädoyer für größere Kerngebiete. - Nationalpark *4*, 10-12.
Sprung, M. & Asmus, H., 1995. Does the energy equivalence rule apply to intertidal macrobenthic communities? - Neth. J. aquat. Ecol. *29* (3-4), 369-376.
Taubert, A., 1986. Morphodynamik und Morphogenese des Nordfriesischen Wattenmeers. - Hamb. Geogr. Stud. *42*, 1-263.

Thiel, M. & Dernedde, T., 1994. Recruitment of shore crabs (*Carcinus maenas*) on tidal flats: mussel clumps as an important refuge for juveniles. - Helgoländer Meeresunters. *48*, 321-332.

Thiel, M. & Reise, K., 1993. Interaction of nemertines and their prey on tidal flats. - Neth. J. Sea Res. *31* (2), 163-172.

Thiel, M., Nordhausen, W. & Reise, K., 1996. Nocturnal surface activity of endobenthic nemertines on tidal flats. - In: Biology and Ecology of Shallow Coastal Waters. Eds. Elaftheriou, A. et al. Olson & Olson, Fredensborg, 283-289.

Tiedemann, R., Noer, R. & H., 1993. Genetische Untersuchungen zur Verwandtschaft der Eiderentenpopulationen (*Somateria mollissima*) im Ostseeraum. - Verh. Dtsch. Zool. Ges. *86* (1), 62.

Voss, M. & Borchardt, T., 1992. Quality objektives for the Wadden Sea: Problems and Attempts for Solution. - WSNL *2*, 20-22.

Wilhelmsen, U., 1993. Ökosystemforschung im Nationalpark Schleswig-Holsteinisches Wattenmeer. - Zeitschr. Ökol. Natursch. *3* (1994) 2, 121-122.

Wilhelmsen, U., 1994. Ökosystemforschung Schleswig-Holsteinisches Wattenmeer - Eine Zwischenbilanz. - Hrsg. vom Landesamt für den Nationalpark Schleswig-Holsteinisches Wattenmeer, Tönning, 122 pp.

Wilhelmsen, U., 1996. Ökosystemforschung Wattenmeer - Handlungsempfehlungen für den Naturschutz. - SDN-Magazin *1/1996*, 25-28.

Wilhelmsen, U., 1996. SWAP - Sylter Wattenmeer Austauschprozesse. - St. Pauli Druckerei, Hamburg, 54 S.

Wilhelmsen, U. & Reise, K., 1994. Grazing on green algae by the periwinkle *Littorina littorea* in the Wadden Sea. - Helgoländer Meeresunters. *48*, 233-242.

Wilhelmsen, U., Gätje, C. & Marencic, H., 1995. Wadden Sea Ecosystem Research - The Husum Symposium. WSNL *1995-1*, 19-22.

Witte, G. & Kühl, H., 1996. Facilities for Sedimentation and Erosion Measurements. - Archiv für Hydrobiologie *47*, 121-125.

Wohlenberg, E., 1935. Beobachtungen über das Seegras, *Zostera marina*, und seine Erkrankung im nordfriesischen Wattenmeer. - Nordelbingen 11, 1-19.

Wohlenberg, E., 1937. Die Wattenmeer-Lebensgemeinschaften im Königshafen von Sylt. - Helgoländer wiss. Meeresunters. *1*, 1-92.

Wohlenberg, E., 1953. Schlickbindung durch Diatomeen. - Die Küste *2*, 57-65.

Zausig, F., 1939. Veränderungen der Küste, Sände, Tiefs und Watten der Gewässer um Sylt (Nordsee) nach alten Seekarten, Seehandbüchern und Landkarten seit 1585. - Geol. d. Meere und Binnengew. II 4, 401-505.

Zühlke, R. & Reise; K., 1994. Response of macrofauna to drifting tidal sediments. - Helgoländer Meeresunters. *48*, 277-289.

ABSCHLUSSBERICHTE DER SWAP-TEILPROJEKTE

Abt., K.F., 1995. Nahrungsbedarf der Sehunde (*Phoca vitulina* L.) im Sylt-Rømø Wattenmeer-Gebiet. - Abschlußbericht der Teilprojekte 1.7b/2.5b/4.5b, Forschungs- und Technologiezentrum Westküste, Büsum, Institut für Haustierkunde der Christian-Albrecht-Universität, Kiel.

Albrecht, A., 1995. Gemeinschaftsökologie und Primärproduktion von *Fucus vesicolosus* auf Miesmuschelbänken im Sylter Wattenmeer. - Abschlußbericht der Teilprojekte 2.2/2.3/3.2, Biologische Anstalt Helgoland, Wattenmeerstation Sylt, List/Sylt.

Albrecht, A., Asmus, H., Asmus, R., Berger, J. Drebes, G., Lackschewitz, D., Reise, K., Schories, D., Schubert, F. & Wille, A. 1995. Produktion und Stoffaustausch des Benthos. - Abschlußbericht der Teilprojekte 2.2/2.3/3.2, Biologische Anstalt Helgoland, Wattenmeerstation Sylt, List/Sylt.

Armonies, W., 1995. Transporte von Megaplankton und mobilem Benthos, Teil 1: Transporte von mobilem Benthos. - Abschlußbericht des Teilprojektes 4.4b, Biologische Anstalt Helgoland, Wattenmeerstation Sylt, List/Sylt.

Armonies, W. & Kopacz, U., 1995. Transporte von Megaplankton und mobilem Benthos, Teil 2: Transporte von Megaplankton. - Abschlußbericht des Teilprojektes 4.4b, Biologische Anstalt Helgoland, Wattenmeerstation Sylt, List/Sylt.

Backhaus, J., Hartke, D. & Hübner, U. 1995. Hydrodynamisches und thermodynamisches Modell des Sylter Wattenmeeres. - Abschlußbericht des Teilprojektes 4.1a, Institut für Meereskunde der Universität Hamburg, Hamburg.

Bodenbender, J., Papen, H. & Waßmann, R., 1995. Lokale Nettoflüsse gasförmiger Kohlenstoff-, Stickstoff- und Schwefelverbindungen zwischen Wattenmeer und Atmosphäre. - Abschlußbericht des Teilprojektes 3.4a, IFU - Frauenhofer-Institut für Atmosphärische Umweltforschung, Garmisch-Partenkirchen.

Bruns, R., Hollinde, M. & Meyer-Reil, L.-A., 1995. Untersuchungen zur mikrobiellen Nährstoffumsetzungen. - Abschlußbericht der Teilprojekte 2.1/3.4b, Institut für Meereskunde der Christian-Albrechts-Universität, Kiel.

Doerffer, R., Brockmann, C., Heymann, K., Kleeberg, U. & Murphy, D. 1995. Fernerkundung von Sediment und Benthos. - Abschlußbericht der Teilprojekte 1.2a/1.3b, GKSS-Forschungszentrum, Geesthacht, Forschungs- und Technologiezentrum Westküste, Büsum,

Elbrächter, M., 1995. Phytoplankton: Besiedlungsstrategien der Wasserkörper und Transportmechanismen. - Abschlußbericht des Teilprojektes 1.5, Biologische Anstalt Helgoland, Wattenmeerstation Sylt, List/Sylt.

Fanger, H.-U., Kappenberg, J., Kolb, M. & Müller, A., 1995. Wasser- und Schebstofftransport im Sylt-Rømø Wattenmeer. - Abschlußbericht des Teilprojektes 4.3a, GKSS-Forschungszentrum, Geesthacht.

Herrmann, J.-P., Jansen, S., Temming, A. & Nellen, W., 1996. Quantitative Untersuchungen von Biomasse, Wanderungen und Konsumtion der Fische und dekapoden Krebse im Sylter Wattenmeer. - Institut für Hydrologie und Fischereiwissenschaft der Universität Hamburg, Hamburg.

Higelke, B., 1995. Sedimentbilanz der Wattflächen, Kartenauswertung und Luftbildanalyse. - Abschlußbericht des Teilprojektes 4.2a, Geographisches Institut der Christian-Albrechts-Universität, Kiel.

Jensen, M.H., Jensen, K.M., Kristiansen, K.D. & Kristensen, E., 1995. Microbial ecology and biochemistry of sediments in Königshafen. - Abschlußbericht der Teilprojekte 2.1/3.4b, Institute of biology, Univesity Odense, Odense.

Köster, R., Austen, G., Austen, I., Bayerl, K.-A., & Ricklefs, K., 1995. Sedimentation, Erosion und Biodeposition. - Abschlußbericht der Teilprojekte 1.2b/3.1/4.1b, Forschungs- und Technologiezentrum Westküste, Büsum.

Lackschewitz, D., 1995. Besiedlungsmuster des Makrobenthos im Sylt-Rømø Wattenmeer. - Abschlußbericht der Teilprojekte 2.2/2.3/3.2, Biologische Anstalt Helgoland, Wattenmeerstation Sylt, List/Sylt.

Lohse, H. & Müller, A., 1995. Vertikale Austauschprozesse an der Grenzfläche Sediment/Wasser/Atmosphäre: Impuls-, Energie und Feuchteflüsse, Mikroklima. - Abschlußbericht des Teilprojektes 3.3, GKSS-Forschungszentrum, Geesthacht.

Nehls, G., Scheiffarth, G., Tiedemann, R., Bohlken, H. & Hötker, H. 1995. Trophischer und regulierender Stellenwert der Vögel im Ökosystem Wattenmeer. - Abschlußbericht der Teilprojekte 1.7a/2.5a/4.5, Forschungs- und Technologiezentrum Westküste, Büsum.

Pejrup, M., Larsen, M. & Edelvang, K., 1995. Deposition of fine-grained sediment in the Sylt-Rømø tidal area. - Abschlußbericht des Teilprojektes 4.2, Institute of Geography, University of Copenhagen, Copenhagen.

Ross, J. & Müller, A., 1995. Modellierung des Stofftransports im Sylt-Rømø Watt. - Abschlußbericht des Teilprojektes 4.1b, Forschungs- und Technologiezentrum Westküste, Büsum, GKSS-Forschungszentrum, Geesthacht.

Schneider, G., Martens, P. & Hickel, W., 1995. Der gezeiteninduzierte Austausch von gelösten und partikulären Stoffen zwischen der Nordsee und dem Sylter Wattengebiet: Implikationen für die Quellen-Senken-Diskussion. - Abschlußbericht des Teilprojektes 4.1b, Biologische Anstalt Helgoland, Wattenmeerstation Sylt, List/Sylt.

Schories, D., 1995. Populationsökologie und Massenentwicklung von *Enteromorpha* spp. im Sylter Wattenmeer. - Abschlußbericht der Teilprojekte 2.2/2.3/3.2, Biologische Anstalt Helgoland, Wattenmeerstation Sylt, List/Sylt.

Witte, G., Heineke, M. & Kühl, H., 1995. Modellierung des Stofftransports, Sedimentations- und Erosionsexperimente. - Abschlußbericht des Teilprojektes 4.1, GKSS-Forschungszentrum, Geesthacht.

Springer
und
Umwelt

Als internationaler wissenschaftlicher Verlag sind wir uns unserer besonderen Verpflichtung der Umwelt gegenüber bewußt und beziehen umweltorientierte Grundsätze in Unternehmensentscheidungen mit ein. Von unseren Geschäftspartnern (Druckereien, Papierfabriken, Verpackungsherstellern usw.) verlangen wir, daß sie sowohl beim Herstellungsprozess selbst als auch beim Einsatz der zur Verwendung kommenden Materialien ökologische Gesichtspunkte berücksichtigen.
Das für dieses Buch verwendete Papier ist aus chlorfrei bzw. chlorarm hergestelltem Zellstoff gefertigt und im pH-Wert neutral.

Druck: Mercedesdruck, Berlin
Verarbeitung: Buchbinderei Lüderitz & Bauer, Berlin